由“甘肃省2018年度省级重点人才项目”资助出版

陇南油橄榄栽培及加工利用技术

Techniques of Olive Cultivation and Processing in Longnan

张正武　主编

甘肃科学技术出版社

图书在版编目（CIP）数据

陇南油橄榄栽培及加工利用技术 / 张正武主编. -- 兰州 : 甘肃科学技术出版社, 2018.12
ISBN 978-7-5424-2507-2

Ⅰ. ①陇… Ⅱ. ①张… Ⅲ. ①油橄榄－栽培技术②油橄榄－加工利用 Ⅳ. ①S565.7

中国版本图书馆CIP数据核字(2018)第290615号

陇南油橄榄栽培及加工利用技术

张正武 主编

责任编辑 韩 波
封面设计 王红丽

出 版 甘肃科学技术出版社
社 址 兰州市读者大道568号 730030
网 址 www.gskejipress.com
电 话 0931-8773023 （编辑部） 0931-8773237 （发行部）
京东官方旗舰店 https://mall. jd. com/index-655807.html

发 行 甘肃科学技术出版社 印 刷 兰州银声印务有限公司
开 本 787毫米×1092毫米 1/16 印 张 27.5 插 页 4 字 数 600千
版 次 2019年9月第1版
印 次 2019年9月第1次印刷
印 数 1~2000
书 号 ISBN 978-7-5424-2507-2 定 价 228.00元

作者简介

2012 年作者赴希腊雅典大学考察学习油橄榄栽培及加工利用技术

张正武，男，汉族，甘肃武都人，1970 年 7 月生，大学本科学历，高级工程师，主要从事油橄榄栽培及加工利用技术研究。现任甘肃省陇南市经济林研究院油橄榄研究所副所长，兼任中国油橄榄产业创新战略联盟副秘书长，甘肃省林果技术专家，陇南市经济林协会理事，陇南市领军人才。2004 年赴希腊哈尼亚亚热带植物研究所学习油橄榄栽培技术，2012 年再次赴希腊大学和萨洛尼亚职业技术学院油橄榄植物系学习油橄榄种植及果实提炼和加工技术。系 2016 年中组部第十三批“西部之光”访问学者。

参加工作以来，一直从事林业科研、推广及产业开发工作。2010 年起担任陇南市经济林研究院油橄榄研究所副所长，全力投入油橄榄科学研究、示范推广、技术服务和国内外交流合作等业务工作。先后主持、参加科研课题和推广项目 12 项，获省市科学技术进步奖 10 项，其中，甘肃省科技进步二等奖 1 项（第二名），甘肃省科技进步三等奖 1 项（第三名），甘肃林业科技进步二等奖 2 项（第一名、第二名），陇南市科技进步一等奖 2 项（第二名、第三名），陇南市科技进步二等奖 3 项（第一名、第二名、第三名），陇南市科技进步三等奖 1 项（第二名）。发表《油橄榄集约化栽培技术研究》等科技论文 46 篇。申报实用新型专利 1 项。主编、参编《油橄榄产业创新驱动的探索与实践——纪念陇南市引种油橄榄 40 周年暨建所 5 周年成果资料汇编》等著作 5 部。与四川、重庆、云南、湖北等油橄榄栽培区的产业开发管理部门、科研机构、龙头企业、种植户建立了广泛的技术协作关系。

编写人员

顾　　问：邓明全　李聚桢　张建国　王成章　薛雅琳
　　　　　宁德鲁　蒋宣斌　周立江　祁治林　王洪建

主　　编：张正武

编写人员：（以姓名字母排序）
白小勇　陇南田园油橄榄科技开发有限公司
邓　煜　陇南市经济林研究院油橄榄研究所
虎云青　陇南市经济林研究院核桃研究所
姜成英　甘肃省林业科学研究院
李　娜　陇南市武都区油橄榄研究开发中心
李根春　宕昌县林业局油橄榄产业办
李金花　中国林科院林业研究所
刘　婷　陇南市经济林研究院油橄榄研究所
刘高顺　陇南市经济林研究院油橄榄研究所
刘玉红　甘肃祥宇油橄榄开发有限责任公司
马鹏飞　陇南市武都区油橄榄产业开发办公室
任志勇　陇南市经济林研究院
田茂林　陇南市科学技术协会
汪加巍　江西农业大学
王　茜　陇南市经济林研究院油橄榄研究所
王贵德　陇南市经济林研究院油橄榄研究所
吴文俊　甘肃省林业科学研究院
杨　斌　甘肃省林业技术推广总站
俞　宁　中国林科院林业研究所
张继全　文县油橄榄开发中心
张正武　陇南市经济林研究院油橄榄研究所
赵海云　陇南市武都区油橄榄研究开发中心
赵梦桐　甘肃省林业科学研究院
赵强宏　陇南市经济林研究院油橄榄研究所

为了“总理树”

——纪念徐纬英 100 周年诞辰

文 / 王建兰　图 / 俞宁

说到徐纬英与油橄榄的结缘，得追溯至 20 世纪 60 年代。1960 年，曾在国民党政府担任过农业部驻联合国粮农组织代表、东南大学农学院院长，后为全国政协委员的邹秉文先生，在一次代表大会上提交了“中国引种油橄榄”的议案。议案获得了国务院的认可和批准，先由农业部后为林业部负责引种，时任中国科学院植物遗传育种研究所所长、后为中国林业院林业研究所所长的徐纬英担任项目组组长，赴阿尔巴尼亚学习研究油橄榄的引、育种知识和技术。

据熟悉中国油橄榄引种历史的中国林业院林业研究所老专家邓明全先生介绍：“新中国成立前，一些外国传教士和在欧洲的留学生把油橄榄带到了中国，开始零星的在广西、重庆等地引种。大面积引种是 1964 年,在周总理的亲自倡导下真正拉开了序幕。”

1963 年 12 月 31 日，周总理第一次出访到被称为“山鹰之国”的阿尔巴尼亚，开始了为期 9 天的友好访问。一下飞机，所经之处那些从远古神话中走来、具有浓郁地方特色的、在其经济上占据着重要地位的、郁郁葱葱的油橄榄，给周总理留下了深刻的印象。

此时的徐纬英，恰巧在阿考察学习。在中国驻阿大使馆为周总理等举行的元旦欢迎晚会上，总理见到了徐纬英，并亲切询问她到阿的目的和任务。徐纬英向周总理汇报了当时到阿的任务是考察油橄榄栽植、加工等技术，由此，进一步加深了总理对油橄榄的印象。之后，阿尔巴尼亚劳动党第一书记霍查和部长会议主席谢胡等会见周总理时，也谈及了油橄榄。所到之处，油橄榄一直萦绕于总理脑际。在详细了解油橄榄有关情况后,周总理决定在中国引种。由此,阿尔巴尼亚决定赠送中国 1 万株油橄榄苗。

1964 年 1 月 9 日，正处阿尔巴尼亚冬季，苗木起运相当困难。然而，为了保质保量地尽快将苗木运抵中国，阿政府想尽了办法。他们动员了三个农场的职工及农场所在区的党、政、军、机关干部，一齐动手，用了 10 天时间，完成了 10680 株 4 年生油橄榄苗木的剪枝、起苗、包装、运输、装船等全部工作。1 月 19 日，10680 株油橄榄苗、40kg 油橄榄种子以及油橄榄种植专家带着阿尔巴尼亚的深厚情谊，亦带着中国的希望随“发罗拉”号轮船，经过 22 天海上颠簸，风雨兼程地于 2 月 17 日抵达中国湛江港。2 月 18 日，中国在湛江港举行了隆重而热烈的苗木交接仪式。

苗木启运的同时，中国国内也在紧锣密鼓地准备，迎接来自万里之遥的油橄榄。根据油橄榄的生物学习性，考虑不同地区的气候与自然条件，选择了 8 个省 12 个引种试点：重庆市歌乐山林场、云南省昆明市海口林场、云南省林科所、中科院昆明植物研究所、贵州省独山林场、广西藏族自治区柳州三门江林场、广西藏族自治区桂林林业试验站、中科院南京植物研究所、湖北省林业科学研究所、浙江富阳亚热带林业试验站、广东省清远县林业科学研究所，并迅即开展知识和技术培训。

1964 年 1 月 23 日（除夕前一天），林业部以（64）林国苗第 3 号发出了《林业部关于安排引种油橄榄的通知》，通知要求承担引种试点单位，派得力技术干部于 1964 年 2 月 13 日至 15 日参加油橄榄栽培技术培训班。

1964 年 3 月 3 日，周总理在云南省昆明市海口林场亲手栽下了这批苗木的第一棵油橄榄，随即当地群众将油橄榄亲切地称之为“总理树”。这是中国大规模试验引种油橄榄的开始。目睹周总理将地中海油橄榄植入华夏土壤中的徐纬英，心中的责任感和使命感油然而生。

周总理要求徐纬英等科学家重点解决 4 个问题：油橄榄在中国能不能生长？能不能结果？能否培育出第二代？第二代能否成长结果？同时，总理还多次指示，要派有林业知识的人去阿尔巴尼亚学习保护和种植油橄榄的经验。

为了落实总理指示精神，1964 年 3 月上旬，林业部立即选派了林业部国有林场管理总局李聚桢同志参加对外经济联络总局在京举办的阿尔巴尼亚语培训班。同年 10 月 16 日，由林业部、中国林科院、四川省林科所、广西桂林林业试验站，各派一名林业技术人员组成学习油橄榄栽培与加工技术小组，赴阿学习一年。

由此，中国油橄榄在周总理的关心、爱护下，在徐纬英等科技工作者的不懈努力下，这个原本只适合在地中海气候条件下生长的珍贵物种，历经风雨坎坷，现已在中国 10 多个省市区扎根落户，繁衍生息。

据中国林科院林业所所长张建国介绍，中国油橄榄发展可归纳为这样几个时期：大规模引种试验期（1964—1973 年）、调整、巩固与提高期（1981—1988 年）、衰退低谷期（1989—2000 年）、恢复发展期（2001 年至今）。然而，无论多么的艰难困苦，徐纬英都始终没有放弃对油橄榄的牵挂，即使在“文革”时期，中国林业科研几近停顿的情况下，她也未忘油橄榄。“在没有成功的情况下，遇到困难并不可怕，可怕的是无人支持，或支持者寡，反对者众。”邓明全回忆道，“文革”期间，徐老与其先生乐天宇（中国著名农林生物学家、教育家）先后到广西干校、辽宁新城干校劳动改造，

无论是精神还是肉体都受到了严重的摧残和折磨。1975年底，因新城干校撤销，徐老回到了北京。邓明全见到她时，叫了一声徐所长，见其气色和状态都非常不好，让人不敢多说一句话。然而即使这样，1976年新年刚过，徐老就自费到南方8个省12个油橄榄引种点去调研考察，单枪匹马地在外跋涉了将近一年。回到北京见到邓明全说的第一句话就是：“无论如何都不能把油橄榄给弄丢了。现在油橄榄没人做了，你就跟着我做吧，你懂修剪。现在修剪的问题，没有一个人懂了，我去找组织商量商量，让你跟着我。”这些话既像是对邓明全说，又像是自言自语。

徐纬英（中）2006年在武都考察油橄榄种植园

1977年4月18日，邓明全清楚地记得，他跟随徐老到了湖北省林科所。这时的徐纬英根据长期的管理经验总结说：“油橄榄要按果树方法管理，再不能按树木方法管理了。”

徐纬英承担了“油橄榄丰产栽培加工利用及商品化研究”等课题，推出了橄榄油、油橄榄罐头、油橄榄蜜饯、果酱、酒、饲料、药品、化妆品等系列制品。她亲自组建了神州油橄榄技术开发公司。作为技术总监，还成立了油橄榄专营实体“中国华源集团北京华源生命科贸发展有限公司”，与中国华源集团共同描绘强国富民的美好蓝图，将中国油橄榄推向产业化。她亲自抓生产，管销售，搞公关，忙得牙都顾不上镶。她曾和她的团队立下誓言：“让油橄榄为中国人民造福。”

徐纬英生前曾对采访她的笔者说：“我从事油橄榄研究40多年，风风雨雨，虽历尽艰辛，但痴心不改。”

就是这样，她和她率领的团队坚持了近半个世纪。

通过徐纬英等近半个世纪孜孜不倦、持之以恒的追求，中国已成功引进了油橄榄150多个品种，通过品种选择、实生选优、有性杂交育种、特殊性状育种等手段，拥有了城固31号、城固32号、城固142号、鄂植8等新品种，分布在中国的16个省市区的适生区。在中国亚热带西部地区，在适宜的土壤条件下，油橄榄的生产与结实良好。运用我们研究出的栽培技术种植，产量已经达到了世界油橄榄产区的水平，我们掌握的油橄榄系列技术也已达到了国际先进水平。用我们自己培育出的系列苗木种植的油橄榄已达数千万株。第三代种植园，产量已达到了世界高产园水平。

徐纬英们硬是让油橄榄在中国适生区扎下了根、结下了果、榨出了油。目前，中国已进入了油橄榄产业化阶段，成功地开发出了优质橄榄油、油橄榄化妆品、油橄榄罐头、油橄榄蜜饯、果酱、酒、饲料、药品等系列产品，使油橄榄的经济价值得到了开发利用，为西部地区的经济发展提供了一个新的增长点，正在为国家的精准扶贫做贡献。

徐纬英将其长期的实践经验和科学研究成果加以总结，在国内外学术刊物上发表了数十篇学术论文，她的《油橄榄在中国的适生区》一文，被译成英、法、意和西班牙 4 种文字，在国际橄榄油理事会主办的国际最权威的专业期刊《OLIVE》上发表。出版了《中国油橄榄》《油橄榄及其栽培技术》《营养之王橄榄油》等专著。成了享有崇高国际威望的油橄榄专家。

在《中国油橄榄》一书中，徐纬英自豪地告慰九泉之下的周总理：当年总理提出的 4 个问题都已得到解决。

联合国粮农组织著名生物物候专家曾经说："中国如能成功引种油橄榄，将是植物地理学上的一大成就。"徐纬英等就是这一伟大成就的实践者和见证人。

岁月带走了青春、带走了生命，但在徐纬英看来，此身长寄橄榄枝，让她感到无比自豪。她就像《圣经》上的鸽子，给祖国的黄土地、红土地带来了橄榄枝，一顶用中国橄榄枝编织的、代表和平、勇敢和胜利的橄榄枝桂冠。

现在，油橄榄已被列入国家木本油料产业发展规划，甘肃、四川、云南等省市区均编制了油橄榄产业发展总体规划。张建国等新一代专家，正在为总理树的枝繁叶茂继续努力。我想，远在天堂的徐纬英，定会感到无比欣慰。

二〇一六年八月十日

代序 让“中国”二字首次出现在世界油橄榄分布图上

——纪念徐纬英100周年诞辰

文／王建兰　图／俞宁

徐纬英（前排左4）等在大湾沟油橄榄示范园

走进甘肃陇南，跋涉在白龙江岸，谈及油橄榄，可以说无人不晓徐纬英。

武都区大湾沟油橄榄示范园原主任、高级工程师祁治林，给我讲述了“徐纬英与大湾沟示范园”的深厚情缘。他说，徐纬英，这位把一生贡献给了祖国林业事业的老人，因为油橄榄，把甘肃当成了第二故乡。

1989年3月，祁治林以武都县（现为陇南市武都区，下同）林业勘测设计队队长的身份，陪同中国林科院油橄榄专家徐纬英、张崇礼、邓明全等，调查研究1978年武都县在白龙江河谷引种的油橄榄自然生长状况。之后，向原国家计委呈交了武都县发展油橄榄项目的可行性报告。在时任中共中央政治局常委宋平同志的关怀下，原国家计委下达了“发展甘肃武都油橄榄生产”项目，经费100万元，拟发展油橄榄266公顷，培育油橄榄树苗12万株，建年产10吨的小型油橄榄加工厂1个，徐纬英为项目主任。由此，武都便成为徐纬英魂牵梦绕之地，她像关注儿女的成长一样，关注武都油橄榄的发展。不但通过书信、电话了解油橄榄在武都的生长情况，还多次到武都，手把手地指导武都人民开展油橄榄的种植、抚育和管理。

1989 年夏，徐纬英又到武都，赶赴武都汉王林场。看到因管理不善，造成油橄榄枯死现状，她心如刀绞，立即找到陇南地区（现为陇南市，下同）有关领导商量对策，制定规划，希望通过此举保证油橄榄能在武都稳步发展。

1990 年 4 月，为了顺利实施“发展甘肃武都油橄榄生产”项目，徐纬英带领中国林科院、北京农业大学的专家再赴武都，引起了武都县委县政府的高度重视，4 月 26 日，武都县委县政府主持召开会议，与徐纬英等专家一道，研究怎样利用国家 100 万的扶持资金发展武都油橄榄。

会上，徐纬英介绍了有关油橄榄的专业知识、栽培技术及项目实施意见，建议利用有限的资金先建一片试验示范园、一个小型加工厂，待试验成功后再逐步开展示范推广。然而，会上有多人持不同意见，认为 100 万元根本建不起示范园与加工厂，即使栽种成功了建起了加工厂，因为人们不了解橄榄油，加工好的油也卖不出去。因此，他们建议，不如把仅有的 100 万元，划拨给能种植油橄榄的乡镇，由乡镇组织农民种植，完成国家下达的 266 公顷任务。这两种意见是公说公有理，婆说婆有理。然而最终讨论的结果是，按徐纬英等专家的意见办。因为当时武都县委县政府觉得，既然是科研项目，就听专家的，按专家讲的意见办。

考虑到试验失败的可能，无论是专家还是当地政府与群众，都希望将失败损失降至最低，因此项目选址在武都两水镇偏远的、一片无交通、无人烟、无人问津的乱石滩——由泥石流冲积而成的大湾沟，开展试验示范园建设。

祁治林说，徐纬英为此呕心沥血，同时付出心血和汗水的还有中国林科院专家邓明全、俞宁等。1990 年，俞宁博士毕业不久，跟随徐纬英到武都，与当地干部群众一道肩挑背扛改水路、筑堤坝、修梯田，从其他山坡上运表土，将土铺到大湾沟乱石上，所铺土层达 30 厘米左右，工程达 23 万方。当地人记得，俞宁博士清华大学本科毕业，学的是数学应用，后来攻读博士时，学的是与林业有关的专业，让他们觉得十分的稀罕和不解。他们说，博士在当地他们是第一次听到，也是第一次见到。心想又不是“文革”时期，知识分子要劳动改造，如此高学历、高才生怎么会跑到他们那样的穷山沟里，老百姓很难理解。

俞宁回忆道，20 世纪 80 年代，去武都交通十分不便，亦无专车接送，舟车劳顿路途至少得两天，有时还得三四天。要分别辗转 3 条线路才可抵达：或北京—略阳、或北京—天水、或北京—兰州。先是乘绿皮火车到略阳或天水或兰州，住上一晚，第二天清晨 6 点再坐长途汽车（当地人称班车）到武都，顺利到达时都得是晚上了。赶上泥石流暴发时，其行程就难以预计了。

武都是国列贫困县，武都油橄榄示范园副主任王海东说，徐教授比他奶奶都大，记得徐教授90岁那年到武都他负责接待。看到奶奶级的徐教授，为了油橄榄如此执着地来回奔波，万分感动。他说，当时他们还很穷，交通虽有进步，但还是没有用来接送教授的车，实在不好意思让她坐班车或徒步上山，就找了一辆130卡车，但因路况不好，卡车颠得非常厉害，把徐教授都颠簸得呕吐了。让人实在看不过去，后来他们急中生智找了许多石头压在卡车的拖斗里以此减轻颠簸。

大湾沟示范园建设初期，为了方便与祁治林等联系，在无手机，座机电话得有级别才能安装的情况下，徐纬英以自己的名义申请，自费给祁治林家安装了一部电话。为了解决灌溉问题，还从自己成立的神州油橄榄公司拿出4万多元为示范园装上灌溉水管。在申请建园资金、园地选址、规划、品种选择、栽植等大量而精细的建园工作中，徐纬英、邓明全、张崇礼、彭雪梅等一批专家学者，与地方同志一道克服了工作和生活中乘车、吃住等诸多困难。

建设期间，徐纬英写信给意大利同行请他们寄来新品种，在武汉彭雪梅教授的育苗基地进行选育。1991年春，她委托彭雪梅教授将4万多株优良品种运送至大湾沟，其中有佛奥、莱星、皮削利、鄂植8号、九峰6号等（目前，这些品种已成为武都油橄榄生产中的当家品种），之后带领6名技术人员，亲自挖坑，亲自定植，从早到晚地干，午饭就在地里吃自带干粮（将早晨带去的馒头或烧饼，就着凉白开与咸菜吃上几口）。为了节省经费，徐纬英等开始还住招待所，后来因为没钱住了，他们就搬住办公室、祁治林家，自己买菜做饭。祁治林说:“这是为了省钱给树浇水、施肥、锄草用，他说，那时的他们可受苦了，洗澡不便，只能烧些热水加些凉水，放进桶里，随便洗洗；住地无厕所，只有野外旱厕，一到晚上，黑灯瞎火的，已逾古稀的徐老如厕就相当困难，徐老蹲不下去，实在无法，后来只好用一塑料桶代替”。

油橄榄栽上了，但灌溉又成了问题，徐纬英们只好请当地群众背水浇灌。羊肠山道，狭窄弯曲，行路困难，所背的每一桶水，也就25升左右，仅能浇两棵油橄榄，而所种油橄榄有2000多棵。当地群众说：“世代是农民的我们都从没干过这样繁重的劳作，这样的荒沟是根本种不成庄稼的。”……参与此项工作的每个人都感叹，大湾沟示范园建的真不容易。

示范园建设时，徐纬英等给每棵树都编了号，挂果后，每棵树他们都统计年产量，从单果重到单核重，一个一个地量，一个一个地称，循环往复，连续进行了10年。建设的加工厂，设备十分简陋，全都为国产或自制。今天我们根本想不到，他们竟然会用一口平常的大铁锅进行改装充当加工容器。而铁件容易生锈。生锈了，80岁的徐纬英跟着大家用砂纸除锈。俞宁说，设备虽然简陋，但全都是按国外的工艺流程制作而成，能完成所有加工作业。加工时，从维修机器、果实清洗到果实粉碎、融合、搅拌、压榨等徐纬英都全程参与。

示范园建成后，徐纬英每年春秋两季都会去武都，在武都一待就是 40 多天。春季传授油橄榄栽培、嫁接新技术，开展人工授粉，观察品种亲和力。秋季，观察油橄榄结果情况和大家一起加工榨油。祁治林说："武都的每一株油橄榄里，都凝结着徐教授的心血和汗水！"

功夫不负有心人。1989 年大湾沟示范园开始建设，1992 年建设成功。三年的艰苦奋斗，徐纬英们硬是在乱石滩上建起了示范面积 7 公顷的大湾沟油橄榄示范园和 1 座小型加工厂。1995 年秋，定植第四年的鄂植 8 号和皮瓜儿已硕果累累。油橄榄成功结果，并且其生长量、产果量等均居国内之首，有的甚至接近或超过了地中海原产地水平，徐纬英欣喜若狂。看到在自己家乡的加工厂榨出了橄榄油，老百姓兴奋极了："今后我们再也不要去外地加工油橄榄了。"

和徐纬英等一道感到十分高兴的还有时任武都县委书记辛心田和武都县县长王忠孝二位同志，1995 年秋，他们一道查看油橄榄幼树的结果情况。1996 年秋，陇南行署专员焦鸿钧、副专员周汉臣在徐纬英的陪同下参观了大湾沟油橄榄示范园。同年 11 月，陇南地区在大湾沟召开了现场会，决定 1997 年把油橄榄确立为当地的支柱产业。1999 年，陇南地区把油橄榄确立为四大特色林果产业之一。

大湾沟示范园的成功，带动了陇南油橄榄产业的迅猛发展。目前，全市发展油橄榄 4 万公顷，建成了白龙江、白水江两条油橄榄带，涉及 9 县区 67 个乡镇、420 个村、6 万农户、18 万多人。建成了大湾沟、将军石、大堡高标准国有示范园 143 公顷；3 公顷以上的大户私有橄榄园 210 处 0.25 万公顷；农户整流域开发、连片栽植橄榄园 170 处 2.3 万公顷；建成油橄榄上水工程 130 处，增加有效灌溉面积 0.5 万公顷，修建上园道路 40 条。配套建成了 15 座油橄榄系列产品加工厂，日加工能力达 1200 吨。研制开发出橄榄油、保健橄榄油丸、系列化妆品、油橄榄茶、橄榄酒、橄榄罐头、橄榄叶有效成分提出物、橄榄果食品、橄榄菜等 10 大类、80 多个产品，油橄榄系列产品在各类展会上荣获奖项 68 个。2017 年祥宇牌特级初榨橄榄油首次参评纽约、洛杉矶、日本国际橄榄油品鉴会，一共获得金奖、银奖、铜奖共 4 枚。研制的橄榄酒和橄榄果酒获得了发明专利。大湾沟油橄榄示范园由省级引智基地晋升为国家级引智基地，出现了一大批龙头企业，祥宇公司被认定为首批国家林业重点龙头企业，其"祥宇"牌橄榄油被国家工商总局评为"中国驰名商标"，还与田园公司一道被认定为甘肃省省级农业产业化龙头企业，田园公司并被国家林业局授予"中国林业产业突出贡献奖"；武都油橄榄被国家质检总局评审认定为"地理标志保护产品"；武都区被授予"中国油橄榄之乡"荣誉称号，陇南市被国家林业局确定为"中国油橄榄示范基地"，是国内有产量、有品牌、有市场的生产区，有效带动了产业的健康快速发展，为当地农民的脱贫致富做出了重要的贡献。

大湾沟示范园的成功，同样也引起了各级党政领导的高度重视和国内外同行专家学者的极大兴趣。从 1994 年始，先后有意大利、希腊、西班牙、法国、美国、日本、以色列、巴勒斯坦等国家的油橄榄专家，专程前往陇南市考察。中国 20 多个省、市的油橄榄产业管理人员、科研人员、龙头企业负责人，也纷纷前往参观考察，大湾沟油橄榄基地成为中国油橄榄试验示范中心，成为甘肃陇南和武都区最靓丽的风景线。也再一次打破了国际引种界提出的“亚洲和太平洋地区不能引种油橄榄”的定论。

2006 年，当 90 岁高龄的徐纬英最后一次踏上武都热土，看到白龙江沿岸 100 公里范围内都是油橄榄树时，她灿烂地笑了，兴奋地说：“幻想中漫山遍野都是油橄榄的美好愿景终于出现了！”

在中国第一部有关油橄榄的学术著作，徐纬英编著的《中国油橄榄》一书的扉页里，有周恩来栽植油橄榄树苗、徐纬英双手捧着油橄榄苗等图片。国际橄榄油委员会执行主席在所作序言中说：“作为国际橄榄油委员会的执行主席和一个橄榄油的忠实消费者，不论从专业的角度还是从个人情感，看到像中国这样一个国家对油橄榄栽培的与日俱增，都让我感到由衷的高兴。中国的油橄榄立足国际市场将有巨大的潜力和广阔的前景，正如 OECD 预测，在今后的几年，中国将是世界上最大的经营和消费市场。”他还说：“这让我能够有机会了解到这个国家到处洋溢着激情和有着巨大的潜力，其中包括对外来文化再现出的强烈兴趣。”

在徐纬英的努力下，油橄榄不但在中国安家落户，而且还让世界认识了中国。更让人兴奋和难忘的是，1998 年，国际油橄榄理事会发布的《世界油橄榄分布图》上，第一次标注上了“中国”，甘肃陇南地区也被划入分布区内。在中国油橄榄种植区中，甘肃省陇南地区以其独特的气候条件，被划分为一级适生区，在中国油橄榄发展史上，占据着重要的位置。

大湾沟示范园的成功，为四川、云南、重庆等油橄榄老产区带来了希望的曙光。

榜样的力量无穷，笔者在武都采访时，恰逢重庆奉节在武都举办油橄榄培训班，40 多人参加，武都人民正在为奉节人民传经送宝。

“所有这些，都离不开徐老的功劳。”在中国油橄榄发展的任何角落，人们都会如此说。

二〇一六年八月九日

前 言

“陇南发展油橄榄的实践挽救了中国油橄榄产业”，这是邓明全先生对陇南油橄榄发展的高度评价。40 多年来，陇南油橄榄产业从无到有、从小到大，历经引种试验、示范推广、产业化发展、创新驱动四个阶段，发展壮大成白龙江沿岸文县、武都、宕昌和康县 4 县区 40 个主产乡镇 16 万人受益的大产业，2014 年陇南市被国家林业局确定为“中国油橄榄示范基地”,2016 年中国产学研合作促进会批准陇南市人民政府牵头，联合国内大学、研究院所、企业和农民专业合作社组建成立了中国油橄榄创新战略联盟。中国油橄榄发展上走出了一条具有陇南特色的发展之路，成功来之不易，经验弥足珍贵。在我国油橄榄目前大发展、快发展新的历史时期，借鉴陇南发展经验，让新发展地区少走弯路，避免人力财力浪费，达到事半功倍的效果，也就顺应了产业发展之需，呼应广大油橄榄种植者的企盼。

油橄榄在世界上已经种植了 3000 多年，在中国引种栽培 50 多年，在陇南市引种栽培只有短短 40 多年的历史。这 50 多年来，全国油橄榄产业几起几下，濒临灭绝边缘，陇南油橄榄人坚持不懈，矢志不移，顽强拼搏，艰难探索，在地处亚热带与暖温带过渡带的白龙江流域武都建成了大湾沟等一批科技示范园，有力地回应了油橄榄发展的种种误解，佐证了中国发展油橄榄的气候适应性。为中国油橄榄发展起到了起死回生的挽救作用，意义非凡！

实践证明陇南白龙江流域海拔 1500m 以下区域是油橄榄的最佳适生区，为油橄榄在陇南大面积发展提供了理论基础和实践参考。

陇南引种油橄榄近 40 多年来，由于适生区域小，从业者寥寥，产业开发几上几下，研究工作断断续续，专业人才断档奇缺，有关人员编著了一些培训资料，但都与实际需要相差甚远。专业理论书籍编著几近空白。由此造成栽培技术不规范、不统一、不标准，特别是针对陇南实际的栽培管理技术更是奇缺，指导产业发展的作用发挥不明显。对油品加工、质量控制、市场培育、价值链研究等没有进行深入研究，这些都有待拓展。

编著《陇南油橄榄栽培及加工利用技术》目的就是对陇南油橄榄发展 40 年来的科研、推广、生产、服务和对外交流合作工作进行全面梳理，把国内科研工作者在陇南开展的最新科研成果整理成册，方便油橄榄从业者参考，紧密结合陇南生产实践，对制约生产发展的技术关键环节和难题提出了一些看法和粗浅认识。编著《陇南油橄榄栽培及加工利用技术》是现实之需，更是广大油橄榄种植者的期盼，是贯彻落实国家创新发展战略的具体体现，对促进陇南油橄榄产业标准化栽培，做大做强陇南油橄榄产业将会起到一定的推动作用。一是推动品种化栽培。本书收录了陇南油橄榄现存的124个品种，重点介绍甘肃省林木良种审定委员会审定批准的莱星、鄂植8、城固32、阿斯、科拉蒂、奇迹、皮瓜儿7个油橄榄良种，为油橄榄品种化栽培界定了发展方向，今后油橄榄发展就以这7个品种为主，保证新建油橄榄园丰产稳产、优质高效。二是推行标准化生产。把国内外先进的科学技术和成熟的经验组装成技术标准，推广应用到油橄榄生产和经营活动中，把科研活动中形成的最新科技成果及时高效转换为现实生产力，取得最佳的经济、社会和生态效益。充分吸纳国外油橄榄原产地国家先进的技术支撑、经济核算、行业管理、市场培育等成功经验，使油橄榄发展科学化、系统化，也是打造中国自产橄榄油品牌和提高国际竞争力一项十分重要的基础性工作。三是规范培训活动。《陇南油橄榄栽培及加工利用技术》有关技术标准有的已经通过质量技术监督部门审定，有的在陇南实际生产中长期使用，后又反复修订，针对性强，受到广大油橄榄种植者的普遍肯定，可以作为培训教材在生产中施行。四是为油橄榄中国化栽培奠定一定基础。油橄榄来自国外，栽培技术源自国外，国内也出版发行过有关专著，但都与陇南的实际情况有不小的差距，并且没有吸纳陇南油橄榄科技工作者最新的科技成果，有的内容不全面，有的技术水平落后于生产，对实际生产的指导性不强，因而也不能完全起到指导陇南油橄榄产业发展的作用。本书的编著弥补了以往各个版本的不足，吸纳了陇南油橄榄科技工作的最新成果，技术措施更加符合生产实际，内容更加完善，也是油橄榄栽培技术中国化的最新理论成果。五是技术体系更加全面。本书在内容上分为栽培、加工、有害生物防控等几大部分，同时也对油橄榄深加工等各个环节尽力做了阐述，目的就是为参阅者提供较为全面的知识信息。六是汇集了陇南油橄榄发展的主要经验和做法，为国内其他省区的各级领导、油橄榄科技工作者、油橄榄从业者提供了一套全面了解陇南油橄榄科研、推广、生产、服务的资料来源。

本书定名为《陇南油橄榄栽培及加工利用技术》，主要是考虑陇南是我国油橄榄产业发展较快的地区，栽培面积、橄榄油产量、产值占到全国一半以上，是中国油橄榄示范基地和国家级引智基地，国内油橄榄科技创新的主要承载体和参与者，基本形成了全国油橄榄科技研发中心、标准制定发布中心、最大的橄榄油及其制品集散地和人才培训中心的基本框架。特别是中国油橄榄产业创新战略联盟的成立，为聚集智力资源，借力发展力量，集聚发展要素，共享发展平台，构建了一个完全平等、开放、共享、共赢的新机制，为今后油橄榄科技创新驱动发展注入新活力。

《陇南油橄榄栽培及加工利用技术》由陇南市林业局局长王小虎、经济林研究院院长张进德、副院长油橄榄研究所所长邓煜总策划、油橄榄研究所副所长张正武编著，国内部分油橄榄科技工作者共同组稿，汇集了陇南油橄榄引种、科研、试验、示范、推广、培训、交流等科研活动的探索与实践，囊括了国内油橄榄引种以来的全部科研推广服务成果。全书内容丰富，图文并茂，具有实践性、理论性和系统性，有较强的实用性、新颖性和可读性，是一本有一定价值的学术专著。

《陇南油橄榄栽培及加工利用技术》是在陇南及其国内广大油橄榄科技工作者长期辛勤工作的基础上完成的，编辑过程中得到了国内外同行的大力支持，特别是一些老专家、老领导给予了无私的帮助。对此，我们表示衷心的感谢！在组稿过程中全体参编人员夜以继日，加班加点，对他们付出的辛勤努力表示真诚的谢意！

我们深知，对一个树种而言，50 多年的引种栽培史和科研推广史仅仅是起步，解决的也仅仅是初步的生产技术问题，实现油橄榄栽培技术中国化还有大量工作要做。特别是不同品种、不同气候条件、不同环境胁迫下油橄榄生长、发育、开花、结实习性还没有完全研究清晰，对油橄榄叶提取物等生理生化基础理论研究仅仅是起步，对如何扩大国内油橄榄市场，培育国产橄榄油消费群体，引导人们选择健康的生活方式等仍然没有引起国内研究者的重视，对适宜中国气候条件下的油橄榄品种选育还没有真正起步，这些都是当前油橄榄研究迫切需要着手进行的工作，本书的编著出版就是为开展这些研究提供一些力所能及的帮助。由于编著时间短、编著者水平有限，不妥之处在所难免，敬请参阅者提出宝贵意见。

编 者

二〇一八年十月二十二日

内容简介

《陇南油橄榄栽培及加工利用技术》是对陇南引种栽培油橄榄40多年科研、推广、生产、服务、对外合作交流及科技支撑体系建设的全面总结，共十六章内容。第一章全面介绍了世界油橄榄栽培发展传播的历史和中国油橄榄引种的艰辛历程；第二章对油橄榄的生物学特性和生态适应性做了较为翔实的叙述；第三章介绍了国内科技工作者对甘肃陇南油橄榄区划研究的成果，从不同的专业角度证明了陇南油橄榄的适应性；第四章是陇南油橄榄种质资源引进、搜集、保存和良种申报情况；第五章是油橄榄育苗技术；第六章是油橄榄建园技术；第七章是油橄榄园土壤管理技术；第八章是油橄榄施肥技术；第九章是油橄榄水分管理技术；第十章是油橄榄整形修剪技术；第十一章是油橄榄病虫害防控技术；第十二章是油橄榄低产园改造技术；第十三章是油橄榄果实采收储藏技术；第十四章是油橄榄生产技术发展趋势；第十五章是橄榄油、餐用橄榄及其加工技术；第十六章是油橄榄深加工综合开发利用前景。

《陇南油橄榄栽培及加工利用技术》是对陇南油橄榄引种栽培加工及质量控制的全面总结，涉及的内容非常全面，既有理论研究成果，又有实例报告，还有产业管理经验的总结，适合于从事油橄榄及相关树种生产、研究、学习的同行和行业主管部门的领导参阅。

目录

第一章　油橄榄概述

油橄榄是一个古老的树种，在漫长的人类历史长河中，有广泛流传于民间的各类美丽故事，长期为人们津津乐道。也有从植物物种起源自然进化演变的科学结论。这两种说法遵循大致相同的传播轨迹，都得到人们的普遍认可和接受，并随着油橄榄种植和贸易不断扩大，不断叠加油橄榄发展的历史烙印，丰富着油橄榄神奇而美丽的传说，在人类享受油橄榄健康美好生活的乐趣中，传向远方，传向未来……

第一节 油橄榄的起源和传播

一、油橄榄树的传说

油橄榄树是至今人们所认识的最古老的树种之一。学者们认为，油橄榄树起源于六百多万年前地中海海岸的中东部，古老的美索不达米亚，也就是今天黎巴嫩、巴勒斯坦和叙利亚三国所在地。是腓尼基文化使人们在公元前6000至5000年首先开始了油橄榄树的开发，并把开发的技术由地中海的东部流域传播到西部流域（埃及，西西里，意大利半岛，伊比利亚半岛等），在此以后产生的神话、故事、历史、习俗和其他的史实在漫长的历史长河中铸造了灿烂的橄榄文明。

对古埃及人来说，橄榄油至关重要，用做软膏来润滑田径运动员的身体，用做圣油来赞美神龛，作为病人的涂油和用来照亮彩灯和许愿灯的液体燃料。在公元前980年至715年，用橄榄油沐浴和为木乃伊带上用橄榄枝做成的花冠的做法很普遍，在法老墓中可以看到这些装饰物。对古埃及人来说，是伊西斯女神向人们传递了提取橄榄油的技术。

图1-1 油橄榄古树——希腊古文明见证者

在古希腊神话里，女神们用橄榄

果提炼出来的膏状物在特殊环境下具有一种惊人的功效。当赫拉想要引诱宙斯时，她就在自己身上涂上这种神圣的膏状物——橄榄油。一直到荷马时代结束，橄榄油才获得经济价值，然而也只有贵族和富人才能使用橄榄油，在某些特洛伊英雄的家中，它被视为一种珍贵的软膏。

罗马人的沐浴文化中，橄榄油是健康和美容仪式的一部分，他们先用橄榄油按摩，再用一种弯曲的骨制刮刀刮掉。罗马人对于橄榄油中抗氧化、抗感染的神奇功效，格外感同身受。

更重要的是，橄榄树的文化影响了西方文明的发展。大约在15世纪的大航海时代，当时的海上强国西班牙，用轻快的帆船把橄榄树的文明载到了新大陆、南非、澳洲、美洲以及东方的中国和日本。对西方人而言，橄榄就是生命之树的最佳代名词，因为它不仅点燃了地中海文明，也为味觉、健康和青春带来了幸福的感觉！

在古希腊罗马时代，橄榄树被认为是和平和生命的象征。事实上，被视为肥沃之树。为此，当妇女们希望生育之际，她们来到树阴下躺在树叶上睡觉以求梦想成真。实际上，把橄榄油誉名为“液体黄金”的第一人是诗人荷马，在其作品“苦难”中多次出现橄榄树，例如，乌力塞斯和其同伴用橄榄树的树干刺瞎了西克罗佩的眼睛。希腊人把油橄榄树的种植引入意大利，那里非常适于油橄榄树的生长。

据较为可靠的史料证实，是腓尼基人（是一个古老民族，生活在今天的中海东岸相当于今天的黎巴嫩和叙利亚沿海一带）在公元前2000年末把油橄榄树的种植引入伊比利亚半岛，还有人认为它的开发是在伊比利亚半岛的南部，即今天的安达卢西亚进行的。当他们到达海岸，教授伊比利亚人（现今西班牙文明的创始人）的是经过改良的种植和提取技术。无论如何，腓尼基人对早期油橄榄种植的影响是不可否认的。

前罗马时期的人们就已经开始在安达卢西亚地区瓜达尔基维尔河谷地区种植油橄榄了。而罗马帝国时期著名的农学家路修斯·鸠涅斯·摩德拉杜斯·哥伦克拉在公元42年出版的著作《野生动物研究》和《树种研究》中留下了最早的关于油橄榄的收摘及碾磨压榨的历史记载：“待油橄榄果颜色开始变化，即应在天气晴好之日进行手工采摘，垫之以苇席或芦秆，再行筛选清洁；仔细清洁之后，尽数放入新制小篮中，即刻送至压榨场，不得有半点延误，然后放进压榨机中，在最短时间内完成压榨工序。完成后，所有橄榄果均应已碾压成末……”

前罗马时期，可以肯定是从公元前1世纪开始，地中海地区便有人进行橄榄油的交易活动，这使得油橄榄的种植传入罗马帝国占领的地区，橄榄油的美誉也随之广为流传。由于罗马人对橄榄油的特殊钟爱，以至于形成了他们划分橄榄油品质的标准：OLEUMEXALBISULIVIS（青橄榄制成的橄榄油），OLEUMCADUCUM（用那些在收获季节晚期捡拾的橄榄果制成的橄榄油），OLEUMMATURUM（用那些成熟的橄榄果制成的橄榄油），

OLEUMCIBARIUM（用那些掉在地上的橄榄果制成的橄榄油），OLEUMCIBARIUM（用那些几乎腐烂的橄榄果制成的橄榄油，是供奴隶食用的橄榄油）。橄榄油的价值受到了罗马统治者的重视，他们要求被征服地区的人民用橄榄油来抵付应纳赋税。

图 1-2 希腊古墓出土的文物——古代王妃金质油橄榄花环

关于油橄榄树从一开始就带有很多的传说故事，富有传奇色彩，我们现在已很难再找到某一树种能与之相媲美了。地中海沿岸地区出现的各种宗教的所有经书中，对油橄榄树及橄榄油都有描述：《圣经》的“创世纪”一节中，诺亚方舟放出的鸽子就是嘴衔橄榄枝回到方舟的，带给人们洪水消退和上怒平息的喜讯。在《新约》中以及在描述基督生平的故事里，有关橄榄树的描述可以说是俯拾皆是。耶稣受难之初，当他顺利进入耶路撒冷时，他便是受到手持橄榄枝和棕榈的人们的热烈欢迎；耶稣临终前在橄榄园作过祈祷；十字架是用雪松木和油橄榄木制成，而耶稣最后也是葬身于一片油橄榄地中。《圣经》依此认定油橄榄树是既神圣又神秘的植物，书中曾 140 多次提及“橄榄油”，而提及“油橄榄树”的地方则有 100 多处。即使在《古兰经》里，也有 200 多处讲到了“油橄榄树”，不过《古兰经》将它描写成了一种“神树——它的油未得光火照耀便已熠熠发光”。

正是那些阿拉伯人在公元 8 世纪到公元 14 世纪占领了伊比利亚半岛，将油橄榄的种植技术和橄榄油的榨取技术传播到了西班牙，主要是西班牙的南部，即今天的安达卢西亚地区，那里原来是哈里发王国的首府所在地，而安达卢西亚的名字也正是来源于阿拉伯语的 AL-ANDALUS。从那时候起，油橄榄树的种植和橄榄油在西班牙社会和西班牙烹饪中便占据了重要的位置。16、17 世纪征服美洲时期，西班牙人又从安达卢西亚首府出发，把油橄榄树带到了现今的秘鲁、智利、阿根廷和墨西哥等地。

今天，在加利福尼亚和南美的一些地区也种植油橄榄树。从征服时期开始，关于橄榄油的使用便常见于一些文学作品中，如在《堂吉诃德》中有这么一段：“……她抓起一盏盛满橄榄油的油灯，照准堂吉诃德的头扔过去，砸了个满脸花。”然而直到 19 甚至 20 世纪的时候，在工业革命的后期，特别是到大英帝国和英法的罐头工业鼎兴时期，橄榄油的出口才规模化。19 世纪，由于交通条件的大为改善，橄榄油的出口使得安达卢西亚地区的油橄榄树的种植面积大大扩大，那里的油橄榄树一直延伸到了该地区的周边。

目前西班牙是世界上油橄榄树种植最多的国家，种植面积达到 240 万公顷，约 3 亿株，占全世界种植总面积的 27.3%。远远超过了希腊（75 万公顷）和意大利（110 万公顷），更远超其他油橄榄树的种植国家，如突尼斯、土耳其、叙利亚等国。西班

图 1-3 与油橄榄相关的文物及标识

牙安达卢西亚地区肥沃的土地上种植了全国 60% 以上的油橄榄，其产量占到了全国产量的 75% 以上。因此，橄榄油已不仅仅是地中海地区人们常见的传统食品，它作为一个带有象征人类的标志性植物，其重要性和象征意义在地中海人民及其他地区人民眼中，已经成为地中海地区的象征物。是否使用橄榄油直接影响到了烹饪各种菜肴的样式和风味以及大量品尝美味的食客的胃口。它作为各种主食的佐餐之料，调制各种菜蔬肉类的功用是非常重要的，并形成了地中海地区烹饪的一大特色，被誉为“地中海食谱”，时下又因其营养均衡而誉满天下。

图 1-4 象征世界和平的艺术形象——一只嘴衔橄榄枝的鸽子

除了烹饪以外，油橄榄还激发了艺术家们的创作灵感。从梵高到毕加索都曾多次将油橄榄树作为艺术创作的对象。实际上，毕加索这位来自盛产橄榄油的安达卢西亚地区的画家就创作出了如今象征世界和平的艺术形象——一只嘴衔橄榄枝的鸽子。

油橄榄树根系深入地下，树干相互缠绕，面对狂风暴雨的侵袭仍屹立不倒，这一形象就深深地触动了无数诗人的灵感，丰富了美食的烹饪方式。如今，用橄榄油烹制的美食也因被科学所认

图1-5 在希腊屹立千年的油橄榄古树

同而备受推崇。在油橄榄树被发现几千年之后的二十一世纪初，世界上对橄榄油的保健、营养功能有着科学而广泛的认同，使得它再次散发出勃勃的生机，而这也不仅是油橄榄树，更是全人类的……这种古老而神圣的树种悠久历史的又一篇绚丽华章。

二、油橄榄的地理起源

油橄榄是世界上最珍贵的常绿、多年生木本油料树种，有三千多年的栽培历史。油橄榄具有高产、优质、长效的特性，它是人类最早驯化栽培的三大果树："油橄榄""葡萄""无花果"之一。

关于油橄榄的地理起源，有几种认为，一种认为：油橄榄原产在小亚细亚，叙利亚，及其东部邻近地区，随后由东向西，经埃及和意大利，发展到地中海区域各地。另一种认为：油橄榄起源中心在埃及和苏丹，因为那里有与油橄榄同属，并且形状很相似的种类分布。这两种看法虽然有所不同，但都属于地中海区域，这与当前油橄榄的集中分布区域是一致的。但也有人认为：早在远古时代，油橄榄由希腊人传播到欧洲和地中海区域，说油橄榄的初生起源中心在地中海的叙利亚，伊拉克及附近地区，随后沿土耳其南部海岸传到希腊及周边国家，并在该区域形成次生起源中心，随着引种驯化栽培的发展油橄榄在意大利和突尼斯等地区的扩展种植形成第三起源中心。油橄榄的地理起源说法各异，但现今油橄榄从地中海沿岸国家，向世界五大洲 40 多个国家扩展种植的历史证明地中海沿岸国家是油橄榄的起源地是有依据的。

图 1-6 希腊古代榨油图和用油橄榄木做的木版画

远古时代，当希腊人把油橄榄引种到欧洲和地中海区域后，到公元前 600 年意大利和阿尔巴尼亚已成为油橄榄栽培的国家。到十六世纪油橄榄由伊比利亚半岛的移民引种到拉丁美洲的秘鲁，墨西哥，智利，阿根廷等国。十九世纪初，油橄榄引种到北美洲的美国，大洋洲的澳大利亚和亚洲的日本。

公元前 10000 ～ 5000 年，野生油橄榄起源于小亚细亚。最初在叙利亚，而后扩展到希腊。公元前 3000 年希腊克里特岛已开始人工栽培油橄榄。之后，油橄榄从原产地的叙利亚分 3 个方向延伸向地中海盆地发展：一是由原产地到巴勒斯坦至埃及；二是由原产地到塞浦路斯，再分 3 个方向分别到土耳其、希腊的克里特岛和希腊本土；三是由原产地到埃及后，沿非洲北部的利比亚到突尼斯。突尼斯又分两个方向传播：到意大利的西西里岛，再到意大利本土；到阿尔及利亚，再到巴里阿里群岛、法国、西班牙、葡萄牙、摩洛哥以及整个地中海周边国家。

公元 2 ～ 3 世纪，油橄榄在意大利得到了较大的发展。古罗马帝国的兴起及其政治、经济的发展，使意大利成为油橄榄栽培技术及其橄榄油利用的卓越传播者。1556—1697 年，随着航海技术的兴起，油橄榄传播到了南美的阿根廷、秘鲁、智利、巴西、墨西哥、安替列斯群岛。1769 年，美国加利福尼亚州引种了油橄榄。

公元 8 世纪，油橄榄通过“丝绸之路”从波斯传入中国。1907 年由法国传教士引种于云南省德钦县茨中教堂，年年开花结果。新中国成立前，中国旅欧留学生带回的少量油橄榄树，种植在云南、重庆、福建和四川。1956—1962 年油橄榄被列入国家引种计划，先后从苏联、阿尔巴尼亚引进 12 个品种 1800 株幼苗和部分种子。

图1-7 头戴油橄榄花环的运动员

图 1-8 希腊枝繁叶茂的油橄榄古树

油橄榄树在中国的成规模引种始于 1964 年。引种的积极倡导者是时任国务院总理周恩来。阿尔巴尼亚部长会议主席谢胡向中国政府赠送了 10680 株油橄榄树苗。1964 年 3 月 3 日，周恩来总理在昆明海口林场亲手种下了第一棵油橄榄树。20 世纪，澳大利亚、新西兰、日本、南非、印度、巴基斯坦、中国相继引种成功并规模发展油橄榄。目前全世界有 40 多个国家在引种栽培油橄榄，但油橄榄集中产地仍是地中海周边国家。

第二节 油橄榄的经济价值

对油橄榄经济价值的认识当前主要集中在从成熟的油橄榄鲜果采取冷榨技术而成的天然食用植物油——“橄榄油”。它营养丰富、抗氧化性强，产品用途广泛，是世界上公认的植物油“皇后”“液体黄金”。橄榄油不仅营养价值丰富，而且能防止心血管疾病、糖尿病、白内障、肥胖症，老年痴呆症、肝炎等多种疾病和延缓衰老、防癌等多种功效，同时又是安全可靠的美容佳品。中国中医认为，油橄榄性味甘、涩、酸、平，对人体具有清肺、利咽、生津、解毒的作用。随着现代生物技术的发展，对油橄榄的综合开发利用涉及油橄榄的枝、叶及其加工废弃物的开发利用，成为各国科学家研究的重点。

一、橄榄油的健康价值

国内外科学家通过大量实验验证，橄榄油具有重要的健康价值，主要体现在：

1. 促进血液循环。橄榄油能防止动脉硬化以及动脉硬化并发症、高血压、心脏病、心力衰竭、肾衰竭、脑出血。在阿尔特米斯•西莫普勒斯博士所著的《欧咪伽健康•简单易行的长寿计划》一书中提到食用油中 ω-6 脂肪酸会使动脉收缩，从而迫使心脏超负荷工作，造成高血压。而橄榄油中的 ω-3 脂肪酸能增加氧化氮这种重要化学物质的量，可以松弛动脉，从而防止因高血压造成的动脉损伤。另外 ω-3 脂肪酸还可以从两个方面防止血块的形成。首先，它能降低血小板的黏稠度，让血小板与纤维蛋白原不易缠绕在一起；其次，ω-3 脂肪酸能降低纤维蛋白原的量，也就大大减少了血栓形成的概率。

2. 改善消化功能。橄榄油中含有比任何植物油都要高的不饱和脂肪酸、丰富的维生素 A、D、E、F、K 和胡萝卜素等脂溶性维生素及抗氧化物等多种成分，并且不含胆固醇，因而人体消化吸收率极高。它有减少胃酸、阻止发生胃炎及十二指肠溃疡等病的功能；并可刺激胆汁分泌，激化胰酶的活力，使油脂降解，被肠黏膜吸收，以减少胆囊炎和胆结石的发生。还有润肠功能，长期食用可以有效缓解便秘。

3. 保护皮肤。橄榄油富含与皮肤亲和力极佳的角鲨烯和人体必需脂肪酸，吸收迅速，有效保持皮肤弹性和润泽；橄榄油中所含丰富的单不饱和脂肪酸和维生素 E、K、A、D 等及酚类抗氧化物质，能消除面部皱纹，防止肌肤衰老，有护肤护发和防治手足皴裂等功效，是可以“吃”的美容护肤品，另外用橄榄油涂抹皮肤能抗击紫外线防止皮肤癌。

4. 增强内分泌功能。橄榄油能提高生物体新陈代谢功能。这是因为橄榄油中含有80% 以上的单不饱和脂肪酸和 ω-3 脂肪酸，而 ω-3 脂肪酸中的 DHA 可以增加胰岛素的敏感性，当细胞膜中不饱和脂肪酸的含量越高，拥有的双键数量越多，其活动性就越强。而有着 6 个双键的 DHA 是最不饱和脂肪酸，因此也就让细胞膜最具活动性。活动性强的细胞膜胰岛素受体的数量多，对胰岛素也就越敏感。当人体摄入适当比例的脂肪酸时，新陈代谢就更为正常，而发生肥胖、糖尿病的概率就会降低。最新研究结果表明，健康人食用橄榄油后，体内的葡萄糖含量可降低 12%。所以目前橄榄油已具有成为预防和控制糖尿病的最好食用油。

5. 预防骨质疏松。橄榄油中的天然抗氧化剂和 ω-3 脂肪酸有助于人体对矿物质的吸收如钙、磷、锌等，可以促进骨骼生长，另外 ω-3 脂肪酸有助于保持骨密度，减少因自由基（高活性分子）造成的骨骼疏松。

6. 预防癌症发生。由于橄榄油中含丰富的单不饱和脂肪酸与多不饱和脂肪酸，其中多不饱和脂肪酸中的 ω-3 脂肪酸能降低癌肿从血液中提取的亚油酸的数量，使癌肿戒除了一种非常需要的营养物质。ω-3 脂肪酸还能与 ω-6 脂肪酸争夺癌肿在代谢作用中所需要的酶，使癌细胞的细胞膜更为不饱和，变得易于破坏，能抑制肿瘤细胞生长，降低肿瘤发病率。因此它能防止某些癌变（乳腺癌、前列腺癌、结肠癌、子宫癌等）；此外，ω-3 脂肪酸（多不饱和脂肪酸）还可以增加放疗及化疗的功效，放疗及化疗是通过自由基（高活性分子）的爆发攻击细胞膜，来杀死癌细胞的。当细胞膜受到足够的伤害时，癌细胞就会发生自毁作用。而 ω-3 脂肪酸让细胞膜更易受到自由基的攻击，从而增加了化疗和放疗的功效。

7. 防辐射作用。由于橄榄油含有多酚和脂多糖成分，所以橄榄油还有防辐射的功能，因此橄榄油常被用来制作宇航员的食品。经常使用电脑者更视其为保健护肤的佳品。在长时间使用电脑之前，可以用橄榄油按摩面部及眼角，也可以通过使用富含橄榄油的沐浴品来达到相同的作用。要注意由于橄榄油和月桂油含量的不同，所达到的防辐射效果也是不尽相同的。

8. 制作婴儿食品。根据其成分和可消化性，橄榄油是最适合婴儿食用的油类。婴儿一半的热量来自于母奶中的油脂，在断奶后，所需要的热量就要通过饮食中的油脂获得。橄榄油营养成分中人体不能合成的亚麻酸和亚油酸的比值和母乳相似，且极易吸收，能促进婴幼儿神经和骨骼的生长发育，是孕妇极佳的营养品和胎儿生长剂，对于产后和哺乳期是很好的滋补品。

9. 抗衰老。橄榄油众多成分中，胡萝卜素和叶绿素赋予橄榄油黄绿色外观特征，而叶绿素起新陈代谢作用，促进细胞生长，加速伤口愈合。还有助于美化人的外表，

减少皱纹的产生。实验表明，橄榄油含有的抗氧化剂可以消除体内自由基，恢复人体脏腑器官的健康状态，能防止脑衰老，并能延年益寿。

10. 预防心脑血管疾病。橄榄油它可以从多方面保护心血管系统，①它通过降低高半胱氨酸（一种能损伤冠状动脉血管壁的氨基酸）防止炎症发生，减少对动脉壁的损伤。②通过增加体内氧化氮的含量松弛动脉，降低血压。③橄榄油中的单不饱和脂肪酸能够降低 LDA 胆固醇氧化的作用。④橄榄油中所含有的角鲨烯成分，可以增加体内 HDL（好胆固醇）的含量，降低 LDL（坏胆固醇）的含量，而体内 HDL 胆固醇的数量越多，动脉中氧化了的 LDL 胆固醇的数量就越少。最新的研究证明。中年男性服用橄榄油后，平均胆固醇下降了 13%，其中具有危险的“坏”胆固醇竟下降了 21%。⑤橄榄油能通过增加体内 ω-3 脂肪酸的含量来降低血液凝块形成的速度。

11. 维持血压稳定。当人体血压读数持续保持在 140/90mm 汞柱以上时，就是高血压。高血压是动脉硬化发展过程中主要的风险因素之一。它与高胆固醇，吸烟，肥胖，糖尿病一起，并称为发达国家的主要健康问题。像其他风险因素一样，生活方式对高血压有直接的影响。四分之一的成年人有高血压问题。由于其对人体动脉，特别是给心脏、肾脏、大脑和眼部供血的动脉带来的损伤，高血压会增加过早死亡的危险。同时还不是特别确定，地中海膳食中什么成分对降血压有作用。但是，有证据显示，在膳食中添加橄榄油（不改变任何其他形式）确实有降血压的作用。经常食用橄榄油会降低心脏收缩压和舒张压。最近有证据表明，当食用橄榄油时，每日需要服用的降压药物的剂量可以减少。这可能是由于由多酚引起的硝酸减少的缘故。

二、橄榄油的美容价值

橄榄油易于被皮肤吸收，又能作为其他物质的溶解介质，成为美容化妆品不可或缺的重要物质。

1. 橄榄油的美容功效。养颜洗完脸后，用橄榄油反复轻轻按摩，再用蒸脸器或热毛巾敷面，能除去毛孔内肉眼看不到的污垢，滋养肌肤，增加皮肤的光泽和弹性，去除细小皱纹。要特别注意特级初榨橄榄油不能作为化妆品直接涂抹在脸上，会引起脸部颜色变黑。这是因为紫外线吸收加强和浮尘沉积在皮肤表面的原因。

2. 几种橄榄油的美肤方法

（1）卸妆油：卸妆时，滴几滴橄榄油在手指上，用指腹轻轻按摩，再用蒸脸器或毛巾敷面，能除去毛孔内肉眼看不见的污垢，增加皮肤的光泽和弹性，滋养肌肤，去除细小皱纹。

（2）日常护唇：天气转冷时，有些人常会口唇干裂，除注意饮水外，只要擦上橄榄油即可解决问题。坚持两三天，可使你的嘴唇重现光润。用棉签蘸少量橄榄油均匀涂在唇部，有益于保持水分，消除及延缓唇纹出现，防止口唇脱皮裂开。

（3）日常护肤：在洗净的脸部皮肤表面涂上橄榄油，轻轻按摩脸部，让其充分吸收，这样有益于保持水分并滋养肌肤，再用热毛巾敷面，能去除毛孔内的污垢可使皮肤光泽细腻而富有弹性，消除皱纹和色斑或使色斑变淡、减缓皮肤衰老。

（4）日常护发：洗发后，于脸盆中注入少量橄榄油，一经漂洗，油会均匀地附着于头发上，或滴在掌心直接细细擦入头发，常用可使头发变得光泽漂亮，防止头发枯黄起叉。橄榄油含有维生素 B 和 E，用适量橄榄油涂抹在头发上，轻轻按摩，使头发充分吸收养分，然后用毛巾包裹，待一个小时后再用中性洗发液洗头，你就能拥有一头亮丽柔顺的秀发了。同时还可以防止脱发、出油、出头皮屑，防干燥及发梢开叉，如果能坚持每周一次，则效果更好。

（5）橄榄油浴：浴缸放水同时，放入 5 ～ 10mL 的橄榄油，用手轻轻搅拌，使油和水融合（油水可以融合），然后开始沐浴。达到清除污垢、舒活筋骨，消除疲劳的目的。

（6）防裂止痒：在干燥的秋冬，可防止皮肤皴裂及皮脂分泌过少引起的瘙痒，亦可呵护婴儿皮肤，在婴儿腋下臀部等处涂上少量橄榄油，可以防止宝宝的皮肤被尿淹或汗淹；婴儿身体各部腌红（痱子），在患处抹上橄榄油能很快康复。

（7）按摩油：炎热的夏季，橄榄油是最佳的防晒按摩油，游泳前后，用橄榄油涂抹全身，可极其有效地娇嫩肌肤。

（8）基础油：和精油搭配使用做家庭 SPA，是最实惠的基础油。

（9）橄榄油做粉底妆容：化妆时可用橄榄油作粉底油，既可营养皮肤，又可防止妆粉脱落和化妆品中有害物质伤害皮肤。卸装洁面时，用橄榄油轻擦面部，能有效除去油彩和化学品，有利于清除面部残留有害物质使面部不受侵蚀。涂口红后抹一点橄榄油，可使口红更加光泽艳丽。

（10）橄榄油护理双脚：在炎热的夏天，很多爱美的女生喜欢穿各种漂亮的凉鞋，但有时候会使脚脱皮或磨出一些小茧，橄榄油有滋润肌肤的功效，每天晚上回家后，洗完脚用橄榄油擦脚，会使脚上肌肤越来越柔嫩。如果用橄榄油来涂指甲，还可使指甲光泽透亮。

（11）其他美容作用：①产后护肤，用一匙橄榄油搽于妊娠纹处，轻轻按摩，长期坚持用特级初榨橄榄油祛除妊娠纹，可去除妊娠纹或使之变浅；②防哺乳期乳头开裂，哺乳期若出现乳头开裂流血，可以在每次喂完奶后，先用生理淡盐水清洗乳头再涂上一点橄榄油，坚持每次喂完都涂一点，不多久就可以愈合；③防眼角皱纹，常用橄榄油在眼角皱纹处轻轻按摩，可淡化和消除皱纹；④滋润皮肤，皮肤粗糙，特别是腿部及臂膀容易干燥，橄榄油具有滋润及保养作用，稍干燥的可每星期用 2 ～ 3 次，特别干燥的可每日用；⑤面膜护肤，把橄榄油加热至 37℃左右，再加入适量蜂蜜，然后把纱布浸在油中，取出覆盖在脸上，20min 后取下，有防止皮肤衰老，润肤、祛斑、

除皱之功效，适用于皮肤特别干燥者。

同时，随着研究的深入，从油橄榄叶或油橄榄加工废弃物中提取的羟基酪醇等多种化合物的潜在医学价值得到进一步挖掘，必将带来更大的效益。种植油橄榄对环境美化绿化、水土保持等多重效益也逐步显现出来。

三、油橄榄深加工产品的药用价值

随着现代生物技术被运用到油橄榄深加工的研究，油橄榄叶极其加工剩余物大量生物活性物质被发现，其抗氧化活性成分较橄榄果更为突出，尤其是裂环烯醚萜类（橄榄苦苷为主要成分），将其深加工并广泛用于化妆品、药品和食品补充剂。

油橄榄叶所含的化合物十分复杂，包括裂环烯醚萜及其苷、黄酮及其苷、双黄酮及其苷、低分子单宁等。采摘时期的不同以及干燥方式的不同。直接影响到其中有效成分的含量。研究表明，在 2 月份采摘树叶，采用自然阴干方式，避免高温或阳光，有助于提高有效成分的含量。现代药理实验研究表明，油橄榄叶中含有丰富的活性成分，具有抗氧化性、抗高血压、降血糖等作用。EvangelosGikas 等人采用分子动力学，对油橄榄叶中主要活性成分（橄榄苦苷）建立相关分子模型并研究了其构效关系，进一步揭示出分子活性的作用机制。

1. 抗氧化作用。Speroni 等研究了橄榄苦苷 (Oleuropein) 的体内外抗氧化活性，采用棕色聚苯乙烯微滴定孔进行体外化学发光试验，并以雌性 Wistar 大鼠作为试验动物，采用与体外试验相同的化学方法对其进行体内试验，以评价橄榄苦苷 (Oleuropein) 的抗氧化活性。研究表明，在体内外试验中，橄榄苦苷 (Oleuropein) 对光发射具有明显抑制作用，并且强于常用的抗氧化剂 Trolox。通过采用 2,2- 二苯基 -1- 间三硝基苯基自由基淬灭的速率来确定油橄榄叶中分离得到的 3,4- 二羟基苯乙基 -4- 甲酰基 -3- 甲酰甲基 -4- 己烯酯的抗氧化活性，该化合物在油橄榄叶中的得率为 0.16%，其抗氧化活性与维生素 E 相当，同时，也证明了油橄榄叶的储存袋中的湿度对于该化合物的影响最为显著。在 Raffae llaBriante 的研究报道中，选用 β - 葡萄糖苷酶对油橄榄叶的提取物进行微生物转化，将所得到的产物进行抗氧化活性分析测试，证实了该类化合物具有抗氧化活性。Antonell aDeLeonardis 选用奶酪、猪油和鱼肝油进一步分析该类化合物的抗氧化性，由于 3 种底物中含有的不饱和脂肪酸不同，提取物在其中的抗氧化活性也有差异。

2. 对心血管系统的作用。橄榄叶中的主要裂环烯醚萜苷类成分橄榄苦苷 (oleuropein) 可使兔离体心脏的冠脉血流量增加 50%。Khayyal 等对以 NG- 硝基 -L- 精氨酸甲酯造成的 Wistar 大鼠高血压模型进行实验，结果表明，给以提取物的大鼠组血压逐渐降低，且心率无明显变化。另外，从油橄榄叶中分离出的许多裂环烯醚萜苷（包括橄榄苦苷）是很强的血管紧张素转化酶抑制剂，其抑制作用来自于具有高反应性的2,3-二羟基戊二醛结构，由酶催化水解产生的相应苷元显示出与Oleacein相似的作用，对大鼠、猫和狗具有持久的降压作用（IC50为26μmol/L），能减轻低密度脂蛋白的氧化程度，预防冠心病及动脉粥样硬化的发生。

3. 降血糖作用。橄榄苦苷（Oleuropein）对正常和四氧嘧啶致糖尿病大鼠具有降血糖和提高它们的葡萄糖耐受量的作用。越来越多的实验研究中，油橄榄叶提取物被证实了在降血糖及抗高血压有显著作用，其主要活性成分归因于其中的Oleuropein oleanolicacid等裂环烯醚萜类化合物。

4. 其他作用。VicenteMicol等人在研究实验中证实，油橄榄叶中主要成分橄榄苦苷（Oleuropein）对VHSV病毒具有一定抑制作用。澳大利亚学者在对油橄榄叶提取物抗氧化活性成分的测试中，同时发现还具有另外的生物活性，可以作为抗菌剂和软体动物清除剂。橄榄苦苷还能减少在肝细胞中由离子诱导的脂质过氧化作用产生的丙醛酸。

第三节 中国油橄榄产业短暂起伏的引种历史

一、神圣的橄榄枝

油橄榄在其漫长的传播历史中，被赋予神奇的象征力量。1950年西班牙著名画家毕加索为在华沙召开的第一届世界保卫和平大会绘制宣传画，是一只嘴衔橄榄枝的鸽子，智利诗人巴勃罗•聂鲁达因此将这只鸽子称作“和平鸽”。塞浦路斯国旗上的橄榄枝，象征和平、智慧、胜利，而橄榄花是希腊、突尼斯、塞浦路斯的国花，象征民族骄傲和国家繁荣。在很多国际比赛中，以橄榄枝作桂冠奖励优胜者。第二次世界大战后，橄榄枝成为联合国会徽的重要组成部分。自1936年柏林奥运会以来每一届奥运会都要举行火种采集仪式，在仪式中，站在祭坛旁的男童要把象征和平与友谊的橄榄枝递给最高女祭司，再由第一火炬手点燃火炬并接过橄榄枝，此时一个庄严的声音就会响起：“告诉人们，无论是白人、黑人还是黄种人，这里充满着友爱与和平……”2008年北京奥运会开幕之前，希腊奥林匹克委员会在古奥林匹克运动会的起源地奥林匹亚重造油橄榄树林，为此，俯瞰采火地点的克隆那斯山山顶要种上3200株油橄榄树。

图1-9 北京奥运会圣火采集仪式（希腊）上男童向最高女祭司送上橄榄枝

二、饱含总理情怀的油橄榄

20世纪60年代，中国处于经济困难时期，林业专家们对1961年及1962年油橄榄引种工作进行总结，为国家估测木本粮油资源潜力和政策制定提供依据。1963年，基于中国粮油生产面临的困难，周总理希望引进发展油橄榄树，破解当时中国油料短缺的困境。阿尔巴尼亚政府听到周总理希望在中国引种油橄榄后，阿尔巴尼亚部长会议主席谢胡向中国政府赠送了5个品种10680株4年生油橄榄苗，派专船运抵中国湛江港。周恩来总理刚刚出访回国未及休息就立即会见了阿尔巴尼亚专家，探讨了有关引种的许多问题，还与他们一起在1964年3月3日这一天到昆明海口林场，亲手种下了一棵油橄榄树。除此之外，周总理还亲自把研究油橄榄引种栽培技术的任务交给了中国林业专家徐纬英，叮嘱她：要使油橄榄在中国成活、开花、结果，并且繁育第二代。第二代同样要开花结果——为子孙后代造福！遵照周总理的指示精神，当时还确定了引种成功的标准——与原产地比较，不需要特殊保护能成活、生长、发育良好，开花结果，能用原来的繁殖方式进行正常的繁殖，丰产稳产性好，没有降低原来的果实和油的经济价值。1969年5月在全国农展馆的油橄榄展台，周总理又关切地仔细察看了油橄榄的每一张照片和每一件展品。1978—1987年由联合国粮农组织资助的“中国油橄榄生产发展项目”又引进了50余个品种，经过半个世纪的努力，周总理的愿望终于成为现实。油橄榄已经在中国9个省市区引种，尤以甘肃、四川、云南发展潜力最大。据统计，截至2016年底，国内栽培面积在7.2万平方千米左右。到2014年3月3日，中国迎来了油橄榄成规模引种50周年，当天来自甘肃、四川、云南等适生区的油橄榄科研、生产、加工的业界人士在云南海口林场举行了盛大的纪念中国油橄榄引种50周年纪念活动。每年的3月3日全国各地都以栽植纪念树、纪念林等不同的形式纪念这一伟大时刻。

在温家宝总理的支持和鼓励下油橄榄种植历史在中国翻开了崭新的篇章。2006年11月11日，时任国务院总理温家宝在一份报告上向原国家林业局贾治邦局长做出重要批示：“……要继续努力，发展中国油橄榄事业。”这份历史性文献就是42年前从周总理手中接过油橄榄引种栽培技术研究重任的徐纬英研究员于2006年11月8日向国务院递交的毕生研究总结。国家林业局接到温总理的批示后高度重视，贾治邦局长要求从行业规划、项目支持、产业扶持等多个方面对油橄榄事业的健康发展予以扶持和帮助。至此，油橄榄种植历史在中国翻开了崭新的篇章。2008年3月6日，温家宝总理在人民大会堂参加第十一届全国人大一次会议甘肃代表团审议时，时任甘肃陇南市委书记向总理汇报了油橄榄产业的发展情况，并拿出包装精美的油橄榄系列产品向温总理作了介绍。温总理高兴地说：“这个油我知道，在油品当中是比较高档的，而且是比较贵的，在甘肃如果能够把橄榄油发展起来，而且再扩大，我觉得这个产业很

图 1-10 甘肃陇南山地油橄榄种植园

有希望。”在温总理的支持和鼓励下，陇南市通过各项扶持政策，更加积极地推动企业和农户开展油橄榄栽培和加工，取得了令人瞩目的成效。2013 年 2 月 9 日温家宝总理在卸任前夕又专门安排考察了武都区油橄榄产业。温总理鼓励当地干部继续努力，打出品牌，形成特色，更多惠及广大农民。目前，陇南配套建成了 15 座油橄榄系列产品加工厂，年加工能力 3 万多吨。研制开发出橄榄油、保健橄榄油丸、系列化妆品、油橄榄茶、橄榄酒、橄榄果罐头、橄榄叶有效成分提取物、橄榄果食品等 10 大类、80 多个产品，油橄榄系列产品在各类展会上荣获 86 个奖项。武都油橄榄被国家质检总局评审认定为“地理标志保护产品”。2017 年 3 月，祥宇牌特级初榨橄榄油在中国（首届）橄榄油品鉴评比推荐会上获得了三枚金奖；4 月，在美国洛杉矶国际特级初榨橄榄油大赛中获得了一银一铜奖，在日本的同类比赛中获得了三枚银奖；5 月，在纽约国际油橄榄权威赛事中又获一枚金奖，这是中国引种油橄榄 50 多年来，首次参加国外举办的国际特级初榨橄榄油大赛并连续获奖。这不仅意味着中国特级初榨橄榄油品质在国际上得到认可，更向世人证明了高品质的特级初榨橄榄油不是西方国家的专利，中国制造也可名扬世界。陇南成为有产量、有品牌、有市场的橄榄油主产区。

在两任总理的关怀下，中国油橄榄产业逐渐形成规模。在中国油橄榄主产区之一的陇南市 2017 年已种植油橄榄 4 万公顷，年产鲜果 3.8 万吨，产油 5700 吨，产值达 18.2 亿元。武都区已被国家外国专家局命名为“国家引进国外智力成果示范推广基地”，被国家林业局确定为“948 项目试验基地”，被中国林科院确定为“全国油橄榄种质资源及丰产栽培研究基地”，被国家质监总局命名为“油橄榄标准化示范基地”，国家质监总局批准对武都油橄榄实施地理标志保护。武都区外纳乡一农户 2003 年种了 3000 株油橄榄，经济效益逐年增加，到 2011 年收获了 26 吨鲜果，卖果收入 20 余万元。2012 年采鲜果 36 吨，卖了 30 多万（9 元 /kg），产量逐年增加，效益不断攀升。这位农民对前去考察的专家和当地干部表示感谢：一定管好树，争取年年丰收。玉皇

乡小石村一村民大胆承包330公顷荒山荒坡，目前已经栽植油橄榄200公顷、3.7万株，并多方筹集资金40多万，修通了2.5km的田间道路。还准备把剩余的130公顷荒山荒坡全部种上油橄榄，他说：330公顷油橄榄全部进入盛果期，产值将达到2000万，这可是一笔大收入啊！我还将继续在白龙江沿岸承包荒山荒坡，扩大栽植规模，并争取明年建成一座日加工80吨的油橄榄鲜果加工厂。通过订单收购加工，提高农户们的种植积极性，让油橄榄成为农民增收致富的"摇钱树"。种植油橄榄带给农户丰厚的回报，云南、四川、重庆后来居上，发展速度极快，目前武都的橄榄油产量占全国的90%以上，而这样的格局在未来5～10年将发生改变，四川、云南的份额将逐步增加。实践已经证明："大湾沟油橄榄示范园油橄榄产量远远高于国际橄榄油理事会产量标准，达到了地中海高产水平。其中有七个品种比地中海原产地早挂果4年，开创了油橄榄在中国种植4年结果的新纪录"。

三、科技支撑中国油橄榄发展壮大，创新引领中国油橄榄美好未来

中国农民从不了解油橄榄到学习种植油橄榄，中国消费者从不认识橄榄油的健康价值到形成消费热潮，中国市场从橄榄油进口大国到形成自主品牌和产业联盟，走过了半个世纪的风风雨雨，充满坎坷艰辛。从1964年周恩来总理把研究油橄榄的任务交给了中国林木育种学家徐纬英先生那时起，林业科学家们就开始了对油橄榄树种的品种驯化、栽培和丰产技术研究，特别是在四川、甘肃、云南等干热河谷油橄榄种植园，品种选育和丰产技术更是牵动着几代科学家的心。

以徐纬英先生为代表的第一代科学家，肩负周总理的叮嘱，立下誓言，一定要把油橄榄引种成功。徐纬英先生是中国林木遗传育种学领域的开拓者与领导者，早年在延安自然科学院任教并致力于解放区的农业建设。1963年徐纬英被原林业部派去阿尔巴尼亚学习油橄榄栽培技术。1964年开始，负责油橄榄的全国大面积引种试验。由于中国大陆季风型气候与地中海型气候不同，必须开展品种驯化研究。因此首先在全国选择八省区12个引种点进行试验。

中国究竟有没有油橄榄适生区，当时在林业科研队伍中尚存争论，主要问题是，中国气候是"夏季降雨"，而油橄榄主产区地中海沿岸是"冬季降雨"，雨型不同就不能引种。徐纬英抱着一定要引种成功的决心，依据气候相似理论寻找、论证中国的油橄榄适生区。在研究了大量的国外资料后她发现，位于南美洲的阿根廷和智利也是"夏季降雨"国家，引种油橄榄已有数百年历史说明"夏季降雨"地区可以引种成功。于是她继续研究了油橄榄不同品种的生态特性和世界油橄榄发展史及现今的分布，研究了地中海沿岸地区及非洲油橄榄的栽培措施和中国广大亚热带气候、雨量及其分布的复杂差异。结果证明，夏季的干旱是油橄榄发育周期中的逆境。结论是，为了植株和果实发育良好，夏季需要浇水灌溉。

1965 年昆明海口林场和湖北林科所共有 20 株油橄榄第一次开花。1966 年有 6 个引种点 94 株开花 22 株结果。1968 年八省区 12 个引种点油橄榄共结果 2500kg。1976 年中国油橄榄已由 10196 株发展到 200 多万株。1978 年甘肃武都汉王油橄榄基地定植的 1 公顷油橄榄 9 年生平均株产果 44.5kg，平均亩产橄榄油 81.2kg，连续多年高产稳产。引种范围陆续扩大到 15 个省市区的 2000 多个引种点，年产果达 20000kg。到 1980 年中国油橄榄总株数已达 2000 万株。徐纬英总结了试验，证明中国干旱亚热带地区就是油橄榄在中国的适生区，而发展油橄榄种植对长江中上游、金沙江、白龙江及汉水流域的水土保持，改善西部生态环境具有重要意义。1989 年国家计委投资 100 万元建设了良种丰产园和橄榄油加工厂，有力地促进了当地及西部地区油橄榄的恢复和发展。

徐纬英先生筛选和培育出适合这些地区生长的优良品种，建立了油橄榄丰产基地，发表了多篇学术论文，其中“油橄榄在中国的适生区”一文。被译为英、法、意大利、西班牙、阿拉伯五种文字，在国际油橄榄理事会主办的权威性刊物《OLIVE》上发表，中国油橄榄适生区从此被国际承认。目前，甘肃武都、四川西昌等地都出现了油橄榄单株产量已达地中海沿岸高产水平的事例。86 岁高龄时，她又完成了油橄榄专著《中国油橄榄》，国际橄榄油委员会执行主席亲自为她作序。

1978 年她参加了联合国粮农组织资助的“发展中国油橄榄生产”项目，1984 年至 1994 年负责国家科委“油橄榄丰产、稳产、加工利用及商品化研究”项目，1988 年离休后，组建油橄榄科技开发公司，探索科研成果向生产力的市场转化，1989 年又负责国家计委“发展甘肃武都油橄榄生产”项目。她研究了油橄榄果实品质及油质特性，提出了橄榄油的工业、食用品种分类标准，鉴定了 43 个一类油用品种干果含油率高于 40%，24 个一般油用品种干果含油率为 30% ～ 40%，提出了制取橄榄油的关键技术，通过筛选出乳酸菌种和脱涩工艺，研制成功油橄榄乳酸发酵制品，填补了国内空白。紧接着，她又与有关单位共同研制了食用型、美容护肤型及烫伤型橄榄油制品，利用油橄榄渣饲养母牛及肉鸡，为油橄榄综合开发利用开拓了新的领域。2006 年，她对新开发出的橄榄香茶叶产生了极大兴趣，认为这是油橄榄产品开发中的又一新成果，将使大量的油橄榄叶派上用场。那年她以 91 岁高龄前往四川绵阳和甘肃武都的种植园考察，继续为发展油橄榄事业奔波并笔耕不辍。

图 1-11 徐纬英等走在通往大湾沟路上

从 1963 年算起，她耗费了一生中的 46 年，在人生最后一刻仍然不忘自

己肩负的历史使命。2006年11月8日她向国务院总理温家宝提交了自己的考察报告《油橄榄在中国已经引种成功》，提出了继续发展油橄榄产业的四点建设性意见。2006年11月11日温家宝总理在她的报告上批示："徐纬英同志奋斗四十余年，成功引种了油橄榄，实现了周总理的愿望，她的事迹感人至深。要继续努力，发展中国油橄榄事业。"徐纬英先生对推动中国油橄榄产业发展做出了不朽的贡献，直到2009年2月6日逝世。作为引种油橄榄的第一代科学家的杰出代表，她用自己的生命，实践了自己的誓言，谱写了给两任总理也是给全中国人民的一份满意的答卷。

江苏省植物研究所的贺善安先生是中国油橄榄良种选育的奠基者和杰出代表，他们的科研团队联合各地研究人员，从油橄榄柯列（沿用原文称谓）品种种子繁殖的实生群体中选出优异的单株，在陕西省城固县橘柑育苗场试种，通过当地环境条件的考验，表现出好的适应性和经济性状，后被命名为城固32。现已经引种到甘肃陇南、四川广元、达州、绵阳、西昌等地。成为适应性广泛的主栽品种，有的省已经被审定为良种，大面积推广。他创立的植物引种的气候相似论指导了各地引种工作。还有湖北省植物研究所也通过相同的方法，从油橄榄种子实生群体中选育出的鄂植8，在湖北省广泛引种，表现出适应性好、结果早的特性，在全国油橄榄主产区大面积种植。他们所进行的油橄榄育种及抗寒性研究都是中国油橄榄生产实践中面临的关键性难点，这些成功的科研工作为油橄榄中国化的发展，奠定了扎实的基础，成为后来油橄榄科研工作的代表性案例。

以邓明全先生为代表的第二代油橄榄专家，数十年坚持深入山区种植园，边搞科研边推广，手把手向林农传授科学育苗和丰产栽培技术。邓明全先生出生于1930年，早年就读于河南农学院，1956年毕业于园艺专业。毕业后一直从事果树方面的研究工作，曾任林业所经济林研究室主任，1982年赴意大利研修半年。中国林科院林业研究所的所史这样评价他："长期从事林木培育、油橄榄和树莓引种栽培，特别是在油橄榄适生选种、适应性和宜植地选择、营养需求与控制技术、整形修剪，为外来木本油料树种油橄榄的引种栽培成功做出了贡献。"

全国农村土地承包政策调整后，很多人跑回家去承包土地，国有和民办林场因而受到冲击，导致一无资金，二无人员。也由于消费市场不发育，销售渠道不畅，扶持资金不足，导致采后加工技术跟不上。一些地方选地不当，或由于气候和品种不适宜，导致引种失败，使一些人简单认定在中国引种油橄榄不可能成功。全国油橄榄种植数量从最多时的2000多万株急剧减少到15万株。油橄榄专家俞宁博士用"触目惊心"来形容：砍树比种树容易多了！

有一次，邓先生在陕西城固县榨油厂蹲点实验时偶然见到一个不是种植园的地方送来的果实，品种和品相都很好，便细心地向前来送果榨油的人了解情况。俗话说，机会是给有准备的人准备的，其实，也是给有心人准备的。为此他又专程追寻到甘肃武都调查、钻研了两个月。通过大量的调查数据研究，发现当地气候、土壤、地形等条件与地中海比较接近。这意味着白龙江河谷有可能成为中国最有希望成功引种油橄榄的地区。邓先生立即满怀激情地给时任中国林科院林业研究所副所长的徐纬英写了报告。1989 年，徐纬英联合张崇礼教授向时任中共中央政治局常委的宋平报告。随后，国家计委批了 150 万元经费，开始实施“发展甘肃陇南油橄榄产业”项目，陇南市武都区大湾沟油橄榄示范园，就是该项目的第一个实验站。果然，油橄榄在甘肃陇南白龙江沿岸引种成功。1998 年，国际橄榄油理事会的《世界油橄榄分布图》，有史以来第一次增加了“中国”的标注——油橄榄不适宜在中国引种的学术结论被彻底颠覆。在这个具有历史意义的事件中，邓明全先生功不可没。

2011 年 3 月 11 日财政部根据 2010 年中央农村工作会议精神出台《财政部关于整合和统筹资金支持木本油料产业发展的意见》指出：“油茶、核桃、油橄榄等木本油料作物具有节约耕地、适应性强、收益期长、品质优良等特点，是中国食用植物油的主要潜在资源。大力发展木本油料产业，不仅能有效提高中国食用植物油的自给水平，而且能促进就业增收、改善生态环境、优化营养结构。”紧接着 2012 年，中共中央一号文件明确提出支持发展木本粮油。适生区政府纷纷加大油橄榄发展力度，橄榄油消费市场价格看涨，农民种植热情迅速升温。邓明全先生看到各地发展势头如此强劲，他又有些担心，如果老百姓盲目追求规模不顾良种良法，三五年过后油橄榄不挂果，将会给这个产业带来毁灭性的打击，“这个产业再也经不起折腾了，所以情愿稳一点慢一点。”陇南市基于这种现状，提出来苗木统育统配、良种建园的思路，派出技术人员对老百姓的种植地和种植技术予以考察，符合一定条件才供苗种植，与邓先生的焦虑不谋而合。

邓先生认为，目前中国油橄榄引种区域和种植面积持续增加，但是都没有形成生产力。中国虽然陆续在油橄榄种苗繁育、病虫害防治、果品加工等方面陆续取得了技术上的突破，但在栽植、修剪、施肥、管理等技术方面仍明显落后于世界先进水平，由此导致油橄榄品种退化，产量低。据调查统计得出的结论，关键性问题是品种不能适应各地的新环境，因此必须转变引种方式，由简单引种向驯化引种转变，创造适应型新品种，实现品种中国化、区域化。于是，邓先生在致力于推动地方育苗和种植技术标准的制定和应用后，又根据产业发展的实际需要确定了今后的科研方向和任务。一是深化驯化引种推进遗传改良，增加油橄榄的地方适应性品种。二是改进油橄榄栽培技术，提升品种生产力，增加产量，争取使一个优良品种就能成长为一个产业。他深有感触地说，木本植物的研究周期长，而国家现行的单次计划经费的支持不超过 5 年，实际执行掐头去尾还不足 5 年，如果没有持续的系统研究，不但研究工作取得的成果大打折扣，还会影响油橄榄产业发展的速度和质量。政府计划管理部门应针对不同的项目，在不同的资金计划中制定不同的执行周期，并由专家委员会论证决定，使科研工作立足实际，得到稳定有序的经费支持，取得实实在在的成效。

图 1-12 2017 年 10 月 23 日已 86 岁高龄的邓明全先生为田园公司外纳基地培训修剪技术人员

有一次，在海口林场，他题写了这样的愿望:“保存油橄榄资源，改良油橄榄品种，提高油橄榄生产力。”熟悉他的人都知道，他的风格是，边走边看边想，边说边教边干，还推动创建了以油橄榄产业技术创新联盟为平台、开展新品种选育和栽培技术研究的长效协作机制。为了能够保证上山下乡，邓先生常年坚持游泳锻炼，冬天也不间断。在家里自己亲自动手做饭，南瓜、红豆、小米，青菜、豆角、土豆，简单，清淡，就像他这个人，透明，坦荡，直率，真诚。无论是技术还是市场，娓娓道来，知无不言，毫无保留。平日里，只要林农需要，就立刻出发赶往现场，不问有无报酬，不问接待条件。因为，他心中装着的，是林业科技工作者的使命和责任。

中国林科院张建国、俞宁、李金华等及甘肃、云南、四川、重庆等省市年轻一代专家结合当地自然条件多年坚持研究油橄榄生长发育结实生理机制、生态适应性、新品种选育及产业发展的市场和产品，成为油橄榄引种事业继往开来的科学家团队。在国家、省市创立的研发平台上，带领各自的团队破解技术难题，把油橄榄种植的技术推广与橄榄油的产品开发和市场营销结合起来，积极探索科研成果的市场经营特点和研制产品的营销模式。把加工工艺和产品质量标准的研究成果通过公司不断推向市场，推动国产橄榄油产品生产技术的迅速提升和设备更新换代，在国际油橄榄技术交流与合作上架起了一座畅通的桥梁，成为新一代油橄榄科研中坚力量。

进入 21 世纪，国内油橄榄种植在强劲的市场消费拉动下形成了一个新的高潮。从全国油橄榄协作组到油橄榄专业委员会，再到陇南市牵头创立中国油橄榄产业创新战略联盟，各地政府设立油橄榄研究所、研究开发中心等专业研发机构，依托企业设立工程研究中心，油橄榄科研力量迅速壮大。同时他们也清醒地认识到，目前中国市场上销售

图 1-13 中国林科院张建国研究团队在陇南大堡油橄榄试验园工作

的产品大多从国外进口，橄榄油供不应求的局面将长期存在。一个外来树种，虽然一旦成活就能够生长百年以上，但在一个新的国家要想形成一定的产业规模，需要若干代科学家的努力，包括针对不同地域和自然条件的适应性研究，改善地方引种方法，逐代优选形成当地的优良品种，提高栽培管理水平增加产量，无论是提供木材、果实或油料都需要持之以恒长期的努力！

在多方面的共同努力下，2012 年 12 月 12 日中国经济林协会油橄榄专业委员会成立，标志着中国油橄榄产业发展的新阶段已经开始，将对推进中国油橄榄产业持续健康发展，产生重大和深远的历史影响。目前油橄榄产业已纳入国家七部委联合发布的《林业产业政策要点》和国家林业局《林业发展“十二五”规划》中的十大主导产业，国家林业局编制的《全国特色经济林千县富民规划（2011—2012 年）》也将油橄榄列入重点发展的木本油料树种之一，进一步引导和推动油橄榄产业持续健康发展。2014 年 5 月 26 日，国家林业局、国家发展改革委、财政部联合印发了《全国优势特色经济林发展布局规划（2013—2020 年）》将油橄榄列为重点发展的树种之一，中国油橄榄产业的发展迎来了前所未有的机遇。

四、续写史诗般油橄榄未来

一个经济林树种引种项目，集结了一支长长的队伍。站在队伍前面的，是两任总理，三代科学家。在他们的身后，还会有下一任总理和第四代、第五代专家……而在他们的周围，联结着政府、农户、企业和消费者，还有脚下的那片土地、山峦和油橄榄园。这是油橄榄产业崛起的中国梦，已经开启了一段长长的历史。在这段历史和这支队伍中，周总理心里牵挂着整个民族的子孙后代，温总理心里装着中国的优秀科学家和全体农民，徐纬英先生用生命开启了中国油橄榄种植技术史，邓明全先生不仅仍以八十六岁高龄坚持科技为生产、为国计民生服务，而且同时在努力争取培养第四代科学家的技术攻关计划，新一代油橄榄科技工作者茁壮成长，正在祖国大地谱写史诗般的油橄榄未来。他们用实际行动很好地回答了新时期科学家在市场经济中应该如何

选择定位，与那些见到暂时困难就轻易放弃了的人们相比，他们是真正值得得到民族信任和国家支持的群体——无数事实证明，同样的项目由不同的人做，结果是不一样的；也因为，事实已经证明了中国政府领导人通过国家财政对这个项目和这支队伍的持续性计划投入是正确的、有效的、意义重大的。现在，第四代科学家已经开始进入这支队伍，于是这支队伍呈现的又一个典型意义和突出特征就是，每一代人都在努力对民族对历史负责，客观地认识自己在这段历史中的地位和作用，高瞻远瞩地做出切合实际并能够后继有人的目标、计划和接力安排。而这 50 多年的所有艰辛，在一段长长的历史中，还仅仅只是一个开始……（原作者聂建中，有删改）

第四节 陇南油橄榄发展历程

甘肃省陇南市是中国引种发展油橄榄起步较晚的地区，始于 1975 年。至今，大致经历了引种试验（自然发展）阶段（1989 年以前），示范推广阶段（1989—1995 年），产业开发阶段（1996—2010 年），产学研用创新驱动四个阶段（2010 年—）。

一、引种试验

（1989 年以前）

陇南油橄榄引种开始于 1975 年，当时作为科技交流，原武都地区林业科学研究所（现为陇南市经济林研究院）首次从汉中褒河林场引进 4 株卡林品种苗试栽，5 年后开花结实。从此，揭开了陇南油橄榄引种史上的第一页，一个独具地方特色的“朝阳产业”在中国西部大陆腹地开始孕育。1978 年初，陇南地区林科所以陕西省城固县油橄榄场，引种一年生油橄榄苗 500 株（主要以实生苗为主，城固 32 号、31 号、53 号、18 号、27 号、37 号、48 号等），分别栽种在武都县（现为陇南市武都区，下同）汉王乡林场 300 株（1.3 公顷），石门乡下白杨坝村及地区林科所。据 1979 年 7 月 8 日调查：陇南地区林科所共保存油橄榄幼苗 103 株（其中：品种幼苗 17 株，主要是米扎、佛奥、贝拉、莱星和白橄榄 5 个品种），实生幼苗 86 株（主要是城固 32 号、九峰 1 号及江苏连云港的实生树）。1978 年下半年，时任甘肃省委第一书记、甘肃省革命委员会主任的宋平同志，到陇南地区视察工作时，得知周恩来总理曾经倡导，并亲手种植过的油橄榄树，如今在陇南大地茁壮成长……宋平同志在全面了解陇南地区气候、土壤等自然条件后，从解决陇南人民脱贫致富的实际出发，产生了在那里进一步引种发展油橄榄的想法。1979 年初，正在西安参加西北局会议的宋平同志，一次偶然机会，听说陕西汉中地区油橄榄发展得很好……此时，对陇南地区引种油橄榄情急意切的宋平同志，考虑再三，决议让陇南地区的技术人员尽快来陕西考察，并取到“真经”，宋平同志执笔给中共陕西省委书记李瑞山同志写了一封信:“瑞山同志:汉中地区栽培油橄榄已做出成绩。甘肃武都县的自然条件与汉中相似,可否引一些油橄榄苗子适种?宋平正月初三。”随后宋平同志在西安亲自给当时武都地委书记钟永棠同志打电话,让他派技术人员去陕西考察,并引回油橄榄。不久,他又让秘书再告诉武都的同志,不必等过完年,即刻出发来西安(当时,正值春节,关中平原瑞雪纷纷)。正月初五深夜,正在老家岷县过年的武都地区林业站工程师王见曾被唤醒,县委的同志通知他,明天一早和岷县农业局副局长马秉乾同志去西安考察油橄榄。武都地区农业局副局长李再让同志已先期抵达西安。王、马两位同志马不停蹄地赶到西安。此时,陕西省农办和省林业厅,按照李瑞山书记的批示,早已做好一切准备。第二天,陕西省林业厅派出熟习情况的工程师等有关同志,陪同武都地区三位客人,在西安市有关公园、临潼华清池、长安县(现西安市长安区)林场和武功农学院参观了那里早期引种的苏联耐寒油橄榄品种。接着他们又去陕南汉中参观学习油橄榄栽培技术。按照宋平同志的指示,武都地区的文县、武都、康县、成县又各派出一名林业技术干部,与三人会合,由王见曾同志带队,在汉中地区农办和林业局派出的工程师的陪同下,参观考察了汉中、城固、南郑的各种类型的油橄榄园,他们发现汉中地区群众栽种油橄榄较为普遍,11 个县都有油橄榄场,但那里种植油橄榄的土地,多为透水和通气性差的黏重土壤,而武都地区适宜油橄榄生长的地方土壤疏松,排水、通气良好,中偏碱性土壤,这些更增加了其引种和管好油橄榄的信心。通过这次参观学习,武都地区的同志学到很多东西,并于 1979 年 4 月引回 20 株四年生已开花结果的油橄榄幼苗,品种为米扎、爱桑、贝拉,城固 32 号、48 号、53 号、27 号等。这批幼苗由当时城固县油橄榄场的技术人员淡克德同志,亲自护送到武都地区林科所,并帮助他们种植好。在宋平同志倡导下,武都地区兴起了参观学习油橄榄栽培管理技术热潮。先后由地区林科所和地区农办领导带领四个县的林业技术干部 20 多人,农民 80 多人赴陕西汉中参观学习和培训。与此同时,在宋平同志的关心和支持下,1979 年省、地区科委和地区林业局将油橄榄引种试验列为省科委 1979—1981 年全省引种试验课题,在经费上予以大力支持。全地区先后在地区林科所、武都县园艺场、文县碧口镇、康县平洛苗圃和成县林业站修建了简易扦插育苗温室各一座,主要是进行扦插育苗和栽培管理技术试验,为选育适应本地区自然条件的优良品种创造条件。1982 年 9 月,武都地区科委、林业局主持,对地区林科所油橄榄引种育苗和栽培技术成果进行鉴定,并邀请陕西汉中城固县油橄榄场、省林业局,陇南地区林科所、种子公司、多种经营研究所等单位的油橄榄专家和工程师参加了评审会议。1982 年 9 月武都地区林业科学研究所承担的油橄榄引种扦插育苗(甲)和丰产栽培管理技术(乙)成果通过了地区科委组织的技术鉴定。据统计,第一阶段末,陇南从陕西省汉中市城固县,湖北九峰山林场,贵州独山林场,江苏连云港,南京植物研究所等 4 省 6 地共引进 40 个品种(现存 27 个品种)66600 株,分别在文县中庙、肖家、碧口、范坝、横丹、尚德、城关、临江、

石坊，武都区外纳、透防、三河、桔柑、汉王、城关、城郊、锦屏、两水、石门、角弓以及宕昌县沙湾镇、康县平洛镇、成县镡河、镡坝、索池等 30 多个乡镇的 69 个村（点）和地、县一些机关单位栽植，但保存尚少。1982 年前后，武都地区林业局又先后从湖北省林科所、江苏连云港、南京植物研究所、贵州独山林场、陕西汉中、城固等地引进佛奥、卡林、莱星、白橄榄，云台 2 号、14 号、18 号、19 号、25 号、28 号，褒河 1 号、九峰 1 号等 30 多个品种和实生品系，共引种试验 6 万余株（包括本地扦插繁育苗木 2 万余株）。这些幼苗也分别在武都、文县、康县、成县的 30 多个乡镇的 69 个村及地、县一些机关单位栽植，其中：文县、武都两县较多，成活生长较好。在栽培管理认真、细致的地方，植株生长健壮，4 ～ 6 年生幼树即开始开花挂果。随着树龄增大，结果株数和产量逐年增加。由于当时武都地区尚无油橄榄加工榨油机具，每年需将采收的油橄榄果实，运至陕西城固县油橄榄场进行加工榨油。

1986 年 11 月，正在陕西城固县油橄榄场蹲点的中国林科院林研所邓明全先生，见到甘肃武都地区林科所的薛科社等同志开车拉去的两吨多油橄榄鲜果，正在该场进行加工榨油，邓先生仔细观察了果实情况，发现果实大小、色泽十分正常，又无病虫为害，含油率高，油质好，比汉中地区油橄榄果实生长的还要好……这些都引起了邓先生的极大兴趣，于是便进一步向前去加工榨油的薛科社同志了解武都地区的气候、土壤等自然条件。1987 年 8 月，邓明全先生在陕西城固县油橄榄场长的陪同下，第一次来到武都，在地区林业局有关领导的陪同下，对当地油橄榄进行了几天的认真考察，给邓先生留下了深刻美好的印象。邓明全先生回京后，很快向林科院林研所徐纬英副所长等作了翔实的汇报，大家初步认为武都地区是目前中国油橄榄最适生区域之一，而且发展潜力很大都想早日去那里亲眼看一看。

1987 年 10 月中旬，北京农业大学张崇礼教授在赴四川招生返京的途中，来到武都地区进行了实地考察，在地、县林业局有关领导陪同下，参观了地区林科所、社队栽种的小片油橄榄园，虽然管理水平不高，但植株普遍生长良好，枝叶繁茂，果实累累，且无病虫害。这说明那里的气候、土壤等自然条件适宜油橄榄的生长发育。此外，地区陪同人员还介绍了 1978 年时任省委书记宋平同志到武都视察工作，并积极倡导支持引种试验油橄榄的情景。这一切使张崇礼教授非常高兴，久久不能平静。邓明全研究员和张崇礼教授先后将对武都地区油橄榄引种情况，向徐纬英等多年从事油橄榄工作的老同志介绍后，他们思绪万千，在 20 多年辛勤劳动取得的成果即将付之东流毁于一旦之时，来自甘肃武都的最新消息，让老同志们心中豁然开朗，使人们看到油橄榄的新生和希望。最后，大家一致认为：我们要在武都这块沃土上重新建起油橄榄丰产样板林，让它成为祖国大地第一块适宜发展油橄榄的地方。但是，在大家兴奋之余，又有些犯难，即在当时油橄榄处于衰退低谷的 80 年代末，又有谁能出来支持我们呢？经过一番认真商量，决定还是得找国家计委，因为他是国家经济发展计划投资的总管……大家推荐张崇礼教授执笔，以北京农业大学校友联谊会和北京神州油橄榄技术开发公司副总经理的名义，给当时任国家计委主任宋平同志写信，不料信寄出三天，宋平主任即将张教授的信批复给国家计委农业局刘中一局长，随即由农业局林业处王振亚处长给张崇礼教授打电话说：宋平主任已同意给武都县建油橄榄示范园、采穗圃和小型榨油场等项目拨款100万元，并告知张教授让县、地、省计划部门按程序写出申请报告。

1989年初，徐纬英教授在邓明全研究员的陪同下，踏上了陇南大地，从此她与陇南人们和油橄榄，结下了17年之久的不解之缘。当时，徐老已是73岁高龄，但她仍坚持带领林科院一批科研人员，与当地林业技术人员一道，跑遍陇南的山山水水，经过多次反复考察论证，终于确定陇南地区白龙江沿岸海拔1300m以下的河谷及山腰地带为全国油橄榄最佳适生区。武都县本着因地制宜、适地适树的原则，在大量外业调查基础上，编制了《武都县油橄榄产业开发总体规划》，它涉及15个乡镇，规划总面积13万亩。与此同时，他们还选定了大湾沟油橄榄示范园的园址，在徐老的带领下开始了历时三年的艰苦建园工作。

第二阶段从意大利和湖北武昌两地共引进品种18个，主要定植于武都区大湾沟油橄榄园。2010年以后先后从西班牙、希腊等国及国内四川、云南、浙江等省引进品种65个，使陇南油橄榄种质资源总数达到124个。目前生产中常见品种有：莱星、佛奥、皮瓜尔、阿斯、科拉蒂、果大尔、皮削利、小苹果、配多灵、鄂植8号、九峰6号、钟山24、城固32号等13个品种，其中前9个品种为国外引入品种，后4个品种为中国在引种驯化点利用种子播种实生苗选育的优良家系子代。经过近40年的引种驯化、区域试验，先后建成了第一代、第二代和第三代示范园，它的先后建成，不但确定了甘肃省陇南市低暖河谷区为中国油橄榄的一级适生区，而且为挽救中国的油橄榄产业做出了重要贡献。

中国引种油橄榄成功，得到了国际橄榄油理事会的认可，在其制作的世界油橄榄分布图上标注了中国油橄榄分布点，正式确认中国为世界油橄榄分布区。联合国粮农组织植物资源司的专家认为："油橄榄在中国引种成功，是世界引种科学上的一大成就，它是将在一种气候条件下塑造的物种引种到另一个不同的气候区的成功范例！"。油橄榄在陇南的引种发展充分印证了联合国粮农组织专家L·丹尼斯的论断："油橄榄的重要作用在于它能对那些不适合种植其他作物的土壤提高其使用价值"。油橄榄在位于亚洲大陆腹地的甘肃陇南"有效地活了下来，并形成地域特色产业，为那里的人民造福"。

二、示范推广阶段

（1989—1997年）

该阶段主要以大湾沟、董家坝、将军石、教场梁等四处示范园和三斩梁采穗圃建

设为中心开展了良种引进、苗木繁育、加工厂筹建与试产工作，采用国家、集体、个人一齐上的办法，走多方融资、工程整地、规模建园、典型示范的路子。引进筛选出佛奥、莱星、皮削利、配多灵、鄂植 8 号、九峰 6 号、城固 32 号等优良品种 10 多个，繁育苗木 75.4 万株，定植保存面积 0.05 公顷。

1989 年，武都县被中国林科院定为油橄榄试验基地。为选一块最适合油橄榄生长的地块，武都县油橄榄办技术人员翻山越岭，跋山涉水，把白龙江沿岸的山山沟沟跑了个遍。最后，他把目光定格在离县城较近的大湾沟。历时两年，移动土砂 23 万多立方米，治理大小泥石流沟道 7 条，建成水平梯田 7 公顷，共栽植佛奥、莱星、皮削利、皮瓜尔等 18 个品种 2500 株。大湾沟油橄榄园的建成为陇南地区（现陇南市）油橄榄产业开发树立了样板。

该园建成后，在北京林科院徐纬英、邓明全等专家的指导帮助下，区油橄榄站进行了大量精细的科学管理工作，园内油橄榄生长量、产果量等都优于原产地，三年生油橄榄树平均株高 2.53m，冠幅南北 2.13m，东西 1.98m；有 7 个品种 821 株树于 1994 年开花结果，占全园总株数的 22%，其中有一株阿斯品种结果 730 粒，单果最大重 6.2g，单株产量 3.65kg，比地中海原产地早挂果 4 年。1998 年引进安装了美国生产的“雨鸟”牌节灌设施，其节水增产效果十分明显。目前，全园橄榄树均已进入盛果期，年产鲜果 30 吨，产值达 24 万元。为改善基础设施条件，武都县委、县政府千方百计筹措资金，完成了 1.5km 上园公路铺油工程，加快了该园向观光农业方向发展的步伐。该园的建成，不仅为加工企业提供了优质原料，为广大农户提供了大量的良种繁殖材料和苗木，取得了较好的经济效益，而且大大改善了当地的生态环境充分发挥了典型引路和示范带动作用，有力地促进了全区及至全国油橄榄产业健康快速发展。

三、产业化发展阶段

（1997—2010 年）

1997 年陇南行政公署成立了由主管专员任组长的陇南山区油橄榄产业开发领导小组，98 年设立了“陇南地区油橄榄产业开发中心”，并出台了《关于大力发展油橄榄产业的实施意见》，明确了目标、任务和措施。

在国家有关部委和省委、省政府的大力支持下，陇南市把油橄榄产业发展作为解决适生区群众脱贫致富的特色产业，精心谋划，科学布局，强力推进，取得了喜人成效。截至 2017 年，全市油橄榄基地保存面积为 4 万公顷，其中挂果面积 1.2 万公顷，年鲜果产量为 3.8 万吨，生产初榨油 5700 吨，产值 18.2 亿元，鲜果产量、初榨油产量、产值均居全国第一位，油橄榄产业已在适生区县域经济发展、群众脱贫致富和生态文明建设中发挥着重要作用。经过近半个世纪的引种驯化和区域试验，取得了成功，并确定甘肃省陇南市低暖河谷区为中国油橄榄的最佳适生区。2015 年国家林业局确定陇南市为“国家油橄榄示范基地”。全市现有 15 家橄榄油及其系列产品加工厂，拥有意大利、西班牙、德国和中国制造的 17 条初榨油生产线，建成了亚洲最大的初榨油生产线和世界最先进的油橄榄苦甙萃取工厂。

四、产学研用联动创新驱动阶段

（2010 年— ）

中国引种油橄榄 50 多年来，由于适生区域小，从业者少，产业开发几上几下，研究工作时断时续，由此造成栽培技术不规范、不统一、不标准，特别是针对陇南实际的栽培管理技术更为缺乏，科技支撑能力不强严重制约了陇南油橄榄产业的健康发展。针对存在的问题和油橄榄产业发展的趋势，陇南市委市政府审时度势，于 2010 年 3 月成立陇南市经济林研究院油橄榄研究所，专门承担油橄榄科学研究、技术推广和服务产业的职能。油橄榄研究所成立以来，克服科技人员少，科研能力不足的困难，弘扬科研精神，沿着“把陇南油橄榄做到全国最强”路线图，边组建边试验，边试验边示范推广，做了大量富有成效的工作，创新团队建设呈现出勃勃生机。

短短几年时间取得了 10 多项科研成果，其中《陇南油橄榄扩区驯化试验》获甘肃省林业科技进步二等奖、甘肃省科技进步二等奖，《甘肃陇南油橄榄产业开发技术研究》获得陇南市科技进步一等奖、甘肃省科技进步三等奖，《油橄榄新品种引进繁育及丰产栽培技术研究》获陇南市科技进步二等奖、甘肃省林业科技进步奖二等奖，《油橄榄鲜果分等定级及采收期标准制定》《油橄榄专用肥研制》获陇南市科技进步二等奖，《油橄榄节水灌溉技术示范》《油橄榄餐用果开发》《单品种橄榄油试制试验》等省列、市列、自列课题顺利结题。

出版了《油橄榄品种图谱》《油橄榄产业创新驱动的探索与实践》——纪念陇南市引种油橄榄四十周年暨建所五周年成果资料汇编两本专著。编著《陇南油橄榄栽培技术》《陇南农业特色产业技术开发丛书——油橄榄篇》培训教材 2 套。参编了《追梦半世纪——纪念周恩来总理引种油橄榄 50 周年》大型画册，参编了《中国油橄榄研究论文集（上）》《中国油橄榄论文集（下）》两部专著。成功申请《一种新型昆虫诱捕器》等实用新型专利 2 项，申请《橄榄乐——包装袋》外观设计专利 1 项。编制《甘肃省油橄榄容器育苗技术标准》《甘肃省油橄榄栽培技术标准》《甘肃省油橄榄低产园改造技术标准》《甘肃省油橄榄高接换优技术标准》《甘肃省油橄榄主要病虫害防治技术标准》《甘肃省油橄榄果采收期标准》《甘肃省油橄榄鲜果质量分级标准》《甘肃省初榨橄榄油制备工艺》《甘肃省初榨橄榄油质量标准技术标准》10 项技术标准草案。

引进西班牙、意大利、希腊、法国等油橄榄原产地品种 39 个，收集国内油橄榄品种 85 个，在中国油橄榄一级适生区核心地带甘肃陇南白龙江流域武都大堡，建成了占地 3.3 公顷油橄榄种质资源基因库。申报了城固 32、鄂植 8、莱星、皮削利、阿斯、科

拉蒂、豆果7个省级良种。研制了《橄榄乐》油橄榄专用肥。引进了以色列世界先进的水肥一体化智能节水灌溉设施。在全市九县区建成油橄榄新品种扩区驯化试验点19个，中间试验基地7个66公顷，年繁育油橄榄良种苗木50多万株，年培训农民技术员1000名。

同时与以色列国家育苗中心、希腊地中海油橄榄研究所、希腊萨洛尼亚油橄榄植物工程系、中国林科院林研所、中国林科院化工所、甘肃省林科院、北京林业大学、中南林业科技大学、甘肃农业大学、田园油橄榄科技开发公司、甘肃省祥宇油橄榄开发有限公司保持密切合作关系，在新品种引进、种植技术、橄榄油制备、新产品研发、科研试验、橄榄油质量控制、有害生物防控、高端人才培养等方面取得了一系列重要突破。陇南市经济林研究院油橄榄研究所是中国经济林协会油橄榄分会会员单位，在国内油橄榄科技协作上发挥着纽带和桥梁作用，为提升陇南油橄榄产业的科技支撑能力做出了重要贡献。陇南油橄榄产业在增加农民收入、促进扶贫开发和新农村建设等方面发挥着重要作用。

这一时期田园油橄榄科技开发有限公司与国内大学合作发挥企业创新创造的主体作用，合作完成的“特色植物及其废弃物资源化高效利用”研究项目，获2010年甘肃省科技进步一等奖，主持完成的《油橄榄叶中抗氧化活性成分的研究及其分离制备新技术》成果获2013年甘肃省科技进步一等奖。武都区油橄榄产业办牵头制定的《油橄榄栽培技术规程》被国家林业局批准为国家林业行业标准。

2016年8月1日中国油橄榄产业创新战略联盟成立大会武都区举行。标志着陇南及中国油橄榄产业走上了科技引领未来，创新驱动发展的新征程。

中国油橄榄产业创新战略联盟由陇南市政府、甘肃省林业厅、四川省林业厅、云南省林业厅、中国林科院、中国农科院、新华社中国经济信息社、中国经济林协会油橄榄专业委员会、陇南市祥宇油橄榄有限公司等66家科研院所、单位和企业等共同发起成立的行业性社会组织，旨在引导和支持创新技术向企业集聚，促进科技成果向现实生产力转化，组织种植户按照标准化生产，建立起中国产、学、研、种、加、销相结合的现代油橄榄产业体系，通过油橄榄产业的发展推动精准扶贫工作任务的落实。

时任甘肃省委常委、宣传部长梁言顺在成立大会上致辞，国家林业总局总工程师封加平、联合国食物安全委员会高级指导委员国家食物与营养咨询委员会原常务副主任梅方权分别讲话，中国产学研合作促进会副会长秘书长王建华为油橄榄产业创新战略联盟授牌并讲话，中国产学研合作促进会副秘书长丁玉贤宣读了同意成立中国油橄榄产业创新战略联盟的批复，中国林科院林业研究所所长张建国主持大会。

在成立大会之前召开的代表大会上，审议通过了联盟章程、协议、组织构架等文件，选举产生了联盟理事长、副理事长及秘书长、副秘书长。梅方权当选为第一届理事长。

中国油橄榄产业创新战略联盟的成立是油橄榄产业界的一大喜事、一桩盛事，也是陇南第一个全国性的农业特色产业联盟，对于推动全国油橄榄产业快速发展、加快陇南地区脱贫致富步伐具有十分重要的意义。联盟成立以后，充分发挥职能作用，积极搭建技术转化、信息交流和人才培养平台，促进各联盟成员之间信息互通、资源共享，交流合作、联合创新，不断把油橄榄产业做大做强做优，使之成为适生区精准扶贫精准脱贫的产业支撑和贫困群众增收的重要渠道。

第五节 陇南油橄榄生产现状、存在的问题和前景展望

一、生产现状

陇南历届党政班子坚持不懈，持续推进，通过引种试验、示范推广、产业化发展、创新驱动四个阶段的艰辛努力，在全国 12 个引种点未成气候的情况下，陇南一枝独秀、异军突起，创造了中国油橄榄产业发展的多个第一，在世界油橄榄分布图上有了甘肃陇南的名字。

一是基地面积、鲜果产量、初榨油产量和经济效益全国第一。截至 2017 年底，已发展油橄榄基地 4 万公顷，当年产鲜果 3.8 万吨，产油 5700 吨，产值达 18.2 亿元。被国家林业局命名为全国唯一的“国家油橄榄示范基地”，武都区被中国经济林协会命名为“中国油橄榄之乡”。

二是良种引进及试验示范走在全国前列。陇南市已收集引进油橄榄品种 124 个，建成了收集油橄榄品种丰富的种质资源基因库。建成了甘肃省油橄榄良种繁育基地，年繁育良种苗木 1200 多万株，出圃 500 多万株，不但满足了市内需求，而且还供应全国 27 个省市和港、澳、台地区。

三是初榨油生产能力全国最大。陇南市现有加工企业 15 家，拥有世界先进水平的初榨油生产线 17 条，占全国生产线总数的 65%，形成了每个榨季处理油橄榄鲜果近 3 万吨的生产能力。祥宇公司是目前亚洲最大的初榨橄榄油加工企业，日加工橄榄鲜果能力达到 560 吨。建成了国际标准化的充氮隔氧、恒温避光的万吨半地下储油罐。形成了食用橄榄油、橄榄油系列化妆品等 8 大类 80 多种产品。

四是新产品研发处于全国领先水平。注册了“祥宇”“田园”等商标 43 件，无公害产地认证 14 项，产品获得国际国内各类奖项 60 多项，祥宇公司是国家橄榄油标准制定的唯一参与企业，“祥宇牌”橄榄油获得业界第一个国家驰名商标，陇南橄榄油被国家质检总局评审认定为“地理标志保护产品”。

五是科技创新能力位居全国第一。成立了全国第一家油橄榄研究所，加强与国际专家的学术交流，积极与国内外科研院所合作，组建了 3 个油橄榄工程技术研究中心，

完成重大科技项目14项,获得甘肃省科技进步一等奖、二等奖等省市科技进步奖18项,获得专利12项,筛选出了油橄榄良种7个,出版专著6部,发表学术论文56篇。

经过中外油橄榄专家多次考察和40多年的生产实践证明,陇南市是中国油橄榄最佳适生区。中国林科院油橄榄专家邓明全说:“陇南油橄榄试验示范取得的成功,挽救了中国的油橄榄产业,看到了油橄榄在中国发展的新希望,中国油橄榄看陇南”。

二、综合效益

陇南油橄榄产业的成功发展,不仅产生了良好的经济效益,成为老百姓的“铁杆庄稼”,更为重要的是体现出了生态、社会等综合效应,发展油橄榄产业潜力巨大、意义重大。

一是对精准扶贫精准脱贫的助推作用。陇南油橄榄涉及武都、文县、宕昌、康县四个县区42个乡镇、338个行政村、40万人口,其中建档立卡贫困户7600户、贫困人口3.44万人。近三年来通过油橄榄产业助推,贫困人口减少到2017年的2100户、6271人,贫困发生率由10.4%下降到3.7%;油橄榄适生区农民人均纯收入增加到4013元,同比增长17%,产业贡献值平均达到2200元。

二是对生态安全的屏障作用。陇南白龙江、白水江流域生态脆弱,是中国四大泥石流多发易发区之一。多年来,我们在白龙江、白水江二级阶地和泥石流沟道冲积扇上种植油橄榄4万公顷,在国道212线沿岸打造油橄榄绿色长廊136km,在陇南市区建设了油橄榄大道、祥宇油橄榄产业生态园和油橄榄主题公园,让白龙江、白水江两岸披上了绿装,不仅对人居环境美化起到了积极作用,而且发挥出了重要的生态功能,增加了森林覆盖率,减少了水土流失,每年向长江减少泥沙输送量5483万吨,为保障长江下游人民群众生命财产安全发挥了重要作用。

三是对维护高端食用油安全起到了重要作用。随着人民生活水平的不断提高,人们对高端食用油的需求量与日俱增,据统计中国每年进口橄榄油在4.5万吨左右。2012年以后,随着中国自产橄榄油开始进入市场,进口橄榄油占国内需求量的比重开始呈现下降趋势,目前以陇南为主的自产橄榄油已经占到市场份额的8.6%。只有大力发展中国自己的橄榄油,不断降低对进口油橄榄的依存度,才能维护中国高端食用油的安全。

陇南油橄榄产业虽然取得了显著成效,但还存在着基地建设任务繁重、基础设施不配套,优良品种推广慢、科技支撑能力不强,产品生产成本高、市场拓展力度不大,资金投入不足、产业化程度低等问题,严重制约着油橄榄产业的进一步发展,需要我们在今后的产业发展过程中努力加以解决。

三、几个需要讨论的问题

1. 气候适宜问题

植物的生长发育与气候条件密切相关。自1906年林学家Mayer提出“气候相似性”

理论以来，这一理论在国际上受到重视，广泛地应用到各类植物引种驯化的研究与实践中，对林木引种栽培产生了重要的指导意义。在王志录等完成的陇南油橄榄气候生态适应性研究中，主要将甘肃陇南引种栽培区的气象因子与原产地进行了对比。在四川省气象局调研组完成的《四川油橄榄气候生态适应性调研报告》中，也主要将四川引种栽培区的气象因子与原产地进行了对比。但在国内外各类植物引种驯化的研究和实践中，越来越多地出现与“气候相似性”理论不相吻合的事例。如澳大利亚的黑荆树被成功地引种到欧洲和南非，气候条件比其自然分布区更加温暖和湿润，年均温度由原产地的 9.8℃～ 17.5℃扩大到 14.2℃～ 23.9℃，年降水量由 440 ～ 1601mm 扩大到 536 ～ 2263mm。辐射松原产美国南加利福尼亚长 200km、宽 9.6km，从海平面到海拔 330m 的狭长地带，后广泛引种到新西兰、澳大利亚、智利、南非等各国，气候条件与原产地差异较大，但引种区的表现特别好，产生了巨大的经济、社会和生态效益。苏联生态学家库里齐亚索夫在“气候相似性”理论无法解释的例证的基础上，提出“生态历史分析法”，从系统发育的历史观点和证据解释了不同气候条件下何以能够引种成功。其著名例证是自然迁移到天山的天山兰花苜蓿引种到欧洲（“返回”到适生生条件下）后，比原产地生长更好；许多小麦品种，能够“征服”且适应各种气候条件；桉树起源于距今 4000 ～ 5000 万年的新世纪晚期，当时自然分布区包括中国的西藏和四川，中国发掘到的桉树化石比澳大利亚早 1000 万年，而现在桉树已广泛引种到全球的 90 多个国家和地区。中国的林木引种专家贺善安提出“生境因子分析法”，其方法是把一个物种当前分布区的生境条件和引种区的生境条件的各生态因子进行分类分析比较，找出新生境条件下引种的可能性与利弊。主要观点是：“相似”通常有利，但并非一定有利，“不相似”往往不利，但并非一定不利，“不相似”中也可能包括“更有利”。其事实依据于一大批重要的栽培作物，如咖啡、可可树、橡胶树、柑橘、大豆、油菜等，这些作物现在的生产中心并非是它们原来的分布中心。原产中国南部的水稻，生长最佳的产区延伸到东北；原产南美的马铃薯在中国最好的产区在西北；原分布东南亚和热带非洲的苦瓜最佳产区也在北方。他在研究油橄榄引种时发现，栽培油橄榄在地中海地区每年需要有相当于 200 ～ 450mm 雨量的灌溉量，若不能满足则不适宜作为生产性栽培。地中海的水分条件并非是油橄榄的最佳栽培条件，这也是地中海区域油橄榄不能兴旺的客观原因之一。中国树木引种专家、引种驯化专业委员会主任王豁然认为“生境因子分析法”对于拓宽外来树种生态适应幅度和可能适生的种植范围更具有重要启示意义。

涉及植物引种驯化的理论很多，“气候相似性”应用最为普遍。而气候的定义是：一定时期内各种气象因素联合作用的结果。中国与地中海处在两个完全不同的气候类型区，某些单一指标的比较，是否能够说明气象因子对植物生长发育具有联合作用的结果。苏联植物学专家瓦维洛夫在他的不朽著作中指出“没有完全相似的气候”，引种的实践才是判断能否成功的最终结论。

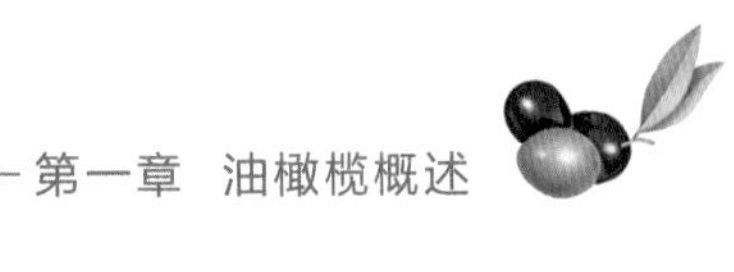

2. 品种选择问题

甘肃陇南40多年的引种试验，在油橄榄品种筛选方面做了大量的工作，应该初步具备了采用优良品种进行生产栽培的基础。前20多年的引种试验工作，筛选出来13个适宜陇南大面积发展的品种。但育苗的方式还是落后，油橄榄育苗基本上是采用扦插、高枝压条等无性繁殖方式，而现有的大多数苗圃多为个体私营性质，由于良种化工作滞后，种苗管理较为混乱，苗木质量等级不高。同时由于苗木实行公开招标，苗木招标价严重低于成本和市场价，导致优质苗木进入不了栽植环节，一方面我们下大力气开展低产园改造，一方面我们又在大面积发展低质低效油橄榄林。恶性循环，周而复始，油橄榄园质量效益得不到提高。同时多代扦插造成的品种退化问题也逐步显现出来。

3. 规划决策问题

目前油橄榄生产栽培发展受到栽培地域的限制，这对做大做强陇南油橄榄产业是一个瓶颈问题。通过多年努力。陇南油橄榄规划面积从1997年的2000公顷，一路规划到最新提出的6.6万公顷。因为没有引进或培育出适宜突破现有海拔高度、冬季低温、栽培方法的适宜品种。也没有进行品种的扩区驯化试验，一些地方缺乏科学的规划决策，有一定的盲目性。在品种、区域规划、立地选择与评价、生产栽培配套技术尚未形成技术标准、规范的状态下，开展生产性大面积栽培，这无疑不能保障生产经营活动科学、有序、规范地开展。从引种试验阶段转入生产栽培阶段，需要有相应的基础配套和技术支撑。只有制定出科学的、区域性的引种栽培规划，建立起相应的良种化生产基础设施，编制出可供生产经营采用的技术措施和方案，方可实施。否则，将会带来不良的后果。

4. 技术服务问题

经济林的生产经营必须建立起良好的技术服务体系，对于引种栽培的树种更为重要。而油橄榄现在的生产栽培区域，除在种苗繁育方面因市场经营的原因有一定的技术基础外，其他诸如品种选择、立地选择、栽培技术、丰产经营技术均存在技术服务的不足，特别是适宜当地栽培技术还没有研发完成。生产栽培要规模发展，项目区必须建立起良好的技术服务体系，以克服生产过程中的随意性，提高经营管理水平。

四、几个关键问题

1. 发展品种

油橄榄的生产栽培与发展，通过数十年的引种栽培试验表明，最重要的是品种选择的问题。甘肃陇南从20世纪70年代至今，对油橄榄引种栽培的品种试验，在国家、省和地方各级科研技术单位的共同努力下，做了大量艰辛的、极为宝贵的试验工作。这些工作，对甘肃油橄榄的生产性栽培是具有重要价值的科学实践。根据大湾沟、大堡油橄榄品比试验园的长期观测，有些品种表现出非常好的适应性和丰产性，并保持了经济生产的稳定性，这是长期区域性引种试验栽培探索的结果，对生产栽培具有科学的指导意义。也开展了高密度集约化栽培试验研究，为创新栽培发展模式进行了积极探索。同时，有的品种引进初期表现非常好，但随着栽培时间的推移，表现出不适应性。陇南是油橄榄引种在中国的北缘区，这些初期的表现和长期栽培后的表现都需要长时间认真的研究。

2. 自然条件适宜性

总结中国50多年的科研实践，油橄榄引种专家将金沙江干热河谷、白龙江低山河谷、嘉陵江及汉水上游、长江三峡低山河谷等4个区域认定为试种成功区域。甘肃陇南引种栽培区域遍及许多地方，涉及白龙江、白水江、西汉水、嘉陵江流域的多个县区。通过总结这些年发展经验，也应该能够对甘肃适宜油橄榄发展的区域做出一定的、具有科学试验性的总结评价，以初步确定甘肃油橄榄发展的适宜区及次适宜区，并对其生产的立地条件进行生产栽培的分类评价。在白水江的引种试验表明，油橄榄栽培的自然条件主要为中性、钙质紫色土的阳向丘陵坡面。而白水江流域碧口一带水稻土基本不适应油橄榄生长，这种立地条件类型是这一地理区域的主要类型，也需要通过长期引种试验选育出适宜立地类型的品种，尚需要通过大量的实践开展一些深入的分析评价，以指导这一地区的油橄榄发展。根据现有引种栽培的生长表现，对碧口油橄榄引种表现较为适宜的区域，开展油橄榄适宜立地条件的调查、立地划分与评价工作，在掌握适宜油橄榄生长的土地资源基础上，进行区域规划和发展决策。西汉水流域油橄榄适应性问题，一直是这一区域油橄榄发展的障碍，认为这一地域不适应油橄榄发展，以致油橄榄基地建设缓慢，成效不大。但是随着陇南油橄榄扩区驯化试验研究的完成和礼县肖良油橄榄栽培成功的实践验证，这一区域是陇南油橄榄发展的未来空间。通过研究人员的初步测算，潜在发展面积在2万公顷以上，这为做大做强陇南油橄榄产业建立了信心。

3. 产业化发展的再认识

陇南市现有加工企业15家，初榨油生产线17条，每榨季可处理油橄榄鲜果3万吨。研发出了初榨橄榄油、餐用橄榄果、保健橄榄油软胶囊、系列化妆品、洗涤用品、橄榄茶、橄榄酒、制药中间体等10大类80多个产品；陇南市油橄榄企业在兰州、北京、上海、深圳、广州等发达地区建立直销店11个。祥宇油橄榄公司被评为林业重点龙头企业，田园油橄榄科技开发公司、祥宇油橄榄公司成为省市农业产业化龙头企业，走上了“基地 + 农户 + 龙头企业”的产业化经营新阶段。国家林业局批准了由甘肃省林科院牵头，由陇南市经济林研究院油橄榄研究所、祥宇油橄榄公司、田园油橄榄公司参加的“国家油橄榄工程技术研究中心”。祥宇油橄榄公司投资3.6亿元，建成了占地12公顷的油橄榄生态产业园。这些陇南油橄榄产业发展取得的成绩，来之不易！

然而纵观产业化发展的历史，我们也必须清醒地认识到，还有许多问题需要加倍努力。一是基地需要扩大；二是提质增效任务艰巨；三是品种选育、杂交育种和销售市场要大力培育；四是“三废”的处理和废弃物的开发利用要紧紧跟上产业化发展的

需要。目前陇南油橄榄产业处于爬坡过坎的关键时期，受市场影响，国产橄榄油的销路不畅，企业限价压价收购农户鲜果，农户的收益下降。在种植农户产业刚见效的紧要关头，这无疑是最令人揪心的。我们应该清醒地看到，培育国产橄榄油消费市场，让更多的国内消费者认知国内橄榄油，增强消费信心，是当下政府应该关注的焦点。

五、全力推进甘肃陇南中国油橄榄示范基地建设

在全国政协十二届四次会议期间，全国政协委员、中国农科院原党组书记薛亮，全国政协常委、提案委副主任、中纪委原副书记干以胜，全国政协常委、国家旅游局原局长邵琪伟，全国政协委员、中国农业银行原监事长车迎新，全国政协委员、国家粮食局原局长聂振邦，全国政协委员、中华全国供销合作总社理事会原副主任戴公兴基于陇南油橄榄产业调研后提出的《关于加快发展油橄榄产业的提案》被列为“一号提案”。其主要内容：一是国家制定油橄榄产业的战略目标和计划；二是加大对油橄榄产业的扶持力度；三是提升油橄榄产业化经营水平；四是加强油橄榄产业专业化人才队伍建设。陇南作为该提案的调研策源地，以落实提案为契机，强力推进“一城两带”规划实施，做大做强油橄榄产业，助推精准扶贫精准脱贫。按照市委市政府提出把陇南油橄榄做到全国最强的目标，通过引进抗寒抗旱品种，分早、中、晚熟品种布局，扩大种植区域，力争到“十三五”末，总面积达到6.6万公顷，年产鲜果21.45万吨，橄榄油产量3.2万吨，实现综合产值76.8亿元。努力把我市武都区打造成为“中国油橄榄城”，把陇南市建设成为全国油橄榄生产基地。

一是抓基地建设，强力推进“一城两带”和西汉水流域油橄榄规划实施。紧紧抓住生态文明建设和国家木本粮油安全的政策机遇，组建专门的项目建设班子，抓好项目的谋划、衔接、争取工作，力争有更多项目尽快落地实施，确保全市6.6万公顷油橄榄基地建设顺利完成。

二是抓良种推广，强力推进品种化栽培。申请立项建设国家油橄榄良种繁育基地，实行统育统供。同时对现有育苗基地和育苗户进行技术考核，全面掌控接穗来源、育苗流程和苗木流向。使新发展的油橄榄园品种全面采用7个油橄榄良种，提高建园质量。继续加快油橄榄新品种的引进，使我市油橄榄品种资源在现有124个的基础是达到150个以上，为选育适宜我市大面积发展的主栽品种打下坚实基础。适时开展油橄榄杂交育种工作，培育出适宜中国气候条件下大面积发展的油橄榄品种。

三是抓综合管理，强力推进产业提质增效。大力推广油橄榄丰产栽培技术，加强土肥水管理、病虫害防治、高接换优、整形修剪、果实采收储运等实用技术的普及。推广使用油橄榄专用肥，加大水肥一体化技术示范力度，开展节水灌溉，示范集约化生产技术，提升田间管理水平。

四是抓品牌建设，强力推进品牌整合。在遵循市场经济规律的前提下，充分发挥政府的宏观调控作用，加强油橄榄资源整合的引导，强化协调服务，多方支持，营造环境，努力为品牌整合营造一流的环境。政府要引导油橄榄企业、果农积极支持品牌整合，主动参与品牌整合，形成上下一心，共创品牌的决心。

五是抓人才培训，强力推进专业化发展。选派 10 名我市青年科技工作者到油橄榄主产国进行中长期的学习，学习先进的种植管理、果品加工技术，共同研究探索陇南雨型特点的种植技术和管理模式，提高油橄榄产业的综合开发效益。利用大专院校的力量，为我市培养 50 名专业人才，提高技术人员的业务素质，强化科技支撑，保证产业发展的人才所需。培养 1000 名农民技术员，提升栽培管理水平，增强产业发展的后劲。

六是抓水利配套，强力推进基础设施建设。按照“先易后难，先急后缓，分期实施，逐步配套”的原则，在掌握全市总体需求的情况下，结合投资可能，积极争取国家和省上投入，逐步实施油橄榄园上水配套工程，实现油橄榄产业提质增效。

第六节 从国内外橄榄油市场看中国油橄榄发展的广阔前景

人们每天食用油脂，为人体正常的生理活动提供必不可少能量、脂肪、必需脂肪酸和维生素等物质。橄榄油由于其极佳的天然保健功效，在地中海国家有几千年的食用历史，为人类的健康做出了巨大贡献。油橄榄从 20 世纪 60 年代全国引种试验高潮后，经过几上几下的曲折历程，再一次从甘肃陇南辐射遍及到全国 34 个省市区，引起国际橄榄油理事会的高度关注，并在 2016 年中国油橄榄创新战略联盟成立大会（甘肃陇南）上国际油橄榄理事会推广部主任恩德提出将中国纳入国际橄榄油理事会成员国的构想。国家林业局已经将油橄榄产业编入《全国优势特色经济林发展布局规划》。至此，发展油橄榄从地方区域特色经济上升为国家战略。在国外油橄榄发展方兴未艾，国内橄榄油消费逐步成熟的条件下，分析国内外橄榄油市场，借鉴国外发展经验，培育壮大国产橄榄油市场，是做大做强中国油橄榄产业面临的迫切需要。

一、国际橄榄油市场生产消费及贸易特点

1. 国际油橄榄栽培面积稳中有升

由表 1-1 可知，2007—2011 年国际油橄榄栽培面积从 1049.6 万公顷上升到 1119.8 万公顷，增加了近 70 万公顷，增长 6.69%，年增加 1.69%。原产地栽培面积相对稳定，出现了一些新的栽培区，增长最快是北非厄瓜多尔、中东土耳其和叙利亚。近年增长最快的是美国达到 18%。中国不是国际橄榄油理事会成员国，数据没有统计在其中。

表1-1 国际油橄榄栽培面积

国 家	年度/面积		增长率	年增长面积 (hm^2)
	2007/hm^2	2011/hm^2		
欧 盟	5462000	5710000	4.54	62000
欧盟外	76000	81000	6.58	1250
非 洲	2949000	3211000	8.88	65500
中 东	1817000	1983000	9.14	41500
美 国	153000	181000	18.3	7000
亚洲/大洋洲	30000	32000	6.67	500
其他国家	9000			
合 计	10496000	11198000	6.69	175500

2. 国际主要油橄榄生产国橄榄油产量稳中有升

在国际橄榄油理事会第47次会议期间，国际橄榄油理事会咨询委员会与从事橄榄油和橄榄油行业的生产者、消费者、管理者和营销人员进行了座谈，理事会行政秘书处向国际理事会作了2014—2015年和2015—2016年橄榄油生产和市场数据的分析报告，2015—2016年世界橄榄油产量超过3252000吨（表1-2）。比2014—2015年增加33%，增加790500吨。增长主要集中在欧盟生产国，其中西班牙产量达到1400000吨（+65%），意大利产量达到470000吨，比上一年度（220000吨，是近20年来产量最低的）增加112%。希腊产量为310000吨增加3%，葡萄牙为100000吨增加65%。全欧盟的产量为2287000吨，比上一年度增加852500吨。国际橄榄油理事会其他成员国的产量也有较高增长，阿尔及利亚（+6%），阿根廷（+317%），埃及（+19%），伊朗（+30%），约旦（+26%），利比亚（+16%）和摩洛哥（+8%）。有的生产国产量下降，突尼斯（-59%），土耳其（-11%），以色列（-20%），阿尔巴尼亚、黎巴嫩（-5%）。

表1-2 2014—2015年世界油橄榄生产、消费及进出口情况（吨）

国 家	产 量	进 口	消 费	出 口
阿尔巴尼亚	11000	1000	12000	0
阿尔及利亚	69500	0	64500	0
阿根廷	6000	0	4000	9500
澳大利亚	19500	22000	37000	4500
巴西	0	66500	66500	0
加拿大	0	37500	37500	0

续表

国　家	产　量	进　口	消　费	出　口
智利	15500	500	6000	9500
中国	0	31000	31000	0
欧盟/28	1433500a	198500b	1532000	504000b
埃及	21000	0	20000	2500
美国	8000	294500	290000	6000
伊朗	4500	5500	10000	0
以色列	17500	2500	20000	0
日本	0	59000	59000	0
乔丹	23000	0	21000	2000
黎巴嫩	21000	5000	20000	5500
利比亚	15500	0	15500	0
摩洛哥	120000	7000	120000	20000
墨西哥	0	14500	14500	500
巴勒斯坦	24500	0	17000	6500
俄罗斯	0	20000	20000	0
叙利亚	105000	0	126000	0
突尼斯	340000	0	30000	303000
土耳其	170000	1	146500	15000
其他国家	19000	12000	137500	5500
合计	3252000	779500	3075500	785000

注：数据来源于InternationalOliveCouncil（国际橄榄油理事会），下同。

3. 国际橄榄油贸易量逐年增加

（1）国际主要橄榄油生产国贸易情况。西班牙是世界橄榄油第一大生产国和出口国，在2015—2016年（2015年10月～2016年10月）前11个月向欧盟外国家出口的橄榄油和橄榄果渣油比上一季增加了20%。增加的前5个出口目的地（按订单数量）美国增长+43%，依次是中国（+30%），日本（+4%），澳大利亚（+41%）和墨西哥（+8%）。值得注意的是向欧盟内的销售也增加了，出口到法国的橄榄油增加10%，德国增加49%，英国增加2.5%，比利时增加10%。数据显示，2015—2016年世界橄榄油消费量在3012000吨，比2014—2015年上升6%。国际贸易数据报告的总出口量欧盟28国超过763000吨，出口排名领先，占世界总出口量的68%。依次是突尼斯、摩洛哥、土耳其、叙利亚、阿根廷和智利，其他国家出口量很小。世界橄榄油进口美国（300000吨）领先，

其次是欧盟 /28（132500 吨），巴西（66500 吨），日本（60000 吨），加拿大（38500 吨）、中国（31000 吨），澳大利亚（24000 吨）和俄罗斯（21000 吨）。国际橄榄油理事会对 2014—2015 年与 2015—2016 年前几个月同期进口量进行了比较。从表 1-3 可以看出，2016 年 2 月世界 8 个主要油橄榄消费市场的油橄榄进口量 181595.6 吨，达到最大值。在 2015—2016 年前 6 个月的橄榄油和橄榄果渣油进口（2015 年 10 月～ 2016 年 3 月）中国 +25%，美国 +6%，巴西 -44%，俄罗斯 -21%，日本 -16%，澳大利亚 -5%。

表1-3 世界主要消费国橄榄油进口量（包括橄榄果渣油）(吨)

进口国	14-Oct	15-Oct	14-Nov	15-Nov	14-Dec	15-Dec	15-Jan	16-Jan	15-Feb	16-Feb	15-Mar	16-Mar
澳大利亚	3125.1	1717.8	2391.8	1818.9	1652.1	1265.9	1856.8	2065.8	1607.8	2109.3	1790.4	2868.5
巴西	9584.6	5529.5	7269.9	4853.6	6249.3	2689.6	6367.2	4394.6	5517.4	3169.2	6662.1	2660.4
加拿大	3985.0	3092.5	3257.6	2875.6	3070.4	3193.2	2343.1	3015.8	3009.0	3834.0	2873.2	nd
中国	2410.8	3106.7	3651.5	3219.6	3530.5	6015.2	2850.1	3067.6	1471.1	1501.0	2503.5	3680.2
日本	4776.0	4492.0	4735.0	3791.0	3965.4	3097.0	4531.0	3402.0	3474.0	3916.0	6753.0	4876.0
俄罗斯	4259.5	1785.8	3192.4	2084.0	2653.1	1940.6	1513.0	1390.1	1216.5	1765.0	1589.2	2424.1
美国	23332	28580	28450	20324	18756	23627	24296	26922	27443	22368	27063	35723
欧盟27外	6722	17568	6801.8	8433.7	14707	10601	18872	8787.2	22619	11346	26731	nd
欧盟27	89729	65823	98016	81264	122803	112768	102348	96573	107246	100133	105630	nd
合计	147924	131696	157766	128664	177386	165198	164977	149619	173605	150142	181596	

（2）新兴市场国家橄榄油消费大幅度增加。国际橄榄油新兴市场国家日本、韩国、俄罗斯是橄榄油消费大国，近年来进口量大幅度增加，消费日趋活跃，并呈上升趋势。2013—2014 年日本进口的橄榄油和橄榄果渣油总计达到创纪录的 56218 吨，比上一年度增长 4%。92% 的进口量来自欧盟国家，西班牙首次排名第一，占总进口量的 47%。意大利占 44%、希腊占 1%。在欧盟国家中，西班牙在日本的市场份额扩大了 7%，从 2008—2009 年的 40% 增长到 47%。2013—2014 年同期意大利的占比从 52% 下降到 44%。其余 7% 的进口来自非欧盟国家，特别是土耳其，市场占比扩大了 6% ～ 7%。统计数据显示，初榨油和特级初榨橄榄油占进口总额的 72%，精炼橄榄油占 25% 和橄榄果渣油不超过 3%。进口量从 2008—2009 年的 33307 吨达到 2013—2014 年的 56218 吨，上涨了 69%，除了 2010—2011 年减少外，进口量一直处于上升状态。2013—2014 年韩国进口橄榄油和橄榄果渣油 17637 吨。进口量比 2012—2013 年度增加 50%。从西班牙进口了 72%，意大利进口了 24%，土耳其 3%。根据统计 76% 为初榨油和特级初榨油，17% 橄榄果渣油，7% 为橄榄精炼油。从 2000—2001 年到 2013—2014 年俄罗斯进口的橄榄油和橄榄果渣油从 3062 吨增加到 34814 吨，增长的速率稳定。2011—2012 年和 2012—2013 年的进口量下降，2013—2014 年进口

比 2012—2013 年增长 7%。俄罗斯橄榄油 70% 的进口来自欧盟，从西班牙进口的橄榄油占总额的 56%，意大利 30%，希腊 9%，葡萄牙 1%。其他国家的 3%（其中突尼斯 2%、土耳其 1%）。

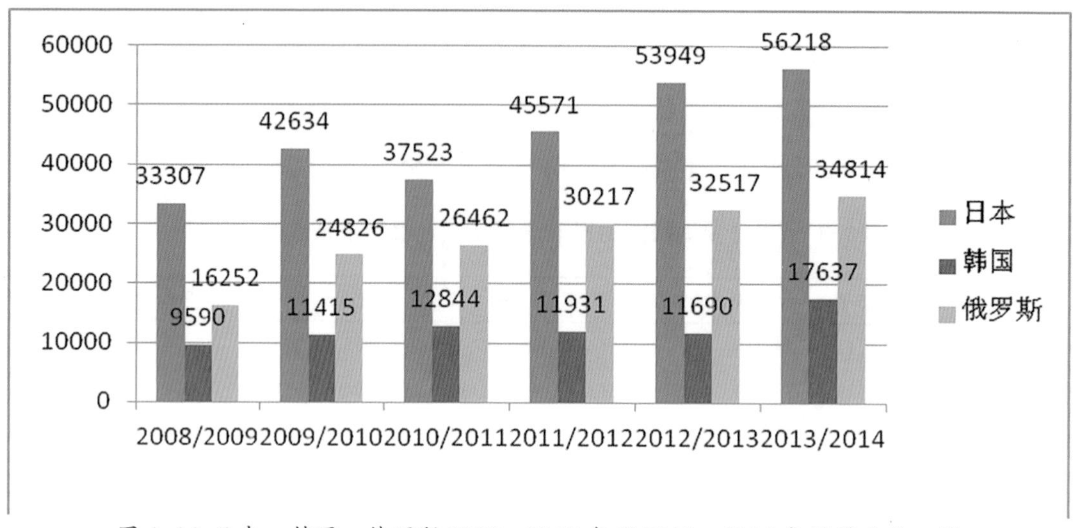

图 1-14 日本、韩国、俄罗斯 2008—2009 年到 2013—2014 年橄榄油进口量

（3）美国橄榄油消费和贸易。在过去的 20 年中，美国进口的橄榄油和橄榄果渣油几乎增加了 2.5 倍，从 1993—1994 年的 125000 吨上升到 2014—2015 年的 311000 吨。在 1993—1994 年产品包装小于 18kg 容器橄榄油占美国进口的 88%，2014—2015 年这部分包装已经不超过 58.2%。从进口来源看意大利占 1993—1994 年的 125000 吨进口量的 72%。其中特级初榨橄榄油（22%）、橄榄油（50%）和橄榄果渣油（1%）。其余大

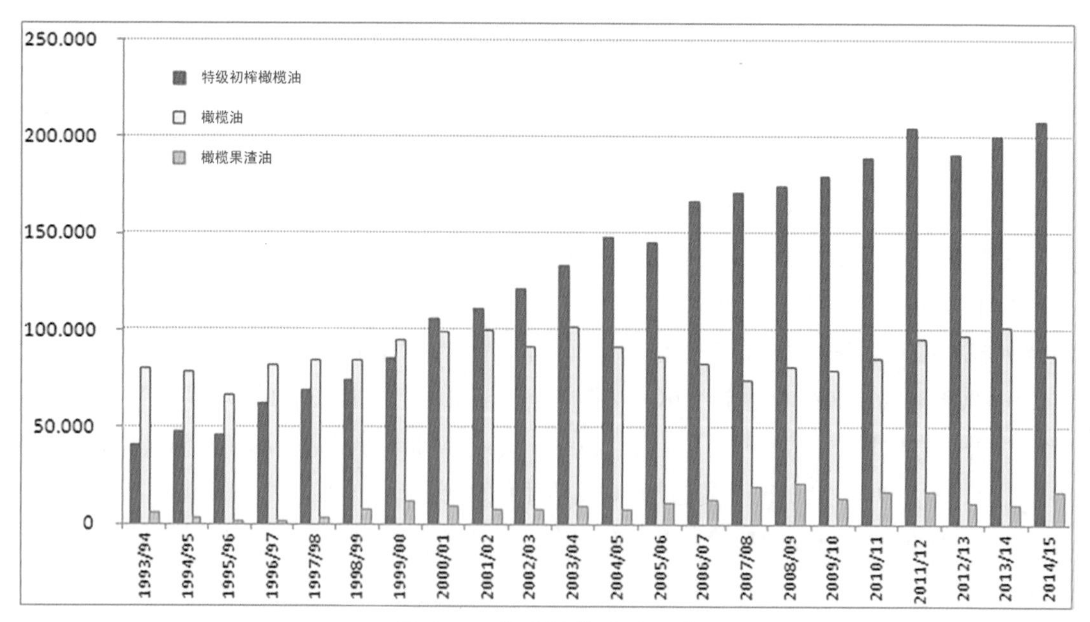

图 1-15 美国橄榄油进口量

部分来自西班牙（9%），希腊（3%）和土耳其（2.5%）。2014—2015 年，美国的进口量超过 311000 吨，大部分橄榄油用瓶包装。

二、国际餐用橄榄生产消费及贸易

由表 1-4 可知，2014—2015 年世界餐用橄榄总产量达到 266 万吨，生产国自己消费 249 万吨，各国贸易统计中进口 66.7 万吨，出口 63.8 万吨。根据 IC010 月份发布的市场报告，2015—2016 年前 6 个月（2015 年 10 月～ 2016 年 3 月），餐用橄榄进口增加，澳大利亚 +5%，巴西 -14%，俄罗斯 -13%，美国 -1%。2015—2016 年前 5 个月数据（2015 年 10 月～ 2016 年 2 月）报告显示，从欧盟进口的比欧盟外的国家进口 +7%，与欧盟外国家同期相比进口-4%。

表1-4 2014—2015年世界餐用橄榄生产、消费及进出口情况（吨）

国家	产量	进口	消费	出口
阿尔巴尼亚	28500	2500	29000	2000
阿尔及利亚	208000	8000	205000	0
阿根廷	140000	0	35500	72000
澳大利亚	3000	18000	21000	0
巴西	0	114000	114000	0
加拿大	0	29000	29000	0
智利	34000	14500	34000	2000
中国	0	31000	31000	0
欧盟/27	794000	93000b	530500	283500b
埃及	400000	0	319000	65000
美国	82500	135500	210500	8000
伊朗	67500	500	63500	0
以色列	14000	5500	19500	0
日本	0	4000	4000	0
乔丹	19500	2000	17500	4000
黎巴嫩	16500	3000	20000	2000
利比亚	3000	11000	14000	0
摩洛哥	120000	500	33000	87000
墨西哥	8000	9000	14500	2500
巴勒斯坦	12500	0	12000	500
秘鲁	110000	0	40000	32000
俄罗斯	0	72500	72500	0

续表

国　家	产　量	进　口	消　费	出　口
叙利亚	120000	0	107000	5
突尼斯	22000	0	21000	2
土耳其	430000	0	355000	70500
其他国家	27500	145000	172500	0
合计	2660500	667500	2493500	638000

三、中国油橄榄生产及贸易情况

1. 中国油橄榄产业发展现状

目前，中国油橄榄在甘肃、四川、云南、重庆、陕西、湖北、湖南、浙江、江苏、广东、贵州等省市19个市州62个县区引种栽培。由表1-5可知，2015年总面积7.11万公顷，占全国经济林总面积的0.16%，生产橄榄油5405吨，综合产值15.9亿元。其中，甘肃油橄榄面积3.6万公顷，占全国总面积的50.6%。鲜果产量2.59万吨，占全国总产量的69%。产初榨橄榄油3885吨，占全国总产量的71.8%。综合产值11.85亿元，占全国总产值的74.5%。其他省市，如四川的面积为2.33万公顷，云南0.73万公顷，重庆0.53万公顷，其他几个省都是新建园尚未投产，栽培面积都在150公顷以下。目前专门从事橄榄油加工的企业有50多家，年加工鲜果3.6万吨。全国从事与油橄榄产业开发相关的公司500多家，其中有初榨橄榄油加工设备的企业24家，初榨橄榄油生产线27条。其中甘肃省陇南市有加工企业15家，有初榨油生产线17条，其中国产设备3条，进口设备14条。

表1-5 2015年中国油橄榄生产情况统计（吨）

省 市	市 州	县 区	面 积	鲜果产量/万吨	油产量	产 值/亿元
甘肃	1	20	3.6	2.59	3885	11.85
四川	4	15	2.23	0.83	997	3.4
云南	4	2	0.73	0.32	20	0.65
广东	1	1	＜0.015		＜5	
河南	1	5	＜0.015		＜5	
重庆	3	4	0.53		＜5	
陕西	2	2	＜0.015		＜5	
福建	1	4	＜0.015		＜5	
湖北	2	62	＜0.015		＜5	
合计	19		7.11	3.74	5405	15.9

注：数据来源于2016·中国油橄榄创新战略联盟成立大会。

2. 中国橄榄油进口情况

中国自1997—1998年开始进口橄榄油，当年进口107吨。1998—1999年达到82吨，1999—2000年达到319吨，2000—2001年达到384吨，2001—2002年进口量猛增，本年度进口橄榄油567吨，到2007—2008年达到10463吨，首次突破1万吨大关，平均递增率为84.75%。2年时间到2009—2010年达到20565吨，突破2万吨大关，递增率为96%。2010—2011年达到33227吨，突破3万吨大关，递增率为61.79%。2011—2012年达到45968吨，达到中国橄榄油进口量的峰值。2012—2013年进口橄榄油达到42379吨。比上一年度下降3589吨，下降7.8%。2013—2014年进口橄榄油达到35891吨，比上一年度下降6488吨，下降15.3%。2014—2015年进口橄榄油达到35899吨，与上一年度持平。

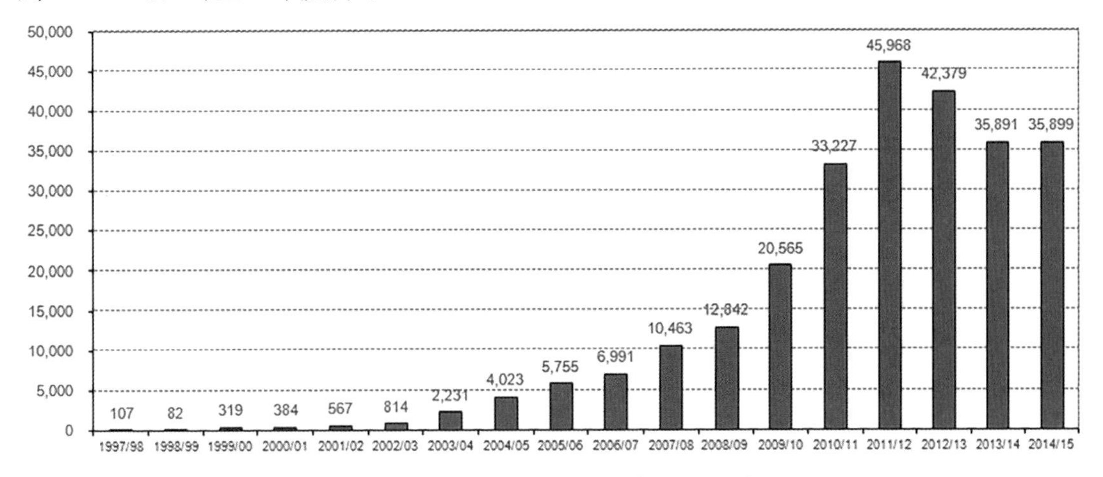

图1-16 中国橄榄油和果渣油进口量

四、国内外橄榄油价格

1. 世界橄榄油价格变化趋势

价格变化直接影响油橄榄种植者的种植意愿，从而影响国际橄榄油市场供给，反过来世界橄榄油供给影响国际橄榄油生产和贸易，价格和产量呈现出交替波动变化，国际橄榄油理事会通过产量和价格的变化为生产者提供准确的信息，生产和消费尽量减少大的波动，维护国际橄榄油市场的平衡，保护生产者和消费者的利益。国际特级初榨橄榄油价格在2011年达到峰值后，这几年国际橄榄油需求相对稳定，随着新型国家产量的增加，国际橄榄油价格总体稳中有降。

图1-17显示了4个主要经销商2015—2016年的特级初榨橄榄油价格的每月价格变化。

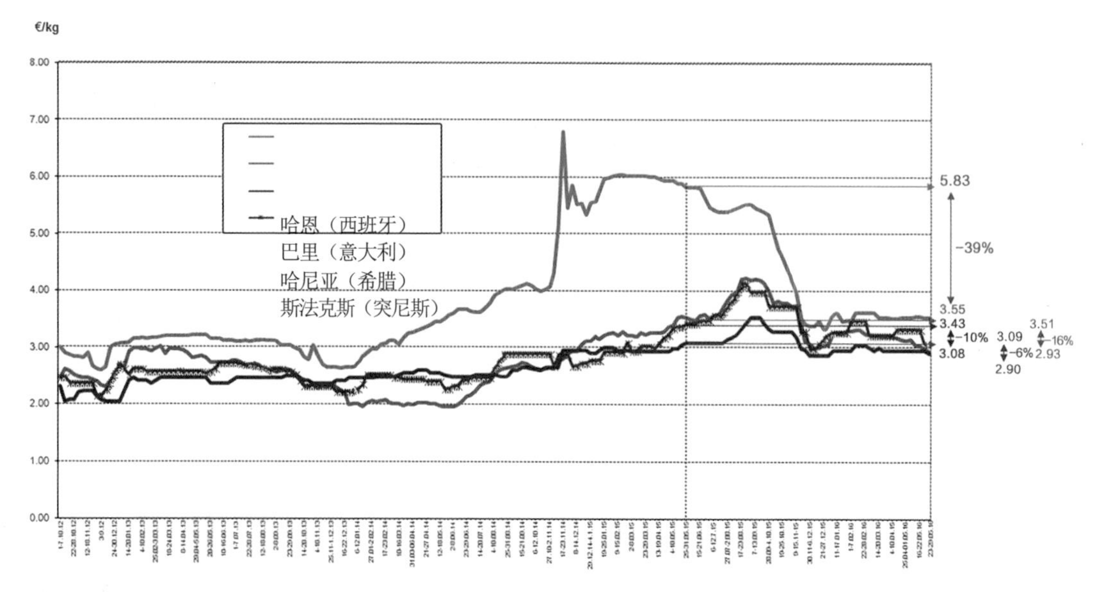

图1-17 欧盟Bari、Chania和Jaen三大特级初榨橄榄油市场平均每月价格波动图

特级初榨橄榄油：2016年10月的第3周，西班牙的生产价格轻微下降为€ 3.14/kg，比去年同期减少了1%。与2015年8月的第3周最高价格比较（€ 4.23/kg）减少26%。意大利的生产价格8月中旬开始攀升，到10月开始加剧，突破€ 4的障碍值10月中旬达到€ 4.40/kg。图1-22显示了初榨橄榄油价格在最近几年的变化情况。希腊的价格自8月中旬以来保持稳定，在2016年10月第3周是€ 2.95/kg，与往年同期相比降低了10%。突尼斯的价格从2016年8月下跌，到9月的前3个星期前上升，价格在最近几周保持稳定，在2016年10月的第3周为€ 3.23/kg，相比前一年同期下降了13%。

精炼橄榄油：西班牙和意大利精炼橄榄油的价格一般有着与特级初榨橄榄油价格相同的变化趋势。西班牙2016年10月处在与初榨橄榄油大致相同的价格水平€ 3.04/kg，相比2015年同期下降了10%。然而，在后面几周意大利精炼橄榄油价格上涨，在10月中旬达到€ 3.13/kg，与去年同期相比下降了7%。西班牙2016年10月中旬，精炼橄榄油的价格为€ 3.04/kg（图1-17）。

2. 中国橄榄油市场价格

通过对甘肃陇南自产橄榄油和兰州等地超市进口橄榄油44个品牌进行市场调查，武都市场自产莱星单品种特级初榨油500mL×6瓶装售价888元，佛奥单品种特级初榨油500mL×6瓶装售价888元，鄂植单品种特级初榨油250mL×6瓶装售价450元，进口橄榄油欧丽薇兰750mL×2瓶装特级初榨油售价189元（京东），犀牛750mL×2瓶装特级初榨油218元（淘宝），阿格利司1000mL×2瓶/套装特级初榨油售价199元

（淘宝）。通过调查发现有些小公司直营店价格极其混乱。初步测算并与国外橄榄油价值链研究提供的数据对比，国内实行鲜果收购保护价为 8 ～ 10 元，1kg 油需鲜果 7.46kg，剔除其他成本因素，橄榄油成本为 130 元 /kg 左右。中国自产橄榄油价格远远高于进口橄榄油的价格，以致在市场上缺乏竞争力，深究原因有 3 个方面：一是保护价过高推高了橄榄油原料成本，二是过度包装虚高了产品成本，三是企业高额的利润抬高了产品售价。这个测算没有考虑进口橄榄油的质量等级，结论具有相对性。

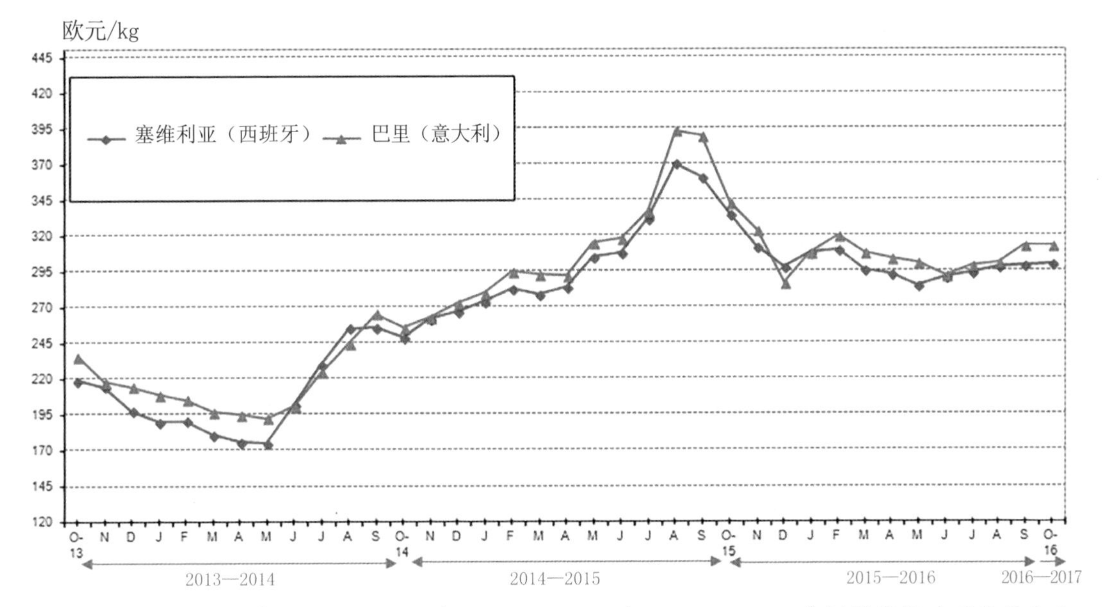

图 1-18 2013—2014 年、2014—2015 年、2015—2016 年、2016—2017 年橄榄精炼油月价格变化

五、从国际橄榄油市场看中国油橄榄发展前景

1. 国内油橄榄生产面临的问题和困难

（1）栽培面积小，产量少。目前世界油橄榄栽培面积 1125 万公顷，橄榄油产量稳定在 260 ～ 310 万吨。2013—2014 年榨季世界橄榄油产量达到有记录的 316 万吨。中国自产橄榄油 2015 年生产 5405 吨，与全世界油橄榄 1100 多万公顷的种植面积、300 万吨左右的产量相比，几乎微不足道。与全国每年进口 4.2 万吨橄榄油相比，全国的产量也只占 12.8%，在国内市场所占的份额很低。

（2）橄榄油价格高，市场竞争力弱。从图 1-18 可以看出，通过对西班牙、意大利、希腊、突尼斯主要市场分析，国际橄榄油市场售价稳定在€2.5 ～ 3.2/kg。西班牙 2014 年 5 月短暂处于历史最低价格€1.96/kg。2014 年 9 月意大利橄榄油价格突破€4/kg，达到€4.10/kg。通过对国内市场调查，2013 年进口特级初榨油的市场价格是￥80 ～ 400/kg，按照 2014 年 11 月 24 日的汇率，橄榄油的售价在€10 ～ 50/kg，剔除进口成本，价格奇高，普通消费者无力承担，影响自产橄榄油销售。

(3)产品单一，餐用橄榄市场亟待开发。餐用橄榄是油橄榄原产国最受欢迎的食品，不但是每餐必吃的食品佐料，而且是重要休闲食品。油橄榄主要用途是提供橄榄油和餐用橄榄，从上述图表可以看出，世界餐用橄榄产量2014—2015年266万吨，橄榄油的产量达到325万吨，两种产品量基本相当。由于国人饮食习惯和产业发展方向性原因，目前国内只重视橄榄油的生产，对餐用橄榄的开发利用还没有提上日程。油橄榄产业开发有待从这方面突破，这是中国要尽快补齐的短板。

（4）市场混乱，缺乏有效监管。通过市场调查分析，国内标识自产特级初榨橄榄油的销售量远远高于国内实际的生产量，国内自产特级初榨橄榄油的市场价格远远高于国外进口橄榄油的价格，有的企业从国外进口低等次橄榄油冒充国内自产特级初榨橄榄油销售，普通消费者对鱼龙混杂的橄榄油难以区分质量品质扰乱了市场，损害行业整体利益。中国是全球新兴的橄榄油消费市场。几年前，国内超市只有几种进口品牌的食用橄榄油销售，而现在已经超过50多种。然而，当下国内消费者可以购买到的橄榄油，质量杂芜，市场混乱，品质无法保证。

2. 中国油橄榄产业发展具有广阔前景

（1）市场巨大，消费需求旺盛。中国人口多，蕴藏巨大商机，成为国际橄榄油经销商争夺的重要市场。中国已经成为世界第二大经济体，随着国家收入分配政策的逐步完善，居民收入将会大幅度提高，人们开始追求幸福健康的生活，橄榄油的消费群体将进一步扩大，特别是货真价实的自产橄榄油成为消费者的首选，这是发展壮大油橄榄产业最大的动力。一个非常值得肯定现象是中国进口橄榄油从2011—2012年的45968吨下降到2014—2015年35899吨，而国内自产橄榄油从2012年840吨增加到2015年的5405吨，国内自产橄榄油的增加正好弥补了减少的进口量。

（2）政策助力，扶持力度加大。国家林业局已经准备出台全国的油橄榄发展规划，油橄榄产业从地方区域特色经济发展上升为国家战略。根据各地规划未来几年中国将建成油橄榄基地33.3万公顷，并合理规划了餐用橄榄基地建设，多元化主体投资促进发展的机制在进一步形成。

（3）成本降低，消费群体增加。针对橄榄油成本过高的问题，甘肃陇南当地政府已经将油橄榄鲜果收购指导保护价从8～10元/kg降低到6～8元/kg，并推广简易包装和大瓶包装，要求企业合理界定利润，通过电商渠道降低销售成本，扩大销售群体。

（4）监管加强，质量得到保证。国家在甘肃陇南市建立了国家橄榄油工程技术研究中心，对市场销售的橄榄油将严格按照橄榄油国家标准严格检测，严防假冒伪劣产品进入市场。企业的质量意识全面提高，在收购加工环节对鲜果质量实行严格检查，提高鲜果的质量，提升橄榄油的压榨水平，确保橄榄油质量。各地食药监局加强了橄榄油产品质量安全的监督检查，对油橄榄企业储存的橄榄油和店面销售的橄榄油定期

抽检，对检测指标不达标的产品，就地封存处理，维护广大消费者的利益。

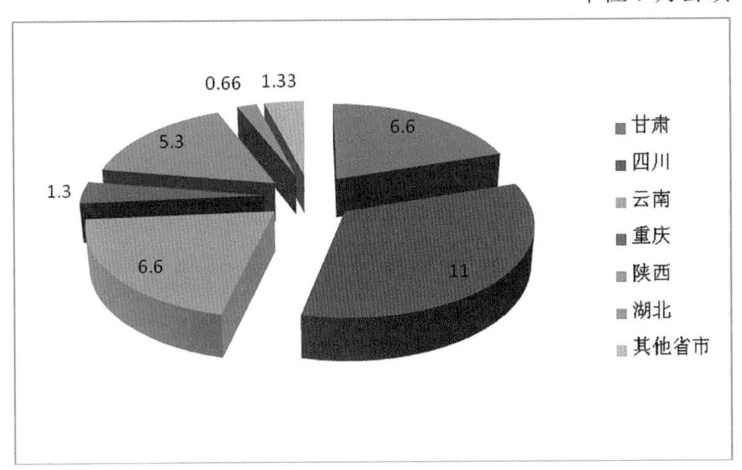

图 1-19 各省市出台的油橄榄规划

（5）市场成熟，品牌获得认知。通过举办知识讲座、参加展会、广告宣传等方式，加大国产品牌橄榄油在国内市场的渗透力度，从而让消费者真正了解并享受到货真价实的国产橄榄油产品。在中心城市设立自营店，在淘宝、天猫设立旗舰店，由企业建立电子商务中心多层次多形式宣传推介自产橄榄油，自产橄榄油的认知度大幅度攀升。

（6）支撑加强，产量稳步增加。各地相继组建了油橄榄专业研究机构，培养一批专业技术人才，选育了适宜当地发展的省级、国家级良种，开发了不同类别的橄榄油及其制品。有力支撑产业发展的技术需求。特别是组培育苗、超高密度栽培、水肥一体化、PectinexUltraSP-L 加工助剂等新技术推广和运用，加快缩小与国外的差距，增加油橄榄产量，不断满足国内油橄榄市场发展形势。

第二章 油橄榄生物学特性和生态适应性

第一节 油橄榄生物学特性

油橄榄在它的一生或一年中所表现出来的规律性特征特性，称之为油橄榄的生物学特性。这种特性是它的遗传性与环境条件综合反映的结果。其生长发育、开花结实等，在不同地区、不同年龄、不同物候期以及不同管理等条件下皆有变化。认识其特征特性及其与环境条件的变化规律，是为了提出有效的技术措施，达到丰产稳产的栽培目的。

一、形态特征和特性

油橄榄属木樨科木樨榄属。常绿小乔木，一般高 5 ～ 7m，生长能力强，耐旱喜光。叶子对生，呈椭圆形，长 4 ～ 10cm，宽 1 ～ 3cm。主干具有鲜明的多节和缠绕生长特点。它的花微小，呈淡黄色，有着 10 处裂口的花萼与花冠，2 个雄蕊和 2 裂的柱头，通常在最新生长出来的枝干上开放，以总状花序的方式排列在叶子的叶腋上。橄榄树的果实是一种小的核果，有 1 ～ 2.5cm 长，野外生长的比果园培植的果肉更少，体积更小。在植物分类学上曾把油橄榄分为两个亚种：即栽培油橄榄亚种和野生油橄榄亚种。

图 2-1 希腊人工栽培的油橄榄大树

图 2-2 希腊奥林匹亚公园自然生长的油橄榄大树

1. 根系

油橄榄的根系有实生根系和自生根系两种类型。实生根系是由种子的胚根形成。当种子萌发时，胚根首先突破种皮，形成主根。主根通常以垂直方向迅速的向下生长，

并在生长过程中不断地向四周发生分枝，形成大量的侧根。自生根系是油橄榄的根、茎、叶各器官生出的根，这种根也叫作不定根。例如，扦插繁殖的苗木的根系都是自生根系。

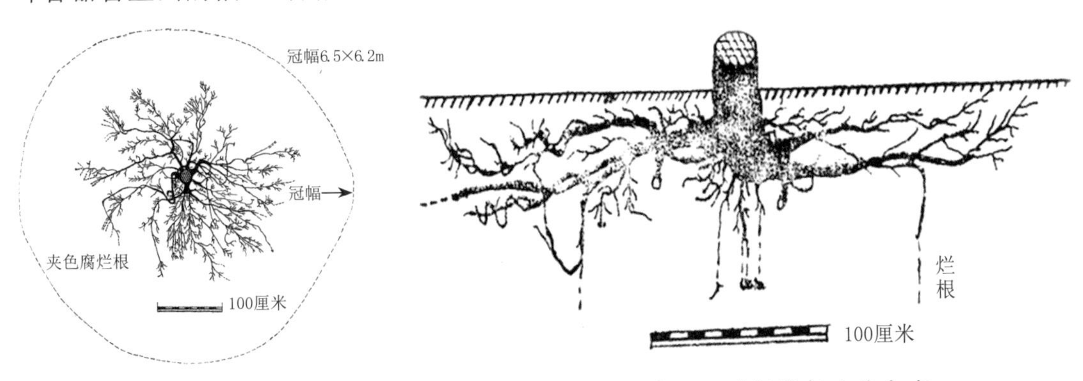

图 2-3 油橄榄根水平分布　　图 2-4 油橄榄根立体分布

油橄榄种子萌发的初生根是主根，主根上分生出的根叫侧根。主根生长快，苗木高 5 ～ 10cm，主根深入土中可达 15 ～ 24cm。随着植株年龄的增加，主根生长逐渐缓慢，茎部逐渐膨大，形成根包并迅速萌发侧根组成庞大的根团，随之取代主根。油橄榄的根系具有很强的更新能力，老根枯死后，新根很快形成。油橄榄根系穿透能力较弱，根好气，忌水湿，在板结黏重和排水不良以及地下水位在 150cm 以上的土壤上种植，根系发育不好，植株生长很差。油橄榄树干基部与根系连结处常生有“树瘤”，又称“营养包”。其成因是树干与根系连结地方的输导管因扭结，造成树液流动减缓，致使该处细胞形成层营养积累过盛，而且又不断扩展使薄壁组织扭曲变形所致。这种“树瘤”不影响油橄榄树的正常生长，还可用于繁殖油橄榄苗木。

实生根系比自生根系固地性强，根系在土壤中占领的空间及分布密度较自生根系大。因此，在栽培中常用种子繁殖苗木作砧木，以提高接穗品种的适地性。在意大利常用佛奥等油橄榄种子繁殖砧木。油橄榄根系的形态除受繁殖方法影响外，还取决于外界条件（土壤生态条件）和栽培措施。在中国油橄榄引种区的自然条件下，油橄榄根系表现为水平根型和复合根型两种类型。而根系形态的变化，主要受土壤物理条件的影响。

根系生长发育与土壤质地的关系极为密切。图 2-3 为种植在黏土（颗粒直径 ＜ 0.002mm）上的 11 年生油橄榄根系属水平根系类型。粗壮的大根集中分布在表土层 10 ～ 30cm 范围内，垂直向下生长的根系，因土壤质地黏重，排水不良，使根段长期受水渍腐烂。当根系分布空间受到限制后，地上生长逐年减弱，出现生理落叶和无产量的现象。图 2-4 为种植在粉砂质黏土上（黏粒 25%、粉粒 47.7%、砂粒 26.4%）19 年生的油橄榄根系，表现为复合状根型的特点。此类根系以水平根系居优，斜向生长的心状根及斜根次之。从根系形态上看，复合根型比水平根型发达的多，分布的空间也较大，地上生长旺盛，单株产量较高，连续 9 年平均产量 14.3kg。以上实例说明，土壤黏粒含量过高，通气不良的土壤不宜栽培油橄榄。一般情况下，土壤黏粒＞30%或黏粒＋粉粒＞60%，油橄榄就生长不好。表现为盛果期短，衰老较快，经济效益低。

2. 茎

油橄榄具有明显的主干、主枝和分枝。幼茎呈方柱形，小枝被银灰色鳞片，嫩枝表皮灰绿色，有许多纵裂的皮孔，当嫩枝逐渐增粗，木质化程度加强，表皮由灰绿变为灰色，皮孔便变成圆点状。树干上的“树瘤”能萌生枝条，部分品种除长“树瘤”外，还出现棱沟。枝、干均具有较强的萌芽能力，为更新、修剪提供了有利条件。

图 2-5 幼树茎干

图 2-6 老树茎干

3. 枝条

依枝条性质可分为生长枝和发育枝。生长枝即生长较旺盛，木质化程度低，梢顶停止生长晚。徒长枝也属于生长枝的一种，多为背上枝，节间较长，木质化程度更低，梢顶停止生长更晚。初结果树的发育枝多在树冠的中下部，级次较高，生长较缓慢，木质化程度高，梢顶停止生长早。发育枝到春天多数变为结果枝，开花结果。

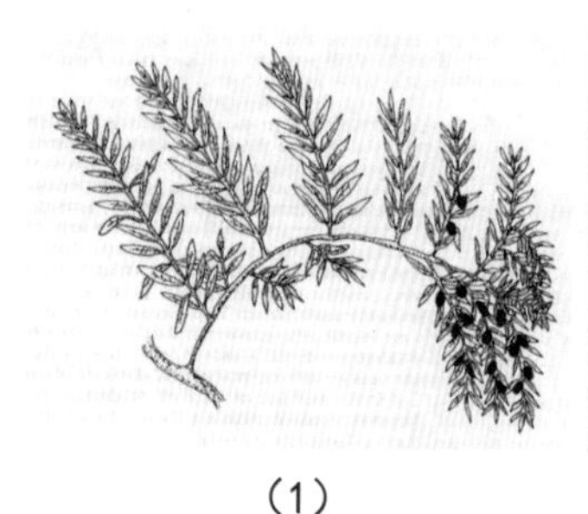

（1）

（2）

（3）

图 2-7 油橄榄结果枝组

果枝是着生花芽并能结果的一类枝条。油橄榄是属于腋芽结果类型，因此，结果枝都是当年枝第二年结果，两年结果一次。

依枝条的年龄分，有新梢和一年生枝。当年发生的新枝至年生长停止前称为新梢。

新梢可分为春梢、夏梢、秋梢。新梢的侧芽当年再发生分枝叫副梢或二次枝。新梢停止生长至第二年萌发生长前称一年生枝。

依枝干的功能可分为骨干枝和结果枝组。骨干枝就是树的骨骼，它由主干和主枝两部分组成，是果树的非生产部分。以侧枝为基枝与营养枝和结果枝构成的结果枝组（图 2-7）是果树的生长、更新和结果单元，称为生产部分。知道这些特点，对油橄榄整形修剪非常有用。

4. 芽

根据芽在枝条上着生的部位，可分为顶芽和侧芽。前者着生在枝条的顶端，后者着生在枝条的侧方和叶腋间，故又叫腋芽。顶芽发育使枝条延伸，腋芽发育形成花芽。

图 2-8 油橄榄芽（莱星）

图 2-9 油橄榄芽（奇迹）

油橄榄的芽都是裸芽，有叶芽、花芽和混合芽三种。花芽着生在一年生枝的叶腋间，萌发形成花序，开花结果。叶芽也在叶腋间，是抽生枝叶的芽。而混合芽在总的花芽数中所占的比例很低。

依芽的萌发情况可分为正常芽、早熟性芽、休眠芽和不定芽。芽形成后第二年春季萌发的芽为正常芽；于第二年不萌发的芽叫休眠芽；当年形成就萌发的叫早熟性芽；芽在枝干上没有一定的位置，并且它的萌发时期也不一定的芽叫不定芽。不定芽在油橄榄的树干、枝、根颈、营养包和愈伤组织等处都可以形成，尤其枝、干修剪或受伤之后，不定芽的形成和萌发力很强，对油橄榄更新修剪及繁殖十分有利。

花芽的分化与形成需要冬季低温的影响。在冬季气温较高的地区，油橄榄开花较少。在冬季气温较低的地区，油橄榄花芽易受冻害。一般来说，一月份平均温度6℃～7℃时，才利于花芽的分化与形成。花芽的分化与形成不仅需要冬季低温的影响，而且需要营养物质和水分。花芽形成需要一定的碳水化合物的积累。如果植物体内的碳水化合物积累减少时，翌年的花芽就少，导致隔年结果，出现大小年现象。如果植物体内积累的碳水化合物很多，但被营养生长所利用，则花芽的形成仍较困难。相反，若是控制树体的营养生长，虽然积累的碳水化合物相对减少，但是用在生殖生长方面的碳水化合物相对增多，而有利于花芽的形成。

从生理上分析，碳氮比(C/N)与植物激素起着分配营养的作用。当碳氮比值较大时，有利于花芽的分化与形成。反之，氮化合物积累较多，促进营养生长而不利于花芽的形成。花芽的形成需要植物激素，它能影响花芽的细胞分裂，发育而达到结实。激素中的绿原酸不利芽形成，可使花芽分化率减少25%。所以在栽培管理中，往往采取一些措施来提高碳氮（C/N）比值或减少绿原酸量。如：修剪徒长枝，衰弱枝，调整树体光路，调整果实采收期，幼树控制徒长，促其早实等。

花芽的形态分化期，依当地的物候而异，一般在开花前的1～2个月内。知道了这几点，有助于掌握修剪及花前施肥与灌水时机。

5. 叶

油橄榄叶单叶对生，偶有互生或三叶轮生，近革质。全缘，边缘反卷，长卵圆形，长椭圆形或披针形，因品种而异。叶长2.1～8.5cm，宽0.8～2.5cm，叶柄长0.3～0.5cm，先端稍钝，有小凸尖，基部渐窄或楔尖。叶表面深绿色，背面银灰白色或银灰绿色。主脉向下凹陷，背面隆起，侧脉不明显；叶片两面都被有盾状的表皮毛，称为鳞毛，表皮层外，有较厚的角质层。它的解剖特征：有较厚的角质层，上部无气孔，栅栏组织很发达。叶的中脉特别发达，在维管束上下具有很发达的厚角组织，而且中脉的维管束具有后生木质部和后生韧皮部。这些特点表现出油橄榄适于夏季干燥炎热和强光照的气候。栅栏组织在不同的品种中，其厚度有差异，它与该品种的生长势呈正相关。

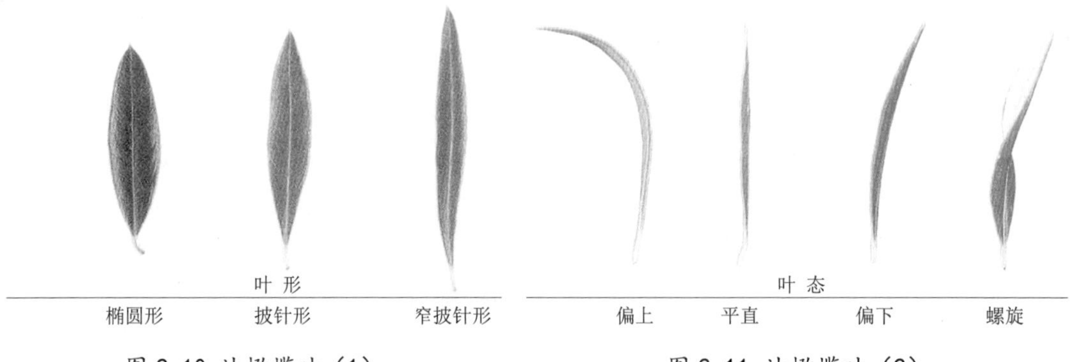

图 2-10 油橄榄叶（1）　　图 2-11 油橄榄叶（2）

油橄榄生长发育及开花结实所需的有机物质，主要是由叶来制造；植物体内的大量水分，主要是从叶子的表面蒸腾到大气中去。所以，它是绿色植物生命中最重要的器官。它执行着光合作用和蒸腾作用这两项重要的机能。一般来讲，光合作用每生产1kg光合产物，约蒸腾300～800kg水。水将土壤中的肥料元素通过根系带到树体各器官，又将叶片中的光合产物运送到各器官中，合成树体中的各种有机物，形成生物学产量（树体总重）和经济产量（果实）。

叶功能大小取决于叶片的质量和叶寿命。立地条件适宜，栽培措施得当，油橄榄生长繁茂，叶片大，叶色灰绿，结实早而丰产；叶寿命一般 2 ～ 3 年，花芽分化率高，座果率高，丰产。叶寿命小于一年半，产量低而不稳；小于一年则只能维持营养生长而不结果。

在应用上，叶寿命可用生理落叶率间接表示。

$$生理落叶率 = \frac{一年生枝叶片脱落数}{一年生枝叶片总数} \times 100\%$$

据邓明全在湖北、陕西油橄榄园调查，10 年生的佛奥品种，平均生理落叶率 1.5%，平均单株鲜果产量 35.1kg；平均生理落叶率 21.3%，平均单株鲜果产量 3.2kg。这一现象说明产量随落叶率降低而增加。落叶现象与土壤条件、温度、湿度、病害及栽培措施有关。

6. 花

油橄榄是圆锥状花序或总状花序（少数品种），着生在叶腋间。在每个花序上着生有 10 ～ 20 余朵白色或浅黄色的小花。油橄榄的花有完全花和不完全花两种类型。完全花由花萼、花冠、雄蕊、雌蕊四个部分组成。不完全花一般是缺雌蕊，由于雌蕊萎缩而无柱头，子房比较小而造成。但其雄蕊仍很发达，因而又称之为“雄蕊花”。这类花没有授粉的可能，易脱落。油橄榄不同品种的柱头有差异，可作为鉴定品种的一个指标，但必须配合其他指标综合评定。不同品种花粉量的多少也不一样，例如，配多林（Pendolino）品种花粉量多，花粉粒饱满，发芽能力强，是佛奥和莱星品种的优良授粉树。

图 2-12 油橄榄花蕾

图 2-13 油橄榄盛花期花

图 2-14 油橄榄开花的形态

油橄榄的花没有花腺，不分泌花蜜，不吸引蜜蜂和昆虫等采蜜，故花粉的传播靠风等外力的作用，属风媒花，主要借风力传粉，昆虫传粉仅起辅助作用。在 12km 以外，借风力，油橄榄仍可进行授粉，但以 20 ～ 100m 的距离为好。空气相对湿度对于授粉也很重要，一般以 30% ～ 50% 为好。在油橄榄的花期常常下雨的地区，导致授粉不良。油橄榄授粉受精所需要的时间，一般为 3 ～ 4 天。在中国广元、绵阳等油橄榄种植区，在油橄榄开花授粉的 4 ～ 5 月份，恰好是降雨季节，故在这一时期如遇下雨，对油橄榄开花授粉影响大，故而影响到油橄榄的结实，这也是这些产区油橄榄结实差的因素之一。

7. 果实

油橄榄的花经过授粉、受精作用后，开始结实。座果率依品种、不同的年份、栽培技术措施以及果园管理水平而异。一般仅保留 1% ～ 3%，大部分将在成熟前脱落。在果实生长发育过程中有三次落果过程。第一次落果出现在花谢一周左右，由于授粉受精不良而产生，此次落果量最大。第二次发生在七月份，核硬变期落果，多数是由于管理措施没跟上，水、肥等营养不足，引起落果。第三次发生在九月份，油脂形成期落果。

果实从形成到成熟，经过 4 ～ 5 个月的时间。从外观看，通过子房膨大果实形成期、转色期、着色期和完熟期。在果实生长发育初期，果实较硬，内果皮开始木质化，形成密集的石细胞。在果实硬核期，果肉逐渐变软，颜色由浅绿色变为浅褐色，此时，中果皮的薄壁细胞里开始形成油滴，并不断增多。在此期内如果养分、水分供应不足，则出现落果。在果实成熟期，果皮颜色加深，果肉继续变软，细胞中含有大量的油滴和水分；核壳变硬，种子内部脱水，也形成了多量的油脂，果实临近成熟。

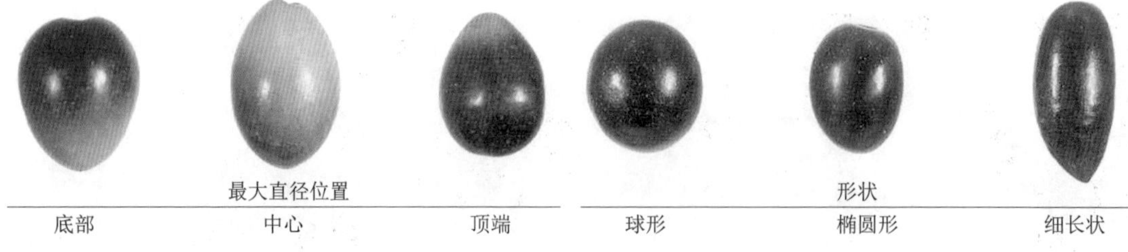

图 2-15 果实果形差异（1）　　图 2-16 果实果形差异（2）

果实采收期取决于含油率、成熟度、单果质量、果肉率、含水率、果实生长天数、季节等。公式代表产油情况（单株产油量）：

平均单果鲜重（g/粒）× 果实数（粒/树）× 果实含油率＝油重（g/树）

对普通榨油为目的的果园，当“油重（g/树）”随果实成熟度的逐步提高达到最大值时，便是该树的最佳采收期。同理，通过抽样调查和实验室测定，可绘制出某一特定品种在单位面积上的产油量随时间变化的曲线，从而确定该品种的最佳采收期。

但以餐用为目的或获得高品质的橄榄油的果园，必须按照获取目的在技术人员的精确指导下采收。

图 2-17 小苹果果实

图 2-18 阿尔波萨纳果实

图 2-19 奇迹与小苹果果实大小比较

8. 种子

油橄榄果实属核果，果核就是通常所谓的种子。常见种子的形状有就近圆形、椭圆形、倒卵形、纺锤形和圆锥形等。子房二室，通常只有一室内含有发育完全的种仁，很少有二室具种仁的种子。种仁就是植物学上所称的种子。种仁的主要成分是脂肪和蛋白质，其次是淀粉、糖和水分。橄榄果榨油后的油渣，除精炼橄榄油外，还可加工为优质的家禽饲料。据分析 1.2 ～ 1.4kg 油橄榄油渣饲料相当于 1kg 玉米。种子主要用来播种育苗，培育砧木。在驯化育种中，它是实生选择培育新品种的基本材料。

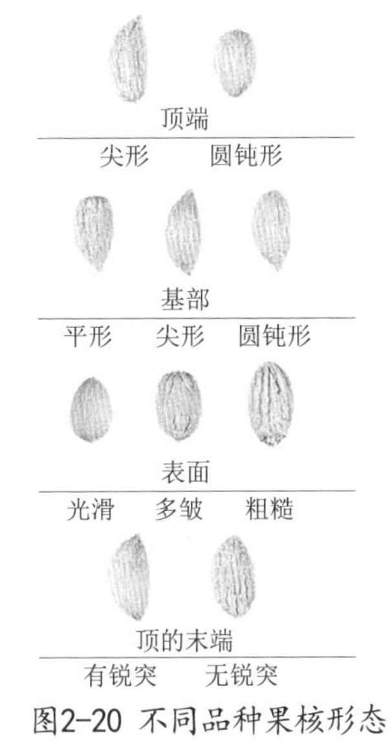

图2-20 不同品种果核形态

图 2-21 小苹果果核形态

图 2-22 混合品种果核形态

二、油橄榄的物候期

2005—2007 年苏瑾等对陇南市武都区汉王镇将军石油橄榄品种园各品种的物候期进行观测及对比研究。

他们在不同油橄榄品种中，选择 30 株生长正常的苗木为标准株，挂牌定株观测。年内连续观测记载各植株物候出现的日期，计算 30 株平均期。物候始期已出现明显的物候相为标志。物候观测项目有：花芽形成期、花序延长期、开花始期、开花盛期、开花末期、座果期、果实膨大期、果实变色期、果实成熟期等。

花期、花型的观测是在优良树种东南西北 4 个方向各选 1 ～ 2 个测定枝，记下所有花序的小花数，然后统计每日开花百分数，按 1% ～ 25%、26% ～ 75%、76% ～ 100% 的范围，划为初花期、盛花期与末花期，并分别统计各花期每日的完全花比例。结实能力测定以品种园内已开始挂果的品种‘佛奥’、‘莱星’、‘城固 32’、‘九峰 6 号’、‘鄂植 8 号’、‘皮削利’、‘钟山 24’、‘戈达尔’、‘阿斯’、‘配多灵’、‘皮瓜尔’等 11 个品种为试验材料，进行自花授粉、自由授粉试验。

枝条标定：各品种开花前在东、南、西、北 4 个方向树冠中部选取测定枝条，进行挂牌、套袋、编号、统计花量，混合花粉授粉和全双列杂交授粉还需记下套袋日期及花数。套袋:花前 1 ～ 2 天，将已选定的授粉枝套上硫酸纸，记载每一纸袋里花序数、花朵数。自由授粉的不套袋。除袋：所有品种花期过后，座果后及时去袋。调查：座果稳定后（6 月中旬至 6 月下旬）进行座果率调查、品种含油率测定。采样量及测试方法:采果 500g 左右，以石油醚（沸程 30℃～ 60℃）的索氏抽提法测定果肉含油率，气相色谱法测定脂肪酸成分。

不同品种油橄榄物候期（见表 2-1、表 2-2）。

表2-1 不同品种2005年物候期观测（月～日）

品 种	花芽现蕾	花序延长	初花期	盛花期	末花期	座果期	果实膨大	果实变色	果实成熟
阿 斯	4.1	4.2	5.6	5.8	5.10	5.14	5.17	9.30	10.18
城固32	4.3	4.4	5.6	5.9	5.10	5.16	5.19	8.27	9.28
鄂植8号	4.2	4.2	5.2	5.8	5.12	5.14	5.18	9.7	10.22
佛 奥	4.5	4.5	5.7	5.9	5.11	5.15	5.18	9.15	10.27
九峰6号	4.2	4.2	5.5	5.8	5.11	5.13	5.18	9.12	10.21
莱 星	4.7	4.8	5.9	5.11	5.14	5.16	5.20	9.1	11.2
皮瓜尔	4.5	4.7	5.6	5.9	5.11	5.15	5.18	9.1	10.20
皮削利	4.1	4.1	5.6	5.9	5.11	5.15	5.18	9.8	10.28
钟山24	4.4	4.5	5.7	5.10	5.11	5.15	5.19	9.1	10.21

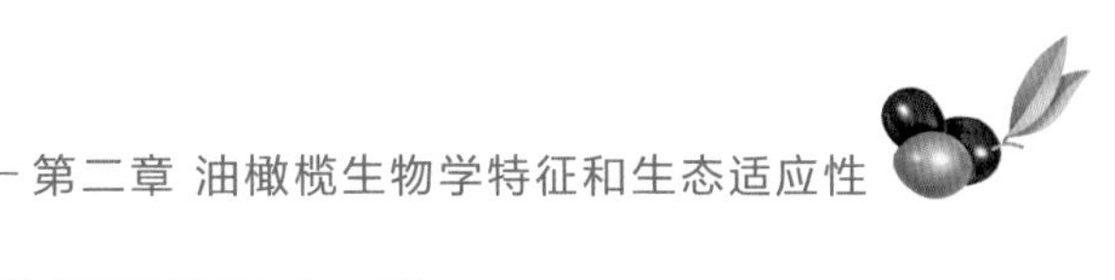

表2-2 不同品种2007年物候期观测（月～日）

品种	花芽现蕾	花序延长	初花期	盛花期	末花期	座果期	果实膨大	果实变色	果实变色
阿斯	4.6	4.8	5.10	5.13	5.15	5.20	5.22	9.18	9.18
城固32	4.5	4.9	5.9	5.12	5.17	5.22	5.25	9.10	9.10
鄂植8号	4.7	4.9	5.12	5.15	5.18	5.19	5.21	9.15	9.15
佛奥	4.6	4.8	5.12	5.15	5.17	5.20	5.24	9.21	9.21
戈达尔	4.5	4.9	5.11	5.14	5.16	5.19	5.21	9.18	9.18
九峰6号	4.6	4.9	5.11	5.13	5.17	5.19	5.23	9.19	9.19
莱星	4.11	4.14	5.14	5.16	5.18	5.21	5.25	9.26	9.26
配多灵	4.2	4.6	5.6	5.8	5.10	5.15	5.18	9.15	9.15
皮瓜尔	4.6	4.9	5.12	5.14	5.16	5.19	5.23	9.20	9.20
皮削利	4.5	4.10	5.11	5.14	5.18	5.20	5.23	9.30	9.30
钟山24	4.6	4.10	5.11	5.13	5.16	5.21	5.23	9.15	9.15

从表 2-1 和表 2-2 可以看出，油橄榄各品种花芽现蕾形成时间相对集中，只有少数品种有差异。2005 年花芽现蕾形成期在 4 月 1 ～ 7 日，花期最早的为‘城固 32’，最迟的为‘莱星’；2007 年花芽现蕾形成期在 4 月 5 ～ 11 日，最早的为‘配多灵’，最迟的为‘莱星’。各品种的花期也相对比较集中，花期一般为 6 ～ 10 天，品种间差异较小。从花芽现蕾到果实成熟，油橄榄在武都区 2005 年、2007 年平均时间为分别为 200 天、201 天，其中 2005 年最长的为‘皮削利’210 天，最短的为‘城固 32’177 天；2007 年花芽形成时间比 2005 年晚 4 ～ 5 天，从花芽形成到果实成熟平均为 201 天，最长的为‘皮削利’210 天，最短的为‘城固 32’为 178 天。从表 2-1 和表 2-2 同时可以看出，2007 年花芽现蕾形成时间比 2005 年晚，但从花芽现蕾形成到果实成熟平均天数 2 年基本一致，也就是说，虽然由于年份不同，自然条件引起了油橄榄各物候相出现时间的差异，但是其花期、生长期长短并不会受到影响。

三、花期与花型的差异

不同品种的花期观测结果（见表 2-3）。

表2-3 不同品种油橄榄花期

品种	2005			2007		
	初花期	盛花期	末花期	初花期	盛花期	末花期
佛奥	5.7～5.8	5.9～5.10	5.1～5.13	5.1～5.14	5.15～5.16	5.17～5.8
皮瓜尔	5.6～5.8	5.9～5.10	5.1～5.12	5.1～5.13	5.14～5.15	5.1～5.17

续表

品 种	2005			2007		
	初花期	盛花期	末花期	初花期	盛花期	末花期
城固32	5.6～5.8	5.9～5.10	5.1～5.14	5.9～5.10	5.12～5.16	5.1～5.18
莱　星	5.8～5.9	5.1～5.13	5.1～5.15	5.1～5.15	5.16～5.17	5.1～5.20
皮削利	5.6～5.8	5.9～5.10	5.1～5.12	5.1～5.13	5.14～5.17	5.1～5.19
九峰6号	5.5～5.7	5.8～5.10	5.11	5.1～5.12	5.13～5.16	5.1～5.18
戈达尔	5.7～5.8	5.9～5.10	5.1～5.11	5.1～5.13	5.14～5.15	5.1～5.18
钟山24	5.7～5.9	5.10	5.1～5.13	5.1～5.12	5.13～5.15	5.1～5.17
阿　斯	5.6～5.7	5.8～5.9	5.1～5.12	5.1～5.12	5.13～5.14	5.1～5.16
配多灵	5.6～5.8	5.9～5.10	5.1～5.13	5.6～5.7	5.8～5.9	5.1～5.12
鄂植号	5.2～5.7	5.8～5.11	5.1～5.13	5.1～5.14	5.1～05.17	5.1～5.19

从表 2-3 可以看出，甘肃陇南武都区的油橄榄大多数品种的花期一般从 5 月的上、中旬开始延续到 5 月底。不同品种花期到来的早晚、持续的时间长短不同，各品种花期一般可持续 6 ～ 10 天，盛花期一般为 2 ～ 3 天，在甘肃陇南参试的油橄榄品种中大部分的花期基本一致，只有少数品种有差异，在 2005 年除‘莱星’与‘阿斯’盛花期不遇外，别的品种都有 1 天或 1 天以上的盛花可配期，可保证主栽品种和授粉品种间的充分授粉。油橄榄一般具有 2 种花型：完全花和不完全花。完全花数量的多少直接影响座果率。参试品种的花型统计（见表 2-4)。

表2-4 不同品种油橄榄花型

品 种	2005				2007			
	总花	完全花	所占比例(%)	排序	总花	完全花	所占比例(%)	排序
佛　奥	87	51	58.62	1	129	93	72.09	2
莱　星	114	66	57.89	2	133	99	74.44	1
皮削利	188	90	47.87	3	142	66	46.48	4
佛　奥	87	51	58.62	1	129	93	72.09	2
配多灵	129	55	42.64	5	152	58	38.16	7
钟山24号	164	55	33.54	6	146	30	20.55	10
戈达尔	138	43	31.16	7	169	20	11.83	11
城固32	199	62	31.16	8	125	55	44.00	5
皮瓜尔	175	53	30.29	9	111	41	36.94	8
鄂植8号	260	66	25.38	10	197	113	57.36	3
九峰6号	134	21	15.67	11	120	50	41.67	6

从表 2-4 可以看出，不同品种完全花的比率不同，因而构成了品种间的花型差异，优越的花型是一项说明其具有潜在丰产能力的指标，在两年的调查中，‘佛奥’、‘莱星’、‘皮削利’等 3 个品种的完全花比率均比其他的品种高，表现出这 3 个品种花型的优越性。同时也可以看出，不同品种在不同年份的花型变化很大，出现这种情况的原因是多方面的，对花型影响起主要作用的因素有待于进一步研究。

1. 不同品种油橄榄自花授粉结实率的差异

不同油橄榄品种自孕率大小不一样，在品种园已挂果的 11 个品种中，以‘佛奥’自孕率最高，座果率达到 6.25%；其次为‘九峰 6 号’，为 4.94%；最差的为‘皮瓜尔’，自花授粉座果率仅为 0.38%。座果率大于 3% 的品种有‘莱星’、‘城固 32’，以上 4 个品种有较高的自孕率，这些品种在授粉或花期处于不良条件下（如大风暴雨等），都能有相对稳定的产量，是丰产、稳产类型的品种。

2. 不同品种油橄榄自由授粉结实率的差异

对品种园内已开始挂果的油橄榄品种进行自由授粉结实能力测定。在品种园内，自由授粉情况下，不同油橄榄品种座果率不同，在品种园中已挂果的 11 个品种中，以莱星、皮削利最高，分别达到 15.87% 和 15.79%；其次为鄂植 8 号、佛奥、城固 32、九峰 6 号、戈达尔，自由授粉率为 11.90%、10.64%、8.96%、8.93% 和 5.21%；配多灵、阿斯、钟山 24 较差，仅为 1.96%、1.35% 和 1.20%；皮瓜尔自由授粉最差，座果率为 1.14%。莱星、皮削利、鄂植 8 号、佛奥、城固 32、九峰 6 号、戈达尔等 7 个品种，在品种园内都有较强的自由授粉座果率，是品种园条件下丰产类型的树种。

3. 不同品种果实含油率差异

不同品种果实干果含油率、油酸含量、鲜果含油率（见表 2-5）。

表2-5 油橄榄果实组分

品　种	干果肉含油 (%)	油酸含量 (%)
科拉蒂	66.90	74.97
佛　奥	54.25	68.48
皮削利	52.94	76.24
戈达尔	54.62	58.64
莱　星	51.63	71.81
阿　斯	49.71	61.63
鄂植8号	47.62	66.05
九峰6号	46.04	72.80
配多灵	46.36	74.24
皮瓜尔	46.88	61.58

续表

品　种	干果肉含油(%)	油酸含量(%)
万象1号	46.86	70.52
城固32	32.09	54.91

从表 2-5 可知，干果肉含油率以科拉蒂为最高，达到 66.90%；其次为戈达尔、佛奥、皮削利和莱星。油酸含量以皮削利最高，达到 74.97%；其次为科拉蒂、配多灵，油酸含量大于 70% 的品种还有莱星、九峰 6 号、万象 1 号。国际营养学认为油酸含量高的油脂品质好，因此油酸含量是衡量油质品质的重要指标，优良的油用品种除了含油率高外，还要油质优良。依据薛益民等人对中国油橄榄研究的结果，根据甘肃多年对果肉含油率的实测情况，他们确定干果肉含油率＞ 50%，油酸＞ 65% 的为优良油用品种，依此由表 2-5 判断，供试 11 个品种中优良油用品种有科拉蒂、佛奥、皮削利、莱星 4 个品种。

研究表明：

①不同品种油橄榄花期、花型存在差异，并且随着年份的不同有所变化。花期相近是选择授粉系的前提条件。甘肃陇南油橄榄的花期一般在 5 月份，参试的油橄榄品种中大部分的花期基本一致，除个别品种存在盛花期不遇外，大多数的品种都有 1 天或 1 天以上的盛花可配期，能保证品种间的充分授粉。

②多年观测表明：佛奥、莱星、皮削利等 345% 光照的 Pn 平均值为 35.41 μmol/m^2·s，5% 光照的 Pn 平均值为 20.06 μmol/m^2·s，3 个平均数差异性显著，光合有效辐射的改变可以影响空气温度，空气温度的改变又可以影响相对湿度和气孔的开闭，进而影响植物蒸腾速率，从而影响植物的光合作用。个别品种比其他品种完全花比率均较高，表现出花型的优越性，说明其具有潜在丰产能力。

③在品种园中测试的 11 个品种中，自孕结实能力较高的品种有佛奥、莱星、城固 32、九峰 6 号等 4 个，这些品种在授粉或花期处于不良条件下（如大风暴雨等），都有相对稳定的产量，是丰产、稳产类型的品种，是使用单一品种建园应优先选择的品种；莱星、皮削利、佛奥、城固 32、九峰 6 号、鄂植 8 号、戈达尔等 7 个品种，在品种园内都有较强的自由授粉座果率，它们的结实能力对父本花粉的选择无特异，是品种园中丰产类型的树种，在选用多品种建园时应优先考虑。

④通过对各品种果实含油率和脂肪酸组分及果实性状的测定结果表明，在陇南现有栽培品种中，科拉蒂、佛奥、皮削利、莱星 4 个品种为优良的油用品种。

第二节 油橄榄的生态适应性

一、气候条件

1. 温度

温度是油橄榄生命活动的必要因子之一，植物体内的一切生理、生化活动和变化，都必须在一定的温度条件下进行。

油橄榄生长发育所需要的年有效积温（≥ 10℃）在 4000℃以上，年平均温度为 15℃～ 20℃，最适宜生长的日平均温度为 18℃～ 24℃，当气温在 8℃～ 10℃时，生长缓慢;在 8℃以下，生长停止。在地中海的油橄榄种植区，冬季低温一般不低于 -7℃，但是有些地区最低温度偶尔出现低温并持续时间很短，油橄榄树尚可以抵抗。在这种情况下，抗寒品种和壮年树还不至于遭受严重的冻害，陇南武都一月温度实测图如表 2-6 所示。

油橄榄生长发育各主要阶段所需要的温度条件，因品种而异。一般从开始出现花序到开花，气温不宜低于 10℃，以 15℃为宜；从开花到结果这一段时间，温度不宜低于 15℃，以 18℃～ 19℃为最适宜；从开始座果到果实将成熟的时期，温度不宜低于 20℃。从果实开始变色到果实完全成熟，温度不宜低于 15℃。果实成熟采摘以后，树体继续进行营养生长活动，到来年萌发前，温度最好不低于 -5℃。

表2-6 陇南武都2016年1月份温度实测图

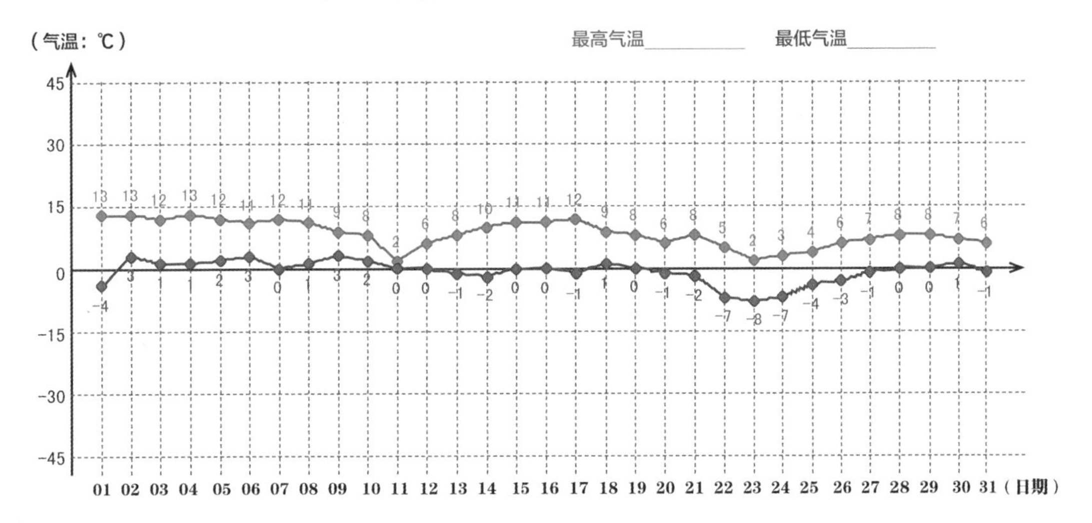

陇南市“三江一水”（白龙江、白水江、嘉陵江和西汉水）的河谷浅山地区位属北亚热带半湿润气候，海拔1500m以下的河谷两岸，年平均气温14℃～15℃，极端最高气温39℃，最低气温-8.1℃，年日照时数为1709～1911.7h，大于等于10℃的有效积温4568℃，年降水450～900mm，无霜期260～290天，空气相对湿度60%左右。同时，由于西秦岭山系的屏障作用，沿川河谷及缓坡地带形成了冬暖谷地，为性喜温暖的油橄榄提供了良好的越冬度夏和生长结实条件，成为适宜发展油橄榄种植的区域。

2. 水分

水是植物体的基本组成部分，其含量可占树体和果实重量的40%～97%，水直接参加植物体内各种物质的合成和转化，每形成1g干物质大约需要125～600mL水，也是维持细胞压、溶解土壤中矿物质营养、平衡树体温度的不可代替的重要因子。

油橄榄分布较广，分布范围内降水量差别很大。在地中海地区，全年降雨量一般为500～750mm，有些地区可以达到1000mm以上；而较少雨量地区，全年降雨量在200mm以下。因此，各地均有与其雨量相适应的油橄榄品种。

水分不足和过多都会对油橄榄生长产生不良影响。土壤水分不足，空气干燥，使光合作用降低，叶片凋萎，花芽减少，产量和品质降低。降雨过多，日照不足，又影响光合效率，产量低甚至不会结果。不论是干旱或雨水过多，都不利于油橄榄生长，易形成“小老树”。

油橄榄各生长发育阶段所需水量是不同的，油橄榄终花期和座果期，要求土壤含有充足的水分。如此时前冬春干旱，就会导致树木缺水，影响花芽分化和座果，使产量大大下降。因此，在秋冬雨水少的地区，必须进行冬灌。果实发育及核硬期，对水分的需求较严格。

从油橄榄总的需水量来看，在降水量800～1500mm的地方，一般不需要灌溉。但是，这要看雨量的分布情况是否与油橄榄生长发育中的需水期相吻合。如果需水期雨水不足，就需要人工灌溉。一个全年降水量450mm左右的地区，大约需要灌溉350～500mm相当的降水量。武都白龙江沿岸常年降水量平均为474.4mm，且降水集中在7、8、9三个月，降水时空分布不均，在油橄榄生长最为重要的春季，恰恰是陇南干旱季节。而在果实油脂形成的9月份，又常常遇到连阴雨，不利于油脂的形成。根据油橄榄生长发育的需水指标，陇南油橄榄都需要灌溉栽培。

3. 光照条件

油橄榄生长发育对光照敏感，需要丰富的太阳辐射，是喜太阳直射光的强阳性树种。充足的光照可以增强树体的生理活动功能，改善有机营养，促进枝叶健壮生长、花芽分化良好，提高果实的产量和含油量，延长树体的生存和经济寿命。光照不足，致使油橄榄同化过程缓慢，代谢过程减弱，不利于果实发育及油脂转化，且易感染病害，导致产

量降低。地中海沿岸地区日照丰富，直接辐射强，年日照时数一般在 2500h 以上。中国西部盆地常年云多雾重，日照严重不足，是全球少日照的地区之一。广元、三台、开江年日照时数分别为 1399h、1356h 和 1355h，只相当于原产地的 50% ～ 60%；只有西昌 (2431h) 与原产地接近。油橄榄对日照时数的要求，冬季每天平均 9h 左右，夏季每天平均 14h 左右。在果实成型的关键时期（6 ～ 7 月）要求日照时数一般不低于 675h。四川广元、三台、开江同期日照时数分别只有 317h、318h 和 341h，光照明显不足，严重影响产量的增加和含油量的提高。研究认为，油橄榄要达到优质丰产，生长发育期（3 ～ 10 月）的日照时数须在 1500h 以上。四川西昌 (1557h) 能满足要求，实际引种也证明西昌油橄榄的含油率是四川省最高的；盆地地区同期日照时数不足 1100h，相差甚远，对油橄榄的开花结实和品质影响很大。因此，日照显著偏少是西部盆地油橄榄发展受到限制的原因。陇南白龙江河谷地区光照时间完全满足油橄榄对光照的要求，但由于河谷地带山大沟深，太阳光照受山体的阻挡，所以在选择建园地时，要充分考虑山体对光照的影响，一般应选择在地形开阔的阳坡建园为宜。

魏国衡在《关于油橄榄的光照适应性问题的商榷》一文中，如重庆市歌乐山林试场，1977 年日照 1125.7h，当年产果 3.5kg，夺得了全园的最高年产量。

认为油橄榄自 1964 年引进中国以来，已有许多品种适应了中国的土壤气候。在广大的亚热带地区，只要栽培的其他条件具备，无论是在年日照 1000h 左右的最低日照地带，还是 2000h 以上的高日照地带，都表现了正常生长和开花结实的适应性状。已有一些品种适应了中国区域性的高低日照环境。1977 年 9 月，农林部林业局主持编写的《油橄榄栽培》一书，论定油橄榄的年日照适生区域“至少要在 1250h 以上，最好要在 1500h 以上”。此后，国内有的单位，也在各自的著作或资料中加以沿用，有的甚至提出“至少要在 1400h 以上”。实际上这种“最低日照时限论”（以下简称“时限论”）已形成国内划分油橄榄适生与否的一个重要条件。不过，由于中国的多数省区年日照都在 1400h 以上，“时限论”对这些省区影响不大。在四川、云南、贵州三省，由于存在着川中南连滇东北部及贵州北部连川东南部两个各跨几十个县域的全国低日照圈，这些地区的年日照都在 1200h 以下，有的只有 1000h 左右。“时限论”对这些地区的油橄榄建设影响很大。这些观点还需要这些省区的油橄榄科技工作者认真研究。

二、土壤生态条件

土壤是油橄榄生长的基础。土壤质地、土壤温度、土壤水分和土壤酸碱度对油橄榄根系和地上部都具有极为重要的作用。疏松的土壤通气和排水性能良好，根系发达，枝干健壮，适于油橄榄生长。黏重土壤，通气性差，排水不良，根系发展受阻，会导致地上部发育不良。土壤质地对油橄榄的影响，以心土层的土壤结构影响最为明显。

在地中海地区种植油橄榄的范围很广，从砂土到黏土上都有栽种。但在中国夏湿冬旱气候条件下，对土壤质地要求十分严格，当黏粒（粒径＜ 0.002mm）含量超过25%，或黏粒加粉粒（0.02 ～ 0.002mm）超过 60% 的土壤，油橄榄生长不良。因为这类土壤的孔隙度和渗透性等物理性状低于油橄榄的适生要求。据测定，土壤通气孔隙10%，须根强度 10.3 条根/100cm^2；通气孔隙 20%，须根强度 24.4 条根/100cm^2；当通气孔隙＞ 20%，油橄榄生长健壮，生理落叶轻，产量高而稳定。通气孔隙＜ 20%，根系延伸受阻，生理落叶加重，产量低而不稳或不结果。此外，油橄榄是嗜钙植物。健壮的丰产树叶片的含钙量占干物质重量的 3.69%，超过氮、磷、钾营养物质的总和。因此，缺钙的土壤不宜于油橄榄种植。

三、地形地势条件

实践表明，中国 60% 的果园建于丘陵山地，在同座山地不同海拔高度上栽培的果树由于生态因子不同其生长状况有明显差异。其中最主要的如光照、温度、水分、土壤等都是影响果树生长发育的直接因子。此外还有许多间接因素如海拔、坡度、坡向、风、地形等。它们不直接影响果树生存但能显著地影响小气候，与果树生长发育密切相关。杨宗英等研究提出海拔高度、坡度、土层厚度、土壤水分状况及热量状况是影响山区小气候分异的关键因子。地形对山地气候因子有显著的影响。有学者研究认为随果园海拔升高气温下降，物候期延迟，芦柑的春芽萌发、开花、生理落果、采收等物候期海拔每上升 100m 延迟 3.4 ～ 4 天平均 3.77 天。海拔每上升 100m 芦柑单株产量下降 14% ～ 18% 焦柑产量下降 7% ～ 26%，高海拔比低海拔平均株产都相差一倍，差异极大。柑橘品质随海拔上升而下降。单果重量随海拔上升而下降。可溶性固形物、糖的含量随海拔上升而下降。维生素 C 和有机酸含量表现随海拔上升而增加的规律。对于陇南油橄榄来说，70% 的橄榄园建在白龙江、白水江流域坡地和泥石流冲积扇上，我们观察认为，地形地貌对油橄榄生长的影响与其他果树一样。立地条件的优劣是影响油橄榄生产的重要因素，在实际建园中应该选择立地条件较好的地类兴建油橄榄园。

第三节 陇南油橄榄低温冻害与适应性

植物栽培历史表明，油橄榄与所有的亚热带常绿果树和经济树种一样，在他的主要分布区和边缘产区都存在周期性的冻害。陇南引种油橄榄 41 年，历经 1976 年的 -8.1℃、1991 年的 -8.6℃和 2016 年的 -8℃冬季极端低温（高山半高山油橄榄种植地点实际温度还要低于这个温度，在武都两水前村实测温度达到 -11℃）。实践证明，油橄榄从地中海的希腊、西班牙等原产地国家引种到位于北亚热带的中国甘肃陇南白

龙江流域半山河谷地带，在气候、土壤、降雨等诸多气候因子中，低温冻害成为制约陇南油橄榄发展的关键性限制因子。2016 年 1 月 24 日～ 27 日陇南地区发生极端气候过程，最低气温达到有历史记录以来 -13℃（武都角弓、宕昌沙湾一带）的最新纪录，且持续时间长，特别是一些新引进品种，没有经过适应性栽培试验，大面积在生产上推广应用，在生产上造成很大损失。这次冻害为我们调查研究品种间的抗冻性（越冬性）提供了难得的机遇，也为今后陇南不同流域、不同海拔高度油橄榄建园选择品种提供了指导意见。

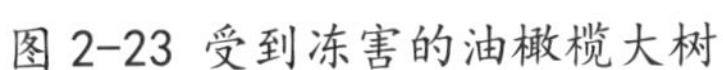
图 2-23 受到冻害的油橄榄大树

图 2-24 局部受冻状

油橄榄原产于希腊、意大利、突尼斯、西班牙等地中海沿岸国家，属典型的地中海气候类型，具有“夏季炎热干燥，冬季温和多雨”的气象表现。油橄榄引种国内后，在气候上引种到北亚热半湿润气候向暖温半干旱气候的过渡带，季风性气候特征显著；属夏雨型气候类型，冬季干旱，夏季炎热多雨，表现为雨热同季；从低海拔地区引种到高海拔地区（地中海希腊种植海拔在 0 ～ 500m，甘肃陇南白龙江流域油橄榄种植在海拔 650 ～ 1624m，云南昆明种植在 1500 ～ 2200m），虽然生长开花结实，但随着低温的侵袭，对安全越冬，生长开花结实造成严重影响。陇南地处青藏高原东侧边坡地带，辖区内沟壑纵横，高山河谷交错分布，素以“山大沟深”而著称，地势西北高、东南低，是甘肃省唯一的长江流域地区。由于受山地地形及大气环流和太阳辐射的影响，气候差异悬殊，区域性立体小气候特点十分明显，表现为雨热同季，四季分明，光热充足。陇南白龙江沿岸是中国油橄榄最佳适生区之一，现有油橄榄 4 万公顷，是国家油橄榄示范基地和中国油橄榄之乡。低温冻害是陇南油橄榄生产上的主要气象灾害，由于出现较长时期低于油橄榄生育要求的临界致害低温，包括低温冰冻、寒潮、强降温、霜冻、倒春寒和秋季低温等形成的冻害，特别是冬季低温对油橄榄安全越冬影响极大。当前现有油橄榄品种不能在高于海拔 1500m 和冬季温度低于 -8.0℃的条件下生长，而陇南可以发展油橄榄的土地分布在 1500m 以上和冬季温度低于 -8.6℃的地区。选引抗寒品种突破现有海拔和低温成为做大做强陇南油橄榄产业的关键因素。

表2-7 陇南油橄榄产区1971—2010年强降温、寒潮次数统计

县 名	强降温次数	平均/(次/年)	寒潮次数	平均/(次/年)	强降温、寒潮次数	平均/(次/年)	极端低温	备 注
武 都	8	0.2	4	0.1	12	0.3	-8.6	全 县
文 县	5	0.1	1	0	6	0.2	-7.4	全 县
宕 昌	9	0.2	5	0.1	14	0.4	-9	沙湾片
康 县	11	0.3	6	0.2	17	0.4	-14	犀牛江片

资料来源：陇南市气象局肖志强等。

一、调查地点及方法

1. 调查地点的自然概况

本次调查分为三种情况，一是油橄榄种植的高海拔区域，包括陇南白龙江上游的宕昌沙湾，犀牛江流域礼县龙林、西和西高山、武都龙坝；二是同一海拔不同品种的受冻情况，高、中、低海拔兼顾，选取有代表性的油橄榄种植基地开展取样调查；三是陇南、甘南舟曲属白龙江河谷，油橄榄种植在河谷泥石流冲积扇和河谷二级阶地上，地形地势复杂多样，犀牛江流域处于山区，兼顾油橄榄种植局地小气候的影响。

陇南油橄榄调查区气候在分布上属北亚热带向暖温带过渡区域，包括康县北部、武都白龙江河谷、文县东部、礼县南部、西和东部，白龙江、白水江、嘉陵江河谷浅山地区。地理坐标东经 104° 1′～106° 35′，北纬 32° 38′～34° 31′之间，处于国内引种栽培的北缘，油橄榄种植区海拔 650-1624m。年平均气温 9℃～15.3℃，极端最高温度 37.8℃，极端最低温度 -8.1℃，年降雨量 411.6～1000mm，全年日照时数 1600～2104.4h，全年无霜期 160～280 天，平均 252 天。土壤为黄棕坡土和钙质沙壤土，沙粒含量 62%，土层深厚，pH7.8，中性偏微碱性。地形复杂，沟壑纵横，是典型的高山峡谷区，气候垂直变化显著，区域小气候特征明显。

2. 调查时间

为了全面了解此次低温对油橄榄越冬造成的危害，冻害调查分三个阶段进行。第一阶段为 2016 年 2 月 26 日～30 日进行，22 日～25 日是武都地区本次低温的最低点，气象局发布实测低温为 -8℃，从感官上对低温危害进行冻害等级的现场观察，也就是低温即时造成的危害，对根、茎干、枝干、叶感性认识。第二阶段为气温回升的 4 月上旬到下旬，此时遭受低温危害的树体发芽复绿，受冻树体与未受冻树体的部分形成明显反差，区分明显，调查准确度高。第三阶段 7 月 21 日～8 月 21 日进行，对受冻树体恢复状况进行调查，调查样本树遭受低温冻害后树体恢复情况。

3. 调查方法

调查采用实地实测的方法，对样本树进行精确的受冻分级划分，按照不同品种、

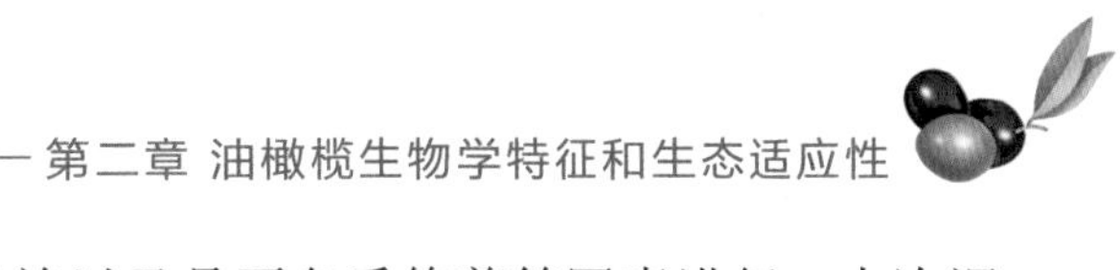

不同海拔高度、不同立地条件、不同管理措施以及是否冬季修剪等因素进行，本次调查借鉴已有相关研究成果，结合油橄榄特殊性，根据受冻情况将油橄榄受冻状况分为若干等级。

表2-8 陇南油橄榄冻害等级划分方法

冻害等级	判定标准	受冻情况
0	无冻害症状	无受害
I	仅有嫩叶受害	轻微
II	嫩叶和顶芽受害	轻度
III	嫩叶、上部枝条和老叶受害	中度
IV	树冠全部受害，茎、枝干未受害	重度
V	地上部分死亡，无法恢复	极重度

4. 调查品种及影响因素

本次调查涉及的油橄榄品种，一是甘肃省林木良种审定委员会审定的甘肃省油橄榄良种：莱星、城固32、鄂植8、阿斯、科拉蒂、奇迹、皮瓜儿7个。二是新引进的西班牙油橄榄新品种8个。本次调查涉及的管理及修剪等因素为冬季综合管理情况；冬季修剪情况；所处立地条件。

二、结果与分析

1. 同一海拔高度不同油橄榄品种受冻情况分析

大湾沟油橄榄示范园位于大湾沟东面，处于白龙江油橄榄最佳适生区的中段，是建园较早的示范园之一，品种资源丰富，驯化试验时间长。

表2-9 武都两水财政局示范园不同品种油橄榄受冻调查

品 种	样本数	0级	%	I级	%	II级	%	III级	%	IV级	%	V级	%
莱 星	20					5	25	10	50	5	25		
城固32	20			5	25	8	40	5	25	2	10		
鄂 植8	20			5	25	10	50	3	15	2	10		
阿 斯	20			19	95	1	5						
科拉蒂	20							14	70	6	30		
奇 迹	20							2	10	18	90		
皮瓜尔	20			16	80	2	10	2	10				

在大湾沟油橄榄园，我们沿果园对角线每个品种选取20株样树，按照不同品种冻害情况进行冻害等级的现场认定，做好记录。从表2-9可以看出，本次极端天气对

树体生长影响比较大，油橄榄园总体受到冻害，也表明极端天气是油橄榄栽培需要重点考虑的因素之一，不同品种耐受低温的情况差异较大。在调查的品种中，阿斯最抗寒，奇迹耐寒性最差。在 1200m 的海拔条件下，奇迹表现出不适应性。

2. 同一品种不同海拔高度受冻情况分析

我们在陇南白龙江、白水江、犀牛江流域的油橄榄种植点对油橄榄受冻情况进行了调查分析。

表2-10 不同海拔高度油橄榄受冻调查

品 种	宕昌长楞山 海拔1504m 受冻等级	武都大湾沟 海拔1100m 受冻等级	舟曲江盘 海拔1400m 受冻等级	文县芝麻 海拔1500m 受冻等级	礼县肖良 海拔1132m 受冻等级	康县太石 海拔953m 受冻等级
莱 星	Ⅲ	Ⅰ	Ⅱ	Ⅴ	Ⅰ	Ⅱ
城固32	Ⅰ	Ⅰ	Ⅰ	Ⅳ	0	0
鄂植8	Ⅲ	Ⅱ	Ⅲ	Ⅲ	Ⅰ	Ⅱ
阿 斯	Ⅰ	0	Ⅰ	—	Ⅱ	0
科拉蒂	0	0	Ⅰ	Ⅴ	—	Ⅰ
奇 迹	Ⅴ	Ⅳ	Ⅴ	Ⅴ	Ⅰ	Ⅳ
皮瓜儿	Ⅰ	Ⅰ	0	Ⅳ	—	Ⅲ

注："—" 表示调查地点没有该品种。

从表 2-10 可以看出，从犀牛江康县太石低海拔到宕昌长楞山高海拔，不同品种受冻程度差异显著。我们选取的调查点虽然在海拔高度上具有相对差，在同一流域随着海拔的升高，同一油橄榄品种受冻情况加剧。但在不同流域由于小气候的原因，相同海拔高度的油橄榄同一品种的受冻程度也有差异。通过对不同地点不同油橄榄品种之间的抗寒性比较分析，抗寒性依次为：奇迹＜鄂植 8 ＜莱星＜科拉蒂＜皮削利＜城固 32 ＜阿斯。我们选取的调查点分别位于白龙江、白水江、犀牛江不同流域，由于各流域小气候的原因，在同一海拔高度表现出不同的受冻情况。在同一海拔高度同一品种不同流域的受冻情况依次为：羊汤河流域＞犀牛江流域＞白龙江流域。也再次佐证了白龙江流域是中国油橄榄最佳适生区的结论。

3. 同一地点同一品种修剪与不修剪油橄榄受冻情况

陇南农户种植的油橄榄园大部分管理水平较差，一般没有进行冬季修剪，种植大户的油橄榄园虽然进行了修剪，但由于技术要领掌握不精准，修剪作用发挥不够好。大部分利用采后扦插育苗的时机粗略修剪。修剪对受冻的影响较大。

表2-11 同一地点同一品种修剪与不修剪油橄榄受冻调查

品 种	样本数	栽植密度	修剪方式	修剪时间	受冻等级	所占比例
莱 星	20	4m×5m	修剪	冬季11月	Ⅲ	40%
			修剪	早春2月初	Ⅱ	35%
			不修剪		Ⅱ	25%
佛 奥	20	4m×5m	修剪	冬季11月	Ⅲ	45%
			修剪	早春2月初	Ⅱ	35%
			不修剪		Ⅱ	20%
鄂植8	20	4m×5m	修剪	冬季11月	Ⅰ	40%
			修剪	早春2月初	Ⅰ	30%
			不修剪		0	30%
城固32	20	4m×5m	修剪	冬季11月	Ⅰ	30%
			修剪	早春2月初	0	30%
			不修剪		0	40%
科拉蒂	20	4m×5m	修剪	冬季11月	Ⅱ	35%
			修剪	早春2月初	Ⅰ	35%
			不修剪		Ⅰ	30%
奇 迹	20	4m×5m	修剪	冬季11月	Ⅲ	25%
			修剪	早春2月初	Ⅱ	45%
			不修剪		Ⅱ	30%
皮瓜儿	20	4m×5m	修剪	冬季11月	Ⅱ	35%
			修剪	早春2月初	Ⅱ	30%
			不修剪		Ⅰ	35%

油橄榄树的修剪是保证油橄榄高产稳产、控制大小年的重要技术措施。从表 2-11 可以看出，修剪对油橄榄抗冻性有直接影响，修剪后树势减弱，抗冻性减弱。油橄榄传统修剪时间为采果后休眠期修剪，这一时期正是甘肃陇南全年气温最低的时期，也是全年降水量最少时期，此时修剪造成树势弱，树体抗冻性减弱，在低温条件下，树体受冻情况最严重。早春修剪的优势在于避开了冬季严寒对树体的伤害，早春修剪时，树体仍然处于休眠期，修剪后陇南武都气温回升，修剪后树势可以得到一定恢复。而不进行修剪的油橄榄树，由于树势旺，生长势强，在冬季低温条件下，抵御严寒的能力强。

4. 同一品种不同海拔高度受冻情况

海拔高度与气温呈负相关，海拔越高温度越低，一般是海拔每升高 100m 气温降低约 0.6℃。陇南山地油橄榄建园在白龙江两岸陡峭的坡面上，坡度大，田面狭窄，立地条件差，有的园地垂直高差在 1000m 以上，研究品种的抗寒性和选用不同品种建园是十分重要的。

表2-12 同一品种不同海拔高度受冻情况调查表

品 种	样本数	地 点	海拔高度	受冻情况		地 形
				最高等级	所占比例	
莱 星	5	文县天池芝麻	1510m	V	100%	过风山梁
	5	武都城关镇大堡	1048m	II	60%	避风沟
	5	武都两水镇大湾沟	1250m	II	20%	平地
	5	宕昌沙湾镇长楞山	1550m	III	40%	山地
	5	礼县肖良乡安坝村	1132m	II	40%	河滩平地
	5	舟曲江盘乡尖格闹	1360m	II	60%	江边陡坡
佛 奥	5	文县天池芝麻	1510m	V	100%	过风山梁
	5	武都城关镇大堡	1048m	III	60%	避风沟
	5	武都两水镇大湾沟	1250m	III	60%	平地
	5	宕昌沙湾镇长楞山	1550m	IV	80%	山地
	5	礼县肖良乡安坝村	1132m	II	60%	河滩平地
	5	舟曲江盘乡尖格闹	1360m	III	100%	江边陡坡
鄂植8	5	文县天池芝麻	1510m	V	60%	过风山梁
	5	武都城关镇大堡	1048m	0	100%	避风沟
	5	武都两水镇大湾沟	1250m	0	100%	平地
	5	宕昌沙湾镇长楞山	1550m	II	60%	山地
	5	礼县肖良乡安坝村	1132m	II	40%	河滩平地
	5	舟曲江盘乡尖格闹	1360m	II	60%	江边陡坡
城固32	5	文县天池芝麻	1510m	V	60%	过风山梁
	5	武都城关镇大堡	1048m	II	20%	避风沟
	5	武都两水镇大湾沟	1250m	II	20%	平地
	5	宕昌沙湾镇长楞山	1550m	III	60%	山地
	5	礼县肖良乡安坝村	1132m	II	40%	河滩平地
	5	舟曲江盘乡尖格闹	1360m	II	40%	江边陡坡
科拉蒂	5	文县天池芝麻	1510m	V	100%	过风山梁
	5	武都城关镇大堡	1048m	III	20%	避风沟
	5	武都两水镇大湾沟	1250m	III	—	平地
	5	宕昌沙湾镇长楞山	1550m	III	—	山地
	5	礼县肖良乡安坝村	1132m	II	—	河滩平地
	5	舟曲江盘乡尖格闹	1360m	II	—	江边陡坡

续表

品 种	样本数	地 点	海拔高度	受冻情况		地 形
				最高等级	所占比例	
奇 迹	5	文县天池芝麻	1510m	V	100%	过风山梁
	5	武都城关镇大堡	1048m	V	100%	避风沟
	5	武都两水镇大湾沟	1250m	Ⅳ	100%	平地
	5	宕昌沙湾镇长楞山	1550m	Ⅳ	100%	山地
	5	礼县肖良乡安坝村	1132m	—	—	河滩平地
	5	舟曲江盘乡尖格闹	1360m	—	—	江边陡坡
皮瓜儿	5	文县天池芝麻	1510m	V	100%	过风山梁
	5	武都城关镇大堡	1048m	II	60%	避风沟
	5	武都两水镇大湾沟	1250m	II	40%	平地
	5	宕昌沙湾镇长楞山	1550m	III	40%	山地
	5	礼县肖良乡安坝村	1132m	II	40%	河滩平地
	5	舟曲江盘乡尖格闹	1360m	II	40%	江边陡坡

注："—" 表示调查地点没有该品种。

从表 2-12 可以看出，同一品种不同海拔高度受冻情况是不同的，海拔越高，气温越低，受冻等级越高，但海拔也不是影响的唯一因素。同时，受小地形的影响，在同一海拔高度，处于过风山梁处的受冻情况越重。在避风的沟道处，气流交换差，形成了局部小气候，油橄榄树受冻情况较平地、陡坡要轻。陇南油橄榄树大多种植在白龙江河谷平地或泥石流二级台地上，地形破碎，河道曲折，河谷狭窄，山峭坡陡，受气流和地形地貌影响，不同地点受冻情况差异显著，每一处种植园的受冻情况分析起来十分复杂。

5. 油橄榄幼苗受冻情况

油橄榄育苗是油橄榄发展的基础性工作，陇南油橄榄育苗主要集中在陇南武都城区周边的两水、汉王两乡镇，年出圃油橄榄良种壮苗 1000 万株以上，除满足市内需求外，还供应云南、四川、湖北、重庆等主产区的基地建设用苗，承担了全国的油橄榄引种试验用苗。

表2-13 油橄榄苗受冻情况调查表

品 种	苗龄规格	受冻等级	受害状况	所占比例	恢复情况
阿 斯	1	V	地上部分死亡	100%	没有恢复
	2	III	嫩叶、上部枝条和老叶受害	60%	40%恢复
	3	II	嫩叶和顶芽受害	45%	80%恢复

续表

品 种	苗龄规格	受冻等级	受害状况	所占比例	恢复情况
城固32	1	Ⅳ	全部受害，茎、枝干未受害	75%	20%恢复
	2	Ⅱ	嫩叶和顶芽受害	80%	85%恢复
	3	Ⅰ	嫩叶受害	100%	100%恢复
莱 星	1	Ⅴ	地上部分死亡	100%	没有恢复
	2	Ⅳ	全部受害，茎、枝干未受害	80%	25%恢复
	3	Ⅱ	嫩叶和顶芽受害	40%	50%恢复
皮瓜儿	1	Ⅴ	地上部分死亡	100%	没有恢复
	2	Ⅳ	全部受害，茎、枝干未受害	60%	30%恢复
	3	Ⅱ	嫩叶和顶芽受害	85%	85%恢复
佛 奥	1	Ⅴ	地上部分死亡	100%	没有恢复
	2	Ⅳ	全部受害，茎、枝干未受害	100%	25%恢复
	3	Ⅲ	嫩叶、上部枝条和老叶受害	95%	60%恢复
科拉蒂	1	Ⅴ	地上部分死亡	100%	没有恢复
	2	Ⅳ	全部受害，茎、枝干未受害	60%	30%恢复
	3	Ⅱ	嫩叶和顶芽受害	40%	90%恢复
奇 迹	1	Ⅴ	地上部分死亡	100%	没有恢复
	2	Ⅴ	地上部分死亡	100%	没有恢复
	3	Ⅴ	地上部分死亡	100%	没有恢复

注：调查地点陇南市文县东峪口苗圃、武都两水苗圃。

从表 2-13 可以看出，同一品种油橄榄幼苗受冻等级较成年大树普遍要高 1 ～ 2 级，这是因为油橄榄幼苗树体小，树势弱，抗冻能力低造成的。不同品种之间的受冻情况与大树受冻的情况基本一致，成年大树耐寒性强的幼树耐寒性也强。同一品种不同苗龄的油橄榄幼苗抗冻性差别显著。依次为一年生幼苗 < 二年生幼苗 < 三年生幼苗。这就要求在实际育苗中要高度重视幼苗的抗冻保暖工作，越冬时，对当年下床的幼苗要采取低温防护措施。

6. 新引西班牙油橄榄抗冻情况

2010 年陇南引进西班牙油橄榄新品种 8 个，这些品种经过本次低温的考验，表现出不同的抗寒性。

表2-14 新引西班牙油橄榄品种抗冻性调查

品 种	树 龄	样本数	受冻等级	受害情况	恢复情况	比例%
奇 迹	1+5	10	Ⅳ	全树枝叶干枯	剪除抽发新枝	90

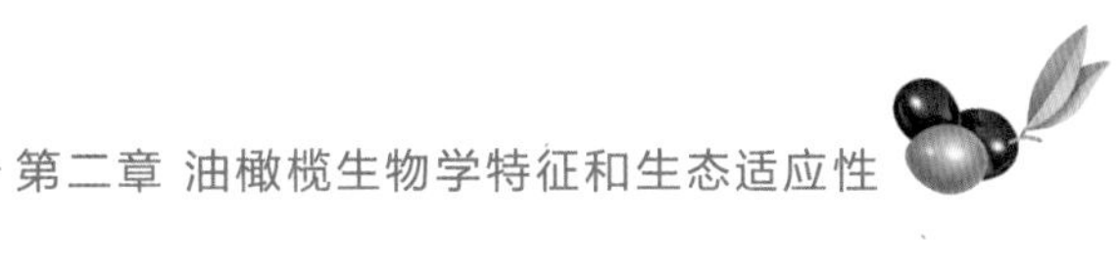

续表

品 种	树 龄	样本数	受冻等级	受害情况	恢复情况	比例%
阿尔波萨纳	1+5	10	Ⅳ	一年生枝冻裂	修剪发出新枝	90
曼沙尼约	1+5	10	Ⅲ	嫩叶老叶受冻	开花量较少	80
恩帕特雷	1+5	10	Ⅲ	顶梢大部干枯	开花量较少	80
贺吉布兰克	1+5	10	Ⅲ	顶梢外围受冻	新枝萌发弱	80
皮瓜儿	1+5	10	Ⅱ	一年生枝受冻	修剪后恢复	90
柯尼卡	1+5	10	Ⅱ	嫩叶顶芽受害	正常开花	100
阿贝奎拉	1+5	10	Ⅰ	嫩叶轻微受害	正常开花	100

注："1+5"表示苗木在国外苗圃生长1年，引进国内生长5年。

从表2-14可以看出，从西班牙引进的8个油橄榄新品种，第五年冬季遭受低温冻害，通过连年的产量测定这些品种都具有很好的适应性和丰产性，但对低温的抗性表现出差异。其中，奇迹最不耐寒，在低于0℃生长受到抑制，低于-4℃受冻，树体生长受到影响，可以基本得出在北亚热带这个品种发展受到低温的限制。阿尔波萨纳、曼萨尼约、恩帕特雷同样受冻，但在受冻的表现上反映出差异，主要是对一年生幼嫩枝条造成冻害。柯尼卡、贺吉布兰克这两个品种受冻较以上四个品种都要轻，根据大面积调查结果的分析，在陇南海拔1000m以下的区域生长表现出适应性，超过这个海拔高度，造成冻害的概率非常高。阿贝奎拉、柯尼卡和皮瓜儿是陇南主要推广的品种，这3个品种的抗冻性（越冬性）明显高于其他品种。不论是试验点的调查数据还是大面积调查结果都显示出在陇南现有海拔高度条件下，是可以大面积发展的品种。

三、采取有效措施，减轻低温冻害对油橄榄生产的影响

首先应该明确，油橄榄主产区或边缘区发生周期性的冻害这是亚热带地区经常发生的一种自然现象，不能因一次偶尔的周期性低温冻害动摇发展油橄榄产业的坚定性和积极性。我们要做的就是在这些地区选择耐低温的品种建园，并采取抗低温的栽培管理措施，把低温冻害造成的损失降到最低。

1. 油橄榄品种间抗冻性（越冬性）差异大。调查结果表明，陇南油橄榄主栽品种抗冻性（越冬性）依次为阿斯＞鄂植8＞城固32＞莱星＞科拉蒂＞奇迹。新引西班牙油橄榄品种抗冻性（越冬性）依次为阿贝奎拉（Arbequina）＞柯尼卡（Cornicabra）＞贺吉布兰克（Hojiblanca）＞曼萨尼约（Manzanillo）＞恩帕雷特（Empeltre）＞皮瓜儿（Picua）＞阿尔波萨纳（Arbosana）＞奇迹（Koroneiki）。在建园时，按照不同海拔高度和区域小气候的特征选择品种，一般认为奇迹（Koroneiki）在陇南建园海拔高度不能高于1000m。莱星（Leccino）、科拉蒂（Cotatin）、皮瓜儿（Picua）、贺吉布兰克（Hojiblanca）、恩帕雷特（Empeltre）、阿贝奎拉（Arbequina）、柯尼卡（Cornicabra）

在陇南建园海拔高度不能高于1300m。在1300～1600m应该选择阿斯（Ascolana）、鄂植8(Ezhi8)、城固32(Chenggu32)建园。按照这个技术要求建园，正常年份都能实现丰产丰收，极端气候年份虽不能完全避免低温冻害，但树体能在灾害年后得到恢复，果园不致受到毁灭性灾害。

2. 加强综合管理可以提高油橄榄耐冻强度。从树体生长情况调查，加强水肥管理能保证树体生长健壮，树冠结构紧凑，开花结果早而不徒长，根系发达，可以提高树体抗冻性。

3. 近年来国内科研单位、企业引进了一些世界原产地含油率高、结实早、丰产性强的新品种，陇南引进了希腊耐-17℃低温的新品种，这些新品种是为适应原产地生境条件下有目的选育品种，在进入大面积推广之前，我们应尽快开展这些新品种的国内大区的适应性试验研究，避免生产上的盲目性，提出推广发展的理论依据。

4. 原产地与中国新发展区生境条件差异显著。要做大做强中国油橄榄产业，必须尽快启动适应中国生境条件下的油橄榄育种工作。产业发展品种是关键，50多年来老一辈油橄榄科技工作者，选育出了鄂植8、城固32等品种，经过长期栽培试验，有的省份审定命名为良种，大面积推广，取得了显著成绩。但各地气候、土壤、海拔、光照等因素又千差万别，区域小气候的特征十分明显，因此应尽快启动油橄榄育种工作，选育满足不同生境条件下油橄榄品种。

5. 陇南油橄榄的修剪应从现在的冬季修剪（即采果后修剪）推迟到早春修剪。修剪是影响树体抗冻性的重要因素，可考虑油橄榄修剪时间由冬季变为早春，避开冬季修剪后树势较弱，又遭受低温危害双重打击，加剧低温危害。

6. 突破低温限制是解决油橄榄做大做强的重要因素。纬度、海拔、温度相互制约又互为条件，继续开展相关研究，解决低温等制约陇南油橄榄发展的瓶颈问题。

油橄榄从地中海引种到中国，是从一种气候条件引种到另一种气候条件的植物引种驯化的典型引种案例，面临研究的问题很多，油橄榄品种的抗冻性研究是诸多问题之一，也是油橄榄引种驯化和选育中国气候条件下适宜大面积发展的油橄榄品种的基础性工作。本研究是对2016年极端天气的调查分析，事发突然，条件所限，没有进行实验室对受冻叶片内含物变化测定和枝条离体抗冻性鉴定，具有很大局限性，与以往实验室测定不同油橄榄品种对低温胁迫的生理响应及抗寒性的综合评价也有不一致的地方。分析原因，一是实验室测定低温条件下油橄榄叶片脯氨酸含量、丙二醛含量、SOD活性等内含物变化是在恒定条件下取得的，而从实际调查得出的结论是在天气过程起伏变化的情况下取得的；二是局地小气候和不同栽培措施对油橄榄不同品种抗冻性的影响，没有严格的对照，结论可靠性有待继续验证；三是虽然极端最低温是温度因子的主要指标，但是实际上冻害的出现与否，往往并不完全依照极端最低温度指标

的界限，而受温较差的很大影响，这种一过性或短时低温对树体受冻影响不大，持续性的低温（低于 -5℃）对树体影响较大；四是调查时我们发现，在背风处或有局地小气候的地方，往往受冻影响比较大，这是因为低温过后回暖速度过快，树体体温突然上升，解冻过快造成的。今后应在条件允许的情况下，继续开展不同品种抗冻性的田间观测和实验室测定，进行精密统计分析，定量与定性相结合，得出更为准确的结论为生产服务。

第三章 陇南油橄榄区划

区划的目的就是更好的遵循因地制宜、适地适树适品种的原则，科学合理经营。多年来油橄榄科技工作者采用多种方法，对陇南九县区的油橄榄区划进行研究，取得了显著成果，有力地指导了陇南油橄榄产业发展。

第一节 陇南油橄榄扩区驯化研究

油橄榄引种到陇南以来，它的适生性、丰产性、经济性得到广泛的认可，引起了国内油橄榄专家学者的极大兴趣。被认为是一个物种从一个气候条件下引种到另一个气候条件下的成功典例。同时，在国内多处引种地出现萎缩下滑，甚至濒临灭绝的危机情况下，甘肃陇南一枝独秀，发展壮大，成为一个人无我有的新型产业，堪称一大奇迹。陇南九县区地形地貌特殊，气候差异大，生境条件各异，为了将油橄榄从武都白龙江流域低山区域发展推广到九县区或者周边地区乃至全国，不同领域的科学家都投身到这场研究中。气象学家从气候理论出发，研究油橄榄的气候适应性。林业科技工作者从油橄榄在不同流域的生长表现，从生态学的角度出发，研究不同地域小气候对油橄榄生长发育的影响，希望找到破解之策。区划专家在其他学科研究成果的基础上，综合各方面的因素提出了油橄榄在陇南的适生区区划成果。广大群众在这些理论成果的指导下，在当地政府和主管部门的领导下，把这些理论成果转化成轰轰烈烈的生产实践，油橄榄基地快速扩张，鲜果产量大幅度提高，新产品研发层出不穷，经济效益日益凸显，彰显了巨大的经济、社会、生态效益。

1. 陇南油橄榄引种及区划变迁

（1）引进试种。陇南引种油橄榄始于 1975 年，先后从武汉、南京、汉中等地引进 30 多个油橄榄品种 6 万多株苗木，分别在白龙江、白水江、西汉水流域沿岸，海拔 700 ～ 1300m 范围内的 20 多个乡镇进行试验栽培。观察生态习性，确定适宜区域。但由于诸多方面的原因，保存面积星星点点，折合面积不足 3 公顷，但基本摸清了油橄榄的生物学特性及其适生条件，向北扩展了国内油橄榄引种的区域。

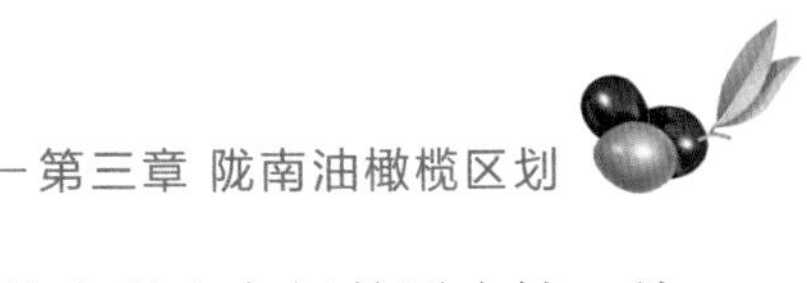

（2）适应性观测。在白龙江河谷能够正常开花结实，并表现出良好的适应性，幼树生长健壮，叶片寿命长达 2 ～ 3 年，有些品种长势良好、结果稳定，表现出优良的生长习性。

（3）一级适生区确认。1988 年，中国林科院的徐纬英、邓明全等专家到陇南市武都区进行实地考察，认为陇南市白龙江、西汉水、白水江流域低山河谷区属于北亚热带半湿润气候，境内温暖湿润，光热条件优越，适生区的气候、土壤要素与油橄榄原产地地中海沿岸十分相似。因此，确定武都白龙江沿岸海拔 1300m 以下的川坝河谷区及半山地带为全国油橄榄最佳适生区。

（4）示范推广。1989 年，在中央、省、市特别是宋平同志的热情关怀下，受到原国家计委、农发委、林业部的重视和列项扶持，陇南市被国家列为全国三大油橄榄生产基地之一。相继建成大湾沟、董家坝、将军石、教场梁等 4 处示范园开展良种引进、苗木繁育、加工厂筹建与试产工作，引进筛选出佛奥、莱星、皮削利、配多灵、鄂植 8 号、九峰 6 号、城固 32 号等优良品种 10 多个，繁育苗木 75.4 万株，定植保存面积 270.4 公顷。

（5）1999 年以后，陇南市委、市政府把油橄榄确定为四大林业特色产业之一，强力推进。市、县（区）成立开发机构，引进比较先进的榨油设备，建立榨油厂，开发了化妆品、保健品等系列产品。

（6）以 2010 年成立陇南市经济林研究院油橄榄研究所及 2016 年发起成立中国油橄榄产业创新战略联盟为标志，陇南油橄榄走上了科技引领创新驱动的新阶段。这一阶段主要工作依靠科技支撑破解制约油橄榄做大做强的关键技术环节和难点，结合陇南实际有针对性地开展了专业化科学引种，产业开发技术研究，丰产栽培技术研究，鲜果采收标准的制定，扩区驯化试验研究，水肥一体化新技术引进，工厂化育苗技术研究，集约化栽培技术试验研究等一系列生产急需的技术研究，有力地推动了陇南油橄榄栽培向世界先进水平的迈进，奠定了陇南在中国油橄榄研究的中心地位。

随着已经确定的区划任务，要进一步发展壮大陇南油橄榄产业，受到现有栽培品种、栽培技术等条件限制。在新品种、新技术、新方法不断发展进步的情况下，原有的认识以及区划成果已经不能适应现实的需要。需要在新情况下，不断完善油橄榄区划成果。最近新提出的陇南市“一城两带”油橄榄产业发展规划和西汉水流域油橄榄规划，白龙江流域不同海拔高度油橄榄生长调查发展思路，油橄榄扩区驯化适应研究都是对区划目标的不断修正和完善。

目前，陇南油橄榄经过引种试验、示范推广、产业开发 、创新驱动等阶段的发展，现已形成较为完善的产业格局，已研制开发出 8 大类（橄榄油、化妆品、保健品、洗涤用品、橄榄茶、橄榄酒、化工中间体及制药）80 多种产品，年产值达数十亿元。陇南油橄榄是目前中国油橄榄种植、加工等产业化经营最为成功的地区，是中国油橄榄发展的代表。

2. 陇南油橄榄种植区划存在的问题

（1）研究成果没有及时转化为区划成果

几十年来，科技工作者不断破解制约陇南油橄榄产业持续快速健康发展的制约环节和难点，取得了显著成效，抗低温品种已经引进，高海拔（陇南）油橄榄生长得到实践验证，白水江、犀牛江、嘉陵江流域新品种扩区驯化取得了阶段性成果，理论上已经证明，在这些流域发展油橄榄具有现实可能性。在产业发展上，有的县还固守老观念，认为在白龙江流域外，其他地方不能或不宜发展油橄榄，在白龙江 1300m 海拔以上也不能发展油橄榄，发展空间受到很大限制。再加上有的县有原来老品种不适应造成发展失败的经历，发展积极性不高，支持力度不够，基地推进缓慢。到现在为止，有的县区还存在这些落后认识，不能及时将科研成果转化为生产力。这几年，文县、礼县转变了发展思路，紧紧依靠陇南市经济林研究院油橄榄研究所的技术支持，强力推进羊汤河流域、白水江文县段油橄榄的发展，取得了突飞猛进的成绩，在完善全市油橄榄布局上发挥了重要作用。

（2）产业布局不尽合理

陇南市油橄榄产业的基地建设、加工发展、产品销售主要还是以武都区为中心，在陇南市的 9 个县区中，仅武都区的种植面积达到 92.22%，其他 8 个县只占 7.78%。其他 8 个县的部分区域即使气候、土壤条件都适宜，但由于加工、销售环节的制约，发展速度一直不快，很多适宜乡镇没有发展油橄榄，或者是没有找到适宜栽植的油橄榄品种，发展油橄榄的潜力没有充分发挥出来。

（3）水利设施配套不够完善

陇南是一个典型的多山地区，山地占总面积的 90% 以上。由于受自然条件所限，大部分油橄榄园建在白龙江、白水江、嘉陵江和西汉水流域的半山干旱地区，不仅坡度大、土层浅、土壤瘠薄，而且水利设施配套不完善。油橄榄的一个生理周期需要水分大约 750mm，而陇南油橄榄种植区大多降雨量在 400mm 左右，且时空分布不均，降雨主要集中在 7、8、9 三个月，这样的降雨量只能保证油橄榄生长，却无法满足油橄榄开花结果所需的水分，若没有补充灌溉，油橄榄自然没有产量或产量很少。陇南油橄榄园大多没有相应的灌溉或补灌设施，水成为制约油橄榄产业发展的关键因子之一。

（4）道路基础设施落后

通往油橄榄种植基地的道路、田间路渠配套程度低，同时受地形、地貌和土地资源限制，油橄榄种植比较零散，生产规模比较小，集中连片规模化种植的油橄榄基地只占 40% 左右。道路不通肥料等生产物资无法运到油橄榄园，生产成本增加。采收的鲜果也无法当天全部运到加工厂（从橄榄油加工工艺和质量标准要求鲜果当天采摘当

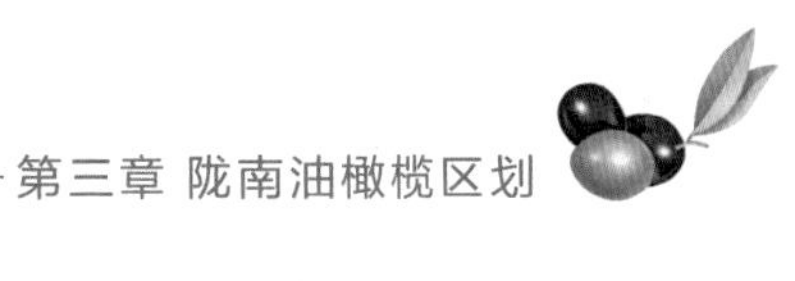

天加工，否则加工产品质量会下降，农户的鲜果可能被降价收购或拒收），对油橄榄生产影响极大。

（5）产业效益潜力发挥不充分

受到地形、地貌和土地资源限制，陇南油橄榄种植比较零散，生产规模比较小，集中连片规模化种植的油橄榄基地只占50%左右。零散种植相比集中规模化种植，生产条件和管理强度高，因此效益较低。陇南的地形决定了建高效橄榄园基础设施建设成本高，农户无力承担，加上政府扶持力度不够，致使目前油橄榄产量低而不稳，大小年现象严重，影响经济效益的充分发挥。

3. 加快科研成果转化，修订区划成果，不断完善陇南油橄榄产业布局

（1）开展产业现状调研

组织力量开展产业现状的详细调研，摸清产业详细准确情况，科学划定适生区域，引导油橄榄生产基地逐步向最适宜区、适宜区集中，限制次适宜区和非适宜区发展。编制切实可行、科学合理、详细具体的油橄榄产业发展中长期规划，制定解决基础设施、新品种引进（特别是抗寒品种）、技术推广普及、产业化发展、加工企业合理布局等方面的问题。

（2）进行扩区驯化试验

通过油橄榄扩区驯化试验，进一步扩大栽植区域，确定适宜的主栽品种，达到扩张总量、提高质量、增加效益保障特色产业健康发展的目的。扩区驯化试验的主要区域：一是在陇南的西汉水、嘉陵江流域的河谷阶地和浅山丘陵地带，包括康县、成县、徽县、两当县、西和县、礼县的26个乡镇；二是在白龙江、白水江干热河谷海拔1300～1500m两岸的台地，包括武都区、宕昌县和文县的12个乡镇。为确定这些区域发展油橄榄的可能性、可靠性，在这一区域建立引种驯化试验点。针对该区域的气候条件，引进和选育适宜品种进行引种驯化试验，确定品种适生后再进行中试生产，然后再大范围种植。

（3）扩展种植区域

在西和县、礼县及成县、康县交界处的西汉水和徽县、两当县嘉陵江干流及支流河谷1400m以下的浅山地带，该地带位于陇南市东中部，中切中山地貌，是暖温带向北亚热带过渡地带。这些地带小气候环境基本为北亚热带半干旱气候，与最适宜种植区气候条件接近，土壤主要为褐土。从环境条件上看，该区适宜种植油橄榄，而且试验证明油橄榄生长良好。在这些区域建议种植抗寒性、抗旱性较强的油橄榄品种，如阿斯、科拉蒂、皮削利、皮瓜尔、戈达尔、贝拉等。

（4）在边缘区试种，开展试验研究，为发展油橄榄提供理论支撑

由于特殊的地理位置及山脉走向的影响，陇南气候水平分带、垂直分带都十分明

显，白龙江、白水江河谷 1300 ～ 1500m 和西汉水、嘉陵江河谷 1200 ～ 1300m 地带，属暖温带半湿润性气候，温度条件低于油橄榄适生条件，年均温度为 10℃～ 13℃。西汉水、嘉陵江河谷 1300 ～ 1500m 地带年均温度为 7℃～ 10℃。这些区域的西和县大桥、蒿林、西高山，礼县雷坝、龙林、肖良，康县望关、太石河、大南峪，成县索池、谭坝等乡镇重点研究选种的油橄榄品种能否安全越冬，观察开花结实特征。宕昌县岷江流域属中温带气候，温度条件距油橄榄适生条件甚远，宕昌县在官亭、临江、甘江头、沙湾、南阳、南河等乡镇开始种植的油橄榄能否正常生长也有待观察。

（5）配套合理的水利设施

在兴建橄榄园之初，应建设完善水利配套设施，这既是保证橄榄园栽植橄榄苗成活的关键，也是橄榄园见效、丰产、收益的必备条件，必须保证橄榄树在不同生长季节有足够的灌溉量。苗木定植，水利先行，建设油橄榄基地面积大于 33 公顷以上的基地必须在栽植前 1 年解决灌溉配套设施。对零星栽植、不太集中连片、面积小于 33 公顷的新建橄榄园，由油橄榄种植户采取自流灌溉、雨水集流等方式解决用水需求。根据实际情况对已建基地分类采取提灌、集雨补灌等方式改善灌水条件，并完善田间渠系配套。

（6）完善道路基础设施

对已建油橄榄种植园区通行条件较差的道路进行升级改造，对新建规划发展的园区道路应加大工程投入，全面提升陇南油橄榄种植园区的道路通行条件。由于陇南油橄榄种植区大部分位于白龙江、白水江两岸的台地上，地形支离破碎、山高坡陡，修建道路成本高、难度大，道路建设按照先集中、后覆盖，先易后难、分期分批地逐步实施。

第二节 陇南早期引种油橄榄适生区气候与区划

引种早期，陇南市气象局王志禄等采用布点观测和区域调查相结合的方法，通过对武都、文县、宕昌、礼县、西和、成县、徽县、两当、康县等地的实地察看，重点对武都引种油橄榄进行广泛调查分析，并搜集国内外有关成果资料，整理加工，结合当地气象资料，从宏观上对陇南油橄榄引种进行分析，最后划分出全区油橄榄适生区。认为，武都区油橄榄主要分布于海拔 700 ～ 1300mm 的向阳涡地、谷地、山坡。在年平均温度 12℃～ 15℃的地区均可适宜，气温稳定上升到 20℃～ 25℃，油橄榄进入开花产果期，8 月平均气温 23℃～ 25℃，夜温 21℃～ 22℃，适宜油橄榄着色成熟。油橄榄对光照要求不仅表现在光照时数的多少上，还与光强、光质有关。油橄榄特别耐旱，在干旱地区适宜生长。优质油橄榄产区的气象条件，是干热匹配、光照丰富。

在年降水 400 ～ 600mm，年干燥度 1.3 ～ 1.8，空气相对湿度 61% 以下，年日照时数 1400 ～ 2000h 以上，≥ 10℃积温 3800℃～ 5000℃，年平均气温 12℃～ 15℃的范围内，油橄榄最适宜生长。年平均气温低于 12℃或大于 70% 相对湿度，对油橄榄生长不利。陇南油橄榄大体可划分为三个生长区，即最佳适生区、适生区、次适生区。适生范围为武都白龙江沿岸干旱区为主的地区及零星的西汉水上游半干旱区。

1. 最佳适生区 A

该区为陇南油橄榄栽培热量和越冬气候条件最好的最佳适生气候区。主要分布在武都 4 个乡（镇）、海拔 1000 ～ 1100mm，白龙江河谷地区，以及武都区两水、城郊、东江、汉王等乡镇。夏热冬不寒，干热雨水缺，属北亚热干燥气候区。年干燥度多在 1.5 ～ 1.8，年降水量多在 400 ～ 500mm，≥ 0℃积温在 4800℃～ 5700℃，年日照时数 1700 ～ 2000h，年相对湿度＜ 61%，着色成熟期温度 16.0℃～ 25℃。

2. 适宜生长区 B

本区位于白龙江一带阳山 1000 ～ 1200m 干旱区，分布在宕昌 1 个乡镇、武都 6 个乡镇、文县 3 个乡镇，海拔 800 ～ 1200m 以下的白龙江河谷地区，涉及乡镇为宕昌沙湾，武都角弓、石门、桔柑、三河、透防、外纳，文县临江、桥头、尖山等乡镇。光热条件好，空气相对湿度 50% ～ 65%，属暖温干燥气候，年平均气温 13℃～ 15℃，年降水量 450 ～ 600mm，年日照时数 1700 ～ 1900h，年相对湿度 65% 左右，干燥度 1.3 ～ 1.5。

3. 次适宜气候区 C

次区位于 1100 ～ 1300m 半干旱区，零星种植，其主要分布涉及宕昌 1 个乡镇，武都 2 个乡镇，文县 2 个乡镇，康县 2 个乡镇，西和 1 个乡，沿白龙江河谷西南地区引种栽培在宕昌化马 2 个村、沙湾 2 个村，武都坪牙 2 个村、锦屏 3 个村，文县利坪 2 个村、屯寨 2 个村，康县平洛 2 个村、太石 2 个村，西和县大桥 2 个村。光热条件较好，空气相对湿度 65% ～ 70%，属暖温半干燥气候，年平均气温 12℃～ 14℃，年降水量 500 ～ 650mm，年日照时数 1400 ～ 1900h，干燥度 1.1 ～ 1.5。

4. 不宜种植区 D

文县碧口区、礼县至成县西汉水一带，一般年干燥度 0.5 ～ 1.3，该区年平均气温＜ 12℃，年≥ 10℃积温＜ 3800℃，1 月平均气温＜ 1℃，历年极端最低气温＜ -9℃，年降水量 650 ～ 800mm，该区油橄榄栽培种植，只长树不产果，不宜种植油橄榄，属北亚热湿润气候区（温凉、温寒、寒冷湿润气候区）。前者雨水太多，湿度太大，后者温度偏低，热量不足。碧口区河川土壤属典型稻田土，土壤黏重，不透气，不适宜油橄榄生长。

以上的区划成果是基于当时的科研技术水平和油橄榄生产实践，对指导陇南油橄榄发展产生了深刻影响，快速促成了以武都白龙江流域海拔 1300m 以下油橄榄基地的建成，在中国油橄榄濒临灭绝的边缘，给油橄榄工作者以希望，在理论和实践上回答了中国油橄榄的生态适应性，意义重大而非凡！

但也要看到这些研究和区划成果的局限性。品种是产业成败的关键，他们的区划是基于当时的科研水平、品种、实践基础，随着研究的深入和一些抗寒品种的陆续引进，品种驯化后适应性增强，油橄榄适生区域进一步扩大，最佳适生区 A、适宜区 B、次适宜区 C 的区域太小，不宜种植区 D 的划分不尽科学合理，特别是提出文县碧口区、礼县至成县西汉水一带为不宜种植区结论显然与栽培实践相左，实践迫切需要对原有的区划成果进行修订完善，以适应油橄榄生产的现实需求。

第三节 不同气象条件油橄榄生长与区划

图 3-1 武都白龙江中段汉王土地资源分布图

油橄榄虽然适应性广，但对引种地的气候适生性要求严，国内外专家大多认为中国引种油橄榄的最大问题是气候条件。油橄榄在中国适生区域有限，陇南白龙江流域武都、宕昌、文县海拔 1300m 以下地区是中国油橄榄的三个最佳适生区之一，于 20 世纪 70 年代开始引种油橄榄，面积已达 4 万公顷，形成了较为完善的产业格局。由于受现有品种栽培适生性的限制，目前规划面积已经处于饱和状态，扩大栽培区域、形成规模效益成为油橄榄产业发展急于解决的最为迫切的问题。

为解决规划编制的技术理论问题，陇南市经济林研究院油橄榄研究所联合省、市、县区的科技人员对全市油橄榄适生性进行了研究，在甘肃省陇南市的白龙江、白水江、嘉陵江和西汉水 4 个流域建立了 16 个油橄榄扩区驯化研究试验点（简称：区试点），通过各区试点油橄榄生长状况的观测，对各区试点自然条件对油橄榄生长影响进行了初步分析，寻找陇南油橄榄远景发展区域。

一、各区试点油橄榄生长情况

2012—2015 年对各区试点油橄榄生长情况进行连续调查（均为平均值）如表 3-1 所示。

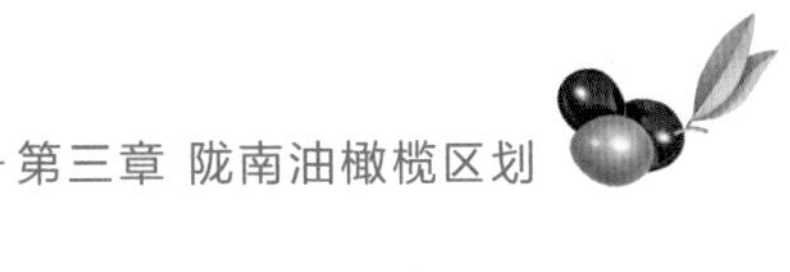

表3-1 各区试点油橄榄生长情况

流 域	地 名	成活率（%）	保存率（%）	树高（cm）	地径（mm）	冠幅（cm）	权重得分	综合生长表现
白水江	文县后渠	85.2	56.3	212	18.9	216	106.89	较好
	文县堡子坝	86.1	79.6	233	20.2	169	117.42	良好
	文县天池	84.9	77.8	198	21.1	153	112.08	良好
嘉陵江	徽县嘉陵	76.1	60.5	203	17.8	181	101.67	中等
	徽县虞关	81.3	61.7	182	21.4	207	107.41	较好
	两当站儿巷	84.7	53.3	211	18.5	154	98.59	一般
	两当西坡	76.6	46.9	196	23.4	163	98.07	一般
西汉水	成县建村	78.7	62.7	239	24.2	183	113.49	良好
	成县乔坪	82.1	63.5	193	20.2	167	104.37	中等
	成县索池	83.6	61.9	182	22.1	173	105.27	良好
	康县太石	85.9	59.4	176	23.2	126	100.38	中等
	西和西高山	80.1	60.6	165	16.2	102	89.22	一般
	礼县肖良	79.3	57.3	191	19.0	160	98.65	一般

注：生长势排序：良好＞较好＞中等＞一般

成活率最高的是文县堡子坝 86.1%，最低的是徽县嘉陵 76.1%。保存率最高的是文县堡子坝 79.6%，最低的是两当西坡 46.9%。树高和地径生长量最大的是成县镡坝建村，分别为 239cm 和 24.2mm。冠幅生长量最大的是文县后渠 216cm。树高、地径和冠幅生长量最小的均是西和西高山分别为 165cm、16.2mm 和 102cm。

1. 气温对油橄榄生长影响

气温是影响油橄榄生长、发育、结实及分布的主要气象因子之一。油橄榄喜光、耐高温，各个生长发育阶段都要求有适宜的温度。如春季气温对油橄榄的花芽分化产生重要影响，春季温度的高低直接决定油橄榄花芽分化的早晚；温度过低（≤ -10℃）油橄榄会受到冻害或死亡，温度过高（≥ 10℃）不利于花芽分化，影响产量甚至不结实。油橄榄的正常生长发育和丰产结实与所在地区的气温状况密切相关。由此不难看出，在年平均气温低于 12℃的 4 个区试点（两当站儿巷、两当西坡、西和西高山、礼县肖良）的综合生长表现均为一般，尤其在树体长势方面表现较为明显。在同类立地条件栽培油橄榄时应加强园区土肥水管理，使得油橄榄生长健壮，既抗病虫害又抗冻，以收到好的效果。

2. 低温对油橄榄适生影响

油橄榄最适宜生长的日平均温度为 18℃～ 24℃，花期温度不宜低于 10℃，以 15℃为宜。从开花到结果以 18℃～ 19℃为最适宜。从开始座果到果实将成熟的时期，温度不宜低于 20℃。果实采摘后到来年萌发前，必须有 0℃以下的低温花芽才能分化，低温需冷量达到80～110天，-15℃以下时易受冻害。有的学者也认为这是中国南方地区油橄榄引种栽培不成功的原因之一。本试验的研究也得出，低于-12℃的几个区试点油橄榄的保存率相对较低，这几个地域在发展油橄榄产业中，要加强越冬管护，在入冬季节要给树体尤其是幼树树干采取一定的保暖措施，如埋土、绑缚草帘或者搭简易塑料棚等，以保证油橄榄幼苗的存活率。

3. 各品种油橄榄成活情况

对参试的6个油橄榄品种成活生长情况进行调查（见表3-2）。位于北纬33°51′37.7″和极端最低温-13.2℃的区试点两当西坡所有油橄榄品种平均成活率达到76.6%，成活率最高的“阿斯”能达到81.4%，最低的“皮瓜尔”也能达到61.4%，均能正常成活生长。从各品种平均值看，成活率最高的为“鄂植8号”能达到80.2%，最低的是“皮削利”能达到73.5%。油橄榄为耐旱树种，在其原产区（地中海沿岸）都具有夏季炎热干旱的生态条件，一般年降雨量在500～700mm，空气相对湿度在65%以下。如果空气湿度高，就会导致油橄榄树水分过多而窒息，以致生理失调。而区试点文县后渠的年降雨量达到820mm，空气相对湿度达到76%，成活率仍达到85.2%，且权重得分和综合生长表现均较好。表明只要管理措施得当，油橄榄在这样的立地条件下仍能正常成活生长。

表3-2 各区试点6个油橄榄品种成活生长情况

单位：%

流域	地名	佛奥	莱星	鄂植8	阿斯	皮削利	皮瓜尔
白水江	文县后渠	85.1	85.6	86.0	82.7	80.1	82.7
	文县堡子坝	85.6	87.1	87.2	82.1	80.3	81.9
	文县天池	84.7	85.8	86.9	81.3	79.4	80.3
嘉陵江	徽县嘉陵	76.6	80.5	80.4	82.2	73.6	74.1
	徽县虞关	81.7	81.1	83.9	81.4	78.7	79.6
	两当站儿巷	84.4	83.3	86.3	84.5	81.9	80.2
	两当西坡	76.7	79.9	81.1	81.4	80.3	61.4
西汉水	成县建村	78.7	79.7	83.1	80.4	83.3	76.9
	成县乔坪	80.1	83.5	87.6	80.2	78.6	80.2
	成县索池	83.0	81.9	85.2	82.1	80.3	78.8
	康县太石	80.9	81.4	86.0	83.2	84.6	83.1
	西和西高山	78.1	80.6	81.5	83.2	77.2	79.4
	礼县肖良	78.9	83.3	79.1	82.0	81.1	72.5
各品种平均		81.1	82.6	84.2	82.2	79.9	77.8

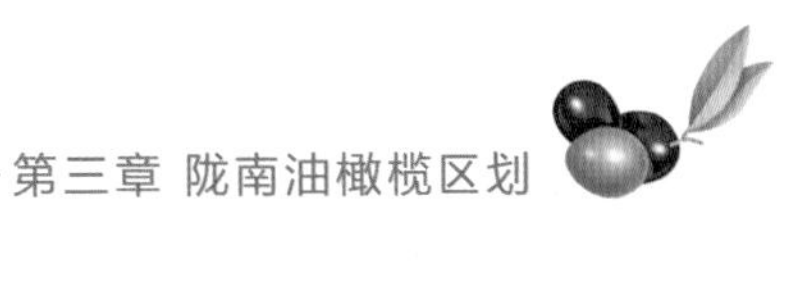

4. 栽培管理措施对油橄榄生长影响

在对油橄榄生长情况进行调查时发现，位于白龙江下游流域的碧口片段区试点文县后渠，海拔低，具有降雨量大、气温高、日照时间长、雨热同季耦合性强等特点，表现出营养生长旺盛、秋梢生长量大、休眠时间短、春季萌芽早的特点。这些特点造成该区试点的树体木质化程度较低，冬季往往容易受到冻害。因此在栽培管理技术方面要有别于在白龙江上游流域的武都段，应控制土壤水肥，促进树体木质化，以有利于过冬；位于西汉水下游流域的成县镡坝建村区试点虽然树高和地径生长都最大，但是成活率和保存率都不高，尤其是树冠生长表现不是很好，因此要对该引种区加强油橄榄栽培管理，以利于油橄榄的生长发育。

二、油橄榄适生排序

1. 各流域油橄榄适生排序

根据各区试点油橄榄生长情况调查结果，按照各生长因子对本试验的影响程度设置 1 个权重比例，各生长因子权重比例分别为：成活率 0.2、保存率 0.5、树高 0.1、地径 0.1、冠幅 0.1。各生长因子与权重比例乘积之和为权重得分，权重得分最高的是文县堡子坝，最低的是西和西高山。权重得分 110 分以上的综合生长表现为良好，得分 105 ～ 110 分的为较好，得分 100 ～ 105 的为中等，得分 100 分以下的为一般。根据权重得分计算出了各区试点综合生长表现，由综合生长表现得到各地域生长表现排序。以此推断出各流域适宜发展油橄榄种植产业的排序为白水江流域＞白龙江下游流域＞西汉水下游流域＞嘉陵江流域＞西汉水上游流域。

图 3-2 文县尖山土地分布及油橄榄种植园

白龙江上游流域武都段为公认的油橄榄适生区，白水江 1300m 以上流域的文县堡子坝、天池和白龙江下游流域的文县后渠 3 个区试点油橄榄成活生长表现良好或较好，为油橄榄次级适生区。嘉陵江流域的徽县嘉陵、虞关，西汉水下游流域的成县建村、索池、乔坪，康县太石 6 个区试点油橄榄成活生长表现

图 3-3 宕昌长楞山高海拔地区（1550m）生长的油橄榄幼树

良好到中等，为油橄榄再次级适生区。嘉陵江流域的两当县站儿巷、西坡，西汉水上游流域的西和县西高山及礼县肖良 4 个区试点油橄榄成活生长表现均为一般，为油橄榄最次级适生区（生长表现排序为：适生区＞次级适生区＞再次级适生区＞最次级适生区）。

2. 各品种油橄榄适生排序

根据各油橄榄品种成活生长情况调查结果，成活率最高的“鄂植 8 号”为 84.2%，最低的是“皮瓜尔”为 77.8%。6 个油橄榄品种成活生长适生排序为鄂植 8 号＞莱星＞阿斯＞佛奥＞皮削利＞皮瓜尔。

三、白龙江流域不同海拔高度油橄榄生长

1. 海拔 1600m 油橄榄生长表现良好

通过对白龙江流域文县罐子沟到宕昌寺上 233km 沿线 6 个不同海拔高度油橄榄生长结实情况的调查，结果见表 3-3。参试的阿斯、鄂植 8 号和城固 32，3 个品种均能正常生长，且生长量相差不大。特别是武都玉山海拔 1627m 地域的“阿斯”品种生长多年长势健壮，具有良好的越冬表现，表现出良好的抗寒性，为白龙江流域高海拔地区油橄榄发展提供了重要依据。通过对产量调查，海拔 1600m 的 5 年生阿斯产量达到 2.52kg，生产能力达到同等条件下低海拔地区的生产量。高海拔油橄榄种植点由于处于 U 字形开口上方，光照时间长，采收期与低海拔油橄榄相差不明显。

表3-3 不同海拔高度油橄榄生长量对比表

地 点	品 种	海拔（m）	地径（cm）	树高（m）	冠幅（m）		投影面积（m^2）	树 龄	生长势
					东西	南北			
文县罐子沟	城固32	732	10.67	4.80	3.46	4.26	14.74	12	中等
文县冉家	莱 星	1020	2.41	1.56	1.07	1.24	1.323	4	优
武都龙坝	城固32	1202	11.57	4.50	4.10	3.90	15.99	8	优
武都白鹤桥	城固32	1310	17.00	5.40	3.77	3.58	13.52	11	优
宕昌寺上	鄂 植8	1460	3.01	1.40	1.45	1.28	1.86	5	优
武都玉山	阿 斯	1627	4.12	1.97	1.82	2.13	3.88	8	优

2. 不同海拔高度不同品种油橄榄生长表现良好

通过对文县冉家海拔 1020m 和武都玉山 1590m 种植的品种鄂植 8 号、莱星、佛奥生长观测比较，由表 3-4 可以看出，同一海拔高度，不同品种油橄榄生长量不同，在白龙江流域文县冉家 1020m 低海拔地区，4 年生鄂植、莱星、佛奥生长量具有相关性，3 年平均生长量相差不大，能安全越冬，保持较好生长；在白龙江流域武都玉山 1590m 高海拔地区，6 年生鄂植、莱星、佛奥生长量差别较大。佛奥生长量较小，抗寒能力弱，在 1600m 以上地区发展油橄榄受冻害的影响较大。在 1300 ～ 1600m 种植

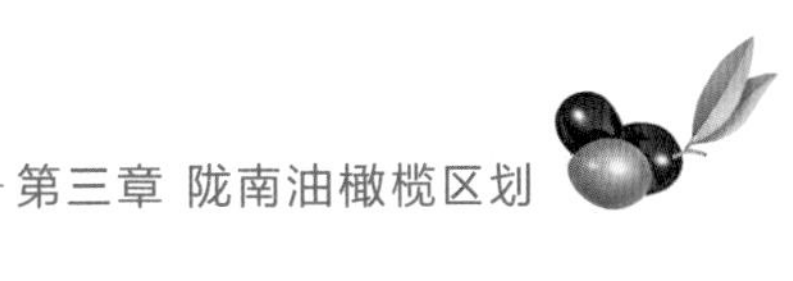

鄂植、莱星、佛奥能满足生长。

表3-4 不同海拔高度不同品种油橄榄生长表现

海拔（m）	品 种	地径（cm）	树高（m）	冠幅（m）		投影面积（m^2）	树 龄	越冬情况	地 点
				东西	南北				
1020	鄂植	2.32	1.89	1.24	1.17	1.45	4	安全越冬	冉家
	莱星	2.41	1.56	1.07	1.24	1.32	4	安全越冬	冉家
	佛奥	2.63	1.48	1.26	1.23	1.55	4	安全越冬	冉家
1590	鄂植	4.12	1.97	1.82	2.13	3.88	6	秋捎轻微冻害	玉山
	莱星	4.13	1.51	1.73	1.62	2.8	6	秋捎轻微冻害	玉山
	佛奥	2.27	1.11	1.41	1.39	1.96	6	秋捎轻微冻害	玉山

3. 白龙江河谷海拔 1300 ～ 1500m 拥有大量土地资源，有巨大的开发潜力

由表 3-5 可以看出，陇南白龙江流域是陇南山区重要的农耕地带，从地形地貌上看，呈切割很深的河谷平坝，一直向上有浅山、中山和高山，农业用地分布呈“U”字形。海拔 630 ～ 1200m 白龙江河谷平地油橄榄种植处于饱和状态，海拔 1300m 以上地区处于“U”字形中部，地形陡峭，土地面积少，不适宜农业生产。海拔 1300 ～ 1600m 处于“U”字形开口上方，地势平缓，光照充足，土地资源丰富，可利用面积达 30.6 万公顷，目前可用于发展油橄榄的远景面积达到 2.33 万公顷（35 万亩），如能配套解决水利、交通等设施，发展面积可进一步扩大。

表3-5 白龙江河谷不同海拔区间土地面积统计表

单位：万公顷

土地类别	海 拔				
	650～1000m	1000～1300m	1300～1600m	1600m以上	合计
总土地面积	8.26	12.27	30.60	15.26	66.5
耕 地	1.34	1.95	49.37	2.47	10.73
油橄榄种植面积	0.40	1.36	0.07	1.75	1.83
其他经济作物面积	0.69	0.54	2.56	-	0.23
可发展油橄榄面积	0.24	0.06	2.33	-	2.62
其他土地面积	5.73	8.48	21.12	10.54	45.84

4. 白龙江 1300 ～ 1600m 具有发展油橄榄的基础条件

陇南市属于山区市，发展特色林果业具有传统优势，群众对发展油橄榄情有独钟。近年来随着油橄榄效益的逐步显现，群众种植油橄榄的积极性非常高，高海拔地区群众急切盼望向低海拔河谷地区群众一样，通过发展油橄榄产业增收致富，具有深厚的群众基础。白龙江河谷海拔 1300 ～ 1600m 处于河谷平地向高寒阴湿地带过渡地带，地形破碎、坡度大、台田面积小、土壤含钙高，独特的地形地貌特点，发展其他经济作物不具优势，这种地形和土壤特点特别适宜油橄榄生长。油橄榄是陇南市的独特产业，在全国处于“人无我有，人有我优”的特殊地位，把油橄榄做大做强是陇南市乃至甘肃省的发展目标。通过多年的培训，这些地区已经拥有一批油橄榄种植的农民专业技术人员，低海拔区域油橄榄的发展已经辐射带动了高海拔地区发展。通过多年引种培育了一批抗寒、抗旱油橄榄新品种，希腊抗 -17℃低温 Agrenia 等油橄榄品种成功引种并大规模繁育。油橄榄抗低温栽培技术的逐步成熟，使高海拔区域大面积发展油橄榄完全成为可能。陇南田园油橄榄科技开发公司油橄榄叶提取物工厂建成，拓展了油橄榄工业用途，油橄榄提供的产品不仅仅是橄榄油，在高海拔地区不但可以发展食用（油用、果用）油橄榄，还可以发展叶用油橄榄，变废为宝，大大降低发展油橄榄后不结果带来的生产上的不确定性。

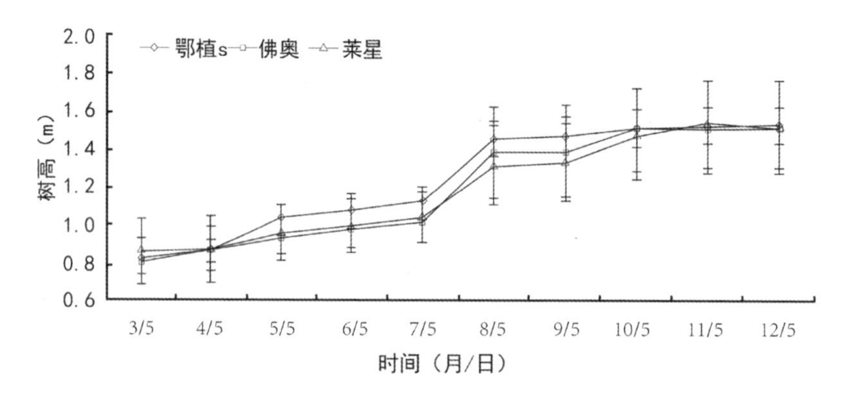

图 3-4 鄂植 8 号、佛奥、莱星树高生长曲线

四、犀牛江流域不同油橄榄品种生长抗性初步比较

1. 各品种生长比较

鄂植 8、佛奥、莱星在犀牛江流域经过 10 个月的生长，图 3-7 所示。树高净生长量分别为 0.67m、0.73m、0.70m，春梢生长期 4 月上旬开始，秋梢生长期 9 月上旬开始，4 ～ 8 月生长较快，8 ～ 11 月生长缓慢，11 月后进入休眠期。春夏季生长速度较秋冬季生长速度快，但总体上生长速度较为平缓，11 月后进入休眠期，不再生长。

由图 3-5 所示，鄂植 8、佛奥、莱星在犀牛江流域经过 10 个月的生长，地径净生长量分别为 0.76cm、0.99cm、1.03cm，总体上生长速度较为平缓，11 月后进入休眠期，不再生长。

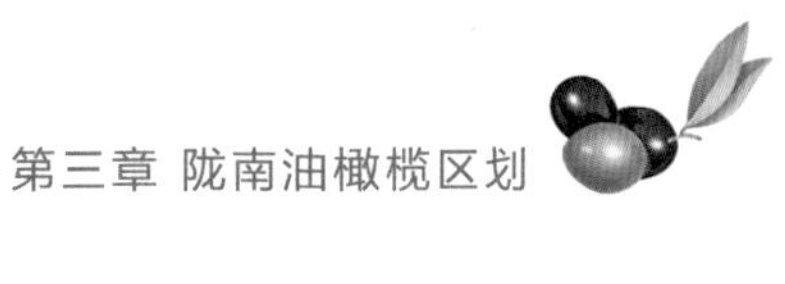

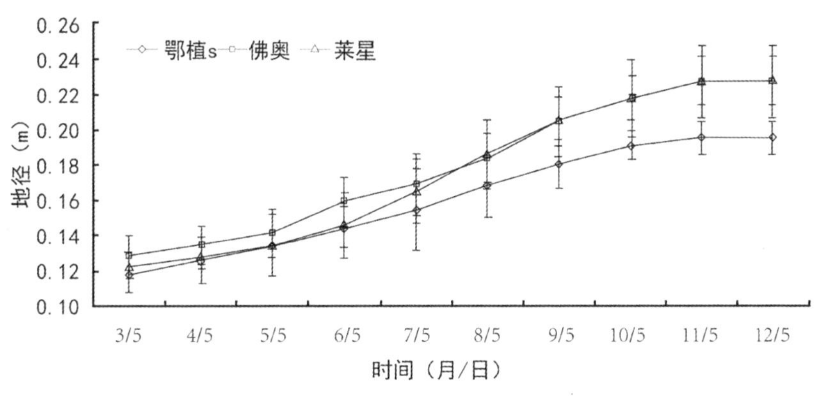

图 3-5 鄂植 8、佛奥、莱星地径生长曲线

2. 各品种生长性状的分析

由图 3-6、3-7、3-8 所示，佛奥的树高和冠幅最大，说明该品种较其他 2 个品种生长更旺盛；莱星的树高和冠幅最小，但是地径最大，说明莱星的主干形较强。

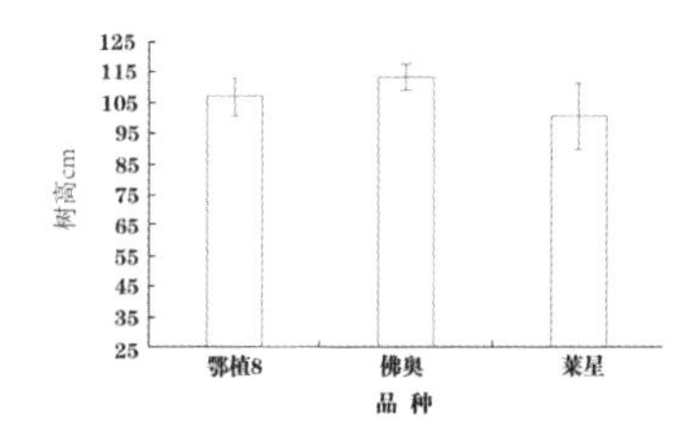

图3-6 鄂植8号、佛奥、莱星树高比较

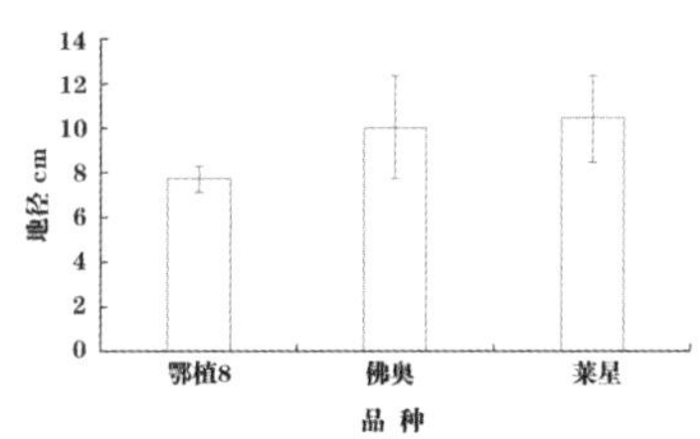

图3-7 鄂植8、佛奥、莱星地径比较

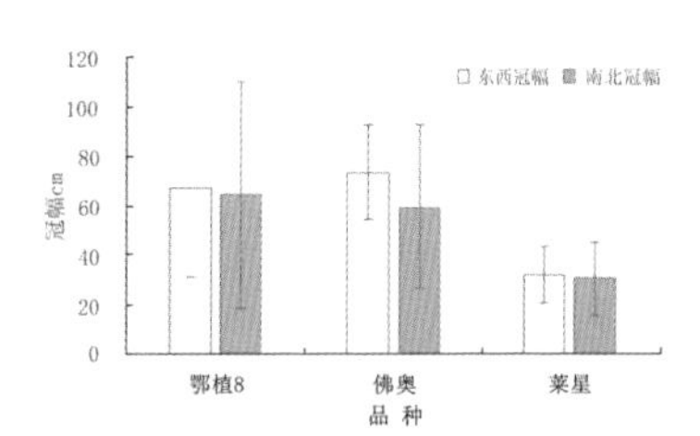

图3-8 鄂植8、佛奥、莱星冠幅比较

3. 各品种的抗性比较

（1）抗病虫害

采用田间调查的方法衡量品种的抗病虫害能力，结果见表 3-6。可以看出，调查的品种均未发现孔雀斑病、炭疽病的感染和云斑天牛的危害，佛奥对大粒横沟象抗性不强，有 2 株根基部有大粒横沟象的危害。该试验地是初次引种油橄榄，还需持续做好病虫害的观察。

表3-6 各油橄榄品种的病虫害调查

品 种	病 害				虫 害			
	孔雀斑病		炭疽病		云斑天牛		大粒横沟象	
	发病率%	病情指数	发病率%	病情指数	发病率%	病情指数	发病率%	病情指数
鄂植8	0	0	0	0	0	0	0	0
佛 奥	0	0	0	0	0	0	20	4
莱 星	0	0	0	0	0	0	0	0

（2）抗寒性

据气象数据统计 2013 年冬季该试验地的最低气温为 -10℃，2014 年春节期间的一场降雪持续 20h，厚度为 5cm。于 2014 年 5 月进行了越冬及抗寒性调查，由表 3-7 可知，鄂植 8 号少量叶片脱落，冻害轻微；莱星叶子大量脱落，但第二年春季正常发芽抽枝；佛奥受冻现象严重，其中 4 株全株冻死，丧失重新萌发能力，3 个品种的越冬及抗寒性为：鄂植 8 号＞莱星＞佛奥。

表3-7 3个品种的越冬及抗寒性调查

品 种	冻害等级	成活率/%	备 注
鄂植8	1	100	轻微冻害，叶少部分脱落。
佛 奥	4	60	全株冻死，截至2014年5月调查时未发芽，丧失重新萌发能力。
莱 星	2	100	中度冻害，叶大部分脱落，其中有两株2013年冬天受冻干枯，于2014年5月调查时发现发出新芽。

研究认为，由油橄榄生长表现排序初步得出白龙江、白水江、嘉陵江和西汉水 4 个流域适宜发展油橄榄种植产业的排序。对 16 个油橄榄扩区驯化试验点划分了 4 个等级的适生区并进行了排序。对 6 个参试油橄榄品种成活生长适生状况进行了排序。在北纬 33°51′37.7″和极端最低温 -13.2℃的地域种植的 6 个油橄榄品种生长正常，突破了陇南油橄榄种植成活最北线和最低温度线。通过对各区试点的基本情况、气象因子和油橄榄生长情况的调查分析，提出了一系列油橄榄栽培技术措施，为陇南市不同地域大力发展油橄榄种植产业提供了科学依据。在陇南市的白龙江下游流域、白水江 1300m 以上流域、嘉陵江流域和西汉水流域的试验验证，评估了这几个流域发展油橄榄的可行性，解决了长期以来当地政府及群众不认可油橄榄发展的误区。为陇南市新一轮油橄榄产业发展规划提供了理论依据。

文县冉家海拔 1020m 和武都（两水镇土门崖村）玉山 1590m 种植的鄂植、莱星、佛奥生长观测比较，同一海拔高度，不同品种油橄榄生长量不同，在白龙江流域文县冉家 1020m 低海拔地区，4 年生鄂植 8、莱星、佛奥生长量具有相关性，3 年平均生长量相差不大，安全越冬，保持较好生长；在白龙江流域武都玉山 1590m 高海拔地区，6 年生鄂植 8、莱星、佛奥生长量差别较大。佛奥生长量较小，抗寒能力弱，在 1600m 以上地区发展油橄榄受冻害的影响较大。在 1300 ～ 1600m 种植鄂植 8、莱星、佛奥能满足生长。

白龙江流域海拔 1627m 地域“阿斯”品种生长多年树势旺盛健壮，能安全越冬，表现出良好的抗寒性，为白龙江流域高海拔地区油橄榄发展提供了重要依据，通过对产量调查 1600m 海拔 5 年生的阿斯鲜果产量达到 2.52kg，鲜果产量达到同等条件下低海拔地区同等树龄的产量。高海拔 1300 ～ 1600m 处于“U”字形开口上方，地势平缓，光照充足，

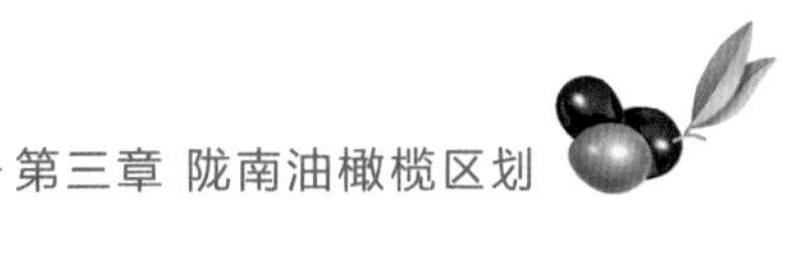

土地资源丰富，可利用面积达 30.6 万公顷，目前可用于发展油橄榄的远景面积达到 2.3 万公顷。如能配套解决水利、交通等设施，发展面积可进一步扩大。由于处于“U”字形开口上方，光照时间长，采收期与低海拔油橄榄相差不明显。

通过初步对陇南犀牛江流域初栽的油橄榄莱星、佛奥、鄂植 8 号 3 个品种的生长性状、物候期及抗性调查，发现树高春夏季生长速度较秋季生长速度快;地径生长速度较为平缓，11 月后进入休眠期；佛奥的树高和冠幅最大，生长更旺盛；莱星的树高和冠幅最小，地径最大，主干性较强。调查均未发现孔雀斑病、炭疽病的感染和云斑天牛的危害，佛奥对大粒横沟象抗性不强，根基部有危害。3 个品种的越冬及抗寒性为：鄂植 8 ＞莱星＞佛奥。初次在该流域引种油橄榄，还有待进一步对花、果及病虫害持续全面观察。

第四节 陇南油橄榄适生区区划成果

油橄榄引种到中国后对适生区的研究一直是研究重点，这直接影响到油橄榄的分布和发展，许多新发展区受不同观点的影响，始终处于徘徊状态，以致耽误了发展机遇。施宗明等从近 40 年的栽培实践中，认真分析了中国亚热带地区与地中海亚热带地区气候的差异，对中国油橄榄适生区进行了深入研究，认为中国发展油橄榄生产的最佳适生区是西部干旱河谷地区，其中以甘肃陇南白龙江河谷和滇西北及川西南金沙江河谷发展的潜力最大。

鉴于中国亚热带与地中海地区在气候上的巨大差异，加之油橄榄引种试验的周期较长，短时期内难以得出适应情况的结论，随着研究的深入，中国油橄榄适生区的确定就成为需要修正的问题。贺善安等曾就前期的研究结果，提出了一系列适生区的指标，中国气象学者魏淑秋等利用生物引种咨询信息系统进行分步滑移相似计算，提出建立油橄榄生产基地几个可以选择的中心：

一是，以四川西昌为中心，包括凉山州地区；二是，以云南昆明为中心，包括永胜金沙江流域；三是，以湖北宜昌为中心，包括巴东等三峡低山河谷区；四是，以甘肃武都为中心，包括白龙江流域。

这大体指出了西部河谷地区是中国发展油橄榄的主要地区。徐纬英根据多年的研究和观察，比较系统的提出了中国发展油橄榄的一级适生区和二级适生区。气候因子的组合与地中海最相似的地区为一级适生区，包括：①金沙江干热河谷区（冬季冷凉地带）的云南宾川、永胜、永仁以及四川的西昌、德昌、米易、冕宁等县的部分地区；②西秦岭南坡的白龙江低山河谷区，即甘肃的武都、文县和康县等；③长江三峡低山河谷区的湖北宜昌、秭归和巴东，以及重庆的巫山、奉节和万县（现为万州）。

从生态条件上分析，有一个或两个条件是对油橄榄不利的属于二级适生区，包括：①秦岭南坡汉水流域上游地带的陕西汉中、城固和安康等；②四川盆地边缘大巴山南坡的绵阳、南充、达县、广元和巴中等地；③以昆明为中心的昆明、晋宁、江川和宜良等滇中地带；④长江中下游的湖北宜昌至武汉一带。

陇南市位于甘肃省东南部，地处秦巴山区，地理坐标在东经 104° 1′ ～ 106° 35′，北纬 32° 38′ ～ 34° 31′。地处西秦岭东西向褶皱带，位于中国阶梯地形的过渡带。地势西北高，东南低。北部西礼山地呈现低山宽谷的黄土地貌，海拔 1100 ～ 1800m；东部徽成盆地介于北秦岭和南秦岭之间，呈现丘陵宽谷地形，海拔 700 ～ 1000m；西南部为高中山与峡谷地，相对高差达 1000m 以上。由于特殊的地理位置及山脉走向的影响，区内气候复杂多样，分布独特，水平分带和垂直分带均十分明显，由东南向西北依次从亚热带湿润气候向暖温带湿润气候、温带半湿润气候和高寒阴湿气候过渡。气候由亚热带递变到暖温带、温带及寒温带，降水量则随海拔的递增而增加，地势愈高，降水量愈多。

油橄榄引入陇南先后在武都、文县、宕昌、成县、康县涉及白龙江、白水江、犀牛江、嘉陵江流域所属乡（镇）海拔 1300m 以下的河谷地带栽培试种。初步表现出发育良好、产果量高、病虫害少的适生性。其中武都区汉王镇橄榄园 9 年生的佛奥单株最高产鲜果 76.5kg，平均株产 44.4kg，亩产达到 625kg，超过了国内同树种的丰产标准，且品质上乘，优于原产地。科研人员采用布点观测和区域调查相结合的方法，对武都、文县、宕昌、礼县、西和、成县、徽县、两当、康县等地的试验点生长状况进行实地调查，重点对武都引种油橄榄的试验点进行观测研究并调查分析，查阅国内外有关油橄榄引种的科研成果资料，结合当地气象资料，对陇南油橄榄引种成果进行分析判断，最后划分出陇南油橄榄适生区的不同等级。

一、武都引种油橄榄的适生气象条件

根据武都气象站 1975—2010 年引种试验结果得出，油橄榄在武都生长的全生育期天数 210 ～ 220 天，全生育期≥ 10℃积温 3800℃～ 4500℃，耗水量 400 ～ 500mm，空气相对湿度 50% ～ 65%，无霜期 220 ～ 280 天，年日照时数 1400 ～ 2000h。从引种试验结果看出，空气相对湿度最为重要，它是多年来制约油橄榄在中国南方引种三十多年来不能成功的主要原因之一。事实上，在中国南方大面积的南亚热地区，由于降水量较大，年日照时数较少，形成空气相对湿度较大，特别是夏秋季节更大，这对油橄榄的生长发育产生了极为不利的影响，为此，空气中较低的湿度就目前而言也是引种成功的重要因素之一。根据世界油橄榄主要产区气候因素与中国引种的油橄榄生长结实较好的地点比较，年相对空气湿度都在 70% 以下，世界油橄榄产地的年空气湿度是 40% ～ 65%，武都引种地点的年空气湿度为 61%，6 个月的空气湿度在 65% 以下的范

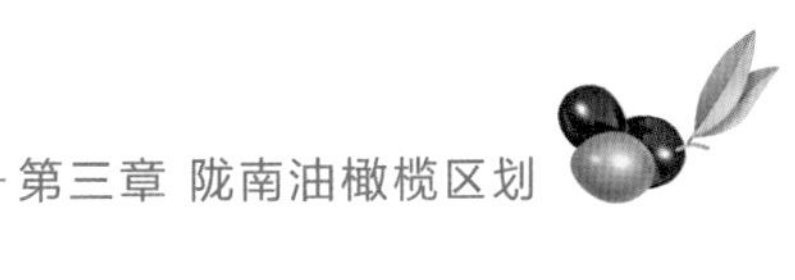

围内，这是中国引种油橄榄地区中，年空气湿度较接近原产地年空气湿度的地点。

二、油橄榄生长发育的气候指标

1. 油橄榄的发育的气候条件

由于海拔高度和热量条件的不同，导致白龙江沿岸种植油橄榄生长发育时段不一，一般在海拔1300m以下，热量较好的地段发育早，在海拔较高、热量较差、湿度较大的地区发育晚，成熟晚。陇南市从南到北油橄榄生育期逐渐延迟，生育期天数随海拔高度的增加而缩短。一般从3月中旬开始萌动，4月上旬至中旬发芽，5月下旬开花，6月上旬座果，10月中旬至下旬逐渐成熟，确切时段因品种而异。

2. 油橄榄生长与热量条件的关系

陇南油橄榄主要分布在海拔700～1500m的向阳山坡的避风凹地、谷地，通过分析粗略得出：在年平均气温12℃以上，1月平均气温≥2.5℃，7月平均气温≤25℃的环境条件下都能够正常生长发育。因此，只要影响油橄榄生长的其他条件满足，陇南九县区的1300m低海拔河谷地带都可发展油橄榄。通过分析，陇南油橄榄比较适宜在年平均气温12℃以上的山凹地生长，当日平均气温稳定通过16℃以后，油橄榄植株体开始活动，进入树液流动期，随之芽逐渐开始膨大、萌发，当日平均气温稳定通过21℃以后，已全部开花完毕，转入果实形成阶段。据国内9个省气象资料分析，中国引进油橄榄从日平均气温≥16℃初日至芽萌动，平均10～15天，需≥16℃积温280℃，萌芽至开花需≥16℃积温594℃。油橄榄是一种喜温怕冻、喜干怕湿的植物。调查发现，在一些比较干燥、日照较多以及林区树木稀少的阳坡凹地，油橄榄生长良好，而在一些干燥的地方生长特别好。温度对油橄榄果实的营养成分也有一定影响。从1995—1998年不同采收时间果实含油率的测定结果看出，当≥20℃积温增加时，含油率随之增加；当≥20℃积温大于1100℃后，含油量增加减缓。另外，当日平均气温随时间下降到8℃以下，含油率的增加也开始减缓，约20天后开始下降。经分析，日平均气温与结果的大小、含油率相关系数为0.95。由此看来，油橄榄在平均气温下降到10℃之前采摘为宜，但对于仅要求含油率高的还可以推迟10天左右采摘。

3. 油橄榄与空气相对湿度的关系

油橄榄能抗旱，但空气相对湿度不足或过高也会影响其生长发育。陇南由于地形复杂，降水分布不均，形成了气候多样性，这就为植物引种提供了便利的条件，限于过去的品种资源和栽培技术，认为油橄榄只能在海拔1300m以下的地带种植。事实上武都油橄榄栽植在1624m的地方也能生长发育结实。武都、文县年平均气温14℃～15℃，年相对空气湿度为61%，年日照时数1800～2000h，年降水量为400～500mm。这些因素中空气相对湿度最为重要。根据徐纬英教授的调查研究结果，甘肃陇南引种的油橄榄生长结实较好的地点，年相对空气湿度都在70%以下，世界油橄榄产地的年相对空气湿度是 40% ～ 65%，而武都、文县种植点上的年相对湿度为 61% 左右，全年有 6 个月的相对空气湿度在 60% 以下的范围内才能发展种植，这是陇南发展油橄榄地点中年均相对空气湿度最接近原产地年均相对空气湿度的地点，也是陇南油橄榄开发成功的区域，并能获得高产、稳产的原因之一。只有通过对世界油橄榄重点产区，主要气候因素数据的对照比较，综合近年来陇南开展的油橄榄扩区驯化试验研究成果，才能划分陇南的油橄榄适宜种植区。据调查分析，年降水量在 400 ～ 500mm，相对湿度 40% ～ 61% 的地区，是最适宜油橄榄的生长和结果区域。

4. 适宜油橄榄生长发育的土壤物理性

在油橄榄适生环境的研究中，土壤因素是一个十分重要的方面。邓明全先生研究认为油橄榄对土壤的物理性质要求比较严格，甚至它的重要性超过土壤的化学性质。油橄榄属无性繁殖，根系较浅，特别不耐水渍，在同等气候条件下，凡是种植在土壤黏重、夏季渍水、透水性能较差的土壤中的油橄榄生长发育不良，没有产量，且寿命很短，他分别采集了意大利国家的产果园、中产园、低产园的土壤与陇南引种点的土壤进行化验分析对比后，提出了陇南引种油橄榄最适宜土壤物理性的标准范围（见表 3-8）。陇南引种的土壤属侵蚀性褐土类，成土母质多为页岩、千枚岩、石灰岩、石质岩的风化物，土壤的结构纹理垂直，且有多孔性。它的标准范围是：砂粒 48.8%，粉粒 40.3%，黏粒 10.9%，黏粒的含量没有超过 11%，大大低于 35% 的范围，因此是最为理想的土壤质地。

表3-8 油橄榄适宜的土壤物理性

土壤颗粒组成（%）	物理性直径（mm）
砂　粒	2～0.02
粉　粒	0.02～0.002
黏　粒	0.002～0.001

土壤的渗透性是衡量土壤利水性能的量化指标。土壤渗透性的高低是由土壤的物理性决定的。由于陇南引种的土壤砂粒含量在 45% 以上，黏粒的含量在 11% 以下，给出了 15 个点测定其渗透性为 90 ～ 150mm/h 的指标。

三、油橄榄适生气候界线

根据农业气候相似原理，结合引种油橄榄生产栽培的基础理论依据和生长特点，考虑油橄榄对水分、热量、空气相对湿度、年日照时数和土壤等条件的要求，从大范围或小范围的不同角度对油橄榄进行适生区划分。

1. 因子选择

水分和热量条件都是油橄榄生长不可缺少的因素，两者都不同程度地影响着油橄榄的生长，而年日照时数和相对湿度最为明显，直接决定着油橄榄的分布。因此，为

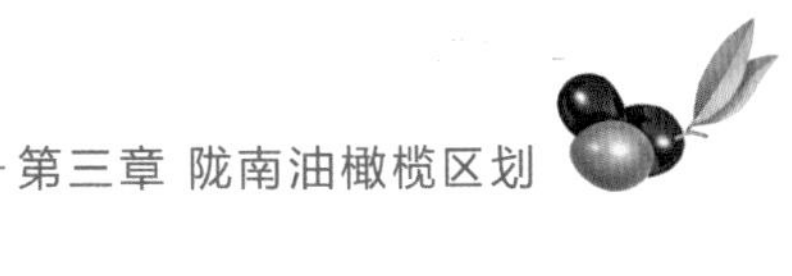

了分区合理，并达到水、热结合的目的，选择以年降水量、年平均气温、年相对湿度、海拔高度为主导因子，干燥度为辅助因子。

2. 指标的确定及分区方法

（1）年降水量和相对湿度。陇南适宜栽种油橄榄的地方，水分来源主要靠提灌，大气降水特别少，年降水量的多少在一定程度上反映着油橄榄的分布状况和生长状况。因此，分区时主要考虑年降水量 400 ～ 500mm 的地区。同样，年相对湿度、年干燥度反映着一个地点的湿润程度，而油橄榄在过于湿润的地方生长不良。年相对湿度在 65% 以下，特别 7、8、9 月的降水量 250 ～ 300mm，占全年降水量的 60% ～ 62.5%，相对湿度在 60% 以下，干燥度 1.3 ～ 1.8 的地方较为有利。因此，选择了年降水量，年相对湿度，年平均气温，6 个月相对湿度、平均气温、干燥度这 4 个因子，作为区划的主要依据。

（2）≥ 0℃积温分析表明，油橄榄一生需≥ 0℃积温 4800℃～ 5700℃，在不足 4800℃的地方不利于生长。因此，以≥ 0℃积温作为分区的辅助指标。

（3）年平均气温 12℃～ 16℃为适生区，＜ 12.0℃为不宜种植区。

（4）年≥ 10℃活动积温 3800℃～ 5000℃为适生区，＜ 3800℃不宜种植区。

（5）1 月的平均气温 2.0℃～ 4.0℃为次适生区，＜ 2.0℃是不宜种植区。

（6）极端最低气温 -7℃～ -9.0℃为适生区，＜ -9.0℃为不宜种植区。

（7）极端最低平均气温 -5℃～ -6.0℃为适生区，＜ -6.0℃为不宜种植区。

四、分区结果及评述

1. 适生标准

根据中国及陇南油橄榄的种植实践，以及陇南现有油橄榄品种的生物学、生态学特性，油橄榄在陇南的适生标准为：

（1）气候条件

年平均温度 14℃～ 18℃，极端最低气温不低于 -9.4℃，1 月平均气温 2.1℃～ 10.9℃，年降雨量 400 ～ 800mm，年日照时数 1500h 以上，空气相对湿度 50% ～ 70%。

（2）土壤条件

要求土层深厚（中厚层），土壤疏松，质地为沙壤—轻壤，土体 100cm 以内没有不透水层，土壤中性至碱性。

（3）地形条件

山地宜在阳坡和半阳坡的中下部，坡度在 15°（最大不超过 25°）以下，平地宜在土壤排水良好，地下水位在 2m 以下，地形开阔，通风良好的地带。

2. 区划因子选取

根据油橄榄的生态学、生物学特性，种植油橄榄必须考虑适合油橄榄生长的气候、地形地势、土壤等自然综合因素才能取得理想的经济效益。陇南的地形复杂，立体气候差异变化大，形成土壤的母质母岩的种类繁多，土壤类型多样，在大环境内还形成很多特殊的小气候和物理性状不同的土壤。从中国油橄榄种植经验来看，气候因子中的年均温、1月平均温度、极端最低气温、年日照时数、空气相对湿度是油橄榄种植成功的关键因子，而水分条件和土壤条件可以通过灌溉和土壤改良来满足油橄榄生长的需求，因此选取年平均气温、1月平均气温、极端最低气温、年日照时数、年空气相对湿度5个气候因子作为区划因子。

3. 区划结果

将白龙江、白水江、西汉水、嘉陵江流域的区划因子与油橄榄适生标准比较，得出各区域油橄榄种植的适宜性，可将种植区划分为两个区，适宜区和次适宜区，区划结果（见表3-9）。

表3-9 种植区区划结果

分区名称	区号	包括区域	温度（℃）			年日照时数(h)	空气相对湿度(%)
			年平均	1月平均	极端最低温度		
适生条件			14～18	2.1～10.9	＞-9.4	＞1500	50～70
适宜区	A	宕昌、武都、文县白龙江、白水江河谷低山地带	14～16	2.9～4.4	-8.1～-7.4	1600～1911	54～62
次适宜区	BⅠ	徽县、两当县嘉陵江河谷低山地带	12.6～13.2	0.6～1.7	-11.1～-9.1	1621～1937	70～79
	BⅡ	康县、成县西汉水河谷低山地带	11.5～12.5	-0.6～-0.4	-13～-11	1575～1880	69～77
	BⅢ	礼县、西和县西汉水河谷低山地带	11.0～12.0	-0.9～-0.5	-16～-13	1726～1968	60～70

通过区划因子的比较，我们可以看出，适宜区的气候条件完全符合油橄榄的适生条件，而且都处于最佳适宜范围，所以这一区域非常适合大规模发展油橄榄。次适宜区的气候条件达不到油橄榄的适生条件，BⅠ区的温度条件非常接近适生条件，但湿度较大，BⅡ和BⅢ区的温度条件达不到油橄榄适生条件，特别是极端最低温度比油橄榄所能耐受的低温要低得多，有可能使油橄榄遭受冻害。

之所以要将不符合油橄榄适生条件的区域命名为次适宜区，是因为作为区划基础的“适生条件”是根据陇南现有的13个主栽品种的生态学、生物学特性总结出来的。而据联合国粮农组织出版的《油橄榄种质资源——品种及世界野生资源的收藏》记载，全世界有栽培油橄榄品种1275个，这些品种分布在北纬45°到南纬37°亚热带地区，经过长期栽培，各品种的适应性差异显著，有些品种抗寒性强。如在阿尔巴尼亚油橄

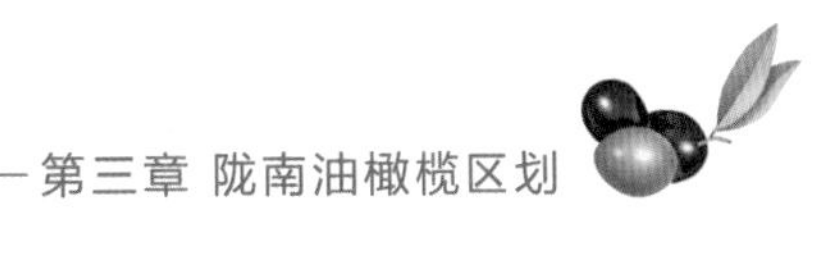

榄分布最北区的Drita，耐 -18℃的低温，又如中国湖北武汉引种的某些油橄榄品种，经受住了 1978 年冬季的 -18℃的低温而没有冻害，陇南市经济林研究院油橄榄研究所引进希腊 -17℃的品种。因此，我们将不符合目前现有品种适生条件的区域命名为次适宜区，待陇南引进或选育出抗寒、耐湿品种后，若通过驯化、中试，获得成功，则这些区域可以种植油橄榄。

区划采用的气候指标为某一区域的平均值，陇南地形、地势复杂，小气候区多，在次适宜区的某些小地域的气候指标与亚热带半干旱气候一样或相似，在这些小区域也是可以种植油橄榄的。

尹东等按照光照时数、有效积温、气候干燥度三个气候因子作为甘肃陇南油橄榄气候适宜性区划指标，采用 GIS 技术对甘肃陇南油橄榄气候适宜性进行研究，建立区划指标的空间分析模型。结果表明，白龙江河谷 1300m 以下区域与地中海油橄榄原产地的气候条件相似，是发展油橄榄的最适宜和适宜区。

五、区划成果的运用

根据陇南油橄榄种植现状及历史上引种驯化点的分布，2010 年陇南市组织力量编制了《陇南油橄榄产业发展规划》，确定本规划范围为陇南市白龙江、白水江、西汉水、嘉陵江流域河谷低山区，涉及陇南 9 个县区的 67 个乡（镇）。具体乡镇（见表 3-10）。

表3-10 规划范围表

县(区)	涉及乡镇
合 计	9县(区)67个乡镇
武都区	角弓镇、坪垭乡、石门乡、蒲池乡、两水镇、城郊乡、城关镇、东江镇、汉王镇、龙凤乡、桔柑乡、外纳乡、磨坝乡、三河镇、玉皇乡、郭河乡、洛塘镇、枫相乡、三仓乡、五库乡、马街镇、汉林乡、龙坝乡共23个乡镇。
文 县	铁楼乡、城关镇、丹堡乡、尚德乡、天池乡、桥头乡、尖山乡、临江乡、舍书乡、梨坪乡、中寨乡、石鸡坝乡、石坊乡、堡子坝乡、玉垒乡共15个乡镇。
宕昌县	沙湾镇、新寨乡、两河口乡共3个乡镇。
西和县	洛峪镇、西高山乡、大桥乡、蒿林乡、太石河乡共5个乡镇。
康 县	迷坝乡、云台镇、寺台乡、大南峪乡、太石乡、平洛镇、豆坪乡共7个乡镇。
成 县	索池乡、黄陈镇、镡河乡共3个乡镇。
礼 县	江口乡、龙林乡、雷坝乡、肖良乡、王坝乡、滩坪乡共6个乡。
两当县	站儿巷镇、西坡镇2个镇。
徽 县	虞关乡、嘉陵镇、大河乡3个乡镇。

依据种植区划，结合规划区区域条件的特点，充分考虑油橄榄种植历史和农户建

园与经营管理技术水平以及油橄榄产业化、规模化、标准化的发展模式，进行油橄榄种植基地建设布局。建设布局应突出重点，稳步推进，分区施策，促进油橄榄产业健康有序发展。

根据适生条件、技术水平、种植规模、加工企业分布等条件，结合陇南油橄榄扩区驯化试验研究成果，将陇南油橄榄发展规划进一步优化完善，将种植基地布局确定为核心发展区、扩大发展区和试验发展区三个建设发展区。

1. 核心发展区

该区位于白龙江流域海拔 1300m 以下区域，涉及武都 23 个乡镇、文县 6 个乡镇、宕昌 3 个乡镇，处于中国油橄榄一级适生区。武都区是陇南最早进行油橄榄产业开发的地区，种植面积大，占陇南油橄榄种植面积的 92.9%，陇南油橄榄开发机构、科研单位、加工企业都在这个区域，因此油橄榄产业发展条件好。该区在规划期内重点开展科研，进行良种基地、丰产示范园建设及低产园改造，扩大基地规模。

2. 扩大发展区

该区位于白水江、西汉水、嘉陵江流域海拔 1300m 以下区域，涉及文县、西河、礼县、成县、康县 18 个乡镇，处于中国油橄榄一级适生区。文县、宕昌县种植油橄榄也较早，但种植面积较小，占陇南油橄榄种植面积的 5.7%，科技服务体系及加工企业都有待建设。该区在规划期内重点进行油橄榄基地、丰产示范园、科技服务体系及加工企业建设。

3. 试验发展区

该区涉及康县、成县、徽县、两当县、西和县、礼县的 26 个乡镇，处于次适宜区。该区域平均气候条件不适合陇南目前油橄榄主栽品种大规模种植，因此，在规划前期重点进行引进的抗寒、抗旱、耐湿品种的驯化试验及生产中试，若试验成功，规划后期将进行基地、丰产示范园、科技服务体系及加工企业建设。

规划在陇南市白龙江、白水江、西汉水、嘉陵江干流两岸的河谷阶地和浅山丘陵地带新建油橄榄种植园 6.66 万公顷。其中核心发展区 2.66 万公顷，扩大发展区 3 万公顷，试验发展区 1 万公顷（见表 3-11）。

表3-11 新建油橄榄基地建设规模

单位：公顷

建设区域	规划任务
合　计	6.6
核心发展区	3
扩大发展区	2.66
试验发展区	1

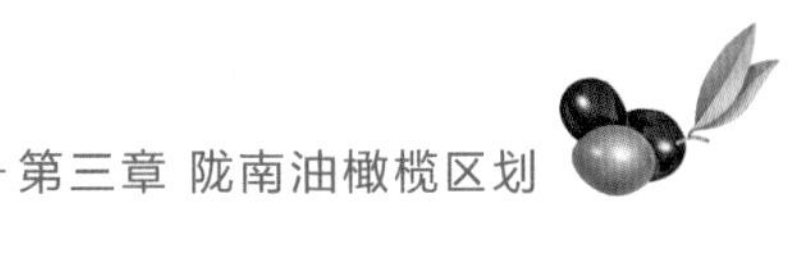

核心发展区：规划在武都区白龙江流域，文县白龙江、白龙江流域新建油橄榄基地3万公顷，建设范围包括列入规划范围的武都23个乡镇和文县15乡镇以及宕昌3个乡镇。

扩大发展区：规划在成县、康县、徽县、两当新建油橄榄基地2.66万公顷，建设范围包括列入规划范围的县所属乡镇。

试验发展区：在引进抗寒、耐湿品种驯化、中试取得成功后，规划在西和县、礼县、宕昌高海拔区域新建油橄榄基地1万公顷，建设范围包括列入本规划范围的县所属乡镇。

2015年陇南市经济林研究院油橄榄研究所依据市委市政府的农业特色产业总体部署和陇南油橄榄产业发展的近期目标，将近期油橄榄发展确定为陇南市"一城两带"油橄榄产业发展规划，重点推进核心发展区的油橄榄基地建设，对核心发展区油橄榄种植基地建设布局结合新的科研成果进行了修订。新的建设布局规划重点更加突出，推进更趋稳步，措施更加有针对性，将生产要素适度向重点发展区域集聚，促进油橄榄产业健康快速发展。将陇南"一城两带"油橄榄产业发展基地规划为"两带"油橄榄基地和"十园"油橄榄丰产示范基地二个建设发展区。

"两带"油橄榄基地。一带是沿白龙江河谷从宕昌县官亭镇至文县口头坝乡，全长120km，总面积1万公顷，涉及宕昌、武都、文县3县32个乡镇。一带是沿白水江河谷从文县石鸡坝乡至中庙乡，全长113km，总面积0.5万公顷，涉及文县10个乡镇。

"十流域"油橄榄基地。包括白龙江、白水江两大干流上的十个流域，涉及武都区境内的拱坝河、苟坝河、姚寨河、福津河、北峪河，文县境内的洋汤河、中路河、丹堡河、让水河、白马河，建设生态经济型油橄榄基地0.8万公顷。

六、陇南油橄榄区划的研究进展

2012年陇南市经济林研究院油橄榄研究所在甘肃省科技厅、林业厅的支持下，与甘肃省林业技术推广总站合作，历时五年开展的陇南油橄榄扩区驯化研究，对2010年提出的规划开展了新引进油橄榄品种的扩区驯化试验，取得了重大研究进展，初步预测的规划远景目标达到6.6万～8万公顷。

该项目在全体参与人员的艰苦努力下，在陇南市"三江一水"流域（白龙江、白水江、嘉陵江、西汉水流域）的7个县建立了16个油橄榄扩区驯化区试点，选择了13个油橄榄品种开展了各品种油橄榄适应性试验、抗逆性试验、适宜栽植品种筛选、土壤测试分析等多项试验研究，取得了以下几项突破：

（1）在北纬33°51′37.7″地域种植的佛奥、莱星、鄂植8号、阿斯、皮削利、皮瓜儿6个油橄榄品种生长正常，突破了陇南油橄榄种植成活最北线；

（2）在极端最低-13.2℃的温度下，种植佛奥、莱星、鄂植8号、阿斯、皮削利、皮瓜儿6个油橄榄品种生长正常，突破了陇南油橄榄种植成活最低温度线；

（3）在陇南白龙江流域海拔1627m地域栽植5年的油橄榄阿斯品种能满足生长条件，单株鲜果年产量为2.52kg，达到同等条件下低海拔地区产量。突破了同类区域高海拔地区油橄榄鲜果产量；

（4）对佛奥、莱星、鄂植8号3个油橄榄品种进行抗病虫害及抗寒性对比试验，得到了各品种抗逆性排序；

（5）在白龙江流域619m低海拔区域进行油橄榄扩区驯化试验，年降水量达到820mm，而栽植的6个油橄榄品种生长正常，突破了陇南市降水量的最高限。

油橄榄是一种气候条件下引种到另一种气候条件下的植物引种史上的典型案例，需要研究的内容涉及生态、气象、植物生理等多学科的综合研究，我们目前所做的工作只是大量工作的一小部分，涉及的研究内容也很狭小和肤浅，解决的问题也是初步的，特别是在中国范围内的适宜性研究由于我们力量所限，顾及不多。随着国内其他适宜省区的油橄榄栽培面积逐步扩大和广大研究人员的努力，我们相信有些目前无力或无条件解决的技术问题将会逐步得到科学合理的解决，做大做强陇南油橄榄产业的发展目标一定会实现！

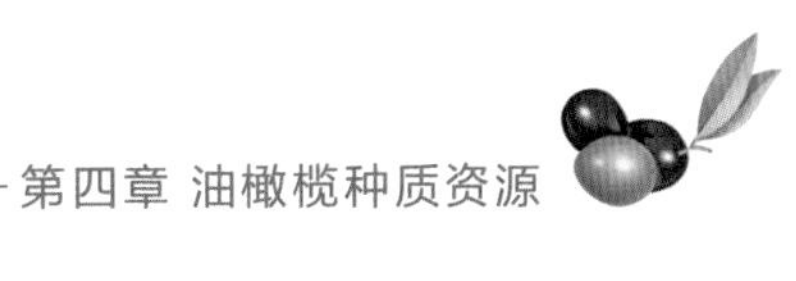

第四章 油橄榄种质资源

油橄榄种质资源是油橄榄产业发展和科学研究的基础，承担着负载遗传基因、世代繁衍和促进产业发展的重要使命。长期以来，中国油橄榄科技工作者在种质资源收集保存、良种选育推广、种苗生产供应、市场监管等方面取得了积极进展，为保障油橄榄产业健康快速发展发挥了重要作用。各油橄榄适生区尽最大努力，在引进国外新品种、开展良种选育、加快苗木繁育、推进区域试验等方面取得了显著成效。引进了国际最新品种，建成了一批油橄榄种质资源库，对多个品种开展了跨地域、跨流域、跨气候带的区域适应性试验研究，总结多年来油橄榄引种栽培的取得的成绩审定了一批省级、国家级油橄榄良种，为中国油橄榄产业发展奠定了坚实基础。

第一节 陇南油橄榄种质资源简述

粗略统计，一般认为世界油橄榄品种有1200多种，栽培品种也有300多种。这300多个油橄榄品种分布在全世界近40多个主要种植区域。种植面积和产量较多的主要是西班牙、意大利、希腊、土耳其、突尼斯等国家。西班牙是世界最大的油橄榄及其制品生产国和出口国，油橄榄在其国内农业生产中占有重要地位。西班牙、以色列、法国、美国在油橄榄育种及栽培技术的研究处于世界先进水平。

中国作为油橄榄新发展区，品种引进一直是油橄榄科研工作的重点，20世纪60年代中国引进了156个油橄榄品种，这些品种经过50多年的适应性驯化，有的品种表现出非常好的适应性和较高的经济性状，奠定了中国油橄榄品种化栽培的基本框架。但此后，油橄榄发展在国内一直低迷徘徊不前，品种引进也处于停滞状态。而此时，世界范围内的油橄榄品种选育工作突飞猛进，为适应品种化、集约化、机械化、高效化的栽培，选育出了奇迹、豆果、阿尔波萨纳等集约化栽培新品种，为提高油橄榄栽培的经济效益发挥了重要作用。

近年来，随着世界范围内品种交换加速，栽培区域的不断扩大，原引品种的生态适应性制约了油橄榄在新引进区域的发展。为适应生产的需要，全世界的油橄榄科研工作者广泛合作，加强种质资源交换和基因研究的信息资源共享，新品种的选育也层出不穷。特别是抗寒、抗旱、高含油率、风味独特的油橄榄品种选育进程加快，为油橄榄的持续发展夯实了基础。

20 世纪 80 年代后期，随着中国油橄榄发展的第二个高潮期的到来，为缩小在栽培、加工、质量控制等方面与国外的差距，甘肃、云南、四川、重庆等油橄榄适生区选派了一批又一批的科技人员、管理人员、技术工人赴原产地希腊、西班牙、以色列、意大利等国考察学习油橄榄技术。同时，这些学习人员利用一切可能的机会，引进了一些当时最新油橄榄品种。这些品种散落在全国各地的油橄榄园，限于各地的科研条件，并没有立即着手引种驯化的相关研究工作，造成品种资源的闲置和浪费，没有发挥应有的作用。目前全国建成的油橄榄种质资源库有四川达州开江县普安镇红花山“川东油橄榄品种对比试验园”，面积 10 公顷，引进收集品种达 132 个，并开展了抗逆性、适生性的研究，选育出了经济性状好、抗逆性显著的品种 20 多个；四川中泽公司建成北河、月华、海南三个油橄榄产业科技示范园区，园区收集国外、国内油橄榄品种 203 个，选育油橄榄新品种 12 个，形成年产 200 万株良种优质油橄榄苗木的产能。有的省市的油橄榄开发企业将引进国外的油橄榄新品种按照自己企业的特点冠以中文名称，同一个品种在不同的企业有不同的中文名字，并在国内繁育销售，扰乱了国内油橄榄名称，这种情况不利于油橄榄种质资源的交流和生产，应该予以纠正。

图 4-1 对引进西班牙油橄榄新品种进行隔离观察

2010 年陇南市经济林研究院油橄榄研究所成立，立即着手国内品种的收集和国外新品种的引进，把选育适宜中国气候条件下大面积发展的品种作为科研工作的重要方面，在武都区城关镇大堡建成了拥有 124 个品种的种质资源库，在全市建成了 19 个长期扩区驯化试验点，着手正规的引种试验研究工作。

重点引进推广西班牙近年来培育的阿贝奎纳（Arbequina)、科尼卡（Cornicabra)、贺吉布兰克（Hojiblanca)、曼萨尼约（Manzanil1O)、奇迹（Koroneiki)、恩帕特雷(Empeltre)、皮瓜尔 (Picual)、阿尔波萨纳 (Arbosana) 等 8 个高抗性（抗寒、抗旱、高含油率）油橄榄新品种。

引进希腊 Golden Leaves、Amyglalolia、Konservolia、Avtoxn(-17)、Lianolia Kerkiras、Fs17、Chalkidkis、Valanolia、Kalamon、Megaritiki、Dramittini、

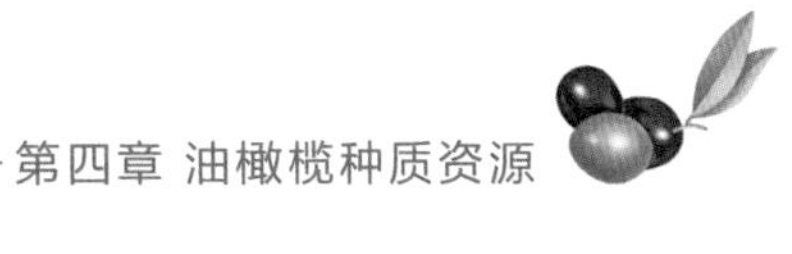

Gaidourelia、Rogani、Koronecki、Manaki、Adramittini、Aarbequina、Agiou orous、Thiaki、Farga、Leccino、Ascolana、Biancolilla、Ascolana、Biancolilla、Ladolia、Agrielia抗旱、抗寒、含油率高的油橄榄新品种25个和49株砧木种子300粒，是近30年来一次性引种最多的。引进的油橄榄砧木种子并开展了育苗试验。

图4-2 引进希腊油橄榄新品种在温室上盆栽培

引进意大利油橄榄品种6个Nocellara del belice (Italia-sicilia)、Nociara(italia-puglia)、Nostrale di、Picudo(spagna)、taggiascal(italia-liguria)、1-77(selezione IRO-CNR)、1-79(selezione IRO-CNR)。

引进国内其他省市油橄榄品种73个。市内品种12个。

图4-3 从温州间接引进意大利油橄榄新品种接穗嫁接引种

图4-4 引进的西班牙油橄榄品种建成的大堡油橄榄新品种试验园（2011）

表4-1 陇南油橄榄种质资源（2017年底）

序号	原名	中译名	引种地	引种时间
001	Avtoxn(-17)	-17	希腊Viliya修道院	2012.3
002	Adramittini	米提尼	希腊Sotirios苗圃	2012.3
003	Agiou orous	阿托斯	希腊Sotirios苗圃	2012.3
004	Amyglalolia	阿戈尔	希腊Sotirios苗圃	2012.3
005	Arbequina	豆果	希腊Navromatis苗圃	2012.3
006	Ascolana	阿斯	希腊Poros苗圃	2012.3
007	Biancolilla	边克利拉	希腊Poros苗圃	2012.3

续表

序号	原名	中译名	引种地	引种时间
008	Chalkidkis	超克	希腊Navromatis苗圃	2012.3
009	Farga	法加	希腊Poros苗圃	2012.3
010	FS17		希腊Sotirios苗圃	2012.3
011	Gaidourelia	驴蛋果	希腊Sotirios苗圃	2012.3
012	Golden leaves	金叶橄榄	希腊Sotirios苗圃	2012.3
013	Kalamon	卡拉蒙	希腊Navromatis苗圃	2012.3
014	Konservolia	孔色	希腊Sotirios苗圃	2012.3
015	Koronecki	奇迹	希腊Navromatis苗圃	2012.3
016	Ladolia1	拉多利亚1	希腊Poros苗圃	2012.3
017	Ladolia2	拉多利亚2	希腊Poros苗圃	2012.3
018	Leccino	莱星	希腊Poros苗圃	2012.3
019	Lianolia kerkiras	利亚诺里亚.克基拉	希腊Sotirios苗圃	2012.3
020	Manaki	马拉凯	希腊Sotirios苗圃	2012.3
021	Megaritiki	美加里	希腊Sotirios苗圃	2012.3
022	Rogani	罗加尼	希腊Sotirios苗圃	2012.3
023	Thiaki	西阿基	希腊Sotirios苗圃	2012.3
024	Valanolia	瓦拉	希腊Sotirios苗圃	2012.3
025	Agrielia	种子	希腊Sotirios苗圃	2012.3
026	Arbosana	阿尔波萨纳	西班牙	2011.3
027	Cornicabra	科尼卡	西班牙	2011.3
028	Empeltre	恩帕特雷	西班牙	2011.3
029	Hojiblanca	贺吉布兰克	西班牙	2011.3
030	Koroneiki	奇迹	西班牙	2011.3
031	Manzanillo	曼萨尼约	西班牙	2011.3
032	Picual	皮瓜儿	西班牙	2011.3
033	Arbequina	豆果	西班牙	2011.3
034	Manzanila	墨西哥小苹果	西班牙	2011.3
035	Nocellara del belice (Italia-sicilia)		浙江温州	2013.3
036	Nociara (italia-puglia)	诺切阿纳 诺斯特拉勒	浙江温州	2013.3

续表

序号	原名	中译名	引种地	引种时间
037	Nostrale di rigali (Italia-umbria)	瑞格利	浙江温州	2013.3
038	Peranzana (Italia-puglia)		浙江温州	2013.3
039	Picudo(spagna)		浙江温州	2013.3
040	taggiascal (italia-liguria)		浙江温州	2013.3
041	1-77(selezione IRO-CNR)		浙江温州	2013.3
042	1-79(selezione IRO-CNR)		浙江温州	2013.3
043	Morcona		浙江温州	2013.3
044	Tanche	坦彩	四川、开江	2012.3
045	Grossanne	格罗桑	四川、开江	2012.3
046	Sigoise No.27Ba	西格伊司27	四川、开江	2012.3
047	Manzannilla	小苹果	四川、开江	2012.3
048	Cordar		四川、开江	2012.3
049	Hojiblanca	贺吉	四川、开江	2012.3
050	Borriol De Castellon		四川、开江	2012.3
051	ChemLali Kedylle	切姆拉里	四川、开江	2012.3
052	Corniolo	科尼诺	四川、开江	2012.3
053	Blangueta De Levante	岚桂塔	四川、开江	2012.3
054	Frantoio a Corsini	科新佛奥	四川、开江	2012.3
055	Koroneiki	柯基	四川、开江	2012.3
056	Yuchan-44	玉蝉44	四川、开江	2012.3
057		希腊-3	四川、开江	2012.3
058		克里172	四川、开江	2012.3
059	Nikitskii 2	尼2	四川、开江	2012.3
060		N-79	四川、开江	2012.3
061	Mixaj	米扎	将军石油橄榄示范园	2011.8
062	Lucques	卢克斯	将军石油橄榄示范园	2011.8
063	Leccino	莱星	将军石油橄榄示范园	2011.8
064	Kaliniot	卡林	将军石油橄榄示范园	2011.8
065	Lucques	卢克斯	将军石油橄榄示范园	2011.8

续表

序号	原名	中译名	引种地	引种时间
066	Ottobratica	奥托卡	将军石油橄榄示范园	2011.8
067	Mixaj	米扎	将军石油橄榄示范园	2011.8
068	Frantoio De Crosini	科新佛奥	将军石油橄榄示范园	2011.8
069	Moraiolo	莫拉约罗	将军石油橄榄示范园	2011.8
070	N—183		将军石油橄榄示范园	2011.8
071	Dritto	德里达	将军石油橄榄示范园	2011.8
072	希腊-3号	希腊-3号	将军石油橄榄示范园	2011.8
073	Grigna	格里昂	将军石油橄榄示范园	2011.8
074	Salonenqus	沙龙奎	将军石油橄榄示范园	2011.8
075	Elbasan	爱桑	四川	2011.3
076	Berat	贝拉	四川	2011.3
077	Mixaj	米扎	四川	2011.3
078		海口优2	云南	2011.3
079	Kaliniot	卡林	四川	2011.3
080	ChemLal de kabylie	切姆拉尔	四川	2011.3
081	Nisiot	尼肖特	四川	2011.3
082		海口优1	云南	2011.3
083		胡耶特	陇南	2011.3
084		会理—X	云南	2011.3
085		海口—1	云南	2011.3
086		海口—2	云南	2011.3
087	Arbequina	希腊豆果	希腊	2011.3
088	Kalamon	卡拉蒙	希腊	2011.3
089		马斯特	希腊	2011.3
090		永仁尖叶佛奥	云南	2011.3
091		海口尖叶佛奥	云南	2011.3
092	Olea cuspidata wall	尖叶木樨榄	四川	
093		实生配多灵	陇南	2011.3
094	Brolin	布罗林	陇南	2011.3
095		以色列奇迹	以色列	2011.3

续表

序号	原名	中译名	引种地	引种时间
096		希腊奇迹	希腊	2011.3
097		华欧9号	四川	2011.3
098	Chenggu-32	城固32	陇南市	
099	Chenggu-53	城固53	陇南市	
100	Pendolino	配多灵	陇南市	
101	Leccino	莱星	陇南市	
102	Frantoio	佛奥	陇南市	
103	Ezhi-8	鄂植8	陇南市	
104	Picual	皮瓜儿	陇南市	
105	Picholine	皮削利	陇南市	
106	Yuntai-14	云台14	陇南市	
107	Zhongshan-24	钟山24	陇南市	
108	Ascolano tenera	阿斯	陇南市	
109	Coratin	科拉蒂	陇南市	
110	Gordal sevillana	戈达尔	陇南市	
111		九峰6号	陇南市	
112	Manzanila	小苹果	陇南市	
113		白橄榄（腐殖土）	四川中泽公司	2015.11
114	Cv-frantoio	cv-佛奥	重庆、奉节	2016.4
115	Cv-lecceio	cv-莱星	重庆、奉节	2016.4
116	Cv-pendolino	cv-配多灵	重庆、奉节	2016.4
117	Cv-pendoiinob	cv-配多灵B	重庆、奉节	2016.4
118	Cv-pendolinom	cv-配多灵M	重庆、奉节	2016.4
119	云杂1	佛奥×尖叶木樨榄	云南、永仁	2016.9
120	云杂2	佛奥×尖叶木樨榄	云南、永仁	2016.9
121	云杂3	佛奥×尖叶木樨榄	云南、永仁	2016.9
122	Nocellaradel belice		浙江农科院	2017.8
123	小苹果		浙江农科院	2017.8
124	1～17		浙江农科院	2017.8

注：新引进品种的中文名称都是引种者按照自己的理解和习俗或直译或意译，有的没有名称，不太规范，阅读者在阅读时应该注意。

第二节 陇南油橄榄良种选育

图 4-5 大堡油橄榄新品种试验园（2015）

1978 年 5 月第 1 批油橄榄苗木引入武都（陇南），在武都地区林业站（陇南市经济林研究院）栽植 0.33 公顷，1979 年省计委下达“陇南市油橄榄引种及丰产栽培试验研究”课题，课题由原陇南地区林业工作站（即现在陇南市经济林研究院）实施。先后从陕西汉中、城固、湖北武汉、江苏、连云港等地引进 38 个油橄榄品种 6 万多株，分别在白龙江、白水江、犀牛江沿岸海拔 550 ～ 1300m 的 20 多个乡镇的河谷川坝及半山区进行引种试验。2010 年陇南市经济林研究院油橄榄研究所组织力量对多年的生长结实情况进行评价，对新引进油橄榄品种进行区域试验分析和品种特性判定。

1. 材料与方法

（1）试验地概况

试验地设在大堡科研试验园、两水镇大湾沟油橄榄园、教场梁油橄榄园，共选 2.4 公顷面积进行区域试验。土壤质地为沙壤—轻壤，土壤中性至碱性；年平均温度 14℃～ 18℃，绝对最低气温不低于 -9.4℃，最高 39.9℃，1 月平均气温 2.1℃～ 10.9℃，年降雨量 400 ～ 800mm，无霜期在 280 天以上，年日照时数 1500h 以上，空气相对湿度 50% ～ 70%。土壤属褐土类，成土母质为页岩、石灰岩、石乐岩的混合物，pH7 ～ 8.2，试验地均为海拔 500 ～ 1300m 山地梯田区。

（2）试验设计

三个品种园各选 0.8 公顷（共 2.4 公顷，参试品种 720 株左右）面积进行区域试验，莱星、鄂植 8、城固 32、皮削利、科拉蒂、配多灵、阿斯、皮瓜儿、奇迹等 9 个品种为试验材料，通过观测记载，对主要技术、经济指标进行分析。

（3）试验方法

每个待测品种在大堡品种试验园、两水镇大湾沟油橄榄园、教场梁油橄榄园三处共选 0.26 公顷面积（参试品种 80 株），9 个油橄榄品种进行品比试验，取平均值。要

求集中连片，待测树种挂牌、编号。

2. 主要技术、经济指标分析

通过不同定植年份产量分析，自由授粉座果率分析，抗性分析，含油率分析，适生区域分析，进行品种选优。

（1）座果率分析

对莱星、鄂植8、城固32、皮削利、科拉蒂、配多灵、阿斯、皮瓜儿、奇迹自由授粉座果率分析，进行对比，初选座果率≥5%油橄榄品种进入决选。结果见表4-2。

表4-2 油橄榄不同品种自由授粉座果率调查

品 种	莱 星	鄂植8	城固32	皮削利	科拉蒂	配多灵	阿 斯	皮瓜儿	奇 迹
座果率	15.87%	6.67%	5.26%	4.79%	3.2%	1.96%	5%	1.35%	6.36%

（2）不同定植年份产量分析

根据国际橄榄油理事会提出的数据，达到以下产量水平，即可认为达到了一般产量水平。

定植4年，株产1～3kg；定植6年，株产5～8kg；定植6年以上，株产10kg以上。

对10年生产量达到20kg以上品种进入决选。结果（见表4-3）。

表4-3 对定植不同年份试验区域内进行产量测定

单位：kg

品 种	莱 星	鄂植8	城固32	皮削利	科拉蒂	配多灵	阿 斯	皮瓜儿	奇 迹
3年树龄	0.23	1.5	1.2	1.4	0.8	0.16	0.6	0.4	1.8
5年树龄	16.5	9	8	3	2.8	2.4	6.9	3.2	7.4
10年树龄	30	25	28	9	12	6.8	22.6	9.4	21

（3）鲜果含油率分析

含油率是油橄榄良种选择的主要指标，直接影响企业和农户经济效益，对含油率较高的品种进行初选比较。

（4）抗性分析

城固32抗病，适应性广。在多年缺水、缺肥粗放管理地，仍能大量开花结果，生长茂盛，长势旺。-12℃未受冻害，对孔雀斑病、叶斑病、肿瘤病、根腐病有较强的抗性。

莱星适应环境能力强。对叶斑病、肿瘤病、根腐病有较强的抗性。

鄂植8适应性强，较耐寒，病虫害少。对孔雀斑病、叶斑病有较强的抗性。-10℃未受冻害。

阿斯耐寒性强，抗叶斑病、孔雀斑病的能力强。

奇迹适应性强，抗病，对孔雀斑病、叶斑病、有较强的抗性。

3. 选育结果

通过对 9 个参试品种对比研究分析得出结论：莱星、城固 32、鄂植 8、阿斯、奇迹各方面性状表现优良，其单株产量、含油率、自由授粉座果率、抗逆性均较强，确定为陇南市主栽品种，作为良种进行选定研究。

莱星结果早、产量高，适应环境的能力强。对叶斑病、孔雀斑病、肿瘤病、根腐病有较强的抗性。鲜果含油率 20.52%，油质好。

城固 32 抗病，适应性广，产量高，年年丰产。在多年缺水、缺肥，管理粗放的条件下，仍能大量开花结果，生长茂盛，长势旺。-12℃未受冻害；对孔雀斑病、叶斑病、肿瘤病、根腐病有较强的抗性。鲜果含油率 14.28%，油质好，油果两用。自由授粉座果率 5.26%。生根率高，根系发达，固地性好，可做砧木。

鄂植 8 自由授粉座果率 6.67%，属座果率较高的品种，鲜果平均含油率 17.95%。适应性强，耐寒，病虫害少。在缺水、缺肥粗放管理地，仍能开花结果，对孔雀斑病、叶斑病有较强的抗性。-10℃未受冻害。自孕率 2.3%，产量高且稳产性强。

阿斯结实早，果实大，果实成熟后容易脱落，因果肉软而不耐贮运。自由授粉座果率 5%，鲜果含油率 11.91%。产量高且稳产，为油果两用品种。抗寒性强，抗孔雀斑病的能力强，喜凉爽气候。

奇迹自由授粉座果率 6.36%，属座果率较高的品种，鲜果平均含油率 27%。适应性强；对孔雀斑病、叶斑病、有较强的抗性。结果早，产量高且稳产性强。

第三节 陇南油橄榄良种

在陇南引进的油橄榄品种中，经过科技人员多年的观测比较，初步选定佛奥、莱星、皮削利、鄂植 8、城固 32、阿斯、科拉蒂、皮瓜尔、戈达尔、九峰 6 和奇迹等 13 个品种为陇南油橄榄主栽品种。由陇南市经济林研究院油橄榄研究所和甘肃省林科院分别申报，其中甘肃省林科院申报了 5 个省级油橄榄良种，陇南市经济林研究院油橄榄研究所申报了莱星、鄂植 8、城固 32、阿斯、科拉蒂、奇迹、皮瓜儿 7 个省级油橄榄良种。经甘肃省良种审定委员会审定为甘肃省油橄榄良种，这些品种经过 40 多年的栽培试验，已经表现出较强的适应性、丰产性，经济性状良好，可以在甘肃陇南白龙江流域 1600m 以下的河谷地带大面积发展。有的新品种在继续试验的基础上，可以进一步研究其潜在的优势，成为新一代接续良种。

一、陇南油橄榄良种（省级）

1. 莱星（Leccino）

用途：油用品种。

原产地及分布：原产于意大利莱星城而得名，原生地在意大利普利亚（Purglia）大区莱切（Lecce）地区。主要分布于意大利的托斯卡拉、翁布里亚，西班牙、阿尔巴尼亚、阿根廷、日本及澳大利亚先后引种。

图 4-6 莱星果实

图 4-7 莱星果枝

2012 年由陇南市经济林研究院油橄榄研究所申报，甘肃省林木良种审定委员会审定为甘肃省省级林木良种。现为陇南第一主栽品种，在全市武都区、宕昌、文县、康县等县区都有栽植，推广面积 4000 公顷。

品种来源：中国在 1975 年以前就引进该品种。1979 年 3 月，从意大利佛罗伦萨引种莱星 2 年生枝接穗。1991 年 3 月武都从湖北省林业科学研究所引种莱星扦插生根苗 693 株。

园艺性状：常绿乔木。树高 4.9m，干径 12cm，冠幅 4m×4m，树冠开心形，分枝角度 60°，抽枝能力弱，结果量大，生长较弱；枝条灰褐色，无绒毛，四棱；叶片披针形，正面深绿，背面银绿色，叶长 6cm，叶宽 1.6cm，叶形指数 3.75，对生，叶尖急尖，叶基楔形，全缘，革质，叶柄长 0.5cm，叶片微凹，柔软，叶脉 7 对，背面较明显；5 月中旬开花，花期 5 ～ 7 天，自花不孕，主要靠异花授粉，每花

图 4-8 莱星大树形态

絮座果 1 ～ 5 粒，果实着生于 1 ～ 3 年生枝条基部的叶腋处，隐芽分化成花芽结果，果柄长 2.2cm，果柄宽 0.1cm，四棱，果实发育期短，成熟较早，成熟期 10 月下旬至 11 月上旬，果实椭圆形，果面光滑，黑色，果点稀少，果实纵径 2.2cm，横径 1.6cm，果形指数 1.4；果核圆柱形，较不对称，褐色有网状花纹，果核纵径 1.7cm，果核横径 0.8cm，核形指数 2.1；单果重 3.3g，果核重 0.6g，果肉率 82%，成熟果实含水率 49.09% ～ 64.42%，全果干基含油率 21.76% ～ 38.04%。

表型评价：原产地含油率 20%。适应环境能力强，较耐寒。对孔雀斑病、叶斑病、肿瘤病、根腐病有较强的抗性。生长季如遇高温、潮湿，在通透性不良的酸性黏土上生长不良，生理落叶重，产量低。能适应碱性土壤，耐干旱，在土层深厚、通透性良好的钙质土上生长强旺，结果早，产量高，丰产性好，管理适当时定植 3 年开花结果，但大小年明显，自花不孕，适宜的授粉品种有马尔切、配多灵和马伊诺。成熟期基本一致，油质色、香、味俱佳。

良种编号：甘 S-ETS-EZ-017-2011

2. 鄂植 8（Ez-8）

用途：油、果兼用品种。

原产地及分布：由湖北省植物研究所从油橄榄种子繁殖的实生群体中先选出优良单株，然后再从其单株上剪取枝条扦插繁育而形成的子代无性系。曾在湖北省广泛种植，现已被引种到甘肃、四川、云南、浙江、江苏等省区。目前甘肃省陇南市种植最多，为该市主栽品种，在武都区、宕昌、文县、康县等县区都有栽植，推广面积 2000 公顷。

2012 年由陇南市经济林研究院油橄榄研究所申报，甘肃省林木良种审定委员会审定为甘肃省省级林木良种。

品种来源：从湖北武昌引入。

图 4-9 鄂植 8 果实

图 4-10 鄂植 8 果枝

园艺性状：常绿乔木。树高 3.6m，干径 13.3cm，冠幅 4.1m×4.2m，树冠圆头形，冠体低矮；分枝角度 85°，抽枝能力强，幼枝四棱，灰绿色，局部青紫色，四棱；叶

片宽披针形，兼卵圆形，螺旋状扭曲。

叶色正面墨绿色，表面光滑，背面银灰色，叶长 5.5cm，叶宽 1.4cm，叶形指数 3.9，叶尖渐尖，叶基楔形，全缘，革质，叶柄长 0.52cm，叶柄无棱，叶脉 13 对，背面明显，叶片扁平，对生或互生；5 月上旬开花，花期 5 ～ 7 天，雌花孕育率高，自花授粉座果率 2.3%，异花授粉座果率 4.7% ～ 8.2%，每花絮座果 1 ～ 7 粒，果实着生于 2 年生枝条叶腋和短枝顶端，果柄四棱，长 0.8cm，果柄宽 0.1cm；果实生长发育期 140 天，果实成熟期 11 月上中旬，长椭圆形，玫瑰红色，果斑不明显，果汁少，果实纵径 2.3cm，横径 1.7cm，果形指数 1.35，果核倒卵圆形，褐色，有沟状条纹，果核纵径 1.45cm，果核横径 0.83cm，核形指数 1.75；单果重 4.51g，核重 0.62g，果肉率 86%，成熟果实含水率 57.36% ～ 61.4%，全果干果含油率 25.28% ～ 42.72%，油质中上。高产稳产，大小年不明显。

图 4-11 鄂植 8 大树形态

明显特征：冠体低矮，树冠圆头形，叶片卵圆形，螺旋状扭曲，早实。

表型评价：适应性强，耐寒，早实，单株产量高，丰产稳产；在土壤质地疏松、排水良好、光照充足的地方种植后通常 3 年可开花结果，病虫害少，树体矮小，采果方便，长势弱，可密植，适合农户小果园种植。但若结果后不注意更新复壮及时恢复树势，则干性差，树体容易早衰。油质中上。

良种编号：甘 S-ETS-EZ-018-2011

3. 科拉蒂（Coratina）

用途：油果兼用品种。

图 4-12 科拉蒂果实

图 4-13 科拉蒂果枝

原产地及分布：原产于意大利中南部普利亚大区（Puglia），是巴里省（Bari）科拉托（Corato）形成的一个古老的地方品种，有80～100年的栽培历史，故名Coratina。是普利亚大区主栽品种，东南沿海的巴里省（Bari）是其集中栽培区，在阿尔巴尼亚、西班牙等地中海沿岸国家广泛种植。

图4-14 科拉蒂大树形态

2012年由陇南市经济林研究院油橄榄研究所申报，甘肃省林木良种审定委员会审定为甘肃省省级林木良种。

品种来源：从意大利引入枝条繁育而来。

园艺性状：常绿乔木。树高3.4m，干径12cm，冠幅3m×3.2m，树冠圆头形，分枝角度65°，抽枝能力强，枝条稠密，生长旺盛，枝条银白色，无绒毛，四棱；叶片着生部位膨大，叶形披针形，叶色正面墨绿色，背面银灰色，叶片扁平，叶长7.8cm，叶宽1.6cm，叶形指数4.9，互生或对生，叶尖渐尖，有钩，侧向一边，叶基楔形，全缘，革质，叶柄长0.3cm，叶柄无棱，叶脉明显，10对，互生，正面两条基脉沿叶缘直达叶尖；5月上旬开花，花期5～7天，自花结实率高，果实小而密集，果实着生于叶腋，有2～3年生“老茎生花结果”现象，果柄圆柱形，长0.6cm，宽0.1cm；着色期较晚，成熟期11月中下旬，果长椭圆形，枣红，果斑凹陷，稀疏，明显，果汁绿色，果实纵径2.4cm，横径1.8cm，果形指数1.33；果核长卵圆形，有网状花纹，隆起，褐色，果核纵径1.8cm，横径0.9cm，核形指数2；单果重4.5g，核重0.9g，果肉率80%，成熟果实含水率57.15%～68.88%，全果干果含油率19.66%～36.01%。

表型评价：原产地果肉率77%，含油率32%。适应性广，耐寒，结果较早，大小年明显，小年结果部位上移，自花结实率高，异花授粉条件下产量更高，适宜授粉品种为切利那（CellinadiNardo）。扦插易生根。不抗孔雀斑病，感病、密度过大通风不良或干旱、水渍都易落叶。不宜在生长季雨水多、空气相对湿度高于75%、易板结的黏土地上种植，适宜于土层深厚、通透性好、阳光充足的地方集约栽培，抗旱性中等，适合农户小果园种植，进行间作。油浅绿色，油质中上等，色、香、味很适合当地人口味，深受当地人喜爱。

良种编号：甘S-ETS-EZ-019-2011

4. 城固32（Chenggu32）

用途：油果兼用品种。

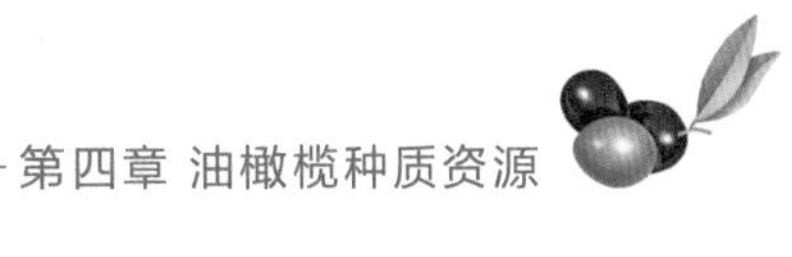

原产地及分布：江苏省植物研究所从柯列品种种子繁殖的实生群体中选育出的优异单株。1965 年，陕西省城固县柑橘育苗场引种试种，1977 年入选为中国自育品种，现已推广到甘肃武都、文县、宕昌，四川广元、达州、绵阳、西昌，云南永仁、永胜，江苏江阴，浙江温州等省区。1997 年 2 月引种到陇南市，现栽培数量全国最多。

2012 年由陇南市经济林研究院油橄榄研究所申报，甘肃省林木良种审定委员会审定为甘肃省省级林木良种。现为陇南主栽品种，在武都区、宕昌、文县、康县等县区都有栽植，为陇南市种植面积最大的主栽品种，推广面积 4000 公顷。

图 4-15 城固 32 果实

4-16 城固 32 果枝

品种来源：陕西省城固县油橄榄场，3 年生扦插苗。

园艺性状：常绿乔木。树高 4.8m，干径 14.3cm，冠幅 4.1m×4m，树冠圆头形，分枝角度 60°，抽枝能力强，生长茂盛，枝条灰色，无绒毛，小枝四棱，大枝圆柱形；叶片长椭圆形，宽大而卷曲，叶色正面绿色，背面银灰色，叶长 5.7cm，叶宽 1.7cm，叶形指数 3.35，对生，叶尖急尖，叶基楔形，全缘，革质，叶柄长 0.6cm，叶柄扁，叶脉不明显，叶面微卷曲。5 月上旬开花，花期 5 ～ 8 天，自花结实率高，可达 2%，配佛奥授粉树，座果率可达 10.6%，每花絮座果 1 ～ 3 粒，果实着生于叶腋，果柄四棱，长 2.5cm，果实成熟期是目前陇南所有栽培品种中成熟最早的，9 月中下旬开始转色，10 月上旬成熟，成熟后易变软自然脱落。果椭圆形，成熟时黑紫色，被果粉，果点稀小，果肉多汁，果实纵径 2.2cm，横径 1.5cm，果形指数 1.47；果核大，长卵圆形，肉色，果核纵径 1.65cm，果核横径 0.84cm，核形指数 1.96；单果重 3.9g，核重 0.83g，果核大，果肉率低，仅 78.7%，成熟果实

图 4-17 城固 32 大树形态

含水率 50.36% ～ 65.03%，全果干果含油率 25.77% ～ 36.45%。

明显特征：叶片宽大而卷曲，果实特早熟。

表型评价：对不同气候和土壤适应性强，病虫少，结果早，定植后 3 ～ 5 年即开花结果，特早熟，成熟后容易落果，丰产稳产性好，单株产果量可达 50kg，但种内株间分化严重，有些单株连年产量低甚至不结果；扦插生根率高，根系发达，固地性好，生长旺盛，树冠宽大，适合农户在阳光充足的空闲地上栽植。但在连续干旱、土壤瘠薄、水肥管理不善、密度较大的橄榄园中容易落叶形成“光杆枝”，树体易早衰。经甘肃省多年栽培试验，抗性强，特别是抗寒性强，在管理好的橄榄园能实现连年丰产稳产，建议在生产中推广。

良种编号：甘 S-ETS-EZ-020-2011

5、阿斯（AscolanoTenera）

用途：果用品种，可兼做油用。

原产地：意大利皮切诺 (Pichino) 地区。集中栽培在意大利中部东北沿海气候凉爽的地区马尔凯 (Marche) 地区，以色列、墨西哥、阿根廷都有引种。

2012 年由陇南市经济林研究院油橄榄研究所申报，甘肃省林木良种审定委员会审定为甘肃省省级林木良种。现为甘肃省陇南市主栽品种，在武都区、宕昌、文县、康县等县区都有栽植，推广面积 1000 公顷。

品种来源：属于 Ascolana 的一个优良品种无性系。从意大利引入枝条扦插繁育而成。

图 4-18 阿斯果实

图 4-19 阿斯果枝

园艺性状：常绿乔木。树高 4.8m，干径 17cm，冠幅 4m×3m，树冠圆头形，分枝角度 75°，抽枝能力中等，枝条下垂，灰绿色，无绒毛，四棱扁平；叶长而大，营养枝上叶宽披针形，结果枝上叶窄披针形，叶色正面淡绿色，背面灰绿色，叶长 9.3cm，叶宽 1.6cm，叶形指数 5.8，对生，叶尖渐尖，有倒钩，叶基楔形，全缘，革质，叶柄长 0.7cm，有棱，叶脉不明显；5 月上旬开花，花期 5 ～ 7 天，果实着生于叶腋，果柄四棱，长 4.8cm，宽 0.1cm，有多片小叶着生于果柄；果实成熟期 10 月下旬至 11 月上旬，果实大，椭圆形，果实尖端微凸，枣红色，果实成熟后变软，果斑大而明显，果实纵径 2.9cm，横径 2.1cm，果形指数 1.38；果核长纺锤形，对称，顶部尖，淡黄色，果核长 2cm，果核径 0.7cm，核形指数 2.9；单果重 6.9g，果核重 0.9g，果肉率 87%，成熟果实含水率 60.9% ～ 69.94%，全果干果含油率 27.46% ～ 47.21%。

图 4-20 阿斯大树形态

表型评价：对栽培条件要求很严，高温、高湿及酸性黏土条件下生长不良，易落叶、早衰、不结果。喜光，耐寒性强，怕热喜凉爽气候。在果实膨大及着色成熟期如遇连续干旱，果实及叶片容易皱缩。树体长势强、生长快，结果早，定植 3 年后开花结果，果实大，产量高，较稳产，自花不孕，座果率中等，以塞维利诺及列阿作授粉树可提高结实率到 1.2%，其他授粉品种有 SantaCaterina，Itrana，Rosciola，Morchiaio。抗叶斑病，遇到冰雹灾害后果实易感染炭疽病，抗孔雀斑病和油橄榄果蝇。果实成熟后易脱落，果实含水率高，易变软难运输存放，扦插生根率较低。

良种编号：甘 S-ETS-EZ-021-2011

6. 奇迹（Koroneiki）

用途：油用品种。

图 4-21 奇迹果实

图 4-22 奇迹果枝

原产地及分布：原产希腊，该品种为希腊克里特岛主栽品种。主要分布在伯罗奔尼撒(Peloponnese)等地区，占希腊油橄榄种植面积的50%～60%，是希腊最主要的油用品种。

2012年由陇南市经济林研究院油橄榄研究所申报，甘肃省林木良种审定委员会审定为甘肃省省级林木良种，现为陇南市主栽品种。

品种来源：甘肃省陇南市目前有希腊克里特和西班牙两个种源地品种。多批次引入我市：第1批于2003年引入，定植于将军石油橄榄园2株，大湾沟油橄榄园1株；第2批于2006年1月引入。

图4-23 奇迹大树

园艺性状：常绿乔木。3年生树高4.1m，干径7.9cm，冠幅3.6m×3.7m，树势中等，树形矮小，树冠卵圆形，分枝角度60°，抽枝能力强，枝条密集，长势旺，年新梢生长量99cm，枝条细长，结果早；枝条红褐色，无绒毛，四棱；叶片窄披针形，正面深绿，背面银绿色，叶长5.5cm，叶宽1.1cm，叶形指数5，叶柄长0.55cm，对生，叶尖渐尖，叶基楔形，全缘，革质，叶片薄，平直而尖，中脉明显；开花早，聚伞花序，着生于叶腋，小花6～13朵，花量大而集中在主干和大枝上，花芳香；果实成熟晚，于11月中旬转色，12月中旬果熟，成熟后附着力强，不易脱落，采收期长，果面光滑，果形椭圆形，有乳凸，果小而密，果实纵径1.77cm，横径1.2cm，果形指数1.5；果核纺锤形，较对称，果核纵径1.18cm，果核横径0.55cm，核形指数2.2；单果重1.12g，果核重0.25g，果肉率77.7%，成熟果实含水率5.96%～62.27%，全果干果含油率30.06%～41.21%。

典型特征：叶片深绿，窄披针形，薄而平直，果实小，果顶具乳凸，成熟晚。

表型评价：结果早，产量高，大小年不明显，果实成熟期特晚，耐瘠薄，抗盐碱，耐旱，耐水分，抗风，干旱时不能忍受低温，要求气候温和。抗油橄榄叶斑病，较抗立枯病。扦插成活率47%。含油率高，鲜果含油率27%，油质评价高，果味浓，辛辣味中等，色泽绿，油酸含量高，油稳定性强。

良种编号：甘S-ETS-EZ-021-2011

7. 皮削利

用途：是法国最有名的青橄榄果用品种，也是一个油质很好的油用品种。

原产地及分布：原产法国加尔德省的科利阿斯，现分布世界油橄榄种植国。1965年法国发生大的冻害后，这个品种扩大种植到Hera, Dude, 直到科西嘉。种植区一直在

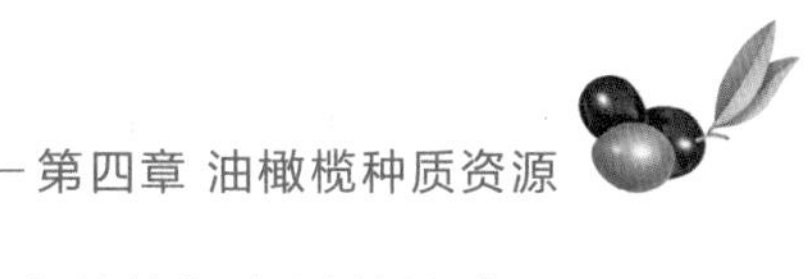

扩大，西班牙、阿尔及利亚、摩洛哥都在种植。是世界上广为种植与应用的品种。

图 4-24 皮削利果实

图 4-25 皮削利果枝

品种来源：1978 年从法国和意大利引入中国，1991 年 3 月，陇南从湖北省林科所引进 1500 株扦插苗。

园艺学性状：树体生长中等，紧凑。树冠球形。枝条细而向上，顶梢下垂、节间长。可以接受各种品种的花粉授粉。叶小而窄，长椭圆披针形。叶面深灰绿色，叶背银灰白色。花序长 25 ～ 35mm，每一花序着生 28 朵小花。自孕率低。果大，卵圆形。

图 4-26 皮削利大树

典型特征：果实中大，多肉、坚而脆，果肉率 87.99%，为优良的盐渍灌装品种和油用品种。在中国四川西昌和三台、陕西城固、甘肃陇南等地种植，表现都好。陇南定植 3 年即获得产量，种植 4 年平均株产 1.4kg；三台种植 6 ～ 8 年平均株产 45kg。是一个早产、适应范围较广的品种，也是一个油、果兼用品种。

表型评价：结实早，高产，以长果枝结果为主，结果枝的中上部花序座果率高，果实品质好。花序长，花朵数中等，自孕率低于 1%，异花授粉座果率高，定植三年即能开花结果，花期 5 月上旬，平均单果重 4.23g。油果两用品种，果实大，多肉、坚而脆，肉核易分离，为优良的餐用品种，鲜果含油率为 26.50%，油质较好。皮肖利是个抗寒、抗孔雀斑病、耐瘠薄、喜石灰质土壤、适应范围较广的品种。

良种编号：甘 S-ETS-OE-004-2015

二、陇南油橄榄扩区驯化新品种

为继续探寻陇南油橄榄远景发展区域，扩大栽培范围，为扩大栽培面积提供理论依据，2012—2016 年油橄榄研究所在“三江一水”流域（即白龙江流域、白水江流域、嘉陵江流域、西汉水流域）建立了 19 个扩区驯化试验点，对参试品种的适应性进行研究。

参试品种有 7 个省级良种（前面已经叙述）和 Arbequina、Cornicabra、Hojiblanca、Manzanill、Koroneiki、Empeltre、Arbosana、Picual8 个新引品种及佛奥。

1. 阿贝奎纳（Arbequina）

引种国：西班牙。

引种时间：2011.2。

引种数量：200 株，平均苗高 38.03cm，地径 0.47cm。

原产地：西班牙。

分布：西班牙加泰罗尼亚自治区加里格斯和遂暗纳原产地重要品种。种植面积达 55,000 多公顷，是西班牙北部主要油用品种。此品种又在阿拉贡大面积栽种，近几年又在安达卢西亚种植，西班牙之外在阿根廷种植。

用途：油用型。

园艺性和经济性特点：生长势弱，可以建成集约栽培的高密度种植橄榄园。幼树时叶片暗绿色，叶片边缘薄，叶尖端宽，叶被面黄灰绿色。早实，开花中，自花授粉。5 月上旬开花，平均花期为 5 ～ 10 天。果实短椭圆形，对称，果小，单果重约 1.9g，早产中熟，在西班牙果熟期在 12 月的第二周至一月的第二周。果实脱离力中，机械收获困难。抗性强，耐寒抗盐碱，耐高湿度。适度耐旱，抗叶斑病，不抗橄榄果蝇和孔雀斑病。生根能力强，高产稳产，感官性油质极佳，果实含油率约为 20% ～ 22%。虽然加工后保质期不长，但优质，果肉率高，离核型。

图 4-27 阿贝奎拉结果状

图 4-28 阿贝奎拉大树形

2. 科尼卡（Cornicabra）

引种国：西班牙。

引种时间：2011.2。

引种数量：60 株，平均苗高 71.03cm，地径 0.65cm。

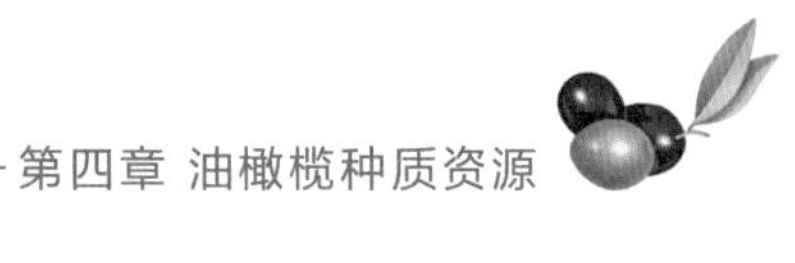

原产地：西班牙。

分布：它是西班牙第二大种植品种，近几年在雷阿尔城省、托莱多，马德里，巴达霍斯和卡塞雷斯种植着 270,000 多公顷。

用途：油用型品种。

园艺性和经济性特点：果实长而弯曲，不对称，背部扁平，腹部成弯角形。易生根，能很好地适应贫瘠土壤、寒冷和干旱地区。晚实，开花晚，有败育率高的趋向，座果充足，自花授粉，花粉萌发力弱。在 10 月底开始成熟，1 月初结束。果实不易摘下，不适合机械采摘。产量高，有大小年现象，晚熟。果实以含油率高、油质好而著称，有超好的感官性和稳定性。含油率 19% ～ 20%。因其果实肉质好，也可腌制餐果。油颜色金黄，略带浅绿色，有青苹果、鳄梨的口味，品质极佳。香味均衡，刚入口有些甜味，之后变苦，然后立刻袭来的是青叶的苦涩和适度的辣味。这种口味代表着单不饱和脂肪酸比口味淡的橄榄油含量高，油质稳定，适用于做调味料、色拉、烤面包等。

易被油橄榄瘤、枯立病和油橄榄叶斑病感染，也易被油橄榄果蝇危害。

图 4-29 柯尼卡结果枝

图 4-30 柯尼卡大树形态

3. 贺吉布兰克（Hojiblanca）

引种国：西班牙。

引种时间：2011.2。

引种数量：60 株，平均苗高 91.73cm，地径 0.78cm。

原产地：西班牙。

分布：西班牙种植的第二大油用品种，近几年在科尔多瓦，马拉加，塞维利亚和格林纳达种植约 20 万公顷。

用途：油果兼用型品种。

园艺性和经济性特点：该品种具有高产、高抗性和特高的含油率等特点，含油率达 23% ～ 28%，油质好。但大小年严重，生长旺盛，干直立，有略为密生的树冠。小枝密，果枝浅灰色。结实中等，开花中晚期，自花授粉，花粉萌发力中。能正常自花授粉，座果率较高。成熟期较晚，果成熟时深紫色，中等大小，椭圆形圆顶无尖嘴，中部最大处圆形。单果重 1.4 ～ 4g，果肉率 83% ～ 87%。具较好的果形，核椭圆或卵形，略不对称，核面粗糙，具有条沟，黏核型。机械采收难。

该品种抗寒，耐干旱，抗性强，易生根，耐碱性土，嗜钙质土壤。抗病虫能力弱，对孔雀斑病及枯萎病敏感，会被油橄榄叶斑病、油橄榄瘤和枯立病侵染，不抗油橄榄炭疽病和油橄榄果蝇。

因其果肉坚硬最适合加工为加利福尼亚式成熟黑餐果。

图 4-31 贺吉布兰克结果状

图 4-32 贺吉布兰克大树形态

4. 曼萨尼约（Manzanill）

引种国：西班牙。

引种时间：2011.2。

引种数量：60 株，平均苗高 88.16cm，地径 0.70cm。

原产地：西班牙。

分布：世界上分布最广的品种，在西班牙主要种植的省份是塞维利亚（Seville）（50,000 公顷），卡塞雷斯（Caceres）（30,000 公顷）和韦耳瓦（Huelva）（4,000 公顷）。

在西班牙之外种植国家有葡萄牙、美国、以色列、阿根廷和澳大利亚。

用途：果用品种。

园艺性和经济性特点：树高中等，枝直向上伸长，形成不太稠密的树冠。叶小，短而厚，具有绿至淡绿的叶脉。开花偏晚（中—晚），完全花比率为8.49%，自孕率低，自由授粉率高于10%。核卵形，略不对称，一面粗，有9～10条脉，核顶圆，对称。最大的横切面在果的中央部位，圆形。果斑凸起，果顶鼓起呈抛物状。果肉厚，乳黄色，含油率20%，果实200～280个/kg，肉核比6∶1，早熟，黏核型。易采摘，果在绿色时采收，产量中而稳定。

本品种生长不旺盛，但有早结实的特点。有自然大小年，但不明显。对不同类型的土壤能适应。根系发达。在雾状扦插条件下，生根良好。

该品种适应于潮湿土壤和寒冷区，对孔雀斑病、橄榄瘤和枯萎病敏感。

图4-33 曼萨尼约结果状

图4-34 曼萨尼约大树形态

5. 奇迹（Koroneiki）（西班牙）

引种国：西班牙。

引种时间：2011。

引种数量：60株，平均苗高65.05cm，地径0.68cm。

原产地：希腊。

分布：伯罗奔尼撒，扎金索斯，克里特岛和萨莫斯占希腊油橄榄种植面积的50%～60%。

用途：油用型品种。

园艺性和经济性特点：希腊最主要的油用品种，平均树高 4.5 ～ 6.0m，和其他品种相比，树形较小，开张形树冠。叶片较厚，叶片长 4.5 ～ 5.2cm，宽 0.9 ～ 1.0cm。开花早，花粉量大，花芳香。果实较小，单果重 0.5g，果实完全成熟时变成黑色。生根力中，早实，第 3 年开始结果，早到中熟，产量高而稳定，单株树产量 50 ～ 60kg。出油率高，果实含油率 27%，油质评价高，油酸含量非常高，油稳定性强。耐旱、耐水分胁迫、抗风，耐旱时不能忍受低温，要求气候温和。

抗油橄榄叶斑病，较抗立枯病。

图 4-35 奇迹结果状

图 4-36 奇迹大树形态

6. 恩帕特雷（Empeltre）

引种国：西班牙。

引种时间：2011。

引种数量：60 株，平均苗高 53.05cm，地径 0.51cm。

原产地：西班牙。

分布：在阿拉贡和巴里亚利群岛它是优势品种，扩种到卡斯特伦、塔拉戈纳和纳瓦尔的一些地区，在西班牙种植面积总共 70,000 多公顷。西班牙之外，扩种到阿根廷的门多萨省和科尔多瓦省。

用途：油用型品种。

园艺性和经济性特点：树势强，具有竖直的枝条和树冠。叶片上部宽，顶端正面为墨绿色，背面是银绿色。开花早，部分自花授粉，花粉萌发力弱。果实成熟早，在西班牙，果实成熟期在 11 月的第一周。产量高而稳定，单果重 2.7g，果实含油率 18.3%。有时也腌制黑餐果。它以出油率高，油质上乘而出名。油的颜色淡、温和有令人非常愉快的水果香味，没有苦味和辛辣味，通常留下杏仁的味道。

抗性强，生根力差，所以用嫁接繁殖。竖直的枝条有利于机械采收。

抗炭疽病和枯立病，易被油橄榄叶斑病、油橄榄瘤和油橄榄果蝇侵染危害。

图 4-37 恩帕特雷结果状

图 4-38 恩帕特雷大树形态

7. 阿尔波萨纳（Arbosana）

引种国：西班牙。

图 4-39 阿尔波萨纳结果状

图 4-40 阿尔波萨纳大树形态

引种时间：2011.2。

引种数量：60 株，平均苗高 39.43cm，地径 0.47cm。

用途：油用型品种。

园艺性和经济性特点：该品种产量高而稳定，早实，两年即可挂果，5 年进入盛果期。树体矮小，生长势弱，修剪后生长旺盛，树冠开放，适应绿篱般的高密度种植，是适合高密度栽植的品种。果实密度高，出油率高（19% ～ 20%）。叶片较小，长 50 ～ 70mm，宽 11 ～ 12mm。叶上部为绿色，下部为橄榄石绿色，叶柄短约 5mm，果实椭圆形，果形与 Arbequina 的果实很像，果实成熟期比 Arbequina 晚大约 3 周。油具有独特的水果风味和令人愉快的味道，辛辣味中等。苦涩的味道比（Arbequina）还轻，果子晚熟。

抗寒冷和落叶。对水分胁迫敏感。耐低温，抗叶斑病。抗油橄榄果绳和假单胞菌（savastanoi）。

8. 皮瓜尔（Picual）

引种国：西班牙。

图 4-41 皮瓜儿结果状

图 4-42 皮瓜儿大树形态

引种时间：2011。

引种数量：60 株，平均苗高 80.05cm，地径 0.75cm。

原产地：西班牙。

分布：西班牙最重要的品种，广泛分布于西班牙各地，近期栽培有 70 多万公顷。在哈恩省（Jeén）占 97%，科尔多瓦省（Córdoba）占 38%，格拉纳达省占 40%，是这三个省的优势品种。它是新建油橄榄园的主栽品种。

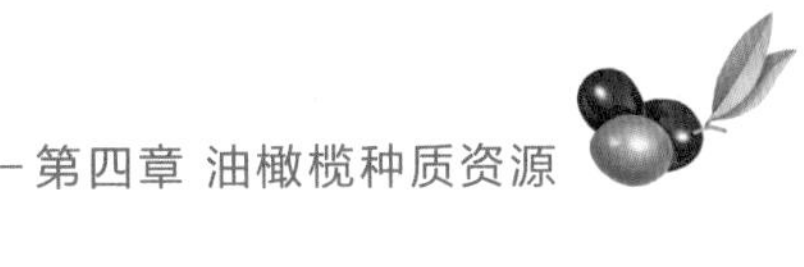

用途：油用型品种。

园艺性和经济性特点：树势旺盛，树冠不平展，重修剪后枝条抽枝力强，在3年或4年生的枝条上都能长出新枝条。叶披针形，大小中等。早实，花期中，自花授粉，早熟，果实易脱落，有利于机械采收。果核顶端具嘴，不对称，长椭圆形。成熟果黑色，果肉葡萄紫酒色，早熟，可成对座果于果柄。单果重3g，270～470个/kg，含油率23%～27%。核稍长，基部尖，不对称。大小年不明显，产量高，平均单株产油4.1kg。油质佳，以油质稳定且油酸含量高而出名。不饱和脂肪酸和脂肪酸含量84.94%，其中油酸含量77%。

抗性强，特别耐寒，能耐-10℃低温。而且适应性强，可适应于不同的气候和土壤条件，耐盐碱和耐涝，但怕干旱和钙质土壤。硬枝扦插和嫩枝扦插都容易生根。果经处理或不处理都可以制作绿色或黑色的橄榄果。以其产量高而稳定、含油率高和易生根而闻名。

抗油橄榄瘤和油橄榄炭疽病，对油橄榄叶斑病和枯立病敏感，也易被油橄榄果蝇危害。

9. 佛奥（Frantoio）

引种国：阿尔巴尼亚。

图4-43 佛奥结果状

图4-44 佛奥大树形态

引进时间：1964年。

原产国：意大利。

引种数量：量多。

用途：油用型品种。

园艺性和经济性特点：树体生长茂密、旺盛，株型开展，树冠自然开心圆头状。发枝能力强，节间短，果枝长而下垂。5 年生树高达 4 ～ 5m，冠幅 4 ～ 5m。叶长椭圆披针形，先端锐尖，基部宽楔形。叶色深绿而光亮，背面浅绿色，叶缘下卷，披有鳞毛。花序长而大，每一花序着生 20 ～ 24 朵花，花期 4 月底至 5 月中旬。自花结果率较高。与配多灵 (Pendollin)、马拉纳罗 (Morachiaio) 自然授粉形成优化组合可提高结果率 13%。果实较小，椭圆形。单果重 2 ～ 3g，大的可达 6g。肉、核比 5:1，含油率 26% ～ 30%。

果实含油率 26% ～ 30%，油质好，结实率高，产量稳定。繁殖容易，水肥条件要求较高;适应性广，较耐寒、耐黏性土、耐水湿，受冻后恢复力较强;抗孔雀斑病中等。在中国各地表现均好，在武都树体生长茂密、旺盛。叶片长 4.83cm、宽 1.43cm，叶形指数 3.39。初花期在 5 月 7 ～ 12 日，完全花比例 72.69%，自然座果率 12.50%。果实纵径 2.12cm、横径 1.38cm，果形指数 1.54，单果重 3.7g。干果含油率 54.25%，鲜果含油率 21.96%，果肉率 81.87%，果肉含水率 41.7%。结实早，种植后的第 3 年就可挂果，结实能力强，产量高而稳定。适应性强，耐瘠薄，抗寒性、抗孔雀斑病能力强，喜石灰质土壤。

第四节 油橄榄品种选育研究面临的形势

油橄榄原产地属海洋性气候，夏季炎热干燥，冬季温和多雨。中国油橄榄栽培区属大陆季风型气候，由于气候类型不同，新引油橄榄品种扩区驯化研究对确定陇南不同气候条件下新品种适应性至关重要，也是未来壮大发展油橄榄产业的基础。只有在品种驯化研究上有所突破，中国的油橄榄产业才能取得更大发展和成功。简单引种难以取得理想效果，要使油橄榄产生良好的经济效益，必须开展引进品种驯化和新品种选育研究。

甘肃省陇南市地处秦巴山地西部，是中国南北分界线秦岭山脉与第二阶梯（黄土高原）向第一阶梯（青藏高原）过渡的交叉地带，属于北亚热带向暖温带过渡性季风气候区，雨热同期，光照充足，土壤肥沃，是中国油橄榄一级适生区。在油橄榄引种栽培的 50 多年中，国家、省市科技人员协同攻关，初步筛选出适宜本地生态条件的油橄榄主栽品种，从而促进了油橄榄产业发展。但也应该看到，当前栽培的品种在丰产性、抗逆性、油品质量等方面与原产地相比还有一定的差距，急需对这些引进的品种开展驯化和选育研究，运用现代育种高新技术手段，以加快新品种选育进程。同时，要积极引进国外新选育的优良品种，为生产提供适宜立地条件的油橄榄优良品种。

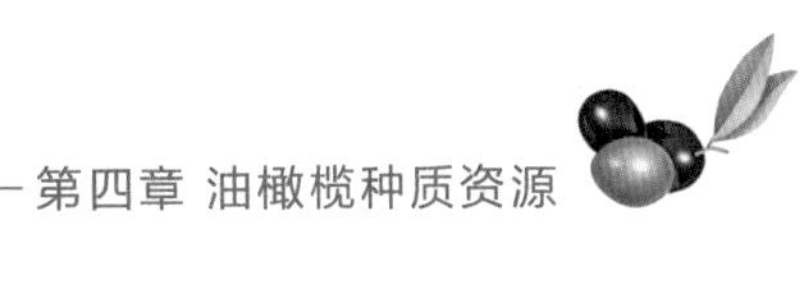

一、油橄榄栽培品种选育现状及问题

1. 品种选育现状

中国从20世纪60年代中期开始大量引种栽培油橄榄。在几代科技人员的辛勤努力下，油橄榄在中国大地开花结果，并形成了一个新的产业。油橄榄栽培品种一般认为是由野生油橄榄种不断加以选择而来的。经过漫长岁月的反复选择，在变异与自然选择、人工选择的作用下，产生了丰富的栽培品种。

甘肃省陇南市1975年开始引种油橄榄，2010年陇南市成立经济林研究院，设立油橄榄研究所，油橄榄引种驯化步入系统化研究阶段，先后引进油橄榄栽培品种（品系）124个，其中国内省区引种73个，引进西班牙新品种8个，希腊油橄榄新品种25个，意大利品种6个（间接从温州引进），收集市内品种12个，建成了陇南市经济林研究院油橄榄研究所大堡油橄榄种质资源库。科技人员通过多年试验研究和栽培实践，从30多个栽培品种中筛选出适应性强、有一定特色、产量高、经济性状优良的品种（品系）13个，审定省级良种7个。

2. 目前存在的主要问题

（1）育种项目少、不系统。由于油橄榄是直接从国外引进的品种，需要长期对各品种适应性、丰产性、抗逆性等进行观察和研究，确定其性状表现，才能对表现优良的品种在生产上推广。而目前从事油橄榄抗寒、抗病等抗逆性育种研究的技术人员不多，项目少，研究缺乏长期性、系统性，品种创新进展缓慢。

（2）育种手段单一、不先进。多年来的育种目标主要是追求油用品种的丰产性，忽视了特殊的专用品种选育，不能满足市场对油橄榄不同品种的需求。品种选育手段单一，先进的育种手段由于资金的限制没有得到运用。

（3）育种层次低、成效低。国外油橄榄育种普遍采用杂交的方式，杂交组合数以万计的杂种实生苗，有很大的选择余地。受各种条件的制约和影响，国内仅限于营养系选择育种且规模不大，几乎没有创造自己的品种。

（4）育种技术滞后、水平低。先进的育种技术是在生化、组培技术上发展起来的生物技术，我们的研究还处在很低的水平。

二、油橄榄原产国的品种选育先进经验

1. 非常重视选育优良的栽培品种

希腊油用油橄榄面积占75%，果用油橄榄面积占25%。经过长期育种研究，科技人员在不同地区选育了众多适应其当地条件的主栽优良品种，并以其原产地或改良地命名。雅典大学、雅典农业大学和希腊亚热带植物与油橄榄研究所等大学和科研机构，长期从事油橄榄的品种选育和产品开发研究。油橄榄研究所滋达基斯博士领导的研究小组通过DNA结构聚类分析，确定了全希腊600多个不同的栽培品种生物学、生态学

特性和亲缘关系，为良种选育提供了科学依据。

2. 从事油橄榄苗木繁育要具有政府颁发的资质

国外研究机构监督育苗单位要把选育出的优良品种作为繁殖材料进行育苗。苗圃从中国进口竹子来绑扶苗木并标明品种、来源、时间、责任人等信息，保证苗木品系纯正、生长健壮和干形笔直。苗木达到3龄和一定标准才允许出圃，决不允许劣质苗木建园。由于培育了优良的品种，橄榄油的品质非常好，初榨橄榄油被希腊人民称为“处女油”，整个榨油过程完全不经过化学处理，油质风味独特，色泽金黄，口感好，品质极佳，可直接食用。

3. 先进的栽培技术保证了产量

意大利是世界上油橄榄整形修剪技术和理念最先进和最成熟的国家，积累了丰富的经验，因地设形、按品种造形、根据需要选形，适地、适树、适品种、适树形是意大利在油橄榄种植中遵循的一条基本原则。希腊油橄榄多种植在丘陵状的山坡和半山坡上，多家科研机构和大学长期致力于油橄榄生产技术的探索与创新，通过大力推广合理修剪、树体更新改造、合理施肥、春季补充灌溉等先进实用技术，大大提高了产量。雅典农业大学、希腊亚热带植物与油橄榄研究所在种植与橄榄园管理、灌溉与水质、油质与深加工、病虫管理等方面开展了多项研究课题，在整地栽植、灌溉施肥、抚育除草、修剪整形、树体更新、有害生物防控及产地环境保育方面都有较为完善的技术规范，对提高出油率和提高油品质量发挥了重要作用。

三、油橄榄品种选育方向和对策

技术力量和资源优势是制约油橄榄品种选育的主要因素。因此，要进一步提高科技人员水平，充分利用引进的油橄榄品种资源优势，通过各种途径积极申请资金，开展新品种选育及相关项目研究，才有利于油橄榄品种选育和品种创新。

1. 品种选育要多样化

根据栽培目的和生态条件，对油橄榄需冷量、需热量、果实发育期、结实率、光合性能和树势、抗病性等性状开展大量的调查研究，采用现代育种方法，培育出适宜中国不同立地条件、不同用途的优良品种。

（1）加强抗逆品种选育。品种选育只有以抗逆性强为基础，才能有较大的发展空间。利用现有资源通过各种手段选育出适宜大部分地区栽培的抗病虫害、抗寒、抗旱新品种。

（2）注重加工品种选育。油橄榄除了油用品种外，也有一些适宜加工餐用橄榄果的品种。因此，也要进行适宜加工品种的选育，选育出适应性强、栽培要求不高，丰产，耐贮的果用品种。

（3）重视适宜砧木选育。油橄榄育苗多采用砧木嫁接的方式进行，因此，要注意选择扦插容易生根、生长健壮、与主要品种亲和力强的油橄榄品种作为砧木，最大限

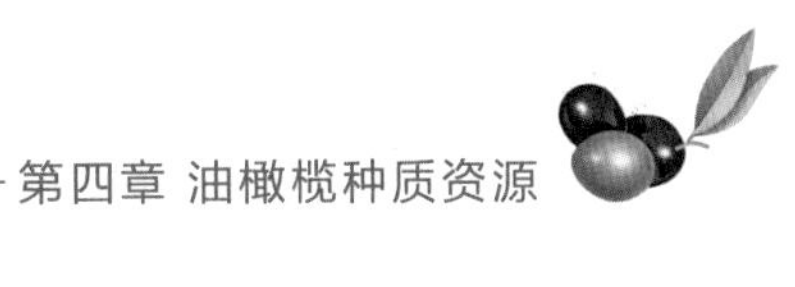

度的发挥资源的潜力。

（4）盆栽观赏型品种选育。油橄榄有些品种叶色美观，树形优美，枝条柔软下垂，耐修剪，适宜观花、赏叶、造型，可以用于园林绿化中盆栽观赏。要根据各品种特性，选育出适宜道路绿化、盆栽观赏型的品种，开发油橄榄在园林绿化工程中的潜力。

2. 选育手段要现代化

油橄榄品种选育要以引种驯化、选择育种为主，同时要结合现代生物技术，创造条件开展基因工程、细胞工程、分子生物学技术的试验研究，通过基因定位、分子标记等辅助育种技术，进行有益基因的标记，为品种的定向改良奠定基础。要重视优势树种的观察与研究，对生长旺盛、病虫害少、座果率高、年年丰产的优势植株要标记观察，作为苗木繁育的采穗树。同时要根据不同育种目标，开展杂交育种试验研究，通过多代杂交、回交或基因工程的直接导入，将抗寒、抗病、抗虫、丰产等优良性状集于单株之中。扩大组合数量，培育出更多的杂种单株，以利于选择优株。

3. 资源收集利用要经常化

种质资源的收集与利用、育种材料的储备是开展品种选育的基础。要充分利用现有的资源，收集不同类型、不同特性和含有不同亲缘关系的品种资源和杂交株系，认真加以整理和利用。及时了解国际油橄榄产业发展动态和新审定的品种特性，积极利用新品种、新技术、新成果，从油橄榄原产地引进他们培育的新品种，丰富油橄榄种质资源。

4. 新品种推广要科学化

每一个作物的优良品种都有其适宜性和生长范围，在甲地是良种在乙地就不一定是良种。对选育的油橄榄良种或引进的新品种在不同生态区的适应性、相应的配套栽培技术和果实采摘加工等方面要进行系统研究，一定要在区试的基础上再大量繁育推广。围绕新品种、新技术的推广，开展不同品种栽培技术模式和管理经营技术的研究，重点放在保花保果、测土施肥、节水灌溉、简易修剪、果实采摘和储运加工等方面，促使油橄榄新品种充分发挥其应有的经济性和先进性。

四、油橄榄育种方法

1. 克隆育种

克隆育种就是采取扦插、嫁接、分株、压条、组织培养等无性繁殖方式育种。到目前为止在油橄榄的大多数育种规划中主要依靠克隆育种，并且基于这样的假设，即在寿命长的植物中出现的自然突变产生的任何正面的且园艺上有益的特征均可以通过营养繁殖保留。

2. 品种间杂交育种

选择适宜的父母本对于实现育种目标是最重要的。详细了解品种身份以及它们的园艺性状和遗传变化的范围和数量对于拓宽新品种的遗传基础是至关重要的。在油橄榄育种中，从传统上来看，幼年期长是其一个主要的缺陷。在通常条件下，油橄榄从种子萌发到开始座果约 15 ～ 20 年。这样就可以理解为什么油橄榄育种工作者总是试图通过各种方法缩短其幼年期。在油橄榄品种间杂交过程中把父本品种的花粉传授到母本（选自自交不育的品种）的枝条上，获得种子，播种成苗，移到大田中进行园艺评估和优良基因型的选育。在初选阶段后，植物经过营养繁殖和实验比较，再做最后培育。为了克服幼年期长的问题，要选择早结果的基因型。苗期的表现型和成熟期的园艺习性的关系也是非常重要的。目前品种间或种间杂交的油橄榄育种工作主要在西班牙、以色列和澳大利亚进行。

3. 分子标记辅助育种

关于油橄榄育种计划中分子标记的使用，一个 SCAR 标记已经被证实与叶子耀斑耐受性相关。近来已经证实 SSR 标记对油橄榄后裔中检测亲子关系和准确鉴定筛选是有效的，同时可以利用 SSR 标记研究油橄榄父母本杂交的亲和性。

4. 转基因育种

转基因的方法对于传统的育种方法对基因改良方面提供了更强大的对策。它允许转入一个或几个基因片段而不会对植物的一般性状产生激烈的改变。转化技术已经使转基因植物带有一些想要的园艺学性状。油橄榄世代周期长的特点阻碍了通过传统育种发现优良品种。要想加速培育优良品种，转基因是一个可以选择的强大技术。

从 20 世纪 80 年代至今，已经开展了生物技术手段改造和重建油橄榄的许多工作。可是来自欧洲及世界许多地区和国家的立法限制了公众对使用基因改造植物的利用，特别是对传统产品橄榄油近年来在这方面的研究明显减少。

第五节 持续开展油橄榄新品种引进研究

中国于 20 世纪 60 年代开始油橄榄引种发展并获得了一定的经济产量。与此相对应，中国有关科技工作者开展了油橄榄适应性、繁殖技术等多方面的研究，并取得了系列研究成果。

一、油橄榄引种研究现状

中国从 20 世纪初期开始引种油橄榄，其引种大致为以下 5 个阶段。新中国成立前由法国传教士和中国留学生带来。新中国成立后至 1959 年初，中国科学院南京中山植物园从苏联雅尔塔城尼基特植物园引进油橄榄种子 24kg。1960 年以后林业部林

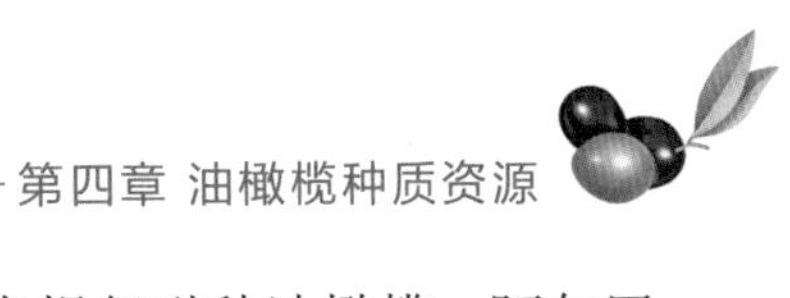

业科学研究院林业研究所组织引种。1964 年周恩来总理亲自提倡引种油橄榄，阿尔巴尼亚政府赠送 5 个品种 1 万多株树苗给中国，自此，油橄榄在中国引种进入一个划时代的阶段。1978—1987 年由联合国粮农组织资助的《中国油橄榄生产发展项目》，引进了 50 余个品种。80 年代后期，随着油橄榄科技交流活动的加快，各考察团也先后带回了一批油橄榄品种。到目前为止，中国共引进油橄榄种质资源 200 余份。分布在四川、湖北、甘肃等省。目前四川省开江县、三台县、西昌市，云南永仁及甘肃省陇南等地都建有一定规模的油橄榄种质资源库。

地中海地区是目前世界上最主要的油橄榄产区，一般认为，油橄榄经过 5000 年的引种驯化，已经适应了该地区的生态条件，这种生态条件成为世界上其他引种油橄榄地区研究油橄榄生态适应性问题的对照和比较的标准之一。油橄榄引种到中国后，四川、甘肃、陕西、湖北等引种区都开展了适应性研究，大都以气象等指标为区划标准，对比分析原产地的气候生态条件，开展适生区划研究。贺善安等油橄榄专家，逐渐形成了采用生境因子分析法的引种理论，成为油橄榄引种的重要理论基础，指导中国早期的油橄榄引种驯化工作并取得了显著成效，选育了鄂植、中山、云台三大品种系列，对中国油橄榄发展起到了重要的推动作用。黎先进根据四川油橄榄引种实践，提出四川的生态条件是适宜油橄榄生产发展的，以地中海油橄榄原产地的气候条件为比较标准，采用模糊优先比的研究方法对四川油橄榄做出了初步区划，并认为四川西昌、安宁河流域是油橄榄的一级适生区。此结论得到了国内外许多专家的认同。但也有相反的研究结论，认为油橄榄对地中海气候具有强烈的依赖性。四川油橄榄试种区与油橄榄原产地的气候有显著差异，即“气候不相似”，这种差异对四川油橄榄生长结实带来不利影响。这种研究结果与生产实际存在一定的差异。李宗富等根据四川省南充市各县发展油橄榄多年的实践，以气候有利性和产量稳定性与单株产量相结合的方法，将南充 9 个油橄榄生产县划分为高产未稳定型（一类产量区）、低产不太稳定型（二类产量区）和低产稳定型（三类产量区）三个产量类型区。在甘肃陇南武都白龙江流域海拔 1300m 以下地带引种油橄榄， 6 年生树单株产果量达 16 ～ 40kg。10 年生树 159 ～ 200kg，接近或超过地中海原产国家高产园标准。根据这一引种实践，结合气象条件分析，王志禄等研究提出了白龙江流域发展油橄榄生态条件是适宜的。但从油橄榄生长发育、产量和品质与气象条件的关系以及该地区种植油橄榄的气候生态适应性和限制因素看，干旱和相对湿度过大是该区生产发展的限制性因素。虽然该地区气候条件适宜油橄榄生长，但应采取合理的调控措施方能获得较好的收益。在此基础上，王志禄等将甘肃省陇南地区与地中海的气温、降雨量、相对湿度和年日照等进行比较分析，得出油橄榄适生气象条件，其中年平均相对湿度是主要影响因子，需年平均相对湿度小于 70%，并有 6 个月小于 60% 才能发展种植，并以年降水量、年平均气温、年相对湿度等因子对陇南地区进行了油橄榄适生区划，武都区白龙江沿岸山地，大部分地区的生态环境适宜油橄榄生长发育并能获取高产。以武都的北部、西部为油橄榄引种栽培的适宜气候区，东部为次适宜区，南部为不适宜区。王光陆在对陕南地区油橄榄生长发育与生态条件关系的研究中发现，水分、光照、土壤都是影响油橄榄在陕南地区生长发育的重要因素。油橄榄幼树期间因树冠郁闭度小，叶面能充分接受阳光，基本能满足光合作用需要；而十多年生的大树，因为树冠扩大，能接受阳光直射和漫射的叶片少。因而光合作用的机制削弱。光合产物减少，生理活动受到抑制，树势开始逐渐衰弱老化，病虫害相继发生，叶片脱落，产量下降，因此，日照不足是中国油橄榄引种的限制因子之一。张运山认为，影响油橄榄生长结实的主导生态因子是年降雨量、年均相对湿度、土壤 pH 和代换性钙的含量，适宜的值分别为＜ 902.7mm，＜ 70%，≥ 7.7 和≥ 0.577%。选择油橄榄栽培适宜地，必须首先考虑石灰土，其次为年降雨量。并以三元回归方程的估测值作为依据，将湖北的油橄榄栽培区划为适宜区、半适宜区以及低产区，认为在长江三峡河谷石灰岩发育的坡积土上，可以发展油橄榄；大巴山向江汉平原过渡丘陵区建园要注意土壤和小气候条件选择；江汉平原丘陵区在未选育出耐湿力强的品种和砧木之前，不宜盲目发展。李喜成以年平均气温、极端最低气温、春季平均相对温度、年平均降水量和年平均日照时数等为指标，用灰色系统方法对全国油橄榄的引种区划进行了研究，认为宾川、巴东、昆明和温州一带为最适宜区；宜昌、巴中、南昌、汉中、临沂、南京、蒙自、长沙、成都一带为适宜区；遵义、赣州、重庆、桂林一带为较适宜区；福州、海口一带不适宜种植，这种区划结果与各地区以及生产实践的研究结论有一定的出入。有学者研究认为，油橄榄对土壤的物理性质要求比较严格，它的重要性甚至超过土壤的化学性质。油橄榄是浅根性植物，特别不耐土壤积水．在同等气候条件下，凡是种植在黏重、夏季积水、利水性差的土壤中的油橄榄 100% 生长发育不良，根本没有产量，且寿命短。

温度、光照、品种、营养等都是影响油橄榄花芽形成的重要因素。油橄榄的春化作用，受到温周期的控制和影响，温度在时间和空间上的变化对油橄榄的花芽分化、形成、开花及产量等起着关键的作用，它既能促成丰产，也能造成危害。油橄榄的产量与成花过程有密切关系。油橄榄是亚热带树种，虽然有一定的耐寒性，但也有一个临界值，低于这一临界值就会受到冻害。根据中国的引种实践和国外的观察研究，危害温度的临界值标准为：Ⅰ—轻度冻害（SD）≤ -8.3℃；Ⅱ—冻害致死（K）≤ -13.0℃；Ⅲ—春季冻害（SF）≤ 0℃；Ⅳ—热害（HD）≥ 37.8℃。中国大多数油橄榄种植点所具有的低温持续时间，能够满足主要油橄榄品种春化作用所需要的临界时间要求，与地中海等油橄榄原产地具有较好的温度相似性。但中国油橄榄种植点春化作用的温度变化，随着危害指数的递增而降低，而地中海国家的春化随危害指数的增大而降低。这

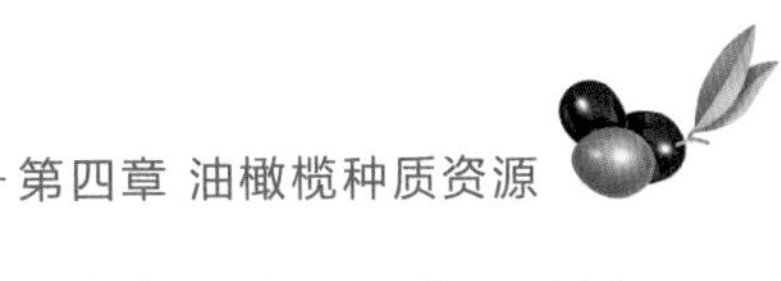

种差异说明了我国的气候型不同于地中海气候型。在我国油橄榄引种区，从 10 月初开始落叶，1 月进入落叶高峰期，1 年生叶片也开始脱落，这种规律与原产地叶片寿命为 3 年的代谢规律显著不同，这种不正常的代谢活动影响了油橄榄开花座果和果实生长发育。研究发现，在油橄榄落叶期，SOD 活性下降，O_2^-（氧自由基）产生速率在 1 月中旬达到最高，叶片清除 O_2^- 的能力下降，膜脂过氧化物丙二醛含量大幅度上升，而多胺总量下降。油橄榄叶片衰老脱落与 O_2^-、内源多胺及它们的相互影响有关，调节 O_2^- 的代谢能延缓植物器官的衰老脱落。在油橄榄落叶开始前，叶面喷施多效唑和 6 -BA 可以调节叶片中超氧自由基代谢，以提高叶片中 SOD 的活性，降低 O_2^- 产生速率和膜脂过氧化物 MAD 的积累，延缓了 2 年生叶片落叶期和高峰期出现时间，抑制了 1 年生叶片的脱落率。研究发现，采用施氮肥的技术措施能改善落叶前树体的养分状况，改善氮、磷、锌元素的吸收，显著降低油橄榄落叶率。在开花生物学特性方面，油橄榄在盛花期后的第 2 ～ 6 周有幼果脱落高峰，该高峰与幼果最初生长高峰相吻合，证实了幼果的大量脱落与果实间的竞争有关。盛花期各品种单位花序的结果数相差很大，但收获时这一参数却趋于同一。收获时各品种结实花序的留存率却相差很大，说明品种间结实能力差异极大。李畅等研究发现，油橄榄野生种与栽培油橄榄叶表面微观结构具有明显的差异。栽培种叶片的下表面长满了盾状鳞片，鳞片之间层层叠加，叶脉也长满了盾状鳞片。而野生种则稀少。这为油橄榄种的分类提供了一个形态指标。

油橄榄良种一般以丰产稳产性、含油率（油用：产量高、油质好，果用：果实大、肉质厚、含油低）、抗病性及其他条件（如座果率高、成熟期一致等）为评价指标。但是，良种有一定的适应范围，不同区域优良品种的植物性状、遗传特性应以对周围环境适应性的表现及自然特点为依据进行选择。选择利用油橄榄良种，应当重视遗传特性对外界环境的适应力，综合鉴定该品种在种植区的表现。一般而言，油橄榄优良品种应具有抗旱性强的特点。如西昌地区大部分地方冬春干旱、夏季多雨，与原产地相反，油橄榄发芽、展叶、开花等期间需大量水分，干旱影响正常生长结实，该区域选择优良品种时，抗旱性是首要指标。陈宪初在对我国油橄榄生产区春化作用阶段温度特征、相似性和类型的研究后建议，引种与育种工作除考虑抗逆性外，还要选择那些对低温要求与当地的温度特征相一致的品种。我国油橄榄良种选育的研究是在引进品种基础上开展的比较选择，结合区域的生态特点与优良单株的表现，选育出了钟山 24、城固系列，并在生产中得到了较广泛的推广。

二、中国油橄榄品种研究展望

分子标记技术在果树上广泛应用于种质资源遗传多样性研究及分类，特别是指纹图谱绘制和品种鉴定，遗传图谱的构建及目标基因定位等方面。油橄榄作为地中海地区的重要经济栽培树种，品种（基因）资源丰富。生产中同名异物和异名同物的现象十分普遍，特别是一些企业为了发展自己的育苗产业，随意将引进的国外品种冠以企业或对自己有利的地域标记来命名，极大地扰乱了油橄榄种质资源和苗木市场。由于分子标记技术具有快速、准确特性，且不受环境影响，在这些区域油橄榄的研究与生产中得到了广泛的研究和应用。我国先后引进了 200 余份种质材料，50 多年来，这些资源在各油橄榄发展区广泛的引种与交流，特别是近年来油橄榄种苗产业迅速发展，必须改变生产中同名异物、同物异名的现象。为此，应用分子标记技术开展油橄榄品种鉴定显得十分迫切和必要。

油橄榄的良种选育一直是各油橄榄生产国家科研工作的重要内容。意大利、希腊、法国、澳大利亚等国都根据本区域特点开展优良品种的选育研究。而且，结合常规的选育手段，以分子标记技术为代表的高新技术在良种选育研究中得到了广泛应用。中国油橄榄的引种与生产发展中，先后选育出了适宜一定区域的优良品种，但由于 20 世纪 90 年代后全国油橄榄生产发展处于低谷期，选育的很多油橄榄优良材料都没有很好地保存下来。那些保存下来的油橄榄植株，经过 50 多年的驯化，对区域生态环境的适应性基本表现出来。对现有种质资源进行研究和挖掘，以满足生产上对油橄榄良种日益增长的需求。

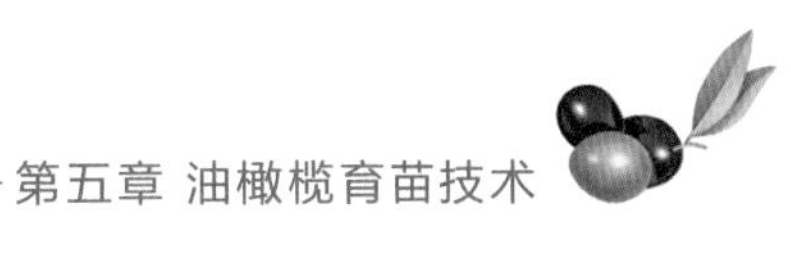

第五章 油橄榄育苗技术

油橄榄育苗工作是油橄榄产业发展的基础和保障，承担着基因遗传、世代繁衍和加快产业发展的重要使命。油橄榄引种国内以来，已经成功迈过了苗木繁育关，通过实生育苗技术开展了新品种选育，如城固 32、鄂植 8 等，采用扦插育苗技术为广大产区提供了数以亿计的优良苗木，随着育苗新技术和生物技术的发展，国内陆续开展了轻基质育苗技术、集约化育苗技术、组培育苗技术的研究，也取得了一定进展。随着油橄榄产业的不断发展，对油橄榄育苗工作提出了新的更高的要求，不仅要满足数量需求，更要满足品种多样化、品质优良化的需求，良种成为产业发展对种苗的第一需求。目前总体而言，油橄榄苗木问题较多，种苗质量尚未得到有效保障，种苗基地规模小、优质率低、供需结构性矛盾仍然突出；种苗供给渠道比较混乱，油橄榄良种基地数量少，结构需要调整；原有基地的品种老化，新品种、良种少，不能有效地满足市场需求。与国外集约化圃地繁育大苗的成功方式和油橄榄原产地品种选育的更新替代还有很大差距。

第一节 油橄榄种子育苗技术

一、油橄榄实生选育的意义

油橄榄实生苗多为品种间自然杂种后代。在有性繁殖过程中，它经过基因重组，释放出各种变异。通过实生选择，可以选出所需要的变异。从种源的角度看，分布在边缘地区的群体比起中心区域的群体来说基因重组的潜势要强，所能释放的变异更多，选择的概率更高。在油橄榄进化的历史过程中所形成的原始分布中心和次生分布中心之间，分布着次生分布中心的品种，具基因重组的潜势，强于原始分布中心的传统品种。以原苏联黑海沿岸（该地区油橄榄的栽培历史仅 400 余年）的抗寒品种种源与阿尔巴尼亚的传统品种种源的实生后代在南京和连云港地区的表现作一比较，结果表明，苏联黑海沿岸的“尼二”和“克里”品种的实生后代，在南京和连云港的入选率远远高于阿尔巴尼亚的品种。

从国外油橄榄栽培的历史来看，在原产地阿尔巴尼亚和希腊等国，其品种有不少是从实生树经过自然选择和人工选择发展起来的。油橄榄引种到美国的加州和苏联的黑海沿岸以后，也都通过实生选种的途径，选出了一些比较适应当地自然条件的品种，在生产中起了重要作用。从国内外一些其他经济树种的栽培历史看，在边缘产区，特别是引种到新区时，往往要经过一个实生繁殖的时期，这种现象并非偶然，而有其规律性。所以中国油橄榄的发展也应吸取这些历史经验，并在此基础上加以提高，把实生苗的利用提高到一个新水平。

实生苗（包括扦插实生苗，即从未结果的实生幼树上剪取插穗培育的苗木）由于繁殖技术和设备条件要求比较简单，因此有利于大量育苗和推广发展。与栽培品种的扦插苗相比，实生苗的根系发达，适应性强，生长较快。根据试栽的实践，实生苗耐旱、耐涝、耐寒，对不良土壤条件和病虫害的抵抗力都比较强。对于新发展区域来说，这些都是很重要的优点。特别是在有冻害发生的北缘地区，实生苗的优越性更为突出，如在中国引种实践中，全国各地存留下来的成年大树，绝大多数是实生树。现阶段留存的城固系列、云台系列、钟山系列都是实生选育的优良单株或家系。从引种驯化的长远观点来看，为了进一步提高油橄榄对我国各种气候土壤条件的适应性，除了引进外国的品种以外，关键性的措施之一是选育我国自己的品种，特别是地方品种。

实生苗与无性苗相比，由于遗传性上的可塑性大，对环境的适应能力强，因此有其特殊的价值。实生后代的变异幅度也展示实生选种的巨大潜力，结合广泛的群众性实生选种，有可能在较短的时期内取得成效。原江苏省植物研究所南京中山植物园（即现在的江苏省中科院植物研究所南京中山植物园）利用实生选种的办法，选出了一些优良的实生树，例如，云台 14，由“尼二”品种实生后代中选出。在江苏连云港生长良好，抗寒性强，成年树可抗 -15℃左右的低温。树冠紧密，产量稳定，12 年生树产果 16.5kg（按树冠投影面积计为 1.45kg/m^2）。果实较大，平均单果重 5.8 ～ 6.1g，干果肉含油率 65.5%，适合于北亚热带地区试种。钟山 24，由“阿斯”品种实生后代选出。表现出生长快，结果早，抗寒性较强的特性 实生苗第 6 年结果，扦插成活率高，扦插和嫁接后第 3 ～ 4 年结果。产量较高，7 ～ 8 年生树结果 3 ～ 5kg，成年树可抵抗 -13℃左右的低温。果大肉厚，平均单果重 7.04g，果肉率 87.2%，干果肉含油率 58.8% ～ 63.0%。适合于在北亚热带地区试种。缺点是果实成熟期易感染炭疽病。钟山 80，由“尼一”品种实生后代选出。表现出生长快、抗寒、抗瘠薄、抗涝性强，更新能力强的特性。成年树可抵抗 -15℃左右的低温。果实较大，平均单果重 5.7 ～ 6.8g，干果肉含油率 56.8% ～ 65.5%，可以在北亚热带地区试种，以抗逆性强而著称。这些品种由于其他方面的原因，在生产上没有大面积推广应用，但他们优良的抗逆性成为以后育种的优良基因资源，潜在价值有待挖掘。

但是，由于实生选育的周期长，获得的子代性状非常不稳定，成本大，对经济性

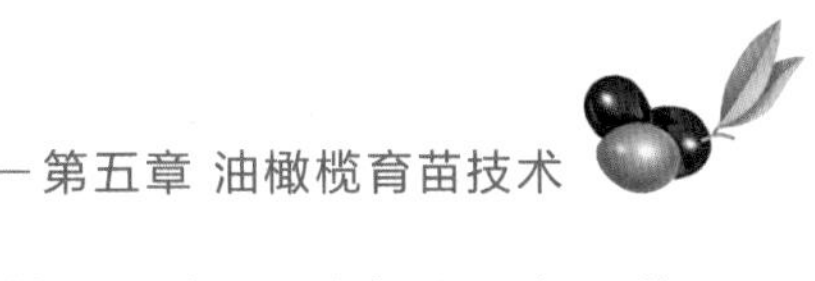

状的鉴定指标过于复杂，早期鉴定缺乏有效手段。一般科技人员都不愿涉足。为了获得适宜中国气象条件下大面积发展的优良品种，国家应该下大决心，尽早启动油橄榄实生选育的工作。

二、油橄榄种子育苗技术

油橄榄实生苗繁育是实生选育、杂交育种和繁育油橄榄砧木苗的重要方法。张正武等利用赴希腊学习油橄榄种植及果实提炼和加工技术培训班的机会，引进希腊等国广泛应用的砧木繁殖材料 AGRIELIA 种子，在陇南进行砧木苗的繁育。

AGRIELIA 是地中海油橄榄原产地国家广泛使用的油橄榄砧木品种，原产希腊克里特 AGRIELIA 岛。由于外力的作用（鸟食散落或风的移动）使油橄榄种子移动到 AGRIELIA 小岛上发芽生长，并经过几千年小岛干旱、高温、太阳炙烤恶劣环境适应性锻炼，AGRIELIA 表现出了较强的抗逆性，抗旱、耐高温、耐盐碱、适应性强，根系发达、嫁接愈合好、实生个体生长健壮，至今也是油橄榄主产国实生选育、杂交育种和繁育油橄榄嫁接苗的主要材料。为加快中国油橄榄适生品种的选育和培育油橄榄引种嫁接苗，2012 年从希腊波罗斯苗圃引进 AGRIELIA 种子 300 粒，在甘肃陇南进行繁殖试验研究，通过引种观测试验和育苗，总结了一套油橄榄砧木种子繁育苗木的技术。

1. 圃地选择

试验地位于中国油橄榄最佳适生区甘肃武都陇南市经济林研究院油橄榄研究所大堡油橄榄新品种试验园，处于中国油橄榄最佳适生区武都白龙江中段。土壤为黄棕坡土，沙粒含量 62%，土层深厚，pH7.8，中性偏微碱性。

2. 苗床处理

试验用的沙床选背风向阳、地面平坦 1 号试验地的内侧靠中部，挖东西走向深 25cm、宽 100cm 的浅沟，沟的长度为 300 个 10cm×15cm 容器量大小，下铺 5cm 左右的细沙。沟的周围增加一个 10cm 高的土埂，北面适当高些，以防雨水流入。

3. 播种育苗

（1）种子收集和储藏（希腊波罗斯苗圃提供）。在油橄榄完成形态成熟后（希腊在 11 月中旬左右，外果皮由麦橘黄色转为红紫色或黑紫色，并布满粉白色的果粉），人工采集植株生长健壮、果实生长饱满、无病虫害的成熟橄榄果，人工或果肉剥离机剥离果肉。果肉用于榨油，种子用 1% ～ 3% 苏打溶液浸泡 30 ～ 60min 除去种子外壳上的油脂，再用清水洗净种子，摊放在通风良好且干燥的室内阴干。引种回国后按 50 粒 1 袋标准装入布袋，做好标记，置于冷藏库，自动控温 0℃～ 5℃，相对湿度 40% ～ 50%。

（2）播种时间和种子的预处理。3 月中旬将储藏的种子从储藏库取出，先放进盆等盛水的容器中，用 50℃干净清水浸泡 48h，再用 200mg/L 赤霉素浸种 24h，并分离出干瘪粒。然后捞出洗净再按 1 份种子 3 份湿沙（水分 3% ～ 4%）的比例拌匀放入带孔塑料盆，接着按照事先设计的排列顺序并排放置在平整好的苗床上即上床催芽。

（3）播种方法和容器准备。对苗床上催芽的种子，定期观测，保证沙床水分、温度处于最佳状态。一月后，每隔两天观测一次，种子裂口达到30%以上时，可开始在容器播种。播种前将直径10cm×15cm的塑料容器提前放置营养土（80%熟化土：10%沙：2%复合肥：8%腐殖质）至容器2/3处，把催芽盆中裂口率达到30%以上的种子依次放入塑料容器，然后在种子上面覆盖2cm的细沙，洒水湿透。最后在苗床上加盖宽幅1.2m的塑料薄膜，薄膜四周用土压实。为保证苗床温度、湿度应在苗床上再加盖小拱棚。

4. 苗期管理

（1）苗床播种后及时浇足水分，棚温20℃左右，过高则容易烧苗，过低影响出苗时间和出苗量。1月后陆续出苗，发芽过程较长，光线强时搭设遮阳网。

（2）保持容器含水量3%～4%为宜，发芽期间不施肥料。

（3）出苗后每隔7～8天喷一次浓度为1%的波尔多液防病，共喷2～3次。

5. 苗木移植

（1）分级移植。在幼苗长出4～5对叶子的时候，开始移植。移植前，对苗床的幼苗采取通风降温减少土壤湿度和增加光照等适应性锻炼7～8天。移植时，根据幼苗生长状况分类选苗，叶片大生长快与叶片小生长慢的分别移植到不同的圃地，加盖遮阳网避免太阳曝晒。

（2）移栽后的管理。幼苗移栽后，要定时观察土壤水分、生长状况。根据幼苗的生长情况适时浇水、施肥，每667m^{2}施氮肥（尿素）7～8kg，同时保证圃地土壤疏松，及时除去生长的杂草，防止圃地积水。

（3）幼苗初期的管理。待植株生长到20cm高时，人工及时剪除多余侧枝和下部叶片，保证植株向上生长的旺盛力，及时绑缚扶杆控制树形。

（4）根据育苗的目的培育成一年生、两年生、多年生砧木苗。

（1）种子催芽

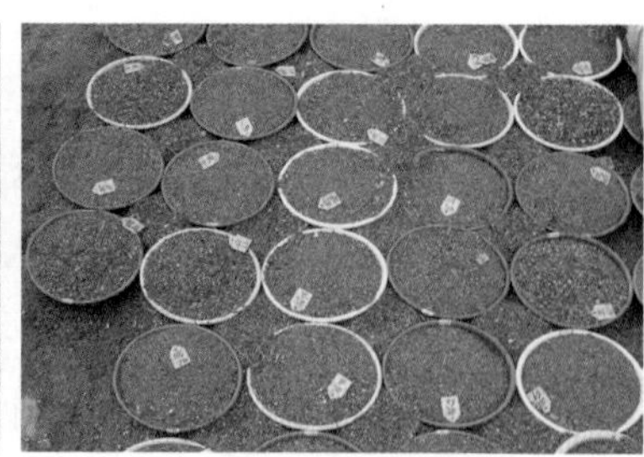
（2）土盆育苗

（3）一年生种苗

图5-1 油橄榄种子育苗

第二节 油橄榄扦插育苗技术

扦插育苗是从植物母体上切取茎、根和叶的一部分，在适宜的环境条件下促使成为独立的新植株的育苗方法。油橄榄具有雌雄同株异花授粉或自花不育、自花结实率不高的特性，所产生的种子是杂合体，种子繁育不能保持母系的优良性状，因而油橄榄是以扦插育苗的方式繁育苗木。扦插育苗繁殖时间短、速度快、生长好、结果早，能保持原品种的优良性状，技术操作简便。国内外都普遍采用这一技术繁殖油橄榄苗木。

一、扦插繁殖

1. 插床和插壤准备

扦插苗床应选在背风向阳、排水良好、管理方便的地方。一般采用高阴棚下设置的露地床和小拱棚露地床，或采用全日照床和现代自动温室苗床。

图 5-2 土温床育苗

图 5-3 大棚育苗

图 5-4 现代全自动温室育苗

（1）露地床：床宽 1 ～ 2m，长 6 ～ 7m，高 20 ～ 30cm，步道宽 30 ～ 40cm，周围用砖或石块砌成，也可就地取材用黏土夯筑。床的底层填 8 ～ 10cm 肥沃的墙土或园土，上层填插壤 15 ～ 20cm。

（2）全日照床：在选定做床的地方，苗床形状和大小与喷雾设施相配套，床高 20 ～ 30cm，床的下层填 30cm 粗石砾和 10cm 小瓦片，上面用粗沙填平，铺插壤 15 ～ 20cm。

（3）温床：温床分为土法温床和电温床（或暖气温床）两种。

①土法温床：一般在选定做床的地方，挖深 80cm，宽 1 ～ 2m，长 6 ～ 8m，中间开一条宽 20cm，深 15cm 的通气排水孔道，上覆砖块，孔道两端伸出床的两头。床的下层填 10cm 粗石砾和 10cm 小瓦片，中层铺增热物，由下向上分别填入稻草 10cm，马粪 10cm，棉籽 5cm，稻草 5cm，最上层铺插壤 20 ～ 25cm。

②电温床（或暖气温床）：在排水层上布置保温材料，保温材料上布置电热线或

暖气管，用插壤填平电热线或暖气管，再铺插壤 15 ～ 20cm。扦插前 1 ～ 3 天，把基质湿润铺平，用 500 ～ 600 倍多菌灵或甲基托布津溶液、1% 福尔马林或 0.1% ～ 0.3% 高锰酸钾进行消毒。新鲜的河沙可不消毒。

③集约化智能温室，由专业化的公司建造。

（4）插壤：插壤是培育扦插苗的基础。插壤适宜与否是影响油橄榄插条生根的重要因素之一。选择插壤应考虑有利于通气、保湿和插条生根。生产中常用插壤有粗和细沙各半；沙土各半、细黄沙、沙壤土等；沙 70% 和黄心土或沙壤土 30%。

实践证明，以青黄沙各半及细黄沙作插壤较为理想。这种插壤通气及排水、持水性较为良好，同时可与插穗切口密切结合，插后水分管理易于控制。

插壤要用 500 ～ 800 倍代森铵消毒。其他如 500 ～ 800 倍托布津，600 ～ 800 倍多菌灵，1% 福尔马林，0.2% 高锰酸钾等农药都可作消毒用。

（1）希腊育苗设施

（2）西班牙育苗设施

（3）墨西哥育苗设施

图 5-5 集约化智能育苗设施

2. 插条采集和插穗制作

（1）插条选择：选择适合当地自然条件和栽培目的的品种。硬枝扦插宜选用一年生充分木质化枝条，以 4 年以下幼树上的枝条为主，以树冠中、上部枝条为好，同一枝条选中、上部的枝段。成年树的采条部位应选用根际上的萌条，或是靠近根颈主干上的侧枝、徒长枝和萌芽枝。嫩枝扦插以早春 3 ～ 4 月份萌发和夏季萌生的半木质化枝条为宜。规模化育苗应建立采穗圃。

图 5-6 插条采集

图 5-7 插穗制作

图 5-8 插穗处理

（2）插条采集：在早上、傍晚或阴天雨后采集插条。对于大批量采集的插条，不能长时间堆放，以免产生积热损害插条；长途运输时，要注意温度（4℃～30℃）和湿度（80%～90%）。插条分品种捆扎，系上标签，标明品种名称、采集地点和采集时间等。

（3）插穗制作：穗条长度为8～15cm，每个插穗留2～4芽，上部1～2对叶片。插条下切口为平切口，上部切口为斜切口，上切口距第一个芽0.5cm，下切口紧靠基部的芽。剪好后随即捆扎，每捆50～100条，上下齐平。嫩枝扦插时采集的插条，一般春、夏季以中段和基部为好，剪掉顶端未达到半木质化的部分；生长停止后采集的枝条，以顶部为好，中段次之，基部剪去不用。

（1）药剂处理

（2）地温床扦插

（3）智能温床穴盘扦插

图5-9 扦插

张海平等对引进西班牙奇迹、阿贝奎纳、柯尼卡、曼萨尼约、恩帕特雷、贺吉布兰克、皮瓜尔、阿尔波萨纳进行扦插育苗试验研究，对接穗的采集和插条的剪取进行了改进，在采穗母株上选取生长健壮、无病虫害的1～2年生枝条，枝条长度剪为12～15cm，上剪口距芽0.5～1.0cm，上部保留2～4片叶，插穗上剪口剪平，下剪口剪成十字形，穗粗0.3～0.5cm。

插穗切制过程中要保持枝叶湿润。

（4）插穗处理

①消毒处理：一般采用浓度为0.2%～0.3%的高锰酸钾溶液或600～800倍的多菌灵溶液进行灭菌处理，将整捆插穗用喷雾器喷洒即可；

②生长素处理：用浓度为50～150mg/L的吲哚丁酸（IBA）药液浸泡插穗基部12～24h，或用浓度为50～100mg/L的ABT1号生根粉药液浸泡基部4～8h，也可用1000mg/L的ABT1号生根粉药液和滑石粉按1:1比例搅拌成糊状（粘上插穗呈白色状）速蘸基部。试验结果表明，使用不同浓度的吲哚丁酸（IBA）采用不同方法处理插穗，以速蘸法进行扦插效果最好。恩帕特雷属于较难生根的品种，且采用速蘸和浸泡2种方法使用不同浓度吲哚丁酸（IBA）处理生根效果均不明显。其余7个品种均不同程度起到了促进生根的作用，其中贺吉布兰克、阿贝奎纳、皮瓜尔以3000mg/L质量浓度速蘸处理生根率最高，阿尔波萨纳、曼萨尼约、科尼卡以2000mg/L质量浓度速蘸处理生根率最高，但奇迹用浸泡法以400mg/L质量浓度浸泡处理生根率较速蘸法最高

生根率高 18 个百分点。浸泡处理不同品种间生根率差异不显著，用速蘸法处理品种间生根率差异极显著，速蘸法处理下 8 个品种按照生根率由高到低排序依次为贺吉布兰克、阿尔波萨纳、曼萨尼约、阿贝奎纳、皮瓜尔、奇迹、柯尼卡、恩帕特雷。表明不同品种生根能力不同，在选用生根粉时应该根据不同品种选用不同型号和不同浓度处理插穗。希腊萨洛尼亚油橄榄植物系 rubs 教授在插穗速蘸后将插穗按 45° 倒置 5 秒来提高处理强度。

3. 扦插

（1）扦插时间：硬枝扦插在 10 月下旬至 11 月下旬（霜降后 1 个月）进行。嫩枝扦插可在夏、秋季进行。

（2）扦插方法：扦插前将砂床疏松扒平，采用直插法，深度为插穗的 2/3，行距 4 ～ 6cm，株距 1 ～ 3cm。

4. 扦插后管理

扦插后管理工作好坏是扦插成败的一个重要环节，油橄榄扦插后保叶保条促进生根是育苗成功的关键。插条上端留的 1 ～ 2 对叶在插后 40 天内若脱落或干枯便不会生根，插后管理的主要工作是调节和控制湿度、温度、光照和通气，以满足扦插生根所需要的条件。适宜于油橄榄生根的条件是：插壤温度 22℃～ 27℃，气温 18℃～ 22℃，空气相对湿度 80% 以上，适当的光照和通气良好的插壤。

管理措施应根据扦插季节，气候条件，插条状况和插床设备等而定。秋插的管理工作，根据扦插苗生根的过程分扦插、愈合、生根三个阶段，分别采取不同的管理方法。第一阶段（10 ～ 11 月）是扦插后到愈合期，是插穗恢复正常生理活动阶段。这个时期应做到叶片新鲜、光亮不落叶，插后要盖好塑料薄膜，保持插床和插壤的湿度。晴天中午气温超过 25℃时，揭开两头通风并喷雾，一般情况下不揭薄膜。在这个时期应经常检查基部切口，如切口木质不黏砂，变白，叶片失去光泽，说明插壤水分不足，需要浇水，洒水不宜过多，以免枝条腐烂。扦插初期，避免阳光暴晒，要进行遮阴，透光度 50%，阴棚四周设活动帘子挡风和防日晒。

第二阶段（12 月～次年 2 月）是愈合以后到生根初期。这个时期是寒冷季节，要做好防寒工作。温度下降到 5 ℃时，要采取双层薄膜加草垫防寒，或用双层薄膜加两层弯弓。采用这种方法后，在极端最低气温 -18℃的情况下，床内也无冻土现象，但四周需有防风屏障。冬季雨雪期间，要经常检查插床，做到四周的薄膜盖严，压紧，防雪防风，雨雪停止后的晴天，注意透光通风，晒床，以提高床内温度。晴天晒床以后，要补充水分。喷雾和洒水的次数应少。愈合以后每隔 10 ～ 15 天用 1000mg/L 浓度的硼砂，磷酸二氢钾，尿素等进行喷肥，喷肥时间应选择阴天或晴天上午 9 时以前或下午 3 时以后，这时叶面容易吸收，不容易发生药害现象。根外追肥在油橄榄扦插育苗的应用是提高扦插生根率的一个重要措施。主要作用是补充插条的养分，加速生根的作用，根据实验，根外施肥可提高生根率 14% ～ 18%。

第三阶段（3 ～ 5 月）是插条大量生根的时期，在管理上要特别注意调节插床和插壤的湿度。晴天每日喷雾 3 ～ 4 次，土床可用洒水的方法进行管理，揭去草帘，增加阴棚，透光度 60% ～ 70%，揭薄膜时间可适当延长。晴天中午气温高，除两头通风外，每天可半揭或全揭 2 ～ 3 h。继续进行根外追肥，每 7 ～ 10 天进行一次，浓度增加为 2000mg/L。此期应做好苗床的防病工作，用 800 倍多菌灵和 1000 倍百菌清喷洒，每 7 ～ 10 天喷洒一次。

5. 翻床起苗

当插床内插条生根率达到 40% ～ 50%，插条根长 2 ～ 3cm 时，便可翻床移栽，未生根插条用 100mg/L 的萘乙酸或吲哚丁酸蘸泡基部片刻，再插入插床，继续管理。

二、壮苗培育

1. 苗圃地的选择和整地

根据油橄榄对气候和土壤的要求，要选择地下水位低，排水良好，土质疏松的中性土或微碱性土，灌溉排水较为适宜的坡度为 2° ～ 3° 的缓坡地作圃地。用土壤黏重的水稻土或连作苗圃地育苗，苗木生长不良。苗圃地选好后，最好在冬季和早春进行“三犁三耙”，深翻改土，施足基肥，每亩施基肥 150 ～ 250kg 并用 0.2% ～ 0.3% 的高锰酸钾或 600 ～ 800 倍的多菌灵、百菌清进行土壤消毒，然后整地作床，床宽 1.2m，床高 20 ～ 30cm，沟距 40cm。干旱地区用平床或低床。

2. 苗木移栽

苗木移栽是培育壮苗的重要一环。有时由于移栽这一环节没有抓好，使扦插生根的苗木大批死亡，造成扦插生根率高而成苗率低的后果。在起苗移栽的全过程中，要尽力做到不断根，并以湿锯木屑、青苔、麦糠草等覆盖根系，随起随移栽。株行距 20cm×30cm 或 15cm×30cm。左手扶直幼苗，右手用细土覆盖根系。覆土时不要压，若根系很长可适当剪短。移栽不宜太深。栽好立即浇透水，使土壤与根系紧密结合。

图 5-10 油橄榄大苗

图 5-11 苗木长途运输处理（1）

图 5-12 苗木长途运输处理（2）

3. 苗圃管理

（1）遮阴：用木桩和竹竿在苗床上搭遮阴架，用竹帘或芦苇帘遮阴。

（2）水肥管理：苗木移栽后，对水的管理很重要。一星期内，晴天时，每天淋水 2 ～ 3 次，保持叶面和表土不干燥。20 天到一个月内，每天淋水 1 ～ 2 次，这段时间要避免浇水过急，否则会使叶片和苗茎附黏泥土，影响苗木正常生长。一个月以后要根据天气情况每隔几天浇水一次。这时苗木的根系已较发达，可以吸收土壤深层的水分。如在太阳强烈照射的情况下，每次淋的水量要适当加大，雨季则要及时排渍。

苗木移栽要及时施肥，在整个苗期对肥料的需要可分为三个阶段。第一阶段，苗木移入苗圃地后至抽梢前，即 3 ～ 5 月中旬以喷叶面肥为主，可用硼砂、尿素或混合液。喷肥的浓度参照不同肥料说明书。平均每 10 ～ 15 天喷一次。这时苗木根系吸收能力较差，可通过叶面喷肥，补充所需营养，促使抽梢。第二阶段，苗木抽梢后，新梢长至 3 ～ 4cm 时开始追肥，可用腐熟的稀人粪尿和腐熟的有机肥等，每月 2 ～ 3 次。如是酸性土壤，施肥时要施石灰，每亩 15 ～ 20kg，以增加钙肥，调节土壤酸碱度。第三阶段，苗木长到 40 ～ 50cm 以上，施肥的浓度和数量要相应地增加，采用水肥和干肥结合使用，在行间开沟将配置好的氮磷钾复合肥料施入沟内覆土或结合抗旱施肥。立秋前 15 天再施一次含有氮磷钾的复合肥料，施肥后随即灌水。苗木成活后，要经常除草松土，尽量做到苗圃地上无杂草，土松保墒，无病虫害。

4. 苗期修剪

苗期修剪，主要是为了培养生长健壮，分枝良好的苗木。根据不同的品种和树形，对幼苗修剪采用以下几种方法。

（1）扶梢除萌修剪：新梢生长 10 ～ 20cm 时，留一个生长健壮的主梢作主干，其余的侧枝使其均匀地分布在主干上。并立桩把主干扶直。

（2）促干控梢的修剪：苗木主干长出一些生长较旺的侧枝，影响苗木的主干生长，对这些侧枝适当开角或摘心，使营养适当集中，以利主干的高、粗生长。有的利用苗木侧枝作插条，如修剪过重，会影响生长，加重冻害。所以采条时要留足必要的侧枝，培养好主枝。

（3）以侧代主修剪：苗木顶梢受伤或生长不良时，应选择一个比较健壮的侧梢代替主梢，以培养理想的主干。

（4）定干修剪：在主干 60 ～ 100cm 时进行，选取 3 ～ 4 条生长健壮、角度和方向较理想的侧枝留下作为主枝，其余侧枝剪掉。

5. 病虫防治

采用合理的管理措施，培育健壮的苗木。在生长季节，如发现病害，每 15 ～ 20 天喷 1% 等量式波尔多液和 0.5% 尿素溶液。

（1）缺硼病：用 0.2% 硼砂喷叶面和 1% 的尿素水溶液淋根。

（2）白斑病：1% 波尔多液防治，1% 的石灰水淋根，追施尿素和硼砂。

（3）食叶虫害：可用 500 ～ 800 倍乐果乳剂喷雾，效果良好。

6. 苗木防冻措施

在苗木生长期间，因树冠接近地面，组织柔嫩，容易遭受低温危害，尤其北亚热带地区冻害最为严重。因此，除应选择避风向阳温暖的地方建立苗圃外，还应加强防寒措施。

（1）秋季注意水肥管理，促使幼苗提早停止生长，使苗木充分木质化，增强耐寒能力。

（2）入冬后进行根部培土、施草木灰，并在苗间插上树枝，苗木上面撒上一层稻草，防治霜害。

（3）在10月下旬或11月上旬喷等量式或倍量式的波尔多液，也有防寒防霜的效果。

（4）冬季设立防风屏障，夜间盖塑料薄膜可减轻冻害程度。

三、营养钵在育苗中的应用

1. 营养钵、营养袋育苗的优点

（1）苗木成活率高，可达 90% 以上。

（2）苗木生长好，最高可达 0.8m。

（3）减少苗圃地面积，便于集中管理，用工少，降低育苗成本。

（4）运输方便，幼苗能保持根系完整无损和自然舒展，可提高造林成活率并不受季节限制。

2. 营养土的配制

可因地制宜采用不同的营养土，现介绍三种配制方法：

（1）厩肥和泥土分层堆积，再加适量的过磷酸钙、草木灰等。在堆制过程中最好翻拌二次，腐熟后使用。

（2）发酵过的棉籽饼或猪栏肥 1/4 和黑沙土 3/4 混合而成。

（3）肥沃的渣肥，腐熟的厩肥，塘泥占 80% ～ 90%，砂占 10% ～ 20% 混合均匀。

3. 苗木移栽

将配制好的营养土，装入营养钵和袋内，粗土在底层，细土在上层，以利于排水。把生根苗栽在营养钵内，根系

图 5-13 下床苗移栽

要舒展，盆土轻轻敦实，不可紧压，以免伤根。可事先做2m×5m的高畦，中间整平，四周培土高于营养钵5cm，将栽好苗木放在其中，栽后可放水漫灌。

4. 营养钵的管理工作

（1）喷雾和浇水：移栽后要经常喷雾和洒水，经常保持土壤湿润，但浇水不宜过多，一般以渗透到根系分布层为宜。

（2）喷肥及施肥：抽梢以后以叶面肥为主，肥料的种类有尿素、硼砂、磷酸二氢钾、腐熟的农家肥水等。苗木长高至40～50cm时要追施农家肥等有机肥。

（3）遮阴：苗木在夏季气温过高时，应设立阴棚遮阴。

第三节 油橄榄组培育苗技术进展

植物组织培养是无性繁殖的一种方法。用这种方法获得植株一方面能够保持植物优良性状；另一方面有助于解决种源不足或后代分离问题以及传统营养体繁殖难或速度慢的弊端，一旦取得成功，能够使苗木生产规范化、规模化及商品化，增加科技含量并推动工厂化育苗进程。国内外都在研发油橄榄的组培育苗技术，有的在实验室获得了初步成功，但还无法在生产上大规模运用。

中国在油橄榄组培方面开展的研究探索始于20世纪70年代，王凯基、张丕方和倪德祥等通过油橄榄愈伤组织的培养，从愈伤组织中的个别薄壁细胞通过脱分化而形成胚性细胞，并进一步形成分生组织。在油橄榄愈伤组织的培养中还发现，在植物激素的诱导下发生的单个的胚性细胞在早期时与从外植体中的薄壁细胞脱分化而来一样，具有细胞质稠密和细胞核型大的特点，且细胞质的RNA含量也较高。关于油橄榄愈伤组织的发生，很早就从扦插和嫁接等方面做了许多观察和描述，并有比较系统的总结。王凯基等人的研究也发现，油橄榄离体茎在生长素诱导下会发生皮层薄壁细胞增大，靠近内皮层的部分变为分生组织，长出瘤状突起，而且从该部位长出根来。近期，四川农业大学吴佐英进行了油橄榄胚和茎段离体培养研究，该研究以油橄榄的种胚和带芽茎段为外植体材料，其中以种胚为研究对象的目的在于提高发芽率，因为部分油橄榄种子发育不太好。以带芽茎段为研究对象的部分则着重于芽的诱导、增殖及生根技术研究。该试验研究了取样时间、灭菌时间、生长调节剂的种类及其不同浓度配比、基本培养基的类型等因素对油橄榄组织培养的影响，以建立一套油橄榄外植体再生植株体系。该研究得出如下几个方面的结果：①在3月、4月、5月、6月分别采取佛奥（Frantoio）品种的健壮枝条进行接种，结果以4月和5月采取的外植体进行接种的效果最好，褐化率最低；②对油橄榄的不同节段，消毒效果方面存在差异，按顶节、次顶节、第三节和第四节的顺序，污染的百分率呈递减趋势，比较而言，以第三节和第四节作为外植体更容易建立起无菌培养体系，消毒处理以 0.1% 的 $HgCl_2$ 处理 18 分钟为宜；③ White 培养基适宜诱导芽萌发，MS 培养基适宜诱导愈伤组织；④胚培养对启动培养基中各激素的要求不明显，参试的 9 个处理的出芽率均较高，为 53.3% ～ 66.67%；⑤茎段初代培养的结果在品种间差异很大，出芽率最高的仅为 16.7%；⑥最佳生根培养基的配方为 1/2MS+NAA2.0mg/L+6 － BA0.3mg/L，生根率可达 86.7%；⑦组培苗炼苗的程序是将空调房中的瓶苗先移到常温的室内放置 7 天，再将其置于室外进行炼苗，30 天后开瓶，再炼苗 7 天后移栽。总体上，有关油橄榄组织培养的研究开展得还不多，利用组织培养方法繁殖油橄榄苗木还处于研究的初级阶段。

当前，中国油橄榄产业发展迅速，适生区内基地建设的步伐日益加快，大批栽培基地的建成为油橄榄产业的发展打下了良好的基础；另一方面，不少企业也积极主动投资油橄榄产业，股份制、合资、民营等各种类型的油橄榄种植和加工企业大量涌现；同时地方政府也积极支持发展油橄榄产业，许多地方政府已经把发展油橄榄产业作为振兴地方经济的突破点，作为发展经济的重点产业予以鼓励和支持。可见，中国油橄榄产业已经具备良好的发展环境。在栽培技术支撑方面，油橄榄在中国有 50 多年的种植历史，无论栽植试验还是种植示范方面都有很好的经验积累，在种植油橄榄和开发油橄榄产业的积极性空前高涨的背景下，种苗繁育作为产业发展中的关键一环，其基础性地位更加突显。

图 5-14 希腊 toils 苗圃培育的组培瓶苗

图 5-15 陇南市经济林研究院培育的组培瓶苗

多年来，各地在油橄榄的繁殖方法上进行了大量的研究与实践，积累很多的研究成果与经验，这些技术成果多是在试验研究与实践的基础上总结得出的，具有很强的可操作性，在今后油橄榄产业发展中，各栽培种植区可根据区域的实际情况和特点，选择采用适宜的苗木繁育技术措施。然而，鉴于油橄榄是一种经济价值高、极具发展前途的木本油料树种，还十分有必要在其种苗繁育技术上开展更多和更为深入的研究攻关，组织培养作为一种快速高效的繁育手段，在油橄榄这一树种上开展的研究还很少，处于研究的初步阶段，对油橄榄成年树嫩枝的茎尖培养至今尚未获得成功。随着科学技术的进步、研究领域的拓展，油橄榄组织培养技术的不断发展是必然趋势，在微观和宏观两个方面都有着非常广阔的发展空间。微观方面，随着分子生物学技术的蓬勃发展，从分子水平上探索油橄榄组织培养的机理，对油橄榄组织培养过程基本规律的研究，将会是未来油橄榄繁育基础研究的一大热点；而宏观方面，组织培养技术将会更加趋向于快速扩繁，趋近于生产实践，由此将加快从实验室到生产实际应用中的步伐，快速化、高效化、简约化和低成本等几个方面是未来油橄榄组培研究最需要考虑的特点与因素。

陈霄鹏等从 2012 年开始油橄榄组培技术的研究，开展了油橄榄胚培养试验和油橄榄优良品种的组培快繁技术研究，取得了阶段性成果。完成了油橄榄奇迹品种的胚培养试验，培育组培苗 2000 株。首批 2013 年移栽的组培苗已经成活 5 年，2017 实现了初果，有了一定的经济产量，干茎达到 5cm，树高达到 3.1m，冠幅达到 2.5m×2.8m，生长健壮，无病虫害，表现出一定早实、丰产、高抗性的特征，为快速繁育油橄榄苗木找到了一条途径。另外还开展了油橄榄莱星品种带芽茎段外植体培养，目前获得了一些瓶苗，后续研究工作正在有序推进。

(1)瓶苗

(2)枝条

(3)7 年生大树

图 5-16 陇南市经济林研究院培育的油橄榄奇迹品种组培苗

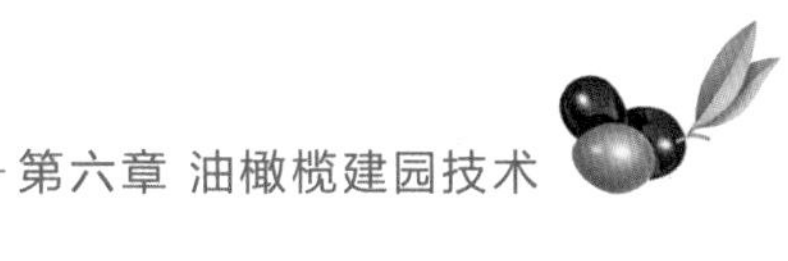

第六章 油橄榄建园技术

油橄榄建园是油橄榄生产中一项极为重要的基础性工作，建园质量直接影响树体成形快慢，结果早晚和果园长期经济效益。新建园地必须坚持以下几个原则：首先要选择在生态条件良好，远离污染源，符合农产品安全质量无公害产品产地环境要求，并具有可持续生产能力的油橄榄适生区域。其次要有一定的规模，集中连片，形成规模效益。三是新植园一般选择在地势比较平坦，土壤肥沃，土质疏松透气，保肥保水保墒条件好，土层深厚，有机质含量达到1.0%以上，灌溉条件良好的地块。四是交通便利，劳作方便，便于管理、运输。在实际生产中，选择建园地受多种因素制约，必须结合当地的地形地貌、气候条件、土壤类型、灌溉条件等因素因地制宜地选择建园地。

第一节 建园地的选择

根据徐伟英等研究成果和陇南油橄榄栽培的实践，陇南白龙江沿岸海拔1300m以下的河谷地带是油橄榄最佳适生区。这一区域土地以泥石流冲积扇和山坡阶地为主要形式，土地资源稀缺，山高坡陡，田面宽度狭窄，地力不足，交通不便，水源不足，山体裸露，生产条件差。多年来陇南遵循这一理论，在白龙江两岸应栽尽栽，大力发展油橄榄，形成了集中连片的4万公顷基地，所以在园址选择上没有多大空间。张正武等对栽植在海拔1624m处阿斯、莱星、城固32、皮削利等品种的生长、结实情况和土地资源分布情况调查，结果显示这些品种也能正常开花结实，特别一些抗寒品种如阿斯、城固32等品种经受住了2015年冬季陇南-13℃（栽植地点）低温冻害天气。而陇南白龙江河谷敞口“U”字形的地形地貌特征，广阔的土地资源分布在1200～1600m，将油橄榄栽培的海拔高度提高到1500m，大大拓展了陇南油橄榄的发展空间。随着高抗性（高抗寒性、高抗旱性）油橄榄新品种选引成功，这一区域必将成为后续发展的主要空间。油橄榄是以生产果实和橄榄油为主要目的的树种，一次栽植，多年生产，连年受益，不便随意易地换茬。因此，建园前必须对栽培品种和园地条件进行周密考察，严格规划，打好基础，趋利避害，科学种植。

一、平地果园建园

在陇南的平地系指河谷沿岸的水平阶地。阶地全为河流冲积物所组成，多见于宽阔的谷地河流两岸，地势较为平坦，并依河流走向，向一方稍微倾斜，高差不大的波状起伏的狭长地带（又称川坝地）。

在同一水平地带范围内，气候和土壤等生境因子基本一致。平地水源充足，有河水灌溉，又能排水，水土流失轻。冲积土的质地轻，土层深厚，微碱性，有机质含量较丰富，油橄榄根系在疏松深厚的土层中分布较广而深。多年试验结果表明，多种品种都能生长良好，鲜果产量比较高。

（1）大堡油橄榄新品种试验园

（2）大湾沟片区油橄榄园

图 6-1 平地油橄榄园

平地交通便利，有利于生产资料和产品运输。果园规划设计与施工，比山地果园建园投资低、速度快、结果早、产品成本低，适于现代集约化栽培。充分利用自然资源优势，建立一定规模的集约化油橄榄园，实施机械化操作管理，提高劳动生产率和果园的经济效益。这一点与当前世界油橄榄集约化栽培向平地发展的趋势是一致的。

川坝地区是白龙江沿岸农业发展的中心区域，土地资源稀缺，人均耕地少，充裕的光热资源可达到一年三季的生产，土地利用率高。有灌溉条件的平地主要种植效益较高的时令蔬菜和冬季露地蔬菜，是当地农户的主要经济来源。在没有灌溉条件的河谷半山地区和泥石流阶地上，农户以种植果树为主，大力发展经济林，增加收入。在白龙江河谷发展油橄榄，顺应了农业结构调整的现实需求，开发农户小果园，实行果粮间作立体种植，增加农户经济收入。在统一的农业区划基础上，利用科学试验成果，选好品种，合理配置，科学种植。农户在自家的田边地角、房前屋后、路边、院落有阳光的空地以“四旁”植树的方式发展油橄榄，不拘形式，因地制宜地几株或几十株发展农户小油橄榄园，各村户相连形成规模种植。油橄榄与农作物（低秆作物）间作种植方式有悠久的历史，如意大利等国家至今仍保留有果农间作种植的橄榄园。这些

经验，对中国山区农业复合发展，提高土地利用率，促进高效农业发展，提高农民经济收入是一项有效的措施。

(1)甘肃文县临江山地油橄榄园　　(2)甘肃武都石门山地油橄榄园

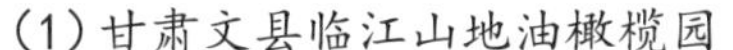

图 6-2 山地油橄榄园

川坝平地由于成因不同，地形（微地形）和土壤质地、化学成分等存在差异，对油橄榄的生长发育则产生不同的影响。在进行宜园地选择时应特别注意园地土壤必须适合油橄榄种植，达到建一块园就是一块高产稳产的果园。

川坝平地的土壤主要是潮土类。潮土由冲积母质、洪积母质形成，经长期耕作、改土、培肥等农业生产活动过程而发育起来的一种旱作土壤。潮土所在地形平缓，土层深厚，土壤疏松、通透性好、有机质含量较高、微碱性，适宜各种作物（包括果树）生长。地下水位距地表 0.5 ～ 3.0m，土体常受到地下水浸润。犁底层 (20 ～ 30cm) 以下受地下水升降影响频繁，对油橄榄根系生长发育不利，尤其是雨季土壤水分过多，土壤缺氧时，即引起烂根和生理落叶，生长早衰，果实产量低而不稳。油橄榄不耐涝，根系好气，忌水渍不通气，要选择地下水活动层在 1.5m 以下地块为园地。生长季降水量大的地区，采用排水好的深沟高畦或台地栽培，保持园地土壤水分适合油橄榄生长和结果的需要。

在陇南白龙江、白水江流域两岸平地土壤大部分是由泥石流搬运堆积形成的泥石流冲积扇，是栽植油橄榄的主要土地类型。因为这些冲积扇极易遭受在雨季再次被泥石流袭击冲刷，发展农作物生产常常颗粒不收，群众一般不会选择发展传统粮食和蔬菜生产。选择土壤条件较好的扇缘地带种植油橄榄，扇缘土壤由沙砾、粗细沙粒及

图 6-3 陇南白龙江流域典型地形地貌特征

泥沙漫淤而成的潮沙土，质地疏松、水分条件差，土壤肥力低，只能通过土壤改造后种植油橄榄。一般选择地下活动水位 1.5m 以下的平缓地段，建立小块橄榄园，并且要注重园地土壤培肥。潮沙土漏水漏肥，油橄榄自然生长势弱，产量低而不稳。试验证明，加强肥水管理，果园里种绿肥，逐年培肥土壤，改低产园为高产园，能有效地促进油橄榄生长和提高产量。已经建成的中国第一代油橄榄园汉王油橄榄园、第二代油橄榄园大湾沟油橄榄示范园和第三代油橄榄园将军石油橄榄示范园就是在泥石流沟道和冲积扇上发展起来的。

(1) 大湾沟油橄榄园

(2) 将军石油橄榄园

图 6-4 陇南不同时期建成的油橄榄园

油橄榄对 Cl^-（氯离子）的反应敏感，川坝地区宜园地选择中应特别注意土壤的有害盐类，主要是氯化物和硫酸盐等可溶性盐类对油橄榄的毒害作用。这些盐类一般分布在阶地和扇缘的低平地带的洼地中心或边缘，多呈大小不等的斑状分布。主要特征表现在地面有白色、棕黄色盐霜，在土壤表面常显潮湿状态，生长有稀疏的耐盐碱植物。盐渍土对油橄榄的危害是破坏了油橄榄的生理代谢，影响根系从土壤中吸收水分和养分，并对根系有腐蚀作用等，严重时则使油橄榄树枯死。

在陇南泥石流冲积扇上建园，土层薄，肥力差，园内石块多，保水保肥性差，这就给日常管理管护增加了难度。特别在建园初期整地、抬地、换土、治理增加了很大工作量。在夏季连续干旱的时候，常常因为灌溉跟不上造成橄榄园遭受很大损失。

二、山地建园

中国亚热带是个多山地区，从引种油橄榄开始就在山地试种，在平地很少引种。陇南山地地形地貌、土壤条件较为复杂，具多样性的山区小气候特征和局地微循环的气流形成，为油橄榄栽培提供了丰富的可供比较选择的适宜生态条件。因此，在山区建立油橄榄生产果园有优越的自然条件。

山地空气流通，风害少，日照充足，散射光较平地多 10% 左右。温度日差较大，有利于碳水化合物的积累，能提高果实的产量和含油率。原产地许多国家利用山地的自然资源优势发展油橄榄生产已有悠久历史。如意大利 80% 传统栽培的橄榄园分布在山地，西班牙全国 60% 的油橄榄集中在安达卢西亚山地，希腊 70% 的油橄榄分布在半岛和岛屿山地，土耳其 75% 的油橄榄种植在山地。以上可以看出，油橄榄种植业一直是地中海沿岸山区农民的重要经济支柱。山地种植油橄榄不仅是进行生产、获得果实，也是为了发展山区经济、增加农民收入和保护自然生态。然而，要保持油橄榄种植业在山区能够稳定发展，必须对种植油橄榄的立地条件进行严格的选择，在立地生态条件有利的环境中建立果园，再通过栽培技术改进等措施，提高单株和单位面积产量，才能实现栽培油橄榄的目的，促进产业发展。

图6-5 长楞山油橄榄新建基地

根据多年山地引种试验取得的成功经验：首先，要根据油橄榄的生态习性选择适宜的山坡地建园，做到适地适品种。其次，地形和土壤等立地条件必须适合油橄榄生长发育的要求，它对建园后油橄榄的生长、产量和经营期内经济效益等方面产生深远的影响。中国油橄榄重要引种区甘肃武都、四川和云南，在引种试验的基础上，结合气候和地形、土壤条件进行了油橄榄适生区区划。但是，目前在适生区内新建的一些油橄榄园，已开始出现因地形和土壤等立地因子不同对幼树生长产生了重要影响。主要表现在树的生长势强弱差异大，特别是对立地生态条件反应敏感的新梢生长和芽的成熟度变化较大。当立地条件不适宜时，新梢顶芽生长缓慢，促使侧芽（腋芽）萌发，抽生副梢，扰乱了生长习性，阻碍了花芽形成。这样的橄榄园常表现为营养生长（木材）繁茂，结果枝少，产量低而不稳。因此，在适生区山地如何确定宜园地应根据立地条件认真选择。

1. 地形

地形对油橄榄生长是一个间接因素，它影响温度、光照、土壤和养分（水分）等生态因子的再分配，应根据油橄榄的生态要求选择适宜的地形种植。地形包括坡度、坡向和坡位等组成因素，在具体利用时要注意各种因素的综合作用。山地地形土壤变化复杂，小区或果园面积不宜过大。选择宜园地时应注意坡度、坡向和土壤等立地条件应适合油橄榄生长。油橄榄适合坡地栽培，因为坡地受光受热条件较好。但对坡度有一定的要求，一般不宜超过 15°。在地中海沿岸集约栽培的橄榄园大都在 5°以下的坡地，5°～15° 的坡地筑梯田种植，但不适宜集约栽培。在中国部分适宜种植区，地形开阔、光照充足（2000h 以上）、相对高度差小于 60m、冬季无冻害的丘陵山地，各向坡地都可种植油橄榄，充分利用不同坡向的生产潜力。例如，可将耐阴性较好喜水肥的佛奥品种，种在阴（北向）或半阴（东北和西北向）坡；将不耐阴的莱星、皮削利等品种，种在阳（南向）和半阳（东、西向）坡。但是由于油橄榄都是喜光树种，因此，还是以向阳（南坡）的坡地最为适宜，特别是在日照低于 2000h 的丘陵地区，阴坡和半阴坡地都不适宜。谷深山高、相对高差大的峡谷山地不适宜种植。

2. 土壤

土壤的形成与演变受母质、地形、气候、植被和时间等条件的控制，其中土壤的生态因子与油橄榄生长发育最密切。土壤生态因子包括土壤物理性质、化学性质和土壤微生物等。对种植油橄榄有重要作用的是土壤的物理性质和化学性质。油橄榄根系需氧量最大，要求土壤通气孔隙度为 20% ～ 30%，渗透性 80 ～ 150mm/h，喜中性和微碱性的钙质土壤。因此，当为油橄榄生产而选择土壤时，要考虑山地地形和土壤的多样性，选择适宜地段和土壤建园。在地形适宜的条件下，通过对土壤主要理化性状进行分析，选择适宜油橄榄栽培的土壤。为在实际工作进行中便于操作，现举例说明山地果园的宜园地土壤选择。

其一，白龙江河谷武都油橄榄适生区：白龙江河谷属北亚热带半干燥区，在武都区引种油橄榄试验成果证明，该地区是中国目前油橄榄生长和丰产稳产性最好的种植区，但也反映出地形和土壤条件不同的油橄榄园生长和产量相差很大。因此，选择适宜的地形和土壤建园，是白龙江河谷区油橄榄丰产稳产的基础。根据武都区土壤普查资料，山地土壤类型复杂多样，但它在水平和垂直带谱较为完整。从土壤的水平分布看，全区自南向北分布的土壤依次为黄棕壤、棕壤、褐土、山地草甸土、河谷地川坝水稻土和潮土。草甸土、水稻土，地下水位 1.5m 以上的潮土等都不适宜油橄榄种植，其中适宜油橄榄种植的土壤地为褐土、潮土（地下水活动层低于 1.5m）。

土壤的垂直带性依地势高度不同出现变化。例如，白龙江畔的擂鼓山系，从河谷地向上依次为水稻土、潮土、碳酸盐褐土、淋溶褐土、山地草甸土和亚高山灌丛草甸土等。从油橄榄种植试验看出，海拔 1500m 以下的碳酸盐褐土最为适宜油橄榄栽培，而淋溶褐土及其他土壤类则不适宜油橄榄。山地碳酸盐褐土受雨水侵蚀冲刷，经过泥石流搬运沉积或坡积，在山麓平缓地段堆积形成泥石流台地，或在河岸阶地与大型泥石流沟的沟口形成泥石流冲积扇。在地域上沿白龙江两岸山麓坡地形成条带状或块状不连续分布，小区面积不大，但地形较开阔，平缓或微斜，光热条件好，土层深厚，土壤质地粗细适中，通透良好，微碱或偏碱性反应，土壤理化条件有利于油橄榄自然生长，是油橄榄最适宜的种植地带。但是侵蚀性褐土存在有不透水的黏土层，需要深翻整地消除黏土层后种植油橄榄。

其二，文县碧口水田土壤只有水稻土 1 个土类，渗育型水稻土 1 个亚类，黄棕壤性渗育型水稻土和冲积洪积渗育型水稻土 2 个土属。砂质黄棕壤性水稻土和砂质渗育型水稻土 2 个土种。砂质黄棕壤渗育型水稻土主要分布在范坝、碧口、中庙、肖家一带的河谷川坝地区及河流沿岸阶地，由黄棕壤经人们开垦种植水稻后发育而成。由于脱离地下水的影响，水源不足，加之一年一季水稻，一季小麦，周年内淹没时间短，通层基本无碳酸盐反应，土壤呈微酸性反应，耕作层有锈纹斑，铁质淋溶不强，颜色变化小，地下排水无阻碍，微生物活跃，犁底层已初步形成。油橄榄苗根系分布浅，在水稻田种植油橄榄成活差。笔者曾与 2012 年在碧口建油橄榄扩区驯化引种试验点，多次种植，多次失败，证实水稻田不适宜油橄榄的生长，在这些地带发展油橄榄是要高度重视土壤的改良。文县川坝河谷平地土壤有黄棕壤、新积土两个土类，中层耕种黄棕壤、耕种薄层黄棕壤、黄棕壤性土、耕种河滩新积土、耕种沟谷新积土 5 个土种。黄棕壤的自然肥力较高，但由于掠夺式经营使土壤肥力大大降低，并造成水土流失。沿川平地应进行深翻、施肥，特别是有机肥和磷肥，以提高土壤肥力。耕种河滩新积土，经过耕作和施肥，土壤已基本熟化，但矿物含量仍高，土层薄，土体松散，质地粗糙，易跑水跑肥。这些都应在建园选址中高度重视，以免造成建园不见效的后果。

第二节 整地技术

油橄榄栽培方式从传统种植发展到传统种植与集约化种植并重的时代，从某种意义上讲，在有条件的地区，集约化栽培技术成为首选的建园方式。中国是一个多山的国家，山区占到国土面积的 70% 以上。从陇南生产实际上看，传统栽培方式具有无可替代的重要位置，是主要方向。不同的栽培方式需要采取不同的整地方式。

一、传统橄榄园整地方式

整地是建园的一个重要环节，这是因为油橄榄园要维持 20 ～ 50 年甚至上百年的生产能力，在这个时期必须保持根系生长舒展，保证油橄榄树能够从土壤中汲取满足植株生长的各类营养物质。种植油橄榄的目的是为了收获果实，果实的产量和质量依赖于健壮生长的根系和丰产稳产的果园。选择适宜的气候、地形和土壤建园是最基本的要求。但是，一旦园址选定之后，就必须对园地的土壤进行精细的整治，满足油橄榄种植的技术要求。整地是为油橄榄根系生长构造良好的生态环境，土层深厚，通透性好，有足够的生长空间和养分供应是油橄榄健壮生长的基本条件。所以，整地是油橄榄建园的基础工程，它与种植后的果园栽培管理具有同等重要的地位。如果整地不到位，不符合种植要求，则在油橄榄种植后，容易出现生长早衰，失去栽培意义。这种现象在陇南农户粗放种植的油橄榄园相当普遍，这也是低产园形成的主要原因之一。现在政府大力支持低产园的改造，通过高接换优技术更新品种，通过土肥水的管理提高产量，加强病虫害防治减少损失。但是由于园址选择不当或栽植前整地不规范，植株根系生长的环境从根本上改变不了，以致收效甚微。这个教训一定要吸取。要实现丰产、稳产要从每个环节上抓起。

图 6-6 山地果园整地

1. 整地时间

整地的时间以规划栽植油橄榄的前 1 ～ 2 年为宜，将准备兴建油橄榄的山坡地、农地、退耕还林地、撂荒地、疏林灌木草地等地类，依据地形、地势和准备建园的类型（集约化园或者传统园）进行园区的合理区划，聘请有资质的设计单位配套设计园区机耕道路，灌溉和排水系统，管护用房等基础设施。按照立地条件一致，便于耕作、施肥、灌溉和排水等综合栽培管理的原则，合理区划作业小区。

(1) 四川冕宁油橄榄园整地

(2) 陇南礼县鱼池油橄榄园整地

图 6-7 平地整地

如果是农地或退耕地，可在种植前一年的秋冬季整好地。荒地、坡改梯田，要在种植前 2 年的秋冬季进行整地。提前整地是为了利用气候条件，给一定的休耕时间熟化培肥土壤，增加深土层。整地后种植 1 ～ 2 年绿肥作物培肥土壤，同时消灭杂草，减少土壤病虫害。经过种植绿肥、压绿改土等，增加了土壤有机质和微生物。经过土地休闲，提高土壤肥力。土层逐渐沉实，定植后的苗木根系深浅一致，根系营养面积大，适应性抗逆性提高，有利于幼树快速生长，并可缩短幼树生长期。幼树的生长期缩短，进入结果期早，产量高，果园经济效益好。

2. 施基肥

山地土壤由于不合理的开发利用，土壤遭受严重的侵蚀和冲刷，以致土层薄，基岩裸露，地力贫瘠，作物产量很低。在贫瘠的土壤上，只能长成油橄榄“小老树”，不结果。基肥的作用是使贫瘠的土地增生微生物，提高土壤肥效，保证油橄榄植株快速而均衡的生长，提早结果。

图6-8 大堡油橄榄新品种试验园全园整地

基肥以有机肥为主（包括各种农家肥），辅以磷肥和钾肥。应该在建园之前就准备好所需要的肥料。每 667m^2 有机肥用量为 2000 ～ 3000kg。磷肥和钾肥的施用量，要根据土壤理化分析数据和油橄榄需肥量而定，也可根据土壤状况，从实际经验判断。例如，钙质紫色土可少施或不施磷、钾肥，其他的土壤每 667m^2 施磷肥 20 ～ 30kg，钾肥 25 ～ 35kg。由于磷肥和钾肥在土壤中移动性很差，根系难以吸收。因此，将矿质磷、钾肥与有机肥混合使用，增加肥料与根系的接触面积，为根系所吸收。

施肥时间在定植前进行。在经过整地、休闲、压绿改土的作业小区施肥，肥料要布满整个作业小区的地面层，再深耕 30 ～ 40cm，把肥料翻到土层中。因为不论栽植的密度多大，树长成后，根部几乎布满整个园地的表土层下 20 ～ 40cm 深处。所以不仅要求整个园地土层深厚、疏松，也必须使肥料均匀地分布于土层中，供根系有足够的营养空间可以充分地吸收利用营养物质，提高肥料的利用率，保证产量高而稳定。

3. 整地方式

整地方式要符合油橄榄的生长习性，主要依气候、地形和土壤条件而定。平地果园采用全面深翻土地为宜；山地果园应修筑水平梯田。在夏湿气候条件下黏土上栽植油橄榄，照搬其他树种或果树采用的穴状整地，对油橄榄有害无益。比如山地的鱼鳞坑，或挖 1m×1m 见方的大坑整地等。因为各种穴状整地营养空间小，通透性差，雨季坑内积水等，不能为油橄榄根系生长发育提供适宜的条件。引种实践证明，穴状整地种植油橄榄，后期管理费工，投资大，油橄榄生长势弱（小老树），不结果。从整地的范围上，一般分为全园整地和栽植带整地、栽植穴整地、鱼鳞坑整地多种形式。按照地类可分为平地整地和山地果园整地两种形式。按照动力来源可分为机械整地和人工整地。不管哪种整地形式，都要求将建园的土地整理成田面平展、宽窄适宜、保水保肥、土壤疏松、省力省工有利于机械化、集约化管理的种植地。

图 6-9 山地油橄榄园整地

为系统描述整地的方式，以下以平地和山地果园整地分述，将机械整地也列入其中。

（1）平地建园整地。油橄榄虽然是浅根性果树，但它喜好土层深厚、通透性好的土壤。油橄榄树在土层深厚疏松的条件下，根系生长发达，营养面积大，快速形成树冠，早结果，高产稳产。因此，栽植前必须进行深翻整地，造就适合油橄榄生长的土层深度和相适应的土壤物理条件。在原产地根据地形和土壤层的自然厚度采用不同的机械进行深耕土地。例如，意大利的山前平地，冲积土壤堆积层很厚，建立集约型油橄榄园前，使用单铧犁全面深耕 80 ～ 100cm。整地后种植绿肥或其他豆科作物 1 ～ 2 年，压绿改土，培肥土壤，为建园打下良好的基础。

整地方法：首先用推土机将表层土推到另一作业小区堆积存放起来，然后用重型挖掘机把母岩翻起，深度达 80cm。再用碾碎机把母岩粉碎，推平。最后回填表土，推平。再用深耕犁翻耕 2 遍，把母岩碎石细渣与土壤混合均匀，耙平。同样依次进行以下各个作业小区的整地。栽植前，施有机肥作底肥。有机肥是预先经过发酵腐熟过的鸡畜粪、果渣、粉碎植物秸秆等混合有机质肥。每 667m^2 施肥量 4000 ～ 5000kg，均匀地布满地面，然后用深耕犁深翻 40 ～ 50cm，把肥料与土壤混合均匀。经过高标准的整地建立的油橄榄园，其园地土层深厚、结构疏松、通透性好、土壤肥沃，成为高产优质的橄榄园。高标准的整地是种植油橄榄获得高产稳产的基础，高标准整地，必然延迟 1 ～ 2 年的

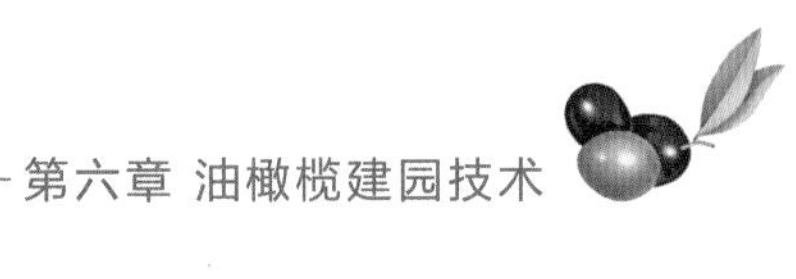

栽植时间，而且要花费巨额资金投入。但幼树生长快，结果早，果园管理省工，投入少，产量和效益高，能得到很高的回报。

中国平地果园借鉴吸收原产地种植油橄榄的整地经验，提高油橄榄建园质量。根据气候、地形和土壤条件，提前（栽前）1～2年整地，全面深翻60～80cm，种植绿肥，压绿改土，培肥土壤。

不适宜全面深翻整地的果园，应用局部带状整地。带状整地规格，通常为带状宽120～160cm，深80～100cm。槽底设暗沟排水，排水沟宽40～50cm，深30cm。排水沟内填入石块、卵石，沟上铺1层秸秆、杂草并覆土，构成暗沟排水。沟长与栽植行的长度相等，沟的两头与栽植小区的排水沟相通。带状整地的果园后期管理较费工，需要逐渐深翻扩宽定植沟，增加根系生长空间。如果能够把果园的栽培管理措施跟上，不断扩松土层宽度，增施有机肥料，改善土壤结构，保持土壤水分稳定，涝不积水，旱能灌溉，油橄榄根系多、分布广，产量高。

（2）山地建园水平梯田整地。修筑高标准水平梯田是治理山区坡地，防止水土流失，建设山区高产稳产油橄榄园的根本措施。水平梯田具有保水、保土、保肥、便于灌溉、利于果园耕作管理等良好条件。

梯田的结构由阶面、梯壁、背沟等部分组成。梯田阶面由垒面（填土）和削面（挖土）组成。原坡面与梯田阶面的交叉线即垒面与削面的界线（称中轴线），垒面在中轴线外侧，其土壤是在原坡面土层上由削面的土壤填充累积而成。垒面土层深厚、松暄、肥力较高，是油橄榄最好的定植带。削面在中线内侧，表层土壤全部被移走，露出母岩。

削面土层瘠薄，其表土为原坡面的底土或母质。因此，在削面不适宜种植油橄榄。需要逐年间作绿肥等豆科作物，深翻压绿改土，增加土层深度和土壤有机质等措施，培肥土壤。引导油橄榄根系向削面土层伸展，扩大根系生长范围，增加养分吸收，促进营养生长和结果。

梯田阶面的宽度应根据原坡度大小、土壤条件和油橄榄品种而定。陡坡地阶面宜窄，缓坡地阶面可宽；土层薄的地阶面要窄，土层深厚的阶面则要宽。一般大于5°，小于10°的坡，阶面宽20～30m；大于10°，小于15°的坡，阶面宽10～15m；大于15°，小于20°的坡，阶面宽5～10m；超过20°的山坡地不适宜建园。油橄榄根系水平分布范围广，树冠大，要求梯田阶面宽度不能小于5m。坡度大，阶面过窄，限制了根系发展。营养面积不足，油橄榄长势弱，早衰，结果少甚至不结果。另外，为了防止阶面冲刷，尽量减少土壤流失，应修筑内斜式阶面。阶面倾斜度以2°～3°为宜，并在阶面的内侧设置排水沟（即背沟）。沟深与沟底宽度为30～40cm，背沟内每隔10m左右应挖一个沉沙坑，沉淀泥沙，缓冲流速。背沟的纵向应有0.2%～0.3%比降，并与总排水沟相通，以利排走径流。

在坡度较大不适应梯田整地的还可以采用水平台整地、水平沟整地、鱼鳞坑整地等整地形式。

二、油橄榄集约化建园方式简介

集约化栽培，是指在经营果园时，从经济要求出发，把果园的投资降低到最低限，而把果品的经济效益提高到最高限的经营方式。这种经营方式需要一系列的先进技术，如高产、稳产、优质的栽培品种，适宜的砧木及栽培技术，直至果品的采收、包装、贮运等整个环节，都需要采用先进的技术措施，以尽最大可能获得高产，提高质量，取得最大经济效益。

图 6-10 西班牙集约化油橄榄园

图 6-11 武都集约化油橄榄园

6-12 宕宁集约化油橄榄园

在 20 世纪 80 年代初期，西班牙和意大利的一些研究人员和农场主开始在油橄榄园尝试通过密植并设置灌溉设施，以使油橄榄快速进入盛产期并增加单位面积产出，在这些尝试中，油橄榄园的株行距一般为 2.44m×4.88m，3.66m×5.48m，3.05m×6.10m，3.35m×6.70m，4.57m×5.48m，4.88m×6.10m，5.48m×6.70m，3.96m×7.00m 等，密度约是 371 ～ 741 株/公顷。这些油橄榄园被称为“高密度油橄榄园”。高密度油橄榄园的优点是单位面积产量较高，其单位面积的产量约是传统油橄榄园的 2 ～ 3 倍。但它一般需 7 ～ 10 年进入盛产期，果实的采收大多采用树干摇动器或油橄榄采摘机。高密度油橄榄园需 7 ～ 10 年才能进入盛产期，对于投资者们来说时间太长，而且不论是传统间距的油橄榄园还是高密度油橄榄园，采用树干摇动器、各种联合树干摇动器以及人工采收方式中的任何一种，其果实采收的研究报告显示成本都在生产成本中占很大比例，在许多油橄榄园中，其采收费用超过生产总成本的 50%。因此，同样是从投资收益的角度来考虑，20 世纪 90 年代初期在西班牙加泰罗尼亚地区出现了“超高密度油橄榄园”，其密度达到了 1922 ～ 2990 株/公顷。后来，这种模式被推广到西班牙的其他地区和突尼斯、摩洛哥、加利福尼亚、澳大利亚、葡萄牙、法国、智利、阿根廷和意大利等国。在一些地中海国家，越来越多的油橄榄园从传统的经营方式向新的高密度油橄榄园转变。近年来，西班牙、希腊、意大利等各国科学家们选育出了适宜集约化栽培的阿贝奎拉、豆果、阿尔波萨纳等新品种，集成集约化栽培技术，目前全世界有约 40000 公顷超高密度油橄榄园，其中约有 65% 在西班牙。随着世界橄榄油消费量的逐年持续增加，较好的市场价格以及欧盟的补贴措施等因素，促进了近几十年来油橄榄产业朝着现代化、集约化和机械化的方向发展。

近年来国内油橄榄集约化栽培试验取得了较大进展，在甘肃武都、四川冕宁建成了一批集约化试验园，取得了比较好的效果。

第三节 油橄榄栽植

整地完成后，进入油橄榄栽培的重要一环，就是油橄榄定植。定植就是遵循油橄榄的习性和生长特点，将油橄榄幼苗定植在已经整好地的油橄榄园里。

一、栽植密度

种植密度大小，不仅影响油橄榄生长发育，而更重要的是影响单株产量和单位面积的产量。所以，采用有效技术控制的适当密植，既是现代油橄榄栽培技术的基本要求，也是达到丰产的一项关键措施。

从陇南引种栽培油橄榄的实践来看，传统栽植密度并非越密越好。密度超过一定限度，在尚未结果或结果初期，单株树冠和果园群体就已郁闭，光照恶化，通风不良，病害感染和生理性落叶严重，产量低或不能结果。因此，栽培密度必须适当。

图 6-13 密度过大的油橄榄园

图 6-14 密度合理的油橄榄园

在具体决定油橄榄适当密度时，主要有以下几项原则。

1. 气候、地形和土壤

日照时间短、湿度大的地区宜稀植。日照时间长，较干燥的地区适当栽密一些。同一地区，平地、土层深厚肥沃、土壤通气性好的果园，生长势较强，树体高大，栽植密度不能过大，适当稀植最有利。山地果园，土壤肥力较低，多表现生长势较弱，适当密植。上下间距较大的梯田，株距可小一些。

2. 栽培品种的特性

不同的品种个体生长发育强弱不一，树高和冠径差异较大。另外，油橄榄虽然都是喜光阳性树种，但对光照时数适应的范围有差别，即有耐阴性强弱之别。这些都是确定栽植密度的重要依据。以树冠大小和耐阴性强弱分，佛奥＞莱星＞皮削利＞柯拉蒂等。实际确定栽植密度时要了解品种特性，按不同品种的树冠大小和耐阴性强弱，合理设计栽植密度。

3. 栽培技术

整形修剪对树冠发育影响很大，生产上以盛果期果园的株行间的树冠不郁闭为标准。如佛奥和莱星常用 5m×6m 种植，所采用的株形不同树冠大小有差异。如同一品种佛奥自然开心形株形，其冠径大于单圆锥形。因此，同一品种在相同的栽培条件下，依栽培整形方式确定栽植密度。树冠大则稀植，反之，适当密植。

陇南油橄榄建设初期受退耕还林政策的限制，传统建园时普遍采用 4m×5m 密度栽植，现在从实际生产来看，生长 15 年左右的油橄榄成年树，进入盛果期后，油橄榄树的外围枝条生长量大，大部分果园树冠相互搭接，形成郁闭，成为生产上的一个技术难题。有些管理较好的果园采取隔株移除的办法或者修剪控制的方法解决密度过大的问题，取得了较好的效果。

二、栽植方式

栽植方式定义为油橄榄品种单株与群体在果园中的配置形式。对土地、光能有效利用和增加果园产量有重要影响。

栽植方式的确定要考虑栽植地的生态环境条件和品种特性。据试验报道，5m×5m 和 5.67m×5.67m，正方形栽植；8m×4m，7m×3.5m 的长方形栽植，两种栽植方式的密度均相同，而正方形栽植的产量都高于长方形。

国外的试验成果可作为我们改进栽培技术的借鉴。在确定了栽培密度的前提下，可结合当地的自然条件和油橄榄生物学特性设计栽植方式。地中海沿岸油橄榄栽培常用的栽植方式有以下几种。

1. 长方形栽植

这是世界各国广泛应用的一种栽植方式，适宜各种类型的橄榄园。其特点是行距大于株距，果园常用 4m×5m、5m×6m、6m×7m 等，果园通风透光好，便于使用机械进行果园各项栽培管理和采收。

2. 正方形栽植

适用于土地肥沃、排水良好、面积不大的平地果园。特点是株距与行距相等，多用 4m×4m、5m×5m、6m×6m、7m×7m 等。果园通风好，光照均匀，便于栽培管理和采收，产量高，但不适合密植和间作栽培。

3. 等高栽植

适用山地果园梯田栽植，栽植行沿等高线方向成行栽植，一般都是株距小，行距大。株距根据土壤和品种、树冠大小确定，株距较稳定。行距依梯田阶面的宽窄而定，行距变化大。

4. 篱壁式栽植

适用于矮化品种、集约栽培果园。其特点是小株距，大行距。株距小于 2 ～ 3m，行距 3 ～ 4m。机械修剪，篱壁式整形，结果早、产量高。但有效经济产量年限短，更新快，一般有效经济产量为 15 ～ 30 年。

5. 间作栽植

是地中海沿海平原农业区或低山缓坡常用的一种传统栽植方式。油橄榄树与粮食、蔬菜、牧草等作物间种，单行或双行栽植，株距 5 ～ 10m，行间宽（距）依农田宽窄而定，一般 10 ～ 30m，少数为 50m 等，行间宽度变化大。陇南油橄榄适生区由于受地形地貌和管理水平的限制，除在川坝区应用果—菜、果—苗间作套种外，一般不进行间作套种。

图 6-15 长方形栽植

图 6-16 等高线栽植

图 6-17 篱笆形栽植

三、栽植时期

栽植时期以油橄榄的生长生态习性决定，在每年新梢生长成熟（停止）之后至下次萌发新梢生长之前的时期定植最适宜。这一时期的气温、土壤水分和温度适宜根系恢复生长，苗木成活率高。冬季无霜冻或冰冻的地区，萌发新梢前春植，新梢老熟后冬植均可。但以新梢停止生长后提前秋植，更利于伤口愈合，促进新根生长，缩短缓苗期，提早结果。

冬季有冷害（霜或冰冻）地区，可在春季寒潮过后萌发新梢前定植，尤以新梢生长成熟后的秋季定植最好。这时光照不强、蒸发少、气温适宜、土壤水分足，定植后恢复生长快。次年萌发抽梢早，生长快，对增大树冠、早产丰产有作用。

容器苗带土定植，伤根少，根系完整，栽后容易成活。因此，从理论上讲，带土定植不受栽植季节的限制，只要气候、土壤条件适合，一年中任何时期都可以进行栽植。但是，国内外油橄榄产地都没有这种完备的自然条件。生产实践经验表明，带土栽，以夏季 4 ～ 5 月栽植较好，7 ～ 8 月高温干旱或高温高湿的地区不适合栽植。栽后缓苗慢，成活低，长势弱，不整齐。

四、栽植方法

在预先经过深翻整地和培肥的园地上，挖栽植坑定植。栽植坑的规格不依苗木的根系大小而定，而是以满足油橄榄根系未来生长来决定。油橄榄是扦插苗，没有主根，侧根生长旺盛，未来油橄榄生长主要以侧根的生长为油橄榄树提供养分和水分。在油橄榄栽植后，必须为油橄榄根系生长提供根系向下、向周围水平生长的疏松的土壤环境。向下生长对树体而言，一生只有栽植时的唯一一次机会进行土壤管理，一旦栽植后，就再没有对向下的生长的根的土壤进行管理的机会，所以就必须利用栽植的这个机会尽可能地为地下土壤进行特别的培育管理，对油橄榄幼苗的栽植我们建议采取大坑栽植的方法，栽植坑的大小为 1m×1m×1m 为宜。

图 6-18 油橄榄栽植坑

6-19 油橄榄幼苗放置

图 6-20 幼苗栽植后绑缚支柱

苗木的含水量对栽后苗木成活和幼树生长非常重要。无论是带土定植（容器苗）或不带土定植（裸根苗），移栽前几天对苗圃浇透水，使苗木吸足水分。移栽时，从容器内取出根系的土坨不致散落，伤害根系，栽后成活率高，恢复生长快。裸根苗（目前油橄榄苗木市场仍少量生产裸根苗）的根系最忌风吹日晒，苗木出圃时应避免少伤根系。起出土的苗木要立即将根系蘸上泥浆，最好在泥浆中加人 15% 左右的腐熟牛粪，妥善包装，保持根系水分，栽后易发新根。带土定植的苗（容器苗），直接把苗木的根部放人定植坑内，深度与原容器钵的根系深度一致，不宜过深或过浅。栽植时每栽植穴施氮肥 0.5 ～ 2kg，钾肥 0.25 ～ 1kg，酸性土壤要加施 0.5 ～ 1.0kg 石灰，黏重土壤还要渗入砂子。栽植时将肥料与表土拌和均匀填入植穴内，回填深度 60 ～ 70cm，压实再回填表土约 20 ～ 30cm（离坑面 20cm 为宜）。

图 6-21 培盘

图 6-22 浇足定根水

栽植裸根苗时，务必将根系向下倾斜展开，使其分布均匀。较强的根系应朝向主风方向，把较弱的根系朝向阳面，以促进根系生长，增强抗风能力，均衡长势。栽植深度与原苗圃深度一致，填入带有机质多的细土压根，边填土边把苗木轻轻抖动，使细土渗入根子间的空隙，与每条根系紧密接触，不留空隙。全部填满土后，再将根系四周的暄土轻轻地踏实，随后在定植坑周围筑土埂，做成浇水盘。灌水定根，使根部与周围的土壤紧密接触，保持足够的水分。随后，并在植株旁插入长约 1.5m 的竹竿或木杆作支柱。支柱必须直立、牢固、抗风倒。用草绳或塑料软绳将植株与支柱交叉系牢，防止支柱擦伤树皮，扶直主干，以利植株四周的侧枝均衡生长。树盘盖草或农膜，增温保墒，促进生根。

五、栽后管理

栽后 1 年内是苗木成活生长的关键阶段，需要细心管理，促进成活及快速生长。管理的主要内容有立桩扶干除萌、松土保墒除草、灌溉施肥和病虫防治等。

定植后植株顶芽变长，表明已成活开始生长。栽植试验表明，只要栽植技术到位，温度适宜，精细管理，带土苗栽后 10 ～ 15 天，裸根苗 20 ～ 25 天即可成活生长。在此阶段可以施第一次氮肥，在每棵植株周围施约 15g 尿素。以后隔 20 ～ 25 天再施一次氮肥，共 2 次，用量同上。一定要注意氮肥使用，但不能过量，以免影响植株正常生长或直接影响成活率。

土壤水分不足，表现生长迟缓。可根据土墒状况进行辅助灌溉，最好与施氮肥时一起进行浇水。这样做有助于尿素溶解，减少耗损，促进了植株的吸收能力，以满足植株快速生长对水肥的需求。

生长期应经常注意植株长势，一定要保持植株的主干挺直生长，不能偏斜，以免破坏四周侧枝生长均势。要及时将主干延长生长的新梢扶直系于支柱上，保持垂直向上延长生长的领导优势。如果因为某种原因主干延长枝受损或过于细弱，失去垂直向上生长的优势，可选择生长势强的侧枝代替主干延长枝，并把代替枝扶直系于支柱上。随即将代替枝的竞争枝短截或疏除，维持延长枝生长优势，以均衡树势。从主干或侧枝萌发的新梢，视其生长位置和空间，有用则保留，无用则疏除。严防无用的徒长枝损耗养分，影响树冠通风透光，破坏树冠生长平衡。另外，注意对栽植行进行松土保墒，清除杂草；保持果园卫生，防止病虫感染。第一年生长期结束时，如佛奥或莱星，植株一般能长到 1.6m 高左右，冠幅 1.5m^2 左右。之后，第二年开始，应采用果园栽培管理技术进行管护。

图 6-23 以色列栽植图

图 6-24 机械化栽培提高工作效率

六、幼树定干

新栽的油橄榄幼树成活后，适时修剪定干，可以最大限度加速幼树成长。一般在春季栽植当年秋季或秋季栽植第二年春季进行定干。定干高度要根据栽植的密度、品种和立地条件等因素而定，栽植密度大时定干要低，立地条件好时定干要高些；短枝型品种定干适当低些，乔化品种可高些，一般定干高度为 80 ～ 100cm 左右，定干当年或第二年，在中央领导干定干高度以上，自然开心型树形选留 3 个不同方位（水平夹角约 120°），生长健壮的枝或已萌发的壮芽，培养为第一层主枝，层内距离不少于 20cm。一年一次完成或分两年选定均可。但要注意如果选留的最上一个主枝距主干延长枝顶部过近或第一层主枝的层内距过小，都容易削弱中央领导干的生长，甚至于出现“掐脖”现象，影响主干的形成。当第一层预选为主枝的枝或芽确定后。除保留中央领导干延长枝的顶枝或芽以外，其余枝、芽全部剪除或抹掉。其他树形的定干根据树形特点定干。目前国外油橄榄栽培都是大苗建园，定干阶段在苗圃已经完成，油橄

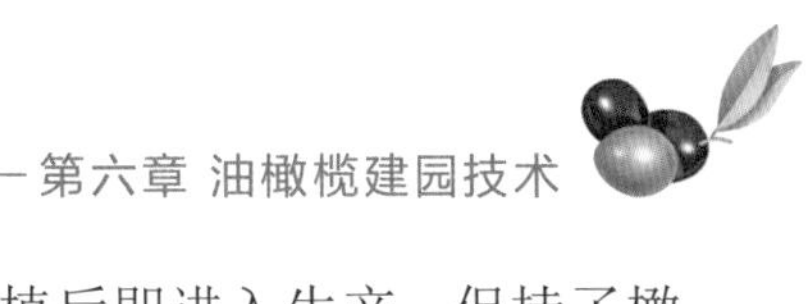

榄定植时树形已经成形，甚至有的已经在容器中挂果。定植后即进入生产，保持了橄榄园连续性生产。

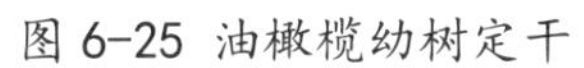

图 6-25 油橄榄幼树定干

图 6-26 已经定干的油橄榄容器大苗

第七章 油橄榄园土壤管理技术

土壤是油橄榄树生存的基础，油橄榄树吸收的水分和养分直接由土壤供给。土壤性状对油橄榄树生长发育影响很大，各种栽培措施的效果也受土壤因素的影响。陇南山地油橄榄园土层浅、肥力低，有机质含量少，缺少灌溉条件，根系往往生长不良，以致产量低而不稳，同时影响油脂的形成。要想使油橄榄园获得高的产量和优质油品，必须加强土壤的改良和管理，通过深翻熟化、除草松土、穴贮肥水、覆草等措施，打破障碍层，通透下层，改善根际环境，使土壤的水、肥、气、热更加协调，以利根系生长和吸收，促进油橄榄树的生长和发育，达到丰产的目的。

油橄榄园土壤管理，主要指对油橄榄园树行、株间及树盘的土壤进行合理的科学管理。其管理的具体内容包括油橄榄园土壤理化性状（如质地、结构、有害物质等）的改善、土壤培肥、土壤耕作、间作套种、根据土壤诊断指导施肥和浇水等。对油橄榄园土壤进行科学管理，使油橄榄树有一个赖以生存的良好土壤环境，并保证各种养分和水分及时充足供给，不仅可以促进油橄榄树根系良好生长，而且能增强树体的代谢作用，促进树体生长健壮，提高产量和果实品质。

油橄榄园土壤管理技术，可以理解为对油橄榄园树行、株间土壤采取深翻、深挖、中耕等方式或方法进行管理，归纳起来有如下 5 种。

一、清耕法

所谓清耕法是对油橄榄园行、株间土壤地面，常年保持休闲，定期翻耕灭草，不间作任何农作物或覆盖绿肥作物的土壤管理方法。可以在油橄榄树生长季节多次进行浅耕除草，保持果园地面干净。

图 7-1 国外油橄榄园清耕法管理技术

犁或耙耕：在幼龄果园行间用牛进行犁耕或人工耙耕，达到除草和松土的目的，可以增加蓄水能力、减少土壤容重，增加土壤孔隙度，增强土壤透水性和通气。

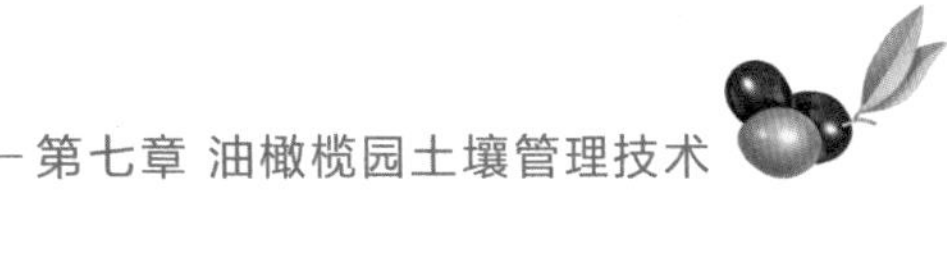

旋耕：用旋耕机进行果园行间平整土地、耙碎土块、混拌肥料、疏松表土。这是山地果园土壤翻耕的主要方式。

图 7-2 人工除草

图 7-3 旋耕机除草

中耕：中耕的作用是疏松表土，铲除杂草，是果园经常进行的耕作措施。在油橄榄树的生长季节，由于灌溉和降雨，果园土壤沉实，透气性差且杂草滋生，从而影响到油橄榄树的生长发育。因此有必要对油橄榄树进行多次的中耕除草。一般在生产上杂草还未结种子之前除草的效果最佳，既达到当年除草的目的，又减少或降低了第二年杂草的生长量。

二、生草法

生草法是根据油橄榄树生长发育和果园生态规律，在果园采用宽行距的栽培条件下，行间或全园种植有益草本植物的一种现代果园土壤管理方法，普遍被发达国家如美国、日本、西班牙等采用。是一项现代化、标准化的果园管理技术，同时也是果园有机栽培的重要技术措施。研究和实践证明，果园生草栽培是保证油橄榄树生产可持续发展的有效途径。这种土壤管理方法具有诸多优点，包括：可以稳定和可靠地增加土壤有机质含量，改善土壤结构，提高土壤肥力和保墒能力，减少果园水土流失和粉尘含量；增加果园植物物种多样性，抑制竞争性或恶性杂草的丛生；促进生成更加发达和高效的油橄榄树根系；提高植物害虫的天敌种群和数量，降低植物病虫的危害；便于果园机械操作和环境美化，降低果园投入和维护成本等。因此，果园生草栽培也是一种重要的生态培育模式。生草法的做法是采取在油橄榄树行间播种多年生豆科或禾本科绿肥牧草植物，或者采取两者混播，也有利用当地的自然植被（即

图 7-4 国外油橄榄园种草技术的运用

杂草）的，全年视其生草情况和需要，定期收割置于原地或移做树盘作覆盖材料之用。

生草法的优点是，能改善土壤理化性状，促进土壤团粒结构形成，提高土壤有机质含量，进而提高果品产量和质量。以国外5年的试验结果为例证实，同清耕法相比生草法有如下优点：

（1）直径为2.5mm的土壤团粒数量提高4倍左右。

（2）水流失量减少约1/2。

（3）土壤流失，清耕区为3428L/1000m²，生草区为17L/1000m²。

（4）土壤有机质含量清耕区由0.81%下降到0.47%，而生草区则由0.81%上升为0.84%。

（5）果品产量平均提高约30%左右。

（6）生草法还能大量节省劳力在炎夏降低地表温度。

生草法的缺点是，在一定的生草时期内，生草与油橄榄树之间有争水争肥矛盾，而且在油橄榄园土壤肥力低，肥水条件又较差的情况下，此矛盾尤为明显。此外，油橄榄园长期生草，易引起油橄榄树根系上翻。

生草法在国外能普遍采用，是由于其土壤肥力高，并给生草追施无机肥料，明显缓解了油橄榄树和生草的争水争肥矛盾，而中国因土壤基本肥力和施肥水平有限，加之传统观念，长期习惯于清耕等原因，至今仍尚未大面积应用生草法。鉴于中国的基本国情，在油橄榄园土壤管理中实行生草法，主客观条件尚不具备的情况下，中国农业科学院郑州果树研究所在徐州市矮化苹果园中，利用豆科绿肥作物毛叶苕子（简称毛苕，下同）的成熟种子，自然落地后在土中具有"寄种"特性，进行了为期5年（1983—1987）类似生草的栽培利用试验，共设3个处理：①清耕法（对照）。②毛苕单播。③毛苕与黑麦草混播。②、③2个处理，3年翻耕1次，重新播种。

试验结果表明：

（1）每年炎夏（6～8月），②、③两处理的地表土温较清耕区平均降低5.1℃～8.1℃。

（2）土壤有机质含量提高0.13%～0.23%。

（3）苹果座果率提高2.2%～7.8%，每亩增产16.1%～34.6%。

从试验结果可以看出，利用毛苕自传种栽培法，确系符合中国国情的一种类似生草法油橄榄园的土壤管理法。因为其一，播种能自传种的豆科植物毛苕或将其与黑麦草混播，不仅自身能生物固氮，且其生长需肥高峰期（晚秋至晚春）基本上与油橄榄树的生长结实高峰期（晚春至春天或秋天）相错开，明显减少了与油橄榄树的争水争肥矛盾。其二，毛苕匍匐生长，自然高度仅40～50cm，死亡后，覆盖地表的自然高度仅为5～10cm，无须定期收割，极为省工。其三，仅需3～4年翻耕1次，重新播种，

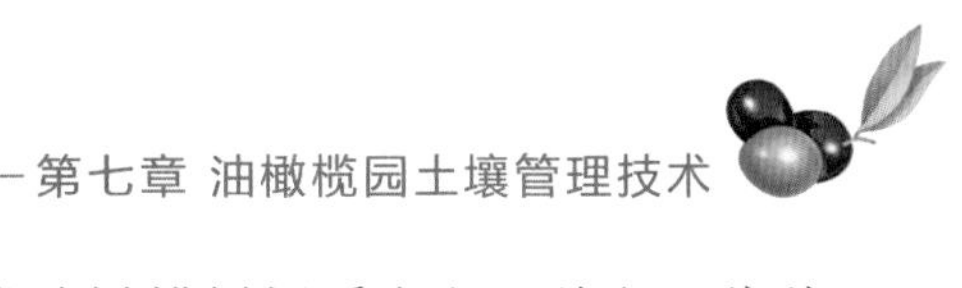

既可防止土壤板结，有利于透气透水，又不至于造成油橄榄树根系上翻。总之，此种土壤管理法，不仅能增产增收，省工、省肥、省水，而且有利于油橄榄园土壤的改良和生态环境的改善。采取毛苕和黑麦草两者混播，能有效提高鲜、干草产量和调整其碳氮（C/N）比值，有利于提高土壤有机质的含量。

三、清耕覆盖作物法

此法是在每个年周期中，某一时期保持清耕，使土壤保持休闲状态，而另一时期则播种（绿肥）作物的方法。一般多采取冬、春使土壤保持休闲状态，而初夏则播种一季短期作物或牧草绿肥作物，到秋季收获。此法优点是，在油橄榄树大量需要养分水分的春至初夏时期，土壤清耕休闲除草，有利于土壤有机质分解和无机氮素等养分释放，有利于油橄榄树前期生长。而夏季播种覆盖（绿肥）作物时，可吸收土壤中过多的水分和养分。有利于提高果实品质和树体安全越冬。还可在炎夏降低地表温度，减少水土流失等作用。缺点是每年需要进行耕种，收割或翻压，需要投入一定的劳力和资金。

毛云玲等用不同覆盖方式对云南干热河谷油橄榄园土壤温度、水分和容重的影响进行了研究。结果表明，薄膜覆盖在初春对油橄榄具有显著的增温作用，进入夏季由于太阳辐射加强日照时间变长，其增温效果更加明显。选用薄膜覆盖，月平均温度最高，秸秆、青草低于对照，纸箱最低。0 ～ 20cm 土温测定结果表明，薄膜覆盖土温变幅最大，并且土温变幅随土层深度增加调节作用减小。由此可见，薄膜覆盖在较高的太阳辐射强度和长日照时间充分体现出其显著的增温作用。秸秆、生草、纸箱覆盖在春、夏季均低于对照处理。夏季采用秸秆、生草、纸箱覆盖能有效降低土壤高温出现的频率，减少土壤有害高温对根系伤害的可能性，有利于油橄榄根系的生长和对养分、水分的吸收。

在油橄榄覆盖试验期间，结果表明全部覆盖处理不同深度水分都呈上升趋势，所有覆盖处理的 10 ～ 20cm 土层含水量低于相应覆盖处理 0 ～ 10cm 土层含水量。而且随着土壤深度增加，不同覆盖处理之间土壤水分含量差异逐渐增大、规律性增强。不同覆盖处理 0 ～ 10cm 土层含水量以秸秆、生草较高，而对照最低；10 ～ 20cm 土层含水量同样以秸秆、生草最高，对照最低。由于秸秆、生草覆盖，降雨时能接纳、截留、积蓄较多雨水，干旱时又可减少土壤水分蒸发，使土壤含水量增加，所以其覆盖处理下土壤水分普遍呈上升趋势。进入夏季，由于晴天的高温、干旱、蒸发，秸秆、生草覆盖的土壤含水量则会明显高于未覆盖土壤。夏季采用秸秆、生草覆盖后，有效地防止了水土流失，降水全部或大部分渗入土壤而增高含水量，减少了土壤蒸发，提高含水量；同时由于秸秆、生草覆盖，果园土壤不直接裸露与大气接触，减少外界因子的影响，减少了土壤蒸发，进而提高了土壤含水量。土壤含水量的提高，有利于油橄榄新梢生长以及土壤有机质分解、根系吸收和养分积累。

油橄榄园连续全年覆盖后，秸秆、生草覆盖物经土壤微生物分解后增加了土壤中腐殖质含量，促进了土壤团粒结构的形成，因而可以降低土壤容重，有效地改善油橄榄园土壤结构。薄膜覆盖提高土壤气、热、水条件，利于微生物活动，提高生物活性，因而同样降低土壤容重，改善土壤结构。此外，覆盖可以防止土壤表面被破坏。覆盖处理可减轻雨水对土表的冲溅而造成结构的破坏，选用秸秆、生草、纸箱覆盖可消除阳光暴晒而引起的表土硬结龟裂，也较长时间地保持了土壤良好的结构。土壤容重的降低和孔隙度的增加，使得土壤通气性、透水性和持水能力更加协调，稳水保肥性能增加，促进地上部树体营养生长。

四、间作法

此法是指利用油橄榄树行、株间甚至树盘地面，间作各种农作物或蔬菜、药材等，目的在于通过间作增加油橄榄园经济效益。优点是，在地壮肥足，油橄榄树行、株距较大，间作物选用安排合理的情况下，确能增加油橄榄园经济收入，尤其在新栽的幼龄油橄榄园中，因树体行、株距宽，适当进行合理间作矮秆或伏地生长的农作物，确实是一种“以短养长”的可取方法。缺点是，在地瘦肥缺情况下，因果粮争水争肥矛盾加剧，而明显影响油橄榄树的正常生长和开花结实。同时，还会因每年随着农作物种子和秸秆收获，运出果园，而导致油橄榄园地力逐年下降，最终害大于利。一般来讲，在成年油橄榄园，采取此种土壤管理法，是不可取的。

图 7-5 油橄榄幼树园育苗

图 7-6 油橄榄幼树园间作油橄榄茶园

五、免耕法

免耕法是农艺家法克里于 1943 年首先提出的，油橄榄园免耕法在国外研究报道较多，而中国极少。所谓油橄榄园土壤免耕法，是对油橄榄园土壤长期不耕作的一种土壤管理方法。其优点是，不翻动土壤，保持土壤自然结构或状态，土壤中有机质分解缓慢，有助于土壤结构的形成和恢复，水土流失少，且节省劳力。在中国油橄榄园研究和应用免耕法极少的原因，是因为中国油橄榄园多有间作习惯且地力低，浇灌水条件差。更为重要的原因是，直到今天，国内对于在油橄榄园实行完全的免耕法，是否适宜以及长期免耕的效果和效益，未见成功的实例来证实。特别是一些除草剂的运

用在油橄榄果实中会造成残留，这在食品生产上绝对不能容许的。油橄榄生产提供的是一种高档食用油品，任何对油品质量造成影响的行为都应该严令禁止。在条件不成熟的情况下，不提倡这种耕作措施。

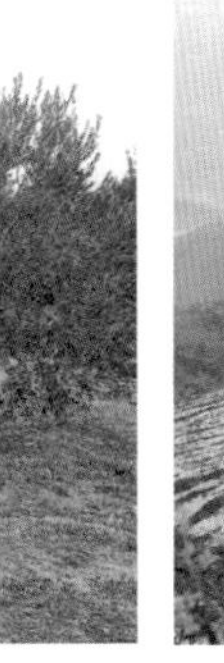

图 7-7 免耕法

图 7-8 覆盖法

六、覆盖法

是指采用各处不同的有机或无机材料，对油橄榄园的油橄榄树行、株间或树盘土壤表面进行覆盖的方法。所用有机材料有绿肥作物杆茎或鲜体，各种农作物秸秆、杂草、枯枝落叶等。无机材料主要是砂粒、煤渣（用于黏土油橄榄园），淤泥或河塘泥（用于沙土油橄榄园）。而化工产品主要是塑膜。覆盖法的共同优点是：可使地表冬季保暖、炎夏降温、减少土壤水分蒸发，抑制杂草丛生，减轻水土流失，增加土壤养分等。其缺点是：若采取连续多年长期覆盖，会引起油橄榄树根系上翻，并易成为病虫害隐蔽场所。且因覆盖而需要投入一定劳力和资金，对于因覆盖带来的副作用，可采取结合每年秋施基肥时，将覆盖之残余物，集中一并埋于施肥沟中，翌年重新覆盖。利用无机物（如砂粒、煤渣、淤泥、河矿泥等）做覆盖材料，最好结合秋施基肥局部改良土壤时，将覆盖物与油橄榄园土壤进行掺混，以达到改变局部土质地（又称之为土壤机械组成），进而改善其渗水透气性和保水保肥性。

塑料薄膜用于油橄榄园覆盖，多见于新定植的幼树或密植油橄榄园中，用于油橄榄树营养带或树盘地表覆盖之用。其主要作用是早春提高地温和保墒，有利于油橄榄树根系提早活动和促进土壤中养分释放。此外，用反光黑色塑膜覆盖，有抑制杂草丛生且反光作用，而有利于果实着色，塑料覆盖的缺点是：价格较贵，投资较大，覆盖后的残体，若不及时清除，会对土壤造成一定的污染。相比之下，利用就地取材，采用各种干枯、活的有机物做覆盖材料，和用无机材料以及塑膜相比，确实较为经济实惠，来源广、投资少、效果佳，且有利于肥土壮树。

总之，上述所介绍的 6 种油橄榄园土壤管理方法，各有其优缺点，各地油橄榄园，可根据自身的具体条件和需要，因地制宜地选择采用。

第八章 油橄榄施肥技术

油橄榄树从土壤中吸取各类营养物质，保障各类生命活动的正常进行，要想使油橄榄丰产、稳产，并产出高品质的果实，就必须研究和分析油橄榄树营养物质对生理活动的影响，从而遵从这些规律，按照树体需肥特点，进行科学施肥。油橄榄在生长发育过程中，周年不停地进行着根、茎、叶生长，花芽分化和开花结果。树体不断地吸收养分，以满足树体的营养生长和开花结果的需要。所需的基本营养成分为氮、磷、钾和钙。其次，有一些元素，如镁、铁、硼、锰、锌等，虽然油橄榄对这些元素需要量不大，但其重要性不可低估。还有一些营养元素植株能够从空气和水中大量吸收，如二氧化碳、氢和氧等，这些元素是光合作用的基本原料。

长期以来，果农一般都是凭生产经验，凭肥料试验结果进行施肥。一般是看地施肥，根据土壤耕性、质地、土色以及本地区土壤条件等来判断土壤肥力状况，作为其施肥的依据；或者是看树施肥，根据某树种、品种、树龄、树势、枝叶形态表现、各生育阶段对各养分的需求程度等来作为其施肥的依据。这些方法简单易行，至今在生产上广为采用，但也存在着诊断粗放、不够准确等问题，特别是树体缺乏某种元素但未表现出典型症状或者表现与另一缺素症相似时，就容易出现误诊。必须准确判断树体营养状况，做到有针对性的施肥，避免施肥过量造成肥害或施肥不足影响树体生长和发育。

第一节 油橄榄营养元素与生长发育

当前陇南油橄榄生产普遍存在低产、不稳产甚至持续数年低产的问题，其主要原因除了气候、降水等因素之外，油橄榄园粗放的土壤管理模式直接导致土壤肥力低下，以及树体自身的营养失衡等因素都是油橄榄低产的重要原因。为此，必须针对陇南具备代表性的油橄榄园的土壤进行取样调查，并分析土壤养分状况，了解不同地点的油橄榄园土壤的养分现状和肥力，制定合理的施肥方案。赵梦炯等以陇南市武都区表现较好的两个栽培品种莱星和鄂植 8 为试验材料，通过配方施肥、单因素施肥试验研究，研究了油橄榄枝条与果实生长发育规律、不同物候期油橄榄叶片营养含量的动态变化、

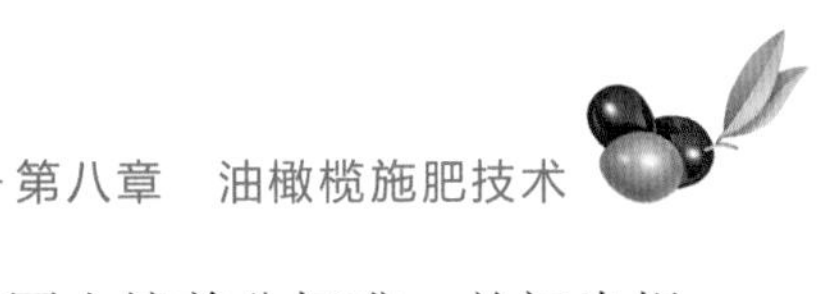

以及油橄榄单株产量变化。经试验数据分析总结出油橄榄园土壤养分标准，并初步提出油橄榄施肥时间、次数和肥料种类，为制定科学合理的油橄榄施肥策略提供依据。

赵梦炯等研究认为油橄榄自萌芽期开始生长，整年的生长进程呈现的节奏为“快—慢—快—慢”，新梢生长量的年周期具有很强的规律性。油橄榄在全年的生长周期内，共呈现三次生长高峰，即4月上中旬、6月中下旬之间和8月中下旬。在生长发育周期内，油橄榄果实从座果开始经过6月下旬至7月上中旬和9月中下旬两次生长高峰期后共计生长150天后完全成熟。针对结果枝N、P、K三种元素动态分析表明：油橄榄在两个阶段对N、P、K营养的需求量较高，分别是开花授粉、果实膨大期；油橄榄果实座果期需要大量N、P元素，但是对K的需求量较少，幼果时期针对营养的需求状况则与座果期的需求相反，需要大量的K元素。根据新梢生长量以及果实的年生长发育规律，且与结果枝的N、P、K三种元素的动态相结合分析得出，在陇南武都区应注重以下四个时期的施肥措施：一是在油橄榄果实收获后，以含有N、P、K的复合肥为主；二是在开春后，3月至4月期间以施N肥和P肥为主；三是在5月末至6月的中旬期间，以N、P肥为主；四是在夏收时即6月至7月，以施K肥为主。幼树盆栽的试验结果表明：N、P、K肥的施入对油橄榄幼树枝条生长都有不同程度的促进作用：N肥株施100g最好，P肥株施150g最好，K肥的施入对生长有一定影响，但各水平之间无显著差异，表明油橄榄幼树生长对K肥施入量变化并不敏感。盛果初期的油橄榄树大田单因素试验结果表明：施入N、P、K肥能明显促进枝条当年生长量，而N肥株施125g最好，P肥株施150g最好，K肥株施200g最好。B肥和Zn肥也对新梢生长有一定促进，但是效果均不明显。当施入N、P、K、Zn、B肥后，均能提高花芽质量，其中以N、K和B肥效果最好，N肥株施50g、K肥株施150g和B肥株施150g肥效果明显，有效花芽提高20%以上。在施入N、P、K、Zn、B肥后，均能提高单株产量，N肥株施50g、P肥株施200g、B肥株施200g、Zn肥株施125g，均增产30%以上。盛果初期树的配方施肥试验表明：各元素施入纯量促进油橄榄新梢生长的最优组合为：N50g、P200g、K50g、B150g、Zn50g。影响油橄榄有效花芽各元素施入纯量提高有效花芽比例最优组合为N100g、P150g、K50g、B200g、Zn125g。影响油橄榄单株产量各施入纯量：N25g、P50g、K100g、B100g、Zn25g。在生产实践中，对油橄榄幼树期的施肥管理应根据土壤养分特征、植物营养诊断，确定合理的施肥方案，并进行一定的田间试验，以求达到能客观、综合地反映施肥的效果。

安平对土耳其油橄榄叶样与施肥进行研究认为油橄榄树的最佳产果期是30～100年。一株树一年需消耗N（含N量21%的氮肥）最小量为250g，最大量为3500g，P（含$P_2O_5$16%的磷肥）5000g，K（含K_2O为50%的钾肥）500～2000g。针对不同地区、不同品种、不同年龄的油橄榄树对矿物质需求量的不同，经叶片、枝条、果实、果核矿物营养元素的分析，再配合土壤的分析，得出应该具体选用的施肥方案，正确指导油橄榄种植主集约经营。从卡玛帕夏研究站的试验得出 1kg 油橄榄果实含 N4g，$P_2O_5$1.44g，K_2O9.96g，1kg 枝条含 N5.3g，$P_2O_5$0.87g，K_2O3.21g。而植株从土壤中吸收的 N、P、K 的比例为 1∶0.35∶2.4。在油橄榄果实增长的时候，特别需要 K 素，果肉 K 的含量大于枝条、叶片和果核。在生长阶段，叶片对 N 的需要量大于果肉、枝条、果核。

邓煜等通过不同施肥配方及施肥量对不同品种新梢生长量的影响分析得出：施肥对于刺激新梢生长、恢复和增强树势有明显的促进作用。随着施肥量的增加，年平均新梢生长量也随之增加，特别是施用有机肥 + 无机肥混合肥比单纯施用有机肥对新梢生长量更有促进作用。施用硼肥可克服缺硼症、促进节间延长、促进成年树增产 7% 以上。影响油橄榄丰产稳产的因素很多，有当年气候、品种、树体的个体差异等等，在大田开放环境系统中，施肥试验的交互作用很强，不同试验水平并非表现出线性关系。施肥对促进油橄榄挂果有显著影响，而且增产效应越来越大。主要表现在四个方面：一是挂果株率提高。由试验前的 67% 提高到试验后的 97%，提高了 30%；二是单株产量逐年增加，由试验前的 2.5kg 第 2 年提高到 4.0kg 以上，第 4 年提高到 16.0kg，净增 13.5kg，增产 540%；三是稳产性增强，大小年变幅缩小；四是单株产量最大值猛增，由试验前的 7.8.kg 猛增到 30.0kg，最大单株产量可提高 3 倍以上，增产幅度和潜力很大。

油橄榄是嗜硼植物，施用硼肥对改善缺硼症、促进油橄榄挂果有持续作用。10 年生树于冬季每株环状沟施 200g 高纯硼（B=99.9%）或于生长期叶面喷施 2g/L 的水释剂具有突出而持续的增产作用，可不同程度地减轻大小年，实现丰产稳产。通过施用有机肥、无机肥、混合肥和硼肥试验得出，油橄榄丰产栽培肥水管理的优化配方技术集成为：施用有机肥 + 无机肥的混合肥，于 11 月份施 5kg 的菜籽饼，1kg 过磷酸钙、0.5kg 硫酸钾、200g 硼肥；于 4 月、6 月、8 月各施 0.3kg 尿素，于每年的 4 月、7 月、11 月灌 3 次水，可使单株产量由 2.4kg 提高到 18.2kg，净增产 15.8kg，但由于大田施肥试验的交互作用很强，对其配方的综合试验还有待今后深入研究。

第二节 油橄榄营养诊断

早先许多科研人员采用测土配方施肥的技术加强橄榄园施肥管理，但实际上影响树体生长、发育、开花、结实的根本原因还是树体对各营养元素的吸收，也就是树体本身的营养状况。油橄榄施肥的依据是树体营养诊断。果树的营养诊断技术，是了解果树树体内营养水平或了解土壤肥力，矿物营养盈亏状况的方法，为施肥提供依据。

按照缺什么补什么的原则，有针对性的施肥。

一、植物营养诊断的主要方法

20 世纪 60 年代以来，随着分析仪器的改进，植物营养诊断方法及其应用均有较大的进展，相继提出了诸多方法。诊断方法直接影响诊断结果的准确性和实用性，因此，如何选择正确合理、经济实用的诊断方法已成为人们日益关注的问题。现阶段在生产中应用的几种诊断方法有：

1. 植物组织分析诊断法

植物的生长除受光照、温度与供水等环境因素影响外，还与必需营养元素的供应量密切相关。植物养分浓度与产量密切相关，因此，植物组织养分浓度可以作为判断植物营养丰缺水平的重要指标。大量研究结果表明，叶片是营养诊断的主要器官。养分供应的变化在叶片上的反映比较明显，叶分析是营养诊断中最易做到标准化的定量手段，但有时仅凭元素总含量还难以说明问题，尤其是钙、铁、锌、锰、硼等特别易于在果实和叶片中表现生理失活的元素，往往总量并不低，而是由于丧失了运输或代谢功能上的活性导致缺素症状的发生。因此，除了叶片分析外，还可根据不同的诊断目的，运用其他植物器官的分析，或相对于全量分析的“分量”分析，以及组织化学、生物化学分析和生理测定手段。

2. 土壤分析诊断法

土壤分析是应用化学分析方法来诊断树体营养时最先使用的方法。植物组织分析反映的是植物体的营养状况，而通过土壤（基质）分析则可判断土壤环境是否适宜根系的生长活动，即土壤提供生长发育的条件。土壤分析可提供土壤的理化性质及土壤中营养元素的组成与含量等诸多信息，从而使营养诊断更具针对性，也可以做到提前预测，同时该法还具有诊断速度快、费用低、适用范围广等优点。但是大量的研究表明，土壤中元素含量与树体中元素含量间并没有明显的相关关系，因而土壤分析并不能完全回答施多少肥的问题，所以只有同其他分析方法相结合，才能起到应有的作用。

3. 植物外观诊断法

各种类型的营养失调症，一般在植物的外观上有所表现，如缺素植物的叶片失绿黄化，或呈暗绿色、暗褐色，或叶脉间失绿，或出现坏死斑，果实的色泽、形状异常等。因此，生产中可利用植物的特定症状、长势长相及叶色等外观特性进行营养诊断。植物外观诊断法的优点是直观、简单、方便，不需要专门的测试知识和样品的处理分析，可以在田间立即做出较明确的诊断，给出施肥指导，所以在生产中普遍应用。这是目前中国大多数果农习惯采用的方法。但是这种方法只能等植物表现出明显症状后才能进行诊断，因而不能进行预防性诊断，起不到主动预防的作用；且由于此种诊断需要丰富的经验积累，又易与机械及物理损伤相混淆，特别是当几种元素盈缺造成相似症状的情况下，更难做出正确的判断，所以在实际应用中有很大的局限性和延后性。

4. 田间施肥试验法

田间施肥试验是寻找植物施肥依据的基本方法，也是对其他营养诊断方法的实际验证，特别是长期的定位试验更能准确地表示树体对肥料的实际反应。中国林学工作者在这方面做了大量的工作，为促进林木的速生丰产起了很大的作用。但是肥料试验由于统计学上的要求及植物（尤其是果树）个体差异大的特点，要花费大量的人力、物力，且由于这种试验统计模式本身的局限性，往往结果不能外推，试验结果就失去了普遍性的意义。

5. 生理、生化及组织化学分析

由于营养失调一般总在植物生理生化及组织内发生一些典型变化，因此，运用现代生物技术及实验手段，通过生理生化及组织形态分析，可以判断植物的营养平衡状况。如可利用树叶各组织形态检验钾、磷、锌等元素营养水平；也可以用解剖学与组织化学相结合的方法来检验植物铜的营养平衡状况。对于生理指标最简单的方法是，在田间直接对所怀疑对象的叶片喷施某种元素的溶液，有助于说明是否缺乏该种元素。这种方法适用于微量元素铁、锰、锌的缺乏症上，特别是缺铁症。一些近代发展的生物技术可以弥补叶分析的不足，但目前尚未建立十分成熟可在生产上应用的生理生化检验指标，还需要在不同的元素比例下，检验其平衡点的临界水平，以提高营养诊断的效率。

6. 植物组织液分析诊断法

即利用新鲜组织液的养分含量快速诊断养分缺乏或过量，以提供信息调整施肥项目。目前在多个国家广泛应用，包括荷兰、法国、英国、美国、日本。该技术能提供养分的常规监测，尤其对岩棉栽培植物比较有效。中国在部分农作物的营养诊断上利用该方法，取得了很好的效果。

7. 无损测试技术

无损测试技术是指在不破坏植物组织结构的基础上，利用各种手段对作物的生长和营养状况进行监测。如传统的氮素营养诊断无损测试方法主要有：肥料窗口法、叶色卡片法、基质淋洗液法和叶绿素计读数法，这些方法均属于定性或半定量的方法。在容器育苗与温室容器培育植物中应用的淋洗液分析法，其原理是利用淋溶液中可溶性盐的含量与基质中有效养分的关系进行测定。该方法能迅速地估计出植物的潜在有效养分。在国外，许多容器培育植物已有该方法的指导册子。然而，由于基质与肥料的种类，灌溉水质及测定时水分含量的差异都会影响测定结果，容易产生误导。同时，淋洗液法提供的分析结果是栽培基质中能被植物利用的潜在养分。大量研究表明，许多植物的叶绿素计读数与含氮量相关。因此，叶绿素计读数法被用于植物氮素营养的快速诊断，该法是将植物叶片插入叶绿素计，测定部位感光后读出叶绿素值（叶色值），

根据与植株含氮量的关系确定氮素诊断的叶色值。叶绿素计体积小，重量轻，携带方便，测定方法简单，所得数据准确，适于各种作物及林木氮素营养诊断。然而对一种植物而言，当不同品种叶型发生变化时（厚度、形状、彩斑等），确定单一读数或过量水平通常很困难。近年来，随着相关领域科技水平的不断提高。氮素营养诊断的无损测试技术正由定性或半定量向精确定量方向发展，由手工测试向智能化测试方向发展。其中，便携式叶绿素仪法和新型遥感测试法是20世纪90年代以来最新发展的方法，目前在欧美各国已成为研究的热点，部分成熟技术已进入推广应用阶段。

目前国际上通常的油橄榄营养诊断方法为土壤诊断和叶片分析两种：

1. 土壤诊断

土壤诊断是从田间采集土壤样品带回实验室作土壤分析，测定土壤性质、酸碱度、可溶性盐含量以及速效性养分含量等，根据土壤分析资料及植株的负载量，来进行施肥。这种方法数据可靠，但工作量大，同时由于土壤中养分供给能力与雨量、土温、土壤微生物及管理水平有关，故土壤养分含量高并不等于利用率就高，所以土壤分析一般只能作树体营养诊断的辅助手段。

2. 叶片营养分析

叶片分析又叫植物组织分析，是近几十年来发展起来的一种先进的诊断技术，能准确反映出树体营养水平，矿物元素的不足或过剩，并能在症状出现前及早发现。各树种叶片采集方法和采集量有差异，采集好后带回实验室作分析。首先洗去叶柄上的污物，烘干研碎，测定硝酸氮、全磷、全钾、铁、锌、硼等元素的含量。根据叶片分析含量，对照此品种适宜的营养指标，制定施肥标准。这种诊断技术在美国、日本等国家已普遍应用，有效避免了因树体营养失调而产生的果树低产劣质。

二、油橄榄营养诊断标准

施肥的依据是油橄榄营养诊断。通常在国外油橄榄原产地，橄榄园种植主都严格按照具有资质的国家土壤分析专业部门指导意见对油橄榄园进行施肥。首先土壤分析专业部门将所属范围内的果园土壤和油橄榄树体营养状况进行严格科学的化验分析，确定土壤和树体的营养状况，制定各橄榄园施肥标准。然后将标准发送给果园主。果园主按照提供的施肥标准对果园施肥。希腊、西班牙、意大利等国现代果园普遍应用的是树叶分析法，得出营养诊断指标，指导科学施肥。叶分析法，可以精确的测定植株所吸收的营养元素量的变化规律与产量的关系，来确定树体的营养诊断指标，作为指导施肥的理论依据。因此，根据营养诊断标准计算的单株施肥量，实际上是实现目标产量的营养平衡施肥量，是世界上通用的科学施肥方法和施肥量。营养诊断技术研究在国内部分油橄榄园已经采用。各国土壤、气候、降雨等生境因子不同，诊断指标的确定也略有差异。

世界各油橄榄主产国油橄榄营养诊断标准如下：

表8-1 希腊营养诊断指标

营养元素(叶干重)	单 位	适宜值范围
氮(N)	%	1.8～2.0
磷(P)	%	0.12
钾(K)	%	0.8～1.1
钙(Ca)	%	1.0～1.2
镁(Mg)	%	0.15
硼(B)	mg/kg	17～20
锌(Zn)	mg/kg	25
锰(Mn)	mg/kg	40～50
铁(Fe)	mg/kg	80

注：休眠期叶样分析

表8-2 美国营养诊断指标

营养元素(叶干重)	单 位	缺 乏	充 足	中 毒
氮(N)	%	1.40	1.50～2.0	
磷(P)	%	0.05	0.10～0.30	
钾(K)	%	0.40	>0.80	
钙(Ca)	%	0.30	>1.0	
镁(Mg)	%	0.08	>0.10	
锰(Mn)	mg/kg		>20	
锌(Zn)	mg/kg		>10	
铜(Cu)	mg/kg		>4	
硼(B)	mg/kg	14	19～150	185
钠(Na)	mg/kg			>4
氯(Cl)	mg/kg			>4

注：7月叶样分析

表8-3 西班牙营养诊断指标

营养元素(叶干重)	单 位	缺	较 缺	适 量	中 毒
氮(N)	%	<1.0	1.20～1.40	1.60～1.80	>2.10
磷(P)	%	<0.02	0.04～0.06	0.08～0.11	>0.2
钾(K)	%	<0.3	0.40～0.5	0.7～0.9	>1.3
钙(Ca)	%	<0.4	0.60～1.0	1.3～1.6	>2.0
镁(Mg)	%	<0.06	0.07～0.09	0.11～0.15	>0.3
硼(B)	mg/kg	<7	8～10	13～19	>100

续表

营养元素(叶干重)	单 位	缺	较 缺	适 量	中 毒
锌(Zn)	mg/kg	—	—	12～20	—
锰(Mn)	mg/kg	—	—	15～50	—
铁(Fe)	mg/kg	—	—	30～80	—
铜(Cu)	mg/kg	—	—	7～12	—

注：休眠期叶样分析。

国内油橄榄营养诊断指标体系还没有建立起来，中国经济林协会油橄榄专业分会已经组织四川、云南、甘肃油橄榄种植企业和中国林科院等科研院所的专业力量着手油橄榄营养诊断标准的制定。

第三节 油橄榄施肥技术

油橄榄引种陇南栽培以来，当地群众和科技工作者对施肥技术进行了长期的研究，总结出来一套施肥的基本技术。

1. 氮肥

幼树生长期最需要氮肥。氮肥适量，生长快而健壮，进入结果早。缺氮肥，生长缓慢，枝细叶小，长势弱，延迟结果或不能正常发育结果。施氮肥过多，长势旺，抗逆性弱，延长了生长期，结果晚，产量低。从栽植后第二年起，每株树施 150g 尿素（有效 N 含量 46%）。其中 100g 在重新生长期到来前 20 ～ 25 天内施，其余 50g 在生长旺盛期内的 5 月 15 日前后施。施在离树干基部 15cm 以外、宽 20cm、深 10cm 的环形沟内。施肥后立即覆土、浇水。栽植后 3 ～ 4 年，每株树施肥量分别为 250g 和 350g 尿素，其中 2/3 在春季萌芽生长期到来前 20 ～ 25 天内施，其余 1/3 在开花后（这时已有部分单株开花）立即施肥。把肥料均匀的施在树冠投影面积内有吸收根的部位，深施于 5 ～ 10cm 土层内，施肥后立即盖土、浇水。如果不用尿素，而用其他氮肥，用量根据氮肥的含氮量多少加以换算。油橄榄年生育期过程中的花期（花芽分化和开花座果期）和果核硬化期（胚体形成期）需氮量最大。在这一时期，最需要有充足的氮素营养和水分供给果树。施肥时，将氮肥施用

图 8-1 叶片氮含量与叶片颜色变化

量的 2/3 在花芽分化期到来之前 20 天施入，其余 1/3 留到果核硬化前 10 天施入。春季干旱、无灌溉条件的果园，施氮肥效果很低，可在花期末补充叶面施肥，能起到良好的效果。叶面施肥使用 0.4% ～ 0.6% 的尿素溶液，定期施肥 2 ～ 3 次。氮肥需要年年施用。最新的研究结果表明：氮肥过多影响多酚类物质的合成，对橄榄油的品质有影响。

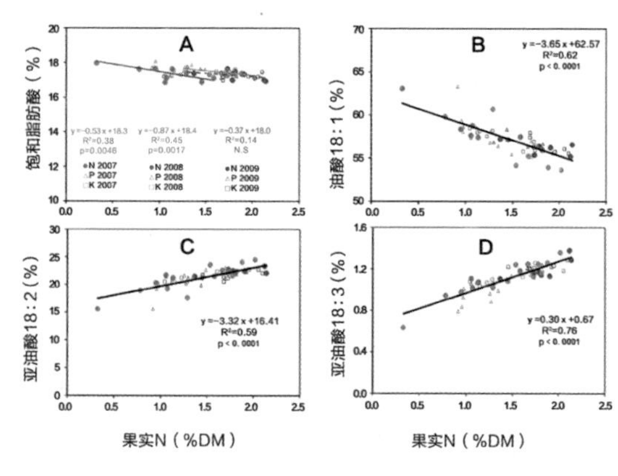

图 8-2 氮与脂肪酸的组成

2. 磷肥

油橄榄植株对磷素的需要量比氮和钾元素少得多，平均生产果 1kg，需要吸收 3.3g 磷（P_2O_5）。而且在周年生长期中，磷素在各部位器官中变化很小，尤其是在树叶内磷素含量比较稳定。

因此，在生产实践中植株的缺磷现象很难被发觉。但是，如果植株生长中缺磷，会使植株的新陈代谢严重失调。表现为生长缓慢，叶子卷曲，植株矮小，推迟结果等现象。可结合叶分析的资料，综合分析判断是否缺磷。叶片磷（P_2O_5）营养诊断指标 0.13% ～ 0.25% 属正常值，低于正常值就要施磷肥。生产中常用的矿质磷肥，大致可分为水溶性、弱酸性和难溶性 3 种类型。磷肥施用量按单株目标产果量计算。例如，18 年生米扎品种，单株平均产果量 40kg，则 1 株树的施肥量为 132g（P_2O_5）。一般适宜在秋季雨季过后施用磷肥，每隔 1 ～ 2 年施 1 次磷肥。将磷肥与有机肥混合堆肥或沤制后施用最好。施肥之前，要对品种、生长和根系发育情况、土壤条件有深刻的了解，便于施肥时设置施肥沟的方向、宽度和施肥深度，做到集中施肥和合理施肥。把肥料施在根群附近，使根系容易吸收，提高肥效。

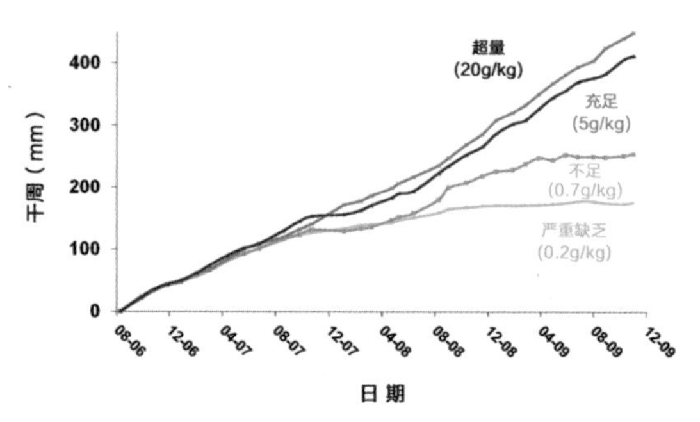

图 8-3 磷与树干生长

3. 钾肥

钾在调节植株耗水程度，提高树体各部位器官的保水、吸水与输送水分能力方

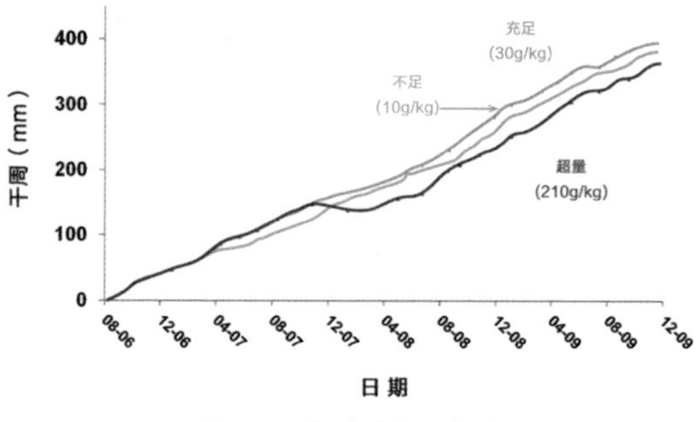

图 8-4 钾与树干生长

面起重要生理功能作用。钾营养充足，就能忍耐高温和提高抗病能力，特别是能增强抗孔雀斑病危害能力以及耐旱耐寒能力。

土壤中钾含量较氮、磷丰富，在正常栽培条件下，油橄榄很少出现缺钾症状。叶片营养诊断指标为1.08%±0.32%，低于这个标准，有可能缺钾。缺钾的一般现象叶片细胞失水，叶绿素破坏，叶尖和叶边缘开始发黄，严重时叶片变褐，最后枯萎、脱落。常用的矿质钾肥有硫酸钾、氯化钾、窑灰钾肥、草木灰和复合磷钾肥等。硫酸钾和氯化钾含钾50%～60%，窑灰钾肥含钾8%～20%，含钙30%～40%。钾肥的有效施用量按生产1kg果实需要的钾元素的量×单株产果量。例如，18年生米扎品种1kg果需要钾素营养16.6g，目标单株产量35kg，则单株钾肥施用量为581.0g/株。作基肥，宜在果实采收后的冬季，结合深翻改土施入。钾肥与有机肥混合施用效果更好。沟施或面施，要把肥料深施于根群附近。钾在土壤中滞留时间长，吸收缓慢，一般同施磷肥一样，间隔2～3年施一次，叶面追肥宜在生长期进行，如施用磷酸二氢钾，叶面施肥浓度为0.3%～0.5%。喷施次数与施肥效果相关，一般每隔10～15天施一次，3～5次见效。

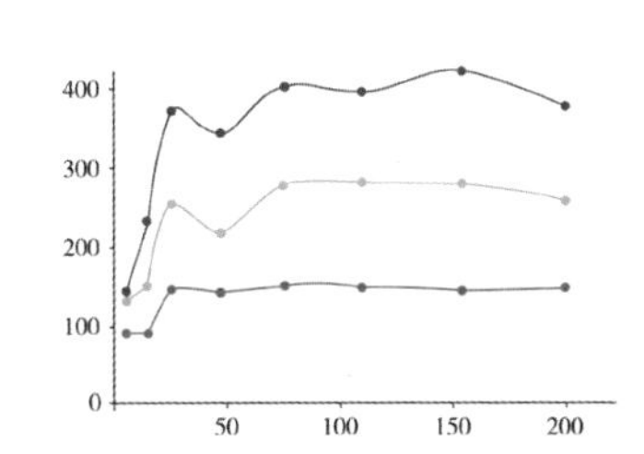

图8-5 氮与油橄榄生长关系

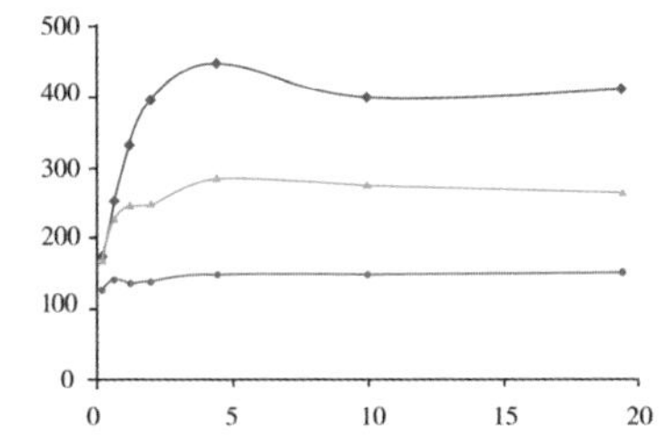

图8-6 磷与油橄榄生长关系

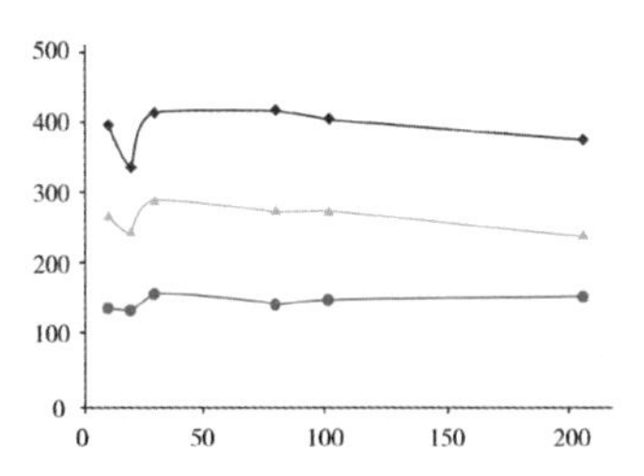

图8-7 钾与油橄榄生长关系

（横坐标：N、P、K，纵坐标：生长量）

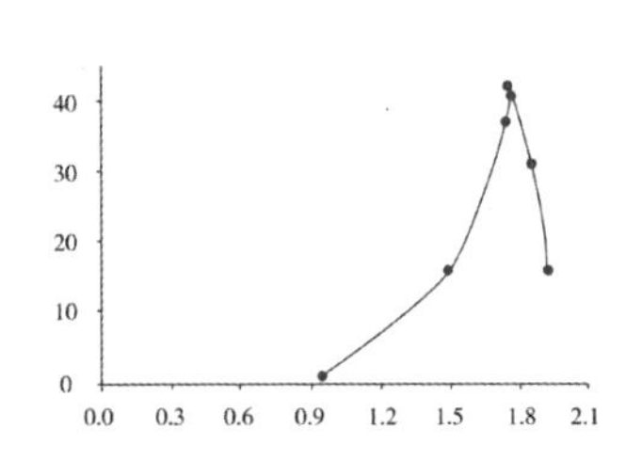

图8-8 氮与油橄榄产量关系

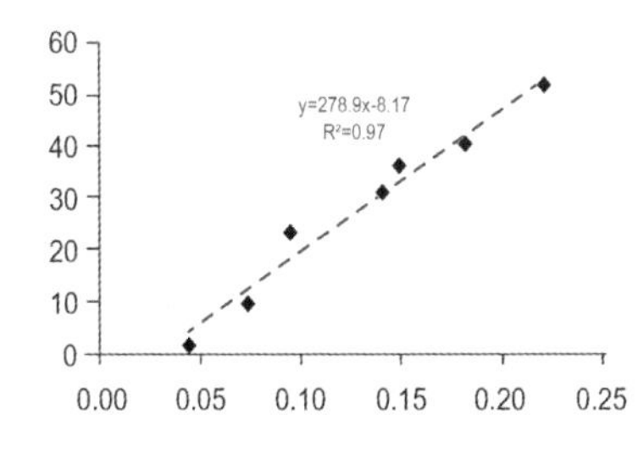

图8-9 磷与油橄榄产量关系

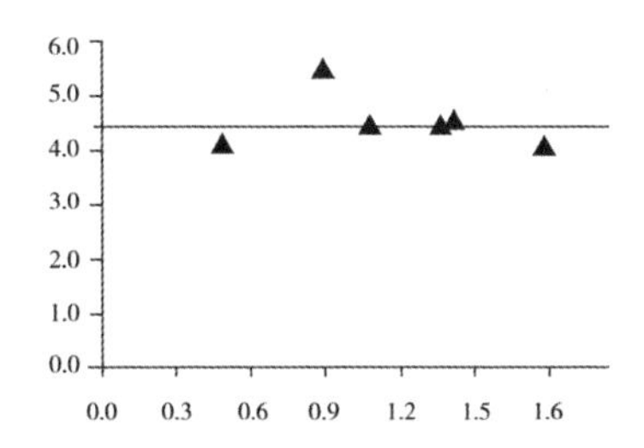

图8-10 钾与油橄榄产量关系

（横坐标：N、P、K，纵坐标：产量）

4. 钙肥

油橄榄是嗜钙果树，在钙质土壤中生长最好，产果量高。油橄榄生长最适宜的土壤含钙量为20%，最低为5%，最高为60%。油橄榄是对钙最敏感的树种之一。由于土壤pH较低而对油橄榄植株生长产生有害影响时，可以通过施钙肥而得到缓和。钙肥中常用的是石灰。石灰有生石灰、熟石灰和石灰石粉等多种。此外还有炉渣、硝酸钙等钙肥，这些钙肥均适宜油橄榄园施用。

5. 镁肥

镁是油橄榄矿质营养中必不可缺的元素，它通常是以离子态被根系吸收。在光合作用所必需的叶绿体中含有 2.7% 的镁，镁使叶片呈现绿色。镁在植株其他养分的吸收上起重要作用，它在植株中是磷的载体，并能促进油及脂肪的形成，也参与淀粉的转移作用。陇南油橄榄种植区的土壤都普遍缺镁，缺镁的植株生长明显放慢，并逐渐出现萎黄病叶，接着出现叶片下垂脱落。常用的镁肥有硫酸镁、硝酸镁等。镁肥可基施或叶面喷施。平均果重 30kg 的树，每株树施硝酸镁 1.2 ～ 1.5kg，或者用浓度为 2% 的硝酸镁滴灌施肥。叶面追肥用 0.3% 浓度的硝酸镁水溶液喷施。生长期内定期追肥 3 ～ 5 次，可消除缺镁症状。

6. 硼肥

陇南油橄榄种植区都不同程度地发生过缺硼现象，严重地影响到油橄榄正常生长发育及产量。硼是油橄榄的微量营养，但它在营养生理代谢中起重要作用。硼能促进花芽分化和细胞分裂，加强花粉粒的活力，促进种子、果实或纤维的形成，碳水化合物和水的代谢以及蛋白质的合成。硼素不足常常导致蔗糖氧化和碳水化合物代谢产物的氨基化速度降低，蛋白质合成受到阻滞。植株缺硼将直接影响到叶绿素的形成。同时硼素对植株体内碳水化合物的转化和输送也具有促进作用。硼同锌一样，对于生长素吲哚乙酸的合成有着重要影响。植物的硼素营养不足，体内的生长素含量大大降低，致使营养器官的生长受到抑制。硼素对生殖器官的发育也至关重要。缺硼植株的一个重要形态特征，就是不能形成或形成不正常的花器官。表现为花药和花丝萎缩，花粉粒的发育不能健康进行。硼对花粉管的形成也是必要的，对花粉的萌发和花粉管的伸长具有刺激作用。缺硼所产生的生理障碍比较明显，根尖、茎尖首先受害，新梢顶端枯萎，刺激新梢的侧芽萌发，形成节间极短的细弱小短枝。新生的小短枝的顶端焦梢枯死，侧芽再次萌发，形成多级的假二叉分枝，同时整株树冠的叶片变成淡绿色，叶尖由最初时的萎黄到尖端坏死，叶片下垂。严重时干和枝的韧皮组织变成棕褐色坏死，整株树枯死。油橄榄原产地和引种区，硼营养诊断指标都有一定的适宜范围。叶片硼的正常范围：希腊 17 ～ 20mg/kg，西班牙 13 ～ 19mg/kg，美国加利福尼亚州 20 ～ 30mg/kg。试验证明，当植株出现缺硼症状时，可在萌芽前向每株树的根区土壤施硼砂 200 ～ 400g，即可矫正，但不治本。选择适宜的气候和土壤种植，增加土壤有机质，改良土壤结构，加强栽培管理是克服缺硼症的根本措施。

7. 有机肥

陇南大多数橄榄园的土壤有机质含量在 1 % 以下，低于油橄榄土壤有机质营养平均水平 1 倍多。土壤结构不良，肥力低，严重影响到油橄榄正常生长结果。增加土壤

有机物质和增施有机肥料是全面提高土壤有效肥力的根本措施。这是因为土壤的物理性状和肥力高低能否满足油橄榄正常生长和结实的需要，都与土壤有机质的丰缺相关。足量的土壤有机质可增强土粒之间的内聚力，促进团粒结构形成，调节土壤 pH 值，提高离子交换量，保持土壤水分和氧气，激起微生物活力，有利于植株对土壤中营养元素的吸收。同时，有机质在不断的分解中，可向周年生育期过程中的植株均衡的供给氮、磷、钾、钙以及多种微量元素。因此，土壤有机质是土壤肥力的基础。增加橄榄园土壤有机质是全面改善土壤物理性状和提高土壤肥力的关键。有机肥是指含有一定量的有机物质和矿质元素的肥料。有机肥料之中，厩肥为最好的肥料，但来源有限，可由其他有机肥料作补充，例如，农业产品加工业的各种有机废物、堆肥、沤肥等。这类肥料优点是：原料来源广，可就地取材，造肥量多，养分齐全，成本低，质量好，既能增加土壤有机质，改良土壤结构，又能增肥增效。对促进油橄榄生长，提高果产量的作用非常明显。需要强调的是，果园施肥要与其他栽培技术紧密结合，其中品种和种植园地选择是基础，整地、栽植、整形修剪和水分调节等是手段。这些最基本的种植技术不能忽视，特别是对生长不好、结果不多或产量低而不稳的果园，常归咎于营养失调。其实，品种或种植地点不适合，气候和土壤条件不适宜，管理技术有错误或技术不到位等，都是引起生长不良和不结果的原因。

8. 微肥

农业上所说的微量元素则系指植物体中含量很少，特别是植物生育期内需要量很少的那些元素。但究竟含量低到什么程度才叫微量元素呢？一般认为含量在百万分之几到十万分之几，最高不超过千分之一范围内的所有化学元素，都统称为微量元素。植物微量元素在植物体内含量较少，但对植物的生长发育结实具有重要作用，微量元素缺乏或者超量，都对植物的正常生理活动受到抑制，表现出生长发育不良。这里仅对油橄榄生长发育结实有主要影响作用的微量元素进行阐述。

（1）锌　锌能增强光合作用，促进氮素代谢，有刊于生长素的合成，增强油橄榄抗病、抗寒能力。它主要存在于植株的叶绿体中，催化二氧化碳的水合作用，提高光合强度。缺锌植株体内的氮素代谢要发生紊乱，造成氨的大量累积，抑制了蛋白质的合成。国内油橄榄缺锌的问题时有发生，需要随时监测及时补充。

（2）钼　钼在植物体内最主要的生理功能是影响氮素代谢过程。植物将硝态氮吸入体内后，必须首先在硝酸还原酶等的作用下，转换成胺态氮以后才能参与蛋白质的合成。钼与油橄榄树瘤固氮作用的关系极为密切。钼素还能加速作物春化阶段的通过。钼素能提高植株叶片中叶绿素的含量和稳定性，有利于光合作用的正常进行。保证植物钼素营养供应，对提高作物抗旱和抗寒性具有较为重要的意义。

（3）锰　油橄榄体内锰素营养不足，常常引起叶片失绿、而使光合作用有一定程度的减弱。锰素供给充足时，能够减少正午光合作用所受到的抑制，从而使光合作用得以正常进行。锰素对植株的氮素代谢有着显著影响。孟素营养充足可以增强油橄榄对一些病害的抗性。参照国外标准：希腊标准为 40 ～ 50mg/kg，美国＞ 20mg/kg，西班牙 15 ～ 20mg/kg。中国油橄榄园缺锰不太严重，除非特别原因，一般土壤含锰能满足油橄榄树生长。

（4）铜 铜在油橄榄植物体内正常含量在 7 ～ 12mg/kg，植株叶片中的铜几乎全部含于叶绿体内，对叶绿素起着稳定作用，以防止叶绿素遭受破坏。植株的铜素营养不足，叶绿素含量便会减少，叶片则出现失绿现象。铜素的存在能改善碳水化合物（蔗糖等）向茎干和生殖器官的流动，促进植株的生长发育。在缺铜的情况下，常因生殖器官的发育受到阻碍，而使植株发生某种生理病害，铜素对提高油橄榄抗病力的作用尤其突出。

（5）铁 铁在植物体内是一些酶的组成成分。铁与碳、氮代谢的关系是十分密切的。铁并非是叶绿素的成分，可是叶绿素的形成必须要有铁的参与，而成为合成叶绿素不可缺少的重要条件。植株铁营养不足，就会使叶绿素的合成受到阻碍，叶片便发生失绿现象，严重时叶片变成灰白色，尤其是新生叶更易出现这类失绿病症。铁与叶绿素之间这种密切联系，必然会影响到光合作用和碳水化合物的形成。植株中锰、铜、钼、钒、锌的含量偏高，或者钾的含量偏低都会降低植株对铁的吸收，而加重缺铁症状的出现。缺铁时植株不能很好利用氮和磷。

油橄榄所需的每一种营养元素对植物生长发育都是必需的，但是在实际施肥中，对油橄榄造成影响却是营养元素最低的一种元素，因此，在施肥上必须坚持平衡施肥的概念。平衡施肥是指综合运用现代农业科技成果，依据油橄榄树生长发育需肥规律、土壤供肥特性与肥料效应，在施用有机肥的基础上，合理确定氮、磷、钾和中、微量元素的适宜用量和比例以及相应的一种科学施肥技术。化肥施用技术的发展，经历了由施用单一元素肥料到多元素肥料配合施用、由经验配方施肥到测土配方施肥、再到植物营养诊断施肥的技术进步过程。实践使我们认识到，化肥施用一定要讲究科学，做到配比合理。施量过少，达不到应有的增产效果；施肥过量，不仅是浪费，还污染土壤。肥料元素之间也互相影响，比如：

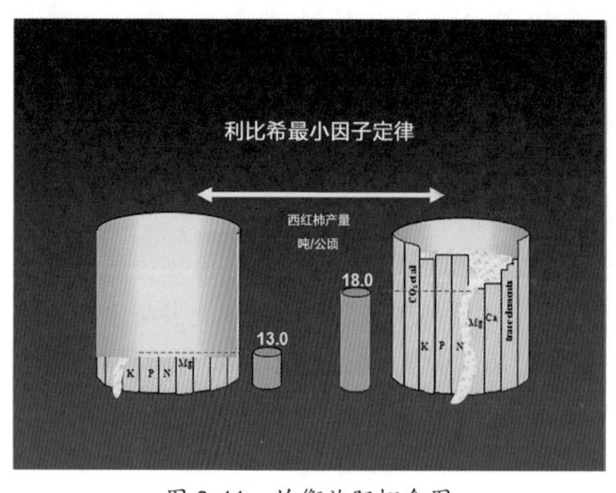

图 8-11 均衡施肥概念图

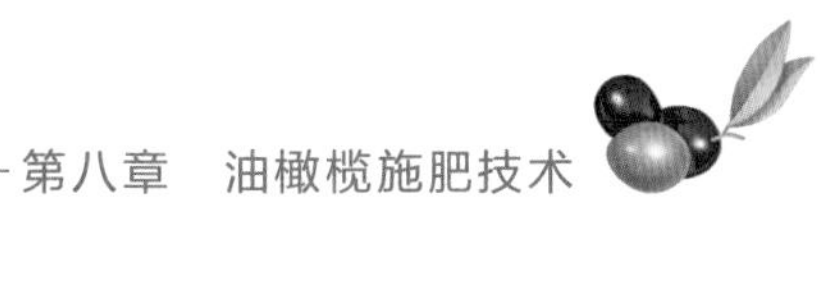

磷肥不足，影响氮的肥效；钾肥施用过量，容易导致缺锌。

第四节 油橄榄施肥的方法

一般将肥料施在根系集中分布层稍远稍深处，诱导根系向深、向广生长。坚决避免表层撒施任何化肥和肥料。注意不伤大根。

1. 环状施肥

于树冠外围 20 ～ 30cm 处，挖深 40 ～ 50cm、宽 20 ～ 30cm 环状形沟施肥，此法操作简便，用肥经济，适于秋施基肥。

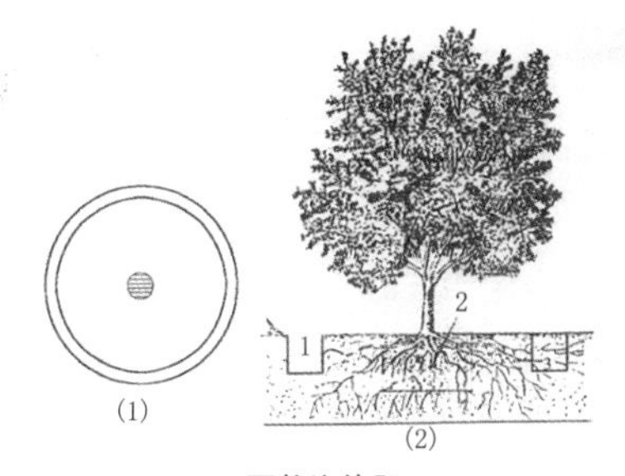

环状沟施肥

(1)平面图；(2)断面图

1.施肥沟；2.原栽植穴；3.尚未挖掘的施肥沟

图 8-12 环状施肥

2. 条沟施肥

在果园行间、株间或隔行开深 50cm，宽 30 ～ 40cm 的深沟施肥，也可结合深翻进行，可机械化操作，此法适合秋施基肥和多年生结果大树。

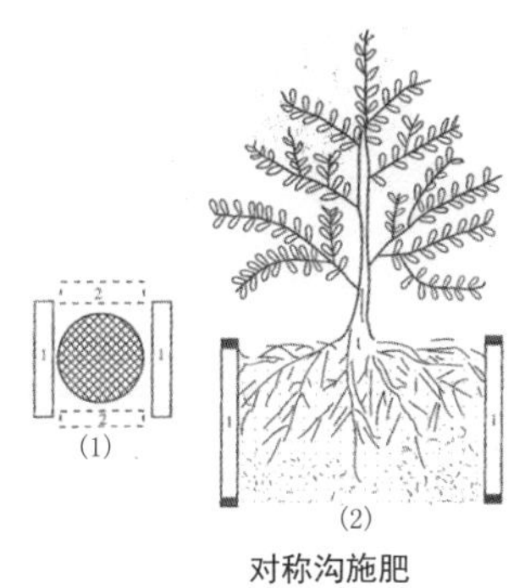

对称沟施肥

(1)平面图；(2)断面图

1.当年施肥沟；2.次年施肥沟

图 8-13 对称沟施肥

3. 放射沟施肥

以树体为中心，在树冠周围等距离挖 4 ～ 6 条前深 50 ～ 60cm，后深 40 ～ 30cm，宽不小于 20cm 的呈放射状沟，沟长视树体大小而定。再次施肥时要移动位置，以利扩穴。

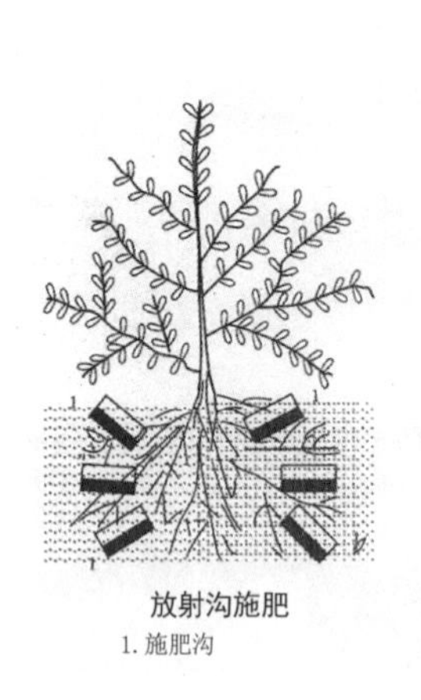

图 8-14 放射沟施肥

4. 穴状施肥

在树冠外围顺主枝方向挖 4 ～ 6 个深不小于 50cm，直径不小于 30cm 的穴洞，在穴内放满扎好的麦秆草把，10 ～ 20kg 水加入 0.1 ～ 0.2kg 复合肥，倒入其中，覆盖地膜，也叫旱地栽培法，1 次施入能保持 1 ～ 2 个月。此法适于干旱、肥水较少的地区及春季、旱季使用。

图 8-15 穴状施肥

5. 灌溉式施肥

与灌溉、喷灌、滴灌结合进行施肥，此法供肥及时，分布均匀，不伤根，保护土壤结构，节省劳力，降低成本，肥料利用率高。

6. 果园绿肥

在果园行株间种植绿肥，生长到适当时间，把绿植体翻压到土壤中，作为果树肥料。

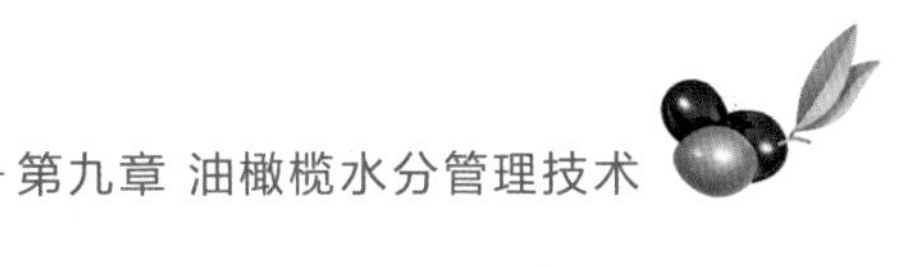

第九章　油橄榄水分管理技术

水分是植物体的重要组成部分，植物对营养物质的吸收和运输，以及光合、呼吸、蒸腾等生理作用，都必须在有水分的参与下才能进行。水分是植物生存的物质条件，保持着植物体固有的形态，影响植物形态结构、生长发育、繁殖及种子传播等重要的生理活动。高温天气水分在植物体内的不断流动和叶面蒸腾，能够顺利地散发叶片所吸收的热量，保证植物体即使在炎夏强烈的光照下，也不致被阳光灼伤。同时，将植物体所需的营养物质从根部土壤通过水分的吸收流动输送到植物各器官，满足正常的生理活动。油橄榄从地中海型气候条件下引种到中国陇南等地大陆性气候条件下，最大的不同就是降雨时空分布的不同。模拟原产地的需水要求，是油橄榄水分管理的核心。

第一节　油橄榄需水机理

一 、需水规律

油橄榄对干旱具有很强的适应性，可在非常低的水势下生存（5 ～ 8MPa），原因是渗透调节的变化、细胞壁弹性以及其他适应性。但如果土壤中水分过多，易使油橄榄烂根，会使地下养分流失，导致油橄榄落叶落果。油橄榄在不同的生长时期对水分的需求量不同，春灌是油橄榄水分管理的关键环节，一般可提高产量 1 ～ 3 倍。正确的灌溉时期和灌水量主要是根据油橄榄的需水规律、年降水量和土壤水分状况而定。油橄榄需要水分最多的时期是花芽分化期、开花座果期、果核硬化后的果实膨大期和油脂形成期，占总需水量的 70% 左右。如果当年出现冬、春季干旱，则能引起子房、雄蕊发育不全，花粉活力下降 50% ～ 100%。开花座果后到胚体（种子）形成期细胞分裂旺盛。如果遇到天气高温干旱，土壤容水量不足，则会引起大量落果而减产。果核变硬后，果核生长趋缓，果肉细胞加速生长，果实体积膨大和油脂开始形成，此时天气干旱，土壤水分不足，不仅影响果实发育，会使果实体积小，含油率低，还会引起大量落果，降低产量。可见，油橄榄年生长周期中不同生育阶段的需水规律，是合理安排灌溉的依据。

科学调节果园水分状况，适时适量的满足油橄榄树需水要求，减少落果，促进果实生长发育，确保高产稳产。油橄榄的灌水时期和灌水量与当年的降水量及其分布状况有关。同时，也决定于油橄榄年生育期内的总需水量。油橄榄年生育期内各生长发育阶段都需要水分，大约需要相当于全年降水量650mm（富含有机质的沙壤土）至860mm（黏壤土）。

二、水分机理

短期干旱对油橄榄结实及含油率不会造成较大影响。油橄榄有3种抗旱机制：减少地上组织的含水量和水势，使根部水势与地上部分组织形成高的水势梯度，更能有效地利用土壤水分;停止新梢生长，光合作用仍继续，加快根系生长速度使根冠比增大;渗透调节，以维持细胞膨压和叶片活力。

刘兴芬、朱建明2007—2008年对不同水分胁迫对油橄榄生长指标的影响进行研究。研究水分对油橄榄生长的影响，主要包括植株株高、茎粗、主枝长和单株叶面积等指标。系统研究水分胁迫对2年生油橄榄幼树生长的影响。结果表明：在攀西干旱河谷旱季，随单株水分胁迫加剧，植株株高、茎粗、主枝长和单株叶面积下降，其中莱星的各项指标最高。

油橄榄在冬季受水分胁迫的作用不及在春夏季节受水分胁迫的作用，证实了油橄榄在春夏合理灌溉的必要性。油橄榄适当短时间干旱对油橄榄花芽分化是有利的。油橄榄冬季生长量不论是在标准灌溉下，还是在重度、轻度胁迫下，冬季的生长量都是相当小的，这可能与气温有关，但是此次试验未考虑气温这一因子。因此，试验有待改进。

叶片是植物蒸发的主要器官，当植物处于缺水状态下时，首先表现出缺水症状的是叶片，由试验可知，油橄榄的叶片对水分同样敏感，但是轻度和重度胁迫下油橄榄叶片生长没有多大影响。由此可知，油橄榄对干旱的忍受能力还是挺强的。试验对几个品种油橄榄在轻度水分胁迫下生长指标做了比较，可以看出，不同品种油橄榄对水分的要求差异明显，在株高方面，科拉蒂对轻度水分胁迫的适应性较好，株高长势明显。在茎粗方面，茎是植物生长发育水分的主要供给通道，茎粗越粗，对植物的生长越有利，而此次研究发现，茎粗上，莱星对轻度水分胁迫的适应性较好，主枝长度方面同样是莱星最好。

叶面气孔导度和根系水分传导率的变化是植物体内水分流动的主控因素，然而水分胁迫使植物体内水分传送转移系统受到影响。据相关研究，在干旱胁迫下，木质部导管易形成栓塞，或使木质部导管直径缩小，进而使植物机能受到影响。有报道表明，短时间土壤缺乏有效水是不会影响油橄榄正常的生理功能，原因是油橄榄叶片的气孔导度不由叶水势控制，而由土壤湿度来控制，只有长时间缺乏土壤有效水时，气孔导度才会降低，以减少蒸腾。降低气孔导度是植物最好的抗旱表现，也是植物受旱后最初的表现形式，但气孔导度长期处于低开状态，光合速率亦低，从而进一步影响其产量。

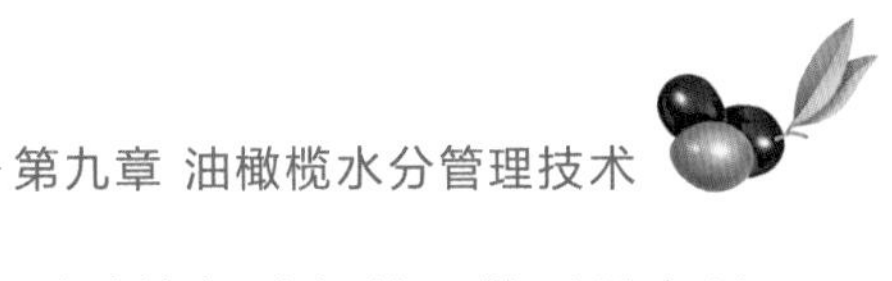

土壤肥水管理正常时，油橄榄净光合速率最强是在夏季的午时之前，甚至是在早晨。夏季，在中午之前有 60% 以上的光合积累，而到了冬季，中午之前只有不到 40%。而在夏季，土壤有效水分很低的情况下，叶面气孔在中午之前就开始关闭，造成夏季白天长时间叶面气孔导度低，光合效率极低。

第二节 不同灌溉量对油橄榄产量和果实品质的影响

油橄榄原生长在地中海地区，降水集中在冬季，与中国引种区降水集中在夏季气候截然相反。冯德强、陈克超采用盆栽称质量的方法，对盆栽油橄榄灌溉 20%、40%、60%、80%、100%、120%、140% 蒸腾蒸发量（ET_0），进行产量与果实品质研究。结果表明，灌溉量为 100% ～ 140%ET_0 时单果重、果肉率最高；100%ET_0 时产果量最高；40%ET_0 时含油率最高；80%ET_0 时产油量最高。对于果用油橄榄最佳灌溉量范围为 100% ～ 140%ET_0，油用油橄榄最佳灌溉范围为 60% ～ 100%ET_0。

他们于 2009 年冬季开始选择长势正常无病虫害的 2 年生盆栽豆果 60 株，设 20%、40%、60%、80%、100%、120%、140% 蒸发量 7 个梯度处理，单株小区，设 10 个重复。按照每周的蒸发量进行灌溉，每 7 周校验 1 次灌溉量，其他管理按常规进行。第 1 次处理先把水灌至饱和，24h 后称量，记录。1 周后再称量并记录，这 1 周的重量差值就是蒸发量，算出蒸发量的 20%、40%、60%、80%、100%、120%、140% 进行补充灌溉。盛花期结束后开始用游标卡尺对果实进行果实横径和纵径的测定，采收期统一测定单果重、果肉率、产量、含油率。

一、不同灌溉量处理对油橄榄果实生长的影响

由图 9-1 可以看出，油橄榄果实的纵径在 5 ～ 8 月份生长迅速，8 ～ 10 月份生长

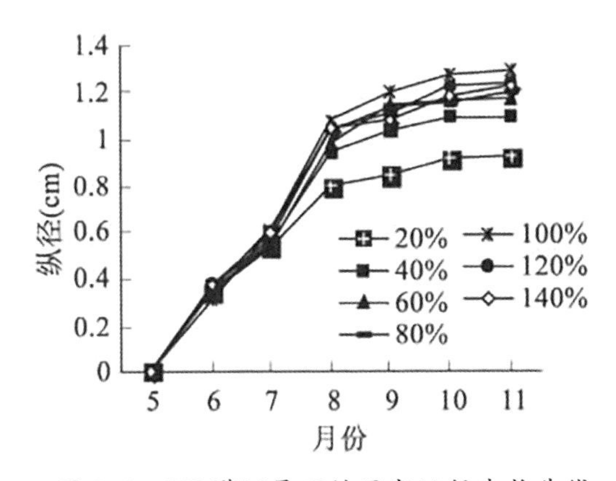

图 9-1 不同灌溉量下的果实纵径生长曲线

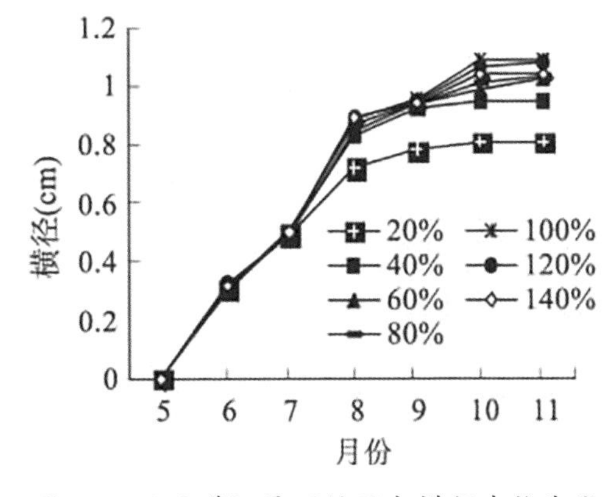

图 9-2 不同灌溉量下的果实横径生长曲线

速度缓慢，10 ～ 11 月份基本停止生长。5 ～ 7 月份的生长曲线基本重合，而 7 月份开始呈现出不同的生长量，表明，不同灌溉量处理在 5 ～ 7 月份对果实的纵径生长没有明显影响，7 月份以后，不同灌溉量处理下的果实纵径生长逐渐明显。从图 9-1 中还可看出 20%ET_0 的处理其纵径生长量明显小于其他处理，表明水分供应不足明显抑制果实的纵径生长。果实的横径生长与纵径类似，表明不同灌溉量的处理对果实纵径和横径都有同样的影响，从另一个方面来说，果实的纵径横径比（即果形指数）与灌溉量的多少无关。

二、灌溉对油橄榄单果重和果肉率的影响

表9-1 不同灌溉量对油橄榄单果重和果肉率的影响

处理（ET_0）	单果重（g）	显著差异性		果肉率%	显著差异性	
		0.05	0.01		0.05	0.01
20%	1.76	c	C	58.84	d	D
40%	2.05	b	B	70.12	c	C
60%	1.98	b	B	72.35	c	BC
80%	2.14	b	B	79.17	b	AB
100%	2.45	a	A	82.89	a	A
120%	2.32	a	A	82.34	a	A
140%	2.31	a	A	82.3	a	A

注：多重比较方法为 SSR 法，小写字母代表 5% 水平，大写字母代表 1% 水平，下同。

由表 9-1 可看出，灌溉量为 20%ET_0（蒸腾蒸发量）的油橄榄单果重最小为 1.76g，灌溉量为 40% ～ 80%ET_0 的单果重中等，灌溉量为 100% ～ 140%ET_0 的单果重最大。果肉率的表现与单果重类似，灌溉量 100% ～ 140%ET_0 仍为最大。表明果核生长对灌溉量的变化不敏感，果肉随着灌溉量的增加而增加，由此单果重和果肉率也随着灌溉量的增加而增加，灌溉量为 100%ET_0 时达到最大值。

三、灌溉对油橄榄产量和含油率的影响

由图 9-3 可看出，不同灌溉处理下的产量和含油率差异较大。灌溉 20%ET_0 产果量最小，为 1135g，当灌溉量增加时，产果量也随着增加，当灌溉为 100%ET_0 时产果量达到最大值 2795g，增产幅度达 143%，灌溉量继续增加到 140%ET_0 时，产量有小幅下降。含油率在 20%ET_0 时含油率较低，只有 18.8%，灌溉量为 40%ET_0 时达到最大值，为 28.5%，然后随着灌溉量的增加而降低，灌溉量为 140%ET_0 达到最低值，仅为 18.1%。说明当灌溉量小于 40%ET_0 时随着灌溉量的增加，产果量和含油率都增加；当灌溉量在 40% ～ 100%ET_0 时，随着灌溉量的增加产果量增加而含油率降低；当灌溉量

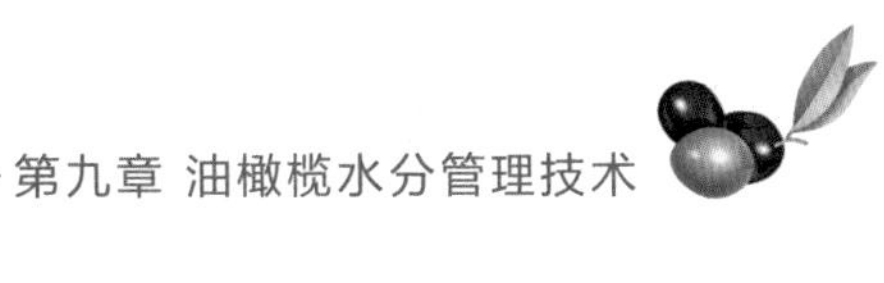

大于 100%ET_0 时，产果量和含油率都随着灌溉量的增加而降低。根据产果量和含油率可以算出产油量，由图 9-3 还可以看出，灌溉量在 20% ～ 80%ET_0 时，产油量随着灌溉量的增加而增加，灌溉量为 80%ET_0 时达到最大值 615g，然后随着灌溉量的增加产油量反而开始下降。

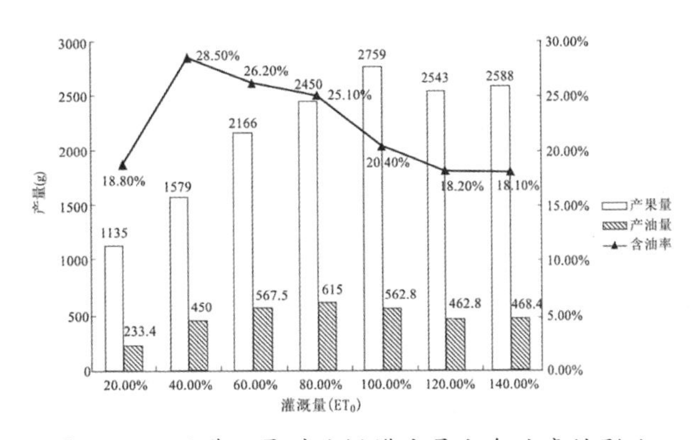

图 9-3 不同灌溉量对油橄榄产量和含油率的影响

从以上研究结果看，对于果用油橄榄，灌溉量为 100% ～ 40%ET_0 时单果较大、果肉率较高、产量较高，能产生较高的经济效益。对于油用油橄榄，灌溉量为 60% ～ 100%ET_0 左右时，产油量较高，能产生较高的经济效益，灌溉量过大反而不利于油脂积累。灌溉对油橄榄生长结实的影响方面较多，由于试验条件有限，尚未能一一深入研究。从国外研究结果看，灌溉还影响果实和橄榄油的成分，Mangliulo 和 Patumi 在研究几个品种的灌溉对果实成分影响中都发现，充分灌溉（100%ET_0 和 125%ET_0）的油橄榄树，其果实含糖量比未灌溉低约 30%，而油橄榄苦味素的含量低了近 50%，其主要原因是灌溉后油橄榄果实中水分含量高，灌溉并没有使果实中的糖分和苦味素增多，或是增加的量极其微小。Inglese 和 Goldhamer 研究发现，只少量灌溉（30%ET_0）的果实中多酚化合物总浓度（TPP）与充足灌溉（100%ET_0）果实中无明显差别，而少量灌溉（30%ET_0）与未灌溉的多酚化合物总浓度（TPP）差距比较明显，未灌溉的橄榄油中多酚化合物总浓度（TPP）明显低于有少量灌溉（30%ET_0）。鉴于本试验材料为 2 年生‘豆果’品种，正处于初结果时期，不同灌溉量是否对成年树也有相同的影响尚待进一步研究。

第三节 陇南油橄榄灌水时间和方法

一、陇南降水特点

陇南油橄榄栽培区与地中海油橄榄原产地国家降雨时空分布上有显著差异。如图 9-4 所示。

从图 9-4 降雨时空分布图看出，在原产地降雨集中在冬季，习惯上称之为“冬雨型气候”，而在中国陇南冬季正是一年中降雨最少的时段；7、8、9 三个月在原产地正是旱季，而陇南这个时段却集中了全年降水量的 60% 左右。简单地说。油橄榄就是在地中海“冬雨型气候”条件下生长了几千年的传统树种，引种到中国陇南“夏雨型气候”

条件下，要使他健康生长，就是要模拟原产地的生长条件，使他能在另一个气候条件下也能表现出与原产地一样的经济性状。油橄榄各生长发育阶段所需水量也是不同的，油橄榄终花期和座果期，要求土壤含有充足的水分。如此时前冬春干旱，就会导致树木缺水，影响花芽分化和座果，使产量大大下降。因此，在秋冬雨水少的地区，必须进行冬灌。果实发育及核硬期，对水分的需求较严格，必须满足适宜的水分条件。

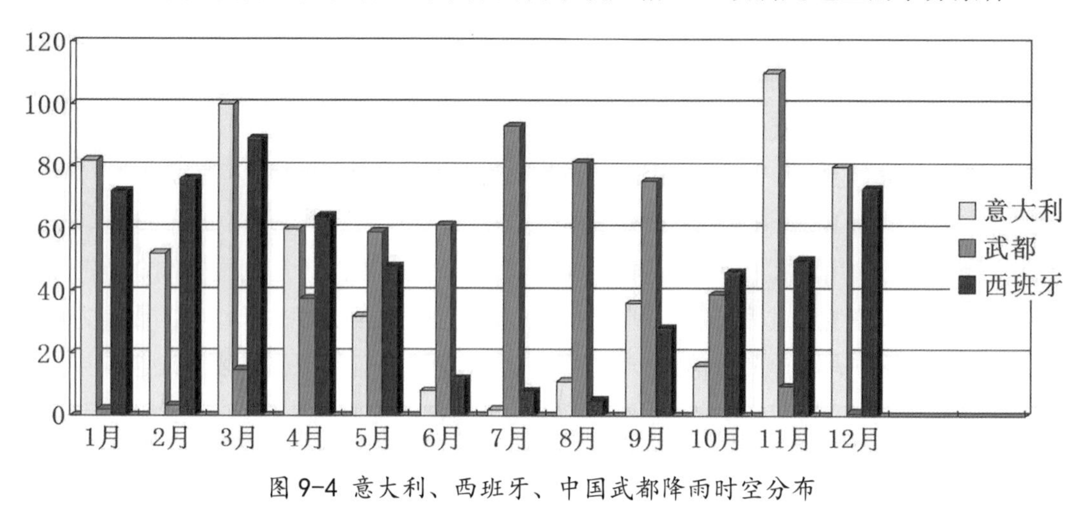

图 9-4 意大利、西班牙、中国武都降雨时空分布

从油橄榄总的需水量来看，在降水量 800 ～ 1500mm 的地方，一般不需要灌溉。但是，这要看雨量的时空分布情况是否与油橄榄生长发育中的需水期相吻合。如果需水期雨水不足，就需要人工灌溉。如果在油橄榄需水量少的生长阶段，却是全年降水较大的时段，这就要考虑橄榄园排水防涝的问题。一个全年降水量 450mm 左右的地区，大约需要灌溉 350 ～ 500mm 相当的降水量。根据油橄榄生长发育的需水指标，武都地区的油橄榄都需要灌溉栽培。陇南市全年平均降水量 474.6mm，大约 400mm 的水需要灌水来补充。从全年降水量分布特点看，春季（3 ～ 5 月）占全年降水量 23%(109mm)；夏季（6 ～ 8 月）占 49.7%(236mm)；秋季（9 ～ 11 月）占 26.1%(124mm)；冬季（12 月至翌年 2 月）占 1.3%(6mm)。

二、灌溉时间和灌溉量

陇南漫长而较冷的冬季降水量少或者基本不降水，早春干旱是陇南气候的一个显著特征，而春季正是油橄榄花芽分化和开花座果期，却因前期（冬季）极为干旱，土壤和树体水分减少，花芽分化和开花座果期内缺水。显然，冬季和春季都必须灌水。

第一次，在开花前 3 个月（12 月中下旬），灌水量 120mm(1800 立方米 / 公顷，下以此类推）。灌水前增施基肥，补充土壤肥力，满足花芽分化需要的水分及养分。

第二次，在开花前 40 天（2 月下旬），灌水量 100mm 左右。灌水前施氮肥，保证花芽分化和开花座果的水分和养分，提高授粉和受精能力。但在接近花期或花期内不宜灌水，以免影响开花座果。水分过多可引起严重的落花落果。

第三次，在开花后 20 天左右（5 月下旬），灌水量 100mm，满足胚体发育期的水分需要，防止落果，提高座果率。

第四次，于核硬期（7 月下旬或 8 月上旬），如降雨量不足或伏旱，必须灌水，灌水量 100mm。保证果实发育和油脂形成期所需水分，提高果实含油率。

由于气候原因，在油橄榄生长发育最为关键的夏季或秋季会连续长时间不降雨，导致长时间的干旱，这种天气过程经常发生，2014 年就长达 15 天没有降雨，缺乏灌溉条件的油橄榄园因干旱造成大量落果，减产达到 3 成。这个时期就要根据油橄榄土壤水分情况和油橄榄生长情况适时增加灌水次数，我们把这个称之为第五次灌水。这次灌水最为要紧，因为他是油橄榄生长最需要水分的特殊时期，决定着油橄榄一年的收成。

我们将灌水总结为：灌好越冬水、保证开花水、充足膨大水、适量形成水、适时补充水。

土壤水分对油橄榄生长的有效性主要是决定于土壤水分含量多少。可凭经验用手测法判断，作为是否要灌水的参考指标。如土壤为沙壤土，用手紧握形成土团，再挤压时，土团不易碎裂，这表明土壤湿度的相对含水量在 60% 以上。如果手指松开后不能成团，则表明土壤湿度太低，需要灌水。如果是黏壤土，手握土时能结合，但轻挤压容易发生断裂，这表明土壤湿度较低，需要灌水。

灌水时，应在一次灌水中，使水分到达主要根系分布层，尤其是在冬春季降水少的干旱季，土壤干旱的果园更要注意一次灌透水，以免因多次灌水引起土壤板结和降低土温，影响树体生长。灌水后要及时进行松土和树盘覆盖，以利保墒和土壤通气。

三、灌溉方法

根据油橄榄园地形、土壤物理性（渗透性和土壤持水性等）和油橄榄生态生物学特性等，选择适合的灌溉方法。坡地果园、渗透性低的黏土，既不适宜地表漫灌，也不适宜喷灌。漫灌或喷灌不仅提高了成本费用，浪费水资源，也会引起水土流失、土壤板结不通气，降低土壤肥力，影响油橄榄生长结果。另外，油橄榄对土壤渍水、真菌病害较敏感，不适宜的灌溉方式，形成土壤积水，或造成树冠层空气湿度大，引起真菌病害感染，叶、花、根系感病腐烂，树体死亡。盘灌和滴灌等灌溉方式，较适宜中国油橄榄引种区的气候、水源和土壤条件。

1. 盘灌（树盘灌溉）

以树干为中心，沿树冠投影面积的边缘筑土埂围成圆形或方形的水盘，水盘之间与灌水沟相通（幼树）或水盘之间相连（结果树），使水流入水盘内。水盘的深度依灌水量而定。如需要灌水量 100mm 的水层，水盘的深度应为 20 ～ 25cm。筑土埂围水盘时，先将水盘内的表土起出一层，堆放在土埂上，起土时最好以见到表土层的根系为止（不伤根），以利渗水;再从株行间起土加高土埂，达到土埂的高度为止。灌水后，待土壤表面半干半湿时，先耙松表土，再撤除土埂，把土回填覆盖树盘，以利土壤通气并能保墒。此法用水经济，不会造成土壤板结和水土流失，适用于山地、平地果园，但浸润土壤范围较小。对于健壮的结果树，要扩大树盘面积和水盘深度，适度增加灌水量即能满足要求。

2. 小区灌（格田灌溉）

根据果园地形、水的走向，以单株或多株为小区，筑土埂围成正方形或长方形灌水区。

小区灌水均匀，浸润层厚，有效期长，不会有水、土肥流失，节水保肥。灌水后，待土壤半湿时，耙松表土，用秸秆、绿肥或覆盖薄土保墒。适合川坝区河流两岸水源充足的平地果园使用。这种灌溉方法树行间无土埂，便于通行、果园管理及间作。常用这种方法通过深度渗透水的作用，来冲洗盐碱性土壤。

3. 滴灌

滴灌是在一定压力下，水通过管道输送到给水器，经减压后形成水滴注入土壤的一种灌溉方法。水滴注入土壤后一部分被根系直接吸收，大部分被土壤毛细管吸收。当灌水量达到田间持水量时（毛管悬着水达到最大量），就能自动停止灌水。这时土壤里的空气和水分处于平衡状态，最适宜果树生长结果的需要。

滴灌系统的主要组成部分为：供水系统、压力系统、肥料搅拌器、过滤器、水量控制器等。

滴灌与其他灌溉方式相比，可节约用水 50% 以上，不会引起水土流失和破坏土壤结构，可使土壤中的水分和空气保持平衡，能有效地满足果树生长结果期的土壤水分和需氧量。另外，还能把肥料溶于水中进行滴灌施肥，提高肥料利用率。因此，对油橄榄来说，滴灌是最好的灌溉方式。山地、平地或水源不足的果园，采用滴灌最为有利。

滴灌设备、安装和使用维修费用较高，灌水期短或临时补充灌水的小果园，采用简单的滴灌设备比复杂的设备更好，即节省又实用。

4. 水肥一体化系统是当前农业灌溉最先进的方式，代表着水肥高效利用、降低果园劳动力成本的方向，后面专门的章节介绍。

图 9-5 盘灌

图 9-6 滴灌

图 9-7 喷灌

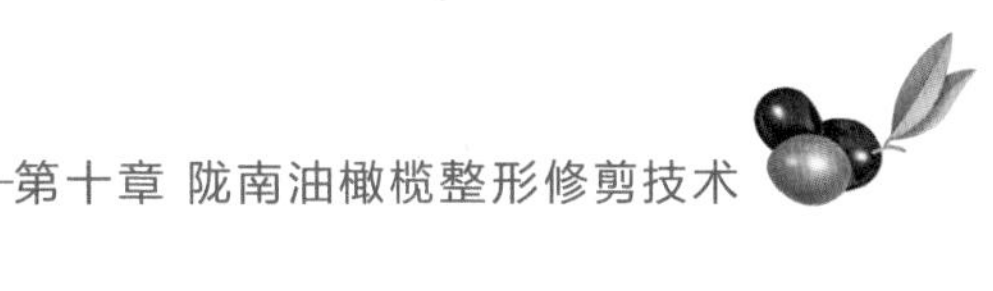

第十章 油橄榄整形修剪技术

油橄榄与其他任何一种经济果树一样，都需要一定的树形结构和充分的受光通风条件，才能达到最大的经济产量。自然生长的油橄榄，树冠郁闭，枝条密生，交叉、重叠，内膛空虚，结果部位外移，树势衰弱;光照和通风不良，病虫害严重;产量不高，易出现大小年结果现象，果实品质低劣；不便于果实采收、疏花疏果和病虫害防治。

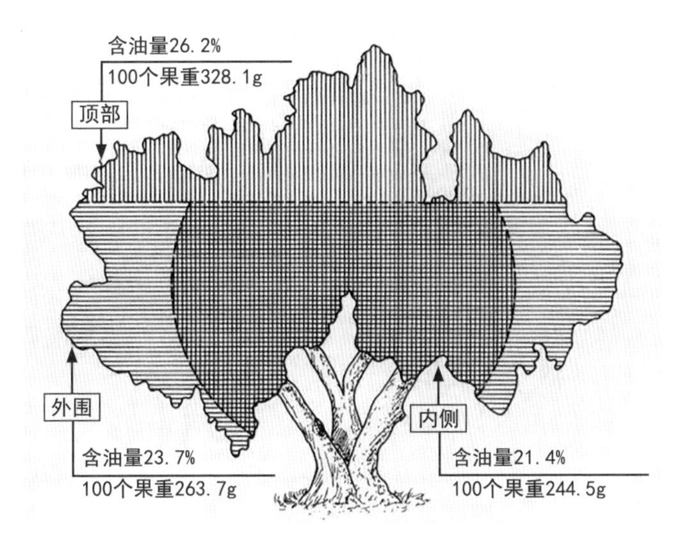

图 10-1 油橄榄果不同着生部位含油率的差异

第一节 整形修剪概述

整形是按照油橄榄生长结果等习性，通过技术措施使油橄榄树具有一定的形状和式样，修剪着重指的是决定植株生长和结实功能的操作技术，整形和修剪没有截然的区分界限，在实际操作中都是综合运用对树体产生作用。油橄榄整形修剪的目的在于培育有效的树冠，增强光合作用，减少除结果以外的不必要物质的消耗，提高产量。

通过合理整形修剪，幼树可以加速扩展树冠，增加枝量，提前结果，早期丰产，并培养能够合理利用光能、负担高额产量和获得优良品质果实的树体结构；盛果期通过整形修剪，可使树体发育正常，维持良好的树体结构，生长和结果关系基本平衡，实现连年高产，并且尽可能延长盛果期年限；衰老树通过更新修剪，可使老树复壮，维持一定的产量。通过整形修剪，可培养成结构良好、骨架牢固、大小整齐的树冠，并能符合栽培距离的要求。合理修剪可使新梢生长健壮，营养枝和结果枝搭配适当，不同类型、不同长度的枝条能保持一定的比例，并使结果枝分布合理，连年形成健壮新梢和足够的花芽，产量高而稳定。合理修剪能使油橄榄通风透光，果实品质优良、大小均匀、色泽鲜艳。整形修剪是油橄榄栽培技术中一项重要措施，但必须在良好的土、肥、水等综合管理的基础上，才能充分发挥整形修剪的作用；而且必须根据品种、环境条件和栽培管理水平，灵活运用整形修剪技术，其作用才能发挥出来。

一、整形修剪对油橄榄生长的影响

整形修剪可以调节油橄榄与环境的关系，调节器官形成的数量、质量；调节养分的吸收、运转和分配；从而调节油橄榄生长与结果的关系。正确的整形修剪，能改善树体内部的光照条件，提高幼树叶面积系数，使成龄树叶片成层分布；形成良好的叶幕结构，充分利用光能；并且可以调整油橄榄个体结构和群体结构之间的关系，改善果园通风透光条件，更有效地利用空间。修剪可以调节树体各部分、各器官之间的平衡关系。由于修剪，在不减少根系，不减少吸收量的前提下，使树冠的枝梢有所减少，因而能促进留下来的枝梢生长，提高光合效率。另一方面，由于修剪使叶面积减少，总生长量减少，光合产物和供给根系的养分也会相应减少，会使根生长受到抑制，反过来又影响地上部分的生长。因此，修剪在总体上是有抑制作用的，刺激生长的作用只能表现在局部，这表现了修剪对油橄榄地上部和地下部动态平衡关系的调节作用。可以通过修剪来调节营养生长和生殖生长的关系，使这两类器官保持相对的平衡，以达到稳产、高产的目的。合理修剪能使年年有一定的生长，形成足够的花芽，结出一定数量的果实。花芽少时，修剪上要尽量保留花芽，缓和营养生长势，促使由营养生长转向生殖生长；花芽多时，要进行疏花疏果，减少结果量，并进行短截回缩，促进营养生长；同时可以利用油橄榄各器官、各部分的相对独立性，使一部分枝梢生长、一部分枝梢结果，每年交替，相互转化，使营养生长和生殖生长达到相对平衡。

油橄榄的同类器官也存在着矛盾并互相竞争，需要通过修剪加以调整。对枝条，要保持其一定数量，同时要使长、中、短枝保持一定的比例。长枝过多时，生长期长，用于生长消耗的营养物质过多，积累不够，影响短枝生长和花芽分化；长枝过少时，总的营养生长势变弱，也不利于营养物质的生产和积累，不利于生长和结果。对短枝，首先应保持优良短枝的数量，同时疏除质量过差的短枝，使一般短枝向优良短枝转化。

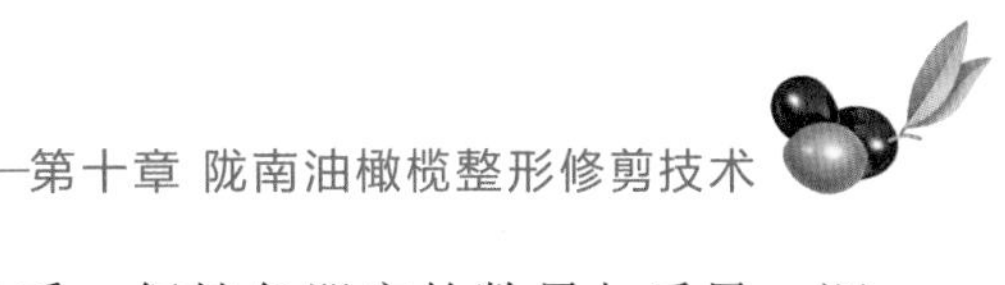

修剪作用的实质是通过调节油橄榄与环境的关系，保持各器官的数量与质量，调节油橄榄对养分的吸收、营养物质的制造、分配和利用等，从而解决油橄榄生长与结果的矛盾，达到连年丰产的目的。因此，修剪必须符合油橄榄本身的生长结果习性，并在良好的土、肥、水管理基础上进行。

二、油橄榄整形修剪应遵循的基本原则

油橄榄整形修剪必须结合树体生长发育结实的特点，遵循长期形成的修剪原则，这些原则是果树栽培以及油橄榄栽培长期实践经验的总结，在生产上已经被证明行之有效的、必须坚持的方法。整形修剪的基本原则是:“因树修剪，随枝作形”;“统筹兼顾，长短结合”；“以轻为主，轻重结合”。

“因树修剪，随枝作形”，是在整形时既要有树形要求，又要根据不同单株的不同情况灵活掌握，随枝就势，因势利导，诱导成形；做到有形不死，活而不乱。对于某一树形的要求，着重掌握树体高度、树冠大小、总的骨干枝数量、分布与从属关系、枝类的比例等等。不同单株的修剪不必强求一致，避免死搬硬套、机械作形，修剪过重势必抑制生长、延迟结果。

“统筹兼顾，长短结合”，是指结果与长树要兼顾，对整形要从长计议，不要急于求成，既有长计划，又要短安排。幼树既要整好形，又要有利于早结果，做到生长结果两不误。如果只强调整形、忽视早结果，不利于经济效益的提高，也不利于缓和树势。如果片面强调早丰产、多结果，会造成树体结构不良、骨架不牢，不利于以后产量的提高。盛果期也要兼顾生长和结果，要在高产稳产的基础上，加强营养生长，延长盛果期，并注意改善果实的品质。

“以轻为主，轻重结合”，是指尽可能减轻修剪量，减少修剪对油橄榄树整体的抑制作用。尤其是幼树，适当轻剪、多留枝，有利于长树、扩大树冠、缓和树势，以达到早结果、早丰产的目的。修剪量过轻时，势必减少分枝和长枝数量，不利于整形；为了建造骨架，必须按整形要求对各级骨干枝进行修剪，以助其长势和控制结果，也只有这样才能培养牢固的骨架并培养出各类枝组。对辅养枝要轻剪长放，促使其多形成花芽并提早结果。应该指出，轻剪必须在一定的生长势基础上进行。1～2年生幼树，要在促其发生足够数量的强旺枝条的前提下，才能轻剪缓放；只有这样的轻剪长放，才能发生大量枝条，达到增加枝量的目的。树势过弱、长枝数量很少时的轻剪缓放，不仅影响骨干枝的培养，而且枝条数量不会迅速增加，也影响早结果。因此，定植后1～2年多短截、促发长枝，为轻剪缓放创造条件，便成为早结果的关键措施。

三、整形修剪的依据

整形修剪应以油橄榄的品种特性、树龄和长势、修剪反应、自然条件和栽培管理水平等基本因素为依据，以进行有针对性的整形修剪。

油橄榄的不同品种，其生物学特性差异很大，在萌芽抽枝、分枝角度、枝条硬度、结果枝类型、花芽形成难易、座果率高低等方面都不相同。因此，应根据品种特性，采取不同的整形修剪方法，做到因品种修剪。

同一油橄榄不同的年龄时期，其生长和结果的表现有很大差异。幼树一般长势旺，长枝比例高，不易形成花芽，结果很少；这时要在整形的基础上，轻剪多留枝，促其迅速扩大树冠，增加枝量。枝量达到一定程度时，要促使枝类比例朝着有利于结果的方向转化，即所谓枝类转换，以便促进花芽形成，及早进入结果期。随着大量结果，长势渐缓，逐渐趋于中庸，中、短枝比例逐渐增多，容易形成花芽，这是一生中结果最多的时期。这时，要注意枝条交替结果，以保证连年形成花芽；要提高授粉座果率并改善内膛光照条件，以提高果实的质量；要尽可能保持中庸树势，延长结果年限。盛果期以后，油橄榄生长缓慢，内膛枝条减少，结果部位外移，产量和质量下降，表明油橄榄已进入衰老期。这时，要及时采取局部更新的修剪措施，抑前促后，减少外围新梢，改善内膛光照，并利用内膛较长枝更新；在树势严重衰弱时，更新的部位应该更低、程度应该更重。

不同品种及不同枝条类型的修剪反应，是合理修剪的重要依据，也是评价修剪好坏的重要标准。修剪反应多表现在两个方面：一是局部反应，如剪口下萌芽、抽枝、结果和形成花芽的情况；二是整体反应，如总生长量、新梢长度与充实程度、花芽形成总量、树冠枝条密度和分枝角度等。

自然条件和管理水平对油橄榄生长发育有很大影响，应区别情况，采用适当的树形和修剪方法。土壤瘠薄的山地和肥水不足的果园，树势弱、植株矮小，宜采用小冠、矮干的树形，修剪稍重，短截量较多而疏间较少，并注意复壮树势。相反，土壤肥沃、肥水充足的果园，油橄榄生长旺盛、枝量多、树冠大，定干可稍高、树冠可稍大，后期可落头开心，修剪要轻，要多结果，采用“以果压冠”措施控制树势。

此外，栽植方式与密度不同，整形修剪也应有所变化。例如，密植园树冠要小，树体要矮，骨干枝要少。

四、芽的异质性与整形修剪的关系

芽的异质性是整形修剪的理论基础。枝条上不同部位着生的芽，由于形成和发育时内在和外界条件不同，使芽的质量也不相同，称为芽的异质性。新梢中部的芽和中短枝的顶芽，在形成和发育时外界条件适宜，营养水平较高，芽的发育质量好，外观上也比较饱满充实，其抽生枝条的能力较强，将来抽生的枝条也比较粗壮、叶片大而肥厚。发育成质量高的花芽，开花、座果能力强，座果率高，果个也大。

芽的异质性与油橄榄的其他生长特性（如顶端优势、层性）有密切关系。着生在枝条先端和短截修剪后剪口附近的饱满芽，其抽生的枝条明显好于下部发育较差的芽

所抽生的枝条。这样，就形成了枝条的强弱分布，且是顶端优势和层性形成的原因之一。

在油橄榄整形修剪中，常常利用芽的异质性来调节树体的生长和结果。整形中培养骨干枝时，要在枝条的中部饱满芽处短截。更新复壮结果枝组的结果能力时，常在壮枝、壮芽处回缩或短截。为了缓和枝条的生长势或促发中短枝，往往在一年生枝春秋梢交界处的盲节、枝条基部的瘪芽处短截，或在弱枝、弱芽处回缩，或剪去大叶芽枝饱满的顶芽并留下一些发育弱的侧芽。修剪技术也会影响芽的质量，例如，夏季修剪时，摘去先端旺盛生长的嫩尖，延缓枝梢的生长强度，可以提高芽的发育质量，使弱芽变为壮芽，或叶芽分化为花芽。夏季修剪中，及时摘心和多次摘心，可使花芽形成的部位降低，控制结果部位的上移。

五、萌芽成技力与整形修剪的关系

枝条上萌发的芽占总芽数的百分率，称萌芽率，它表示枝条上芽的萌发能力，影响枝量增加速度和结果的早晚。油橄榄的萌芽率比较高，主枝及干枝上的芽都能萌发成枝。但不同品种，萌芽率高低不同。不同枝条类型，萌芽率表现也不同，徒长枝的萌芽率低于长枝，而长枝又低于中枝。不同年龄时期的油橄榄，其萌芽率表现也不同，幼树萌芽率较低，随着树龄的增长，萌芽率相应提高。一般枝条的角度越开张，其萌芽率越高；直立枝条，其萌芽率一般较低。在修剪中，常应用开张枝条角度、抑制先端优势、环剥、晚剪等措施来提高萌芽率。喷施生长延缓剂如乙烯利，也可用来提高萌芽率。枝条抽生长枝的数量，表示其成枝的能力，抽生长枝多的，称为“成枝力强”，反之为弱。成枝力强弱对树冠的形成快慢和结果早晚有很大影响，一般成枝力强的品种容易整形，但结果稍晚；成枝力弱的品种，年生长量较小，生长势比较缓和，成花、结果较早，但选择、培养骨干枝比较困难。成枝力的强弱，因品种的特性不同而有很大差异，是整形修剪技术的重要依据。

六、油橄榄修剪的双重作用

修剪对油橄榄有促进枝条生长、多分枝、长旺枝的局部促进作用，而修剪对油橄榄整体则具有减少枝叶量、减少生长量的抑制作用。这种促进作用和抑制作用同时在树上的表现，称为修剪的双重作用。枝条短截能减少枝、芽的数量，相对改善枝芽的营养状况，使留下的芽萌发出旺枝，增强局部的生长势；但正是由于减少了枝、芽的数量，使被短截枝条的总生长量也相对减少，这往往表现在对同类枝条处理的差异上。例如，选作骨干枝的一年生枝，在中部饱满芽处短截，剪口发出健壮的新梢，表现出修剪的促进作用；但其总枝叶量因短截而减少，以致加粗生长缓慢，其粗度显著小于不短截的辅养枝，表现出修剪的抑制作用。基于此，国外油橄榄修剪时大都是机械修剪，修剪没有国内果园这样精细，一方面采用机械方式集约化修剪，难以满足国内如此条件的精细化，另一方面劳动力缺乏，修剪投入的精力太多，从经济角度考虑，会造成油橄榄园效益下降。以修剪量作为修剪的技术指标，可以方便修剪人员对机械修剪的管理，一般修剪剪除量为总枝量的 20% ～ 30% 为宜。

疏剪对疏枝口下部的枝条，具有促进生长的作用；而对疏枝口上部的枝条，却具有削弱生长势的作用，这也表现出修剪的双重作用。利用背后枝换头时，既能增强缩剪枝的生长势，又能加大缩剪枝的垂直角度，削弱其总生长量，同样表现出修剪的双重作用。

总之，修剪的双重作用是广泛的，有些是预期达到的，有些是希望避免的，要根据不同品种的特性熟悉不同修剪方法、修剪程度、修剪部位，对油橄榄整体、局部的影响，才能收到良好的效果。

第二节 常见树形

油橄榄整形修剪技术是栽培管理的基本知识，但要把整形修剪技术运用得当，却不是一件十分容易的事。油橄榄树形与亚热带常绿果树一样，都是需要一定的树形来保证高产稳产。但也有自己特性，就是树龄长，经济寿命长，加之品种之间的差异也十分明显，整形修剪必须依据它本身的特性和种植地区的气候、土壤等生境条件选择好树形。

一、传统栽培树形

在意大利传统的老橄榄圆，习惯采用的树形有杯形、圆柱形、圆锥形、空心圆锥形、多圆锥形等，其中最流行的树形是由三大主枝形成的多圆锥形又称为花盆形，即树冠中部保持空心，每个主枝各形成圆锥形。在意大利南方有百分之七、八十的树形属于这种树形，在中部托斯卡纳大区，树龄 40 年以上的树形基本都是多圆锥形。多圆锥形是罗维蒂尼 (Royentiin) 教授创立的。这种树形受光条件好。整个树冠是上小下大的圆锥形。托尼尼 (Toinin) 教授根据罗维蒂尼的多圆锥形的理论作了一些改进，改良后的多圆锥形三大主枝与树干夹角比多圆锥形要小些，因此树冠较紧凑，上部开心，受光好，但树冠中下部透光性比多圆锥形略差。

1. 多干树形

多干形是指在一个定植穴里生长有多达 2 个以上的植株。多干形的整形：原则是轻度修剪，随树作形。从多干灌丛形中选择位置适宜（株间距离）、生长健壮的 3 个植株为永久性的树干，而将其他多余的植株分年度剪去。

第一年，在选留的 3 个植株周围疏除部分竞争的植株，打开空间。主干离地高

1.0～1.2m，并把主干上的分枝全部疏除。在每株主干上选择2个生长旺盛的大枝做主枝，主枝的开张角度为30°。

图10-2 多干树形

第二年，继续疏去另一部分的树干。同时疏剪主干上多余的分枝。采用摘心、短剪和转换延长枝等方法，调节主枝的生长势，使主枝间保持生长平衡。

第三年，最后伐去应淘汰的树干，使1个种植穴只有3个主干的多干形树形。

在每公顷栽植70～80株的传统型的油橄榄园中，多主枝形的优点是植株生长快，树冠大，结果早，容易修剪和更新。但在高密度集约栽培的橄榄园中不适合多干形栽培。

2. 单干形

单干形的树冠结构简单，由主干和2～3个主枝构成，主干高1.6～2.5m。国内油橄榄引种时间较短，对树形与产量、油品质量等的关系研究不多，有的进行了研究但深度不够，一般对修剪的认识仅限于国外经验的学习。李娜等对甘肃省陇南市武都区大湾沟油橄榄示范园内3个主要品种即莱星、城固32和鄂植8，采用圆锥形和开心形2种不同树形的整形修剪方式，调查测定了5个年份的产量，探讨了不同栽培树形对不同油橄榄品种果实产量的效应。

3. 开心形

树高3.5～4.0m，主干较低，主枝倾斜挺拔，生长健壮，侧枝上下分布均匀，与主枝构成圆锥状，树冠内骨干枝量少（无叶枝条），分枝量（带叶枝条）多，叶木比高，结果面积大，单株产量高，适应中低日照区果园栽培。

4. 圆锥形

树冠中保留着主干延长的中心干，主干高0.8～0.9m。中心干高一般为2.5～3.0m，可随树高而定，在中心干上分生侧枝，主枝和侧枝上着生果枝。

研究表明，油橄榄具有不同于其他果树的许多生物学特性，因而其修剪技术亦不同于其他果树。栽培树形的选择和培育直接影响修剪量、修剪方式，而不同品种、气候因子和土壤肥力甚至于同一园中不同树，都需要对修剪技术进行调整。本研究发现，对3个主栽品种采用开心形和圆锥形2种树形，不同品种、不同年份的果实产量存在显著差异，不同树形对不同品种在不同年份的座果率和果实产量有不同程度的影响。在初果期，莱星圆锥形比开心形的座果率和平均单株产量高6.7%和0.15kg，而对于城固32和鄂植8，开心形比圆锥形的座果率和平均单株产量分别高20%、0.18kg和10%、0.09kg。随着树龄的增大，莱星和鄂植8开心形的座果率和产量高于圆锥形，2011年开心形比圆锥形平均单株产量分别高13.35%、6.85kg，莱星开心形座果树最高单株产量达75kg，比圆锥形高16kg，单株产量35kg以上的座果树占80%，比圆锥形高40%，鄂植8开心形单株产量25kg以上的座果树占46.67%，比圆锥形高30%，表明这2个品种采用开心形比圆锥形可以取得较高的单株产量，且随树龄增长逐步凸显出优势，说明这2个品种比较适合开心形的栽培树形；而对于城固32，圆锥形比开心形的座果率和产量稍高，2011年单株产量15kg以上的座果树占25%，比开心形高8.34%，差异优势并不明显。“大小年”是许多果树普遍存在的现象，影响着油橄榄栽培管理和经济效益。引起“大小年”现象的原因很多，有内在的和外在的，而合理的修剪技术是解决“大小年”结果问题最古老、最基本的措施之一。研究中2种树形3个品种座果率和果实产量随树龄增长而增加，但在2004年（定植后12年）急剧下降，座果率为43.3%～80.0%，座果树的平均单株产量为6.54～15.32kg。引起这一现象的具体原因不清楚，对于取得较高产量的整形树形，以及预防和改善“大小年”的具体修剪技术，也尚需进一步研究。

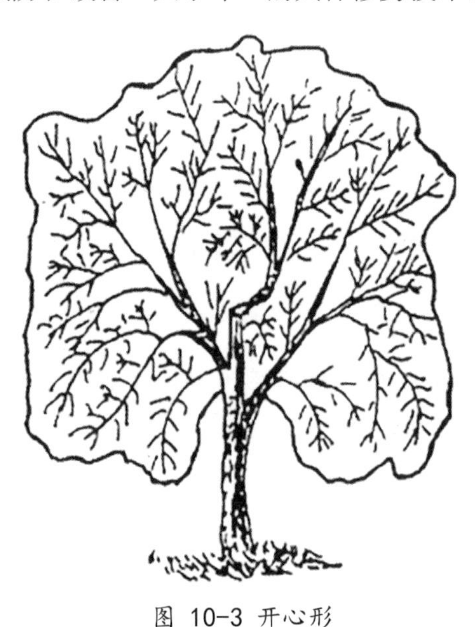
图 10-3 开心形

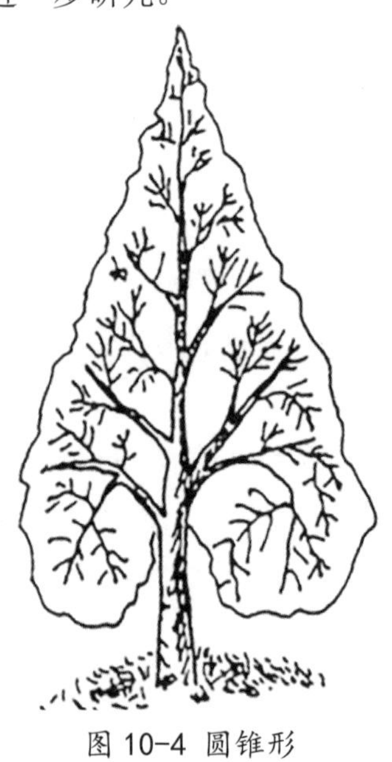
图 10-4 圆锥形

通常我们在修剪中对主枝培养和油橄榄枝条随着树龄增长会逐渐衰老这一特点注意不够，一般存在主枝分枝较多，侧枝旺，层次多，主侧不分，生长序零乱，加之陇

南夏热多雨，夏季枝条生长旺盛，地上部分较地下部分生长快，使树冠上升加快，形成“头重，脚轻”，树冠郁闭，结果部位外移，起不到开心作用，往往在连续大量结实之后容易出现生长衰退现象（不排除土壤水分、理化性状及经营管理等因素）。根据意大利整形修剪的经验，正确的树形应当是：主枝3个或4个，主枝与树干的夹角45°左右，并东、南、西、北四向分布均匀，主枝彼此间距20cm，修剪时除主枝外，树冠不再留大枝，直接在主枝的厕枝（二级主枝）培养结果枝组。要求主枝上的侧枝（二级主枝）分布合理，能充分利用空间，同时不能过多，一般每组4～8个。原则上结果枝组在结实3～5年之后就要因树看枝进行不同程度的轮换更新，以促发新枝，再形成年轻健壮的结果枝组，提高结实能力，同时控制树冠不至扩大、树高5～6m，营养集中，通风透光，使油橄榄连年丰产。综上所述，在油橄榄栽培中，在适地适树选择栽培品种的同时，也需要根据品种的生长结果习性和栽培方式，选择适宜的栽培树形，在不同的生长时期进行适度的整形修剪，在产量最大化的同时也能提高果实的品质，提高树体的抗性，防止树体的早衰，延长植株的结实年限。

二、集约栽培树形

当今，随着现代化栽培技术的应用和集约栽培的发展，上述栽培树形已逐渐退出油橄榄园，代之以集约栽培的树形。

每公顷栽植株数150株以上并采用现代栽培技术的果园称集约栽培。集约栽培所要求的树形和整形方式与传统的完全不同。其特点是：树形简化，整形容易，经济实用性强；整形不违背植物的自然生长规律，幼树生长期短，进入结果期早，有效经济结果期延长；适宜使用机械耕作、综合管理和采收。

在油橄榄集约栽培中，为了缩小树冠体积增加单位面积上的株数，意大利陆续采用了丫形、掌形、灌木形、灌丛花盆形（多锥无干形）、篱壁形等多种现代树形。近年来，为适应机械化管理，降低成本，要求修剪简化，在新建油橄榄园开始推行单锥形。这些现代式树形的特点是：树体矮化，冠小，便于密植，木质枝干少，结果枝叶多，结果面大，整形修剪省工容易，修剪量轻，有利于早结果、早丰产的目的。

1. 篱壁形 (Siepone)

由佛罗伦萨大学勃列维利尼教授创立，仅在少数油橄榄园采用。其整形方法是：中心主枝用木桩扶直，侧生主枝6～7个着生在左右两侧成一垂直平面，并与行间成平行，侧枝开张约70°～80°并用铁丝、木桩和绳子牵引，相连成篱笆树行。这种树形的结果枝组着生在侧生主枝上，适宜密植，修剪和采果方便。意大利应用这一树形，一般采用5m×5m、5m×4m、5m×3m的株行距。但是，要修剪成篱壁形，必须设立篱架整形，费工费材料，中心主枝往往强于侧生主枝，侧枝发育不良，分生结果枝组少，产量不高。因而，没有推广，在现代集约性油橄榄园应用不多。

图 10-5 篱笆形

2. 灌木形 (Cespugliato)

西班牙安达卢西亚大区和美国加利福尼亚州常用树形。在意大利中部应用这种树形，一般是用 7m×6m、5m×5m 株行距。这种树形，是在定植后的当年，离地面 30cm 处截干，其余侧枝保留，让其萌生自然生长，然后逐年疏除一些萌生条，以通风透光，其他不修剪、任其自然生长形成灌木形。这种树形低矮，便于密植和人工采果，同时由于修剪量轻，因而结果较早。

在意大利南方一些集约型油橄榄园目前采用的灌丛花盆形，也基本属于此种树形，不同的是干高稍高，一般约 50cm 左右，主枝稍少。

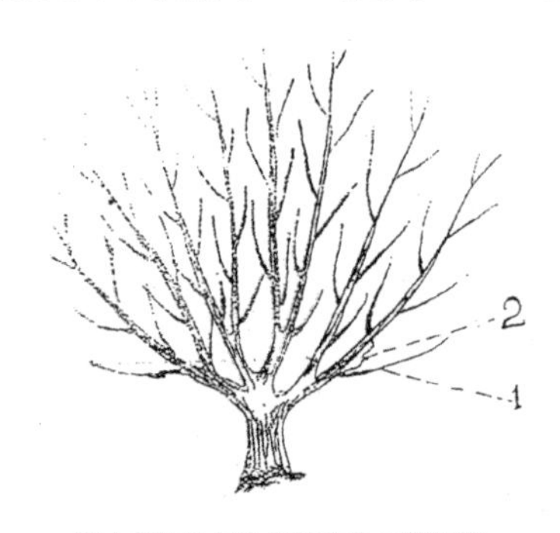

图 10-6 灌木形

3. 掌形 (Palmetta)

勃列维利尼教授创立的树形。在意大利南部一些集约型果用油橄榄园有采用，在中部油用橄榄园也采用。这种树形，是在主干上选留三个生长势好，位于一个垂直平面的枝条为主枝，定干高度 50 ～ 80cm，两侧主枝与中心主枝夹角 30°～40°扁平。

这种树形的主要优点是：人工修剪和采果方便，树体小，便于密植。但是，其中

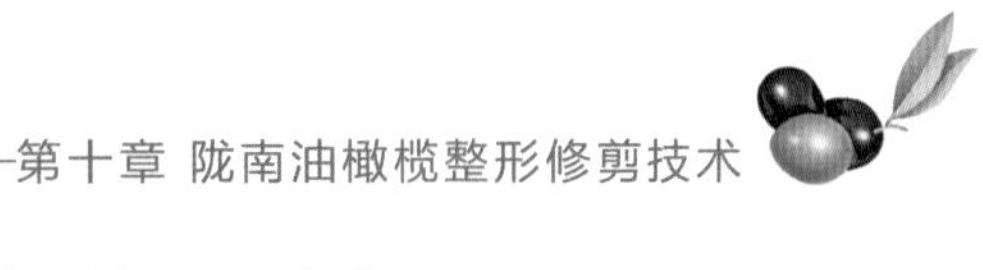

心主枝往往强于两侧主枝，会造成侧生主枝生长发育不良，影响造形。

4. 丫形（Ipsilon）

在意大利南方集约型果用橄榄和中部一些油橄榄园有采用。这种树形，定干高度50～60cm，选留两个生长势好的侧生枝作为主枝，进行培养，主枝与树干夹角约为45°，主枝所形成的平面方向与栽植行间成平行。这种树形较矮，便于密植，人工修剪和采果。两主枝生长发育比较均衡，树冠内膛透光度好，但整形需支架固定，费材料。

5. 单锥形（Monocono）

这是在60年代初期，狄诺·狄尼（Dinodini）教授创立并建议在集约栽培时宜采用的树形。这种树形有中央领导干，不定干。定植后选留生长势好，位置适中的枝条作为中心主枝（即中央领导干），立桩扶直，让其始终保持中央领导地位，留侧生主枝7～8个或8～10个，均匀地分布在中心主枝的周围。定植后3～4年要始终注意中央领导干的培养，除剪除枯枝，疏间过密的侧枝外，侧生主枝不进行修剪，让其自然生长，以利提早结果。3～4年后，每年适当稀疏内膛枝、对结过果的枝短截回缩，将影响树形和机械化操作的枝剪去，强枝、曲枝、结果后再剪去。重点是控制树高，如中央领导干长势旺，可用其下面弱的侧枝代替，而将原顶梢头曲枝成分枝（侧枝），以抑制和缓和顶端优势，防止树冠内弱，增加冠内枝叶，促进主干迅速增粗。树干高80～100cm，以便于摇果机采果，若为人工采果则干高40～60cm。整个树高4～5m，直接在侧生主枝上培养结果枝组，侧生主枝枝组的数目取决于树体的大小，一般8～10个，最好是螺旋状排列，各侧生主枝枝组下层间距30～35cm，使整个树呈单锥形。由于不进行人工强制成形修剪，整个修剪过程轻，同时因保留中央领导干，比较好的适应了油橄榄顶端优势明显这一特点。因而成形快，树体发展平衡，结果面积大，能充分利用光照，便于密植，结果早，产量高，而且修剪技术简单，容易掌握，经济省工，适宜机械化收获，定植后5～6年即可用机械摇果机采收。目前，这种树形已在意大利中部的集约型油橄榄园推广应用。

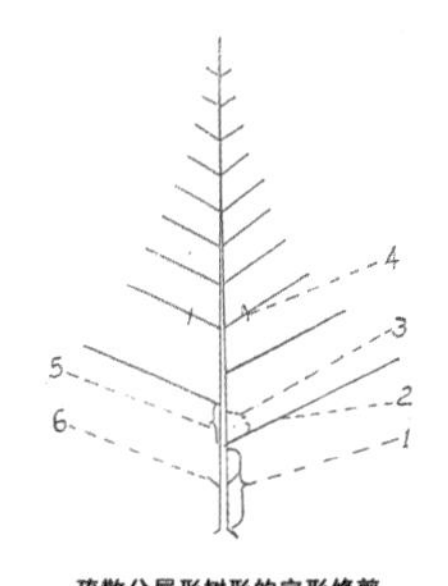

疏散分层形树形的定形修剪

1. 主干距地面高50-60厘米，2. 选留的第一层三主枝之一，3. 主枝与主干之间的夹角应有55-60度，4. 所留三主枝以上的其他枝条如生长较旺时，应予短剪，以免影响主枝的生长，5. 选留的主枝间的上下距离应有20厘米左右，6. 第一个主枝（即整形带下部的枝条）适当短剪，暂时留作辅养枝。

图 10-7 单锥形

根据上述原则，在集约栽培果园里采用简化单干式树形是理想的选择，这种单干树形与传统的树形比较，树冠小，适宜密植，树冠的有效容积大，光合产量高。这一点，在集约栽培园里是极其重要的。适宜集约栽培的单干形有两种，即自然开心形和单圆锥形。

6. 自然开心形

自然开心形的树形无中心干，由主干、主枝和侧枝构成树冠骨架。主干高 0.7 ～ 1.0m。主枝 3 个，邻近配置，主枝开角 35° ～ 45°，枝间距 20 ㎝，交错分布在主干上。主枝上适量配置侧枝，侧枝上均匀布满带叶枝，生长发育为结果枝结果。

图 10-8 自然开心型

图 10-9 单圆锥形

7. 单圆锥形

单圆锥形是油橄榄自然生长的树形，又称自然式树形。树冠狭长直立、体积小、结果面积大，被各国广泛用于高密度的集约栽培园（2200 株/公顷）。幼树生长期短，结果早。结果期树冠的有效结果面积大，产量高，最适合各种采收机采果。

单圆锥形树冠中保留着主干延长的中心干，主干高 0.8 ～ 0.9m。中心干高随树高而定，一般为 2.5 ～ 3.0m。在中心干上分生主枝，主枝上分生侧枝，主枝和侧枝上着生结果枝。

四、陇南油橄榄常见树形

借鉴原产地现代油橄榄栽培经验，陇南油橄榄引种栽培中常用的主要树形如下：

1. 自然开心形

自然开心形的主要特点是，树高 3.5 ～ 4m。主干较低，主枝倾斜挺拔，生长健壮，侧枝上下分布均匀，与主枝构成圆锥状。树冠内骨干枝量少（无叶枝条）、分枝量（带叶枝条）多，叶木比高，结果面积大，单株产量高，适应中低日照区果园栽培。

自然开心形的整形修剪方法：苗木定植后，靠近苗的主干设 1 根垂直的支柱（竹竿或木杆），扶正苗木，严防苗木倾斜。栽植后的头 1 ～ 2 年不修剪或轻度的修剪，适当疏剪过密小枝、下垂枝。保持叶/根比值平衡，以利根系恢复生长。因为从苗圃起

苗和栽植过程中，根系损失较重，叶量大，水分消耗大，影响根系恢复生长发育。

当幼树生长达到定干高度时，在树干离地面 0.6 ～ 0.8m 处，由下而上选留 3 个生长健壮、3 向分布均匀、并与主干开角 45° 的枝条做主枝，然后将主干截断。待 3 个主枝长到 3m 左右时断顶，这时主枝已经定形。但它在生长过程中年年都有变化，并用短截法修剪主枝的延长枝，控制主枝开角及其高生长，防止结果外移。

侧枝配置在主枝左右的背斜两侧，交替分布。侧枝由下而上依次缩短，位于主枝基部的侧枝，最长的不超过 1.5m，位于主枝顶部的侧枝小于 0.6m，与主枝构成上小下大的圆锥状结构，以利通风透光，扩大结果层次。着生在主、侧枝上的徒长枝，除可利用的外，采用抹芽的方法全部疏除，以免破坏树冠结构，维持营养平衡。

以侧枝为基枝，包括着生在侧枝上的营养枝和结果枝，构成结果枝组。当结果枝组的生长和结果开始下降时沿基部剪去，并在附近另选生长健壮的枝条作侧枝，培养成新的结果枝组。由此可知,油橄榄的侧枝既是一种结果单元,又是一类临时性的枝条，一般结果 3 ～ 4 年更新 1 次。它不像其他果树是一种相对稳定的骨干枝。通过对侧枝的修剪和更新，维持主枝和结果枝组的结果能力。

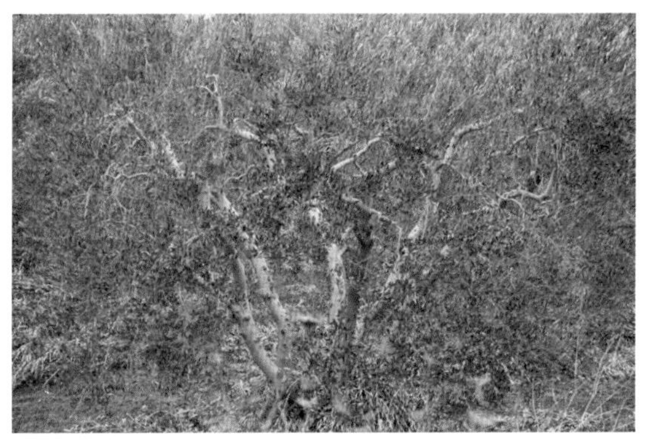

图 10-10 自然开心形

图 10-11 丫形

2. 丫形

丫形树高 4m 左右，主干端分出 2 个斜生主枝构成树冠。树冠上覆盖着几乎要触及地面的小枝。

丫形的整形修剪方法：丫形干高 0.5 ～ 0.6m，在苗木定植后，当幼树主干生长达到定干高度时，选择 2 个生长势好的侧生枝作为主枝，并在主枝的着生点以上将主干剪断，剪口下选择 2 个邻近的枝条培养主枝。主枝与主干夹角 35° ～ 40°，主枝的垂直面约与栽植线成 20°。主枝要用整形支架固定,侧枝均匀地分布在主枝上,上小下大，与主枝构成双圆锥形树冠。随着主枝逐年生长，每年或隔年修剪选配侧枝。侧枝是主枝上的有叶枝条，是结果单元。

这种树形比较矮，地上部分与地下部分生长较均衡。主枝生长健壮，侧枝发育充实，寿命较长，结果面积大，较丰产。中国在幼树整形和成年树形改造中，已成功的采用了这种树形。其主枝与侧枝构成圆锥形，树冠内透光度好，适应中国土壤气候条件，便于人工修剪和采果，是比较实用的一种丰产树形。

3. 圆头形

圆头形树形是由 3 ～ 4 个主枝，6 ～ 8 个顶生侧主枝构成的球状树冠。圆头形树冠很大，成形快，发育饱满，枝条十分密集，内膛光照很弱，因而结果部位逐渐向外移到树冠的表层。这种树形使油橄榄的有效结果容积缩小，树冠内无效结果容积几乎占树冠体积 80% ～ 90%，因枝叶被荫蔽而不能结果。从全国油橄榄引种栽培区的树形看，无论是进行修剪或不修剪，都能够自然的形成圆头形树冠，并极容易使树冠闭心。实践证明这种多主枝的圆头形树冠结果能力低，不能丰产。因为油橄榄与其他果树如柑橘比较，二者对光照的需要量是根本不同的，前者喜光，而后者耐阴。这种树形在雨量少、长日照的栽培环境中对油橄榄才有效。

图 10-12 圆头形

图 10-13 圆锥形

4. 圆锥形

圆锥形是仿照意大利果树栽培学家罗文蒂尼 (Ryentini，1936) 提出的单圆锥形。他建议用这种树形重建高密度的油橄榄园。20 世纪 70 年代末，意大利油橄榄育种栽培学教授丰塔纳扎 (Fontanazza)，在意大利中部地区用经过他改进的单圆锥形建立了集约栽培的橄榄园。栽植后任其自然生长，轻修剪，缩短了幼树生长期，结果早。莱星品种 16 个月生的自根苗栽植后，采用单圆锥整形两年半开始结果。

单圆锥形的整形主要依其自然生长形成，修剪为辅，整形期内要把握中心干的主导地位。为此中心干的位置必须居于树冠的中心，始终保持直立的强生长势，使干周的侧枝分布均匀，长势均衡。自然生长的树冠形成快，幼树生长期短，结果早，其修剪要从苗圃开始。

圆锥形的整形修剪过程与方法：

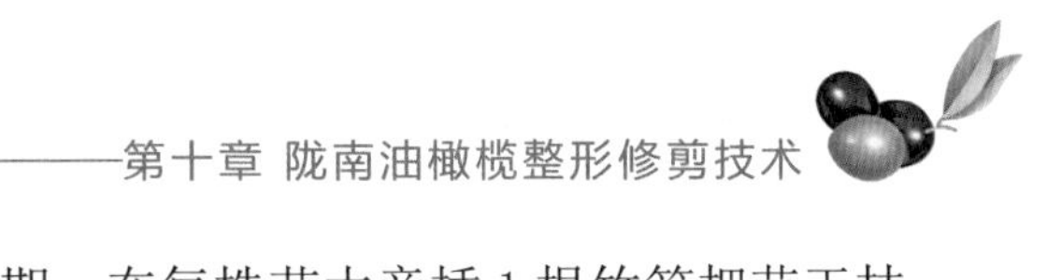

第一年，苗木移入营养钵或在苗圃地培育期，在每株苗木旁插 1 根竹竿把苗干扶直，使侧枝沿着中心干均匀分布，形成完整的树冠。除剪去与中心干竞争的直立枝外，一般不作任何修枝，保持苗的叶/根率，促进苗木的根系和干的粗生长。

第二年，栽植时先在定植穴里插上木杆，然后把苗木靠近木杆栽上，并及时用草绳或软塑料带把苗木主干系在木杆上，使其直立的自然生长。但必须保持树顶旺盛生长，因为树顶的旺盛生长活动，像水泵一样将树液分配到全树来保证树木的快速而平衡的生长。不管什么原因，如果一旦发现树顶（中心干延长枝）被损坏或生长转弱，应立即用附近一枝强壮的分枝来代替它，并将新选出的领头枝垂直地绑缚在木杆上。在 8 ～ 9 月，将最低部（距地面 35 cm左右）的侧枝剪去。这是为了利用夏末秋初油橄榄最后一个高峰生长阶段来推动其向高生长，而侧枝则自然的就会以和谐的方式分布在各个方向上，故不需要很多修剪。

第三年，由于圆锥树形修剪的轻，生长迅速，到第三年时树高可达 3m 左右，由侧枝组成的树冠已经形成，同时已开始试花结果，表明其生长与结果之间已趋向初始平衡发展阶段。在这种情况下，修剪的重点转向树顶的修整操作上，及时疏除树顶的竞争枝，保留生长中庸的直立枝领头，严格控制领头枝的生长势，帮助侧枝生长和促进形成花芽。另外，侧枝在延长生长之后易出现低头下垂，长势转弱，此时，侧枝上的徒长枝增多。应通过夏季抹芽、冬季修剪清除徒长枝；还可采取缩小枝角的方法，保持枝头生长势，抑制徒长枝的发生。

第四年，树高基本定型，冠幅已达 4m 左右，全树约 1/3 的枝条形成了结果枝。这一时期的整形修剪任务旨在控制树顶和侧枝系统的修剪工作。当树顶过重或转弱时，选择 1 个垂直生长的中庸枝或旺枝更替，并把领头枝以下的竞争枝全部疏剪掉。同时对树冠内部的细弱枝和徒长枝加以疏除，并显露出永久性的主枝结构，这些主枝要沿着主干螺旋式的分布，以便得到均匀的光照。以后的修剪主要是控制树高（不超过 4.5m），同时按比例地剪短侧枝。这时要保证树体的形状不被破坏和植物生长平衡不被打乱。树冠的宽度除了受品种和环境的影响外，还取决于种植密度，所以要避免树冠过分宽大，以利于耕作和群体的光照。

5. 自然扁冠形

扁冠形的主干低（40 ～ 50cm），中心干和两侧的主枝并列排在垂直的平面上，构成扁平形的树冠。在意大利称掌形。因为这种树形容易自然形成，故称自然扁冠形。

自然扁冠形，体积小，地上与地下部叶/根比值趋向平衡，通风透光好。果园群体和树冠光能利用率高，适合在中国日照低的地区栽培。白龙江河谷地形地貌特点及太阳照射角度变化的特殊性，在树形修剪上有针对性地在南面迎着阳光照射的方向多剪除一些，让光照充分进入树体内部，从而使树体通风透光、增加光照，增强修剪效果。

扁冠形培育技术与丫形类似，所不同的是扁冠形中心具有主干延长的中心干。主枝配置在中心干的左右两侧，交互对生，其基部邻近着生在主干上，与中心干夹角 40°。培育技术要点如下：

图 10-14 自然扁冠形

（1）保持左右两侧主枝的延长枝的延伸方向和角度不能改变。当主枝开角变小，顶端生长旺盛抑制了侧枝生长时，必须对树顶进行控制，最好的办法是在其下部选 1 枝方向合适，枝角开张，生长中庸的枝代替延长枝，同时把新选的延长枝的竞争枝短截或疏除，削弱顶端生长优势，促发侧枝。当延长枝生长转弱影响主枝延长生长时，则必然会出现部分侧枝旺长的情况，因而会破坏主枝的结构。这时既要再选 1 个生长旺枝作延长枝，也要把其他过旺的侧枝或徒长枝进行短截或疏除，均衡树势。以侧枝为结果枝单元的主枝结构随主枝生长不断地改变，需要每年修剪，调节生长与结果保持平衡，一般在生长期修剪效果好。

（2）生长期修剪对油橄榄树体造成营养损失最小、伤害生长最轻和利于成花是生长期修剪的特点。因此，生长期修剪是比休眠期修剪更为重要的栽培措施。种植者既不注重休眠期修剪，更不了解生长期修剪的重要作用，是造成当前大多数油橄榄结果少或不结果的原因之一。生长期修剪分春、夏和秋季修剪。除特殊需要在夏和秋季修剪之外。一般以春季修剪为主。春季芽萌发，新梢、树干和根系生长的旺盛期，及早抹除萌芽和嫩梢，养分和水分损失最小，不带伤痕，利于树体快速生长，能早期结果。

通过生长期修剪，保持树冠结构稳定，主枝上的侧枝分布均匀，构成生长稳定的结果枝组。当主枝的高生长到 3.5 ～ 4.0m 断顶，这时树冠已形成，进入结果丰产期，整形已完成。往后，用综合栽培管理（包括修剪）维持生长与结果。

6. 其他树形

油橄榄引种栽培中曾使用裸根苗建园，采用过多干树形。栽植后不作任何修剪自然长成的自然树形。

（1）多干形是指栽植坑中栽 2 ～3 株苗，成活后任其自然生长，4 ～5 年树冠形成开始结果，10 年前后生长开始衰退，1 年生枝长势弱，生理落叶严重，不再结果。重修剪后，更新力较弱。

多干形修剪更新后树冠发枝状况不一致，有些单株能萌发新梢，但生长弱，有些单株不萌发，枝干枯萎。

（2）自然树形是指从苗木定植到树冠形成没有进行修剪任其自然生长的一类树形。

中国引种油橄榄自然生长形成的树形比较普遍，单株树冠主枝丛生，互相挤压，通风透光差，生理落叶重，结果少。例如武都汉王 1 株 30 年生的佛奥树冠（图 10-16），其树冠可分为 3 层，树冠顶部（徒长层）徒长枝多，营养生长旺盛，结果困难。中部（无叶层）主干枝生长密集，分枝稀少（无叶枝条），生长发育弱，不结果。中下部（落叶层）光照少，营养消耗大，生理落叶多，不能结果。这种不修剪，放任生长自然形成的树形，在各地油橄榄种植中较为普遍。生产实践证明，不加修剪，任其自然生长，则其在幼树时期枝叶繁茂，生长势喜人，且因主枝尚少，树冠小，光线能够进入树冠，营养充足，尚能结果。但其后随年龄增高，树冠扩大，粗壮的骨干枝多，树冠郁闭，光照不足，生理落叶加重，只能长树，不能结果。整形修剪的树，主枝少，树冠整齐，分枝多，光照充足，生长势强，结果好。

图 10-15 多干形

图 10-16 自然树形（自然生长油橄榄大树）

油橄榄在一定的生态环境条件下栽培，欲其生长良好，丰产稳产，与树冠应采取何种合理的形态是有一定的关系的。放任不修剪的树，树冠形状不可能自成合理。因此，不加整形修剪的树，一般十几年后，生长不良，衰退早，经济产量年限很短。特别是油橄榄这种外来果树，有不能适应的一面，合理的整形和修剪，是调节其遗传性适应能力的有效措施之一。

综上所述，油橄榄是一种必须整形修剪栽培的果树。但是，无论采用何种树形，都应遵循“因树修剪、随枝作形、有形不死、无形不乱”的整形修剪原则。树形大小应与品种、生态条件、栽植密度等相适宜。引种实践表明，以稀枝小冠最为适宜。稀枝是无叶的分枝量（骨干枝）要少，有叶的枝量要多，构成树冠内外都能产果的小型树冠。因为中国可以引种油橄榄的地区，土壤质地以黏土居多，限制了根系的生长发展范围，稀枝小冠栽培可以缓解小根幅大树冠发展不平衡的矛盾。又因引种区的日照普遍偏低，不能满足油橄榄的需求，

因此，树冠叶幕层不宜太厚，枝量不宜过密。稀枝小冠可以增加有效叶枝量，扩大树冠有效光合面积，增加光合时间，提高光合产量，并减轻病害感染，有利于成花和结果。

第三节 油橄榄常用修剪方法

油橄榄修剪的基本方法有短截、疏枝、回缩、缓放、除萌、摘心、弯枝、扭梢、拿枝软化、环刻、环剥等。

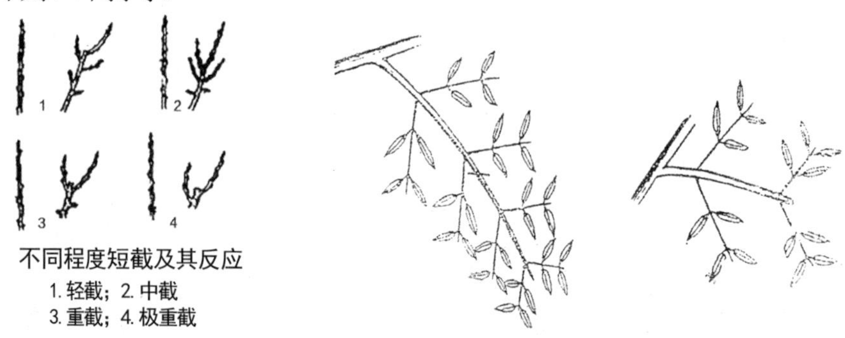

图 10-17 不同程度修剪反应

一、短截

短截是指将一年生枝剪去一部分，按剪截量或剪留量区分，有轻短截、中短截、重短截和极重短截四种方法。适度短截对枝条有局部刺激作用，可以促进剪口芽萌发，达到分枝、延长、更新、控制（或矮壮）等目的；但短截后总的枝叶量减少，有延缓母枝加粗的抑制作用。

1. 轻短截。轻短截的剪除部分一般不超过一年生枝长度的 1/4，保留的枝段较长，侧芽多，养分分散，可以形成较多的中、短枝，使单枝自身充实中庸，枝势缓和，有利于形成花芽，修剪量小，树体损伤小，对生长和分枝的刺激作用也小。

2. 中短截。中短截多在春梢中上部饱满芽处剪截，大约剪掉春梢的 1/3 ～ 1/2。截后分生中、长枝较多，成枝力强，长势强，可促进生长，一般用于延长枝、培养健壮的大枝组或衰弱枝的更新。

3. 重短截。重短截多在春梢中下部半饱满芽处剪截：剪口较大，修剪量亦大，对枝条的削弱作用较明显。重短截后一般能在剪口下抽生 1 ～ 2 个旺枝或中、长枝，即发枝虽少但较强旺，多用于培养枝组或发枝更新。

4. 极重短截。极重短截多在春梢基部留 1 ～ 2 个瘪芽剪截，剪后可在剪口下抽生 1 ～ 2 个细弱枝，有降低枝位、削弱枝势的作用。极重短截在生长中庸的树上反应较好，在强旺树上仍有可能抽生强枝。极重短截一般用于徒长枝，直立枝或竞争枝的处理，

以及强旺枝的调节或培养紧凑型枝组。

不同品种，对短截的反应差异较大，实际应用中应考虑品种特性和具体的修剪反应，掌握规律、灵活运用。

二、疏枝

将枝条从基部剪去叫疏枝。一般用于疏除病虫枝、干枯枝、无用的徒长枝、过密的交叉枝和重叠枝，以及外围搭接的发育枝和过密的辅养枝等。疏枝的作用是改善树冠通风透光条件，提高叶片光合效能，增加养分积累。疏枝对全树有削弱生长势的作用。就局部讲，可消减剪口以上附近枝条的生长势，并增强剪锯口以下附近枝条的生长势。为增强剪锯口以下附近枝条的生长势。剪锯口越大，这种削弱或增强作用越明显。疏枝的削弱作用大小，要看疏枝量和疏枝粗度。去强留弱，疏枝量较多，则削弱作用大，可用于对辅养枝的更新;若疏枝较少，去弱留强，则养分集中，树（枝）还能转强，可用于大枝更新。疏除的枝越大，削弱作用也越大，因此，大枝要分期疏除，一次或一年不可疏除过多。

修剪前

修剪后

图 10-18 几种枝条的疏剪处理

病虫枝、干枯枝、无用的徒长枝、过密的交叉枝和重叠枝，以及外围搭接的发育枝和过密的辅养枝都要疏除。

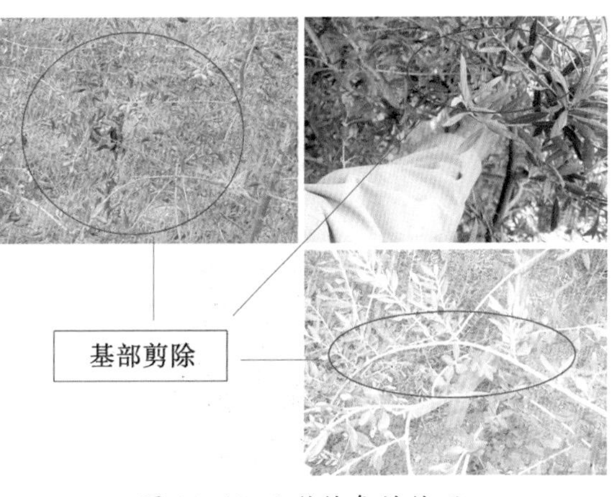

图 10-19 几种枝条的处理

三、回缩

短截多年生枝的措施叫回缩修剪，简称回缩或缩剪。回缩的部位和程度不同，其修剪反应也不一样，例如在壮旺分枝处回缩，去除前面的下垂枝、衰弱枝，可抬高多年生枝的角度并缩短其长度，分枝数量减少，有利于养

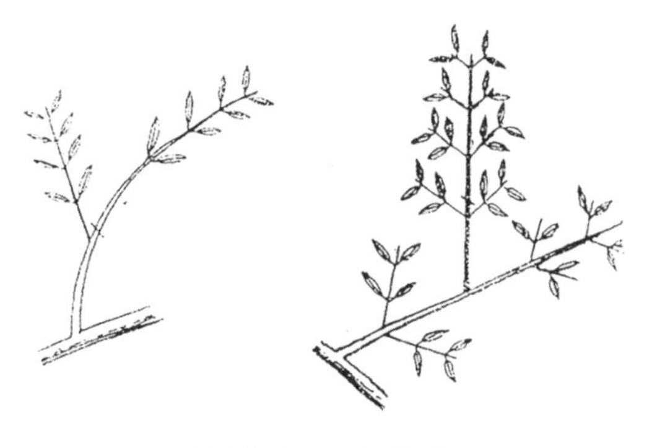
图 10-20 回缩修剪

分集中，能起到更新复壮作用；在细弱分枝处回缩，则有抑制其生长势的作用，多年生枝回缩一般伤口较大，保护不好也可能削弱锯口枝的生长势。

总之，回缩的作用有两个方面，一是抑制作用，二是复壮作用。生产上抑制作用的运用如控制徒长辅养枝、抑制树势不平衡中的强壮骨干枝等。复壮作用的运用也有两个方面，一是局部复壮，例如回缩更新结果枝组、多年生枝回缩。换头复壮等；二是全树复壮作用，主要是衰老树回缩更新骨干枝，培养新树冠。

回缩复壮技术的运用应视品种、树龄与树势、枝龄与枝势等灵活掌握。一般树龄或枝龄过大、树势或枝势过弱的，复壮作用较差。因此，局部复壮、全树复壮均应及早进行。

四、缓放

缓放是相对于短截而言的，不短截即称为缓放。缓放保留的侧芽多，将来发枝也多；但多为中短枝，抽生强旺枝比较少。缓放有利于缓和枝的势、积累营养，有利于花芽形成和提早结果。

缓放枝的枝叶量多，总生长量大，比短截枝加粗快。在处理骨干枝与辅养枝关系时，如果对辅养枝缓放，往往造成辅养枝加粗快，其枝势可能超过骨干枝。因此，在骨干枝较弱，而辅养枝相对强旺时，不宜对辅养枝缓放；可采取控制措施，或缓放后将其拉平，以削弱其生长势。同样道理，在幼树整形期间，枝头附近的竞争枝、长枝、背上或背后旺枝均不宜缓放。缓放应以中庸枝为主；当长旺枝数量过多且一次全部疏除修剪量过大时，也可以少量缓放，但必须结合拿枝软化、压平、环刻、环剥等措施，以控制其枝势。上述缓放的长旺枝第二年仍过旺时，可将缓放枝上发生的旺枝或生长势强的分枝疏除，以便有效实行控制，保持缓放枝与骨干枝的从属关系，并促使缓放枝提早结果，使其起到辅养枝的作用。生产上采用缓放措施的主要目的，是促进成花结果；但是不同品种、不同条件下从缓放到开花结果的年限是不同的，应灵活掌握。另外，缓放结果后应区别不同情况，及时采取回缩更新措施，只放不缩不

图 10-21 枝条缓放

利于成花座果，也不利于通风透光。

五、摘心

摘心是在新梢旺长期，摘除新梢嫩尖部分。摘心可以削除顶端优势，促进其他枝梢的生长。经控制，还能使摘心的梢发生副梢，以削弱枝梢的生长势，增加中、短枝数量，有些品种还可以提早形成花芽。油橄榄幼树的新梢年生长量很大，在外围新梢长到 30cm 时摘心，可促生副梢，当年副梢生长亦可达到培养骨干枝的要求。冬季修剪多留枝，减轻修剪量，有利于扩大树冠、增加枝条的级次。花前摘心可以控制过旺的营养生长，有利于养分向花器供应，以提高座果率；花后对副梢不断摘心，有利于营养积累、侧芽的发育和控制结果部位的外移，在遭受低温冻害的高海拔地区，易引起冻害和抽条，晚秋摘心可以减少后期生长，有利于枝条成熟和安全越冬。这一点在油橄榄修剪上必须高度注意。

六、环刻、环剥

环刻是在枝干上横切一圈，深达木质部，将皮层割断。若连刻两圈，并去掉两个刀口间的一圈树皮，即称为环剥，将环剥的树皮倒贴在环剥处，称之为环剥倒贴皮。若只在芽的上方刻一刀，即为刻芽或刻伤。这些措施有阻碍营养物质和生长调节物质运输的作用，有利于刀口以上部位的营养积累、抑制生长、促进花芽分化、提高座果率、刺激刀口以下芽的萌发和促生分枝。环剥对根系的生长亦有抑制的作用；过重的环剥会引起树势的衰弱，大量形成花芽，降低座果率，对生产有不利影响。环刻、环剥的时期、部位和剥口的宽度，要因品种、树势和目的灵活掌握，一般要求剥口宽度应小于树干的 1/10 为宜，在 20 ～ 30 天内能愈合。为了促进愈伤组织的生长，常采用剥口包扎旧报纸或塑料薄膜的方法，以增加湿度，还可防止病菌和害虫的为害。环剥常用于适龄不结果的幼树，特别是不易形成花芽的品种。密植园为了早结果，以果实的消耗来控制树冠的扩大，常常进行环剥，甚至在主干上进行。油橄榄的修剪方法是多种多样的，在实

图 10-22 环割

图 10-23 环剥

际应用时，要综合考虑，要多种方法互相配合。

七、拿枝法

为了使油橄榄树提前结果，抑制油橄榄树的快速生长，对长势很旺和直立的枝条用手轻柔，将枝条内部的韧皮部和木质部造成轻微的伤害，使其养分输送变慢，抑制生长。拿枝法可以使枝条变得柔软，可以使直立的枝条改变延伸方向。

八、折枝法

折枝法是将直立或生长旺盛的枝条折断 1/3 或 1/2，使剩下的一部分还具有输导养分的能力。折枝法对果树的生长具有很大的抑制作用，并且破坏性也很大。生产上这种方法一般较少应用。

九、弯枝法

将直立生长的枝条绑缚或牵引，从而改变枝条的生长方向，使弯曲部位的幼芽处于最佳生长优势，使其提早成为结果枝。

十、圈枝法

将非主干部位的直立、旺长的枝条在有利用空间的条件下编织成大小不等的枝圈，促进其提早结果。

十一、刻伤法

为了抑制单个芽的生长或一段旺长的枝梢，在芽的上方枝条不足 1mm 处用刀刻伤，刻痕深至木质，抑制养分的输送，从而达到抑制生长的目的。

十二、目伤法

为了促进某个芽或某段枝的旺长，在芽的上部用刀刻两个弧形眼状的伤口，抑制养分向上输送，形成养分的积累，促使芽和枝的旺长。

十三、剪枝、锯技操作及伤口护理

剪枝和锯枝都要有正确的操作方法。短截时应从芽的对面下剪，剪口要成 45° 斜面，斜面上方和芽尖相平，最低部和芽基部相平。冬季修剪往往剪口干缩一段，剪口芽易受害，影响萌发和抽枝，因此剪口应高出剪口芽 0.5cm。疏枝时，顺着树枝分叉的方向或侧下方剪，剪口成缓斜面。剪较粗的枝时，一手握修枝剪，一手把住枝条并向剪口外方轻推，以保持剪口平滑。去大枝一定要用锯，以防劈裂。

锯除粗大枝时，可分两次锯除，即先锯除上部并留残桩，然后再去掉残桩；或先由基部下方锯进枝的 1/5 ～ 1/2，然后由上方向下锯除，这样可防止劈裂。锯口应成最小斜面，平滑，不留残桩。锯掉大枝要做好锯口护理工作，以加速愈合，防止冻害和病虫为害。锯口要用利刀把周围的树皮和木质部削平，并用 2% 硫酸铜水溶液或 0.1% 升汞水消毒，消毒后再涂保护剂。常用的保护剂为锯油、油漆或铜制剂。铜制剂配制的方法是先将硫酸铜和熟石灰各 2kg，研制成细粉末，倒入 2kg 煮沸的豆油中，充分搅拌，冷却后即可使用。也可在农资门市部购买封蜡处理伤口。

十四、机械修剪简述

美国、法国、英国等发达国家将果实采摘机械与果树的培育和修剪结合起来研究，比如修整树形使之适合机械化作业，世界著名的瑞士的FELCO公司、意大利的CAMPAGNOLA公司、日本的ARS公司等开发了各种动力切割式采摘机械，例如油锯、气动剪等。在希腊等油橄榄主产国，由于人工成本高昂，发达国家都在争相研发油橄榄机械修剪、采摘等设备，取得了显著成效，大大节约人力，果园的运行成本大大降低，提高了果园效益。下图为希腊油橄榄园常用的修剪机械和气动修枝剪。

（1）

（2）

图 10-24 希腊机械修剪

（1）

（2）

图 10-25 希腊气动修剪工具

第四节 油橄榄树不同年龄时期的修剪方法

一、幼树的修剪

油橄榄幼树是指无性系苗木定植后到进入结果期前的生长期树。由于集约化育苗技术的普及，生产上都是用大苗建园，幼树的整形修剪一般在圃地就完成，也就是说育苗和生产已经没有截然的界限。对于超集约化油橄榄园而言，油橄榄大苗必须培育成结果幼树才能建园，保证超集约化油橄榄园连续不间断生产，提高土地的产出率。幼树的特点是，营养生长旺盛，发枝多而密，但干性较弱，容易弯曲下垂，主干枝很难自然成形。为此，幼树修剪重点是整形，整形的目标是培养主干和主枝，形成合理的树冠结构。

图 10-26 油橄榄幼树定干修剪

主干是着生主枝的树干，或者叫树冠与根系相连接的一段树干。主干是主枝着生的基础，主干粗壮直立，才能使主枝开角适度，生长端正，分布均衡。主枝的数量及生长状况好坏，将直接影响树冠的结构和生产能力。培养主干的具体方法是从苗圃做起。在苗圃里设立支架把苗木的主茎扶直，使主茎上的分枝（侧枝）生长均衡。苗木定植后，由于苗木幼嫩，枝干木质化程度低，硬度不够，故仍需要立杆扶直主干，并在栽植后的头几年适当地在主干上多留小侧枝，以辅养主干加粗生长。这种小侧枝，就是通常所称的辅养枝。立杆扶直树干，轻修剪，多留辅养枝，促进幼树高粗生长，是幼树整形修剪的基本原则。但是这种培育方法需要大量的木杆或竹竿做支架，也要花工绑扎等，花费较大。不过这种花费可由整形获得的早期丰产而得到补偿。陇南果农大田建园或栽植，在通常情况下，人们往往栽植后不加修剪，任其自由生长，粗放经营。树冠内冗枝繁生，

枝梢混乱无序，光照差，结果少，造成生长早衰，种树不结果。这种方式方法必须改变，在今后的培训和实际中必须杜绝，从建园开始必须走上规范化的轨道。

图 10-27 幼树修剪一年前后对照

幼树修剪是培育健壮的主枝。主枝的数量依树形而定。丫形只有 2 个主枝，自然开心形一般是 3 个主枝，单圆锥形只有 1 个中心主干枝和侧分枝。依照自然生长规律，如何能使主枝早期形成，必须正确调整主枝的开角和侧枝的配置。就枝条本身生长特性而言，直立生长最快，倾斜生长较慢，水平生长最慢，下垂生长很弱。主枝分角小生长快，但着生在主枝中下部的侧枝生长转弱，延迟结果，或不能形成结果枝的光杆枝。枝角大生长减缓，主枝中下部的侧枝生长虽可加强，但主枝生长弱，负荷重，容易掉头下垂，枝背上萌发强旺的徒长枝。所以，如何调控主枝的开张角度，保持均势生长，以利分生结果枝，是能否培育成优良主枝（包括侧枝）的关键。依油橄榄各品种的特性，主枝开角 40°～45° 斜向挺身生长最适宜。其长势缓和，上下侧枝分布均衡。由这种主枝所构成的树冠产量高，结果稳定。

要求主枝开角 40°～45° 斜向挺身生长，靠自然生长很难达到。此时仍然要在主枝上设立较长的支架，以固定主枝的角度。这是原产地从栽培油橄榄延续发展到现在仍然普遍采用的整形修剪方法。中国油橄榄整形修剪技术没有得到全面普及，栽培管理十分粗放，要求在今后的技术培训中要强化这些技术的推广。对达不到这些技术要求的只能利用枝干的自然生长趋势，采用主枝换头和侧、主枝相互更替的方法，调整主枝的角度，也可以获得满意的效果。但是，这要延迟一些树冠的形成和结果时期。对于已经自然形成树冠并开始少量结果的树，暂时不必按照某一树形的模式机械的整形。

若对多余的骨干枝进行大量的疏除，会造成极大的伤害。应等待完全结果，生长开始转弱时，按照“因树修剪，随枝作形”的方法，将多余的主枝逐年除掉，改善光照，恢复树势。

图 10-28 结果树修剪对比

二、结果树的修剪

整形基本完成，树冠已经形成，骨架已稳定，但由于结果的影响，大量营养物质便由同化器官转向果实和种子，从整体上改变了生长与结果的关系，离心生长开始缓慢。这一时期的修剪任务，主要是调节营养生长与结果的关系。

图 10-29 结果树修剪前后对比

究竟怎样达到调节营养、控制生长与结果的平衡，在技术上如何操作？

首先，要看树的长势。管理粗放，根系与树冠均生长不良，虽也结了果，但它不至于是因结果影响到营养生长。对这种树仅仅进行修剪是不能解决问题的，需要分析原因，采取相应的管理措施，恢复树势。

其次，对于到了适龄结果期而结果很少的徒长树，单从树相看营养生长过盛，实际上其枝芽生长发育的质量很低。这种树体内贮藏的营养物水平低，枝条的两极分化十分明显，不能分化形成结果枝。树冠中下部短枝多，生长细弱，落叶重，不能结果。冠的顶部新梢生长量大，而停止生长晚，组织不充实，营养水平低，成花困难。造成成花（花芽分化）困难的原因与叶木比率降低有关。一个主干或主枝上有较多粗壮的分枝，即无叶的枝（木材）、树冠的木质部分占的比重大，木材的高和粗生长消耗了大量的养分，使叶和芽

图 10-30 多年未修剪树生长状

营养不足，成花困难。对这种树要用疏剪与回缩相结合的方法疏除一部分枝势强的旺长枝，打开光路。对中下部的弱枝进行回缩，抬高枝角，促进生长，提高叶木比率，但更重要的是分析产生这种叶木比率失调的原因。这种现象除了与品种的适应性有关系之外，还往往是由于粗放经营，疏于修剪，肥水供给不均衡引起的。因此，修剪后还需采取养根措施，调节果园水分，培肥改良土壤，才能恢复正常生长与结果。

1. 健壮结果树的修剪

修剪人员应该能够准确识别徒长树与健壮树的标志，否则就不可能制定出正确的管理技术措施。健壮结果树的叶木比率高，1 年生枝条粗壮，组织充实，叶片厚而灰绿，叶片寿命正常（2 ～ 3 年），同化作用强，内部营养储存丰富，已具备较好的营养基础。能否丰产，关键在于调整和控制营养枝条的旺长，促进生殖体发育，形成花芽结果。

花芽形成是由内部物质代谢形态结构发生质变的结果，这一时期在植株内部生长点处在活跃的状态下，需要有机质（糖、激素、氨基酸等）和矿物质营养（如磷酸）的积累。再如温度、水分和光照条件适宜，就能促进芽的质变，由叶芽转化为花芽。可见，由营养体向生殖体方向转化，营养物质的生产、分配和积累状况起着重要作用。对于这种树采用适宜的轻度疏剪，对成花和提高座果率十分有利。剪除重叠枝、竞争枝、冠内繁生的混乱枝，改善透光条件，使营养枝向结果枝转化，使生长和结果趋向稳定。对于结果枝，如其顶芽仍能抽发中长梢，休眠期修剪时应继续保留作为预备结果枝。避免回缩过重刺激抽条旺长，消耗营养。结果枝结果后长势较弱，应回缩复壮，促发新梢。

图 10-31 健壮结果树的修剪前后对比

2. 盛果期树的修剪

盛果期树结果较多，结果年除结果枝外，新梢的生长势转弱，骨干枝的离心生长基本停止，休眠芽或不定芽的萌发率提高，而成枝力降低。因此，大小年结果现象十分明显。此时期如不及时加强管理和修剪，营养体生长将继续衰退，并产生生理落叶现象。对这种树的疏剪和回缩都要从重。回缩主枝，更新部分侧枝，缩小树冠体积。同时要结合深施基肥和改良树盘土壤，促进根系生长，提高营养生长和营养物质的积累，恢复长势，促进结果。

图 10-32 盛果树的修剪前后对比

图 10-33 希腊果园盛果树修剪

3. 果用品种修剪

果用油橄榄的经济效益决定于果实的质量而不是产量。果实质量一般指果实大小和整齐度必须达到商业分级标准。例如小苹果和贺吉布兰克品种，1kg410 个果，果大尔品种 1kg240 个果为合格。因为达到商业标准的果实市场价格很高，而不够商业标准的果只有作榨油用。试验表明，果实大小与单株果数相关，平均单果重随单株座果数的降低而增加。为此，采用修剪结果枝，减少座果率，可有效地提高单果重量。但

这种措施的实施将导致叶/木和叶/根比值的降低，最终使树体生长势衰退。

现代果用橄榄栽培，使用萘乙酸钾（KNAA），浓度为 150 ～ 250mg/kg 的水溶液，于盛花期（80% 的花已开放）和果实横径 3 ～ 4mm，喷洒叶面，可以达到有效的疏花疏果，提高果实重量和整齐度。试验表明（Pastor，1988），使用化学修剪代替传统的修剪措施，降低了座果率，有效地提高了果实的质量并且不会造成叶木比值的降低，削弱树体的生长势，显示出化学修剪的优越性。

图 10-34 果用品种的修剪

三、衰老树的修剪

1. 修剪复壮

早衰树是从幼树生长期进入结果期不久就表现出生长衰老症状的树。一般是结果 1 ～ 2 年或 3 ～ 5 年后，生长衰退。1 年生枝细而短，叶片小颜色浅淡失绿，叶早落。多年生枝干的不定芽萌发率和成枝力降低，形成结果枝困难，无产量。园地的土壤黏重、干旱，管理粗放，特别是修剪技术跟不上，结果后不重视修剪，都可能出现早衰。但树还年轻，有生理活力，配合土肥水管理措施，适度的修剪，可以恢复树势，重新结果。

早衰树的修剪复壮难度较大，修剪技术掌握不好，实施的效果很差，甚至因修剪不适宜引起整株树的枯死。修剪这一类的树，一定要有精通修剪技术，并具有丰富的油橄榄栽培经验的专业人员指导进行。

早衰树的修剪方法：首先是调整主枝。要分年度将过多的主枝沿基部疏除，留下 2 ～ 3 个主枝构成新的树冠，即 2 ～ 3 主枝开心形。其次是调整侧枝。被保留的主枝其侧枝分布极不均衡，而且还表现为主从不分等现象，影响光合及结果枝组的形成。修剪侧枝的方法先疏剪后回缩。疏去一些过密的分枝角度小、生长势强的大型侧枝，保留位置适当生长充实的枝或新梢，使它成为新的侧枝。如果侧枝生长过长，应及时回缩，使其永久从属于主枝而均衡树势。以后视侧枝的发育状况而逐渐地把它改造成结果枝组，并对老的结果枝组进行修剪更新。体现干老（主枝）枝不老（结果枝组）的生长优势，使结果枝永葆青春。

图 10-35 早衰树的修剪

2. 修剪更新

树冠衰老，萌发力低，新梢生长弱，枝叶残缺。但主干以下生命活力尚在，更新力强的树，适宜截冠更新。截冠更新是指截去衰老的树冠，保留主干和根系，重建新的树冠，恢复生产能力。通常采用的截冠更新方法有两种，即截枝更新和截冠更新。

（1）截枝更新。截枝更新复壮修剪是地中海地区油橄榄种植者常用的更新方法，就是把衰老的主枝分年度从主干上疏除。目的是促进不定芽萌发，并为新梢生长开拓足够的空间。新梢就是树冠未来的主枝。这种新的主枝可获得充足的光照，生长快，分枝量多（有叶枝），叶/木比增高，很快形成新的树冠，恢复产量，并能提高果实的品质。

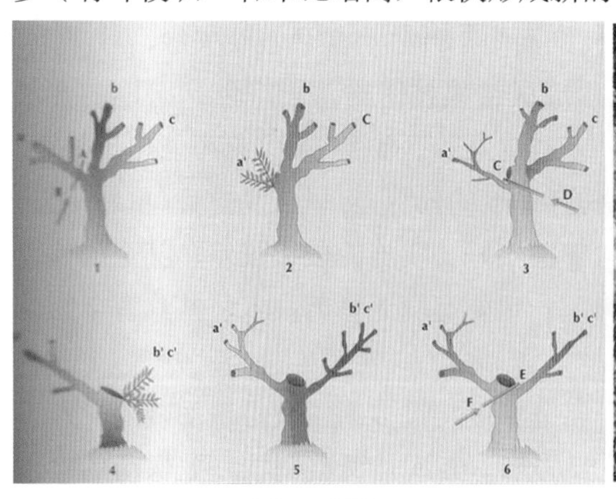

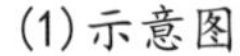
(1)示意图

(2)截枝更新

图 10-36 修建更新

在土壤干旱、肥力低、树龄大，或管理粗放、营养贮备低的衰老树，多用隔年切

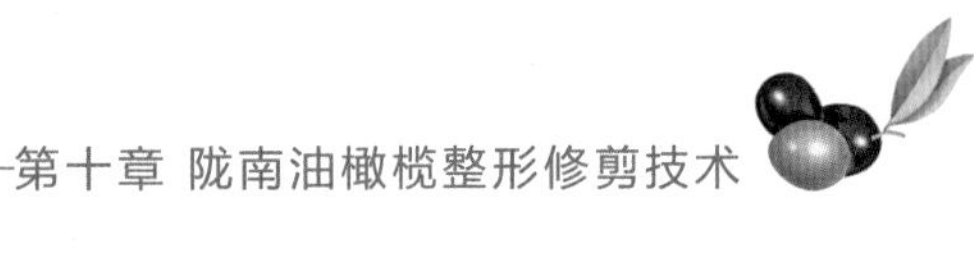

除衰老枝的更新方式，逐渐恢复树势，最终完成更新修剪任务。由于被疏除的主枝都是粗大的衰老枝，故剪切口的位置是否正确，直接影响不定芽萌发新梢与生长。当实施切去主枝时，切口位置应在主枝的基部与主干相连接隆起处。切口以下为有效不定芽的萌发区域。如果切口过低，不仅是伤害主干，也会抑制不定芽的萌发，造成更新困难。但切口位置过高也会影响更新。剪去衰老枝后，不萌发新梢的事例是经常发生的，在这种情况下，采用另一种更新方式。

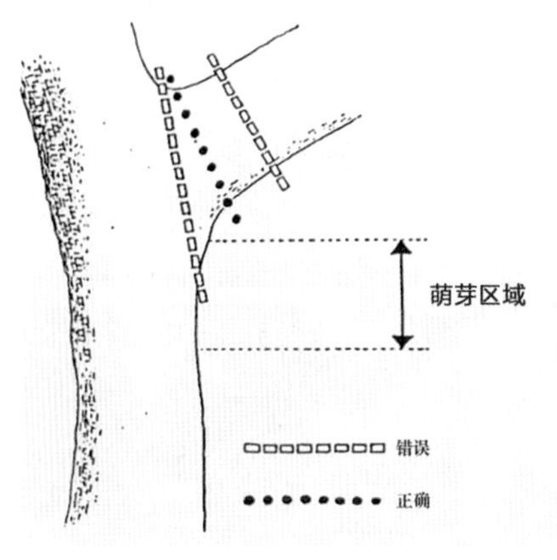

(1)示意图

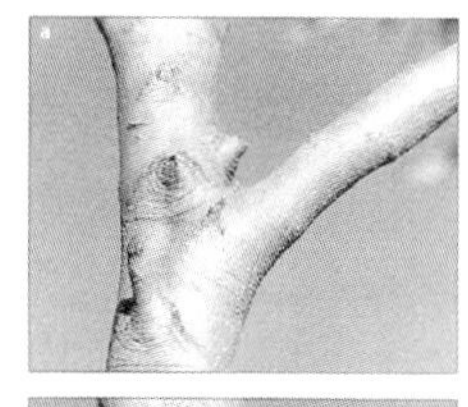
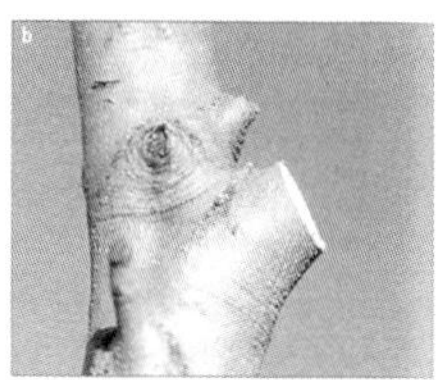
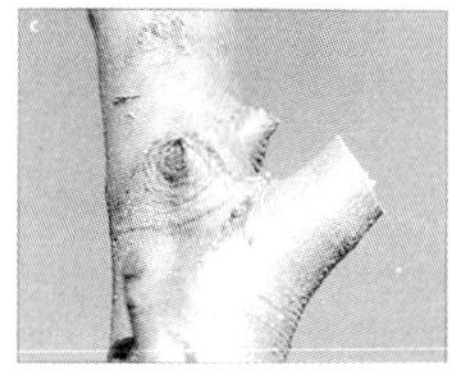
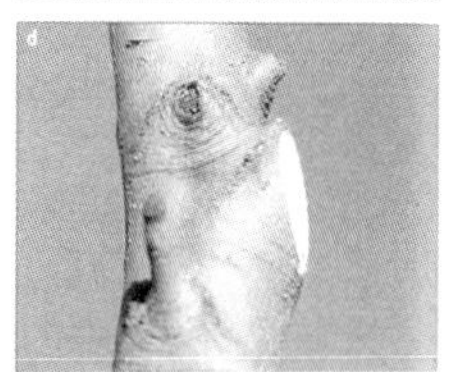

(2)剪口位置不当

图 10-37 剪口位置

实施更新修剪时，第一年，截去左侧的主枝，AB 为切口位置。第二年，切口下萌发出较多的新梢。为培养健壮的主枝，选择分枝角适宜（35°～45°），生长健旺的新梢作未来的主枝，对过多的新梢适当的疏剪，以利主枝生长。同时对右侧的衰老枝进行回缩，为新梢的生长拓宽空间，打开光路。第三年和第四年，左侧的新主枝已经形成，并开始结果。再切去右侧的衰老枝。次年新梢萌发后任其生长。随后，从众多的新梢中选择分枝角度适合的健壮新梢作未来的新主枝。经过 4 ～ 5 年后，形成了新的树冠，同时又进入新的结果更新期。在栽培管理好的条件下，同一株树的一生中可以进行 3 ～ 4 次这样的更新复壮。

（2）截冠更新。保留主干，将高大的衰老树冠全部或部分切除的一种更新方式。在地中海南部有些边缘的油橄榄种植区，因劳力限制，种植者不注重整形修剪，导致树冠高大（又称高头树）。高头树的特点是具有一个非常高的树冠中心主干（10 ～ 15m）和一个非常低的叶木比。其中心主干分枝多（主枝），内膛郁闭，光照差，枯死枝多，无效容积大，单株产量低。中国有些油橄榄引种点和种植区，由于不重视整形修剪管理，任其自然生长，树冠高大，结果少，生长早衰的现象十分严重。

高头树的修剪更新方法与步骤：首先降低树冠高度。在树冠的第一层选择 3 ～ 4 个方位分布均匀的主枝保留，作为更新后树冠的基础主枝，在被保留的主枝上方，把中心主干截去。此时，树冠高由 10 ～ 15m，降至 4.0m。再将被选留的主枝重回缩到具有 1 ～ 4 个侧枝处。对主枝的回缩要视树的活力，如活性尚在具有萌发力，可与中心主干同时回缩修剪，反之，隔 1 ～ 2 年，待树势有所恢复，萌发力增强时回缩主枝。最后，通过疏剪定枝，使树冠的骨干枝（无叶枝）分布均匀有序，枝间空间大，分枝量丰富（有叶枝），形成叶/木值高的新型圆头形树冠，4～5年后恢复生产力，提高了果的产量和品质。

（3）截干更新。截去主干，促进根颈上的球状胚性芽萌发新梢，形成新的植株，恢复油橄榄产量的一种更新方式。在地中海地区传统的油橄榄种植园中常用的一种更新方法，用这种方法改造老果园，重建集约新型油橄榄生产园。

图 10-38 截枝和截冠更新

自然衰老和自然灾害（低温、干旱或水渍）都能使油橄榄生理机能丧失。除了表现在生长衰弱、落叶、小枝枯死、枝干萌芽稀少，产量低或不结果外，另一个重要标志是树干基部根颈处球状胚性体不定芽萌发力强，并能长成新植株。这表明截干更新适在其时。

截干更新的方法步骤：首先，把衰老的树干自地面下根颈处切去，不留残桩。断面要光滑不起毛，为防断面积水，把干周的树皮削成斜面，以利排水。截干后，根颈上的球状胚性体上的不定芽萌发，产生大量的新梢。新梢生长密集，强弱不一。但在1～2年内不必修剪这些新枝梢，因为要尽快地培育起充满活力的营养体，为根系生长提供养分。第三年或第四年，在根颈的左右两侧，选择3～4株生长势强、枝式和位置适合的幼株，培育新的树形，将周围其他所有的幼株疏除。第五或第六年，在左右两侧各留1个树冠完满的壮株，把多余的株疏去，这时更新已经完成，造成双干型或多干的树形。

图 10-39 更新复壮千年油橄榄树

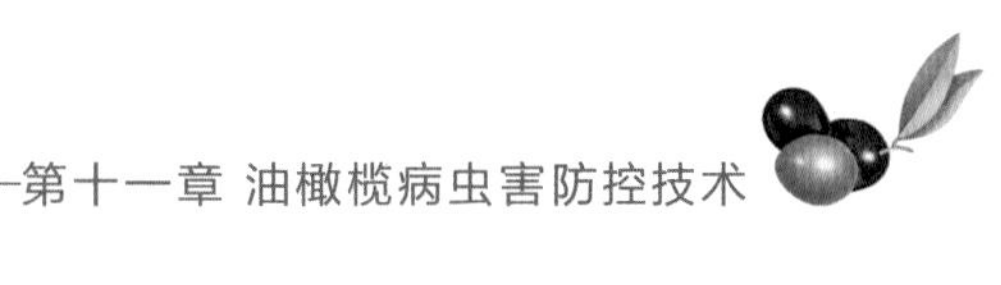

第十一章 油橄榄病虫害防控技术

经济林作为中国林业建设的一个重要方面，承担着生态文明建设和农村经济发展的双重使命。中国 70% 的国土面积属山区，自古以来中国山区农村就有利用山区广阔的土地资源和自然区位优势大力发展经济林的传统。各地依托自然资源禀赋，发挥比较优势，通过多年坚持不懈的努力，大力发展特色优势经济林，构建起以特色经济林为主体农村经济新格局。甘肃陇南大力发展油橄榄等特色经济林，已成为适生区精准扶贫精准脱贫的产业基础。但与此同时，随着发展面积的不断扩大，果园的治理能力出现了一定的问题，病虫害侵袭的风险增加，影响潜在经济效益的进一步发挥，病虫害防控作为果园管理的重要环节，越来越显现出其重要性。

第一节 油橄榄病虫害防控的意义

近年来，随着中国油橄榄引种的持续进行和种植面积的扩张，油橄榄病虫危害程度加剧，发生范围逐步扩大，由此造成减产、果实残伤、油品质量下降，成为油橄榄生产面临的一个重要问题。特别是民间自发引种的不规范，成为检疫性病虫害入境国门的人为漏洞，潜在威胁越来越严重。

一、油橄榄病虫害防治的重要性

病虫害侵袭常常导致油橄榄植株生长衰弱和死亡，影响树体的生长、发育、繁殖及橄榄油品质。受害植株叶、花、果、茎、根常出现坏死斑或发生变色、腐烂、畸形、凋萎等现象，甚至导致全株死亡。有些病虫害能使橄榄园成片死亡，从而造成重大损失。例如，美国加利福尼亚州就曾在 1980 年开展了扑灭地中海食蝇之战，在 27 个月的时间内动用了几千人，花费了 1 亿美元。葡萄根瘤蚜由美国传人法国后，经过 25 年就有 10 万公顷以上的葡萄园毁灭；板栗疫病自 1904 年传入美国后，25 年内几乎摧毁了美国东部的所有栗树；1918 年以前榆树枯萎病只在荷兰、比利时和法国发生，随着苗木的调运，在短短的十几年里，传遍了整个欧洲，大约在 20 世纪 20 年代末，美国从法国输入榆树原木，将该病传人美洲大陆，很快在美国传播开来，约有 40% 的榆树被毁；

松突圆蚧自80年代在广东珠海市邻近澳门的松林发现以来，危害面积逐年扩大，仅1983—1984年发生范围便由9个县（市）蔓延至35个县（市），发生面积达73000公顷，受害林木连片枯死，更新砍伐约140000公顷，给中国南方马尾松林造成极大的威胁；松材线虫病1982年中国在南京中山陵首次被发现后，已在江苏、安徽、浙江等地多处发生，被称为松树癌症的此种病害已毁灭了大片森林。虽然病虫害对林业生产构成很大的威胁，但只要提早预防、及时防治，病虫害造成的损失完全可以降低到最低限度。例如，1990年北京香山风景区尺蛾大发生，虽然景区内1/3的黄栌叶片被吃光，但由于措施得力，防治及时，没有对黄栌造成大的危害。只要措施得当，应对及时，病虫害完全可以得到有效防治。因此，掌握油橄榄病虫的形态特征、发生规律和防治技术，科学有效地进行油橄榄病虫害防治，关系到油橄榄引种成果的巩固和栽培水平的提高，是做大做强油橄榄产业，提高中国自产橄榄油质量的重要保证。

二、陇南油橄榄引种区病虫害的特点

1. 油橄榄病虫害种类多

我们对陇南油橄榄病虫害进行了详细的调查。甘肃陇南油橄榄主要害虫20种，隶属于12科18属。陇南油橄榄主要病害10种。由于油橄榄引种来自世界各国，国内油橄榄种植区域自然条件各异，对全国范围内的油橄榄病虫害的种类和危害程度还没有开展全面调查。加之，对预防和治理危害缺乏统一的研究，应对措施还不十分明晰。局部的调查表明，以前有的病虫还没有对油橄榄进行危害，随着引种时间的推移，危害油橄榄的病虫种类有增多的趋势。特别是随着国内外科技交流活动的不断深入，油橄榄品种、数量以及种植面积大幅度增加，为不同病虫提供了丰富的食物源或寄主，油橄榄原有的病虫种类、结构和危害程度正在改变，形成了多种病虫共同危害的发生态势。

2. 病虫害发生的潜在威胁大

国际间频繁的物种交流，成为外来危险病虫入侵的极大隐患，如严重危害油橄榄的毁灭性害虫地中海果蝇，对原产地几乎造成毁灭性的危害。油橄榄引种国内时间短，一些国内危险性的害虫对这种植物还有一个熟知过程。一些潜在危害正在变成现实。这些都为油橄榄病虫害防治敲响了警钟。像四川绵阳、广元一带全年温度高、湿度大，为病菌滋生蔓延创造了条件，在选用种植品种时怎样防止病虫危害就成为重点考虑的问题。油橄榄从地中海气候条件下引种到中国大陆性气候条件下，抗逆性减退变弱，抗病、抗虫能力弱；立地方面表现土壤坚实、透气性差、土质低劣、生长空间狭窄，加上空气污染严重、光照条件不足、人为破坏频发，这些都会直接导致油橄榄病虫害的猖獗与长期发生；栽培方面既有传统栽培又有集约化栽培，既有平川坝区栽培，又要高半山地区栽培，使得某些病虫互相传播、危害，或终年发生。因此，当某种生态因子达到灾变性程度，而管护管理又长期滞后时，生态平衡将被打破，油橄榄病虫害

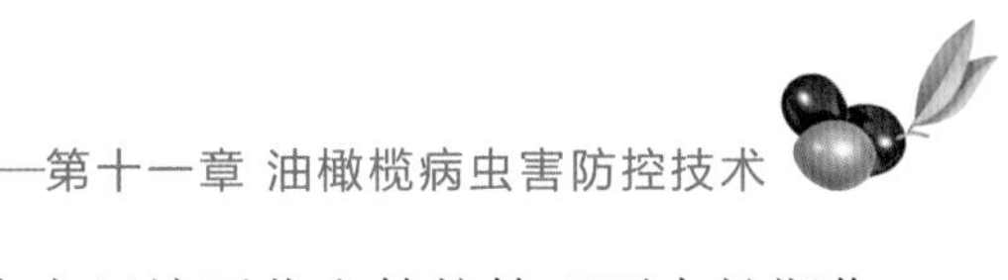

便会暴发成灾。可见，油橄榄病虫害猖獗危害是生态环境恶化和管护管理不力长期作用的结果，是人为造成恶性循环的一种伴生产物。这种猖獗危害往往具有隐蔽性、不可预见性、突发性和灾害性等特点。

3. 油橄榄病虫害防治难

油橄榄本身及所处生长环境的特殊性，决定了油橄榄病虫害防治的特殊性和多样性，必须随时监测各地病虫害的发生趋势和消长动向，并根据受害程度和趋向，不断调整技术措施，做到防治措施灵活多变，确保防治的准确性。潜在威胁的地中海果蝇等，必须采用国际先进的群防群治和第一时间响应的防治理念，把危害控制在发展初期。

三、油橄榄病虫害防治的发展方向

目前，油橄榄病虫害防治的研究有三个引人注目的发展方向。

1. 防治策略上由追求短期行为向以生态学为基础的可持续方向发展

长期以来，群众防治病虫害只顾眼前而不顾及未来的做法屡见不鲜，人们往往采取“头痛医头”、“打药灭虫”的粗放方式，以消灭眼前的一虫一病为最佳防效，很少考虑到种植生态系统对病虫害的生态调控作用，以牺牲长远的生态稳定换得短期的“最佳防效”。事实上，自然状态下植物—病虫—天敌间遵循生物共生、循环、竞争的法则，存在某种自然控制，使得病虫种群密度始终维持在一个较低的水平上波动。研究表明，这种自然控制是植物生态系统中病原之间、病虫之间、害虫之间、益害之间、病虫与环境之间相互作用的结果。因此，在研究制定油橄榄病虫害防治策略时，必须从生态学的观点出发，辩证地看待环境、植物、病害、虫害、天敌和各种防治措施之间的内在联系，坚持可持续发展，克服短期行为，从控制病虫害的基础抓起，把油橄榄病虫害防治纳入区域性森林生态建设总体工程范畴，避免在油橄榄种植区发展易于油橄榄形成共同宿主的其他树种来建设经济林、用材林、防护林等。在容易滋生病虫害的种植区，以抗病、抗虫的品种为发展重点，同时注意选择抗干旱、耐瘠薄、抗污染、抗冻害和耐粗放管理等抗性强的品种，增强自身抵御病虫侵袭的能力；在防治病虫时，尽量避免防治单一病虫和单一植物的病虫，更多地注意小区域内多种植物的多种病虫防治。只有这样，才能达到可持续控制油橄榄病虫害的预期效果。

2. 防治手段上由单一化学防治向综合治理方向发展

单一使用化学农药防治病虫的弊端已越来越突出，严重污染环境，影响人类的身体健康，其非特异性的作用方式不仅杀死害虫，也大量杀伤天敌和有益生物，破坏了区域生态平衡。首先，要以保持和恢复良好环境生态平衡为出发点，采用适地适树、选用抗病品种、清除病源、修剪疏枝、通风透光、降温控湿、松土施肥和喷保护剂等栽培措施，改善树体生长的立地条件，提高树体的抗病、抗虫和抗逆能力。其次，要加强生态手段防治橄榄园病虫的研究与开发，大力开展生物防治。第三，油橄榄提供的是为人们食用的橄榄油，从食品安全的角度出发，在可能的情况下，应杜绝化学农药防治在生产上的运用。如果危害发生到必须使用化学农药防治，要将负面影响大小作为农药的首选标准，不能惟“高效”至上，尽量选用毒性低、分解快、无残留、不污染环境、对人畜较安全的矿物质农药和植物性农药。不断改进施药方法和工具，推广点片施药、分期隔行施药、局部施药和多品种轮换施药；推广颗粒剂、缓释剂；推广注射法、埋施法、灌根法和涂干法，把环境污染减少到最低限度。此外，要充分利用生态环境对病虫害固有的免疫力，发展相生植保。避免在周边种植病虫转主寄生植物，比如在地埂种植花椒会导致多种病菌的互侵。多栽一些优化天敌生态环境的蜜源植物，如芸香科植物，其花粉能为姬蜂、食蚜蝇、草岭等天敌昆虫提供食料。

3. 新技术的运用为防治油橄榄病虫害找到了途径

20 世纪 40 年代以来，克罗地亚、波斯利亚的农民施用杀虫药剂防治地中海果蝇获得成功。但是日益增长的杀虫药剂的价格，以及欧洲联邦对食品中杀虫药剂残留量的严格限制，2007 年克罗地亚为了应用环境友好型杀虫药剂，求助于国际农业交流协会采用了绝育昆虫技术。绝育昆虫技术包括雄性昆虫绝育工厂培养，数百万绝育雄性昆虫孵化释放，在野外当雄性昆虫与雌性昆虫交配时无后代产生，因而，地中海果蝇逐渐减少，在某些情况下虫口甚至绝迹。这项技术在限制地区特别有效，像内雷特瓦河流域，地中海果蝇跨越克罗地亚、波斯利亚边境蔓延，在上述地区洄游的地中海果蝇从边境外进入江河流域减少。绝育昆虫技术，当与其他措施协调控制防治地中海果蝇是有效的，在墨西哥，智利和美国，对这种农业害虫总体上能够达到消除。在阿根廷南部，危地马拉部分地区和秘鲁南部利用这种技术同样已宣布无地中海果蝇的存在。在世界各地同样应用绝育昆虫技术效果日益明显，对地中海果蝇传播的抑制保持了较好水平。绝育昆虫技术提供的方法不仅大大减少杀虫药剂的施用量，而且增加了果实产量，提高了果实品质。国内已经有这方面的研究，在控制苍蝇的措施中得到运用，产生了比较好的效果。虽然果蝇在国内爆发的潜在威胁不大，但作为科研工作应该有前瞻性。希腊防治油橄榄病虫害的办法具有很好的借鉴意义。为了有效防治果蝇的危害，希腊国家农业部成立了防治果蝇的专门机构，在各大区成立了行政和技术两套防治专门机构，每个技术防治机构有 12 名专家组成，各油橄榄种植园与防治机构保持密切联系，一旦发现果蝇危害，种植业主立即报告防治机构，国家启动联防机制，组织报告点方圆几公里范围内的种植户联合开展防治，从而确保不会大面积发生危害。

4. 效果评价上由单项指标评价向多指标综合评价方向发展

从油橄榄病虫害生态调控和综合治理的角度看，仅以杀害病虫个体为唯一目的的做法，即使获得 100% 的防治效果也不能说是最好，也不能算是真正的防治效果，它

必然会导致恶性循环和次要害虫上升为主要害虫。例如，松毛虫的长期不科学防治导致松干蚧的严重发生，大剂量喷药防治食叶害虫导致了叶蜡的暴发，是其中的典型代表。因此，必须以生物间动态平衡规律去考虑防治措施对病虫害的防治效果。防治病虫的目的不是消灭病虫，而是要控制病虫，使其对油橄榄不造成明显的危害。科学的做法是把预防放在第一位，把防治当作预防的补充。坚持效果第一和追求较长时间持效是防治措施的衡量标准，有（病）虫不成灾才是最佳效果。

图 11-1 地中海果蝇的卵、危害状、成虫

四、高度重视潜在的油橄榄病虫害

地中海果蝇原产自非洲热带地区，适应性强且生活周期短、繁殖快，现已几乎传遍了远东地区以外的位于亚热带和热带的 130 多个国家和地区。由于地中海果蝇对水果、蔬菜种植的严重危害，各国均对其采取严格检疫措施。地中海果蝇是一种危害多种蔬菜和水果的有害昆虫，其适应性极强，繁殖速度惊人，幼虫很小，钻进植物叶表皮及果实内，蚕食叶肉和果肉，使经济作物深受其害。它的成虫也不大，仅几毫米，飞行能力并不强，但却在很短的时间内迅速蔓延。1980 年 6 月 5 日，在圣克拉拉县 (Santa Clara County) 的圣何塞 (San Jose) 的一个用来侦察虫情的罗网中发现了两只地中海果蝇 (Mediterranean fruit fly ceratitis Capitata) 的成虫。同一天，洛杉矶县 (Los Angeles County) 的卡诺加帕克 (Canoga Park) 地区也捕捉到了一只地中海果蝇的成虫。这两个分别发生在相距 321km 的两个地方的事件，掀起了迄今为止美国本土上第三次最大的扑灭地中海果蝇的运动。人们从树上摘下果实，在地上喷洒马拉硫磷诱饵，施放数百万的不育蝇，到 12 月，终于把南加州病虫感染区（面积约 259 公顷）的虫害消灭了。国际在线 2012 年 05 月 12 日报道，在新西兰第一大城市奥克兰市郊区罗斯基尔地区发现了一只来自澳大利亚的雄性“昆士兰果蝇”。这一地区立即被宣布成为“控制区”，任何蔬菜水果都不能外运。随后，新西兰全国又发出“红色警报”。新西兰基础产业部长大卫·卡特尔还向新西兰的所有贸易伙伴通报了这一情况，提醒各国对昆士兰果蝇保持警惕。据了解，这只来自澳大利亚的果蝇，是新西兰近 20 年来第三次发现这类生物跨过塔斯曼海来到新西兰。新西兰的地理位置，使它成为世界上生物多样性最为丰富的国家之一，但同时也造

成了其生物物种易受外部物种侵袭的特性。为保证本国物种的多样性，新西兰与澳大利亚一样，执行严格的进出口动植物检疫，被公认为是全球动植物检验检疫措施最严格的国家之一。与澳大利亚一样，新西兰禁止进口任何肉类；对植物的种子部分、根茎等有着十分苛刻的进口检疫要求。在 1996 年，新西兰曾发现过地中海果蝇，当时引起了高度关注。据估计，这次发现的昆士兰果蝇可能是随着新鲜水果来到新西兰的。当时新西兰方面最担心的是，这次侵入的澳大利亚果蝇不止一只。如果有更多昆士兰果蝇出现，甚至它们在新西兰扎下根来，那么很可能给新西兰价值 20 亿英镑的水果蔬菜产业带来巨大威胁。中国珠海等口岸多次截获地中海果蝇等检疫性害虫。珠海检验检疫局技术中心 2015 年 2 月 6 日对外公布，从一澳门旅客入境时携带的橙子中检出 5 头地中海果蝇，其中雄虫 1 头，雌虫 4 头。而北京曾两度截获地中海果蝇。最近一次是 2014 年 12 月，一名从阿联酋搭乘航班飞抵首都国际机场的旅客随身携带了几颗石榴，北京市国检局在石榴中发现了病虫虫卵，后来检验检疫技术中心植物实验室培养鉴定，确认是地中海果蝇。目前，在全国范围内还没有发现地中海果蝇的分布，但潜在威胁巨大。在中国重庆、四川油橄榄产区，由于周年气候温暖，空气湿度大，非常适宜各种昆虫和病菌的生长发育繁衍，成为病虫害防治的重点监测区域，必须引起植保部门和油橄榄种植者的高度重视。

第二节 陇南油橄榄病害种类及防治技术

近年，陇南武都、文县以及宕昌等地的部分油橄榄园，在生产过程中发现了许多病害，部分危害严重，病害的发生已严重影响了油橄榄的生产发展和产业化进程，为了早作预防，及时消灭，防止蔓延扩散，我们于 2013—2016 年对陇南油橄榄病虫害进行调查、观测和防治试验，并总结了几种主要病害及其防治方法。陇南油橄榄主要病害 10 种，并对其危害部位和防治方法进行了阐述。

一、油橄榄病害种类

危害油橄榄的病害主要有：油橄榄孔雀斑病、油橄榄炭疽病、油橄榄干腐病、油橄榄青枯病、叶斑病、黑斑病、褐斑病、煤污病、油橄榄根结线虫病、黄萎病等。

二、危害特征及防治办法

1. 油橄榄孔雀斑病

病原及发生规律：病原菌是环梗孢菌。病菌以菌丝或分生孢子越冬。气温 15℃以上及阴雨天气，病斑外形成霉层，成为侵染源。分生孢子气流或雨滴传播。潜育期一般为两周左右。孢子萌发最适温度 18℃～20℃。温凉而多雨季节，有利病害发生发展。由于各地气温与雨量分布并不一致，因此也可出现一年内两个发病高峰期。排水不良或土壤条件较差的果园内，发病较重；谷地种植的树较山腰和坡顶为重；品种抗病性互不相同，“卡林”品种较“佛奥”为重。国内油橄榄种植区均有发生。

危害特征：油橄榄孔雀斑病为害植株的叶片、果实和枝条，病斑在叶片表面初为灰色小圆点，周围呈褐色，后逐渐扩大形成环状，周围颜色由浅褐色变为深褐色。在温暖的月份，病斑外围多有一个柠檬黄色晕圈，形如孔雀羽斑。果实成熟季节由于高温多雨易被感染，果实表面出现圆形红褐色病斑，略有下陷。由于气候条件的差异，国内各地种植区发病的规律也有所不同。因受气候影响，中国油橄榄种植区 80% 以上的年降雨量集中在 7、8、9 月，孔雀斑病一般在 7 月份雨水到来以后发生，7～8 月份病害发展最快，9～10 月份随着降雨量的逐渐减少，干旱季节的到来，病情逐渐消退。感病叶片提早脱落，严重感染的病株往往大量落叶。

（1）叶片危害状

（2）大树危害状

图 11-2 油橄榄孔雀斑病危害状

防治方法：①选择抗病性强的品种，如阿斯、皮削利、科拉蒂等；②加强综合栽培管理措施，增强树势，提高植株自身抗病能力。改善园地管理，注意排水，适当修剪，通风透光；③减少病原，销毁病虫枝。及时剪除、烧毁病枝、病叶、病果，以消灭越冬病原菌；④药剂防治。雨季开始，每隔 15～20 天喷施 1 次 1.5% 波尔多液或 50% 多菌灵 500 倍液，或喷施 50% 可湿性多菌灵或苯来特 1000 倍液效果最好。用以抑制孔雀斑病的发生和发展。高温、雨后喷药效果较好。但波尔多液浓度不宜过高，否则会引起落叶。

2. 油橄榄炭疽病

病原及发生发展规律：病原是胶孢炭疽菌国内前报道的疮痂菌现亦归属于此种。病菌以菌丝体潜伏。春季气温回升，春雨来临，病斑上产生大量孢子，侵染叶、果、嫩梢各部，在水膜中萌发。菌丝生长适温为 18℃～25℃。引种品种中，米扎较抗病，贝拉和佛奥较易感病。

危害特征：油橄榄炭疽病危害果实、叶片及枝梢。果实病斑初为褐色圆形小点，由果顶向果面呈轮纹状扩展成黑褐色的中央略下陷的病斑，后期病斑中央转呈灰白色，出现许多小颗粒状黑点，果实皱缩成僵果而脱落；嫩叶失绿呈暗灰色，病点由叶缘或叶尖向内扩展，边缘黄褐色，中间灰白色，表面密生轮纹并散生许多小黑点，老叶病部呈黄褐色斑；新梢病斑多发生在新梢基部，少数发生在中部，椭圆或梭形，略下陷，边缘后期黑褐色，中部带灰色，有黑色小点及纵向裂纹，严重时枝梢枯死。

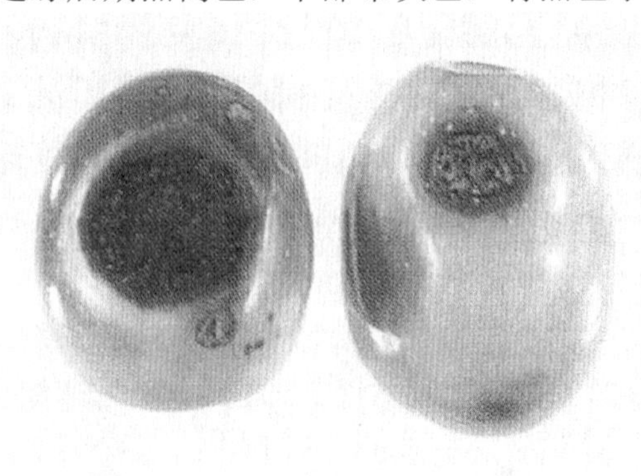

图 11-3 油橄榄炭疽病危害状

防治方法：①加强栽培管理措施，及时中耕、除草、施肥，增强树势，提高植株自身抗病能力；②秋收采果后，结合修剪清理园地，剪除病枝、枯梢、病蕾和病果集中烧毁，以消灭越冬的病原菌；③选育抗病性强的品种。佛奥、米扎较抗此病；④早春新梢生长后，喷洒 1% 波尔多液或波美 0.3° 的石硫合剂，防止初次侵染；座果初喷施 1% 波尔多液或 0.2% 代森锰液或 0.2% 代森锌液两次预防；⑤发现新梢顶端有枯死现象或果实有病斑发生，及时摘（剪）除，并用 1% 波尔多液或 75% 百菌清 600 倍液或代森锌 500 倍液喷洒全树，以控制病害蔓延。果病盛发期（9 ～ 10 月），每半月喷洒 1% 波尔多液或波美 0.3° 的石硫合剂，喷 2 ～ 3 次。

3. 油橄榄青枯病

病原及发生发展规律：病原菌是青枯假单胞菌。菌体短杆菌，单生，少数 2 个联生，两端钝圆或椭圆，极生鞭毛 1 ～ 7 根，以 1 ～ 4 根居多，鞭毛长 2.6 ～ 7.5μm，菌体大小为（0.5 ～ 0.8）μm×（1.6 ～ 2.2）μm。无芽孢和荚膜。立地条件和土壤情况与发病有密切关系。地势低洼、排水不良或土壤板结，发病则重。疏松坡地多不发病。前作为茄科植物的土地，发病则重。高温、高湿有利于病害发生与蔓延。

危害特征：油橄榄青枯病主要表现为生长季节反常不抽新梢，叶片失水、反卷，缺乏光泽并由绿变黄。地下须根变褐腐烂，逐渐向上蔓延，地下侧根腐烂直到整株枯萎死亡，地下主根腐烂，从根部一直烂到主干。根木质部变为黑褐色，根茎横切面有

黄色浑浊细菌脓液溢出。6 ～ 10 月为发病盛期。

防治方法：①选择适宜园地，避免在低洼地或种植茄科植物的地上种植油橄榄。若前作是茄科植物的土壤，必须经过 2 年以上轮作其他作物后再种油橄榄；②加强园地管理，控制病害发生条件。在病区内，做到及时清除和隔离病株（区）。开沟排水，合理灌溉，防止病菌随水传播。改良土壤，合理施肥，增强植株抗病力。间种覆盖作物，降低土温，抑制病害发生；③施用的有机肥要充分腐熟，施肥时尽量减少根系的损伤；④发病早期，及时将病部切除，并用 3% 糠基苯骈咪唑 500 ～ 1000 倍液和 1∶2 大蒜液灌根消毒。发病后期要立刻将病株连根挖除并烧毁，对病穴用硫酸铜、石灰（1∶10）进行消毒处理，经日光暴晒一段时间后再填入新土进行补植；施用农用四环素渣，1∶20 大蒜液较有效。宜在春季发病初期和病株刚表现症状时施用；⑤选用抗病品种，如米扎、莱星、佛奥，或用尖叶木樨榄作砧木进行嫁接。目前用“尖叶木橄榄”为砧木的嫁接苗，经过病区试验已表现了一定的抗病性，可供选育时参考。

4. 油橄榄叶斑病

病原及发生发展规律：油橄榄叶斑病。属假单胞杆菌，病菌菌体短杆状，可链生，大小为（0.7 ～ 0.9）μm×（1.4 ～ 2.0）μm，极生 1 ～ 5 根鞭毛，有荚膜，无芽孢。革兰氏染色阴性，好气性。近圆形，扁平，中央稍凸起，不透明，有同心环纹，边缘一圈薄而透明，菌落边缘有放射状细毛状物。叶斑病菌在病残体或随之到地表层越冬，翌年发病期随风、雨传播侵染寄主。连作、过度密植、通风不良、湿度过大均有利于发病。

危害特征：主要危害叶片、叶柄、茎和花轴。叶片染病，病斑初为圆形或近圆形，扩展后融合成大型不规则斑块。叶柄、茎和花轴染病，呈线形或椭圆形病斑、深褐色至黑褐色，有时叶缘具浅黄色水渍状晕圈。

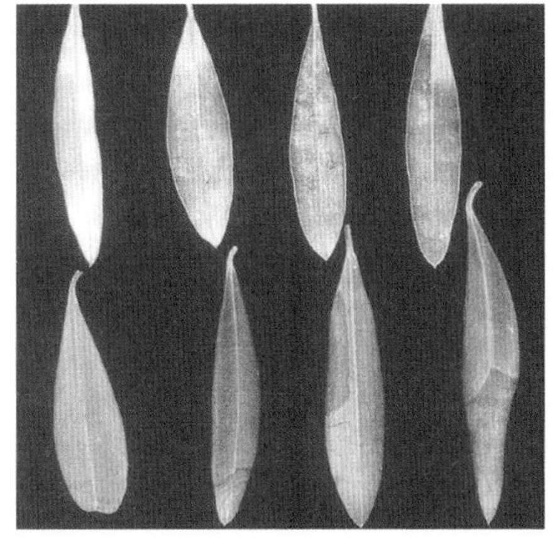

图 11-4 油橄榄叶斑病危害状

防治方法：①轮作倒茬。油橄榄叶斑病的寄主比较单一，只浸染油橄榄，与其他作物轮作，使病菌得不到适宜的寄主，可减少危害，有效控制病害发生。要求轮作周期为 2 年以上；②加强管理，增强植株抗病力。合理密植，科学施肥，采取有效措施，使植株生长健壮，增强抗病力；③药剂防治：在发病初期，当田间病叶率为 10% ～ 15% 时，应开始第 1 次喷药，药剂可选用 50% 的多菌灵可湿性粉剂 1000 倍液、50% 的甲基托布津可湿性粉剂 2000 倍液、80% 的代森锰锌 400 倍液、75% 的百菌清可湿性粉剂 600 ～ 800 倍液等。每隔 10 ～ 15 天喷药 1 次，连喷 2 ～ 3 次，每次每亩喷药液 50 ～ 75kg。由于油橄榄叶面光滑，喷药时可适量加入黏着剂，防治效果更佳。2012 年油橄榄研究所新引进希腊 *Landracevaretyofveria*、*Ascolana* 都抗此病，而 *Adramgtini*、*Amygdalolio*、*Farga*、*Gaidouroelia* 都易感此病。

5. 油橄榄肿瘤病

病原及发生发展规律：病原为沙氏极毛杆菌，是一种好气性杆状细菌，其大小为（1.2 ～ 3.0）μm×（0.4 ～ 0.8）μm，鞭毛 1 ～ 4 根；白色，生长缓慢，靠一根或几根有时是短丝状的极生鞭毛运动。它是一种革兰氏阴性反应和不抗酸的细菌。肉汁洋菜上，菌落初为透明，后为洁白色，圆形，扁平，闪光，边缘近光滑。在中性肉汁内，不形成菌膜，但在微碱性肉汁内经过一段时间后，就会出现菌膜。病原细菌在肿瘤内越冬。由雨水、昆虫或人为活动传播。经伤口或叶痕等侵入。刺激分生组织，形成肿瘤。病菌能多次重复侵染。发病多在嫁接口附近。潜育期长短取决于温、湿度。温度 23℃，相对湿度 84% 时，人工接种后，两周即表现症状。自然情况下约 20 天。

危害特征：油橄榄肿瘤病在陇南白龙江流域栽植的油橄榄园已普遍发生危害。国内其他油橄榄种植区都有发现。受害植株矮小，结实量下降，病枝易枯死，严重的整株死亡；此病在地中海沿岸甚为常见。除危害油橄榄外，还危害流苏属、白蜡属、茉莉属、木樨属、连翘属等属中的多种植物。危害植株的根部、根颈、主干、枝条、叶柄和果柄等部位。初为小瘤，一般直径 1 ～ 3cm，有时连成一片，或与枝干伤口等长，外呈乳头突起，浅灰褐色，后色泽加深，表面变粗糙，并凹陷开裂，内为海绵状。后分崩脱落，形成溃疡。以后又长出新瘤，瘤内大量细菌，遇水或空气潮湿，由孔道溢出或呈黏液状附在瘤外。

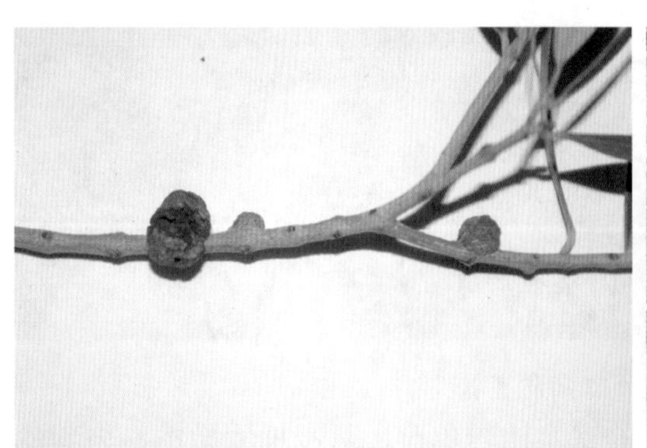

图 11-5 油橄榄肿瘤病危害状

防治方法：①剪除肿瘤是最简易方法。剪下的病枝集中烧毁。树上伤口用 1000 单位链霉素液或 0.1% 升汞液消毒;②外地繁殖材料引进时，应严格执行检疫检查制度，带病植株严禁引入。

6. 干腐病

病原及发生发展规律：油橄榄干腐病有性世代为*Botryosphaeria berengeriana* 称贝氏葡萄座腔菌，属子囊菌亚门真菌，常见于云南种植区，贵州、四川也有发生，个别地区发病率甚至达到 85%。以菌丝体和分生孢子器、子囊壳在枝干病部越冬。春季病菌沿病部扩展为害，或产生分生孢子，或子囊孢子，随风雨传播到树体上。孢子萌发后多从伤口侵入，也可从枯芽、皮孔、果实皮孔等处侵入。但只能侵染缓苗期的苗木、幼树或弱树，先在死组织上生长，然后向活组织扩展，有潜伏侵染的特点。6 ～ 7 月发病严重，幼树正常生长后停止扩展，9 ～ 10 月又继续发展。是一种生理性缺硼症。

危害特征:陇南近年引种栽植区已有发现。发病从干基部或分枝处发生,纵向蔓延。最初皮层出现水渍浮肿，有小粒突起。韧皮部及形成层变褐色，深入木质部。以后病部以上枝条顶芽枯萎，叶尖退绿，叶脉发红，旋即叶片凋萎脱落。再则枝干枯萎死亡，病斑表面干裂，皮层坏死呈褐色粉末。

图 11-6 油橄榄干腐病

防治方法：①干旱季节及时浇水，增强树势，提高抗病能力；②加强树体保护，避免机械损伤，及时剪除枯弱小枝和死枝死芽，刮除病斑，减少感病概率。③增施硼肥。幼树每年施硼酸 5 ～ 10g。大树沿根冠挖环形沟，施硼酸或 2% 硼砂水。在雨季可直接撒硼粉于沟内后，覆盖土掩埋。

7. 油橄榄煤污病

病原及发生发展规律：病原煤炱菌的分生孢子器长颈烧瓶状，分生孢子长椭圆形。有性期子囊座无孔口，内有多数子囊，各有 8 个子囊孢子。煤炱菌的生长发育需要糖分。蜡蚧及木虱等危害，常引起煤污病发生。它们分泌的蜜露成为病菌营养来源。有时当温度急剧变化时，树木也会产生含糖分的分泌物，导致煤污病发生。较高气温有利于病菌生长发育，较高的空气湿度如露水有利于病菌繁殖。因此阴坡或凹处较易发病。

危害特征：煤污病是一种常发病，多见病。在叶片、嫩芽或枝条表面形成一层煤烟状黑色霉层，影响光合作用，阻塞气孔，造成一定损失。霉层是病菌的菌丝和繁殖体。菌丝暗色，有隔，直径不等，互相交错形成薄膜覆盖寄主表面。镜检时，可见少数完整子实体。

防治方法：①适度修剪，加强通风透光；②喷施石灰硫磺合剂，夏季用波美0.5°～1°波尔多液，冬季用3°～5°波尔多液，或用松脂合剂12～20倍液消灭害虫。

8. 油橄榄黑斑病

病原及发生发展规律：油橄榄黑斑病在甘肃陇南、湖北、广西、四川、陕西都有分布。引起大量落果，严重病株枝条干枯。病菌于旧病组织中越冬，多雨高湿助长发病。冬、春剪除病枝效果最好。

危害特征：黑斑病主要危害子叶和真叶，有时危害花梗和种实。叶片染病，初生近圆形退绿斑，后渐扩大，边缘为淡绿色至暗褐色，数天后病斑直径扩大为5～10mm，且有明显的同心轮纹。有的病斑有黄色晕圈，在高温高湿条件下病部穿孔。发病严重的，病斑汇合成大的斑块，致半叶或整叶干枯，全株叶片由外向内干枯。茎或叶柄上病斑为长梭形，呈暗褐色条状凹陷。

图 11-7 油橄榄黑斑病

防治方法：①选种适合当地的抗黑斑病品种；②与其他作物轮作；③施足基肥，增施磷、钾肥，有条件的采用配方施肥，提高植株抗病能力；④发现病株及时喷洒75%的百菌清可湿性粉剂500～600倍液，或50%的扑海因可湿性粉剂1500倍液进行防治。黑斑病与霜霉病混发时，可选用70%的乙膦·锰锌可湿性粉剂500倍液，或58%的甲霜灵·锰锌可湿性粉剂500倍液进行防治，每亩喷施兑好的药液60～70kg，每隔7天喷1次，连喷3～4次。

9. 油橄榄褐斑病

病原及发生发展规律：褐斑病的病原属真菌半知菌亚门，丝孢目，尾孢属，番薯尾孢。分生孢子梗多根束生，暗褐色，25 ～ 200μm。分生孢子针形，无色，基部平切，20 ～ 200mm。油橄榄褐斑病在甘肃陇南、陕西各种植区都有发生，引起落叶落果。病菌以菌丝形态在病组织越冬，春季发生新浸染，高湿有利发生扩展。

危害特征：褐斑病仅为害叶片，症状有两种：其一为大褐斑病。初期在叶片表面产生许多近圆形、多角形或不规则形的褐色小斑点，以后病斑逐渐扩大，常融成不规则形的大斑，直径可达 2cm 以上。病斑中部呈黑褐色，边缘褐色，病、健部分分界明显。病害发展到一定程度时，病叶干枯破裂而早期脱落，严重影响树势和翌年的产量。其二为小褐斑病。病斑较小，直径 2 ～ 3mm，大小较一致，呈深褐色，中部颜色稍浅，后期病斑背面长出一层明显的褐色霉状物。

防治方法：①秋后结合清园彻底清除果园落叶、残枝，集中烧毁，减少越冬菌源；②加强栽培管理，改善通风透光条件，增施肥料，合理灌水，增强树势，提高抗病能力；③发病初期，结合防治其他油橄榄病害，喷洒 200 倍半量式波尔多液或 60% 代森锌 500 ～ 600 倍液，600 倍科博、喷克等药液，每隔 10 ～ 15 天喷 1 次，连续喷 2 ～ 3 次。由于褐斑病一般从植株的下部叶片开始发生，逐渐向上蔓延，因此第一、二次喷药要着重保护植株的下部叶片；④当发现有褐斑病发生时，可喷施 3000 ～ 4000 倍烯唑醇、600 倍多菌灵或 1000 倍甲基托布津等治疗剂进行及时治疗。

10. 油橄榄黄萎病

病原及发生发展规律：由土传性的真菌大丽轮枝菌引起的黄萎病，是世界范围内油橄榄种植区最严重的病害之一，是很难也是无法治理的病害。最早由 *Ruggieri* 在意大利发现了该病害，而后在美国加利福尼亚、希腊、土耳其、法国、西班牙、叙利亚和摩洛哥等地也有报道。黄萎病大大降低了油橄榄产量，严重时可造成树体死亡。

图 11-8 油橄榄黄萎病危害状

Thanassoulopoulos 等对希腊 1600 万株油橄榄黄萎病调查发现，2% ～ 3% 染病，其中 1% 死亡，产量损失达 1.7×10^6 吨。西班牙南部安达卢西亚地区 1980、1981、1983 年调查发现，122 个油橄榄园中 47 个（占 38.5%）约 35 万株染病，发病率为 10% ～ 90%，而在该地区新建油橄榄园调查发现，37% 染病。叙利亚 9 个省约 650 万株油橄榄发病率为 0.85% ～ 4.50%，每年产量损失 1.0% ～ 2.3%。

危害特征：希腊调查发现，5 ～ 6 年生幼树对黄萎病最敏感，而西班牙、叙利亚和摩洛哥调查表明，在树龄接近 10 年的油橄榄园中发病率最高。因该病原体的几个特点使得黄萎病很难防除，例如病原能以其休眠体微菌核的形式在土壤中长期存活，并保持对寄主的侵染力；具有广泛的宿主等。油橄榄黄萎病分为急性和慢性 2 种类型，急性黄萎病主要发生在冬末至早春，初期叶片失绿，迅速萎蔫而不脱落，变为浅棕色，自叶缘向叶轴方向卷曲，最终整株树死亡，树皮变为紫色，内部维管组织变为黑褐色，幼树枯死前可能会局部落叶。慢性黄萎病出现在春季接近开花时间，花序枯萎，枯花挂在枝上，叶片变为暗绿色，病枝上花序连同叶片在萎蔫前落下，仅梢头挂着部分叶片，且通常情况下，花比叶片病症先出现，但都在新枝枯死之后，染病新枝树皮变成红褐色，内部维管组织变为深褐色。慢性黄萎病发生在春末，在急性黄萎病发生之后，缓慢发展到初夏。

由大丽轮枝菌引起的黄萎病是世界范围内油橄榄重要病害之一，国外研究者们对油橄榄黄萎病的防治措施进行了广泛而深入的研究，

常用的防治方法主要是：①选择没有被病菌侵染的地块栽培无侵染的栽培苗；②被病菌侵染的地块，采用日晒土壤的方法改造；③使用抗病品种和砧木；④避免与被侵染植物间作或混作，最低程度的减少根部损失，避免灌溉、修剪等栽培措施传播病原。

选用抗病品种和抗病砧木是防治黄萎病最经济有效的重要手段，国外在黄萎病抗病育种工作中取得了一些进展，但与生产对抗病品种的需求还有很大差距，分析其原因无不与有关基础研究如病原菌致病力分化、抗源发掘、抗性遗传、抗病机制、抗性鉴定等研究不够系统和深入有关，特别是油橄榄黄萎病抗病育种研究还很薄弱，育种方法和研究手段比较单一。

三、油橄榄缺素病的表现及防治

缺素病（生理性病）：常见的有树叶黄化、丛枝、梢枯、枝枯（一般在小枝条上发生）。发病原因，主要是由于土壤中缺乏微量元素。土壤黏重板结，排水不良，通气性差，加上管理粗放，常发生缺素病。当油橄榄树体内所含营养元素失调，或缺乏某一种微量元素时，油橄榄发生缺素病。轻则阻碍生长，严重时会造成植株的死亡。最常见的油橄榄缺素病有缺氮、缺钾、缺镁、缺锌、缺硼等。

（1）缺氮：致使花芽分化不良，落花，受精不良，落果，树体生长不良，叶片脱落。

（2）缺钾：致使油橄榄停止生长，开花少、果实小、叶片发黄、叶尖叶缘发干。

（3）缺硼：叶片发黄发干，病变部位增厚，组织坏死，出现淀粉粒。叶片逐渐掉落，开花少，果实小，易掉落。树干树皮树枝日趋粗糙。内部组织坏死。出现死斑。

（4）缺镁：叶片中含镁量少于 0.1%，叶尖到叶基出现绿斑。

（5）缺锌：叶片级小，叶尖褪色，发干，坏死。

（6）缺钙：油橄榄缺钙会影响到果实的产量及含油率和橄榄油的质量。

油橄榄缺素症是一种非常难以判断的症状，往往是多种元素缺乏的综合表现，有时是几种症候的同时表现，这在具体诊断上往往是非常困难的，要准确诊断油橄榄树体的缺素状况，必须依靠油橄榄营养诊断和树体营养分析检测来精准判断。

（1）缺锌

（2）缺氮

图 11-9 油橄榄缺素症表现

防治方法：①加强肥水管理，增施有机肥；②改良土壤，合理耕作，促进根系发育；③每年进行 3 ～ 4 次硼酸液的喷射，浓度 0.1% ～ 0.3%；④每年喷射 1 ～ 2 次镁、铁、锌肥，浓度 0.1% ～ 0.2%；⑤结合冬季施肥，每株树施钾、钙肥 0.5 ～ 1kg。

第三节 陇南油橄榄虫害种类及防治技术

2013—2014 年陇南市经济林研究院组织力量对陇南油橄榄虫害的发生种类及危害情况进行了初步调查。结果表明：甘肃陇南油橄榄主要害虫 20 种，隶属于 12 科 18 属。并结合实际提出防治措施，供生产中参考。

一、虫害种类

经过 2 年的调查表明，油橄榄定植前的地类不同以及栽植品种不同，危害油橄榄的虫害以及危害程度亦不相同，危害油橄榄的主要虫害有云斑天牛、大粒横沟象、云斑鳃金龟子、铜绿金龟子、丝绵木金星尺蛾、柿星尺蛾、黄边涡尺蛾、桃蛀螟、横线镰翅野螟、三条蛀野螟、核桃举肢蛾、白雪灯蛾、白黑华苔蛾、黑鹿蛾、球玫舟蛾、八字地老虎、圆翅枯叶蛾、梨豹蠹蛾、柳干蠹蛾、蚱蝉、油橄榄蜡蚧、油橄榄根结线虫等。

图 11-10 云斑天牛

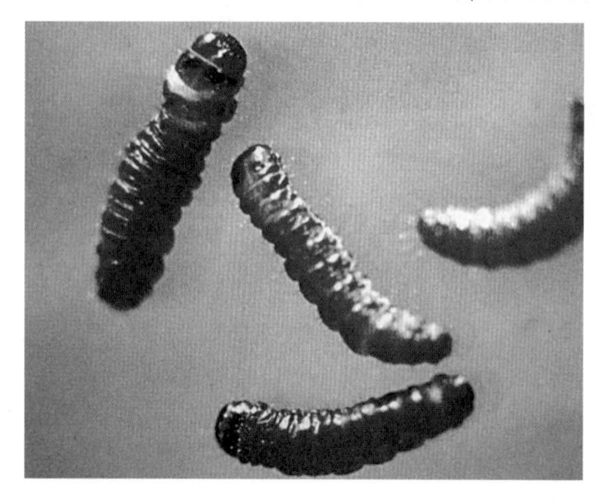
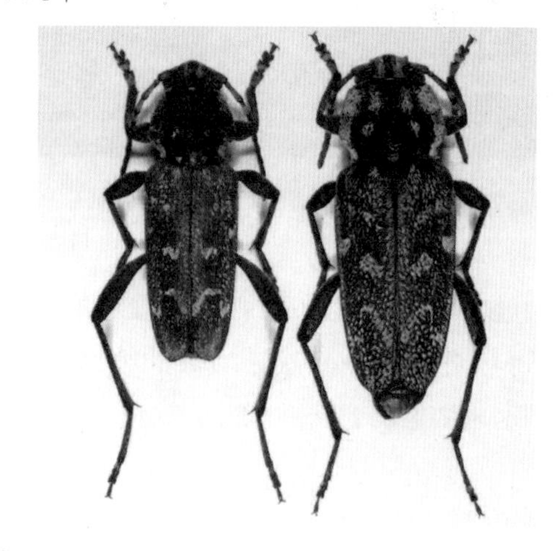

图 11-11 蠹蛾

二、虫害防治方法

1. 蛀干类害虫种类及防治

蛀干类害虫种类：梨豹蠹蛾、柳干蠹蛾、云斑天牛、大粒横沟象。是一种危害性很大的油橄榄害虫，其成虫为害新枝皮和嫩叶，幼虫蛀食枝干，造成油橄榄生长势衰退，凋谢乃至死亡。

防治方法：①及时发现和清理被害枝干，消灭虫源；②用脱脂棉蘸 50% 杀螟松乳油或 80% 敌敌畏乳油堵塞虫孔，涂刷成虫产卵刻槽，点涂范围是以刻槽为中心 5cm×5cm。于 8 月中、下旬至 9 月中下旬，用磷化锌等毒签插入虫道毒杀幼虫及羽化后在虫道内的成虫；③树干涂白防止成虫在树干上产卵；④成虫发生期结合其他害虫的防治，喷 50% 的辛硫磷乳油 1500 倍液，消灭成虫；⑤对豹纹木蠹蛾幼虫为害的新梢要及时剪除，消灭幼虫，防止扩大为害；⑥生物防控，保护利用卵期、幼虫期的各种天敌。用兽用注射器将 2 亿活孢子 /mL 的 Bt 乳剂或 2 亿活孢子 /mL 绿僵菌加入适量 40% 氧化乐果乳油 600 倍液，注入虫孔，即可有效防治。

2. 食叶类害虫种类及防治

图 11-12 二尾舟蛾

食叶类害虫种类：金星尺蛾、柿星尺蛾、黄边涡尺蛾、白雪灯蛾、白黑华苔蛾、黑鹿蛾、球玫舟蛾、圆翅枯叶蛾等。食叶害虫是以叶片为食的害虫，主要危害健康植物，以幼虫取食叶片，常咬成缺口或仅留叶脉，甚至全吃光。少数种群潜入叶内，取食叶肉组织，或在叶面形成虫瘿，如黏虫、叶蜂、松毛虫等。由于多营裸露生活，其数量的消长常受气候与天敌等因素直接制约。这类害虫的真成虫多数不需补充营养，寿命也短，幼虫期成为它主要摄取养分和造成危害的虫期，一旦发生危害则虫口密度大而集中。又因真成虫能做远距离飞迁，故也是这类害虫经常猖獗为害的主因之一。幼虫也有短距离主动迁移危害的能力。某些种类常呈周期性大发生。

防治方法：①晚秋或早春在树下或堰根等处刨蛹；②幼虫发生时，猛力摇晃或敲打树干，幼虫受惊坠落而下，可扑杀幼虫；③幼虫发生初期，可喷洒有机磷或菊酯类化学农药，如 50% 杀螟硫磷乳油 1000 倍液，或 50% 马拉硫磷乳油 1000 倍液，或 50% 辛硫磷乳油 1000 倍液，或 20% 甲氰菊酯乳油 2000 ～ 3000 倍液，或 5% 来福灵乳油 2000 ～ 3000 倍液，或 37% 氯马乳油 1500 ～ 2000 倍液，或 20% 百虫净乳油 1500 ～ 2000 倍液，或 2.5% 功夫菊酯乳油 3000 倍液。喷药周到细致，防治效果可达 95% ～ 100%。但最好使用生物制剂，如低龄幼虫可喷洒 Bt 乳油 300 倍液，高龄幼虫可用核角体病毒制剂。

3. 蛀果害虫种类及防治

蛀果害虫种类：桃蛀螟、横线镰翅野螟、三条蛀野螟、核桃举肢蛾等。是一种杂食性害虫，不仅危害果树，而且危害林木及农作物。在大部分经济林产区都有发生，近年在油橄榄上也有发生，一般受害率 30% ～ 40%。幼虫蛀入油橄榄果实内危害，使蛀孔外堆满虫粪，并有黄褐色的透明胶液流出，果内也留有虫粪，果实变色脱落，不能食用，受害严重时可达到“十果九蛀”的状况，对油橄榄的产量和品质造成极大的影响。

防治方法：①清除越冬幼虫：在每年 4 月中旬，越冬幼虫化蛹前，清除玉米等寄主植物的残体，并刮除油橄榄树的翘皮、集中烧毁，减少虫源；②诱杀成虫：在油橄榄园内设黑光灯或用糖、醋液诱杀成虫，可结合诱杀梨小食心虫进行；③拾毁落果和摘除虫果，消灭果内幼虫。防治方法为：要掌握第一、二代成虫产卵高峰期喷药。50% 杀螟松乳剂 1000 倍液或用 BT 乳剂 600 倍液，或 35% 赛丹乳油 2500 ～ 3000 倍液，或2. 5% 功夫乳油 3000 倍液；④在油橄榄开花始期要进行卵与幼虫数量调查，当有虫（卵）株率 20% 以上时即需防治。施用药剂，50% 磷胺乳油 1000 ～ 2000 倍液，或用 40% 乐果乳油 1200 ～ 1500 倍液，或用 2.5% 溴氰菊酯乳油 3000 倍液喷雾，在产卵盛期喷洒 50% 磷胺水可溶剂 1000 ～ 2000 倍液，每亩使药液 75kg；⑤在产卵盛期喷洒 Bt 乳剂 500 倍液，或 50% 辛硫磷 1000 倍液，或 2. 5% 大康（高效氯氟氰菊酯）或功夫（高效氯氟氰菊酯），或爱福丁 1 号（阿维菌素）6000 倍液，或 25% 灭幼脲 1500 ～ 2500 倍液。或在油橄榄蛀果上滴 50% 辛硫磷乳油等药剂 300 倍液 1 ～ 2 滴，对蛀入果内害虫防治效果较好；⑥生物防治，喷洒苏云金杆菌 75 ～ 150 倍液或青虫菌液 100 ～ 200 倍液。

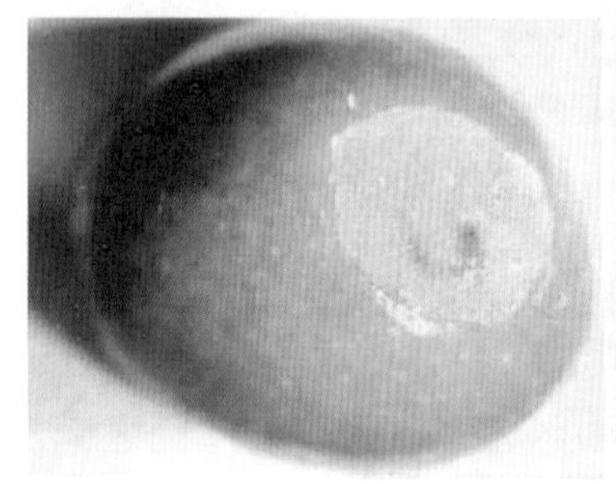
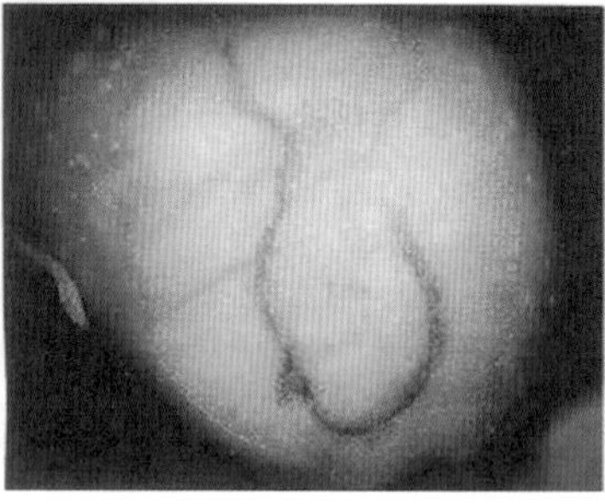

图 11-13 桃蛀螟危害果实状

4. 枝干害虫种类及防治

（1）蚱蝉（*Cryptotympana atrata Fabricius*）

危害症状：蚱蝉以成虫和若虫刺吸寄主植物枝梢、茎叶的汁液危害，在果树上主要是成虫产卵危害。在成虫秋末产卵时会用锯状产卵器刺破枝条表皮呈月牙状翘起，将粒卵产在其中，成虫密度大时会使枝条遍体鳞伤，易导致抽条，严重时可致幼树死亡。

图 11-14 蝠牛危害状

发生规律及习性：蚱蝉一般 3 ～ 4 年繁殖 1 代，以卵和若虫在树枝木质部和土壤中越冬。老熟后的若虫于 6 ～ 7 月间出土羽化。其出土的时间常在晚上 8 时至早晨 6 时左右，以夜间 9 ～ 10 时为出土高峰时段。若虫在出土之后即爬到附近的树上羽化，完成羽化需 2 小时左右。成虫出壳时，翅脉为绿色，身体为淡红色。以后，翅膀逐渐舒展开来，翅脉和体色都逐渐变深，在黎明之前逐渐向树上爬去。成虫羽化后，先要刺吸植物的汁液，补充营养，然后开始鸣叫，叫的目的是吸引雌蝉。雄蝉一般在气温 20℃以上开始鸣叫，当气温达到 26℃以上时，许多雄蝉就一起鸣叫起来，称为群鸣。当气温达 30℃以上时，这些雄蝉不仅鸣叫时间长，而且次数也更多，声音也叫得更响。此鸣蝉有一定的群居性和群迁性，上午 8 ～ 11 时，成群由大树向小树迁移；到了晚上 6 ～ 8 时，它们又成群地由小树向大树迁移。成虫的飞翔能力较强，但一般只作短距离迁飞。若摇动树干，它在夜间有一定的趋光性和趋火性，如没有外力去摇动树干，则其趋光性和趋火性并不明显。成虫的寿命为 45 ～ 60 天。此虫在不同时期，雌雄的比例很不平衡，在羽化的初期，雄虫比雌虫多 6 ～ 7 倍，但到羽化盛期，雌雄的数量趋于相等，而到了羽化的末期，则变为雌多雄少，而且雌虫要比雄虫多 6 ～ 7 倍。雌雄交尾以后，雌蝉把卵产在植物枝条中，造成枝条枯死。卵在枯枝中到翌年 6 ～ 7 月间孵化落入土中，在地下生活 3 ～ 4 年，每年 6 ～ 9 月间蜕皮 1 次。若虫在地下的深度一般在 2 ～ 30cm 或更深。幼龄若虫多附着在侧根或须根上，而大龄若虫则多附着在较粗的根上。

蚱蝉(1)

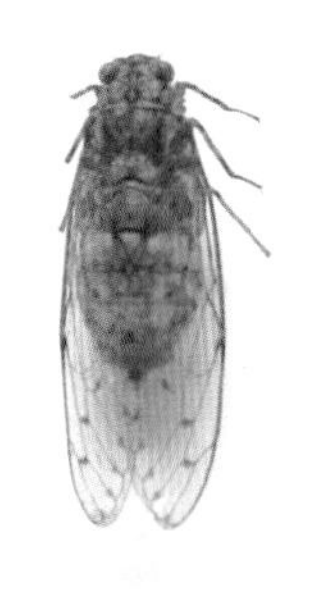
蚱蝉(2)

图 11-15 蝉

图 11-16 蚱蝉危害状

防治方法:①加强田间管理，休眠期彻底清除树上与树下残枝、残叶及落叶和杂草，集中烧毁。早春刮除老树皮、消灭越冬成虫；②蚱蝉成虫具有很强的趋光性，可利用这一特点用黑光灯诱杀，油橄榄结果期，可在距地面 1.5m 处悬挂黄色黏虫板诱杀成虫；③油橄榄发芽前喷施波美 5° 石硫合剂 500 倍液，杀灭越冬代成虫和越冬卵，花后喷 1% 甲氨基阿维菌素苯甲酸盐乳油 500 倍液，0.5% 藜芦碱 8000 倍液，4.5% 高效氯氰菊酯乳油 8000 倍液或 1.8% 阿维菌素 1000 倍液喷雾防治毒杀成虫和若虫，效果很好。

（2）油橄榄蜡蚧（*Saissetia oleae*）

发生规律与习性：在西班牙一年繁殖两代，5 ～ 7 月及 8 ～ 11 月各一代，且有两代重叠现象。在昆明每年发生一代至二代，世代也不整齐。幼虫孵化后，在母体介壳下停留 1 ～ 2 天，然后外行寻找固定有营养地方。能借风力或鸟足及其他昆虫传播。多聚集在叶背主脉或避光的枝条附近。高温且高湿条件下最易发展。潮湿而通气不良处容易发生。但高温、干旱却能引起成虫死亡。0℃以下，卵和幼虫难以成活。大雨、暴风也能引起 1 龄幼虫死亡。

危害特征：害虫依附于叶背，叶芽、嫩梢上吸汁，使叶色变黄，枝梢枯萎，引起落叶、落果，树势衰弱甚至全株枯死。同时诱发煤污病。高温高湿的条件下易发生此病。以 4 ～ 8 月危害最重。

(1)危害树干状

(2)危害果实状

图 11-17 油橄榄蜡蚧

蜡蚧危害多种树木，常见于油橄榄。雌虫背上有两横一直的隆脊。在生长不良的树上，危害较重。导致局部落叶，枝条枯萎，结实不良。并伴生煤污病，影响光合作用。陇南新旧栽植区均有分布。

防治方法：①人工防治。因其介壳较为松弛，可用硬毛刷或细钢丝刷刷除寄主枝干上的虫体。结合整形修剪，剪除被害严重的枝条；②化学防治。依据调查测报，抓准在初孵若虫分散爬行期实行药剂防治。推荐使用含油量 0.2% 的黏土柴油乳剂混 80% 敌敌畏乳剂、50% 混灭威乳剂、50% 杀螟松可湿性粉剂或 50% 马拉硫磷乳剂的 1000 倍液。(黏土柴油乳剂配制：轻柴油 1 份，干黏土细粉末 2 份，水 2 份。按比例将柴油倒入黏土粉中，完全湿润后搅成糊状，将水慢慢加入，并用力搅拌，至表层无浮油即制成含油量为 20% 的黏土柴油乳剂原液)。此外，40% 速扑杀乳剂 700 倍液亦有高效；③保护利用天敌。田间寄生蜂的自然寄生率比较高，有时可达 70% ～ 80%;此外，瓢虫、方头甲、草蛉等的捕食量也很大，均应注意保护。

5. 地下害虫种类及防治

危害油橄榄树的地下害虫主要有大粒横沟象、云斑鳃金龟子、铜绿金龟子、八字地老虎等。这类害虫种类繁多，危害寄主广，它们主要取食作物的种子、根、茎、块根、块茎、幼苗、嫩叶及生长点等，常常造成缺苗、断垄或幼苗生长不良。

(1) 大粒横沟象 (*Dyscerusсribripennis*)

危害特征：此虫危害油橄榄及多种林木、果树，分布广西、四川、甘肃及陕西，为多食性害虫。是陇南油橄榄危害最为严重的虫害之一。幼虫危害主干、枝丫等韧皮部，

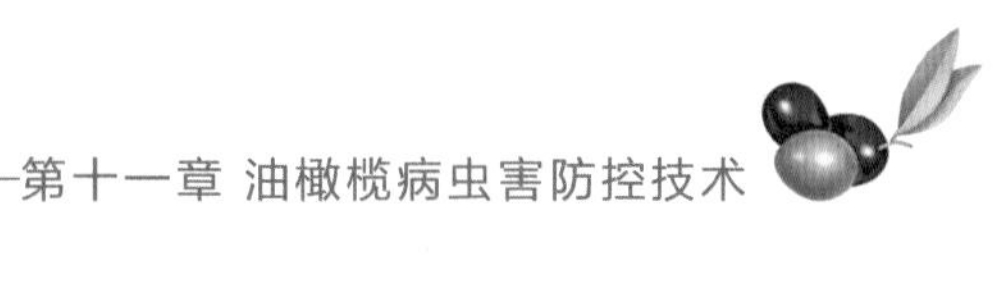

成虫咬食嫩枝皮层，造成整株枯死。

发生规律与习性：在陇南一年发生 2 代或二年发生 3 代。以成虫在土里越冬或以幼虫在树皮内越冬。有世代重叠现象。产卵每次 2 ～ 4 粒。自卵孵化至羽化成虫，历时 120 ～ 130 天。成虫一年出现三次高峰期，有假死习性，能飞翔，喜在树冠下阴面活动，且有群集越冬现象。

(1)危害树干基部状

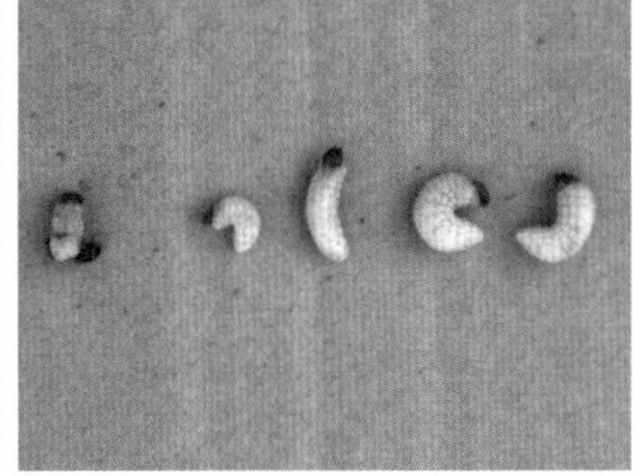
(2)幼虫

(3)防治状

图 11-18 大粒横沟象

防治方法：①防控成虫。在成虫发生期，于每晚取食交尾时进行人工捕杀。在成虫出土始盛期，喷洒 50% 辛硫磷乳油 2000 倍液、50% 对硫磷乳油 2000 倍液、25% 对硫磷胶囊剂 2000 倍液等可杀灭；②除治幼虫。幼虫大量发生的地块或苗床，用 50% 对硫磷乳油、80% 敌敌畏乳油等 1000 倍液，灌于苗木根部；③对已经危害的树体，首先将受害根部挖开，查看危害情况。然后用家用洗脸盆牛粪（麦草）拌黄泥各半加入 80% 敌敌畏乳油 10mL，搅拌均匀后，覆盖在油橄榄根部。即可以防治大粒横沟象，药泥的营养作用又可以帮助恢复根部树皮生长，在甘肃陇南取得了很好防治效果。

（2）铜绿金龟子（*Anomalacorpulenta*）

危害症状：金龟子的幼虫统称蛴螬，蛴螬的发生、为害与温度、湿度、食料、耕作栽培方式及附近的林木、果树、庄稼、草场等条件有密切关系。蛴螬食性广杂，主要为害各种粮食、豆类、蔬菜、草场、草坪、茶树、果树和林木及其幼苗根茎部、块根、块茎，造成缺苗断垄、草场草坪枯萎或使植株发育不良，严重时造成毁灭性灾害。金龟子成虫取食多种果树和林木的叶片，严重时可致使林木整株整片的叶片啮食殆尽，唯剩叶脉，板栗、核桃、桤木、桦桃、梨、桃、柿等树种受害尤深。有的种类成虫也为害农作物及草被，且相当严重，在陇南主要是铜绿金龟子危害油橄榄。

发生规律与习性：铜绿金龟子一年 1 代，以幼虫在土壤内越冬，翌年 5 月上旬成虫出现，5 月下旬达到高峰，黄昏时上树为害，半夜后即陆续离去，潜入草丛或松土中，并在土壤中产卵。成虫有群集性、假死性、趋光性，闷热无风的夜晚为害最烈。

防治方法:①化学防治。5 ～ 9 月采用低毒、低残留、高效的杀虫剂灌根毒杀蛴螬，晚上 9 时以后喷雾药杀金龟子成虫；②物理防治。可在水池、水盆上方点黑光灯、紫外灯或白炽灯诱捕金龟子成虫，金龟子是很好的饲料，蛋白质含量很高，可直接喂鸡或晒干粉碎作饲料；③园艺防治。在果园、林地、农地中放养鸡，防养一举两得。有条件的农地可用水淹灭虫，深翻晾晒农地可有效杀灭蛴螬，清耕＋药杀作物根部害虫，施用腐熟农家肥，冬春季耙细耕作土，以破坏蛴螬或蛹的越冬土球；④是生物防治。采用白僵菌、苏云金杆菌等低毒杀虫剂。

6. 油橄榄根结线虫

发生规律与习性：油橄榄根结线虫，属根结虫属 4 个种：即爪根结线虫、南方根结线虫、花生根结线虫、尖形根结线虫，根结属线虫均为雌雄异性。雄虫线形，雌虫膨大成球形或洋梨形。线虫在春季及秋季各侵染一次。成虫在虫瘿内越冬，于 4 ～ 5 月产卵。孵出幼虫后钻进根尖，以口腔腺分泌的消化液刺激细胞，在刺吸点周围形成数个细胞后，就在其中栖息并取食。进而刺激中柱细胞增生，形成虫瘿。从侵染至形成黄豆大小虫瘿约需 60 天。幼虫在虫瘿内发育成成虫，至 7 ～ 8 月进行交配产卵或孤雌生殖，秋季孵化出的幼虫，再次侵染形成虫瘿。

图 11-19 绿色防控装置

危害特征：国内已知发生在广西、广东、福建、江西等省，2014 年在甘肃陇南武都油橄榄园内首次发现该病，造成一定程度危害。不但影响生长和产量，且加重青枯病发生。在植株小苗或大树嫩根上，形成大小不等虫瘿。树龄不同，受害程度各异。以 5 ～ 10 年生逐渐进入结果期的幼树，侧根多的，危害最强。大部分虫瘿是由根尖膨大变成的。虫瘿初期表面光滑，淡黄色，剖开可见许多易剥离细胞和白色透明雌虫。雌虫产卵后，虫瘿表面粗糙，有许多小孔，瘿内有空洞和黄褐色胶黏物。根结线虫主要为害植株根部，表现为侧根和须根较正常增多，并在幼根的须根上形成球形或圆锥形大小不等的白色根瘤，有的呈念珠状。被害植株地上部生长矮小、缓慢、叶色异常，结果少，产量低，甚

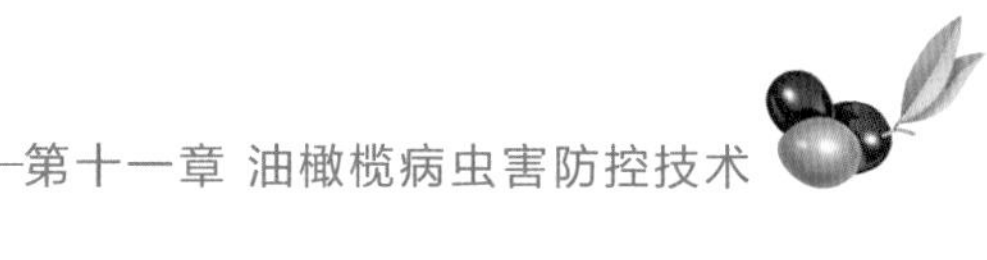

至造成植株提早死亡。还能传播一些真菌和细菌性病害。

防治方法：①选择抗病品种"莱星"等。"佛奥"、"卡林"等易感病。②在园地内不应间种感病寄生作物，如花生、黄豆、绿豆、瓜类、红薯等。土壤杀虫一般用熏蒸剂如氯化苦，D-D混剂，二溴氯丙烷等。应在种植前20天左右处理，以防药害。

甘肃陇南地处秦巴山区，属北亚热带湿润温暖气候带，是中国发展油橄榄产业自然生态条件最优越的地区之一。白龙江和西汉水流域油橄榄种植区的虫害属首次调查研究，就目前所掌握的虫害种类而言也只是初步的，相信在今后的调查研究中还有许多虫害种类被发现。

油橄榄虫害防治方法以早期防治为主。合理密植，科学施肥，采取有效措施，使植株生长健壮，增强抗病力是防治的基础。主要趋向使用物理、生物方法防治。一是黑光灯诱杀法，可充分利用害虫的趋光性，在害虫发生的区域设置杀虫灯进行诱杀，监测害虫的发生范围和发生量，并结合害虫卵期和幼虫期的调查，确定害虫的发生区域、发生面积和发生程度。二是生物防治。保护鸟类和天敌昆虫资源，在油橄榄园的边缘和林间空地，悬挂人工鸟巢，施放鸟类食料，招引益鸟，促进天敌生物繁衍生息；三是应用白僵菌、寄生蜂、寄生蝇等防治害虫幼虫。

图11-20 国外机械化防治病虫害大大减少人工投入

第四节 高度重视油橄榄病虫害防治工作

油橄榄引进国内对陌生环境条件的适应有一个漫长的过程，在这个过程中，对抗逆性生境条件表现出适应的脆弱性，再加上各类病虫害的侵袭和危害，对引种栽培是一个巨大挑战。要想油橄榄丰产稳产并获得较高的油品质量，这就要求我们在生产上不但要高度重视栽培管理措施，另一方面要高度重视油橄榄病虫害防治工作，病虫发生到致害并造成损失，是一个量变引起质变循序渐进的过程。防治油橄榄病虫害好比人类传染病的防治，当病害现象已经出现，传染病已经发生时，虽然我们没办法对已经患病的人员及时进行完全康复治疗，使其在最短时间内恢复正常状态，但是我们可以做好没有患病人群的预防工作。可以在病、虫扩散源头上加以控制，防止病虫害进一步扩散，危及整片油橄榄园。

1. 提高对油橄榄有害生物防控工作重要性的认识

根据历年产地油橄榄有害生物越冬基数调查和预测预报结果分析，特别在中国气候温润，降雨量比较大的地区引种栽培油橄榄，油橄榄有害生物越冬虫卵、蛹等保存较多。对此，栽培区检疫机构和油橄榄种植户要高度重视，在危害尚未发生时及早采取措施进行防治，严防重大有害生物灾情和疫情发生，确保油橄榄主产区健康发展。

2. 建立完备的监测监控体系

充分发挥国家级林业有害生物中心测报点和市、区县（自治县、市）两级监测网点的作用，在国家、市、区县（自治县、市）“三位一体”的监测预警体系下全天候监测。建立基层林业员、护林员、油橄榄种植户等兼职测报员的作用，建立举报有奖机制，鼓励公众参与林业有害生物监测和举报。探索利用化学信息、航空和遥感信息等先进技术开展林业有害生物灾害监测和核查，不断提高监测预报的科学性、准确性和时效性，为及时准确高效防治油橄榄病虫害提供可靠情报。

3. 实行依法防控，科学防控

各有关主管部门和涉及单位必须严格执行《植物检疫条例》《森林病虫害防治条例》的规定，切实搞好重点产区油橄榄病虫害疫情的监测和防治工作。要针对潜在的如地中海果蝇等危险性有害生物灾害制定防治预案，建立疫情报告、技术合作、联防联治的协作机制。对危险性潜在林业有害生物和重点生态区域的重大生物灾害，要实行工程性治理。大力推行生物防治和无公害防治，严格防治措施的监管，确保生态安全和油橄榄食品安全。

4. 严格检疫执法

要严格执行《森林植物检疫登记管理办法》和《检疫要求书》规定，加强产地检疫工作，规范调运检疫程序。各级林木病虫害防治检疫机构要严把检疫关，切实加强对辖区内调入的应施检疫的油橄榄植株及其产品的复检，经常开展检疫执法检查，有针对性地开展专项打击行动。职能部门要依法查验运输过程中应施检疫的油橄榄植株及其果品的《植物检疫证书》，运输单位和个人依法配合森林植物检疫机构开展检疫工作。铁路、民航、交通、邮政等部门要加强本系统的管理，要求承运单位在承运、收寄应施检疫的

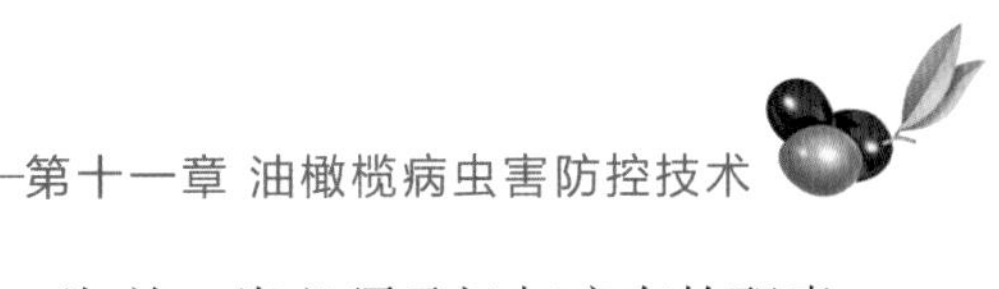

油橄榄植株及其果品时，必须查验《植物检疫证书》。海关口岸必须承担起应有的职责，要有高度的责任心，对出入国内外的旅客携带行李进行严格检疫，牢牢扎紧防护篱笆，防止易感性病虫害和重点检疫对象流入国内。市场监管部门要积极配合林业部门对货物集散地、市场进行检疫检查。车站、机场、货场、林产品市场、花木市场及种苗繁育基地、木材加工厂、木材集散地、使用木材的厂矿、建筑工地等重点单位要积极配合油橄榄植物检疫人员实施现场检疫，形成群防群治的治理格局。

5. 加强危险性病虫害生物防治

按照国家有关规定，积极做好地中海果蝇等潜在威胁的应对措施，严防外来有害生物入侵。任何单位和个人未经林业部门批准，不得擅自从疫区调运应施检疫的油橄榄植物及其产品。各级林业部门要向社会公布举报电话，积极引导和鼓励公众参与疫情查防和举报。严格执行疫情报告制度，新发现重大疫情的乡镇、村社、种植园，要立即报告政府主管部门，并启动有害生物应急预案。

中国油橄榄产业发展到今天，历程艰辛，路途曲折，两任共和国总理亲力亲为，徐伟英等科学家付出终身努力，才有了今天这个规模和水平。我们站在他们的肩膀上继续前行，要努力开创中国油橄榄的美好明天。中国油橄榄正处在从引种成功向产业化经营做大做强的关键时期，国内发展势头迅猛，任何影响产业发展的因素都必须高度对待，稍有不慎，就会走入以前几上几下的老路。油橄榄病虫害是影响发展进程的重要因素，要高度重视油橄榄病虫害防控工作，使中国油橄榄生产沿着无公害绿色防控的正确道路快速发展。

第十二章　油橄榄低产园改造技术

油橄榄按照其生物学特性和生态学特征在正常管理水平下，能够实现比较高的经济效益，也能达到比较长的经济寿命。陇南油橄榄园主要建在白龙江、白水江、嘉陵江、西汉水（简称“三江一水”）河谷浅山区 1500m 以下的区域。由于西秦岭山系的屏障作用，沿川河谷及缓坡地带形成了冬暖谷地，为性喜温暖的油橄榄提供了良好的越冬度夏和生长结实条件。其气候条件与世界油橄榄主产区的地中海沿岸基本相似，成为中国油橄榄最佳适生区之一。但在实际生产中，因为选址、品种、栽培和管理等方面的原因，造成大量低产、低效、低质油橄榄园，有的甚至长期不挂果，油橄榄园没有实现应有的经济效益，造成土地资源、人力成本的巨大浪费。这就要求要采取技术措施，对已经建成的低产油橄榄园进行改造，发挥出应有的经济效益。

第一节 低产油橄榄园成因

通过实地调查分析，陇南油橄榄低产园形成的主要原因有以下几个方面：

图 12-1　立地条件差的低产油橄榄园

1. 选址不当，立地条件差，造成树势衰弱

陇南油橄榄发展进程中，特别是 20 世纪 90 年代中期以来的油橄榄发展高潮中，政

府采取强劲的行政推动措施，油橄榄发展快速推进，基地建设面积以每年 0.33 万公顷的速度强力扩张，由于当时一些县区为了追求种植面积建设进度，忽视了“适地适树适品种”的原则，致使很大一部分油橄榄园建在土层瘠薄、又无灌溉条件的坡度较大的坡地上。栽植后没有进行相应的水利等配套设施建设，群众又没有及时进行土肥水等管理，因而生长缓慢，产量很小，品质很差，多数已变成了小老树。尤其在春旱和伏旱期间，油橄榄受旱或枯死现象时有发生，因而形不成效益。

2. 品种混杂，良莠不齐

陇南已有 40 多年油橄榄引种栽培历史，在油橄榄品种引进和筛选方面做了大量的工作，审定了一批油橄榄省级良种，良种扩繁的能力也显著提高 虽然现在初步具备了采用优良品种进行生产栽培的基础。但在发展初期处于面临引种试验和扩大栽培双重任务，良种选育成果没有完成，没有能力为生产提高量大、优质的油橄榄种苗。实际生产中，品种和种源不清的现象普遍存在。同时受苗木价格和招投标政策的限制，优质良种苗木在生产上受到一定限制。早期也没有建立起规范的良种采穗圃和优质苗木繁育基地，受基地扩张快、苗木需求量大的利益驱动，育苗户良莠不分，自行大量剪枝，盲目扦插育苗，造成品种混杂，苗木质量低下。从而导致已建基地品种过多过杂，主栽品种和授粉品种选配不当或根本没有配置授粉品种，早中晚熟品种比例搭配不当，成熟采收期过于集中，企业收购加工压力大。近一半的基地油橄榄结果晚，丰产性、抗逆性差，严重影响了果园产量和果农收入，有近 35% 的成年树不结果或结果很差，需要进行改造。

图 12-2 早期品种不适应形成的低产园

图 12-3 灌溉设施不具备形成的低产园

3. 管理粗放，放任生长

产区群众总结“有果无果在于水，果多果少在于肥”，要使油橄榄园产生应有的经济效益，必须满足树体正常生长发育结实的水肥条件和精细的园地管理。发展初期，由于油橄榄鲜果价格低、加工技术落后导致效益低下，挫伤了群众发展油橄榄的积极性，致使油橄榄园管理粗放，大部分橄榄园未进行施肥、灌溉、松土除草、病虫害防治等，任其自然生长，导致树势衰弱，产量低而不稳；大部分橄榄园未进行整形修剪，形成树形紊乱，大枝多，枝条交叉重叠，树冠通风透光差，结实量低。

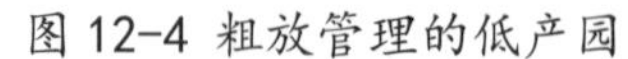
图 12-4 粗放管理的低产园

图 12-5 未经管理的油橄榄树

4. 水利配套不全，生长条件差

油橄榄在生长的不同时期，各生长发育阶段所需水量是不同的。果核硬化期（约 8 ～ 10 月间即果实采收前 20 天）如遇干旱，就会抑制果实发育造成减产，在这时进行 1 ～ 2 次灌溉，对增产有决定性作用。油橄榄终花期和座果期也需要水分，此时如遇干旱，就会导致树木缺水，从而产生早期落果现象，产量大大下降，在秋冬雨水少的地区进行冬灌是必不可少的。世界油橄榄原产地属地中海气候，主要特点是夏季炎热干燥，冬季温暖湿润。夏季 6、7、8 三个月正是油橄榄生长发育的高峰期，但这时却炎热干燥，气温最高在 28℃以上，几乎无雨，这种雨型使油橄榄在夏季几乎停止生长，处于休眠状态，油橄榄在原产地几千年的栽培过程中，已经适应了这种气候条件。而武都栽培区属北亚热带季风气候，降雨量集中在 7、8、9 三个月，处于生长高峰期的油橄榄在 6 月几乎无雨。使油橄榄在这一时期的生长发育、果实膨大受到极大影响，这种典型的降雨时空分布不均直接影响到油橄榄树的生长、产量和质量。白龙江沿岸的武都、宕昌、文县主要以冬、春干旱为主，几乎每年都会发生，冬春连续无有效降水的日数长达 150 ～ 210 天，其次是夏秋干旱，平均 1.5 年发生 1 次，干旱的频率越来越高。水利配套设施不完善已经成为制约陇南油橄榄产业快速发展的瓶颈，已进入挂果期油橄榄园不能发挥效益，在建的油橄榄园建设进度缓慢，影响了油橄榄产业的发展。

5. 潜在效益未能发挥，群众投入积极性不高

发展壮大油橄榄产业、实现产业化经营是周恩来等党和国家领导人、广大科技人员、产区政府和群众凝聚的共识，更是陇南历届领导班子孜孜以求的梦想，是在陇南白龙江河谷干旱、泥石流频发、土地资源稀缺、增收致富门路少、群众收入增加缓慢的条件下探索出的一条精准扶贫精准脱贫的成功路子。也是油橄榄从一种气候条件下引种到另一种气候条件下的植物引种的成功案例。在其适应生长过程中，有许多不适

应的生态生理方面制约难点，这就需要在其生长过程中，最大可能满足生长所需要的外部条件，克服可能在生长过程中其他因素的制约。由于过去长期以来油橄榄的潜在经济效益未能充分挖掘出来，群众对发展油橄榄的积极性和管理投入的积极性一时难以调动，因而在认识上处于一种无关紧要、可有可无的混沌模糊认识，土、肥、水管理，整形修剪、病虫害防治等不能按照树体所需充分投入，树体生长处于自生自灭、野生野长的自然状态，因而发挥不出应有的效益，成为低产低质园。

第二节 低产园改造技术

针对陇南干热河谷的立地条件和油橄榄生长习性，对低产低质油橄榄园需要从品种配置、林木抚育和土壤管理等方面进行低产林改造。低产园改造的技术途径有两个，一个是以品种改良为主的嫁接换优技术；一个是以土肥水、整形修剪、病虫害防治为主的综合管理技术。

一、嫁接换优品种改良

对立地条件较好、树势旺盛、无病虫害的低产劣质树，选用良种进行高接换优效果较好。目前应大力推广在陇南栽培表现较好的皮削利、城固 32、佛奥、莱星、鄂植 8、科拉蒂等省级良种。近年来，大力推行这项技术取得了明显效果。针对油橄榄多数品种自花授粉不孕或自花结果率极低的特性，高接换种时，应考虑主栽品种与授粉品种的合理配置。主栽树与授粉树配置比例以 8∶1 为宜。适宜的品种配置方案（主栽品种—授粉品种）为：皮削利—九峰 6、莱星；莱星—鄂植 8、佛奥；佛奥—皮瓜尔；鄂植 8—莱星。陇南武都运用油橄榄高位多头腹接换优技术对低产低质油橄榄进行改良取得了显著成效。

图 12-6 油橄榄嫁接换优品种改良

1. 高接换种

高接换种是在成年结果期的大树上进行，即用本地已有的或引进的优良品种，通过嫁接更换产量低或不结果树。例如武都区三河镇南山油橄榄园用产量高、生长表现好的鄂植 8、豆果品种高接换种，换种后在原有的栽培管理下，果实和油的产量都能增产。

(1)清理砧木　(2)削切接穗

(3)插入接穗　(4)绑扎接面

(5)套袋保湿　(6)清理萌芽　(7)防虫害

图 12-7 高接换优流程示意图

（1）截冠嫁接

截冠嫁接采用的方法是插皮接，适宜时期是春季，当生长开始，树液流动，树皮易于剥离时即可嫁接。月平均气温超过 25℃，嫁接愈合缓慢，成活率低，生长弱。高接接穗应采自本园或当地的优良品种，用 2 ～ 3 年生的健壮枝条为接穗。穗长 4 ～ 6cm，粗 0.3 ～ 0.8cm。操作要领是：选择适当的高度截去树冠的主枝和侧枝，以备嫁接用。嫁接树的长势和产量与嫁接部位的高度相关。高度即截（锯）口距离地面或距离主枝基部的高度。嫁接部位过高，嫁接成活后新梢生长势弱，树冠小，产量降低。嫁接部位过低，嫁接枝断面伤口面积大，愈合慢，容易受病菌感染。因此，确定嫁接高度的一般原则是嫁接后伤口愈合快，形成树冠早，长势旺为标准。一般适宜嫁接的枝粗度应在 10cm 以下，以枝粗 4 ～ 6cm 最适宜。操作中应视嫁接树的生长势强弱，枝干粗细，确定嫁接高度。一般嫁接部位离地面的高度不超过 1.5m 较适宜。为了防止截枝时枝条劈裂影响嫁接，应先在大枝的背下锯断枝粗的 1/3，再从枝的背上锯断枝条。锯口要光滑不起毛。锯口下保留 1 ～ 2 个带叶小枝，以利抽水。枝粗小于 3cm，插 1 根接穗，枝粗 3 ～ 5cm，插 2 根接穗，枝粗大于 5cm，插入 3 ～ 4 根接穗。这种嫁接方法愈合快，成活率高，当年形成树冠。

高接后管理很重要，若管理粗放，会引起接口愈合不良、接桩干枯、生长势衰弱等现象发生。高接当年不仅接穗抽生的新梢生长旺盛，还会从嫁接树的干和根颈上萌发很多繁茂的萌蘖，与接穗生长的新梢争夺养分和水分，影响嫁接口愈合及新梢生长。应及时清除萌蘖，要早除、除小、除净。高接成活后新梢长到 20 ～ 30cm 时，解除包扎的塑料带，再用清洁的新塑料带把原处包扎住，以防嫁接口劈裂，包扎不能太紧，

(1)解绑不及时造成的勒痕

(2)未及时绑扎防风支柱造成的风折

图 12-8 后期管理跟不上造成的损害

高接成活后抽生的新梢生长都很旺盛，新梢生长时萌发许多副梢，枝叶密集，此时，砧穗结合尚不牢固，抗风能力低，极易遭受风折、劈裂危害。为此，在解除绑带

后，立即设立支柱把新梢绑缚在支柱上，待接口愈合牢固，新梢已全部木质化后撤去支柱。为了迅速扩大嫁接树的树冠，提早结果，必须对高接枝上萌发的枝条进行修剪调整。首先确定树形（即树冠形状）。嫁接树以开心形整形为宜，它近似树冠的自然形成状态。开心形可留 3 ～ 4 个主枝，将多余的或与主枝竞争的大枝疏除。

（2）高位多头腹接换优技术

油橄榄高位多头腹接换优技术是快速更新结果晚、产量低、品质差、效益不高的低产园的重要方法。2012—2014 年在陇南市武都三河、外纳、桔柑、汉王、两水、角弓油橄榄主产乡镇大面积推广油橄榄高位多头腹接技术改造低产油橄榄树 12.7 万株，成活率达到 98% 以上，较常规截干换优、高接换优等技术减少中间环节，提高了成活率。

表12-1 武都区三河镇杨坪村高位多头腹接示范点生长量调查表

样组	平均地径(cm)	平均树高(m)	嫁接时间	嫁接头数	成活头数	成活率(%)	平均侧枝数	最长侧枝	最小侧枝	平均长度	最长侧枝叶片数
1(21株)	8.92	3.12	4.14	84	84	100	41	102	2.4	34	367
2(24株)	9.14	2.83	4.14	76	75	98.6	31	43	2.5	34	321
3(22株)	8.86	3.03	4.14	96	94	97.9	16	61	4.2	36	569
4(20株)	9.22	2.95	4.15	86	85	98.8	32	141	2.2	38	364
5(25株)	9.03	3.42	4.15	101	99	98	30	132	3.2	34	378

高位多头腹接换优达到了改良品种、及早结果、提高品质、增加产量和收入的目的。尤其是对多年生大树，多头高接有利于迅速恢复树冠和树势，一般当年即可恢复原有树冠大小，次年形成花芽，3 ～ 4 年即可恢复原有产量，经济效益可提高 3 ～ 5 倍。笔者在武都区三河镇上坪村阴山选取 112 株 8 年生油橄榄低产园进行腹接改造，通过观测比较，认为春季高位多头腹接法简单，易掌握，工效高，愈合牢固，成活率高。

嫁接时应选择立地条件好，树势旺，无病虫害，树龄为 5 ～ 15 年生的低质低产油橄榄树。普通园改良品种为甘肃省林木良种审定委员会审定的鄂植 8、城固 32、科拉蒂、莱星、阿斯、奇迹、皮削利等甘肃省油橄榄良种。密植园以大堡示范园新引西班牙奇迹、阿贝奎纳、阿尔波萨纳三个品种为宜。接穗应从采穗圃、优良母树或采穗园中采集。为保证嫁接品种来源可靠、品质纯正，陇南武都一般在大堡新品种示范园、大湾沟油橄榄示范园、将军石油橄榄示范园、田园油橄榄示范园等油橄榄良种基地采集。接穗用量较大时应结合冬季修剪采集，采集时间在 3 月初或春季萌动前 20 天。采穗时选择树冠中上部外围 1 年生的生长枝或发育枝，要求枝条基部直径 0.7 ～ 1.5cm、生长健壮、芽饱满、通直、木质化、无病虫害和机械损伤的枝条。接穗剪下立即对剪口进行蜡封，分品种每 50 根成捆，挂上标签。在武都嫁接一般采取当天嫁接当天采

集或嫁接前一天采集接穗。

嫁接前对要嫁接的油橄榄园进行全园中耕除草，每株施尿素 1.0kg，磷肥 0.5kg、钾肥 0.5kg。充分灌水，保持土壤墒情。增加树体活力，提高成活率。接穗贮藏量较大时将处理好的接穗置于冷库中，用塑料薄膜覆盖，温度控制在 2℃～5℃，相对湿度保持在 60%～80%。量少短期贮藏也可选择阴凉通风、排水良好的地窖储藏，挖深 1.0m、宽 1.2m、长度按接穗量而定的坑槽，底部铺 20cm 厚的湿沙，然后一层湿沙（20cm）一层接穗放置，共 2～3 层，后覆土 30～40cm 即可。接穗数量较少时，一般可用家用冰箱冷藏。把剪取好的接穗用塑料薄膜捆扎好后，依次整齐码放在冷藏室，温度控制在 1℃～5℃。嫁接时间以树液开始流动至花蕾期，即 4 月中旬至 5 月上旬为宜。此时嫁接成活率高，接穗成活后长势旺盛。如果嫁接任务大，也可提早嫁接，如果接穗保存的好，没有失水和发芽，时间还可延长到花后。

成年油橄榄树，树形结构基本成型，高位多头腹接一般情况下要依原有骨架进行，不改变原有树形结构布局，接口高度在 80～120cm。嫁接枝头数量的确定应以树龄大小及树形为依据。嫁接过多浪费接穗增加人工成本，也不利于树形形成；嫁接过少，树冠恢复慢，影响结果丰产。一般 8 年以下幼树采用骨干枝高接方式；8～15 年生树，采用多头或超多头高接，可以彻底改换树体骨干枝外，还可以对辅养枝以及大型枝组进行改接。嫁接枝干的直径以 3～6cm 为宜，接头合理，利于树冠恢复；最粗不要超过 10cm。确定接口后，在接口上 20～30cm 处剪断，用利刀削平断面。接口上部所留部分用来作防风支柱。

按照先上后下，先内后外的顺序依次嫁接，以防刮碰嫁接完成的接穗，幼树一个枝干上接头不要超过 2 个，大树采用高位多头改接，接头数根据有利恢复树形来定。接穗长度为 5～10cm，留一对芽，在接穗下端削 1 个长度为 3cm 左右的斜面。背面也削一斜面，长度要比正面短，斜面要削平。接着在枝干平滑处，将剪子与枝干呈 30°～45°角斜剪一接口。幼树剪

图 12-9 油橄榄高位多头腹接技术

口深度为枝干粗度的 1/3 ～ 1/2。大树剪口深度为 1.5 ～ 2cm。将削切好的接穗插入接口，形成层要对齐。接穗的削面不要全部插入接口内，上端可露出 0.3 ～ 0.4cm 做露白，使砧木与接穗结合牢固，利于愈合组织的形成，提高成活率。用塑料薄膜将嫁接口绑缚严密。最后在接口上方 10cm 处，将砧木的皮层刮掉 1 圈，防止砧木芽眼萌发，争夺水分养分。

接后 15 天后检查成活，未成活的可在原接口下部重新嫁接。经多头高接的大树，大量隐芽萌发，随时抹去萌发的萌蘖，以防萌蘖与接穗新梢争夺水分与养分。当接穗新梢长到 20cm 左右时，嫁接伤口已经愈合，接穗加粗生长较快，绑扎的塑料薄膜勒的过紧会影响生长，应及时解除绑缚。解绑过早，接穗可能失水枯死，解绑过晚，接口愈合处会形成瘤状疙瘩和勒伤，接穗易被风刮折。嫁接成活后，接穗往往长势旺盛，但愈合组织不坚实，新梢还没有木质化，受风吹易折断。当新梢长度大于 30cm 时，应及时将新梢捆绑在砧木接口上留下的干枝，固定新梢，防止受风吹折断。嫁接后对油橄榄园加强水肥管理，坚持少量多次的原则，每株施复合肥 1.5kg，进行中耕除草，保持土壤水分。9 月份后不能施氮肥，减少灌水量，控制秋梢生长量，避免嫩梢冬季低温造成冻害。防治食芽害虫为害嫩芽和新梢，以及其他害虫为害嫁接口。解绑后对接口可涂抹石硫合剂、油漆等，保护接口不被病菌入侵和腐烂。当新梢长度大于 30 ～ 40cm 时可摘心，以促进副梢生长，增加分枝量。对萌芽发枝力较强的品种，可进行多次摘心，一般 2 ～ 3 次可尽快成形，恢复树冠。冬季修剪时，在接口上部 2 ～ 3cm 剪去残桩，以利于接口愈合包缝。

第三节 低产园综合管理技术

一、园地土壤管理

油橄榄根系需氧性强，最忌根际区土壤板结不透气。对这种土壤若不加管理和改良，油橄榄则会成为“小老树”而失去栽培意义。对地势平缓、坡度不大的低产树，于每年春季或秋末，树冠下垦复 1 ～ 2 次，深度 15 ～ 30cm。树干附近浅些，外缘深些；平地深些，缓坡地浅些。对于坡度较大、立地条件较差的地方，可通过挖水平阶、鱼鳞坑、修树盘、筑埂等工程措施，以达到蓄水保墒、控制水土流失、消灭越冬虫卵的目的。对地处土壤黏重的油橄榄树，应于秋末在树冠外缘挖宽 1m、深 20 ～ 30cm 的环状沟槽，将秸秆、炉渣与土混合或有机肥填入坑内，以改善土壤理化性质。在每年 5 月、7 月和 8 月各松土除草 1 次，松土深度 5 ～ 10cm。除草要求除早、除小、除了，做到园地疏松无杂草。

二、增施肥料

1. 基肥

一般在采果后11月中旬或翌年2月上旬施基肥。基肥以厩肥和堆肥等有机肥为主。有机肥在幼树期不施或少施，4～5年生树施50～60kg/株，以后随树龄及结果量增加而加大；化肥选用N、P、K复合肥，幼树期施0.6～1.0kg/株，4～5年生初结果树施3.0～4.0kg/株，以后随树龄及产量增长而相应地增加施肥量。基肥应深施到根系分布区内，以多散点穴施或放射沟施法较好。

2. 追肥

油橄榄为喜氮果树，缺氮不能完成花芽分化，只长树不结果。因此，追肥以氮肥为主，并且要年年有规律的施入。定植后第1年，株施尿素0.045～0.06kg，在生长阶段分2次挖环形沟(宽15～20cm,深10～15cm)施入。第2年株施尿素0.1～0.15kg，其中2/3在芽萌动前20～25天内施入，其余1/3在6月上旬生长盛期施入。第3年株施尿素0.25kg，其中2/3在萌芽前20天左右施入，其余在开花后立即施入。4～5年生初结果树，株施尿素0.5～0.7kg，其中2/3在萌芽前20～25天内施入，其余1/3在生长盛期的6月上中旬施入。盛果期树施肥量根据座果量确定，肥料（尿素）与产果量比为1:10或1:7，在开花前20～25天内施2/3，其余1/3留在谢花后座果期内施入。采用放射沟或多道环形沟施入根系吸收区内。若土壤有机质仅在0.5%上下，氮肥的用量应增加1/3～1/2。

3. 叶面喷肥

油橄榄开花座果、新梢生长、果实发育和油脂形成的各个时期，对营养的需求量最大，仅靠基肥和追肥是不足的，必须补充以氮素营养为主的各种元素，以满足生长发育的需要。一般在花蕾膨大期或开花前一周、盛花期及座果期分别喷1次0.4%～0.5%尿素和0.3%硼砂（硼酸0.1%）的混合液,以提高座果率;7月、8月、9月中旬各喷1次0.4%尿素和0.3%磷酸二氢钾混合液,以促进花芽分化;于硬核期（8月中旬）和油脂形成期（9月上旬）各喷1次0.5%～1%的过磷酸钙水溶液，以促进果实发育和油脂形成。

三、适时灌溉

武都油橄榄适生区群众总结出浇水的经验,灌足越冬水、保证开春水、浇好开花水、适时生长水、控制果熟水的油橄榄灌溉的技术措施。甘肃武都年降水量春季占全年降水量的23%（109mm),夏季占49.6%（约236mm),秋季占26.5%（约124mm),冬季占1.3%（约6mm)，这种降水不足且时空分布不均的特点，全年需要灌溉4～5次来补充水分。

第1次灌溉，在开花前4个月（即12月下旬），灌水量120mm左右，其主要作用是促进花芽分化；第2次灌溉在开花前1个月（3月上旬），灌水量120mm左右，其主要作用是保证花芽分化和开花结果的水分，提高授粉受精率；第3次灌溉在开花后20

天左右（5 月中旬），灌水量 100㎜，主要作用是防止落果，提高座果率；第 4 次灌溉选择在硬核期（8 月上旬），该期如降雨不足或伏旱，必须灌水，灌水量 100㎜，主要作用是保证果实发育及形成油脂所需的水分；第 5 次灌溉在油脂形成期（9 月），灌水量 100㎜，主要作用是促进油脂形成和提高果实含油率。灌水后要及时进行松土或覆盖树盘，以透气保墒。

四、加强病虫害防治

随着油橄榄种植面积的扩大和引种驯化的进程加快，油橄榄病虫害的危害逐步显现出来，成为油橄榄低产低效的又一大成因。油橄榄的主要病害有：叶部的孔雀斑病，煤污病、炭疽病、叶枯病，根部的肿瘤病等。

防治方法主要选择抗病性强的品种，加强综合栽培管理措施，增强树势，提高植株自身抗病能力。及时剪除、烧毁病枝、病叶、病果，消灭越冬病原菌，或采取药剂防治。油橄榄虫害种类主要有豆天蛾、尺蠖、桃蛀螟、圆盾蚧、大粒横沟象、木蠹蛾、星天牛、金龟子等。防治方法有针对食叶害虫、枝干害虫、地下害虫、蛀果害虫等的森林植物检疫、生物防治、物理机械防治、化学防治、选育抗病虫树种等不同方法。

油橄榄低产园综合管理措施在前面的土、肥、水、病虫害防控、整形修剪等章节中已经详细阐述，这里只笼统简要介绍。具体技术措施可依照前面相关章节的内容。

第十三章 油橄榄果实采收储藏技术

油橄榄果实采收是油橄榄生产的重要方面，采收时节直接影响橄榄油品质，采收方法的优劣与橄榄园效益直接相关，加工产品的目的不同（油用、果用）需要依据品种特性确定不同的采收时期和方法。研究油橄榄果实采收对提高鲜果品质和橄榄油质量、增加果园效益十分重要。油橄榄果实中油脂的生物合成与积累始于果核形成期。果皮（果肉）细胞膨大高峰期，油脂合成与积累逐渐增长，到果实充分成熟（一般紫黑色）时油脂合成和积累趋缓，此时果实的含油量已接近最高值。单果油脂合成与积累的过程呈规律性的S形曲线。油脂的合成与积累与果实生长发育是一致的，果实含油总量的50%～60%是在果实发育高峰期内形成的，7月下旬至9月下旬，其余则在果实转色到充分成熟时期形成。10月上旬至11月下旬，对各时期果实的油脂进行测定，未成熟果实中油脂的碘价比成熟果实低，证明后期有不饱和脂肪酸的大量形成。虽然在不同年度各品种同期的果实含油率有变化，但油脂的合成与增长过程的规律是一致的，果实成熟前落果或早采收都会减产40%左右。适时采收是提高油橄榄出油率和提高橄榄油品质的重要措施。

第一节 油橄榄成熟过程中果实特性变化

油橄榄果实含油率随着果实成熟是一个逐步上升的过程，果实完熟时含油率达到峰值，此时压榨橄榄油出油率最高。随着果实过熟，多酚含量降低，橄榄油品质下降，由于果实失水，含油率上升，过熟的果实在树上挂果时间过长，会影响树体营养平衡，对来年开花不利。多酚含量是评价橄榄油品质的一个重要指标，果实成熟过程，也是多酚含量的变化过程。在果实初熟时，即70%～80%的果实还是绿色时，果实多酚含量达到峰值，此时压榨的橄榄油品质最好。要榨制高品质的橄榄油就必须动态掌握多酚含量在果实成熟过程中的变化，同时要兼顾含油率的变化。

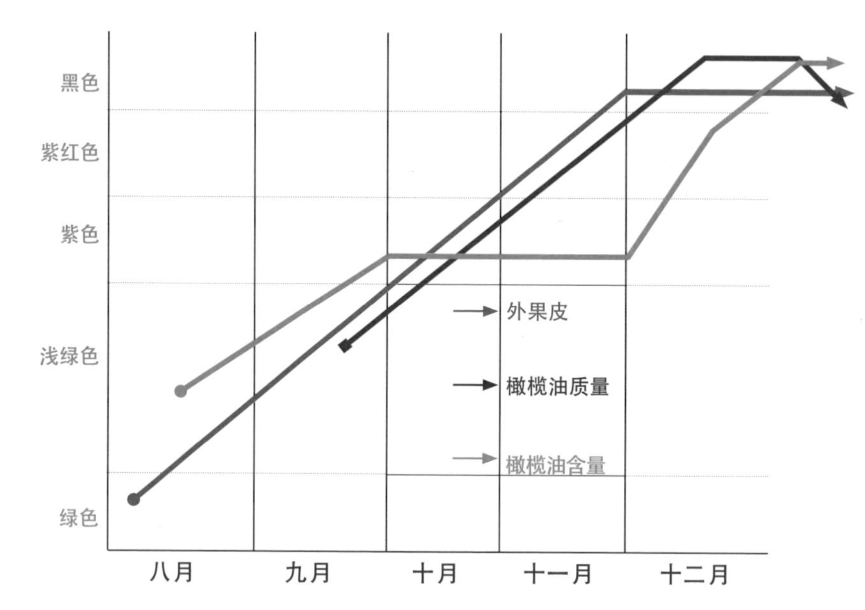

图 13-1 在成熟期收获季节油橄榄果实特性变化

目前国外采收期按各品种达到历年平均含油率作为采收标准，陇南加工企业一般在霜降过后（10 月底）收果开榨，果农不分品种和成熟度采摘果实，榨制的橄榄油质量不是最佳。同一株树油橄榄果实成熟期也不一致，部分鲜果因采收过早（果实青绿色），出油率低，而且易氧化；过晚，油的香味差，酸度高，树体养分消耗大影响第二年结果。因此，必须制定科学合理的采收期，提高橄榄油的产量和品质。面对市场对高品质橄榄油的追求，确定适宜采收期，是提高陇南橄榄油品质的重要技术措施。油橄榄的采收期应根据制作产品的目的有针对性的确定，要制作高品质的橄榄油，首先应该考虑多酚含量的变化，而不是含油率的高低。制作普通橄榄油，就要在含油率最高的时机进行采收，达到收益最大化。制作餐用橄榄，重点要考虑果实加工的技术要求和品质指标。王贵德等对陇南市主栽培品种 12 年树龄莱星、鄂植 8、阿斯、城固 32、奇迹、佛奥、皮削利进行了含油率测定和采收期的制定。

一、果实成熟期单果质量变化

果实成熟期生长量变化以单果质量变化作为衡量指标，表 13-1 中莱星 10 月上旬单果质量增长较快，增长 0.36g，10 月中旬至 11 月上旬趋于平稳，11 月中旬呈下降趋势；鄂植 8 在 10 月上旬、下旬有两次快速增长过程，分别增长 0.54g、0.27g，至 11 月开始呈下降趋势；阿斯 9 月下旬和 10 月下旬增长较快，分别增长 0.61g、0.45g，至 10 月底达到最高值 4.90g 后开始下降；城固 32 在 9 月下旬有一次快速增长过程，增长 0.46g，10 月趋于平稳；佛奥从 9 月下旬到 10 月上旬增长较快，增长 0.94g，至 10 月中旬开始呈下降趋势；皮削利从 9 月中旬到 10 月上旬快速增长，增长 1.76g，10

月中旬到 11 月上旬趋于平稳，11 月中旬后开始下降。

单果质量变化的总趋势是:9 月下旬到 10 月上旬增长较快,10 月中、下旬趋于平稳，11 月上旬开始总体呈下降趋势，这是因为气温降低，果实生长停止，果实含水率下降的原因。单果质量变化如表 13-1。

表13-1 油橄榄成熟期单果质量变化的测定结果

单位：g

品　种	9～10	9～20	9～30	10～10	10～20	10～30	11～10	11～20
莱星	1.8219	1.9394	1.9596	2.3217	2.3826	2.3788	2.4773	2.0275
鄂植8	1.6781	1.8817	2.0198	2.5595	2.4864	2.7572	2.4013	2.3638
阿斯	3.7614	3.7778	4.3872	4.5057	4.4458	4.899	4.4868	4.6236
城固32	2.1858	2.2915	2.7536	2.6800	2.8731	2.9828		
佛奥	1.7492	1.7736	2.5008	2.7138	2.6362	2.4838	2.4636	2.2188
皮削利	2.7993	3.3569	3.8103	4.5613	4.5061	4.7113	4.7102	4.2768

二、果实成熟期果核大小与质量变化

果实成熟期种子已由生理成熟向形态成熟转化，果核大小、质量及形态基本稳定，各品种间差异大；果核大小及形态稳定性，是鉴定品种最可靠的形态学特征。

表13-2 油橄榄果实成熟期果核大小、质量统计表

单位：mm, g

品　种		9～10	9～20	9～30	10～10	10～20	10～30	11～10	11～20
莱星	纵径	14.37	13.82	14.81	15.27	14.46	15.11	15.51	14.45
	横径	6.62	6.55	6.95	7.05	6.91	7.06	7.25	7.03
	果核质量	0.39	0.35	0.46	0.49	0.43	0.46	0.51	0.42
鄂植8	纵径	15.42	15.51	15.79	15.95	15.89	16.50	16.10	16.38
	横径	7.20	7.32	7.50	8.30	7.38	7.83	7.68	7.50
	果核质量	0.52	0.54	0.56	0.64	0.56	0.64	0.61	0.60
阿斯	纵径	19.38	19.22	19.83	19.03	19.35	19.42	19.30	19.24
	横径	8.00	7.81	7.78	7.90	7.84	8.22	8.06	8.20
	果核质量	0.80	0.74	0.85	0.77	0.72	0.85	0.80	0.82
城固32	纵径	17.60	16.41	16.30	16.19	16.27	16.97		
	横径	7.86	7.37	7.56	7.51	7.44	7.94		
	果核质量	0.73	0.59	0.61	0.62	0.61	0.70		

续表

品　种		9～10	9～20	9～30	10～10	10～20	10～30	11～10	11～20
佛奥	纵径	13.98	14.20	14.85	15.91	15.46	14.56	14.82	13.40
	横径	6.99	6.82	7.44	7.64	7.39	7.08	7.27	6.86
	果核质量	0.46	0.44	0.54	0.61	0.57	0.50	0.50	0.43
皮削利	纵径	17.26	16.43	15.47	17.21	15.70	16.77	17.60	16.54
	横径	8.01	7.54	8.10	7.99	7.03	7.76	8.11	7.76
	果核质量	0.73	0.60	0.72	0.69	0.66	0.63	0.71	0.62

表 13-2 中果实由青绿色转黄绿色（9 月 10 日至 20 日），果核进入生理成熟阶段，果核大小（纵径、横径）、质量趋于稳定；从 10 月 30 日至 11 月 10 日果核进入形态成熟阶段（外果皮红紫色，果肉转红），果核大小、质量轻微下降，种子生理活性减弱进入休眠状态。

三、果实成熟时果面色彩变化

油用果的成熟度一般是从果面出现紫红色的斑点时起，到果皮和果肉长成最终紫黑色时为止的果实成熟过程（但也有例外，有些品种果实外果皮颜色变化不大，在四川、云南大量种植的白橄榄）；果面颜色由青绿色—麦秸黄绿色—紫红色—黑紫色—果肉紫色直达果核，被白色果粉。同一品种、同一株树果实成熟不一致，是分期进行的，据试验观察，果实的成熟分三个时期，即着色期（始熟）、转色期（中熟）和黑色期（完熟），见图 13-2。

(1) 莱星　(2) 鄂植 8　(3) 阿斯　(4) 城固 32
(5) 佛奥　(6) 皮削利　(7) 配多林　(8) 科拉帝

图 13-2 2017 年在大湾沟采收的不同品种油橄榄鲜果果面色彩对比

着色期（始熟），果实体积大小已定，果核已硬化，种子已成熟，果皮由青绿色

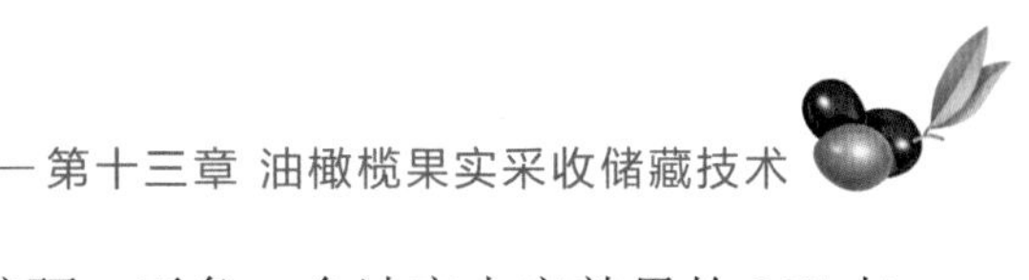

转为麦秸黄绿色，果面布满灰白色果斑，果肉较硬、无色，含油率占完熟果的 20% 左右。转色期（中熟），果皮由麦秸黄绿色渐入紫红色，树冠外围表面的大部分果已为红紫色或黑紫色，果肉紫红，肉质较软，手捏果实可挤出油脂果汁，含油率占完熟果的 80% 左右。但树冠内部大部分果实仍为青绿色或转黄绿色，含油率低，此时采果油质好，油呈现浅黄绿色，自然香味浓；较适宜采收，但产油量略低。黑色期（完熟），全株树的青绿色果实已消失，大部分果实呈黑紫色或黑色，有光泽，果肉紫色直达果核，肉质软绵，部分果皮皱缩，自然落果增多，此时的果实含油率最高；油淡黄色，油质佳，味纯香，进入完熟初期为最适采收期。在陇南气候条件，霜降后采收时城固 32 能达到完熟外，其余品种在产量中等≥ 20kg 的条件下，成熟度只能达到中熟至完熟的过渡阶段，结果量少时能完熟。也就是这个时候采收，其他品种基本都达不到完熟。必须根据果实成熟特性适时采收，合理确定压榨时间。

四、果实成熟度变化

果实成熟度是确定采收期的主要指标，直接影响鲜果含油率和橄榄油的品质，是通过对果皮和果肉颜色的分级来划分果实成熟度的定量指标；果实成熟度（0 ～ 7）是从果面出现紫红色的斑点时起，到果肉紫黑色时为止的果实成熟过程，果面颜色变化由青绿—橘黄绿—紫红—黑紫—果肉紫色直达果核；油用品种在同一橄榄园或同一品种的橄榄树 70% ～ 80% 的果实变紫黑色，即可进行采收，餐用果因加工方法不同要求不同的成熟度（除佛奥、莱星主要以油用外），餐用青果在果皮由橘黄绿色—粉红色（成熟指数 1 ～ 2）时采收，餐用黑果要求在外果皮紫色，果肉变软呈深紫色（成熟指数达到 4 ～ 5），为最适采收期。成熟指数越高，积累油脂多，成熟度变化如表 13-3。

表13-3 油橄榄果实成熟度变化的测定结果

品　种	9月10日	9月20日	9月30日	10月10日	10月20日	10月30日	11月10日	11月20日	11月30日
莱星	0.5	1.91	2.62	3.83	3.9	4.33	4.89	4.98	5.06
鄂植8	0.96	1.04	1.65	1.95	2.01	2.57	3.06	3.22	3.46
阿斯	0	0.69	2.43	3.71	4.21	4.67	5.34	5.52	5.58
城固32	2.5	3.92	5.23	6.2	6.69	7			
佛奥	0.54	1.23	2.4	3.04	3.36	4.5	4.54	4.69	5.1
皮削利	0	0	0.27	2.04	2.84	4.2	5.01	5.61	5.74

表 13-3 中城固 32 成熟较早，至 9 月底成熟指数 5.23，全株 90% 以上果实外果皮紫色，果肉一半转红，极少数果实青绿色，10 月上旬开始落果，至 10 月底果肉全紫，属早熟品种；莱星、佛奥、阿斯从 9 月中旬果实青黄绿色至 10 月底全株 80% 以上果实变紫，果肉开始转红，成熟较快，11 月上旬果实开始皱缩并有落果，后期成熟

慢，属中熟品种;鄂植 8 从指数的增长来看成熟较慢，至 11 月中旬果面大部分变红色，全株果实色彩变化均匀一致；皮削利从 9 月底到 11 月中旬果实成熟较快，但在同株不同主侧枝上青黑果并存且区域明显，果实色彩差异大，不同株成熟期不一致，采收应当晚一些。果实在 10 月(除鄂植 8 外)成熟明显加快,6 个品种果实成熟情况呈“慢—快—慢”趋势，成熟早晚依次为：城固 32 >阿斯>莱星>佛奥>皮削利>鄂植 8。

五、鲜果含油率变化

含油率是确定油橄榄果实采收的最主要指标，鲜果含油率 = 干果含油率 ×（1 － 鲜果含水率），含油率在果实成熟期增幅较大，在含油率增幅相对平稳时及早采收，油的品质高，树体养分消耗小，此类油呈绿色，富含叶绿素和芳香化合物，果味浓；采收过迟，果实因脱水出油率降低，落果严重，落地果含油率低，油的酸值高，品质差，不能食用;在果实成熟的最佳期及时采收，橄榄油的产量和品质才能达到最高水平。油橄榄果实含油率变化如表 13-4。

表13-4 油橄榄成熟期鲜果含油率变化测定结果

单位：%

品 种	9～10	9～20	9～30	10～10	10～20	10～30	11～10	11～20	11～30
莱星	17.44	16.61	18.33	19.83	21.69	25.64	26.50	26.80	26.25
鄂植	14.16	13.64	16.04	17.78	19.76	24.65	24.90	24.45	27.02
阿斯	12.29	13.82	14.31	17.17	21.97	24.92	24.11	23.19	23.76
城固32	10.40	10.94	14.42	14.72	17.68	17.96			
佛奥	15.54	15.56	20.21	25.48	24.66	29.59	32.36	31.30	32.52
皮削利	13.53	13.71	15.86	17.73	18.39	21.03	24.63	26.50	26.77

表 13-4 中从 9 月 20 日开始至 10 月底，6 个品种的含油率增幅明显，其中城固 32、皮削利增幅为 7%，其余品种增幅在 9% ～ 11%，11 月中旬开始总体呈平稳趋势；城固 32 在 9 月下旬和 10 月中旬有两次明显增幅，10 月下旬完熟后达到最高；阿斯从 9 月底至 10 月底增幅较大，10 月底达到最高后呈略降趋势；莱星等 4 个品种从 9 月下旬至 10 月下旬增长较快，分别于 10 月底至 11 月 10 日达到或接近高值后趋于平稳。鲜果含油率依次为：佛奥>莱星>鄂植 8 >阿斯>皮削利>城固 32；9 月下旬到 10 月底为油脂快速积累期，应加强水肥等栽培管理措施。

六、果肉率变化

果肉率是测定果实品质的主要指标，果肉率的变化反映有效物质成分的增减，餐用品种要求具有较高的果肉率，在果肉率达到相对高值时采收。皮削利、鄂植 8 从 9 月下旬至 10 月上旬增长较快，10 月中旬后趋于平稳；阿斯、佛奥 9 月增长较快，10

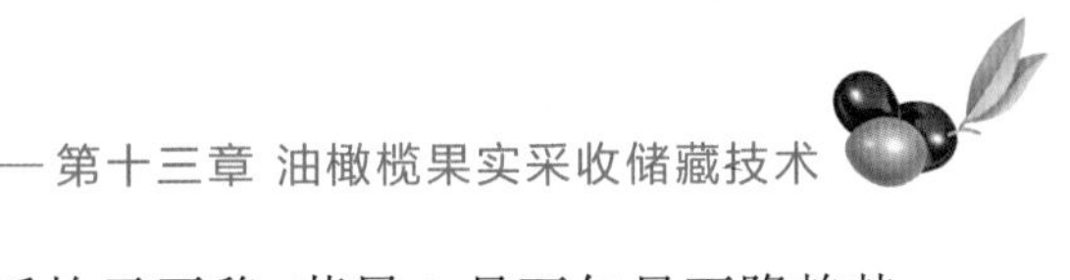

月增长缓慢，10 月底分别达到 82.68%、79.68% 后趋于平稳；莱星 9 月下旬呈下降趋势，10 月 20 日果肉率增长到 81.52% 后向下略降；城固 32 到 9 月底增长至最高值 78% 后呈平稳下降趋势；果实成熟后期果肉率总体呈略降趋势，这是因为含水率下降原因，见表 13-5。

表13-5 油橄榄果实成熟期果肉率变化测定结果

单位：%

品　种	9～10	9～20	9～30	10～10	10～20	10～30	11～10	11～20
莱星	80.21	81.94	77.12	78.73	81.52	80.69	80.88	79.61
鄂植8	67.92	71.07	71.70	76.19	76.14	76.66	76.15	76.53
阿斯	78.32	80.52	81.87	80.94	81.85	82.68	81.69	81.39
城固32	70.36	74.22	78.00	77.57	78.35	76.54		
佛奥	72.94	75.12	77.66	78.78	79.30	79.68	80.63	79.32
皮削利	78.91	79.18	82.65	85.14	85.95	86.57	86.62	85.77

七、果实含水率变化

油橄榄鲜果含水率作为分析果实品质的指标，介于 23.4% ～ 61%，从高到低依次为：皮削利＞阿斯＞城固 32 ＞莱星＞鄂植 8 ＞佛奥，含水率骤减时，果实皱缩，需灌溉；果实在成熟期 9 月～ 11 月间，灌溉 4 次后仍有部分果实皱缩，说明在果实成熟期需水量较大；水胁迫果实开始皱缩 3 ～ 4 天内，及时灌溉可恢复；水胁迫 6 ～ 7 天以上，气温高时将不再恢复，成为干缩果；灌溉能推迟果实成熟，果实生长期长，油脂积累多。含水率从 9 月 20 日开始总体呈下降趋势，见表 13-6。

表13-6 油橄榄鲜果含水率变化测定结果

单位：%

品 种	9～10	9～20	9～30	10～10	10～20	10～30	11～10	11～20	11～30
莱星	55.6	58.4	52.4	52.7	54.5	48.1	44.5	42.9	41.8
鄂植8	52.5	53.4	50.9	52.2	49.7	43.2	42.1	40.8	39.7
阿斯	60.2	58.2	59.7	58.5	53.2	46.7	53.5	48.0	43.7
城固32	58.3	61.1	56.0	56.2	53.5	48.1			
佛奥	53.5	55.0	51.5	47.2	44.8	41.7	39.4	35.4	23.4
皮削利	58.7	60.9	58.9	60.1	58.6	55.5	51.8	44.8	40.8

表 13-6 中从 9 月下旬开始油橄榄完整鲜果含水率总体呈下降趋势，其中以佛奥降幅最大，其次是皮削利、莱星，9 月 20 日至 11 月 20 日佛奥月降幅分别为 10.20%、

9.40%，该期 6 个品种 2 个月平均含水率月降幅 5.45%、9.78%；11 月后随着含水率和气温下降，果实开始皱缩和脱落。

八、果实密度变化

油橄榄果实密度作为测定果实品质的指标，目前国内尚未见报道，有待进一步研究。果实成熟时果肉组织因细胞壁物质水解硬度降低而变软，当外果皮由绿色渐变为黄绿色时，果肉质地由硬变得松软（用手捏可破），待外果皮出现淡紫色和淡紫红色时，大多数品种的果实就软化了。随着果实成熟度的增加，果肉质地越来越软。

表13-7 油橄榄成熟期果实密度变化

品　种	9～10	9～20	9～30	10～10	10～20	10～30	11～10	11～20
莱星	1.014	1.018	1.039	0.993	0.995	0.995	1.006	1.008
鄂植8	1.045	1.006	1.024	1.016	0.989	1.003	1.016	1.021
阿斯	1.011	1.015	1.006	1.019	1.022	1.021	0.99	0.997
城固32	1.023	1.031	0.963	1.03	1.04	1.036		
佛奥	1.035	1.012	1.034	1.014	1.015	1.014	0.99	1.016
皮削利	1.018	1.01	0.989	1.001	0.996	1.011	0.999	1.019

表 13-7 中油橄榄果实密度测定结果在 0.98 ～ 1.04，呈无序变化状态，每个品种均有大于或小于 1 的情况，在测定结果中小于 1 的低于测定总次数的 5%，介于 1.01 ～ 1.02 的占 51.4%，其密度近似于水的密度。

九、不同海拔高度成熟度变化

2011 年 10 ～ 11 月对全市油橄榄主产区武都、宕昌、文县三地不同立地条件的 6 个主栽品种 81 份样品测定后得出结论：海拔高度与成熟指数相关性杂乱、不明显。见表 13-8。

表13-8 2011年全市油橄榄主栽品种海拔与成熟指数

样品采集时间：2011.10.20 日

树 号	品 种	地 址	海拔（m）	成熟指数	果 色	单株产量（kg）
武25	莱星	曹家堡	1225	3.96	紫色	50
武40	莱星	教场村	1125	2.95	紫色	55
武41	莱星	教场村	1125	2.25	绿转红	35
武29	莱星	教场村	1182	3.80	紫色	35
武27	莱星	教场村	1182	4.40	紫色	25
武28	莱星	教场村	1182	4.00	紫色	35

续表

树 号	品 种	地 址	海拔（m）	成熟指数	果 色	单株产量（kg）
武21	莱星	两水后坝	1097	4.82	紫色	30
武26	鄂植8	教场村	1182	0.90	绿	20
武47	鄂植8	汉王麻池村	1020	0.65	绿色	50
武18	阿斯	两水后村	1148	4.60	紫红	20
武24	阿斯	曹家堡	1225	5.50	紫色	30

2012 年在武都两水十里砸子坡同一坡向高差 200m 内选三个等高线梯度，对 6 个主栽品种测定后同样得出相关性杂乱、不明显；说明在高差 200m 范围内海拔高度是影响成熟度的一般因素，见表 13-9。

表13-9 不同海拔高度成熟指数统计表（2012年）

品 种	海 拔	9～10	9～20	9～30	10～10	10～20	10～30
莱 星	1070m	0	1.23	1.89	2.35	3.16	4.02
	1195m	0	2.4	3.88	4	4.03	4.08
鄂植8	1190m	0.45	0.9	1.58	1.64	1.79	2.01
	1270m	0	1.7	2.85	2.92	3.1	3.17
阿 斯	1070m	0	0	0	0.5	1.42	3.2
	1225m	0	0	0	0.22	3.45	4.56
佛 奥	1056m	0	1.1	1.56	2.34	2.59	3.61
	1190m	0	0.2	0.38	0.66	0.94	1.64
	1270m	0	1.76	3.48	3.85	4.02	4.25
皮削利	1070m	0	0	0	0	0.5	1.68
	1190m	0	0.1	0.12	0.14	0.41	0.96
	1270m	0	0	0.1	0.25	0.68	0.81

十、气温变化与成熟及采收的关系

在武都大堡试验园，2012 年 9 ～ 11 月天气以阴天多、光照差，成熟较往年迟，同时含油率也低；按陇南市气温，中等产量（≥ 20kg）的油橄榄（城固 32 除外）成熟度只能达到 5 ～ 6，结果量少时能完熟。光照和气温加快果实的成熟，最低温度达到 5℃时应尽快采收，果实受霜冻后，油的品质和口感极差。气温变化见表 13-10。

表13-10 油橄榄采收期旬平均气温统计表（2012.9～12月）

单位：℃

温　度	9月			10月			11月		
	上旬	中旬	下旬	上旬	中旬	下旬	上旬	中旬	下旬
平均温度	22.55	19	19.25	16.65	15.7	16.35	10.2	10.8	9.08
最高温度	29	26	26	21	21	21	18	18	18
最低温度	16	12	14	12	10	8	1	4	-1

第二节 油橄榄最佳采收期

油橄榄果实成熟和采收期因品种、树龄、株结实量、栽培区域、气候、土壤条件和栽培技术措施等的不同而有差异。同一品种不同年份，或果实的不同用途，采收期亦不同。因此，正确的果实采收期应以果实的成熟度为依据，适时采收才能获得含油率高、质量好的果实。依据油橄榄果实的用途（包括餐用和油用），果实采摘时所要求的成熟度和加工的方法都不同，餐用追求的是加工果实的口感和风味，油用追求的是橄榄油的产量和质量。所以在采收果实时，应该充分考虑果实不同用途的适宜成熟度，由此来确定果实的采摘方式和采收时间。

一、油用果成熟度

油橄榄果实成熟指数(Olive Maturity Index,MI)，是通过对果皮和果肉颜色的分级来划分果实成熟度的定量指标。它有助于管理者实时了解果实的品质特征，从而决定采摘时间。需要指出的是，果实成熟指数与栽培品种、定植区域、栽培措施有关。果实成熟度都需要在实践中仔细观察、总结，建立产品品质特点与果实成熟指数之间的相关关系。

图 13-3 阿尔波萨纳成熟状

图 13-4 阿托斯成熟状

在树体中部的各个方向随机均匀

的采摘样果，共计 100 颗。对这 100 颗果实按表分类填写各类所占果实颗数，按公式计算可得该批果实样本的 MI（成熟指数）。果肉变色前在每株试验树树冠中部外围标记 100 粒果实，不采样计算成熟指数，果肉变色后用小刀将 100 粒鲜果样品切开，观测果肉颜色计算；即从每株采集的 100 粒样品中，按类别“0 ～ 7”编号，类别中“0”代表果皮呈深绿色，数量以 a 来表示（以下数量依次由 1b 至 7h 来表示）；类别“1”代表果皮呈黄绿色；“2”表示不到 1/2 的果皮转红；“3”表示超过 1/2 的果皮转红；“4”表示果皮转黑，果肉为白色；“5”表示不到 1/2 的果肉转红；“6”表示超过 1/2 的果肉转为红色；“7”表示果肉全部转为红色。成熟指数越大成熟度越高，按如下公式可求出样品的成熟指数：

成熟指数 MI ＝（a×0 ＋ b×1 ＋ c×2 ＋ d×3 ＋ e×4 ＋ f×5 ＋ g×6 ＋ h×7）/ 100。

图 13-5 油橄榄果实的成熟度（外观）

二、油橄榄鲜果采收最佳时期

油橄榄果实成熟过程可以划分为 4 个生长期，从最初（受精后）到最终（果成熟）共需 180 天的时间：第一生长期（6 月上旬至 7 月中旬）大约 50 天左右，果实纵径、横径都快速生长此时油橄榄生长旺盛，因生理或营养争夺造成的落果严重；第二生长期（7 月中旬至 8 月下旬）大约 50 天左右，横纵径生长趋势变慢，果核快速硬化，此时果实开始有少量油分的积累；第三生长期（8 月中旬至 9 月下旬）大约 50 天左右，横径的变化比纵径更大，果实生长对树体消耗增加，随着果实成熟其总含油量随之增加；第四生长期（9 月下旬至 11 月下旬）大约 50 天左右，果实生长停滞，果实逐渐成熟，此阶段主要是果实内含物转化，油分大量的积累。果实表皮和果肉的颜色变化为：青绿—黄绿—紫红—紫黑—黑色。

果实的色泽和含油量的变化能够及时准确地反映出果实的成熟度。果实的成熟又可分为 3 个时期：即着色期（始熟，MI=1 ～ 2，占完熟果含油率的 20%）、转色期（中熟，MI=3 ～ 4，占完熟果含油率的 80%）、黑色期（完熟，MI=5 ～ 7）。油用果实的含油率和油品质取决于果实的成熟度，其中以完全成熟的果含油率最高（MI=6 左右），油淡黄色，

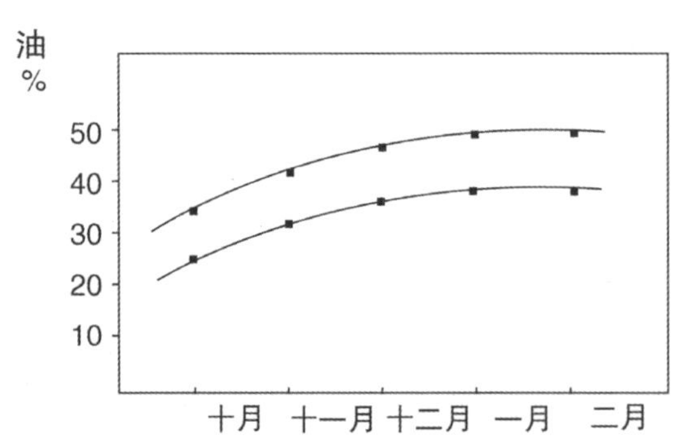

图 13-6 果实含油率的变化

油质佳，味纯香，为最佳采收期。餐用果实除考虑含油率和油品质外，还应主要考虑果实的硬度等，果实完全成熟后果实组织太软、多酚等含量减少，所以果实过熟后不宜作为果用，餐用果实的最佳采摘时机应为转色期左右（9 月下旬至 10 月上旬）。目前中国油橄榄主要用于压榨橄榄油。在中国亚热带北部的油橄榄种植区内，11 月上旬至 12 月上旬是适宜收获期；在亚热带中北部和西南部地区，果实成熟较早，采收时期一般在 10 月上旬至 11 月上旬。在云南的永仁等地油橄榄在 9 月中旬即开始成熟，关于采收期的问题，今后还需要进一步试验，提出各地适宜的采收期，确保油的产量和质量。

三、餐用果的成熟度

餐用果实的加工方法不同导致对果实成熟度要求不同，应在果实的不同成熟阶段采收。餐用油橄榄对果实的含油率要求不是很高，一般要求干果肉含油率＞ 40% 时就可以进行采摘，当果实继续发育，含油率过高时，果实餐用品质就会下降，餐用油橄榄对果实的大小要求高，果实大小是餐用油橄榄一个重要的指标。中国餐用油橄榄果实的加工方法主要有以下 4 种，不同方法又对果实的成熟程度和采摘时机有一定影响。

1. 乳酸发酵法。果实大小已定型，但果实的含油量较低，其应有的风味和香气尚未充分表现出来，果肉质硬，果皮已由深绿转为浅绿或麦秸黄绿色（成熟指数达到或接近 1），为适宜采收期。

2. 青橄榄果加工法。果皮底色仍为麦秸黄绿色，局部呈粉红色或淡紫色（成熟指数达到或接近 2），果肉质地半软，为适宜采收期。

3. 希腊式浓盐水加工法。果皮呈紫色，果肉变软（成熟指数达到 4），此时为适宜采收期。

4. 盐水烘干加工法。果皮紫黑色，有光泽，局部皱皮，果肉深紫色，肉质软绵，成熟指数达到 5 以上时，为适宜采收期。

图 13-7 餐用橄榄采收成熟状

国内油橄榄餐用产品的开发缓慢，是油橄榄加工的一个短板。中国最初从

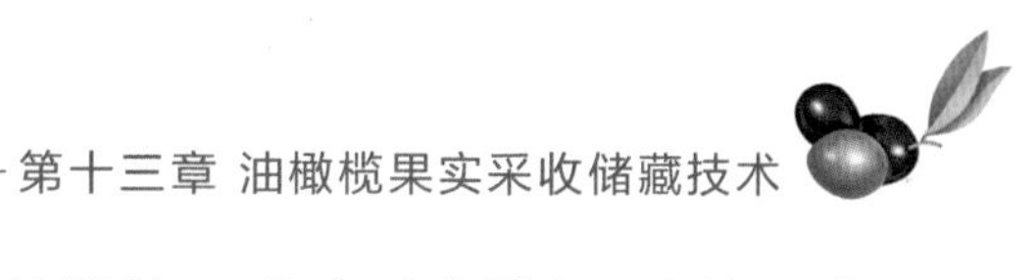

国外引种时都是以油用品种为主。作者 2012 年去希腊学习，特意引进国内没有的品种，从引进实践看，国内没有的品种主要集中于餐用品种。餐用产品的开发在 60 年代四川省重庆林科院着手开发，开发出了一系列有中国风味的产品，随后处于停滞状态。近年来甘肃陇南、云南等地相继开发出了一些餐用产品试吃，市场反应很好。

但在实际生产中，应按照土壤、水分、品种不同，以及花芽分化发育的时间不同，盛花期的变化幅度的大小不同进行严格的选择性采摘，确定最合理的油橄榄采摘时机。

四、油橄榄果实多酚变化

油橄榄果实多酚的变化是确定餐用橄榄采收的重要指标，也是制作高质量橄榄油的重要依据。目前研究已经清晰地知道，果实的色彩从青绿色向黄绿色转化时，是果实多酚含量最高的时期，总多酚含量在油橄榄成熟过程中减少。而油橄榄叶多酚的变化呈现出不同的规律，梁剑等通过对西昌市北河地区的佛奥、配多灵、尼肖特油橄榄品种上、中、下部位叶片多酚含量的测定，研究 3 种油橄榄品种不同部位及整株叶片多酚含量的季节动态变化规律。结果表明，3 种油橄榄叶片多酚含量在 2008 年各季节都呈逐渐减少的趋势，叶片多酚含量均以 3 月最高；其中尼肖特叶片中多酚的含量全年最高；其次佛奥叶片多酚含量较好，全年稳定，植株各部位叶片多酚含量相差较小；配多灵叶片中多酚含量较低，且全年不稳定。油橄榄生长发育过程中的各种内部生理因素是影响其叶片中多酚含量变化的重要因素。比如开花、结果、抽枝、冬眠等生理作用对其植株各部位叶片多酚含量影响极为显著。油橄榄种植中的各种外部因素也影响着油橄榄叶片中多酚含量的变化。其中人为管理养护是影响油橄榄叶片中多酚含量的重要因素，如修剪、嫁接、施肥、浇灌等。其次为自然灾害，如植物病虫害也影响油橄榄叶片中多酚含量的变化。比较佛奥、配多灵、尼肖特油橄榄品种叶片中不同季节的多酚含量得出，尼肖特品种叶片中多酚的含量全年最高，其 3 ～ 6 月多酚含量非常丰富，大大超过佛奥、配多灵的多酚含量，是西昌片区油橄榄叶加工利用的优良品种；其次佛奥品种叶片中多酚含量较好，全年稳定，植株各部位叶片多酚含量相差较小，可全年进行叶片的采集加工；配多灵品种叶片中多酚含量较低，且全年不稳定，但其植株各部位叶片多酚含量相差较小，可合理采集叶片加工利用。

五、陇南油橄榄采收期

王贵德等对陇南油橄榄的采收期进行了系列深入研究，确定了油橄榄不同品种不同用途的最佳采收时期，为陇南白龙江流域油橄榄科学适时采收提供理论依据。

1. 油用果采收

油橄榄不同品种采收期确定的主要经济指标是：单果质量、果肉率达到相对高值，含油率增幅变小趋于平稳，以该点成熟指数及拍摄照片作为感官指标来确定采收期。现将 6 个主栽品种采收时各指标的情况分析如下：

莱星：10月底含油率为25.64%，处于平稳初期；单果质量2.38g，果肉率80.69%，达到平稳状态；成熟指数4.33，主要经济指标达到相对高值，果实生长天数（花末期至开始采收）160天，莱星从11月上旬开始采收最为适宜。

鄂植8：含油率10月底为24.65%，处于平稳初期；单果质量2.76g，果肉率76.66%，达到平稳状态；成熟指数2.57，主要经济指标达到相对高值，因成熟度较低，在采收期晚期采收，果实生长天数（花末期至开始采收）170天，鄂植8从11月中旬开始采收最为适宜。

阿斯：10月底含油率为24.92%，后期处于平稳略降趋势；单果质量4.90g，后期呈下降趋势；果肉率82.68%，达到平稳状态；成熟指数4.67，主要经济指标达到相对高值，果实生长天数（花末期至开始采收）160天，阿斯从11月上旬开始采收最为适宜。

（1）阿斯

（2）莱星

（3）皮瓜儿

图13-8 油用果采收时形态

城固32：含油率9月底为14.42%，处于平稳初期；单果质量2.75g，果肉率78.00%，达到平稳状态；成熟指数5.23，主要经济指标达到相对高值，果实生长天数（花末期至开始采收）130天，城固32在10月上旬开始落果，因此10月上旬开始采收较为适宜。

佛奥：单果质量从10月中旬开始呈下降趋势，主要是由于果实含水率从55.00%下降到23.4%缘故，同时也是含油率较高的主要原因；含油率10月底为29.59%，趋于平稳，果肉率79.68%，成熟指数4.50，主要经济指标达到相对高值，果实生长天数160天，佛奥从11月上旬开始采收较为适宜。

皮削利：11月中旬含油率为24.63%，处于平稳初期；单果质量4.71g，果肉率86.62%，达到较高值；成熟指数5.61，主要经济指标达到相对高值，因皮削利同一株树不同主枝成熟度差异大，应在采收期后期进行采收，果实生长天数（花末期至开始

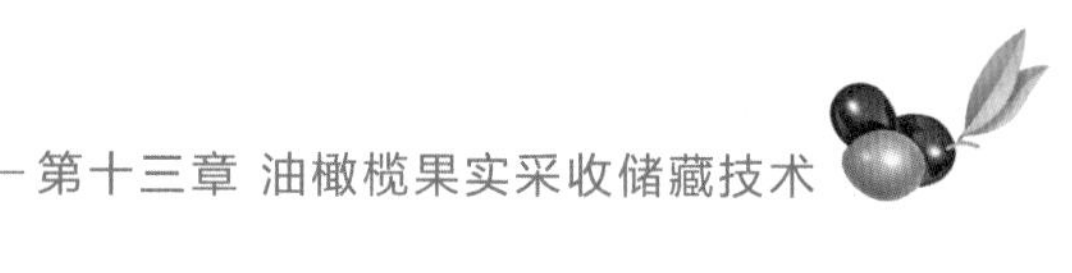

采收）170 天，皮削利在 11 月中旬开始采收较为适宜。

2. 餐用果的采收

随着陇南餐用橄榄的开发，准确确定餐用果的采收时间，也是生产上面临的一个重要问题。餐用橄榄对果实的要求严格。主要是在餐用橄榄的加工过程中，要经过多次浸泡和高温消毒，对果实的硬度有特殊要求。同时在硬度适宜时采收，果实多酚含量比较高，制作的餐用橄榄风味特殊，更有价值。一般在果实成熟的 70% ～ 80% 时采收，在陇南产区就是在各个品种成熟前半个月采收为宜。这也要参考当时气候状况来具体确定。

（1）小苹果　　（2）皮瓜儿　　（3）鄂植 8

图 13-9 餐用果采收时形态

第三节 油橄榄鲜果采收方法

鲜果采收是油橄榄生产中的一个重要环节，也是保障橄榄油品质的一个重要技术措施。如何高效科学采收，更是降低油橄榄生产经营成本的一个重大经济问题。有的学者研究认为，采摘成本已经占到生产成本的 30% 左右，在油橄榄种植面积逐步扩大、结果量增加的情况下，鲜果采收问题成为油橄榄生产上的一个技术制约难点。

采摘方式一般分为人工采摘和机械采摘两种。人工采摘费工费时、成本高、效率低，但采摘果实的清洁度高，果实品质有保障，对提高橄榄油品质有很好的保障作用，目前中国油橄榄产区主要靠人工采摘。机械采摘较人工采摘而言，效率高，但采摘质量不高，采果不彻底，机械对树体伤害大。原产地由于人工成本高，油用果采收绝大部分推行机械采收。对餐用果的采收，仍然采用人工和机械相结合的采收方法。

一、人工采果

手工采摘果时，工人站在地上或梯子上，人工用手把橄榄果一一从果枝上摘下来，随即装进挂在自己脖颈的篮子里。采餐用果时，要选摘果实的成熟度和大小一致、果面光洁无污斑、无损伤的果实，并将摘到的果轻轻地放入篮子里。采摘油用果时，不需要选择性采摘，应把树上的全部果实都采下来放入篮子里。

（1）以色列人工采收

（2）陇南人工采收

图 13-10 人工采收

在手工采果中，为提高采摘效率，常常用击落法采果。用 3 ～ 4m 长的竹竿敲打那些手臂触及不到的果实。使打下来的果落到树冠下的帆布或尼龙网上。因用敲打的方法会毁坏大量的下年能结果的发育枝，因此，要尽量的横向直接敲打结果枝，避免损坏下一年能够结果的发育枝。

手工采摘，虽然用工多，效率低，费用高。但在采摘时从树上就能够把好果和坏果分开，节省了选果工序的用工，保证了果实的质量和纯度，产油量高，油质最好。至今手工采摘法，仍被视为最好的收获果实的方法之一，一般每人每小时可采收鲜果 10 ～ 14kg。采摘后要用硬塑料果框装运，切忌用软袋装运。在人工采收餐用果时，可直接将果实分选，减少果实加工时残次果的分选工序。

二、机械采收

1. 微型采摘设备

为提高采收效率，国外发明了微型机械设备，运用这些设备大大提高了采收效率，降低了采收成本。国内油橄榄种植者引进这些设备，在山地橄榄园的采收中发挥了较好作用。

2. 大型采收设备

为适应油橄榄生产集约化生产技术的需要，国外油橄榄主产国相继开发研制了不同型号的大型采收设备，适应油橄榄生产向现代化、集约化、高效化方向发展。

陇南油橄榄园多在山区，不适合大型果园机械操作，使用便携式的机械来提高劳动生产率，走出自己的产业发展道路，微型机械采果与人工采摘互相配合，提高采收

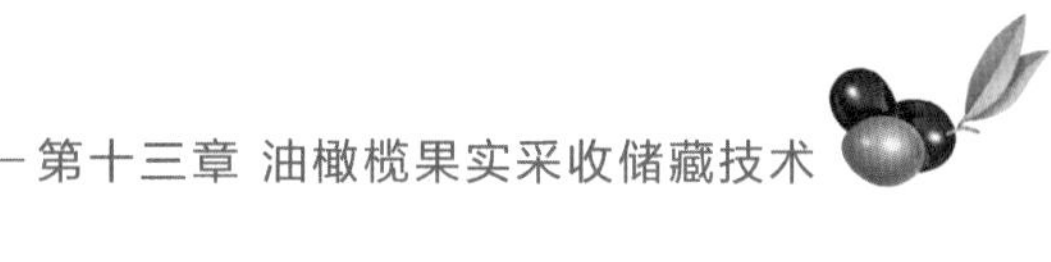

效率，降低采收成本。奇迹品种采收时间可从第一年 11 月到第二年的 3 月份采收。它最大的特点是成熟后不易落果，这为压榨创造了非常便利的条件。有的品种成熟后极易落果，城固 32 成熟早，又极易落果，在采收加工时就要根据成熟度及时高效的采收加工，才能保证加工油品的质量。

图 13-11 陇南引进的微型采收设备

图 13-12 以色列大型采收设备

图 13-13 希腊集约化油橄榄园机械化采收

3. 机械采果时，要注意以下问题

一是机械采果与人工采摘互相配合。机械采果代表着采果技术的发展方向，在集约化栽培果园具有十分重要的作用，但在不适宜使用机械的山地仍需人工采摘，在实际生产中结合情况综合施用。

二是小果品种的油橄榄树，机械采收困难，机械马力太小不易振落果实，马力过大，易伤树皮，严重时还会折断树干。

三是机械采果要掌握好果实的成熟季节。油橄榄果实的成熟期较长，未成熟的果实不易振落，而过熟的果实极易损伤果皮。

四是陇南山地果园，采收的方式主要还是以人工采果，在人工成本不断攀升、挤占收益的情况下，有针对性地引进油橄榄原产地国家辅助人工采果的微型机械是一种相对有效的方法。

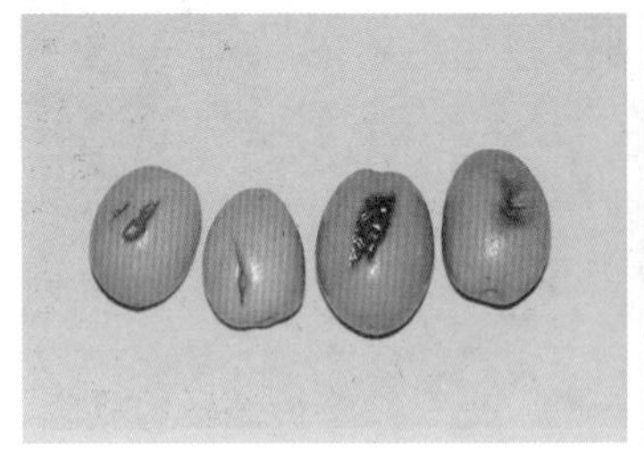
(1) 果实损伤

(2) 落果采收不彻底

(3) 树体受伤

图 13-14 机械采收不利因素

第四节 油橄榄鲜果储藏运输

一般情况下，国外原产地油橄榄园都是即采即榨、随采随榨的方式加工高品质的橄榄油。所以在组织采收鲜果时根据压榨能力科学组织采收，尽可能避免油橄榄鲜果积压和长时间运输、贮存而引起的酸值上升、高温氧化等降低橄榄油品质的人为影响。在西班牙、希腊等原产地国家的橄榄园都建有与自己加工需求相适应的小型榨油厂，采收加工的自主性高，不存在采收与加工不匹配的情况。中国目前处于油橄榄发展初期，各地对油橄榄栽植环节非常重视，积极性高，对加工设施的建设支持不够，榨油厂建设滞后，满足不了果实成熟随采随榨的技术要求。一方面是中国油橄榄园绝大部分由群众分散经营，面积小，加之加工设备基本国外垄断，国内没有这方面的设备选型，投资大，费用高，自建榨油厂群众无力承担，必须依赖大型榨油厂收储榨油。因此在一定程度上鲜果采收受制于油橄榄加工企业。另一方面果实采收都是农户自发进行，一到榨油季节，群众采收一哄而上，采收时间相对集中，以致采收量往往大于加工量，有的油橄榄加工厂借机压级压价，拖延收购时间，伤害了果农利益，成为影响果农生产积极性的重要因素，同时也影响橄榄油质量。合理引导采收与加工的衔接问题，一直是产区群众和政府非常关注的工作。由于采收加工不匹配，采收大量的鲜果不能在短时间内压榨，必须短时间储藏缓解加工压力，甚至有的超时储存，油橄榄鲜果的品质大大下降，也成为影响国产橄榄油品质的一个重要方面。

一、油橄榄鲜果采收后果实内含物变化

钟诚等对大堡油橄榄园不同品种进行了油橄榄品种、成熟度以及堆放时间对初榨橄榄油脂肪酸组成、酸值、过氧化值及风味影响的研究。结果表明：不同品种初榨橄榄油中油酸和亚油酸含量差异较大，油酸含量范围 65.85% ～ 80.08%，亚油酸含量范围 2.61% ～ 17.18%;初榨橄榄油的酸值随油橄榄成熟度的升高而降低,其中鄂植 8 酸值 (KOH) 从 0.35mg/g 下降到 0.26mg/g；紫果的初榨橄榄油过氧化值低于青红果和红果；油橄榄堆放时间延长会使初榨橄榄油的过氧化值略有增加，而酸值的增加程度因品种而异。

1. 不同品种初榨橄榄油比较

不同品种初榨橄榄油酸值、过氧化值、脂肪酸组成测定结果见表 13-11，初榨橄榄油主成分如图 13-15 所示。

表13-11 不同品种初榨橄榄油酸值、过氧化值、脂肪酸组成

品种	酸值(KHO)/mg/g	过氧化值/mmol/kg	脂肪酸组成/%											
			C16:0	C16:1	C17:0	C18:0	C18:1	C18:2	C18:3	C20:0	C20:1	C22:0	C24:0	其他
鄂植8	0.22	1.26	15.3	2.94	0.07	1.61	71.4	6.63	0.65	0.27	0.24	0.07	—	0.81
皮削利	0.3	1.29	11.2	1.06	0.04	2.58	80.1	2.61	0.6	0.32	0.22	0.07	0.04	0.91
佛奥	0.42	1.48	12.8	1.43	0.03	2.3	72.4	9.36	0.54	0.28	0.25	0.07	0.02	0.52
城固32	0.36	0.72	12.3	0.85	0.04	1.82	65.9	17.2	0.93	0.28	0.23	0.06	—	0.49
阿斯	0.63	0.71	13.2	1.47	0.05	3.81	67.4	12	0.79	0.34	0.2	0.08	0.03	0.61
莱星	0.3	0.84	12.4	1.31	0.04	1.73	78.1	4.64	0.61	0.27	0.24	0.06	0.03	0.63

表 13-11 可知，各品种初榨橄榄油酸值、过氧化值指标均在国标规定的范围之内，符合特级初榨橄榄油等级标准 (GB23347—2009) 中规定酸值 (KOH) 小于等于 1.6mg/g，过氧化值小于等于 10mmol/kg)。各品种的油酸和亚油酸含量差异较大，油酸含量范围 65.85% ～ 80.08%，亚油酸含量范围 2.61% ～ 17.18%，且两者含量成互补

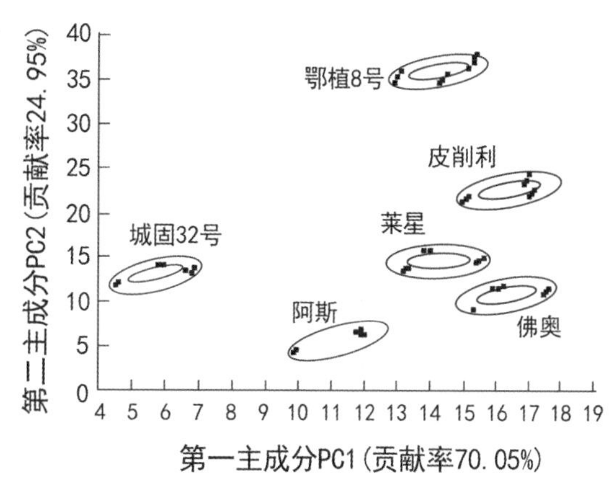

图 13-15 不同品种油橄榄的初榨橄榄油主成分

趋势，其他成分的含量均较为接近。由此可以推测不同品种油橄榄的遗传基因决定了脂肪酸代谢中相关去饱和酶（如Δ9 脱氢酶、Δ12 脱氢酶）活性的差异，使得油酸和亚油酸的合成受到影响，从而导致油酸和亚油酸比例的变化。

由图 13-15 可知，2 个主成分的贡献率为 95%，说明提取的信息能反映原始数据大部分信息。各品种的风味能较好地区分，只是莱星、佛奥 2 个品种风味比较相似，但与其他品种均能明显区分。鄂植 8 和城固 32 数据点分布较远，彼此区分明显，与其他 4 个品种也能较好区分。通过电子鼻分析可知，不同品种油橄榄的初榨橄榄油均有各自的特征风味。

2. 不同成熟度油橄榄初榨橄榄油比较

不同成熟度油橄榄初榨橄榄油的脂肪酸组成测定结果见表 13-12，酸值和过氧化值测定结果见表 13-12，初榨橄榄油主成分如图 13-16、图 13-17 所示。

表13-12 不同成熟度油橄榄初榨橄榄油脂肪酸组成

品种	成熟度	脂肪酸组成/%											
		C16:0	C16:1	C17:0	C18:0	C18:1	C18:2	C18:3	C20:0	C20:1	C22:0	C24:0	其他
鄂植8	青红果	14.90	2.49	0.07	1.52	72.93	5.81	0.73	0.29	0.29	0.08	0.04	0.86
	红果	15.30	2.70	0.08	1.65	71.35	6.78	0.68	0.28	0.24	0.07	0.03	0.84
	紫果	15.47	2.85	0.08	1.71	69.56	8.36	0.66	0.25	0.22	0.06	—	0.78
皮削利	青红果	11.07	0.88	0.04	2.65	80.94	2.18	0.58	0.33	0.24	0.08	0.04	0.99
	红果	11.24	0.96	0.04	2.70	80.60	2.26	0.57	0.32	0.23	0.08	0.04	0.97
	紫果	11.58	1.17	0.04	3.00	78.99	3.17	0.57	0.30	0.21	0.06	0.04	0.88

由表 13-12 可知，不同成熟度油橄榄的初榨橄榄油脂肪酸组成变化很小，油酸含量随着成熟度升高出现微小幅度的减少，亚油酸含量则出现小幅度的增加。鄂植 8 油酸含量范围为 69.56% ～ 72.93%，亚油酸含量范围为 5.81% ～ 8.36%；皮削利的分别为 78.99% ～ 94%，18% ～ 3.17%。由此可知脂肪酸组成可作为不同品种油橄榄初榨橄榄油的特征指标。

表13-13 不同成熟度油橄榄初榨橄榄油的酸值和过氧化值

品 种	成熟度	酸值(KOH)/mg/g	过氧化值/mmol/kg
鄂植8	青红果	0.35	5.19
	红果	0.32	7.32
	紫果	0.26	2.00

续表

品 种	成熟度	酸值(KOH)/mg/g	过氧化值/mmol/kg
皮削利	青红果	0.33	1.88
	红果	0.32	2.46
	紫果	0.29	0.7

由表 13-13 可知，随着油橄榄成熟度的升高，初榨橄榄油的酸值略有下降。结合提油过程中紫果比青红果出油率更高这一事实，初步判断随着油橄榄的成熟，细胞组织中的游离脂肪酸更多地用于合成甘油三酯，导致游离脂肪酸的减少。比较鄂植 8 和皮削利这 2 个品种还可发现，虽然酸值都呈下降趋势，但下降的程度不同，鄂植 8 酸值下降的程度更大。初榨橄榄油的过氧化值红果最高，紫果最低。紫果中可能含有更多的抗氧化物质进入到油中，减少了油中氢过氧化物的生成，从而在一定程度上可以降低油的氧化。

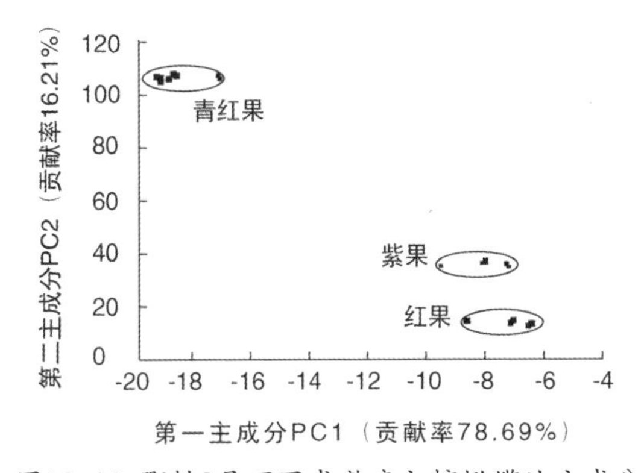

图13-16 鄂植8号不同成熟度初榨橄榄油主成分

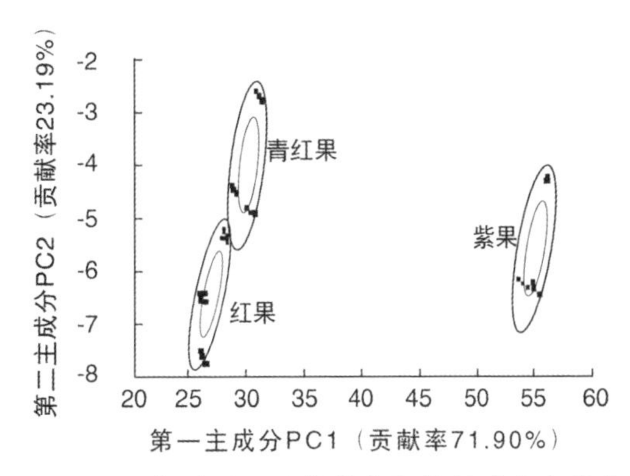

图13-17 皮削利不同成熟度初榨橄榄油主成分

由图 13-16、13-17 可知，鄂植 8 青红果的数据点分布距离红果和紫果较远，能明显区分，红果和紫果风味较为接近。由图 13-17 可知，皮削利紫果的数据点分布距离青红果和红果较远，能明显区分，而青红果和红果的风味极为相似。2 个品种成熟度的风味差异表现出不同的规律。

3. 不同堆放时间初榨橄榄油比较

表13-14 不同堆放时间初榨橄榄油脂肪酸组成

品种	堆放时间/h	脂肪酸组成/%											
		C16:0	C16:1	C17:0	C18:0	C18:1	C18:2	C18:3	C20:0	C20:1	C22:0	C24:0	其他
鄂植8	12	15.30	2.94	0.07	1.61	71.41	6.63	0.65	0.27	0.24	0.07	—	0.81
	24	15.23	2.91	0.07	1.62	71.39	6.76	0.64	0.26	0.24	0.06	—	0.82
	48	15.38	2.98	0.07	1.59	71.16	6.77	0.64	0.28	0.23	0.06	0.03	0.81

续表

品种	堆放时间/h	脂肪酸组成/%											
		C16:0	C16:1	C17:0	C18:0	C18:1	C18:2	C18:3	C20:0	C20:1	C22:0	C24:0	其他
皮削利	12	11.21	1.06	0.04	2.85	80.08	2.61	0.60	0.32	0.22	0.07	0.04	0.91
	24	11.31	1.01	0.04	2.78	80.17	2.49	0.58	0.32	0.23	0.08	0.04	0.95
	48	11.30	1.04	0.04	2.83	80.00	2.59	0.60	0.32	0.23	0.08	0.04	0.94
佛奥	12	12.77	1.43	0.03	2.30	72.4	9.36	0.54	0.28	0.25	0.07	0.03	0.52
	24	12.64	1.31	0.04	2.16	72.81	9.32	0.54	0.29	0.26	0.07	0.04	0.53
	48	12.59	1.28	0.03	2.24	72.77	9.36	0.54	0.29	0.26	0.07	0.03	0.53

不同堆放时间初榨橄榄油脂肪酸组成测定结果见表 13-14，酸值、过氧化值测定结果见表 13-15。初榨橄榄油主成分如图 13-16、图 13-17 所示。

表13-15 不同堆放时间初榨橄榄油酸值和过氧化值

品 种	堆放时间/h	酸值(KOH)/mg/g	过氧化值/mmol/kg
鄂植8	12	0.22	1.26
	24	0.23	1.40
	48	0.31	1.57
皮削利	12	0.29	1.29
	24	0.31	1.98
	48	0.30	2.01
佛 奥	12	0.42	1.49
	24	0.42	1.66
	48	0.44	2.07

由表 13-14 可知，油橄榄堆放时间对初榨橄榄油脂肪酸组成基本无影响，各脂肪酸含量没有太大变化。由表 13-15 可知，不同品种油橄榄初榨橄榄油的酸值变化规律并不相同，鄂植 8 随着堆放时间的延长酸值（KOH）从 0.22mg/g 上升到 0.31mg/g，变化较大，而皮削利和佛奥 2 个品种酸值变化较小。3 个品种油橄榄初榨橄榄油的过氧化值都随堆放时间的延长而略有增加。由图 13-16、图 13-17 可知，油橄榄堆放时间对初榨橄榄油的风味影响较大，不同堆放时间油橄榄的初榨橄榄油风味之间差异较大，在图中区分明显。橄榄油的品种鉴赏有如同中国的白酒，不但要从理化指标上保证高质量，还要在感官评价得到品油师的认可。这就从理论上验证了油橄榄采收后品质变化，对油橄榄采后储藏运输提出了科学依据。

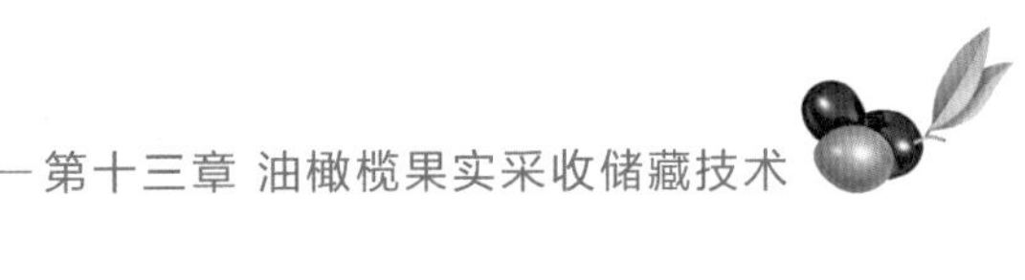

二、鲜果储藏运输方法

努力做到科学有序采摘，防止油橄榄鲜果采收后积压和长距离运输是提高橄榄油品质的重要手段，国外油橄榄庄园主常常提供“4 小时朋友”、“8 小时朋友”的超级品质橄榄油，售价极高，深受消费者欢迎。

陇南油橄榄分布区域狭窄，品种多，成熟期集中，采摘时间短，农户为了尽早及时采摘售出，往往在没有成熟或者集中成熟时无序采收，一窝蜂集中交售。由于加工厂商开榨不及时，或者压榨能力不能满足交果量时，有的小油橄榄加工厂借机压级压价，伤害果农利益，挫伤群众发展油橄榄的积极性，同时也降低了橄榄油的品质。

陇南市武都区针对这些情况，探索出了一个很好解决办法，既保护了果农利益，又维护了厂商的收购秩序，一举几得解决了收购中存在的难题。一是充分发挥政府这只“有形的手”主动作为。每个榨季开始前，武都区委区政府负责同志都要深入油橄榄种植户、专业合作社、油橄榄加工企业、金融机构及相关单位进行调研分析，召开座谈会、走访种植户、衔接金融支持等活动，为当年榨季做出详细的安排。主产区 12 个乡镇，及时抽调人员，一边进村入户指导农户进行适时、错时、预约采摘，一边派遣专人到企业提前预订收购需求，做到采摘和收购的对口协调。积极督促落实企业责任，区内油橄榄加工企业一边满负荷生产，一边妥善收购群众的油橄榄鲜果，及时搞好供求信息的统计反馈工作。每日统计区内油橄榄加工企业的日加工量、需求量和各乡镇的采摘量并及时报送，加强油橄榄鲜果收购的宏观调控工作。协调搞好信贷服务工作，协调金融机构优化服务，简化手续，为油橄榄加工企业及时投放油橄榄鲜果收购资金。进一步加强督促检查工作，严肃处理压级压价、坑农害农行为。大力搞好宣传教育工作，遵循“成熟即采、随行就市、以质论价、合理加工”的原则，努力实现产购双方互惠互利，合作共赢。二是让市场这只“无形的手”顺势而为。比如，祥宇油橄榄公司投入 500 多万元购买 3 万个进口材料食品类专用果筐，按照公司 + 协会 + 农户的模式，采取订单预约式采摘收购，有效改变了以往果农一拥而上向企业交售橄榄果的局面。采取租用叉车及运输车辆下乡收购方式，划片、定点、预约、订单收购的办法，把收购环节前移，以片、乡或协会为单位，就近设点、就近收购，从原来的坐等果农上门交果变为上门收购、上门服务，更好地解决了农民以往橄榄果出售难的问题。采摘季节组织人员深入山头地块，将收购网点直接延伸到了种植户的“树下”。通过这些有效的措施，解决了制约加工的关键环节，保护了果农和企业利益，切实解决了果农“卖难”问题，维护了油橄榄生产的正常秩序，促进了油橄榄产业健康快速高效发展。

果实采收后及时运至加工厂，并及时加工榨油，一般要求在 24h 之内将果实加工完成，若来不及加工榨油时，加工厂会采取一系列技术措施妥善存放。切忌把大量果实堆积在一起，否则将导致果实发热、发酵，果实中的油分将产生化学反应，甘油脂将分解，蛋白质将腐烂。这种果实榨出的油油质差，酸度高，味不佳。他们采取立体单层存放的方法，一般是把果实置于长 100cm、宽 50cm、高 20cm 底部和周围有缝隙的果箱内，果实厚度略低于 20cm，然后把装有果实的果箱一个个地重叠，存放在阴凉通风的地方。也可将果实直接存放于阴凉通风良好的水泥地上，果实厚度不能超过 20cm。存放时，不同采收期的果实，不能混杂在一起；不同时间采收的果实，也分开存放。以便分期分批加工榨油，保证油的品质；防止优劣果实混杂，影响油质。

(1) 堆码

(2) 运输

(3) 储藏

图 13-18 油橄榄鲜果采收、运输、储藏

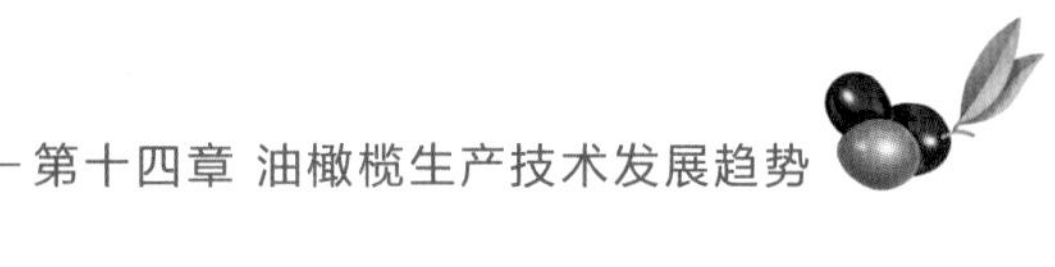

第十四章 油橄榄生产技术发展趋势

随着国家创新战略的深入推进，“科技支撑发展，创新引领未来”的发展理念必将让油橄榄生产推向一个新高度，涉及油橄榄生产、加工、管理、消费的新理念、新工艺、新技术、新材料、新方法层出不穷，未来油橄榄发展通过基地规模化、品种良种化、管理园艺化、设施配套化、加工精深化、品牌名优化、营销电商化、队伍专业化、交流国际化、宣传立体化等“十化”措施，迈入产业化经营的新阶段。

第一节 世界油橄榄生产的主要经验

随着技术进步和生产经验的积累，为适应日益增长的劳动力成本压力和对产量、品质的不断追求，世界各国科学家们，依靠现代农业和生物技术，在油橄榄科研和生产上创造了新的生产模式和新的技术方法，为世界油橄榄生产注入新活力。

一、重视良种选育、引进和品种特性的研究

1. 加快良种选育、引进与资源保存利用

世界上油橄榄生产先进国家大都十分重视新品种的培育和开发，以获取国际市场的垄断地位和竞争优势。比如为适应集约化栽培技术的发展，西班牙选育出奇迹、阿尔波萨纳、阿贝奎拉三个集约化栽培品种；为选育抗寒品种，希腊选育出了能抗 -17℃的耐低温品种；为抗黄萎病、孔雀班病意大利科学家选育出了大量抗病新品种。中国多年来在油橄榄新品种选育方面做了大量工作，取得了显著成绩，选育出了鄂植 8 、城固 32 等适应广阔、丰产性强的品种，快速推进了全国油橄榄基地建设。但由于中国油橄榄发展起伏变化大，有些工作没有持续进行，多年来科技投入十分有限，油橄榄育种基础比较薄弱，拥有自主知识产权的国际化品种几乎没有。世界油橄榄种质资源十分丰富，中国也引进了世界许多国家的新品种，但资源保存利用的研究水平较低，因此未来应继续重视油橄榄种质资源的搜集、保存、评价和利用研究，为开展有效的油橄榄良种选育提供丰富的基因资源。在继续开展油橄榄常规育种的同时，积极开展分子辅助育种和生物技术育种。应用现代生物技术手段，提高油橄榄种质资源的研究

利用水平，培育出适应中国气候条件下的优质高产、高抗多抗、耐病虫新品种；按照不同产区的生境条件，在优先示范推广国内选育的优良品种的同时，选育油橄榄国际发展方向的油橄榄品种。目前应抓紧对引进的国外油橄榄品种，进行适应性研究区域栽培试验，加快本土化进程。通过油橄榄良种选育、引进等手段进一步优化中国油橄榄品种结构。西班牙、意大利、法国等油橄榄生产先进国家，为世界油橄榄良种选育做出了重大贡献。

2. 加快油橄榄良种苗木产业化工程建设

油橄榄苗木繁育大量使用无性繁殖材料，病毒侵染退化和多代扦插退化问题比较严重，对产量、品质和效益影响很大。综合应用组培脱毒和快繁技术是对无性繁殖良种进行提纯复壮最经济有效的途径。国内油橄榄组培育苗技术还处在试验研究阶段，不久将来生产上很快就会实现。目前，国家投资选建了一批国家级、省级、县级油橄榄苗木繁育中心，完善了苗木生产技术体系和质量管理体系，有的省区还实现了苗木的统育统配，实现油橄榄良种苗木规范化、规模化和无病毒化生产，社会化服务，为油橄榄发展提供优质种苗，确保了建园质量。

3. 深入研究不同品种的生物学习性和生态适应性

油橄榄是国外引进品种，栽培品种众多，从一个环境引种到另一个陌生环境，环境的变化引起生长发育结实的变化，这些变化是油橄榄自身适应新环境的一种自然生理反应，有适应的反应，也有不适应的反应，植物引种大部分表现出了不适应性，就是要通过对不适应性的研究来判定是否引种成功以及通过驯化来适应这种变化。每一个品种有每一个品种的特性，研究不同品种的特性是加快油橄榄产业开发的重要工作。国内外科学家投入大量精力研究不同品种特性为生产上提供最佳的种质信息。

二、推行以提高果品质量为核心的油橄榄标准化、安全化生产技术体系

优质、安全是当今世界果品生产和消费的总趋势。20 世纪 90 年代欧洲开始在油橄榄上推行 IFP(Integrated Fiurt Production) 生产制度和技术体系，其基本目标是生产优质、安全果品，最大可能的减少化学物质的应用及其副作用，以促进生态环境的改善和保护人类健康。IFP 水果生产技术体系涵盖果品生产的全过程，其关键技术主要包括：果园病虫害综合防治技术体系 (IPM, Integrted Pest Manageme nt)、果园精准化施肥技术 (precise Fertilizers surply) 和果品质量保证制度体系 (Furit Quailty Asurance) 等主要内容。目前 IFP 生产制度已被欧美果品生产和出口大国广泛应用，也被世界上越来越多的国家所接受。

1. 油橄榄矮密化栽培

选用优良品种嫁接在矮化砧木上或应用矮化品种，推行矮密短周期栽培，实现早果、丰产及易管理、果品质量好等生产目标。

2. 简化树形与整形修剪

随着矮密栽培的发展，出于降低生产成本的需要，如油橄榄树形多选用主干树形及其整形修剪技术，以纺锤形最具代表性。

3. 土壤和肥水管理更趋精准化

国外普遍推行果园精准化施肥技术（precise Fertilizers surply）。是以土壤营养分析为基础，以叶分析为主要依据，结合树相诊断，建立计算机推荐施肥技术体系，减少化肥使用量，提高化肥使用效率。施肥、灌溉实行机械化、自动化。

4. 花果管理和改善果实质量包括严格控花控果、摘叶转果、地下铺反光膜和适时采收技术等。

5. 实施病虫害综合防治。主要推广果园病虫害综合防治技术体系，预防为主，综合防治，优先采用能保护生态环境的生产措施，如物理的、生物的等，尽可能减少化学农药的使用，禁止使用高毒或剧毒农药及除草剂。近年来中国已建立起以无公害或绿色果品生产为主的标准化生产技术体系，未来将进一步推广其关键技术。

三、先进的栽培和加工技术保证了生产的高效化

1. 意大利是世界上油橄榄整形修剪技术和理念最先进和最成熟的国家，积累了丰富的经验，相继推广了掌形、Y 形、灌木形、篱笆形以及现今盛行的单锥形和多锥形等树型。因地设形、按品种造形、根据需要选形，适地、适树、适品种、适树形是意大利在油橄榄园中遵循的一条基本原则。

2. 榨油副产品普遍进行了无害化处理。希腊近 3000 家加工厂都采用了以二相滤析器和蒸发池为主要设备的二相离心榨油系统，将橄榄果压碎与混合后的果浆通过离心系统分为橄榄油、植物水和果渣。橄榄油的加工工艺流程一般可分为初榨、萃取、精炼等 3 个阶段。初榨橄榄油是最天然、油品质最好的，但产量较低，一般每 6 ～ 8kg 橄榄鲜果才能榨出 1kg 油。经过初榨后的果渣还含有 4% ～ 7% 的果渣油，希腊橄榄油生产商通常采用化学溶剂萃取的方法从中提取渣油，渣油不能直接食用，通常采取精炼方法以获得精炼橄榄油。精炼油与一定比例（10% ～ 30%）的初榨油混合，以调和味道与颜色，其酸度一般＜ 1.5%。对榨油后的植物水、果渣及橄榄油经过沉淀后的油脚都进行了充分的利用和无害化处理。植物水直接排放会给环境带来很大污染，希腊采用吸附、沉淀后循环利用或排放。利用油脚制造橄榄皂等产品，既利用了资源又开发了新产品。

四、科学研究带动产业健康发展

希腊雅典大学药学院 L. Skaltsounis 教授领导的科研团队在提取油橄榄叶片有效成分方面开展了研究和开发。雅典农业大学 AndreasKatsioti 教授领导的团队和希腊克里特岛亚热带植物与油橄榄研究所致力于油橄榄优良品种选育、低产园改造技术和优化水资源利用研究与示范，积累了40多年的观测数据，确定了不同立地条件不同的栽培品种。其他科研机构和大学在希腊克里特岛设立了试验示范基地，带动了克里特岛油橄榄的种植面积增加1倍，而橄榄油的产量增加了3倍。这主要得益于技术人员推广优良品种、先进栽培技术、滴灌等合理利用水资源的技术等，为当地油橄榄种植户提供技术咨询和服务。国家林业重点龙头企业陇南田园油橄榄科技开发有限公司相继开展了多项油橄榄深加工研究项目。2006年田园油橄榄公司与北京科威华食品工程技术有限公司开展科技攻关，完成橄榄叶提取物工业生产研究，申报了国家专利，于2007年5月通过成果鉴定，油橄榄叶有效成分提取分离纯化技术成果达到“国内领先”水平。2010年田园油橄榄公司与中科院兰州分院化物所合作开展对油橄榄叶提取物工业生产技术的深入研究，成果达到“国际先进”水平，依托本技术已开工建设年产50吨油橄榄叶有效成分提出物（40吨橄榄苦苷和10吨总黄酮提取物）的生产线，生产的橄榄苦苷和总黄酮已出口到多个国家。2011年田园油橄榄公司与西北师范大学共同完成的国家科技支撑计划课题成果《陇南油橄榄绿色化生产及资源化利用关键技术研究》被甘肃省科技厅鉴定为“国际先进”，获甘肃省科技进步一等奖，2013年完成产业化建设建成投产，提取果渣油以及羟基酪醇、齐墩果酸、山楂酸等有效成分。

五、推进采后商品化处理、贮运、加工技术现代化

油橄榄加工逐步由原来的三相法向两相法改进。为提高橄榄油品质，推行按需采收、精准采收，加工全过程的可追溯体系建设。大力发展气调贮藏等先进保鲜技术，逐步推行冷链运输，保证果实品质；建立健全油品加工后处理技术体系和从产地到销售市场的冷链技术体系，保证橄榄油的优级商品性。

六、重视橄榄油生产和市场销售的信息化指导

国际橄榄油理事会是各油橄榄生产国以政府身份加入的非政府组织，承担国际油橄榄及橄榄油生产、贸易、技术、培训的主要任务，定期发布市场销售、国际贸易、技术研究进展，为油橄榄生产国提供技术服务。目前，油橄榄生产国都十分重视国际橄榄油市场研究，主要为针对国际橄榄油市场的需求变化，利用计算机信息网络，提供油橄榄生产管理技术及市场信息，以保证获取最大利润。重视加强各国之间油橄榄生产和市场信息体系建设，使生产者和销售者快速、准确获取国际技术信息和市场信息，确保橄榄油生产的国际贸易平衡，保证果农获取稳定的收益。

七、加快油橄榄生产的产业化与组织化进程

产业化经营是农业发展的根本出路，就是实现从生产到销售的一体化服务体系。国外油橄榄生产的产业化始于20世纪50年代，产业化应用的形式多种多样，油橄榄加工企业与农协、果农结成紧密的一体化联合体，形成以批发为龙头、以农协为纽带、

联合众多农户的一条龙的利益共同体。把果品加工、商业、金融、信息咨询等有关产业部门同农户的种植业紧密结合，组成互惠互利的利益共同体，以农业工业化促进农业产业化。中国油橄榄主产区生产主体是农户，规模小，组织化程度低，从生产到销售市场各环节关联性差，果农的利益得不到有效保护。目前，国内正在鼓励并扶持农民建立合作组织或油橄榄协会或促进会，形成以合作组织或协会为纽带，以企业＋中介组织＋基地（农户）的组织化形式进行油橄榄产业化开发，油橄榄生产产业化和组织化正在形成。国家层面的有效组织为中国经济林协会油橄榄专业委员会和中国油橄榄产业创新战略联盟等，随着产业和经合组织的发展壮大，油橄榄产业的组织化程度会得到进一步提高。

第二节 油橄榄生产新技术的运用

油橄榄是地中海沿岸国家传统农业，占到国内农业生产总值比重非常高，比如油橄榄占到希腊农业总产值的 60% ～ 70%，占到西班牙农业总产值 45% ～ 60%。国家对油橄榄发展非常重视，投入大量资金和人力进行生产新技术的研究开发，取得了显著成效。现阶段，生产上运用最为普遍的就是集约化栽培技术和水肥一体化技术。

一、油橄榄集约化栽培技术

油橄榄集约化栽培技术是国外油橄榄原产地普遍推行的栽培管理新技术。采用适宜集约化栽培品种，集成高新技术成果和先进的管理手段，提高了单位面积的产出，节约人力、土地成本，果园产出效益大大提高，故而油橄榄原产地新建橄榄园大都采用这项技术。近年来，各油橄榄引种国都开始采用集约化栽培技术，中国四川冕宁、甘肃武都在田面平缓的平川地带，新建橄榄园借鉴国外成功经验，推广运用这项技术，代表着中国油橄榄产业发展方向。

陇南市经济林研究院油橄榄研究所从 2012 年开始在大堡油橄榄试验园，运用这项技术开展了国外新品种引种栽培试验研究，取得了比较好的效果。

1. 国内传统集约化栽培与普通栽培产量分析

（1）2010 年在油橄榄果陆续进入成熟期之后，分别对文县、武都、宕昌 3 县区油橄榄主产区 18 个乡镇 100 多个进入挂果期的 5 年生以上油橄榄传统密植园和普通园进行了现场实地调查。

表14-1 甘肃陇南2010油橄榄密植园与普通园鲜果产量、产值比较

项 目	密度（株/hm^2）	产量（kg/株）	产值（kg/hm^2）	平均株产值（¥）	平均单产值（¥/hm^2）
密植园	870	13.5	11780	121.5	106016
普通园	570	6.8	3915	61.2	35235

注：产值以平均鲜果收购价 9 元 /kg 计

密植园：平均株产 13.5kg，最大单株产量 40kg，平均单位面积鲜果产量 11780kg/hm^2，以平均鲜果收购价 9 元 /kg 计算，鲜果产值达 106016 元 / 公顷，以本榨季 9 家加工企业平均工业出油率 13.64% 计，产油量 1607kg/hm^2。

普通园：平均株产 6.8kg，平均单位面积鲜果产量 3915kg/hm^2，单位面积产值 35235 元 /hm^2，产油量 534kg/hm^2（表 14-1）。

由表 14-1 可以看出，传统密植园与普通园相比，密植园的平均单株产量、单株产值是普通园的 2 倍，鲜果单位面积产量、产值是普通园的 3 倍，说明进入盛果初期的油橄榄密植园的增产潜力很大，8 ～ 10 年后疏植以增加前期产量。分析增产的原因，主要是密植园投入了更多的肥水管理和更为精细的土地管理。

（2）2013 年对宕昌县沙湾镇寺上村国内品种鄂植 8 集约化栽培示范点随机抽取 10 个集约化管理示范样本和 10 株普通栽培样本进行生长量和产量的对比分析。

表14-2 2013年长楞山寺上村高密园与普通园生长量、产量对比表

栽植方式	栽培品种	样本数（个）	平均树高（m）	平均地径（mm）	栽植密度 m^2	平均株产量（kg/株）	亩产量（kg/亩）
普通园	鄂植8	10	3.457	74.2	4×5	7.935	261.85
高密园	鄂植	10	2.903	65.69	1.5×3.5	3.325	492.1

从表 14-2 看出，同一品种同一试验点 6 年生鄂植 8 初果期平均树高普通园 3.457m，高密园 2.903m，普通园树高生长量是高密园树高生长量的 119%；平均地径普通园 74.2mm，高密园 65.69mm，普通园地径生长量是高密园地径生长量的 112%；平均株产普通园 7.935kg，高密园 3.325kg，普通园株产是高密园株产的 238%；单位面积普通园是 3927.75kg/hm^2，高密园是 6334.5kg/hm^2，普通园只是高密园亩产的 62%。普通园栽植密度小，植株生长量大。高密园栽植密度大，植株生长量低于普通园。高密园采取密植措施，每亩栽植的植株是普通园的 8 ～ 10 倍，单位面积的产出远远高出普通园。

（3）2014 年采收开始时，我们邀请中国经济林协会油橄榄专业委员会主任俞宁、邓明全研究员一行，对定植 1+4 年西班牙油橄榄新品种进行实地测产。

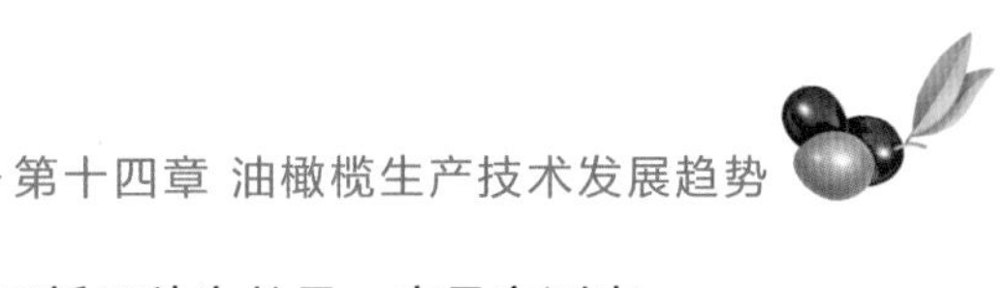

表14-3 武都大堡油橄榄新品种试验园西班牙新品种生长量、产量实测表

栽培品种	样本数	树龄（a）	平均树高（mm）	平均地径（mm）	栽植密度 m^2	平均株产量（kg）	亩产量（kg）
奇迹	10	1+4	306.8	61.54	3×4	8.782	483.01
阿贝奎纳	10	1+4	327.36	57.07	3×4	9.295	511.23
科尼卡	10	1+4	299.25	77.59	3×4	4.119	226.55
曼萨尼约	10	1+4	325.28	67.81	3×4	2.632	144.76
恩帕特雷	10	1+4	423.91	71.89	3×4	3.136	172.48
贺吉布兰克	10	1+4	358.14	66.66	3×4	3.529	194.10
皮瓜尔	10	1+4	339.57	80.10	3×4	8.919	490.55
阿尔波萨纳	10	1+4	289.53	58.38	3×4	6.43	348.7

从表 14-3 可以看出，从西班牙引进甘肃武都大堡的 8 个油橄榄新品种，第三年零星挂果，定植 4 年进入挂果初期，产量最高的阿贝奎纳平均株产量达到 9.295kg/株，亩产量达到 511.23.01kg/667m²；皮瓜儿、奇迹、阿尔波萨纳亩产都在 350kg 以上，达到武都定植丰产园的标准，可以初步得出这 4 个品种在甘肃武都具有早实丰产的特性。但是由于皮瓜儿树体高大健壮，枝条硬脆，结果部位外延，不适宜密植栽培，因而他是西班牙传统方式栽培的主要品种。其他 3 个品种具有密植的主要特性，树体直立性好，结果枝条主要是主干上抽发的 2 年生枝条，枝条萌生力强，枝条柔韧，便于机械化采收。

2. 高密园与普通园建园投入分析

表14-4 高密园与普通园建园投入表

栽植方式	栽植密度（m×m）	栽植成本		复合肥、微肥、农药使用量		水量（￥/hm²）		格架成本（￥/hm²）	管理成本M（￥/hm²）	合计（￥/hm²）
		整地栽植成本（￥/hm²）	苗木成本（￥/hm²）	株使用量（￥）	每公顷使用量（￥/hm²）	株灌水量（m²/株）	每公顷灌水量（￥/hm²）			
普通园	4×5	12000	6000	5.4	1620	0.6	12×3		45×80	23256
高密园	1.7×4	67000	29400	5.4	7938	0.6	60×3	37500	10×80	145318

从表 14-4 可以看出，普通园整地的要求不高，一般采取随地势建园的原则，整地的主要工作量是平整田面、挖栽植坑。高密园要采取全园整地，深翻 1.2m，将田坎和沟壑刨平，满足耕作机械、采果机械和运输机械在园内的行动。一般高密园的整地成本是普通园的 6.24 倍。还要树立格架固定，每公顷成本因格架材料不同一般在

22500 ～ 75000 元。化肥、农药施肥量因高密园每公顷栽植橄榄树是普通园 5 倍，使用量也随之增加。目前一般橄榄园都采取大水全园漫灌的方式灌溉，普通园和高密园没有区别。只是在干旱季节，高密园用水量大，必须加灌一次或多次抗旱水，如果配套建设水肥一体化系统，在甘肃武都每株树补水 0.6m^3 即可满足树体生长需要，成本则大大降低。但建设水肥一体化系统的设计标准每公顷的成本在 37500 ～ 75000 元，合理的控制面积为每套水肥一体化控制面积 30 ～ 330 公顷，以色列中型灌溉机经济控制面积为 200 公顷，对于集约化油橄榄园经济寿命 25 年计算，这些成本分摊到每一年的成本中，成本不是太高，是值得的。由于高密园普遍采用集约化栽培技术，管理成本大大节约。

通过对甘肃武都油橄榄普通园、密植园不同品种、不同密度建园连续三年产量实测及建园成本分析，筛选出适宜集约化建园的条件、品种、密度，初步总结出一套高密园集约化栽培管理技术。结果表明，普通园树高生长量是高密园树高生长量的 119%，普通园地径生长量是高密园地径生长量的 112%，但产量普通园只是高密园亩产的 62%；引进西班牙 8 个新品种中，阿贝奎拉、阿尔波萨纳、奇迹 3 个品种为适宜集约化建园品种；普通园与高密园的建设成本为 1∶6.24。高水肥条件下，普通园产量与高密园产量的 1∶4.481。因此，在土地平缓的地区，使用适宜集约化栽培品种，集成高新技术成果和先进的管理手段，提高了单位面积的产出，大大节约人力、土地成本，达到优质、早实、高产、稳产的目的，代表中国油橄榄产业可持续发展的正确方向，应大力推广油橄榄集约化建园技术。

3. 超高密度油橄榄园是目前效益最好的油橄榄集约化栽培模式，具有成熟早，产量大，机械化程度高，投资回收期短等诸多优点。但种植系统成本高，必须具备完善的灌溉设施、严格的有害生物防治措施、精细的专业化管理、适宜的品种选择、便利的机械化采收地形地势。

（1）油橄榄集约化园地地势要相对平缓，坡度不能大于 5°，面积大于 10 公顷，集中连片，不能有大的沟壑或田坎。集约化栽培主要采用机械化作业，因此在山区山地不适宜，制约了本技术的使用范围。

（2）在新的品种没有选育出来之前，应以阿贝奎拉、阿尔波萨纳、奇迹 3 个品种为宜。甘肃陇南有的橄榄园采用鄂植 8 试建高密度集约化园，但由于树体高大、主干不明显、侧枝粗壮、细弱结果枝少，冠形开张等特性，不便于机械化作业。生产实践证明该品种不适宜集约化建园。

（3）采用矮化密植栽培技术，密度为 741 ～ 1902 株/ 平方千米。密植园一般为 2.44m×4.88m，超高密园为 1.5m×3.5m，充分利用土地和光能资源。建立格架系统，固定主枝，控制侧枝的生长角度。及时剪除过大的侧枝，控制树体高度。四川冕宁已经建成了国内面积最大、标准高的高密度示范园，建成时间短，效益还没有充分发挥，

需要继续观测研究。

（4）高密园和超高密园行距大，株距小。行间通风透光，行与行之间保证了有害生物隔离的充分距离。但是株与株之间，距离非常小，因为枝条生长的自然伸展，树体交织在一起，通风性差，透光性不良，为病虫害滋生创造了条件。在按照作业年历做好病虫害防治的同时，必须随时监控病虫害的危害状况，及时掌握发生蔓延趋势。

（5）严格依据油橄榄的生物学特性，根据降雨时空分布特点，灌足越冬水、保证开春水、浇好开花水、适时补充水、控制果熟水保证生长健壮、果实丰产。

（6）根据树体各生长发育阶段适时进行树体营养诊断，实行配方施肥。根据土壤养分和树体营养变化状态，要及时补施N、P、K等营养元素和Ca、B、Mg、Zn等微量元素。

（7）果园要配套建设水肥一体化系统；应用绿色无公害技术防治病虫害；采用机械修剪和机械采收。

（8）油橄榄集约化栽培果园，就是通过技术措施，在结实能力最强的阶段，生产出更多的油橄榄果实，使油橄榄树保持旺盛的生产结实能力，达到效益最大化。国外一般认为油橄榄在最初的25年内是生产结实能力最强的时期，25年以后，树体的生产结实能力逐步走向衰落。更新时采取重新建园的方式来更新，就是在决定更新果园的前四年，选择最新集约化栽培品种，在苗圃高水肥条件下培育油橄榄容器大苗。四年后油橄榄大苗已经具有相当的生产结实能力，更新的措施是伐除果园的衰老树，将培育的油橄榄容器大苗直接定植在更新园地上，从而保证了果园的高效生产，实现土地利用的高效化，达到经济效益最大化。

油橄榄集约化栽培技术代表着油橄榄产业发展方向，近年来国内引进这项技术，陆续建成一批示范园，但由于侧重生产建园研究，对技术分析、成本分析、综合配套管理技术等研究尚处在起步阶段。

二、水肥一体化技术

广义的水肥一体化（integrated management of water and fertilizer）是指根据作物需求，对农田水分和养分进行综合调控和一体化管理，以水促肥、以肥调水，实现水肥耦合，全面提升果园水肥利用效率。狭义的水肥一体化是指灌溉施肥（fertigation），即将肥料溶解在水中，借助管道灌溉系统，灌溉与施肥同时进行，适时适量地满足作物对水分和养分的需求，实现水肥一体化管理和高效利用。与传统模式相比，水肥一体化实现了水肥管理的革命性转变，即渠道输水向管道输水转变、浇地向浇果树转变、土壤施肥向树体施肥转变、水肥分开向水肥一体转变。具有水肥利用率高、劳动力省、养分供应均衡、保护环境、改善土壤结构、提高果品质量等诸多优势，水肥一体化技术是发展高产、优质、高效、生态、安全现代农业的重大技术，更是建设“资源节约型、环境友好型”现代农业的“一号技术”。

（一）水肥耦合与产量和品质的关系

水肥耦合是指水分和肥料二者之间的相互作用对植物生长及其利用效率的影响，是对传统施肥技术的重要改良。水肥耦合，要综合利用自然降水、土壤水、地下水和灌溉水，使水和肥料在土壤中以优化的组合供应给作物利用，满足树体不同生长时期对水肥的需要，不仅适用于灌溉区，也适用于旱作区和水田区，具有广阔的发展空间。油橄榄灌溉需水量可以通过 FAO 系数法、水量平衡法、平均灌溉需求法、土壤蒸发水分散失法、建立模型法等方法确定。但这些方法在国内油橄榄研究中还没有运用。水和肥对油橄榄产量和品质的影响不是孤立的，它们相互耦合，作为一个复杂的整体影响并决定着油橄榄的产量和品质。在各个引种试验区如何做到以肥调水、以水促肥、肥水协调是提高肥水利用效率、减少环境污染、实现油橄榄增产增收的关键技术。但是，目前国内也没有油橄榄水肥耦合相关技术的研究成果报道。

因此，如何优化耦合中的水肥比例又是油橄榄栽培管理的有一个重要内容。在进行水肥耦合效应试验时，多采用裂区设计（第一区组为水，第二区组为肥）和二次回归通用旋转组合设计方法，建立油橄榄的产量和品质与水、肥（N、P、K、B、Ca）的最佳比例关系，得出数学模型进行回归分析，这将为油橄榄水肥管理提供重要依据。可通过借鉴其他植物的水肥耦合试验方法来提高油橄榄的水肥管理水平的研究。

（二）水肥一体化技术应用实例

陇南市经济林研究院油橄榄研究所大堡油橄榄科研试验园，2012 年引进以色列耐特菲姆公司最新的节水灌溉技术，建成了大堡油橄榄科研试验园水肥一体化灌溉系统，通过几年的试验研究取得了相关研究数据和操作经验。将这项技术进行详细的介绍，供油橄榄种植者参考。

1. 园地规划和灌溉方式的选择

根据项目实际种植情况及布局图，示范点共分为 3

大堡油橄榄灌溉系统设计图

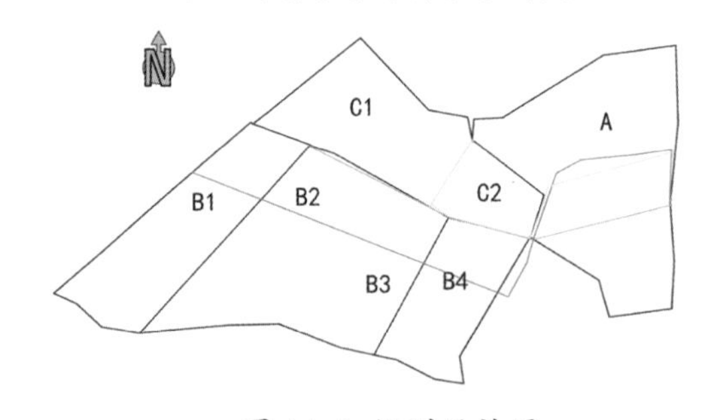

图 14-1 规划设计图

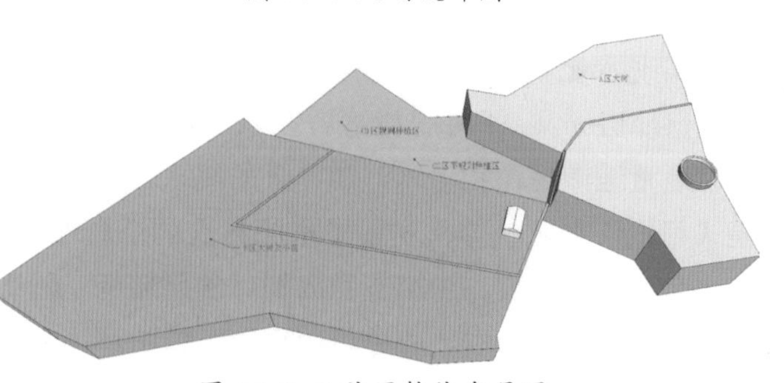

图 14-2 示范园整体布局图

个区，设立 1 个泵房首部系统，首部系统提供 380V 三相交流电源。

根据不同种植需求及不同的展示效果，选择以下 4 种末端给水方式：

（1）A 区灌溉方式：管上式滴头

PCJ 压力补偿式滴头：

该产品由以色列耐特菲姆公司研制生产；

工作压力范围：0.7 ～ 4.0bar；

具有较大水流通道的迷宫型紊流流道，流量为 4L/h；

注塑滴头，非常低的 CV（流量偏差）系数，注塑硅胶弹片；

特性和优点：

迷宫型紊流流道保证了大水流通道，大、深及宽的流道断面改善了抗堵性能；具有压力差分专利技术的压力补偿系统保持在不同的进口压力（在建议的工作压力范围内）条件下的均一出流量，保证了水、肥的精确分布；连续的自冲洗系统提高了抗堵性能；滴头可以准确安装于需要的地方；滴头数量可随时增加，以便根据树体生长速度而增加给水量；

（2）B 区灌溉方式：倒挂式微喷头

性能特点：无桥设计，避免滴水

推荐工作压力：2.0 ～ 3.0bar。

对外接头：直插式。流量为 90L/h

特性和优点：

宾耐特微喷头为无桥架设计，无需用桥架承持喷嘴，操作时不会滴水。这意味着喷头下面的果树不会由于喷头滴水而受到损害。宾耐特悬挂在供水管下可避免供水管被弄湿而将水滴到下面的作物上。需清洗时宾耐特微喷头可用手工拆装——不需任何工具。防酸材质，因此可使用化学品通过该系统，并可用合适的酸进行清洗处理。在全覆盖灌溉系统中，灌水均匀度极佳。

（3）C 区灌溉方式

C1 区：滴灌管

滴灌管经济型压力补偿滴灌管 DRIPNETPC16250

该产品由以色列耐特菲姆公司研制生产，滴头间距为 40cm，流量为 2L/h；

较大水流通道的迷宫型紊流流道；滴头焊接于薄壁或中等壁厚的毛管中注塑滴头，非常低的 CV（流量偏差）系数；注塑硅胶弹片。

特性和优点：

具有压力差分专利技术的压力补偿系统保持在不同的进口压力（0.4 ～ 3.0bar）条件下的均一出流量，保证了水、肥的精确分布；迷宫型紊流流道保证了大水流通道，大、深及宽的流道断面改善了抗堵性能，滴头内宽大的流道断面允许较大的颗粒通过；宽大的过滤面积确保滴头即使在恶劣的水流条件下能表现出最佳的性能；自冲洗系统及宽大的过滤面积改善了抗堵性能。滴头处有舌片设计，防止滴头与泥土直接接触。

C2 区：地插喷头

流量：90L/h；喷洒直径：2.5m；推荐工作压力：2.0 ～ 3.0bar（在微喷头处）。紧凑压缩结构为喷头提供稳健工作状态，当喷头工作时，防止害虫进入喷头且保护喷头机械部分。

每个喷头单元都含有单独的过滤器以确保喷嘴的洁净并易于清洁。可以安装在牢固的装置上或安装在可移动的田间立柱上由防 UV 材料制作，可忍耐各种天气状况和农业营养灌溉时使用。

2. 灌溉系统设计

（1）首部过滤系统

过滤设备是灌溉系统得以长期、安全可靠运行的关键设备。项目区为储备式地下水，泥沙含量大，故确定选用目前世界上农业灌溉系统中较为先进的应用较多的叠片式过滤器，过滤精度为 120 目。自动反冲洗叠片过滤系统。

材质：过滤头本体，增强尼龙；最高工作温度：70℃。

（2）运行压力及过滤精度

过滤精度：20μm，运行压力：6 ～ 10bar；过滤精度：55μm，运行压力：5 ～ 10bar；过滤精度：100μm，运行压力：4 ～ 10ba。

（3）过滤过程：原水通过进水管和进水三通阀，进入每个过滤单元，穿过所有过滤单元，清水汇总到出水管路流出。

（4）能设置进出口压差或时间来控制过滤器自动反冲洗。

3. 自动控制及施肥系统

（1）基本原理：根据各种输入信息，经控制器反应处理，自动控制灌溉系统各部分，包括动力系统、过滤系统、施肥系统、田间阀门控制系统。从而实现精准灌溉，为油橄榄生长提供最适宜的生长环境。

（2）施肥系统：根据不同作物种类、不同生长时期，为作物提供最佳所需营养物质。为作物输送均匀、保质、保量营养物质。

混合罐内水肥混合，使灌溉水中肥液浓度精度极高，多通道施肥，避免不同种类肥料混肥发生反应，自带一个水泵，为吸肥和灌溉提供动力 EC/PH 探测和控制每个吸肥通道吸肥量 350L/hr ～ 1200L/hr。

（3）空气阀及真空阀

在灌溉系统首部安装 1# 空气阀，主管道上安装 2# 空气阀，田间首部安装 1# 真空阀。

空气阀和真空阀是灌溉系统中不可缺少的保护性设备之一，它通过排出或向系统中补充空气，从而消除因空气对系统造成的各种不利影响。

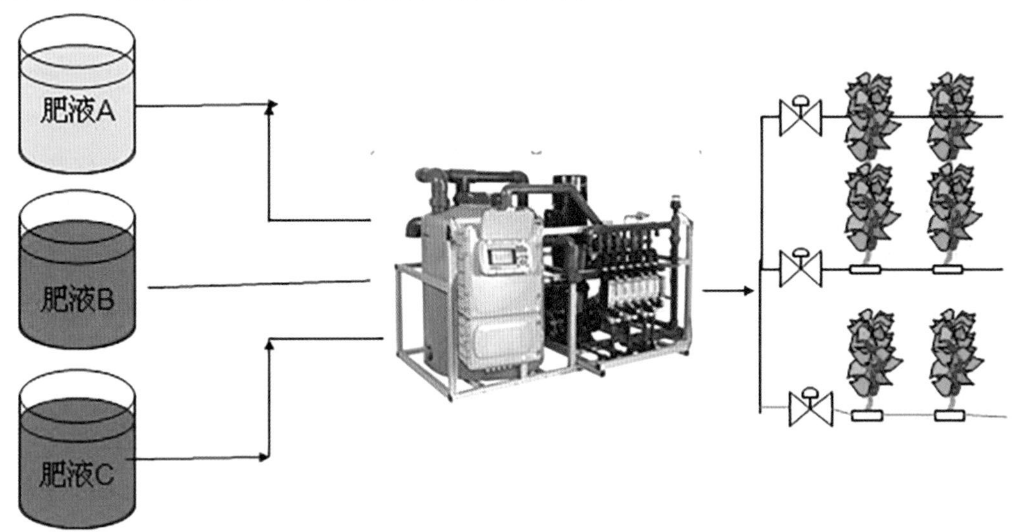

图 14-3 自动控制施肥系统

空气阀具有以下功能和特点：排出系统中的空气，消除汽阻、汽蚀，保护系统设备；排出系统中的空气，提高水泵的工作效率，消除压力波动；排出系统中的空气，保证流量测量的准确性;向系统中补充空气,防止真空破坏。空气阀自动操作无须调整，如果由于水质较差，或者被动物和昆虫破坏发生堵塞，需要定期检查。所有阀门应当每年检修一次。

（4）首部阀门

为保证每个灌水小区的灌水均匀度，拟在各灌水小区的首部安装可以自动控制的具有调压功能的电磁阀，可预先设定所有灌水小区首部所需压力。为方便对灌水小区进行自动管理，结合实际情况，阀门大小定为 2# 24 伏直型交流电磁阀，设计过流量为 $20m^3/h$。阀门上同时安装有手控、自动开关装置，供人工调试之用。

(1) 悬挂式喷灌

(2) 管上式滴灌

图 14-4 水肥一体化工作图

第三节 智能油橄榄园简述

物联网作为战略新兴产业，广泛地应用于农业生产上，能够有效控制农作物生长，提高农作物产量和品质，实现农作物高产、高效、优质、生态、安全生产。农业物联网是物联网技术在农业生产、经营、管理和服务中的具体应用，就是运用各类传感器、RFID、视觉采集终端等感知设备，广泛地采集大田种植、设施园艺、畜禽养殖、水产养殖、农产品物流等领域的现场信息；通过建立数据传输和格式转换方法，充分利用无线传感器网络、电信网和互联网等多种现代信息传输通道，实现农业信息的多尺度可靠传输；最后将获取的海量农业信息进行融合、处理，并通过智能化操作终端实现农业的自动化生产、最优化控制、智能化管理、系统化物流、电子化交易，进而实现农业集约、高产、优质、高效、生态和安全的目标。

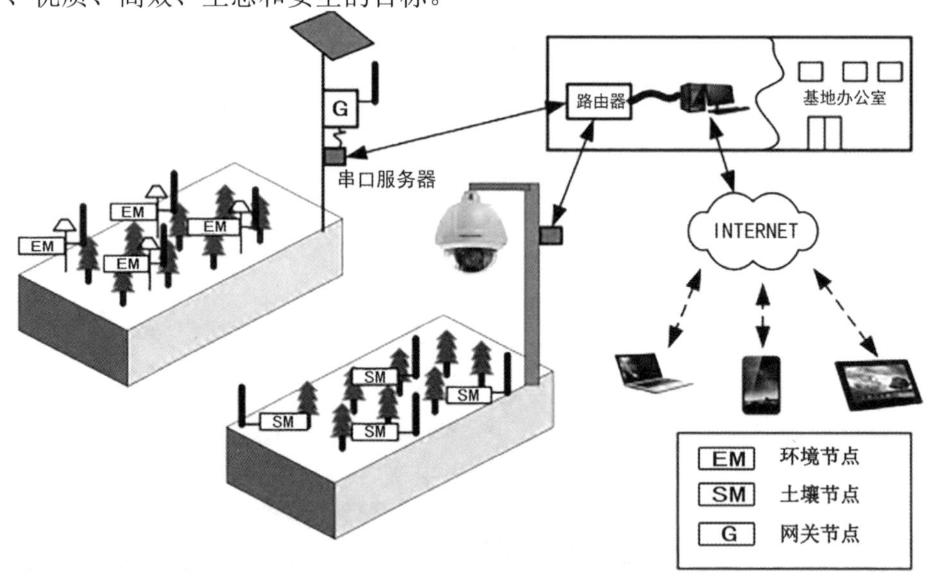

图 14-5 果园环境智能监测系统拓扑图

在现代果园农场中，实现果园数字化、信息化是未来发展的趋势，实现果园环境智能监测有利于增强果园决策和管理能力，对环境、土壤和果树信息进行智能监测预测具有重要的意义。果园环境智能监测系统在国外运用比较成熟的是现代果园管理系统，是果园精准管理的重要组成。包括 5 个部分：各类网络高清红外智能球、土壤节点、环境节点、网关节点和远程控制中心。网络高清红外智能球具有远程监控、网络传输和智能高清的特点，白天自动聚焦提供清晰图像，晚上能利用红外灯进行图像的

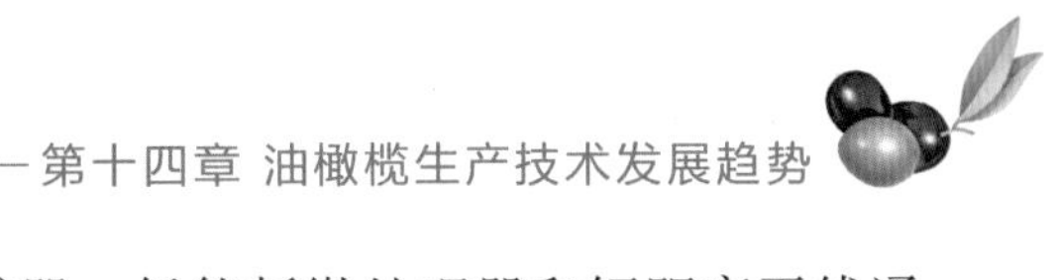

清晰识别。土壤节点和环境节点均拥有各种传感器、低能耗微处理器和短距离无线通信模块，负责感知信息参数并把相关数据发送网关节点；网关节点电源充足，容量较大，通信能力较强，转发节点采集的信息至远程控制中心；远程控制中心接收网关节点发来的数据包，再进行分析处理智能显示，同时下达动作指令。

基于农业物联网的果园环境智能监测系统已经在江西省万安柑橘园等多个果园投入试用，系统实现了土壤、环境和柑橘信息远距离实时获取、控制和管理，具有操作简单、方便直观、配置灵活、功耗低、网络容量大等优点。

监测系统的功能如下：

（1）土壤节点、环境节点和网关节点形成传感监测网。

（2）土壤节点存储土壤的温度、湿度、叶面湿度等信息，并以数据包的形式转发给网关节点。

（3）环境节点监测风速、风向、空气温湿度、降雨量、太阳辐射和紫外线辐射，并以数据包的形式转发给网关节点。

（4）网关节点将汇聚的数据通过串口服务器传输至控制中心。

（5）系统安全与自修复功能。

果园环境监测与果农的生产活动密不可分。针对果园环境监测的特点，赵文星等在江西千里山（通津）种植基地，针对果园环境智能监测的需求，设计了一种基于农业物联网果园环境监测系统。该系统由网络高清红外智能球、土壤节点、环境节点、网关节点和远程控制中心组成，能够对果园农场内土壤温湿度、叶面湿度、空气温湿度、风速风向、太阳辐射、紫外线辐射、雨量、大气压力等进行实时在线监测，并转发给控制中心，控制中心对数据进行处理并用各种图表格式显示出来。经过两年多的稳定运行，系统具有操作简单、方便直观、配置灵活、功耗低、网络容量大等优点。为果园安防、果树高度、茎的分蘖数、果树营养状况和病虫害远程动态实时监控，采用了网络高清红外智能球。网络高清红外智能球内置运转平稳定位准确精密步进电机驱动的云台和自带变焦镜头高灵敏度、高分辨率一体化数字处理彩色机芯，在系统中以视频信息和控制信息的方式传输，实现了画面清晰定位、历史录像查询、全天候多方位实时监测等功能。在传感网络的监测系统中，土壤节点、环境节点、网关节点具有非常重要的作用。土壤节点在10cm、20cm、40cm、60cm的不同深度部署了四个温度传感器和四个湿度传感器。采用BP神经网络的方法利用气象参数来预测万安的太阳辐射、温度和UV指数。实现三个功能：

1. 果园环境信息的采集与传输

此模块的主要作用是显示各个监控站点的设备编号、空气温度、空气湿度、土壤水分、土壤温度、雨量等环境数据，实时数据和历史数据，历史数据保存在专用服务器。

数据采集管理系统还包括数据决策分析模块，其中主要包括单指标数据分析、时间平移分析、多指标数据分析和多指标平移分析。通过这些数据分析功能，科技人员可以分析任何一个时间段的环境数据变化规律和极端环境数据出现的规律，将这些数据和视频信息结合起来，进一步分析环境对果园灌溉的影响规律，然后根据果园灌溉的需求，对数据执行终端发出智能控制指令。

2. 果园灌溉的实时视频监测

在数据浏览界面点击视频就可以进入图像浏览模块，该模块主要作用是浏览监控站点的视频信息，该模块可以不间断传输视频信息。在视频操作模块可以用鼠标远程控制摄像头的旋转方向和距离远近，科研人员可以看到检测范围的总体概况也可以看到植物的具体细节。在果园灌溉的过程中，可以通过视频监测设备，实时监测灌溉情况。通过摄像头和果园固定监测点的设置，还可以实现果园图像的定时定点抓拍和存储。

3. 灌溉控制

智能监测终端可以实现果园灌溉的手动控制、固定循环周期的自动控制和根据监测指标设置的峰值触发式的智能控制三种模式。在手动控制模式下，科技人员进入果园智能灌溉平台可以根据视频监测果园的需水状况，选择手动远程控制电磁阀。在自控软件开发自动控制模式，可以选择循环周期控制和监测指标均值或谷值触发的智能控制。在循环灌溉模式下，科研人员可以按照不同果园不同季节的需水情况设置灌溉周期和持续时间。在智能控制模式下，需要根据监测数据分析，计算出某种果树的需水模型，然后设置某一监测指标的触发值，实现智能灌溉。

智能油橄榄园的创建就是基于物联网在油橄榄生产中的具体运用，在国内还是空白。基于物联网技术、集约化生产技术、水肥一体化技术与一体的智能油橄榄园代表着油橄榄生产的方向和未来趋势。这是解决目前油橄榄园人力成本投入过大、管理粗放、技术支持不强的有效手段，在未来油橄榄生产中必将发挥重要作用。

第十五章 橄榄油、餐用橄榄及其加工技术

第一节 橄榄油的基本知识

橄榄油（olive oil）是指以油橄榄树（Olea europaea L.）成熟的鲜果直接冷榨分离获得的油，是世界上唯一以自然状态供人类食用的木本植物油。橄榄油以独特的压榨方式保留了鲜果中多酚和其他的营养成分。由于其极佳的天然保健功效、美容功效和理想的烹饪用途，橄榄油在地中海国家有几千年的食用历史，被西方誉为“液体黄金”“植物油皇后”和“地中海甘露”。中国中医认为，油橄榄性味甘、涩、酸、平，对人体具有清肺、利咽、生津、解毒的作用。

一、橄榄油的物理特性和化学成分

1. 橄榄油的物理特性

橄榄油颜色可因油橄榄品种的不同而呈淡黄色、深金色或深绿色，品质好的橄榄油透明中呈现出一种淡淡的绿色，还带有一点金黄色，呈淡黄—黄绿色。橄榄油具有温和纯正的香味，橄榄油中含有多酚，闻起来有蒜香型、柠檬香型、橘香型等不同类型的果香味，有略苦、略甜、辛辣等不同的口感味，不同品种橄榄油的口味具有明显差异。常温下为油状液体，5℃～10℃时出现混浊，0℃以下凝固为白色颗粒体。长久暴露于空气会产生酸败。用手指蘸少许品质好的橄榄油涂抹在手背上，大约在10～15min便被皮肤充分吸收，且没有油腻感。

表15-1 橄榄油的理化指标

项　目	数　值
相对密度(d_4^{15})	0.9090～0.9150
折光指数(n_D^{20})	1.4635～1.4731
黏度(20℃)	11～13
凝固点(℃)	0～3
脂肪酸凝固点(℃)	17.26
克雷司美尔值(℃)	68.5～71.6

续表

项　目	数　值
碘值(g碘/100g)	75～88
皂化值(mgKOH/g)	185～196
不皂化物(%)	<1.4
脂肪酸平均分子质量	279～286

注：引自《油料生物化学及油脂化学》，黑龙江科学技术出版社，下同。

橄榄油是从油橄榄鲜果中直接压榨分离出来的果汁油，有人认为就是果汁，分离掉其中的水分后最后得到几乎是世界上唯一的天然状态冷餐植物油。初榨橄榄油是自然分离的果油，不经过任何化学处理，与我们习惯使用的花生油、菜籽油的加工工序有着相当大的区别。

2. 橄榄油的化学组成

橄榄油之所以有如此优良的营养价值是由于它的化学组成所决定的。橄榄油由皂化物部分和不皂化物部分组成，皂化物部分包括游离脂肪酸和三甘油酯，主要是三甘油酯占 98.5% 左右，形成三甘油酯的脂肪酸有饱和脂肪酸及不饱和脂肪酸。不皂化物占 1.5% 左右，包括游离醇、三萜烯、色素（叶绿素和类胡萝卜素）、生育酚、多酚、甾醇、角鲨烯及挥发性成分等。橄榄油是所有调味油中角鲨烯含量最高的一种，角鲨烯是橄榄油中最为突出的功能性油脂成分，含量约为 136 ～ 708mg/100g，但是其含量会随着加工工艺、生长环境、成熟度的不同而发生变化。角鲨烯，是一种天然的抗氧化剂，所以橄榄油过氧化值很低，一般条件下贮放几年后的橄榄油仍无异味。

（1）脂肪酸成分（见表 15-2）。

表15-2 橄榄油脂肪酸成分

脂肪酸成分	含量(%)
豆蔻酸(C14：0)	≤0.05
棕榈酸(C16：0)	7.5～20.0
棕榈油酸(C16：1)	0.3～3.5
十七烷酸(C17：0)	≤0.3
十七碳一烯酸(C17：1)	≤0.3
硬脂酸(C18：0)	0.5～5.0
油酸(C18：1)	55.0～83.0
亚油酸(C18：2)	3.5～21.0
亚麻酸(C18：3)	≤1.0
花生酸(C20：0)	≤0.6

续表

脂肪酸成分	含量(%)
二十碳一烯酸(C20：1)	≤0.4
山萮酸(C22：0)	≤0.2*
木蜡酸(C24：0)	≤0.2

（2）橄榄油不皂化物含量≤ 15g/kg。

（3）甾醇总含量（mg/kg）（见表 15-3）。

表15-3 橄榄油甾醇总含量

产品类别	甾醇总含量（mg/kg）
特级初榨橄榄油	≥1000
中级初榨橄榄油	≥1000
初榨油橄榄灯油	≥1000
精炼橄榄油	≥1000
混合橄榄油	≥1000

（4）蜡含量 C40+C42+C44+C46（mg/kg）（见表 15-4）。

表15-4 橄榄油油蜡含量

产品类别	蜡含量（mg/kg）
特级初榨橄榄油	≤ 250
中级初榨橄榄油	≤ 250
初榨油橄榄灯油	≤ 300
精炼橄榄油	≤ 350
混合橄榄油	≤ 350

3. 橄榄油的营养成分及与其他油脂的营养成分比较

（1）橄榄油的营养成分

食用橄榄油中含饱和脂肪酸 10% ～ 18%、油酸 55% ～ 83%、亚油酸 3.5% ～ 21%、亚麻酸 0.3% ～ 1.5%，由于食用橄榄油主要是从成熟的鲜果中直接压榨出来的油脂，所以含有维生素 A、维生素 D、维生素 E、维生素 K、维生素 B、维生素 C 等以及各种微量元素钙、磷、铁、钾、硒等，营养成分较高，也有利于人体的消化吸收，其消化率可达到 98.4%。

橄榄油营养价值高与其脂肪酸成分有关，橄榄油的主要成分为油酸，约占 55% ～ 83%，油酸属单不饱和脂肪酸（MUFA），是高脂血症患者降低血脂水平和预防心血管疾病的推荐脂肪酸之一，并且还含有亚麻酸和亚油酸等多不饱和酸，亚油酸（IA）

属多不饱和脂肪酸（PUFA），具有降低血清 LDL-C 水平的作用，医学研究表明，亚油酸、亚麻酸是胎儿神经系统发育的重要物质。橄榄油的饱和、单不饱和、多不饱和脂肪酸的比例接近国际营养学家提出的理想比例 1∶6∶1。研究表明 ω-6 脂肪酸与 ω-3 脂肪酸的理想比值应小于 4∶1，这是有益于保障人体健康的脂肪酸平衡模式，而橄榄油中 ω-6 和 ω-3 脂肪酸比例恰好符合营养学家所提出的理想比例（小于 4∶1）。

橄榄油成分的另一特点是含有诸多的微量酚类化合物，包括单和双羟基苯乙醇、对羟基乙醇和一系列酚酸类，包括咖啡酸、邻—香豆酸、肉桂酸、阿魏酸、对—羟基苯甲酸、原儿茶酸、介子酸、丁香酸、香草酸。其中苯甲酸和肉桂酸类是通过黄酮类的水解作用产生的。羟苯基乙醇则是来自橄榄中苦涩物质的水解，导致了橄榄油口感中的苦味或辛辣样感觉。PilarLuaces 等人研究表明，水热处理（温度一般为 60℃）可以去掉橄榄油的苦涩味。影响油品质的是进入压榨机前的温度，而水热处理的温度对其的作用不大，只要在进入压榨前进行冷却即可。最近发现木酚素在橄榄油中的含量较为丰富，粗橄榄油中约为 40mg/kg，几乎是所有简单酚类化合物的总和。

橄榄油除了含有角鲨烯和酚类化合物这些生物活性物质之外，还含有相当量的生育酚、植物甾醇、类胡萝卜素以及糖脂类化合物等。橄榄油中主要是 12 ～ 190mg/kg 的 α－生育酚，占 85.5% 左右，β－和 γ－生育酚占 9.9%，而 δ－生育酚只占 1.6%。β－胡萝卜素和叶绿素决定了橄榄油的色泽。在避光条件下，它们都起抗氧化的作用。相反，叶绿素是一种光敏剂，在光照条件下会促进油脂的氧化。

由上述可知橄榄油的品质在植物油中的地位居首，因此当今医学界把橄榄油公认为最益于健康的食用油之一。美国、德国等西方国家早已把橄榄油载入药典。

表15-5 橄榄油营养成分

营养成分	含　量
热量	855cal
饱和脂肪酸	14g
单不饱和脂肪酸（油酸）	73g
多不饱和脂肪酸	11g
ω-3（亚麻酸）	<1.5g
ω-6（亚油酸）	3.5～21g
多酚类抗氧化剂	50mg
维生素E	14mg
维生素K	62mg
蛋白质	0g
胆固醇	0g
碳水化合物	0g

（2）橄榄油与其他植物油的营养成分比较

由于橄榄油和其他油脂的压榨方式不同，在一定程度上有的人把橄榄油作为果汁来看待，橄榄油在形态上完全保持着与压榨前的营养价值和油脂形态。因此仅从这一点上橄榄油质量远远高于其他油脂，理化指标也优于其他油脂，具体指标见表15-6。

表15-6 橄榄油与其他植物油的营养成分比较

油 品	维生素	微量元素	饱和脂肪酸%	单不饱和脂肪酸%-ω-9（油酸）	多不饱和脂肪酸%	ω-3∶ω-6	生产工艺
1.橄榄油	A、D、E、K、B_2、D_6、胡萝卜素	钙、磷、镁、铁、锌、硒、角鲨烯、类黄酮、多酚	10	55～83	3.5～22	1∶4	物理冷榨分离（压榨温度低于40°）
2.山茶油	A、D、E、K	钙、铁、角鲨烯、多酚、山茶苷、山茶皂苷	11	70～86	7.2～10.8	1∶10	物理压榨
3.花生油	B_2、P、A、D、E	磷、钙、钠、铁、镁、钾、锌、锰、铜	19	41	35～38	1∶95	物理压榨
4.芝麻油	E	钙、磷、镁、铁、钠、锰、锌、铜	15	35～49.4	38～48.7	1∶153	物理压榨或化学精炼
5.葵花籽油 寒冷地区	E、T	磷、镁、钠、钙、钾、铁、锌、锰、α生育酚	14	15～20	70～75.5	1∶13	物理压榨或化学精炼
温暖地区				64～66	18.5～21.5		
6.豆油	E、D、卵磷脂	钙、磷、钾、钠、镁、铁、锌、铜、锰	16	25～36	55～69	1∶7.4	物理压榨或化学精炼
7.菜籽油	E	钙、磷、钠、铁、镁、钾、锌、铜、锰	13	14～19	13～14	1∶18	物理压榨或化学精炼
8.玉米油	A\DE	磷、镁、钾、铁、纳、钙、锌、铜、锰	15	25～30	50～55	1∶93	化学精炼
9.米糠油	E、D	复合脂质、磷脂、三烯生育	20	40～52	29～34	1∶11	化学精炼
10.棉籽油	E	钙、磷、纳、铁、钾、镁、锌、铜	24	13～30.7	45.1～55.5	1∶110	化学精炼

二、橄榄油的分类

橄榄油依据其感官（口味、芳香）与酸度来分类。纯橄榄油酸度越低越好，而经提炼的橄榄油则相反，酸度越高越好，因为这表明其中加入的纯橄榄油多，因而酸度较高。值得注意的是油橄榄果渣油不能称为橄榄油。

1. 2001 年 7 月欧盟开始执行新的橄榄油四级分级标准

（1）特级初榨橄榄油（Extra Virgin Olive Oil）

酸度不超过 1%，特级初榨橄榄油是用成熟的橄榄鲜果，在 24 小时内压榨（分离）出来的。它加工环节最少，最具保健美容价值，特级初榨橄榄油是一种纯天然果汁，其压榨方法采用纯物理方法，无任何防腐剂和添加剂。而其他植物油是从植物种子中采用化学溶剂提取出来或高温压榨出来（在压榨过程中产生高温）。

（2）初榨橄榄油（Virgin Olive Oil）

初榨橄榄油是第二次榨取获得，酸度不超过 2%，符合规定的食用标准。

（3）精制橄榄油与初榨橄榄油的合成油（Refined and Virgin Olive Oil）

符合食用油的标准，酸度为 1.5%，它是初榨橄榄油或特级初榨橄榄油和其他油脂的混合物。

（4）橄榄果渣油（Crude Olive Pomace Oil）

不能食用，能用于美容或特定行业使用。

备注：欧盟委员会和欧洲议会要求将制定橄榄油销售标准作为欧盟提高橄榄油质量战略的一部分，新的标签规定就是根据这一要求制定的。为保护消费者，新规则要求橄榄油的容器不能大于 5L，并须采用新的一次性密封条封口方式，同时商标必须标明橄榄油等级。同时规定橄榄油含量低于 50% 的混合油不能在标签上以橄榄油名义出现。

2. 国际橄榄油理事会标准

橄榄油主要分为初榨橄榄油和果渣油两大类：

国际橄榄油理事会执行的橄榄油分类标准 COI/T. 15/NC No. 3/Rev. 1 2003

表15-7 国际橄榄油理事会执行的橄榄油分类标准

类 别	中文参考名称	国际标准名称	酸 度
橄榄油类	特级初榨橄榄油	Extra Virgin Olive Oil	≤0.8
	优级初榨橄榄油	Virgin Olive Oil	≤2.0
	普通初榨橄榄油	Ordinary Virgin Olive Oil	≤3.3
	低级初榨橄榄油	Lampante Virgin Olive Oil	＞3.3
	精炼橄榄油	Refined Olive Oil	≤0.3
	纯橄榄油	Pure Olive Oil	≤1.0
果渣油类	橄榄果渣油原油	Crude Olive Pomace Oil	
	精炼橄榄果渣油	Refined Olive Pomace Oil	≤0.3
	橄榄果渣油	Olive Pomace Oil	≤1.0

更多说明：

（1）特级初榨橄榄油

酸度不超过 0.8 的特级初榨橄榄油是质量最好的橄榄油。用橄榄鲜果在二十四小时内冷榨（cold pressed）出来的纯天然果汁经油水分离制成。这种方法采用纯物理低温压榨方法，无防腐剂和添加剂。

（2）优级初榨橄榄油

榨取的橄榄油酸度不超过 2.0，符合规定的食用标准。

（3）低级初榨橄榄油

榨取的橄榄油酸度大于 2.0，只用于提炼精炼橄榄油。

（4）精炼橄榄油

用低级初榨橄榄油提炼的无色无味的橄榄油，酸度不超过 0.3。

（5）调和橄榄油

精炼橄榄油与初榨橄榄油不同比例的合成油，酸度不超过 1.0。

（6）橄榄果渣原油

不能食用，可提炼精炼橄榄果渣油。

（7）精炼橄榄果渣油

用橄榄果渣油原油提炼的酸度不超过 0.3 果渣油。

（8）橄榄果渣油

精炼橄榄果渣油和初榨橄榄油混合油，酸度不超过 1.0。

3. 2009 年国家粮食局组织中国林业科学研究院林业研究所、国家粮食局科学研究院、甘肃省陇南市祥宇油橄榄开发有限责任公司、深圳市巨万阳光食品股份有限公司、北京市品利食品有限公司的专家薛益民、薛雅琳、张蕊、刘玉红、林波峰、徐松莉起草了中国第一部橄榄油、油橄榄果渣油国家标准《GB 23347-2009 橄榄油、油橄榄果渣油》。

橄榄油包括：

（1）初榨橄榄油。又分为：①特级初榨橄榄油；②中级初榨橄榄油；③高级初榨橄榄油。

（2）精炼橄榄油。

（3）混合橄榄油。

油橄榄果渣油，分为：

（1）粗提油橄榄果渣油。

（2）精炼油橄榄果渣油。

4. 中国国家质量监督局对橄榄油的质量指标（见表 15-8）。

表15-8 中国橄榄油的质量指标

项目		质量指标				
		特级初榨橄榄油	中级初榨橄榄油	初榨油橄榄灯油	精炼橄榄油	混合橄榄油
气味及滋味感观评判	感官评判	具有橄榄油固有的气味和滋味，无异味		—	无异味	良好
	缺陷中位值（Me）	0	0＜Me≤2.5	Me＞2.5	—	—
	“果味”特征中位值（Me）	Me＞0	Me＞0	—	—	—
色泽		—	—	—	淡黄	淡黄-绿
透明度(20°C，24h)		透明	透明	透明	—	透明
酸度(以油酸含量计)/(%)		≤0.8	≤2.0	＞2.0	≤0.3	≤1.0
过氧化值/(m mol/kg) ≤		10	10	—	2.5	7.5
溶剂残留量/(mg/kg)		—			不得检出	
紫外线吸收值(K1%1cm)	270 nm ≤	0.22	0.25	—	1.1	0.9
	Δ K ≤	0.01	0.01	—	0.16	0.15
	232 nm**≤	2.5	2.6	—	—	—
水分及挥发物/(%) ≤		0.2		0.3	0.1	0.1
不溶性杂质/(%) ≤		0.1		0.2	0.05	0.05
金属含量/(mg/kg)	铁 ≤	3.0				
	铜 ≤	0.1				

注1：划有“-” 者不做检测。当油的溶剂残留量检出值小于10mg/kg时，视为未检出。
注2：黑体部分指标强制。
* 当样品通过活性铝之后，在270nm吸收值应小于或等于0.11。
** 此项检测只作为商业伙伴在自愿的基础上实施的剂限量。

国内市场上橄榄油按产地可分为：进口橄榄油和国内自产橄榄油。进口橄榄油品牌众多，质量参差不齐，包装形式不拘一格。国内消费者对橄榄油的认识仅仅停留在各类广告宣传上，对如何识别、选用、食用橄榄油存在很大盲目性。下面详细介绍各类橄榄油的特性，以便国内消费者正确识别和食用橄榄油。

一是产地油(Regional Oil)：指选用的橄榄果出自一个国家某一个特定的种植区。在产品标签上一般都会注明其使用的橄榄果品种和具体种植地。一些种植地以其独特的果种和地域风貌以及严格的加工方式获得欧盟原产地指定保护（PDO）。这类油风味口感独特，果香浓郁，因此价格比较昂贵。通常产地油都在橄榄油专卖店中销售，深受中产阶级的喜爱。

二是工业油 (Bulk Oil)：在超市中销售的绝大多数都是这些工业油。意大利和

西班牙是生产这类工业油的最大来源地。他们从世界各主要产区低价收购大桶原油，然后进行勾兑混装。这类橄榄油在标签上没有种植地，只标明灌瓶的产地。由于是按照统一的配方进行勾兑，因此工业油一般口感比较划一，但因其价格低廉，深受一般消费者欢迎。

三是庄园油（Estate Oil）：专指其橄榄果来源于自家种植园。手工采摘，现场榨油，马上灌瓶，因此庄园油是橄榄油中的极品，品质超群。这类油基本上都是由种植园自行直销，虽价格极其昂贵，但仍然受到橄榄油爱好者的吹捧。

庄园橄榄油全称是个体橄榄园灌瓶的橄榄油，英文为：Single Estate-Bottled Olive Oil。庄园油之所以素来是橄榄油品质的最高保证，是因为生产者在自有的橄榄园里，可以亲力亲为地控制从选种、栽培、采果、榨油、灌瓶到销售的整个过程。同目前市场普遍销售的大型橄榄油榨油厂所生产的混合橄榄油（Blended Olive Oil）相比较，庄园油有着下列得天独厚的保证：

首先，可以保证橄榄果完全在最佳采收期采收。橄榄果采收早，成熟度低，出油率小，口感苦，酸度低，品质高;采摘迟，成熟度高，口感油腻，出油率高，但酸度高，品质低，因此掌握橄榄果成熟的最佳采收时间，是橄榄油品质的一项基本保证；采收时要根据是否保证高的出油率还是高品质，需要根据目的取舍灵活掌握采收时间。

其次，可以保证采摘后的橄榄果完全不受积压，国际上对橄榄果采摘后到榨油之间等待时间规定最长不能超过 3 天，但橄榄果在堆码、储存和运输过程因温度的上升极易导致发酵，酸度上升，油质下降。有条件的榨油厂都力争在采摘后 24h 内加工。因此确保原料不受积压，是橄榄油品质的最根本保证。由于庄园可以做到现采现榨，最长不超过 2 个小时，故其橄榄油品质得以超群卓著。

第三，可以保证采用最完美的冷榨工艺，最大限度地保留了各种营养成分和多种风味。许多庄园大都是历代传承的家族小型企业，由于没有产量上的压力，大多可沿用传统的石磨榨油方式和现代的点滴工艺，从而控制温度，降低压榨过程释放氧化酶，提高产品质量；

最后，可以保证产品有较长的食用期。庄园橄榄油采取现采、现榨、现灌、现存、现卖方式，减少了中间流通环节，其产品有着比其他混合油等都长的食用有效期，一般都可以达到 3 年。

在国内市场销售的橄榄油须有中国检验检疫 CIQ 标识，在网络上销售的橄榄油需具备海关卫生证书、海运提单、原产地证明、国外检验报告等无修改、无遮挡、无马赛克图片供消费者查看和监督。

三、橄榄油的应用

橄榄油因口味独特，有丰富的营养和特殊的保健功能，是当之无愧的绿色保健食品。橄榄油不仅是最优的食用油，而且广泛应用于工业、医药、健身和美容等。

1. 食用方面

橄榄油的食用特点是香而不腻。用橄榄油炒菜时，橄榄油能很快地吸收蒜、姜和葱的味道；做凉菜，浇上橄榄油，香气扑鼻，味道鲜美；油炸食物，反复 10 次以上不会改变其油脂的味道，比其他油保持更多的营养价值，它不仅耗油量小，而且所炸食物，虽然有着一层金黄色的脆壳，但油不会渗入食物内部，食物在入口时显得比较清淡，更易于人体的消化；妇女每天吃一次以上的橄榄油可以降低 45% 得乳房癌的可能性，橄榄油对治疗胃溃疡和防治胆结石也有效果。此外，橄榄油是最适合婴儿食用的油类。婴儿一半的热量来自于母奶中的油脂，在断奶后，所需要的热量就要通过饮食中的油脂获得。原生橄榄油营养成分中人体不能合成的亚麻酸和亚油酸的比值和母乳相似，且极易吸收，能促进婴幼儿神经和骨骼的生长发育，是孕妇极佳的营养品和胎儿生长剂，对于产后和哺乳期是很好的滋补品。

2. 医药方面

橄榄油中超过 80% 的成分是单一的不饱和脂肪酸，几乎不含胆固醇。单不饱和脂肪酸比多元不饱和脂肪酸阻止氧化作用发生的效果更好，并且保持高密度脂蛋白水平上升，能帮助降低低密度脂蛋白胆固醇，而维持“好”的高密度脂蛋白胆固醇，且易于被人体吸收，不易氧化沉淀在人体心血管壁上，如心脏冠状动脉等部位，因而可以有效地防止心血管疾病、癌症、糖尿病的发生。此外，橄榄油还有一定的通便作用。早晨空腹喝两小匙橄榄油有助于改善慢性便秘。

3. 美容方面

橄榄油不含任何化学添加剂，含丰富的维生素 E，多酚类强抗氧化剂，以及各种维生素，极易被皮肤吸收，是纯天然的美容佳品。经常使用橄榄油涂抹肌肤，能防止皮肤干燥，去除眼角皱纹；光洁皮肤之后，均匀涂上橄榄油，轻轻反复地按摩，能促进微循环，帮助分泌激素，使肌肤光泽红润有弹性，保持女性的体态美。同时，还能防止黑色素生成，淡化色斑。因此，在西方将橄榄油誉为“美女之油”。

4. 大脑及骨骼发育方面

橄榄油中含丰富的油酸，其中亚油酸和亚麻酸含量的平衡，有益于脑神经等神经系统，对婴幼儿神经系统的正常发育大有益处。橄榄油与母乳结构相似，且亚油酸和亚麻油酸的比例恰好是儿童骨骼生长所需比例，因而还可促进儿童骨骼发育。亚油酸还可促进对矿物质的吸收，如增加对钙的吸收，又可预防老年人骨骼疏松。

5. 健美及拳击运动方面

为了增强皮肤的弹性和使身体更为健美，健美运动员和拳击运动员常常用橄榄油涂擦身体，使皮肤进一步细嫩，毛细血管扩张，血液流动舒畅，增加皮肤弹性和韧性；

由于橄榄油所含的角鲨稀、类黄酮、多酚等成分能保护细胞免受自由基的侵害，所以橄榄油对肌肉及韧带等损伤或者皮肤擦伤，具有加速疗效的作用，因此橄榄油能增强健美健身。

6. 抗衰老方面

人体必需的脂肪酸是维持人体生命所必需的一类物质，但人体自身不能合成，只能从外界摄取。当人体必需脂肪酸 ω-3 和 ω-6 的比例为 1∶4 时，各种疾病很难侵入。橄榄油含有的脂肪酸的比例很符合人体需求，地中海地区的居民由于长年食用橄榄油，体内必需脂肪酸含量保持 1∶4 的健康比例，所以体质比较强壮；橄榄油中的多酚抗氧化物质还可以帮助老人新陈代谢，防止血管老化，延缓衰老。

橄榄油由于其独特的脂肪酸组成和特殊的营养成分使其区别于其他油类，同时也赋予它与众不同的营养保健作用，随着对橄榄油研究的不断深入，橄榄油的营养保健功能和作用得到进一步的发现及开发利用。

随着中国人民生活水平的提高，21 世纪饮食的最大特点就是人类回归大自然和求得人体营养平衡，橄榄油因其口感好、营养价值高及特殊的保健作用将走入中国百姓家，中国将会逐渐成为橄榄油消费大国。因此，在适宜区大力发展油橄榄产业，具有十分广阔的市场前景。

四、橄榄油的鉴别

普通消费者没有足够的专业知识来识别橄榄油的真伪与类别，也没有那么便利的专业检验来为消费者提供服务。在购买消费时主要依靠基本的观感来判断。为了保证消费者在购买消费时有基本的判断，下面对鉴别橄榄油做一介绍。

图 15-1 特级初榨橄榄油的观感

1. 橄榄油观感的判别方法

（1）优质橄榄油的特征

橄榄油的性状与制油工艺密切相关，优质橄榄油采用冷榨法制取，初榨橄榄油色泽呈浅黄色，是最理想的凉拌用油和烹饪油脂。

观：油体透亮，浓，呈浅黄、黄绿、蓝绿、蓝，直至蓝黑色。色泽深的橄榄油酸值高、品质较差。而精炼油中色素及其他营养成分被破坏。

闻：有果香味，不同的品种有不同的果香味，品油师甚至能区分 32 种不同的橄榄果香味如甘草味，奶油味，水果味，巧克力味等。

尝：口感爽滑，有淡淡的苦味及辛辣味，喉咙的后部有明显的感觉，辣味感觉比较滞后。

（2）质量较差的橄榄油的特征：

观:油体混沌，缺乏透亮的光泽，说明放置时间长，开始氧化。颜色浅，感觉很稀，不浓，说明是精炼油或勾兑油。

闻：有陈腐味，霉潮味，泥腥味，酒酸味，金属味，哈喇味等异味。说明变质，或者橄榄果原料有问题，或储存不当。

尝：有异味，或者干脆什么味道都没有。说明变质，或者是精炼油或勾兑油。

2. 鉴别方法

（1）看品名和分类

从理论上来说，根据国际橄榄油理事会2008年颁布的《橄榄油和油橄榄果渣油贸易标准》规定，橄榄油的名称按其等级只能分为特级初榨橄榄油——Extra Virgin Olive Oil、初榨橄榄油——Virgin Olive Oil、油橄榄果渣油——Olive Pomace Oil等。所谓果渣油，就是从油橄榄果渣中提炼出的油。这种油质量比较低，国际橄榄油理事会标准规定，它在任何情况下都不能称作“橄榄油”。

纯橄榄油（Pure olive oil）是精炼油混合特级初榨橄榄油而成的，油酸度不超过1.5g/100g。该类油被广泛应用在烹饪领域，但是很多不法商家混淆视听，往往都会以次充好，以勾兑豆油葵花油等形式，生产纯橄榄油，故经销商和消费者在经销和购买该类产品之前一定要仔细看该产品的检测报告。伪劣的所谓纯橄榄油中的脂肪酸组成和大豆油的脂肪酸组成基本一致。遗憾的是，中国区域代理商和地区经销商以迎合市场的需求为借口，个别企业知假卖假。

国内市场销售的还有一些标签上标明橄榄果核油（Olive Kernel Oil），或烹调橄榄油（Cooking Olive Oil），实际上就是果渣油或是纯橄榄油。消费者和经销商一定要仔细辨别产品标签上的品名。

果渣橄榄油有两种，A类果渣橄榄油和B类果渣橄榄油。过熟的，变坏的，被虫叮咬的，破口的油橄榄果也可以像好的油橄榄果一样压榨出油，但是，这些油质量低劣，不可食用。在1900年以前，这种油仅供点油灯之用。直到今天，这种油仍被称为“灯油”（lampante）。19世纪初，一些化学家发现了一种精炼方法，可以将橄榄灯油制成无香、无色、无味的可以食用的油。橄榄油贸易中将这种被精炼的橄榄灯油称为A类精炼橄榄油。精炼过程毁掉了橄榄油的口感和基本的多酚抗氧化物。在这种精炼的橄榄灯油中加入3%～10%的初榨橄榄油后，在市场上被堂而皇之地冠以“100%纯橄榄油”（100% Pure Olive Oil）。纯橄榄油和“清淡”橄榄油实际上就是A类精炼橄榄油和初榨橄榄油（并非是特级初榨橄榄油）的混合油。这种混合油的热量和其他级别

的橄榄油一样。多数的混合油含有10%的初榨橄榄油和90%的A类精炼橄榄油。这种90∶10的模式通常被称为"里维拉混合法"(Riverra Blend)或"经典混合法"(Classic)。

正常的油橄榄果被压榨出油后剩下的果渣（果皮和果核）还含有4%左右的油，但是无法通过冷榨提炼。这时，需要通过超高温，已烷溶剂（hexane solvent）和碱将油提炼出来，然后经脱色、冬化和除臭处理，去除油中的有害物质，最后"生产"出来的油无味，无香，是B类精炼橄榄油。将B类精炼橄榄油和少量的真正橄榄油混合，就是可以食用的橄榄果渣油。将这种不含脂肪的油称为"橄榄油"在很多国家是违法的。可怕的是，市场上即使标为或特级初榨的橄榄油，其实也有不少是勾兑了榛子油或别的廉价油脂的橄榄油，而并非是纯正的初榨橄榄油。

目前，在中国，一些标为"100%纯橄榄油"及一些特别廉价的橄榄油产品销售量远高于纯正的特级初榨橄榄油，这是不正常的，反映了消费者购买产品时的浮躁和对橄榄油质量等级不清楚的缘故以及一些经销商不负责的行为。橄榄油产油大国的劣质橄榄油有向中国倾销的趋势。

（2）看质检报告

通过了解橄榄油的主要理化指标也能很好鉴别橄榄油的真伪和优劣。根据国际橄榄油理事会的《橄榄油和橄榄果渣油贸易标准》《橄榄油紫外线光谱测定分析方法》和《中华人民共和国橄榄油，油橄榄果渣油专业标准》，橄榄油的主要理化指标包括酸值、过氧化值、脂肪酸组成和紫外线吸光度等。通常，国外正规的橄榄油生产厂家会随每一批次橄榄油发布一次该批次的质检报告。

酸度（Acidity），是用来测定每100克油脂中自由脂肪酸（Free Fatty Acids）所占的比例的指标，自由脂肪酸又叫游离脂肪酸，是油脂中"不安分"的脂肪组成部分，酸度过高容易导致氧化，从而导致油脂酸败，不可食用。国际橄榄油理事会和欧盟的标准显示，特级初榨橄榄油的油酸含量低于0.8，初榨橄榄油低于2.0。因此，特级初榨橄榄油和初榨橄榄油的酸度是天然酸度，而精炼橄榄油的酸度是人工干预酸度。橄榄油的品质，从天然酸度的角度来说，当然是越低越好。

过氧化值（Peroxide），指油脂中的过氧化物总含量。过氧化值就是油脂与空气中的氧发生氧化作用所产生的氢过氧化物，是油脂自动氧化的初级产物，它具有高度活性，能够迅速地继续变化，分解为醛酮类和氧化物等，致使油脂酸败变质。因此，氢过氧化物是油脂初期氧化程度的标志。氢过氧化物对人体健康有害，过氧化值超标的油脂不能食用。中国的标准通常以毫摩尔数（mmol/kg）来表示，而国际橄榄油理事会及欧盟用（meq O_2/kg）来表示。特级初榨和初榨橄榄油的酸度按照国际和国内标准都应小于20（meq O_2/kg，国际）或10（mmol/kg，国内），人工干预的精炼橄榄油小于5（国际，国内）。和酸度一样，如果质检报告上的过氧化值过低，该产品不属于特级初榨橄榄油，或初榨橄榄油。如果过氧化值高于标准意味着产品存放的时间太长，橄榄油已经开始变质。

紫外线吸光度（Absorbency in ultra-voilet），是指油脂在不同波长的紫外线照射下的光谱数值。橄榄油的紫外线光谱测定对于了解橄榄油的品质，储存状态和变化很有帮助。它通常能表明橄榄油的级别和保鲜能力。《中华人民共和国橄榄油，油橄榄果渣油专业标准》没有相关的紫外线吸光度标准，因此，部分经销商刻意隐瞒此项检测结果。

表15-9 国际橄榄油理事会的紫外线吸光度标准：

紫外线吸光度	特级初榨橄榄油	初榨橄榄油	精炼橄榄油	橄榄果渣油
K270	≤0.22	≤0.25	≤1.10	≤1.70
△-K	≤0.01	≤0.01	≤0.16	≤0.18
K232	≤2.50	≤2.60		

橄榄油的级别意味着橄榄油的品质优次，通过测定橄榄油产品的紫外线吸光度就完全可以判定该产品的级别。

脂肪酸组成（Fatty Acid Composition），是橄榄油的一项最重要的理化指标，它揭示了橄榄油的真伪和橄榄油的营养价值。脂肪酸是脂肪的基本单位，与维生素、氨基酸一样是人体最重要的营养素之一。在生物学上脂肪酸分为饱和脂肪酸和不饱和脂肪酸，不饱和脂肪酸又分为单不饱和脂肪酸和多不饱和脂肪酸。橄榄油与传统油脂的最大区别在于橄榄油的不饱和脂肪酸含量是所有油脂中最高的，其中的单不饱和脂肪酸能降低血清胆固醇和低密度脂蛋白胆固醇的含量，不改变高密度脂蛋白胆固醇（甚至会提高），从而预防和阻止脂肪团的形成，预防心血管疾病。而多不饱和脂肪酸包括亚油酸（C18：2）即 ω-6 脂肪酸，亚麻酸（C18：3）即 ω-3 脂肪酸等人体无法合成的必须脂肪酸。

表15-10 根据国际橄榄油理事会的标准，橄榄油的脂肪酸组成如下：

名　称	含　量	种　类
豆蔻酸	≤ 0.05	饱和脂肪酸
棕榈酸	7.5～20.0	饱和脂肪酸
棕榈油酸	0.3～3.5	单不饱和脂肪酸
十七烷酸	≤ 0.3	
十七碳一烯酸	≤ 0.3	
硬脂酸	0.5～5.0	饱和脂肪酸
油酸	55.0～83.0	单不饱和脂肪酸
亚油酸	3.5～21.0	多不饱和脂肪酸

续表

名　称	含　量	种　类
亚麻酸	≤ 1.0	多不饱和脂肪酸
花生酸	≤ 0.6	饱和脂肪酸
二十碳烯酸	≤ 0.4	
山嵛酸	≤ 0.2	饱和脂肪酸
木蜡酸	≤ 0.2	

从表 15-10 可以看出，橄榄油中最重要的六种脂肪酸分别是油酸，亚油酸，亚麻酸，棕榈油酸，棕榈酸和硬脂酸。其中油酸（单不饱和脂肪酸最主要的部分）的含量是最高的。质检报告中这一项指标的高低意味着产品的真伪和品质的高低。国内外媒体曝光的一些橄榄油造假丑闻就是利用传统油脂勾兑成橄榄油，油酸含量远远低于标准水平，以假充真。

此外，脂肪酸组成中的亚油酸和亚麻酸的比例也是一个重要的指标，通常来说，特级初榨橄榄油中的亚油酸和亚麻酸的比例要低于 20∶1。从理论上讲，该比例可以达到最理想的 4∶1。实际上，能达到这种比例的橄榄油非常罕见，能达到 6∶1 到 12∶1 就是品质很好的橄榄油了。

对橄榄油的品质鉴定要综合评判，不能单独放大某一个指标（比如夸大产品的低酸度，低过氧化值，而不去看产品的脂肪酸组成和紫外线吸光度），同时，要结合橄榄油的感官指标来评定，只有这样，才不会一叶障目，才能纵览全局，做一个聪明的消费者。

（3）看加工工艺

如果是特级初榨橄榄油（或初级初榨橄榄油），有一种方法是冷榨（标签上会标明 Cold Pressed，或 Cold Extracted），冷榨法也就是将油橄榄果通过物理机械直接压榨出和一些家庭适用果汁压榨器榨果汁的原理一样，通过这种方法提取的橄榄油，天然纯正，营养没有受到任何破坏。还有一种方法是精炼法（Refined），这种方法是实际上就是化学浸出法。

（4）看产地

产地对于价格和质量的影响很大。目前，橄榄油主产国中，西班牙的产量占世界总量的三分之一，意大利四分之一，希腊五分之一，其他产油国包括土耳其，叙利亚，葡萄牙，法国，埃及等。根据统计，希腊的特级初榨橄榄油的比例占该国橄榄油产量的 75%，意大利 50%，而西班牙仅 30%。品质好次的原因在于树种、气候、纬度等地理条件。西方消费者对橄榄油的产地比较挑剔。消费者最关心的前六位依次为：产地

39%，香味 36.9%，品牌 33.4%，性价比 33.4%，口味 29.1%，颜色深浅 26.25%。

（5）看装瓶地

目前，国内市场销售的绝大多数橄榄油依赖进口。进口的橄榄油主要有原装和分装两种。原装即为该瓶橄榄油是在出口国的生产厂罐装完成的，国外大型的专业橄榄油生产厂商通常有储存千吨以上橄榄油的低温罐，且从采收到压榨和瓶装运输等全过程经过食品行业 HACCP 危险分析与关键点控制认证及 ISO9001 质量管理认证，因此，原装的橄榄油安全的概率是很高的。

（6）看包装

橄榄油的包装五花八门，目前见过的包装种类主要有透明玻璃瓶，深色玻璃瓶，透明塑料桶，透明塑料瓶，纸盒，金属 TIN 装等。橄榄油中有很高的抗氧化成分，它在阴凉避光处能保存 24 个月的时间，这是其他任何油类及天然果汁无法比拟的。但是橄榄油对光敏感，光照如果持续或强烈，橄榄油易被氧化，因此，建议购买深色玻璃瓶包装，或不易透光的器皿包装，这样，保存的时间会较长，且橄榄油中的营养不易被破坏。另外，除小包装外，橄榄油的国际标准包装为：250mL，500mL，750mL，1L，3L，5L 等。消费者还要注意市场上有一些缺斤少两的包装。

（7）看证书

国内合法进口的橄榄油应该有一系列的出口国官方证书，品质证明文件和中国官方证书和品质证明文件等，其中包括进口食品标签审核证书，出口国官方检验报告，出口国实验室报告，卫生证书，品质证书，中国实验室检验报告，卫生证书等。另外，国外厂商的质量认证也很重要，经销商应该索要系列证书，如果有条件，消费者可以上网查阅。国内有部分橄榄油总代理商销售的橄榄油没有这些证书，或者证书不全，更为严重的是，有个别的总经销商从 T 国进口，却打着 G 国的牌子。经销商和消费者需要仔细辨别。

（8）品尝

橄榄油的品质好次，一方面是内在的一些理化指标，另外一方面需要通过感官进行测定。国际橄榄油理事会为此颁布了《橄榄油感官分析和原生橄榄油感官评定方法》。如果有条件，消费者最好能亲自品尝，以判定该产品的基本品质。在西方国家，象品酒师一样，也有专业品评橄榄油的品油师。笔者在希腊学习时，曾在萨洛尼亚职业技术学院油橄榄植物系学习过橄榄油的品鉴。

通常，品油师是按照以下步骤来品评橄榄油：

①注意事项：最好每次品评 3 ～ 4 种。根据气味，最好先品淡的，再品浓的。在品评前 30min 或品评过程中，不要使用香水，除臭剂，香皂，口红，不抽烟，不吃甜食，不喝咖啡。

②把需要品评的橄榄油依次倒入专用鉴评玻璃杯中。每次拿起一杯，手掌紧贴杯底，轻轻晃动，用手掌的温度慢慢将橄榄油加热，使油的香味充分散发出来。同时，观察油的色泽，透明度。

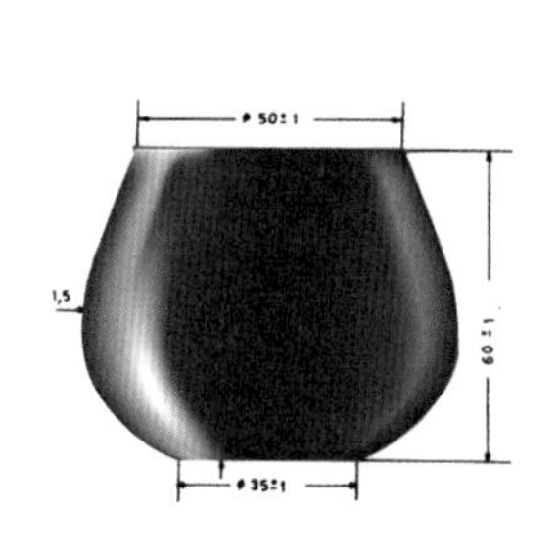

（1）品鉴专用杯

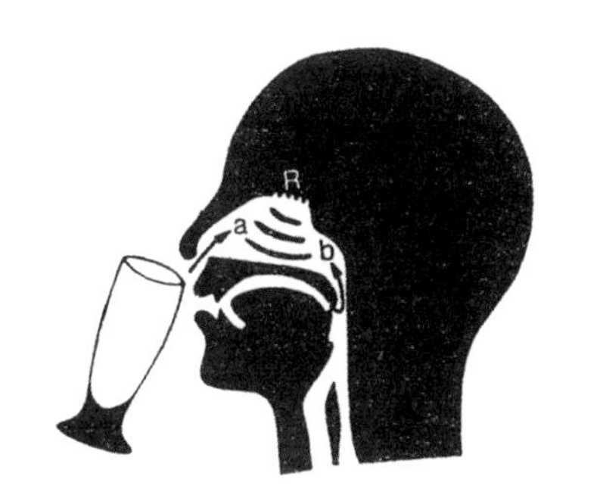

（2）品鉴时闻油味的方法

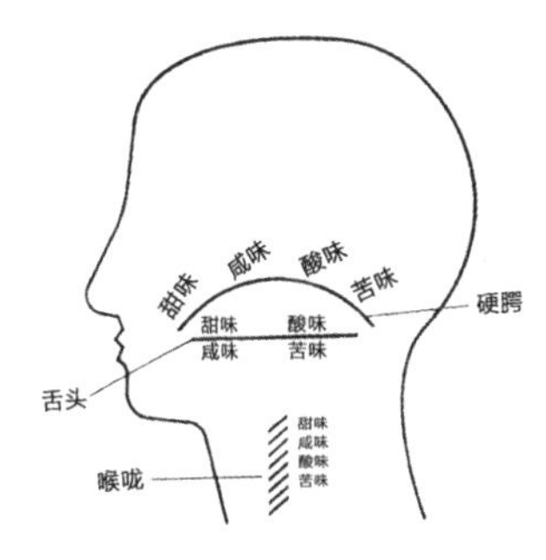

（3）口腔表面的不同部位对基本味觉刺激的敏感度

图 15-2 橄榄油品鉴

③鼻子尽量靠近橄榄油，慢慢，连续 2 ～ 3 次深吸气。注意嗅到的气味。如果需要，一分钟以后，重新再来一遍。

④有两种方式尝橄榄油，一是倒在未加盐的白面包上，二是直接喝。直接喝时，每次喝 2 ～ 3mL，在口腔中把油润到各个部位。

⑤嘴微张，连续，迅速吸气两到三次，将油喷成雾状，让空气和油混合碰到舌头和上颚。将油吐出。如果需要，可以重复。但是，重复前，需先用清水漱口，或吃一片苹果，再漱口后品尝。

3. 橄榄油的保存。

普通消费者购买的瓶装或较大规格容器盛装的橄榄油，不可能一次使用完，每次使用后都有剩余橄榄油的临时保存问题，保存不当会降低橄榄油的质量。通常橄榄油如果放置在阴凉避光处保存（最佳保存温度：为 5℃～ 15℃），保质期通常有 24 个月。橄榄油的保存要注意四个方面：

①要避免强光照射，特别是太阳光线直射。

②要避免高温。

③使用后一定要盖好瓶盖，以免氧化。

④勿放入一般的金属器皿保存，否则，随着时间的推移，橄榄油会与金属发生反应，影响油质。

五、橄榄油食用方法

橄榄油以其独特理化指标与保健功能，正在逐步成为新世纪理想的食用油。在西方很多国家已普遍使用橄榄油，如果拿普通色拉油和橄榄油比较，色拉油呈透明黄色，闻起来有明显的油脂味，入锅后有少许青烟；橄榄油颜色黄中透绿，闻着有股诱人的清香味，入锅后有一种蔬果香味贯穿炒菜的全过程，它不会破坏蔬菜的颜色，也没有任何油腻感。

1. 用橄榄油煎炸

与普通植物油不同，橄榄油因为其抗氧性能和很高的不饱和脂肪酸含量，使其在高温时化学结构仍能保持稳定。使用普通食用油时，当油温超过了烟点，油及脂肪的化学结构就会发生变化，产生易致癌物质。而橄榄油的烟点在240℃～270℃，这已经远高于其他常用食用油的烟点值，因而橄榄油能反复使用不变质，是最适合煎炸的油类。

2. 用橄榄油烧烤煎熬

橄榄油也同样适合用来烧、烤、煎、熬。使用橄榄油烹调时，食物会散发出诱人的香味，令人垂涎。特别推荐使用橄榄油做鸡蛋炒饭，或做烧烤。

3. 用橄榄油做酱料和调味品

酱料的目的是调出食物的味道，而不是掩盖它。橄榄油是做冷酱料和热酱料最好的油脂，它可保护新鲜酱料的色泽。橄榄油可以直接调拌各类素菜和面食，可制作沙拉和各种蛋黄酱，可以涂抹、面包与其他食品。用橄榄油拌和的食物，色泽鲜亮，口感滑爽，气味清香，有着浓郁的地中海风味。

4. 用橄榄油腌制

在烹食前先用橄榄油腌过，可增添食物的细致感，还可烘托其他香料，丰富口感。

5. 直接使用橄榄油

特级初榨橄榄油直接使用时，会使菜肴的特点发挥到极致。你可以像用盐那样来用橄榄油，因为特级初榨橄榄油会使菜肴口感更丰富、滋味更美妙。你还可以将特级初榨橄榄油加进任何菜肴里用来平衡较高酸度的食物，如柠檬汁、酒醋、葡萄酒、番茄等。它还能使食物中的各种调料吃起来更和谐，如果在放了调味品的菜肴里加一些橄榄油，你会发现味道更好。特级初榨橄榄油还可以使食物更香，更滑，味道更醇厚。

6. 用橄榄油焙烘

橄榄油还适合于焙烘面包和甜点。橄榄油远比奶油的味道好，可广泛用于任何甜品及面包。

7. 用橄榄油煮饭

煮饭时倒入一匙的橄榄油，可使米饭更香，且粒粒饱满。

8. 饮用

每天清晨起床或晚上临睡前，直接饮用一汤匙（约8mL），可以降血脂、血糖，治疗肠胃疾病，减少动脉血栓的形成。特别是对老年人、高血压及心脏病患者尤为有益。食用数周之后，原本不正常的一些生理指标就会得到明显改善。

需要特别指出的是，虽然橄榄油具有其他油脂不可比拟的诸多优点，但从本质上

来说，他还是一种油品，所以在食用时，必须按照健康标准适量摄入，才能保证保健作用的发挥。

第二节 橄榄油加工技术

在国内产区油橄榄按照果树来分类经营管理，经过一个生长周期的精心作务，油橄榄树提供了最终产物油橄榄鲜果。油橄榄鲜果不能直接食用，必须经过加工处理后，才能成为人们可以食用的产品。这也是区别其他果树最显著的特征。

油橄榄为人们提供两大类橄榄产品，第一大类是橄榄油，2015—2016 年全世界橄榄油产量 315 万吨，比 2014—2015 年度增长 28%，增长了 69.4 万吨，加工了世界油橄榄鲜果产量的 90%。另一大类是餐用橄榄，2015—2016 年世界加工餐用橄榄 273.6 万吨，加工了世界油橄榄鲜果产量的 10% 左右。

用初熟或成熟的油橄榄鲜果通过物理冷压榨工艺提取的天然果油汁（剩余物仍含有 4% ～ 7% 的油，可通过化学方法提取橄榄果渣油），是世界上以自然状态的形式供人类食用的木本植物油之一。由新鲜的油橄榄果实直接冷榨而成，不经加热和化学处理，保留了天然营养成分。橄榄油被认为是迄今所发现的油脂中最适合人体营养的油脂。是世界各国竞相发展的高档食用油，成为世界贸易的重要内容。

餐用油橄榄（Olea. europaea L.）在近代世界食品市场上是一个重要的、引人注目的商品。新鲜油橄榄果带有苦涩味，不能直接食用，经过脱涩和乳酸发酵加工可以制作成高级食用果品，它保存了完全的天然营养成分，营养成分高，又是乳酸制品，在国外已成为人们的冷餐、佐酒和消闲的高质量食品，很受人们喜爱。

油橄榄的加工是工业化生产阶段，与种植环节的工作完全不同，加工环节是橄榄油质量控制的重要环节，牵涉一系列控制核心技术，也是世界油橄榄主产国重点研究的内容。特别是榨油设备供应一直有国外几家大公司控制，在中国还是空白。国内也有厂家研制榨油机，但由于技术不成熟，榨油质量得不到保证，还没有进入市场。

国内油橄榄产业发展处于起步阶段，目前全国鲜果产量仅 5 万吨左右，全部加工成橄榄油，餐用橄榄的加工还处于实验室研制阶段。随着油橄榄产量的进一步增长和人民消费习俗的改变，餐用橄榄必将走上人们的餐桌。

一、橄榄油加工技术的历史追溯

对于橄榄油的加工设备和技术，学者们普遍认同橄榄油的加工经历了由石块进行压榨到运用杠杆原理压榨再到现代离心式榨油机出现等循序渐进的发展进步历程。

在古希腊，油橄榄的种植和加工不仅是一种生产行为，它还具有重要社会意义，与古希腊文明的进步有着千丝万缕的联系。年伦弗鲁在《文明的出现公元前三千纪的锡克拉底斯群岛和爱琴海》一书中提出，油橄榄、葡萄的引进所引起的种植和加工技术的发展，是早期青铜时代社会发展的重要内容。人们通过种植这些农作物，得到多样的、剩余的农产品。生产力的提高，加剧了社会分化，进而导致社会等级的出现。对此，汉森也持有类似的观点。在《史前爱琴海地区农业》一文中，他指出，在晚期青铜时代以前，地方经济占主导地位，基本上没有种植油橄榄和葡萄，因为该地区几乎不存在人工种植的作物。自公元前世纪开始，土地的开垦，促进了新引进作物的种植，如油橄榄、葡萄等以解决人口增长带来的问题。他断言，到公元前世纪，希腊各地都在建造梯田，开垦荒地。公民的财产主要依赖于种植农作物以及在偏远地区开垦土地种植油橄榄和葡萄。此外，在一些希腊通史、农业史的著作，如保罗·卡特里奇主编的《剑桥插图古希腊史》、格罗兹《古希腊的劳作》、塞利·伊萨基尔《古代希腊农业》、罗伯特·塞拉里斯《古代希腊世界的生态学》，乔恩·迈克森《古代希腊宗教》、简·艾伦·赫丽生《古希腊宗教的社会起源》等书也不同程度地涉及古希腊时期油橄榄的种植以及使用情况。美国学者里恩·弗克斯霍尔《古希腊的油橄榄种植探寻古代经济》的出版，在学术界引起了重大的反响。该书是迄今为止第一本比较全面地研究古希腊油橄榄的专著。该书采用比较年代学的方法，向我们呈现了晚期古风时代以及古典时代油橄榄的种植、生产、加工和消费，进而突出在古风和古典时代城邦的农民使用油橄榄的特点。同时从农业经济的角度描述了公元前到世纪中期，富裕家庭从社会、政治、经济角度考虑，从而种植油橄榄，阐明了个体农业活动与整个社会之间的关系。正如作者提到，油橄榄的种植为研究希腊社会、农业、技术的发展史以及油橄榄种植与古代经济之间复杂的关系提供了重要的线索。认为研究古代希腊的油橄榄，是了解古希腊农业经济的一个重要切入点。通

图 15-3 古希腊最原始橄榄油压榨方法

过对不同的土地所有者的对比研究，她指出，富裕家庭和贫困家庭种植油橄榄的动机有所不同。造成这种不同的主要原因是大土地者和小土地者从事农业活动的目的和心态的不同，对于那些占有少量土地的农民来说，从事农业活动的首要目的是自给和生存，他们对经济或农业政策的关注，主要是出于维护自身安全的考虑，而富裕家庭对产品的需求则显然超过了生存的水平，其生产活动已经超出了维持生计的范畴，这使得他们利用这样的产品，藉以维护或者巩固这些家庭及其成员的社会地位。而对于油橄榄的加工技术和设备，弗克斯霍尔综合前人研究的成果，首先从考古学的角度提出在考古发掘出来的工具和设备中，很难确定哪些是专门用于压榨橄榄油的。她对此的解释是，由于古希腊农业规模较小，再加上特殊产品在希腊社会中的特殊地位，所以有的农业设备和工具，是由具有多种用途的元件组成，在不使用的时候可以将设备分解，这样就提高了设备的利用率。同时她还提出从古风时代到古典时代，加工油橄榄的设备有所变化，但是这种变化并不意味着设备由简单到专业化和复杂化。即使有时有更先进的技术，人们也不一定会采用，因为是否采用一种设备，与当时农业生产总体状况以及油橄榄在经济和社会的地位有着密切关系。弗克斯霍尔从富裕家庭入手对希腊油橄榄的种植、加工和消费情况，尤其是对于人们种植油橄榄的动机以及橄榄油加工技术进行了深入的研究，研究成果具有开创性。

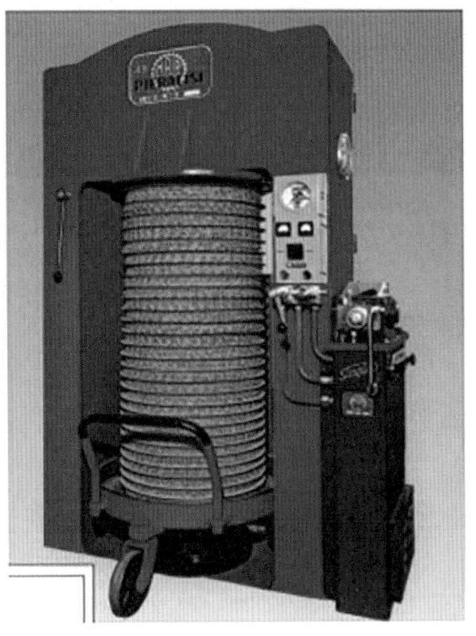

图 15-4 希腊早期橄榄油压榨设备

在古希腊，人们通常将油橄榄果加工成腌橄榄或者是压榨成橄榄油。古人是怎样发现油橄榄的用途的，目前还没有任何文字史料或者考古发掘的证据。有的学者做了大胆的推测，认为橄榄果最早被当作家畜饲料，山羊吃从树上掉下来的野橄榄果。在人们将野橄榄果收集、储存，或者捣碎的过程中，就会有油渗出。人们注意到这一点，便逐步找到压榨橄榄油的方法。在古希腊，压榨橄榄油一般在城市进行。然而，考古发掘在城市和乡村都发现了压榨工具。在偏远的乡村，尤其是交通闭塞的地方，在农忙季节，如在油橄榄收获的季节，由于人力物力有限，将果实运往城市比较困难，于是就地压榨。在压榨橄榄油之前，首先要将油橄榄果碾碎，通常碾成浆状。这一程序最常用的工具是所谓“旋转碾碎器”。它的底部是一个形状如茶碟一样的石器，上面有一跟圆柱将两块磨石固定。虽然可以肯定的是这种碾碎器起源于希腊，但是仍无法确定它从哪个时期开始使用。在之后的罗马时代，通过改进后的更先进、效率更高的碾碎器出现，其磨石的数量有一个、两个或者三个不等。在碾碎器发明之前，人们用什么方法碾碎橄榄果，学术界目前有多种猜测，其中最流行的是人们穿很重的鞋踩橄榄果，其依据是“trapetum”这个词来源于“trapetum”，而“trapetum”在荷马和西希俄德时代是指用脚踩葡萄这一动作。被碾碎后的橄榄果经重压后出油。压榨橄榄油有很多的方法，其中最简单的方法正如1993年在Kfar Samir的考古发现所呈现的一样。1993年，在Kfar Samir，发现了两个装有橄榄果核的坑。一个是在硬土地面挖掘的，深约0.5m。坑的底部铺有一层鹅卵石，鹅卵石上面是一层橄榄果核。而在橄榄果核上面铺的是一层柔软的包括被水浸过的芦苇、树枝和稻草在内的有机层。这个坑的发现再现了当时压榨橄榄油的简单方法，将压碎的橄榄放于芦苇中，并将其置于树枝上，然后在上面放石块压榨。另一个坑也是在硬土上挖掘的，深约0.5m，直径约0.1～1m。这个坑中装的主要是一些植物类的遗物，其中大部分是橄榄果核，而且是压榨过的。这表明，这个坑有可能是用于装橄榄压榨后的残渣的，这些残渣可能用作燃料或者饲料。在压榨的设备中，一个很重要的工具是压榨中装橄榄果的袋子。这些袋子有不同的材质，如柳条编织的、黄麻纤维编织的等等。采用这些材料的主要考虑是它们的渗透性很强，压榨出来的油能尽快流出，而压榨后的残渣、果核等继续留在袋子里。压榨后出来的液体是油水混合物，放置一段时间后，油都浮到水面，就很容易将油和水分离开来。橄榄油在一定程度上依赖市场，并且经常输向地中海各地，因此油橄榄加工技术需要改进和提高从而提高生产效率，然而，那些简单的、初级的工具仍然占主导地位。新的加工工具，如trapesum等并没有在较大范围内完全取代古老的工具。可以说在古希腊橄榄油榨取技术缺乏革新和进步。M. I. 芬利早在1965年就指出“据我所知，作为一个阶级，古代的大地产所有者，从来都很兴盛的……他们的理念是放贷，因此，不管是从物质环境还是他们的意愿来讲，都不愿意进行技术革新。……尽管他们不能找到一个比旧的土地投资更好的投资方法，但是他们将精力用于花费财富，将财富用于政治和享乐上。”在古希腊，农业中的商品经济发展水平有限，无论城邦还是家庭，其生产的目的首先是自给自足，再加上经济环境的不稳定性，“灵活性”成为人们从事经济活动时的首要考虑，而且劳动力价格昂贵，改善设备代价很高，见效缓慢，技术革新要承受重大风险，这些因素都阻碍着人们对新技术和设备的接受和使用。压榨橄榄油是一项耗时长而且规模也较大的工作。

二、现代橄榄油加工技术

目前国外的橄榄油加工方式已由传统的石磨和机械挤压工艺发展到离心倾析和离心分离工艺。传统工艺是将成熟、经过清理的橄榄果实用石磨碾碎，再用专用的草袋装好，放在挤压机上挤压出油，经过过滤、沉淀、包装为成品油。但传统工艺压榨效率低，容易产生二次污染。采用现代机械工业制造的国外油橄榄榨油方法从历史上主要有如下三种：圆盘液压机榨油法、离心机分离法、阿尔芬滤油机法三种。工艺流程一般为：

1. 圆盘液压榨油机

(1) 果实输送与贮藏

油橄榄果实采收后立即装车运输到榨油厂，一般是当天运来当天加工，但在大量采收季节，来不及加工，可薄层堆放在水泥地上，其堆果高度不超过 20 ～ 40cm，一般只能贮藏 3 ～ 5 天，同时还要注意防止鲜果发热、霉变，从堆果场到车间加工的运输设备多为皮带输送机输送。

(2) 称重

大部分采用自动磅秤称重记录。

(3) 清洗

主要清洗果实中的沙、石、泥、枝叶及其表面喷撒的药剂与污垢，这些杂质的存在会影响油的质量与出油率，并且会造成设备的损坏，清洗水一般不循环利用。

(4) 粉碎

粉碎粒度（指果核碎片）一般在 1 ～ 5mm，由于榨油方法不同，其粉碎粒度也略不相同，粉碎机结构有锤片式、偏心式与内啮合式几种。

(5) 研磨

采用机械研磨的方法，将果肉的细胞组织充分破裂，使其中所含的油分大部分游离出来。

(6) 融合

采用桨叶式搅拌器，其作用是使果浆中分散的小油滴凝聚成较大的油滴，因此需对果浆进行慢速均匀搅拌，并要求加热保温，由于榨油方法不同，其融合时间及操作温度也有差别。

(7) 铺饼：采用半自动式铺浆机，铺饼厚度为 20mm 左右，厚薄要均匀，饼垫由尼龙丝编织而成。

(8) 压榨：液压榨油机有门框式与笼式二种，压榨时饼面比压一般在 60 ～ 175kg/cm^2，果浆温度为 20℃～ 22℃，压榨时间为 50 ～ 70min。

(9) 油水分离：油水分离采用两种方法：一种是滗滤法。即利用油与水的比重不同进行自然分离。其设备简单，不需动力，造价低，缺点是分离时间长。主要作为初分离装置。第二种是离心分离法。即利用高速回转使比重不同的油与水得以快速分离，其分离效果好，油质纯冷，能使油中含水≤ 0.2%，杂质≤ 0.1%，因此现已广泛使用。

2. 离心法榨油

离心法榨油是利用离心机的离心力使果浆中比重不同的油、水、渣很快地分离开来，为了使油滴更易从小的凝胶体中分离出来，故在果浆进入离心机前需加入热水，加水量为果浆的 30% ~ 40%，水温为 30℃ ~ 35℃，以改变果浆凝胶体状态，更加有利于油、水、渣的分离。

3. 阿尔芬滤油法

阿尔芬滤油机回转带孔辊筒利用油与水的黏着力不同而选择性地把油从果浆中沾了出来。

（1）进料及清洗

（2）压榨设备

（3）临时储藏

图 15-5 希腊油橄榄种植户自备的橄榄油加工设备

上述三种油橄榄榨油方法中，离心机分离法与阿尔芬滤油机的工艺与设备都比较先进，能连续生产，尤其是离心机分离法，自动化程度高，快速榨油，油品质量好，是油橄榄榨油的发展方向，但是，这两种榨油方法的特点是，生产规模比较大，设备复杂，制造精度与设备成本高，对工艺操作要求也高，且饼渣中残油较高，还必须进行其他处理（压榨或浸出）才能使工艺完善。因此，国外仍有油橄榄榨油采用传统的圆盘液压机榨油法，这是因为它的工艺与设备简单可靠，操作方便，适合油橄榄鲜果冷榨，出油率高，油品质量好。同时，它还可以适应多种油料榨油，但由于它是间歇式生产，榨油生产周期较长，设备生产能力较低，劳动强度较大，需要进一步完善。尽管如此，压榨法在油橄榄榨油技术中仍被广泛采用。

现代橄榄油加工技术，从压榨技术理论来讲，仍然分为四个主要阶段：采收 - 压榨 - 分离 - 分装（见图 15-6）。离心倾析分离系统有三相离心倾析系统和两相离心倾析系统。三相离心倾析系统是将破碎的果浆分离为果渣、废水和油，并且在分离过程中需要加入大量的水，因此这种加工工艺产生的废水量大。由图 15-6 的两相离心倾析加工工艺流程图可以看出，两相离心倾析系统不需要加水，直接将果浆分为果渣和油，但果渣中含水，需要进一步分离。并充分发挥现代计算机控制理论，橄榄油压榨已经高度

自动化，橄榄油的质量和出油率大大提高。现在，国内市场上主要有意大利佩亚雷斯公司生产的榨油机、德国榨油机、土耳其榨油机三种设备。在质量上、售价上有差别。在榨油技术上都有国外厂家的技术工程师跟踪服务。

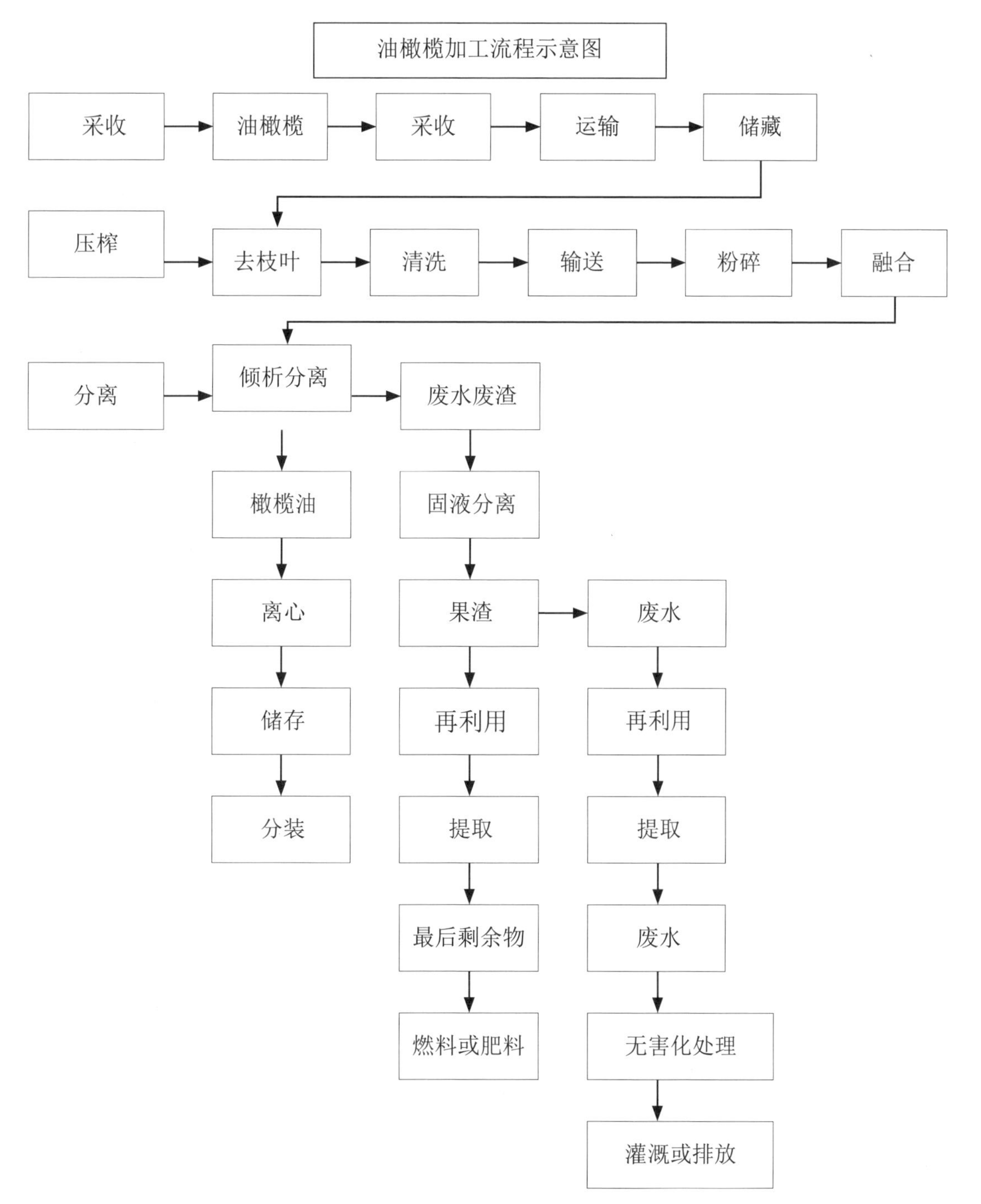

图 15-6 油橄榄加工流程图

第三节 现代橄榄油加工流程、主要设备及技术特征

据统计，目前国内专门从事油橄榄加工的企业有50多家，年加工鲜果能力5万吨左右。全国从事与油橄榄产业开发相关的公司500多家，其中有初榨橄榄油加工设备的企业25家，初榨橄榄油生产线28条。其中甘肃省陇南市有加工企业15家，有初榨油生产线18条，其中国产3条，进口15条（西班牙RAPANELLI生产线5条，意大利PIERRLISI生产线3条、UVNX911生产线4条，德国FLOTTWEG生产线2条，土耳其HAUS生产线1条），四川省广元市、绵阳市、达州市、成都市和凉山州共有7家加工企业，云南省有2家加工企业，重庆市有2家加工企业，湖北有1家加工企业。

油橄榄开发，在一定程度可以说，成功与否取决于加工企业的发展壮大。因为油橄榄鲜果必须经过加工企业的加工之后，才能变成进入市场销售的产品——橄榄油、餐用橄榄果。

随着技术的不断进步，橄榄油的加工方式已由传统的石磨和机械挤压、水压压榨及板框过滤工艺发展到破碎机破碎、果浆融合、离心倾析和离心分离等工艺，离心倾析有三相离心系统和二相离心系统之分。前者是将破碎的果浆分离为果渣、废水和油，并且在分离过程中需加入大量的水，因此废水量大；后者直接将果浆分离为果渣和油，不需加入水，因此废水量减少，但果渣含水量高于60%，需进一步分离。橄榄油加工是提高油橄榄经济效益的关键环节。中国对橄榄油的加工研究起步晚，在橄榄油加工及贮藏过程中，因小榨油机工艺技术落后，设备选型不当，得到的橄榄油常存在酸度高、香味差、不耐贮藏等质量问题，优质的油橄榄鲜果并没有加工成高质量的橄榄油。

一、国内传统橄榄油的制备工艺及技术特征

国内传统橄榄油的生产工艺及设备比较简单。传统做法是先将成熟、经过清理的橄榄果实放在石磨上碾碎，然后用清洁的专用草袋装好，放在挤压机上将油挤压出来，经过滤、沉淀、装瓶，即可为成品油。现代制油工艺是用高速离心机将油和渣快速分离，有效提高了出油率和油品的质量。

1. 工艺流程及主要设备

工艺流程：人工（或机械）采果⟶选料⟶冲洗⟶粉碎⟶搅拌⟶橄榄果肉挤压过滤⟶包装。

主要设备：风机、清洗机、粉碎机、耐酸搪瓷反应釜、压榨机、真空过滤器、不

锈钢贮料桶

2. 技术特征

先将去杂、清洗的油橄榄果实，放入水温为25℃～30℃的水浴内泡浸10min，使果实预热温度≤25℃，然后将其置入粉碎机内粉碎至果核渣直径＜4mm，在带有机械搅拌n≤3r/min,有夹套的耐酸搪瓷反应釜内将果浆搅拌1h。夹套置温水或循环温水，务必将内温维持在25℃左右，使果浆充分融合。经融合后的果浆放置于干净的尼龙垫上，铺成厚为25mm的饼层。然后将果浆饼层置入压榨机内压榨，压力由小至大缓缓上升，直至最高压力达48MPa，压榨工时2h。压榨出粗油经40目和100目筛孔二次过筛。油水层进入不锈钢贮料桶内沉淀分离，油温要保持在20±2℃。分出油层经高真空过滤，即获商品橄榄油。成品油贮存于通风、避光、干燥、无异味的容器内。

二、现代橄榄油加工工艺流程及技术特征

现代橄榄油的工艺流程、技术特征及主要设备工艺流程及主要设备如下所示。

工艺流程：采果⟶分选⟶清洗⟶称重⟶预热⟶粉碎⟶融合⟶铺饼⟶压榨⟶粗滤⟶倾析⟶离心分离⟶真空过滤⟶贮存

主要设备：风机、清洗机、电子秤、热水池、粉碎机、带有搅拌器的夹层锅、尼龙垫子铺饼圈、压榨圆盘压榨机、60目和100目筛子、倾析桶、高速离心机、真空过滤器、贮油罐

技术特征如下：

（1）果实除杂、分选。

（2）清洗：目的是除尘和少量的叶枝。

（3）称重：每榨称果100kg左右。

（4）预热：当榨油车间温度低于15℃时，把果放到水温为30℃～35℃的热水池中浸10min，预热后果温不超过25℃。

（5）粉碎：要求果浆粉均匀，果核直径不大于4mm。

（6）融合：采用带有搅拌器的夹层锅，搅拌器转速为20r/min，夹层中以30℃～35℃的热水加热，融合时间为50min，果浆温度维持在20℃～25℃。

（7）铺饼：融合后的果浆用干净的尼龙垫子、铺饼圈和压榨圆盘在铺饼车上铺饼，要求铺饼均匀，饼厚为25mm，每2个圆盘间铺4～5层饼。

（8）压榨：将铺好饼的铺饼车推到榨油机上进行压榨。

（9）粗滤：先后用60目和100目筛子滤去榨汁中的果肉颗粒。

（10）倾析：把粗滤后的油汁放到倾析桶中进行油水自然沉降分离，倾析温度在16℃～20℃，倾析时间为5～6h。

（11）离心分离：用高速离心机分离倾析桶内的油和水，得到余下的橄榄油。

（12）真空过滤：把倾析后得到的油和离心分离得到的油集合在一起进行真空过滤，要求真空度在 0.098MPa 左右，环境温度在 16℃～20℃。

（13）贮藏：把真空过滤后的油存放到贮藏室的贮油罐中。贮藏室应通风、避光、干燥、无异味，贮藏温度不高于 15℃。贮藏期间，定期排放沉淀物和取样检验。

三、国际油橄榄加工流程、技术特征及其设备

工艺流程：鲜果采集⟶运输和存放⟶去枝叶⟶清洗⟶输送⟶磨碎融合⟶离心倾析⟶离心分离⟶贮存装瓶。

主要设备：采果篮子、去叶输送机、风机、清洗、螺旋输送机、磨碎机、融合器、离心倾析机、离心分离机、螺旋泵、罐装机。

国际油橄榄加工技术特征如下：

（1）鲜果采集：采果时应避免鲜果与地面直接接触，青果与黑果的最佳比例是 75∶25，实际生产中控制其比例为 50∶50 左右。

（2）运输和存放：采集的鲜果应放入小篮中，再将篮子堆放，运到加工厂，平铺在通风的贮存室，避免鲜果过压、过热和碰伤，否则易发生氧化和发酵现象。

（3）去枝叶：采用机械轮带输送和风选，通过风机分离果子和枝叶。要求果子中不掺杂叶枝，因此风机的功率较大。

（4）清洗：目的是除尘和少量的叶枝，清洗需要一定的水，会产生废水，为减少废水量，采用循环水清洗，其控制量为 2 吨水清洗 5 吨果。

（5）磨碎：采用锤式破碎机破碎，其筛孔大小和锤打速度是关键，最佳的筛孔大小为 6mm，最佳锤打速度为 2500～3000r/min，其油的酸度、过氧化物、UV 值、总酚类和甾醇等有较好的结果。

（6）融合：破碎的果浆转移到融合池，通过螺旋杆运动混合均匀，控制温度和混合时间是关键，最佳时间为 30min，温度小于 40℃，采用夹层通水降温法。

（7）离心倾析：目前大多采用三相离心，少数采用二相离心。三相离心需加入 40%～50% 的水，其果渣占 45% 左右，其中残油率为 4%～6%，出油率为 25% 左右；二相离心不需加水，果渣占 75% 左右，其含水率为 60%～65%，出油率为 25% 左右。离心的转速为 3000r/min。

（8）离心分离：油相中还含有少量的水，油不透明，需立式离心分离机进一步分离，分离时需加入 10%～15% 的水，转速为 3000r/min。

（9）贮存：离心分离的油放入大的不锈钢贮罐贮存避免光和热，必要时充氮保护。

（10）装瓶：贮罐里的油定期放出少量的水和油脚，如仍不澄清，可拌硅藻土通过板框过滤，然后分装小瓶。

四、国内外加工工艺技术特征的对比

国内现有的加工工艺主要在果实的前期处理、油水分离以及贮存等关键的过程中采用的设备以及过程控制存在质量不高的问题，使中国加工出的橄榄油品质不佳，产品质量达不到国内和国际特级初榨橄榄油标准，且质量稳定性差，影响了经济效益。采用融合、倾析为主，离心分离为辅的油水分离法，且贮存前进行真空过滤是目前改进工艺的创新之处，有利于提高加工出油率和获得高质量的橄榄油。橄榄油的品质控制必须从加强原料处理、控制榨油温度和减少氧气、水分、金属对油脂的不利影响等方面采取综合技术措施，以提高橄榄油的品质，增加农民的经济效益。

五、陇南油橄榄加工现状及改进措施

甘肃陇南市油橄榄栽培面积全国最大，是中国橄榄油加工企业最集中、橄榄油产量最多的市，但大多数企业存在生产规模小、加工能力低，产品以初加工为主，设备运行效率不高，原料综合利用率低，效益一般等问题，严重制约着油橄榄产业的发展。对陇南市现有的加工技术进行改进，制订出适合中国目前小规模生产的油橄榄加工工艺是提高橄榄油品质，增加油橄榄种植农民收益的重要途径。

1. 精心选型加工设备

目前国内市场上有西班牙、意大利、德国、土耳其等国家的榨油设备，加工设备型号多，都被国外公司垄断，加工油品质量差异明显，设备价格差别巨大，受经济因素的制约一般用户难以决断取舍。这就需要在专业人员的指导下，充分考虑加工企业的综合情况，恰当选择适合各自企业的加工设备。

2. 严格果实的预处理

果实的除杂和分选是提高油质的关键工序之一，原料中的枝条、树叶、土块等会改变油的颜色和滋味，土块和石块还会严重磨损粉碎机。干瘪果、落地果、霉烂果、病果等果实压榨的橄榄油质量差、酸度高。因此，要想得到优质油，果实必须除杂、分类、清洗。

3. 控制榨油温度

橄榄油加工中，常提高榨油温度来降低油的黏度，以提高出油率。意大利榨油厂的温度高于30℃就归属温度过高，将会引起油的酸度增大、香味损失、颜色变红。因此果浆融合时，要控制温度和融合时间。榨油温度也不能过低，否则油的黏度大，会使后续的倾析难以进行，此外油与植物水长时间接触、植物水和杂质的发酵及油的水解同样影响油的质量。考虑降低黏度和油的质量要求，榨油温度应控制在20℃～25℃。

4. 持续改进工艺

（1）采用倾析为主，结合离心分离的油水分离新方法压榨。果汁油水分离一般采用倾析或离心分离法。

（2）采用倾析和离心分离相结合的方法，通过倾析，首先得到85% ～ 90% 的油，少量含在植物水中的油再通过离心分离的方法取得，这克服了单一倾析和单一离心分离二者所存在的缺点，得到高质量和稳定性好的橄榄油。

(3)贮存前进行真空过滤分离得到的橄榄油中，还含有0.2% ～ 0.5% 的杂质和水分，油呈混浊状态，不能直接出售。常规的贮存方法不能很好保持油的质量，因为在较长的贮存过程中，油中的杂质和水分会引起发酵并使油发生水解反应，导致油的酸度升高并产生不好的气味，降低了油的质量。贮存前对橄榄油进行真空过滤，有利于减少油与空气接触，除去油中的水分和杂质；减少油的氧化酸败和水解酸败，有利于油的质量稳定性。

（4）加工设备的材料必须选用食品级别。橄榄油加工设备的材料和工作性能应能满足油的质量及稳定性要求，重金属Cu、Fe、Mn、Pb等是促进油脂氧化的催化剂，其中Cu、Fe是强氧化剂，影响油脂劣化的浓度。当油脂中存在Cu、Fe、Mn、Pb等微量金属，将使油脂的贮存期减半。因此，在橄榄油加工过程中，与物料接触的设备应采用耐磨耐蚀不锈钢，尤其是粉碎机、超速离心机和贮油设备，尽量减少加工中带来的金属污染。选用分离性能好的超速离心机进行油水分离，可得到含水及杂质很少的橄榄油。采用密封及能及时排放沉淀物的不锈钢贮油设备，可较好保持油的质量。

（5）科学保存油品。加工压榨得到的油品，初期有一定的果肉残余漂浮，新榨的橄榄油给消费者有油品混沌的印象，将压榨的橄榄油集中存储在半地下大型低温储油罐中进行一段时间的沉淀处理后再灌装。

采用融合、倾析为主，离心分离为辅的油水分离法，且贮存前进行真空过滤是当前改进工艺的关键之处，有利于提高加工出油率和获得高质量的橄榄油。橄榄油的品质控制必须从加强原料的处理、控制榨油温度和减少氧气、水分、金属对油脂的不利影响等方面采取综合技术措施。该工艺的使用，能使产品质量达国内和国际特级初榨橄榄油标准，且质量稳定性好，可大幅提高农民收益，具有良好的推广和应用价值。

第四节 国际橄榄油加工设备简述

目前国内榨油厂的加工设备主要来自意大利、德国、西班牙、土耳其等油橄榄原产地国家，这些国家在长期的橄榄油加工实践中，不断改进工艺设备和流程，不断完善加工技术，设备制造充分结合现代计算机技术，向智能化、自动化、便利化方向发展。国外橄榄油加工都是由种植园主在自己的油橄榄园内安装中小型榨油设备，严格按照

榨制高质量橄榄油的技术要求随采随榨、按需压榨，这样就保证了在榨制环节对橄榄油的高品质要求。由于进口设备价格昂贵，国内一般的油橄榄种植户无力承担购置榨油设备的高昂费用，榨油环节都是依靠大的油橄榄加工企业完成，在采收集中的榨油季节常常受制于加工能力的大小，特别是普通农户采收的鲜果常常因为排队等候时间过长，在一定程度上影响了橄榄油加工质量。国内机械制造厂商也在研发橄榄油加工设备，但与国外设备相比，技术差距较大，油品质量相对得不到完全保证，所以一些较大的油橄榄开发企业都选用进口设备。随着中国装备制造业水平的提升，相信国产高质量榨油机很快会代替进口设备，这对降低加工成本，培育壮大国内橄榄油市场具有十分重要的意义。

1. 意大利榨油机

（1）PIERALISI 榨油机

目前国际普遍选用的较为先进的榨油设备，是集团创始人 Adeodate Pieralisi 在 1888 年所创建的一个机械设备制造厂逐步发展起来的。20 世纪 50 年代后期，通过将分离机械使用于其他工业领域，集团的商业活动范围迅速扩张，使 PIERALISI 集团拥有卧螺离心机、碟片离心机的研发、设计、生产，能满足固液分离领域的所有需求。PIERALISI 集团所赢得的良好声誉应归功于它的坚定理念、高瞻远瞩、最新工程技术以及优良的品质。PIERALISI 在意大利、荷兰、德国、西班牙、巴西、希腊、中国等国都设有分公司。在欧洲和中东国家以及非洲、南美和北美、印度以及其他亚洲国家均设有代表处、代理商及维修中心。PIERALISI 集团将供应商与销售商的运作作为提供完整服务的一部分。

图 15-7 意大利贝亚雷斯黄金生产线油橄榄鲜果冷榨设备

PIERALISI 的卧螺离心机产量处于世界第一位。年产离心机 1100 多台；全部按 CE（欧盟）制造。目前，PIERALISI 占领了全球 95% 的橄榄油加工设备市场。共有超过 45000 多台设备在世界各地广泛应用于石油化工、市政环保、食品饮料等各个固液分离领域。基于不断的市场研究，PIERALISI 生产出最新的产品，不断地提高质量水平并降低生产成本，目前占有国内 70% 的橄榄油设备市场。PIERALISI 公司有不同加工能力的设备供加工企业选择。

（2）伊诺罗斯榨油机

伊诺罗斯农业机械有限公司，总部位于意大利。伊诺罗斯农业机械（北京）有限公司利用总部的技术支持在中国投资进行研究、开发、加工、制造及销售旗下的农业牧草机械设备，小型挖掘机，农业设备，橄榄油压榨设备等等。为了更好地服务于中国广大客户，公司在中国建立了生产制造组装基地。伊诺罗斯农业机械意大利总公司成立于1982年，其产品是意大利农业联合会首选品牌。在20世纪90年代，公司做出了开展国际市场的战略决定，为此公司更加关注产品的多样化，投资的重要领域包括商业网络的发展和提升。目前，公司提供的产品包括大型的割草机，草料翻晒机，搂草机，打捆机，播种机，整地机，前装载，拖拉机后挂小型农用挖掘机，撒肥机，橄榄油压榨设备等等。在过去的十年间，公司营业额增长了将近三倍。伊诺罗斯以其可靠的质量、竞争性的价格、安全性的操作及环境保护方面的成就获得了客户的广泛认可，获得了广大客户的肯定和良好评价。同时伊诺罗斯机械产品在国际市场取得了巨大成功，特别是在北美市场。这得益于公司产品可靠优良的质量保障及对路的销售政策。另外，公司产品还成功地进入了北非和澳大利亚市场。成为全球重要的农业设备及优质橄榄油压榨设备制造商之一。面对蓬勃发展的中国经济和政府对农牧民的给力投入，伊诺罗斯更加积极地利用自己技术、市场、资金的优势提升产品的品质以便更加完善地服务于中国农牧业生产。

2. 德国福乐伟榨油机

福乐伟有限公司成立于1932年，在20世纪50年代中期开始研究和制造沉降式卧螺离心机（转筒式离心机），是世界领先的卧螺离心机制造商之一。经过多年的发展，福乐伟公司发展并掌握了固液分离等方面的许多技术诀窍。福乐伟公司目前的产品种类包括卧螺离心机、碟片式分离机及带式压滤机，应用范围从试验工厂到工业应用中的大型连续生产的机器。

福乐伟公司至今已在世界范围内生产、销售了几千台沉降式卧螺离心机和数百台带式压滤机。福乐伟公司的产品成功地应用在采矿、石化、化工、制药、食品和机械制造工业以及环保领域如污水和油污泥处理等。

自2003年底起，福乐伟公司已经从其在意大利的子公司维罗尼西公司（Veronesi）手中完全接管了碟片式分离机的开发、设计和生产。碟片式分离机主要用于液体澄清。卧螺离心机和碟片式分离机经常互补使用，特别是在食品工业和矿物油的工业生产中。福乐伟公司在重要的工业国家都设有分部包括服务部，很多公司在世界各地代理福乐伟公司的产品。福乐伟公司的产品出口率约有75%。陇南祥宇油橄榄开发公司引进了两条世界一流的德国福乐伟橄榄油生产线加工设备，形成了日处理油橄榄鲜果400吨

的生产能力，这既解决了陇南果农发展油橄榄种植的后顾之忧，也使企业的生产设备和技术水平跨上了一个新台阶。

Model 80 小型普通型橄榄油压榨设备

OLIOMATIC 1200/1500 型橄榄油压榨设备

图 15-8 福乐伟橄榄油加工设备

3. 西班牙榨油机

西班牙橄榄油压榨设备汇集了来自世界各地的专业人士、制造商、企业家、进口商、出口商、技术人员、专家、橄榄油加工厂、产地监督管理委员会和专业媒体定期探讨橄榄油生产行业最新的技术和设备。

图 15-9 西班牙萨拉戈萨国际橄榄油压榨设备

4. 土耳其榨油机

土耳其也是油橄榄生产大国之一，他们开发生产的橄榄油榨油机相比高端品牌的榨油机价格适宜，操作便利，在国内油橄榄产区也得到普遍使用。

图 15-10 土耳其橄榄油榨油机

5. 国内橄榄油榨油机

中国自行研制的“赛尔特”油橄榄榨油机在陇南陇锦园油橄榄开发公司安装运行，在2017年榨季试生产，加工生产的橄榄油质量和加工能力得到用户的认可。

图15-11 中国开发研制的“赛尔特”牌橄榄油榨油机

第五节 餐用橄榄加工技术

一、世界餐用橄榄的生产与消费

餐用橄榄和橄榄油一样都是当今世界高品位的食品，被欧洲人誉为餐桌上的“皇后”。一般用于“酒吧”客人的下酒小菜或早餐下饭和外出旅游随身携带的小食品。在西餐冷盘开胃酒菜中，餐用橄榄更是一道不能替代的美味佳肴。因系乳酸发酵制品，有促进消化的作用，所以备受人们的青睐。据研究报告：乳酸菌及其代谢产物可改善肠道菌群，活化机体免疫功能，抑制致癌物质和癌细胞的增殖，这一论点已为众多的动物实验所证实。可见餐用橄榄及其制品在国际市场走俏，绝非偶然。

经测算，每吨餐用橄榄果加工后的经济效益是加工成橄榄油经济效益的1～1.5倍。如果中国的橄榄油加工企业同步发展餐用橄榄，是发展壮大中国油橄榄产业的重要手段，同时辅以中国不同饮食习惯和口味风味的特点，对拓展油橄榄市场，满足人们不同消费需求是一个重要补充。按照目前中国油橄榄发展速度，有望在10年时间内，中国产的餐用橄榄将会大批量上市并进入国际市场。发展餐用橄榄生产，是提高栽培油橄榄经济效益的捷径之一，解决部分适宜品种含油率低的主要技术措施。充分利用中国的自然气候资源优势，在山区因地制宜地发展中国的餐用橄榄生产，是油橄榄加工领域与国际接轨的时代需要，也是产业发展的必由之路。

目前世界油橄榄栽培面积1125万公顷，所产油橄榄鲜果主要以鲜果加工橄榄油，

其次用于加工成罐头或蜜饯、果脯。世界橄榄油产量稳定在 260 ～ 310 万吨，世界餐用橄榄产量 2014—2015 年 266 万吨，两种产品的市场供应量基本相当。

根据国际橄榄油理事会（IOC）2016 年第 10 期市场快报资料显示，在 2013—2014 生产年（即 2013 年 10 月～ 2014 年 7 月）5 个橄榄油进口国的数据表中，餐用橄榄进口国巴西和加拿大增加了 1%，澳大利亚增加 0.3%，美国增加 0.2%，总体上欧盟各国进口量下降 9%，而非欧盟国家进口增加 10%。2014—2015 年生产周期国际餐用橄榄的生产达到 255 万吨，减少 2%。与欧盟橄榄油出口量低的西班牙、葡萄牙国家一致，产量高的是希腊和意大利。2015—2016 年预测达到 273 万吨，成为餐用橄榄新纪录，增长 3%，这一记录产生的原因是国际橄榄油理事会某些成员国油橄榄生产喜获丰收，埃及达到 50 万吨增长 6%，希腊 23 万吨增长 23%，阿尔巴尼亚持平，伊朗生产了 75 万吨，增长 10%，而世界餐用橄榄的主要生产国西班牙却降低了 16%，世界餐用橄榄的总消费量增长 5%，世界其他国家有的增长，有的下降，但总体上，连续三年来，以 4% 的速度增长。

表15-11 2013/14世界餐用橄榄进口量

单位：吨

进口国	2013/1	2014/1	2013/2	2014/2	2013/3	2014/3	2013/4	2014/4	2013/5	2014/5	2014/6	2014/6	2013/7	2014/7
澳大利亚	1597	1740	1906	1431	1423	1640	1161	1408	1785	1437	1183	1195	1258	1440
巴西	7005	6171	7419	6273	7230	7546	7199	9458	8824	9928	9408	9644	8748	11366
加拿大	2832	2622	1805	2297	1939	2215	2033	2621	2365	2556	2414	2361	2560	2753
俄罗斯	5680	4425	5886	3802	6415	5955	5404	5160	4913		3765		5134	
美国	9317	10483	8970	9452	12126	10932	12451	11746	12608	10722	11428	12165	14109	14505
欧盟27外	8456	9903	8259	9812	10742	13487	12184	12724	12318	12894	10225	12922	10567	
欧盟27内	26804	21801	25035	26432	28969	26319	32662	27022	32319	27494	31683	30769	36563	
合计	61692		59280	60500	68826	68111	73094	70158	75132		70105		78939	

根据最新统计数据，2014—2015 年世界餐用橄榄总产达到 266 万吨，各国进口 66.7 万吨，生产国自己消费 249 万吨，出口 63.8 万吨（出口、进口交叉）。根据 ICO10 月份发布的市场报告，2015—2016 年前 6 个月（2015 年 10 月～ 2016 年 3 月），餐用橄榄进口增加，澳大利亚 +5%，巴西 -14%，俄罗斯 -13%，美国 -1%。2015—2016 年前 5 个月数据（2015 年 10 月～ 2016 年 2 月）报告显示，从欧盟进口的比欧盟外的国家进口 +7%，与欧盟外国家同期相比进口 -4%。

由于国人饮食习惯和产业发展方向性原因，目前国内只重视开发橄榄油，对餐用橄榄的开发利用还没有提上日程。油橄榄产业开发有待从这方面突破，这是中国油橄榄产业发展要尽快补齐的短板。

二、餐用橄榄的加工技术

油橄榄果实中含有苦葡萄糖甙和单宁物质，因此它具有很浓的苦涩味，不能直接食用，在加工时必须脱去苦涩味。苦涩味脱得好与否，直接影响到产品的质量和口感。20 世纪 60 年代中国四川重庆林业试验场（现重庆市林科院）对餐用橄榄加工技术进行研究，取得了显著进展，试制的餐用橄榄产品口感醇厚、风味独特很受食用者欢迎。2011 年耿树香等以云南油橄榄果实为原料，应用不同浓度的氢氧化钠水溶液来脱其苦涩味，从而选择出适宜阿斯及佛奥两品种脱苦的氢氧化钠水溶液浓度，同时进行相应的脱碱试验，得出适宜油橄榄果实脱碱的磷酸水溶液浓度及相应的脱碱时间。总之，国内餐用橄榄的加工仍处于试验试制阶段，进入产业化发展仍需时日。

1. 油橄榄果脱苦甙试验方法

苦葡萄糖苷在强碱性溶液中可以水解成苦味脂和葡萄糖。因而脱苦时，采用不同浓度的 NaOH1.0%、1.5%、2.0%、2.5%、3.0%、3.5% 等水溶液以 1∶1 比例浸泡，即 1kg 碱液浸泡 1kg 果实。浮在水面上的果实用纱布压下去，使其全部能浸入。观察不同时间其脱苦葡萄糖甙情况并取样。在浸泡液开始由无色变为有色时，取果切开果肉观察，以 pH 试纸测定 pH，并记录浸碱变黄部分占整果百分比。以后每隔 1h 取果切开观测，≥ 3.0% 碱水溶液可采样每 0.5h 并记录。试验采用油橄榄中果肉较厚的阿斯及果肉较少但果皮角质层较厚的佛奥两品种作比较，佛奥果肉内含苦葡萄糖甙较多，用 1% ～ 1.5% 的碱液还不能把苦涩味脱完，碱液浓度要用到 2.0% ～ 4.5%。同一品种的果实，视果实的成熟度，用不同的氢氧化钠水溶液浸泡，果实在碱液中浸泡 2 ～ 5h 后，进行果肉检查，并记录碱液渗透比，即浸碱果肉部分占全部果肉的百分比，果肉全部发黄，证明碱浓液完全渗透到了果肉内。果肉绿白色，碱液未浸入果肉内，苦涩味就没有脱出。除直接查看果肉颜色外，还可用 pH 试纸检查，果肉是否呈碱性反应，pH 试纸和果肉接触后，试纸变为紫黑色，呈碱性反应，说明苦涩味已脱出；试纸颜色不变，证明苦涩味没有脱出。

在油橄榄阿斯果实脱苦试验中，因该品种果肉厚，易软，所以在此采用的碱浓度为 1.0% ～ 3.0%，观察发现 3.0% 的碱液浓度在浸泡 1.5h 即有碱液渗入，由此取样由浸泡 2h 开始。

表15-12 阿斯脱苦记录表

时间h	不同浓度氢氧化钠碱水溶液浸泡时碱液渗入比/%			
	1.5	2	2.5	3
2.5			23.78	27.18
3			53.31	45.55
3.5			57.66	51.33

续表

时间h	不同浓度氢氧化钠碱水溶液浸泡时碱液渗入比/%			
	1.5	2	2.5	3
4		21.82	58.52	65.4
4.5		31.03	62.03	67.4
5		45.18	84.2	79.74
5.5		50.31	87.66	100
6		50.84	100	
6.5	25.55	55.87		
7	33.53	58.66		
7.5	43.12	59.1		
8	47.73	67.27		
8.5	50.09	68.31		
9	50.68	100		
9.5	53.14			
10	63.84			
10.5	81.33			
11	85.01			
11.5	100			

从表15-12中可知不同的氢氧化钠水溶液对阿斯完全脱苦时间不同，1.5%、2.0%、2.5%、3.0%其所需时间分别为11.5h、9h、6h、5.5h。油橄榄阿斯品种，因果肉厚，果皮角质层薄，采用3.0%的氢氧化钠水溶液浸泡3h，即碱液渗入比达45.55%时，果皮有部分蜕皮现象，所以不宜采用3.0%浓度的氢氧化钠水溶液浸泡，以免影响果实加工品质。而对于1.0%浓度的氢氧化钠水溶液浸泡的阿斯，则在24h之后亦没碱液渗入，且外观颜色变褐，所以该浓度不宜采用。阿斯宜用浓度为1.5%～2.5%的碱液脱苦。

2. 油橄榄果脱碱试验方法

油橄榄经过碱处理后，果肉已没有苦涩味，但碱味很浓，同样不能食用，需要脱碱。用清水和酸都能脱出碱味。以清水脱碱时间耗时长，可在清水中加入不同浓度的磷酸水溶液以加快脱碱。选用的磷酸水溶液浓度分别为0.1%、0.2%、0.3%、0.4%、0.5%、0.6%、0.7%、0.8%、0.9%、1.0%。观察不同溶剂的脱碱时间，并测定pH及总碱度，总碱度以每隔一定时间取一定量样测定，在此以每隔4h取样20g以一定浓度的H_2PO_4水溶液测定碱度并记录。同时以口品尝果实是否达最佳品质。

用清水和酸都能脱出碱味。在此采用两种不同的脱碱方法，一种是直接采用清水浸泡，每隔 4h 换水一次，并取样 20g 测定其碱度。另外一种脱碱方法是采用不同的磷酸水溶液来脱碱。油橄榄阿斯品种若采用清水脱碱，不同碱液脱苦以后的脱碱时间也不一样，对于不同碱液 1.5%、2.0%、2.5%、3.0% 其所需时间分别为 28h、36h、36h、36h 见表 15-13。

表15-13 阿斯清水浸泡总碱度

脱碱时间h	不同碱液浸泡的总碱度/(mol/L)				
	3.00%	2.50%	2.00%	1.50%	1.00%
4	0.0888	0.0824	0.0813	0.0248	0.005
8	0.0521	0.048	0.0347	0.0179	0.005
12	0.0368	0.0352	0.0227	0.0146	0.004
16	0.0255	0.0219	0.0211	0.0142	0.002
20	0.0182	0.0222	0.0179	0.0139	0.001
24	0.0174	0.0173	0.0153	0.0137	0.001
28	0.0151	0.0173	0.0146	0.0113	
32	0.0128	0.0135	0.0143	0.0088	
36	0.0111	0.012	0.0128	0.0064	
40	0.0097	0.0073	0.0107	0.002	
44	0.0091	0.0072	0.0103		
48	0.0059	0.0047	0.0078		
52	0.0058	0.003	0.0047		
56	0.0036	0.0018	0.0016		
60	0.0027	0.0004			

即在以清水浸泡 28h 后，以 1.5% 氢氧化钠水溶液脱苦的阿斯果即达中性，pH7。而以清水浸泡 36h 后，以 2.0%、2.5%、3.0% 氢氧化钠水溶液脱苦的阿斯果即达中性，pH7。此时脱碱完全，果实可进入后续加工。而以 0.15%、0.2%、0.25%、0.30% 磷酸水溶液脱碱，则在 16h 后均不同程度的呈弱酸性或酸性，影响果实加工品质。清水脱碱时间偏长也与其果肉厚有关，果肉厚，浸入碱液也多，从而总碱度也高。

而对于佛奥品种而言，在以清水浸泡 24h 后，以不同浓度氢氧化钠水溶液脱苦的阿斯果即达中性，pH7。为缩短其脱碱时间，以利加工。现以不同浓度的磷酸水溶液浸泡以脱碱。其所用脱碱时间见表 15-14。

表15-14 不同磷酸水溶液脱碱耗时

磷酸浓度/%	0.1	0.2	0.3	0.4	0.5	0.6	0.7	0.8	0.9	1
耗时/h	22.5	20	17	15	13	12	11.5	11	10	9

在表 15-14 中，所有的磷酸水溶液浸泡脱碱所需时间均少于以清水浸泡脱碱时间，但当磷酸水溶液浓度大于 0.8% 时，磷酸溶液浸入不均匀，果实部分发酸，但脱碱未完全，所以在对佛奥脱碱时，不采用浓度大于 0.8% 的磷酸水溶液，而用 0.1% ～ 0.7% 浓度的磷酸水溶液来脱碱，但以 0.1% ～ 0.2% 浓度的磷酸水溶液来脱碱时，应在浸泡液呈碱性时，即外观变褐色时，须换浸泡液，大于此浓度范围的磷酸水溶液浸泡则不需换浸泡液。

3. 适宜的脱苦脱碱方法

(1) 在油橄榄果的采摘过程中，因果实的成熟度不同，应采用不同浓度的氢氧化钠水溶液来脱苦，对于不同品种又应采用不同浓度的氢氧化钠水溶液来脱苦。油橄榄阿斯品种可采用 1.5% ～ 2.5% 浓度的氢氧化钠水溶液来脱苦，而油橄榄佛奥品种可采用 2.0% ～ 3.5% 浓度的氢氧化钠水溶液来脱苦。

(2) 在油橄榄以酸脱碱过程中，应严格控制磷酸水溶液的浓度，以防果实脱碱过度，从而变酸，对于所有的油橄榄品种，可采用的磷酸水溶液浓度为 0.1% ～ 0.7%。亦可用清水浸泡脱碱，但应及时检查，以免果实外观变褐，影响其加工品质。

(3) 油橄榄果在加工之前应以 1.0% ～ 2.0% 的淡盐水浸泡以除去果实表面微生物，并冲洗干净，以利后续加工。

三、餐用橄榄加工流程及技术特点

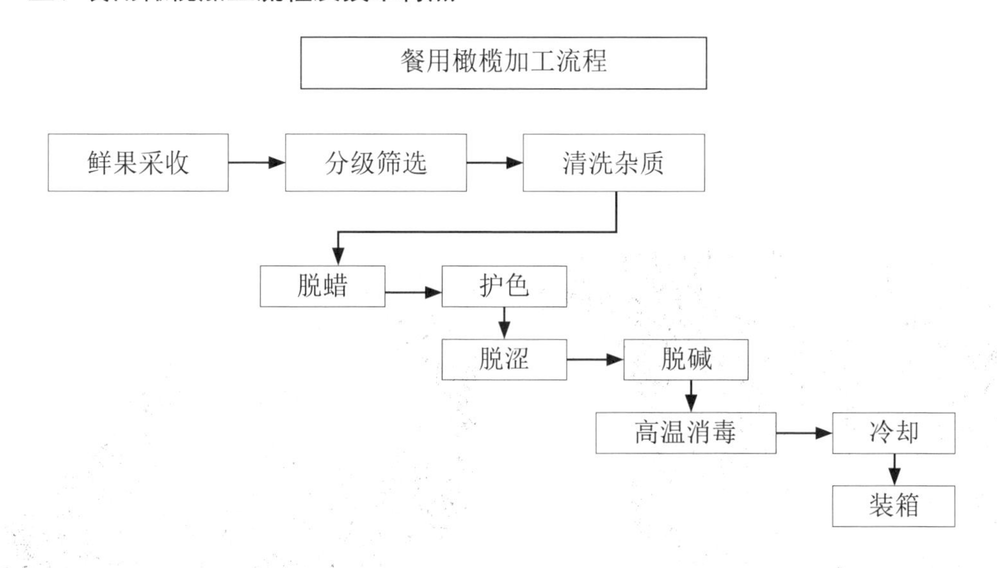

图 15-12 餐用橄榄加工流程

1. 技术特征

(1) 鲜果采收

加工餐用橄榄的鲜果采收时间是在果实还没有完全成熟时，即成熟指数在 1 ～ 2 时采收。这时采收的油橄榄鲜果果实有一定硬度，不致在加工时破碎、发软（详见果实采收章节）。

（2）分级筛选

采收回来的果实要按照同一批果实大小、色泽、品相、成熟度相同的观感效果，分成大小不同等级，选做不同档次产品。因为采收鲜果时间早，选择余地大，采收要求技术严格，大部分人工采收，一般比较费时费工。

图 15-13 餐用橄榄的果实选择

（3）清洗杂质

用清水对分选的鲜果进行清洗去除杂质，去除果实表面的泥土等附着物。为了增强清洗效果，可用 0.1% ～ 0.3% 的淡盐水浸泡 10 ～ 20min 后，再冲洗干净。

（4）脱涩

将原料浸泡于 0.5% 氢氧化钠溶液中，溶液与果实重量之比为 1∶1 使其浸没容器中果实表面，并每过 0.5 ～ 1h 充分均匀搅动，使果实表明充分与溶液接触，增强脱涩效果，并不时测试脱涩成效，直到符合技术指标要求。

图 15-14 鲜果脱涩

（5）护色

将原料于室温下浸泡于护色剂中，通过感官评定，筛选出最佳护色方案。

（6）脱碱

将脱涩后果实用清水漂洗 2 次后，用 0.3% 磷酸溶液常温浸泡，溶液要完全淹没果实，浸后中和果实 pH 到中性。

图 15-15 橄榄果脱涩后的脱碱

（7）灌装

采用热灌装方法，固形物：罐液 =1：1。可按照事先设计的风味特色设计配方增加一些佐料灌装。例如灌装液配方：0.5% 柠檬酸，25% 白砂糖，0.4% 盐，0.03% 维生素 C，0.015% 乙二胺四乙酸二钠（食品添加剂）。也可做成麻辣、糖水等不同口味的餐用橄榄。

图 15-16 橄榄果灌装

（8）高温杀菌

用高温蒸箱杀菌。

图 15-17 高温消毒

（9）冷却

自然降温冷却。

（10）装箱

按照加工流程要求，将不同品种餐用橄榄加工成品，贴上商标等标志，装箱入库。

图 15-18 餐用橄榄产品

2. 几种风味试制产品的加工技术

陇南市经济林研究院油橄榄研究所对引进西班牙油橄榄品种进行餐用橄榄的加工,试制了不同口味的橄榄罐头、橄榄蜜饯等产品。经检测检验产品符合食品质量规范，在一定范围内试吃，反应口味适合武都口味，经陇南市科技局组织专家鉴定，在国内具有一定的创新性。

(1) 罐头

①糖水罐头：加工用容器为玻璃罐头瓶，上有螺旋式金属盖，要求玻璃无色透明，耐高温高压，用前洗净消毒，加工用食糖多为蔗糖（俗称砂糖），其他糖亦可使用。糖要纯净洁白，无杂质、无怪味。所用水最好是泉水或纯净水，若为自来水要过滤净化。糖水浓度按需要配制，但浓度不要太高，否则会影响油橄榄果实独有的风味，一般浓度为 30% ～ 40%，将糖液加热煮沸消毒，再用两层清洁纱布过滤备用。将处理好的果实装入罐头瓶中，注意同一瓶中果实大小、色泽要一致。装时不要太满，瓶上部留 6 ～ 8mm 的顶空，然后注入过滤后的糖液，淹没果实，亦不要太满。最后放上瓶盖（但不要拧紧），放入高压灭菌锅内灭菌，温度达 120℃时计时，50 ～ 60min 后取出，马上拧紧瓶盖。在没有高压灭菌消毒锅的条件下，也可以用蒸笼蒸煮消毒，同样不要拧紧瓶盖，蒸煮 60 ～ 70min（蒸气上来时计时），抬下蒸笼，马上拧紧瓶盖。将瓶倒立，检查瓶盖是否拧紧。冷却后贴上标签装箱，放置 20 ～ 30 天后，即可食用。

②酸甜罐头：制作过程同糖水罐头，只是在糖液中另加 0.6% 的柠檬酸。

③盐渍罐头：这是国外的常用加工方法之一。风味独特，营养价值高，成本低。制作过程和技术要求同糖水罐头，只是将注入糖液换成注入 2% ～ 3% 浓度的热盐水（水温 70℃～ 0℃）。

在制作过程中还可以加入枸杞、朝天椒、柠檬片等，制成不同风味的橄榄罐头。

（1）调味青椒橄榄

（2）糖水橄榄

（3）橄榄原果

图 15-19 几种具有特殊风味的餐用橄榄产品

（2）蜜饯

①糖渍蜜饯：将处理好的果实用清水漂洗几次，称重放入煮锅（铝锅、铁锅均可），加砂糖粉 20%（糖与果的比例），加水 30%（水与果的比例），煮沸至干（但不能煮焦），再用 20% 的砂搪粉拌匀，煮沸 2h，然后将果实连同糖液一起装入玻璃罐头瓶，进行灭菌消毒（同糖水罐头），即成糖渍蜜饯（湿态蜜饯）。

②干态蜜饯：前期制作同糖渍蜜饯，在用砂糖粉拌匀煮沸 2h 后，置白瓷盘中放一夜，然后放入 70℃～75℃的烘箱中烘烤，在烘烤中应经常进行搅拌，使糖均匀，一般 12h 左右，果实上有白霜样的糖粉即可拿出，冷却，装入塑料食品袋中，封口，便可食用。

③糖衣蜜饯：用过饱和糖液处理干态蜜饯，干燥后便在蜜饯表面形成一层透明状糖质薄膜。糖衣蜜饯不仅外观较好，且有较强的保藏性。上糖衣用的过饱和糖液，可用砂糖、淀粉糖浆和水按 3∶1∶2 混合，再煮沸 3～4min，离火冷却到 93℃，即可使用。操作时将干态蜜饯浸入以上糖液中约 1min，立即取出放入盘中，于 50℃左右烘箱中烘烤，直至蜜饯表面形成一层透明的糖质薄膜即可取出。也可用砂糖和水按 4∶1 比例混合煮至 18℃～120℃，浸入蜜饯 1min，在 60℃烘箱中烘干，用此法上糖衣不透明，冷却后装入塑料食品袋出售。

在制作各种蜜饯的过程中，可根据需要加入食盐、辣椒粉、柠檬酸、枸杞、泡椒等调味品，使蜜饯风味更具特色。

第六节 油橄榄树的其他利用价值

图 15-20 云南省易门县十街乡油橄榄大树

栽培油橄榄树的目的，主要是提供橄榄油和餐用橄榄。长期以来，人们对油橄榄的用途主要关注点在橄榄油和餐用橄榄的加工上。近年来，随着发展油橄榄的国家增多，世界油橄榄栽培面积进一步扩大，橄榄油国际贸易份额也在逐步加大，开发出的油橄榄产品也更加丰富多彩，体现了人们对追求健康美好生活的新期待。在一些国家的非重点栽培区域，由于发展油橄榄的生态条件和基础设施不能满足油橄榄健康高效生长的要求，以致一些国家和地区的橄榄园结果量小，没有足够的经济效益，仅仅发挥了生态效益，种植油橄榄的比较效益不高，与发展初衷南辕北辙，影响产区产业发展。但人们通过挖掘油橄榄树的其他利用价值，开发盆景、木制品等产品，为低效油橄榄园找到了一条出路，潜在的价值得到挖掘，增加了种植者的经济效益。

图 15-21 希腊奥林匹亚公园的油橄榄绿化树

一、油橄榄木材

对上面提到的这种情况，有关国家的科研人员首先从生产油橄榄木材的角度进行研发，提出了油橄榄用材林的概念，并开发出许多产品，拓宽了这些地区发展油橄榄的思路。C.Cantini,G.Sani（意大利），对 20 种不同品种油橄榄在地中海气候条件下的生长进行了深入的研究。结果表明，在相同的生长条件下，不同品种油橄榄树的胸径生长量不同，与生长时间呈线性关系，生长时间越长，树经生长越大。种植 7 年之后，生长最快的 olive di Casavecchia 品种胸径（树干离地面 130cm 位置）达到 93mm，生长最慢的 Ravecep 品种胸径也达到 51mm，通过模拟计算，生长最快的油橄榄品种 18 年后可达到 200mm。与一般树木成材时间相当。如果采用精细的管理，生长量会更大，成材时间会提前。油橄榄树培育成高大乔木，在希腊奥林匹亚等公园比比皆是。在希腊等原产地用油橄榄木材制作的家具，把玩件，玩具，包装材料成为油橄榄生产的一个补充。

二、油橄榄盆景

油橄榄盆景是近年来兴起的一个热点产业，制作者将各种油橄榄树木、桩根和山石、构件等材料，经艺术加工，合理布局，将大自然的景色形象地浓缩到咫尺盆中，它集观赏性和可行性于一身，观赏价值高易管理。油橄榄盆景技术是果树栽培技术与传统盆景艺术的融和发展。油橄榄盆景既有果树栽培的丰收美，又有传统盆景的艺术美和鲜明的自身风格，是豪宅庭院、宾馆酒店、会议室和办公场所及开业庆典等场所的高档次置景。

图 15-22 国内培育的油橄榄盆景

1. 油橄榄盆景起源及发展

（1）油橄榄盆景的起源

据考证，在古希腊时期的墓穴壁画中，就有盆栽油橄榄的图示。业内专家基本认为油橄榄盆景起源是随着古希腊艺术的发展而自发形成的。盆栽油橄榄苗随着树体的生长表现出一定的美感，逐渐引起栽培者的兴趣，栽培者人为的再赋予艺术的内容，形成了一定的艺术表现力，这种艺术形式被人们接受，从而成为一种独特的商品。观果盆景与盆景起源于同一时期，是由一般盆栽油橄榄成长推移形成中易于结果的种类，逐步发展演化而成。

（2）油橄榄观果盆景的发展

油橄榄引种国内时间不长，主要作为经济树种来培养。但是在栽培过程中，由于生产上的变化或者一些园林艺术者的探索，将一些需要移植的成年油橄榄树桩或具有美感的油橄榄幼树人为栽植在花盆或一些容器中，再加上这些栽培者精心呵护管理，在狭小的花盆或容器中健壮生长，完成生命周期，表现出新的艺术形式。油橄榄观果盆景的发展由于受到栽培技术限制，经历了一个漫长的过程。近年来，中国油橄榄盆景爱好者吸收借鉴国内其他观果盆景的制作方法。利用大的结果枝组嫁接的方法，把油橄榄的栽培技术与盆景技艺融于一体。但世界油橄榄盆景作为一个特色品类真正快速发展是在 20 世纪 80 年代以后，油橄榄原产地的园艺工作者将现代的果树栽培技术与传统的盆景造型技艺相结合，将油橄榄盆景生产技术理论化和系统化，才使观果类盆景逐步成熟定型形成真正意义上的“油橄榄盆景”，并成为盆景大家族中的一枝奇葩。

图 15-23 国外苗圃培育的油橄榄盆景

（3）油橄榄大型造型盆景的发展

由于油橄榄树龄长，生命力顽强，本身具有树包隆起，老枝干腐蚀通透的自然造型，再加上在长期的自然生长中，受到自然外力或其他生长限制，在生长外形上具有婀娜多姿、通光透视、老树新枝、树体嶙峋、返老还童的艺术表达。深受一些群众喜好。随着中国自然艺术品位欣赏人数陡升的影响，对油橄榄老树大型盆景社会需求增加，成为油橄榄原产地在中国的一个油橄榄产品市场新的爆发点，售价奇高，供不应求。一些原产地的油橄榄经销商与国内油橄榄经销商合作将希腊、意大利、土耳其等国的油橄榄古树不远万里、漂洋过海进口到国内，大型盆景作为高档小区或公共场合绿化的观赏佳作。

2. 油橄榄盆景的特点

（1）型果兼备，光彩照人

油橄榄盆景于造型加硕果，它既要具有根、桩、形、神等造型艺术，有的又兼有

足够数量的果实。在挂果油橄榄盆景中，果、型相彰，艺术品位极高，果的多少、布局、大小、色彩是构成油橄榄盆景艺术的重要部分。尤其近年国外进口的大型盆景，在企业门口，高档宾馆门厅，一些会议中心摆放，增添了美感。

（2）富有生活情趣

油橄榄盆景的根、干、枝、叶组成了观赏的整体。近年发展起来的油橄榄小型盆景富有季节变化和生活乐趣，表现为春花玲珑，婀娜多姿；秋果累累，色彩斑斓；冬季则满目绿叶、生机焕然，而夏季恰值果实发育，枝繁叶茂的时期，青枝碧果旬日之间又换新颜，极富生活情趣和自然气息。

（3）资源丰富

在油橄榄生产中的砧木、苗木、废弃树桩均可利用，就地取材，无须特殊的养护设施，管理简单，便于生产。此外，油橄榄种类和品种较多，不同树种和品种间果实的形态、大小、色泽和成熟期均不一致，在造型上更加丰富多彩。观叶品种有金叶橄榄等，在希腊高速公路隔离带种植的金叶橄榄，早晨在太阳的照射下，熠熠生辉，迎着太阳望去，一片金黄，美不胜收。观果品种有白橄榄、红橄榄等，白的如珍珠，红的如樱桃，观赏价值极高。

（4）大型盆景具有粗犷、自然、飘逸的造型风格

大型油橄榄盆景历经沧桑流年，历史积淀深厚，站的旁边静静欣赏，有沉重的历史感。在历史与现实中领悟人生，涤化心灵。

（1）国外油橄榄大型盆景

（2）国内油橄榄盆景

（3）国内园林绿化造型

图 15-24 油橄榄大型盆景

3. 油橄榄盆景发展现状及存在问题

自 20 世纪 80 年代以来，油橄榄盆景开始成为业内关注的重点，逐渐发展成为果树栽培界的一个新的分支，也因其“新、奇、妙、绝融为一体”，多次出现在国内博览会、展览厅，其观赏价值和经济效益十分可观。油橄榄盆景属高技术产品，盆景培育周期较长，使其产业化进程缓慢，致使油橄榄盆景生产规模小、品种少、价格高，这是目前油橄榄盆景发展中存在的突出问题；另外部分消费者担心管理难度大，自己不会培育花果也一定程度影响消费。

（1）金叶橄榄　（2）白橄榄　（3）观果橄榄

图 15-25 几种具有极高观赏价值的油橄榄品种

4. 油橄榄盆景前景展望

人们生活水平的提高带动了思想观念的转变，追求生活多元化、新鲜化和高品位成为潮流。追求环境美，渴望回归自然成为生活时尚，为油橄榄盆景发展壮大奠定了基础，使人们足不出户就能领略奇树异花，领略国外田园风光，饱尝大自然给人们带来的欢乐。近年来，兴起的油橄榄大树进口热有力证明了他的市场吸引力。油橄榄盆景是劳动密集型产品，在盆景培育各个环节，需要大量的不可替代的人工劳动，适合中国人力资源丰富的基本国情。因此，发展油橄榄盆景是适生区致富增收的好出路。油橄榄盆景适合“公司 + 农户”模式进行生产，油橄榄盆景是高技术产品，但在果类盆景生产前期，技术要求相对粗放，可由一般农户完成，后期技术要求严格可由公司专业人员完成生产。这样既可富裕农户，又可降低生产成本，提高产品竞争力，加快盆景生产的商品化、产业化进程。油橄榄盆景成居家生活新时尚，油橄榄盆景不仅作为装饰用艺术品被人们用来装饰环境，改变生活空间的气氛、格调，还可以满足人们追求环境美，回归自然，足不出户领略地中海田园风光的心理需求。因此油橄榄盆景正在受到广大城乡消费者青睐，并逐渐成为居家生活的新时尚。

三、油橄榄木质艺术品

用油橄榄树材制作的油橄榄木制工艺品是随着油橄榄产业发展而出现的一个新兴商品，是充分利用油橄榄资源的新探索。油橄榄木制工艺品以油橄榄木头为主要原料，有机器制作，有纯手工制作，有半机器半手工制作，做工精细，设计简单，风格各异，色泽自然，新颖别致。主要产品有家具、灯饰、摆件、模型、文房、器皿、笔筒、梳子、屏风、门、衣帽架、茶几、工艺盒、首饰盒、珠宝盒、酒架、工艺画、佛像、挂件等，由于油橄榄木花纹细腻，木质松软，便于加工雕刻，深受业界欢迎。近来虽然受其他木质艺术品行业国内外多种因素的影响，整体木制工艺品企业陷入利润下滑、订单减少、销量增长缓慢等困境中，但油橄榄木质艺术品作为一个新产品，仍然受到市场欢迎。中国油橄榄木制工艺品迅猛发展的背后也暴露出许多自身问题，如产品雷同、假冒成

风、缺少设计和创新能力，加上日益严格的质量认证制度加大了很多企业的成本和难度，全球化背景下中国的木制工艺品企业面临更大的机遇和挑战，企业需要敏锐地把握行业潮流趋势。油橄榄木质艺术品进入市场时间短，仅仅处于试制阶段。

(1) 油橄榄木刻

(2) 油橄榄器具

(3) 油橄榄佛珠、手链

图 15-26 油橄榄木质艺术品

第十六章 油橄榄深加工综合开发利用前景

研究表明，油橄榄叶提取物和橄榄油加工剩余物富含对人体医疗保健作用显著的多种活性物质，成为国内外化工、医药、保健学科争相研究的重点。这些活性物质的功能和协同作用的机制，一直是学科研究的前沿，有的取得了突破性进展，有的还在探索之中。但总体上看，随着科技进步和研究手段的不断改进，将会有更多的研究成果和实效实例奉献给人类健康。

第一节 油橄榄叶提取物生物活性研究进展

在每年冬季修剪油橄榄时，会产生大量油橄榄枝叶，一般作为燃料或者沤制成有机肥。研究表明，油橄榄叶中含有的抗氧化活性成分大大多于油橄榄果实，橄榄苦苷和类黄酮等多酚类物质是油橄榄叶中的主要活性成分，可以成为高附加值产品（酚类化合物）的丰富来源。油橄榄叶提取物生物活性具有抗微生物、抗肿瘤、抗氧化，对大脑及心血管系统有医疗保健的作用，抗糖尿病和镇痛、抗炎等方面的成效也逐步被人们发现。油橄榄叶提取物的活性成分种类多、含量高，并存在抗氧化协同作用，为油橄榄叶的进一步研究和开发利用提供理论依据；油橄榄叶提取物具有丰富且廉价的来源和良好的生物利用率，为医药和保健方面的应用提供了广阔的空间。国内有关科研单位和油橄榄企业合作，共同开发油橄榄叶提取物的生物制品，为油橄榄综合开发利用拓展了空间，大大延长了油橄榄的产业链，综合效益得到进一步提升。

橄榄油是“地中海膳食模式”中最重要的部分之一。大量流行病学证据表明，地中海地区的人群心血管系统疾病、皮肤癌和结肠癌等的发病率均低于世界其他人群。这种健康效果，不仅归因于橄榄油中不饱和脂肪酸和维生素等，还与酚类化合物密切相关。油橄榄叶中主要活性成分为橄榄苦苷和类黄酮等多酚类，类黄酮主要有木樨草苷、芹菜苷、槲皮素、芦丁、山柰酚等。研究表明，多酚类化合物在油橄榄叶中的含量明显高于果实和树皮中的含量。因此，油橄榄叶是酚类化合物的廉价而丰富的来源。

一、油橄榄叶提取物医疗保健价值

在地中海沿岸国家中，油橄榄叶被广泛应用于民间医药已经有几千年的历史。历史上，油橄榄叶在高血压、痛风、动脉粥样硬化、风湿病、瘫痪、秃头、腹部绞痛、糖尿病、疟疾和发烧等疾病中使用，且已被写入《欧洲药典》(80% 乙醇提取物）。现代植物疗法使用油橄榄叶改善高血压状态，并作为利尿剂。许多国内外研究者支持油橄榄叶降血压、降血糖、抗微生物和抗氧化的作用。

1. 抗微生物作用

（1）抗病毒作用

Lee-Huang 等发现油橄榄叶提取物可抗 HIV 病毒急性感染、HIV 复制和胞间传播，并进一步研究了橄榄苦苷、羟基酪醇通过氢键与 HIV-gp41 结合而抑制病毒融合的机制，Bao 等研究证实了这种作用和机制；Micol 等研究表明，油橄榄叶提取物及其主要化合物橄榄苦苷在体外可以抑制出血性败血症病毒 (VHSV)，可使 VHSV 感染率降至 10% ～ 30%。可能的机制是：油橄榄叶提取物和橄榄苦苷能够抑制由病毒诱导的未感染细胞之间的膜融合，并有效地抑制病毒的融合和整合，能与病毒包膜相互作用，阻止病毒复制和感染而发挥抗病毒作用。

（2）抗细菌、真菌作用

吴遵秋等研究显示，橄榄苦苷对大肠杆菌极度敏感，金黄色葡萄球菌高敏感，枯草芽孢杆菌中度敏感。Aurelia 等发现油橄榄叶提取物能有效地防治空肠弯曲杆菌，幽门螺杆菌和金黄色葡萄球菌。Hwan 等研究显示橄榄苦苷对肠炎沙门氏菌表现出强烈的增长抑制作用。因此，油橄榄叶提取物及其中的酚类化合物在治疗消化道和呼吸道感染方面具有潜在的应用价值。可能的机制是酚类化合物通过使蛋白质变性起到抗微生物的作用，或酚类分子骨架上的邻二酚结构作用于微生物，引起其细胞质成分如蛋白质、谷氨酸、钾和磷酸的漏出，导致细胞肽聚糖的破坏或细胞膜的损伤。另外，Hwan 等研究了油橄榄叶提取物及橄榄苦苷、咖啡酸、芦丁等单一酚类物质的抑菌活性，结果表明，组合的酚类物质比单一的酚类物质抑菌活性强。

（3）抗寄生虫、支原体作用

Sifaoui 等研究提出橄榄苦苷可抑制阿米巴滋养体的生长。Furneri 等研究结果表明，橄榄苦苷和橄榄油中的多酚糖苷在体外对人型支原体、肺炎支原体、发酵支原体和梨支原体有抑制作用，橄榄苦苷对以上支原体的最低抑制浓度 (MIC) 分别为 60, 20, 20, 320mg • L^{-1}。

2. 抗肿瘤作用

Stefania 等研究表明，橄榄苦苷及其衍生物乙酰化橄榄苦苷可使 2 种人乳腺癌 MCF-7 和 T-47D 细胞周期停滞。Stefania 等又做了橄榄苦苷及乙酰化橄榄苦苷对抑制人类甲状腺癌细胞系 TPC-1 和 BCPAP 的增殖作用。Samet 等研究了油橄榄叶提取物对多能性白血病 K562 细胞的潜在诱导分化作用，结果表明，油橄榄叶提取物可以抑制 K562 细胞的增殖，并使 G_0/G_1 期细胞停滞在 G_2/M 期；进一步的分析表明，油橄榄叶提取物可诱导细胞凋亡，并诱导 K562 细胞向单核细胞谱系分化。可能的机制是：油橄榄叶提取物具有较高的抗增殖、促凋亡作用，通过促进生长信号通路抑制癌细胞，诱导癌细胞凋亡，诱导癌细胞分化发挥抗癌作用，可进一步研究其作为新型靶向治疗癌症的潜在应用。

3. 抗氧化作用

（1）体外抗氧化研究

油橄榄叶相关的体外抗氧化研究较早、较多。Marino 等测定了油橄榄叶提取物的总抗氧化能力（TAC），并且发现油橄榄叶提取物及其含有的橄榄苦苷、酪醇等单一酚类物质有显著清除 DPPH 自由基，抗脂质过氧化的能力。Benavente 等研究了油橄榄叶提取物和橄榄苦苷的 Trolox 当量抗氧化能力（TEAC）分别为 1.58，0.88mmol·L^{-1}。卜令娜等比较了油橄榄叶不同提取部位清除自由基的活性，并优选出清除自由基的最佳活性部位，而橄榄苦苷是其主要的活性物质之一。

（2）体内抗氧化研究

Oban 等研究了油橄榄叶提取物对自然衰老的老龄大鼠（20 月）的抗氧化作用，结果表明，油橄榄叶提取物可以明显降低老年大鼠体内的丙二醛（MDA）、共轭二烯（DC）和蛋白质羰基（PC）水平，提高肝脏谷胱甘肽（GSH）水平，而肝脏、大脑组织的谷胱甘肽过氧化物酶（GSH-Px）和超氧化物歧化酶（SOD）水平没有变化。Kumral 等研究了油橄榄叶提取物（饮用水中 6.12mL·L^{-1}）12d 对 Doxorubicin(DOX) 诱导氧化应激的大鼠的抗氧化作用，结果表明，油橄榄叶提取物可以减少血清肌钙蛋白 L、尿素、谷丙氨酸和谷草氨酸水平，改善 DOX 造成的组织损伤，降低大鼠器官的 MDA、DC、PC，并增加 GSH 含量。结论是，油橄榄叶提取物可有效减轻 DOX 诱导的心脏、肝和肾的氧化应激和损伤。

（3）抗氧化协同作用

Benavente 等研究报道，油橄榄叶提取物的 TEAC 值比理论上提取物中其他酚类活性物质相加的平均 TEAC 高出 72%，表明油橄榄多酚清除自由基能力具有协同作用；Mylonaki 等对油橄榄叶酚类提取物的总多酚和其抗自由基的活性值做了简单的线性回归分析，结果显示了低的相关性，统计学检验无差异（R_2=0.273），这也表明，油橄榄叶酚类提取物强的抗氧化能力可能是通过各种酚类成分之间的相互协同作用产生的。

4. 对大脑的作用

（1）保护脑神经作用

Fatemeh 等研究表明，口服油橄榄叶提取物可以减少大鼠脑梗死面积和脑水肿，降

低血脑屏障渗透率，提高大鼠短暂大脑中动脉闭塞后神经功能缺损评分。Mohagheghi 等提出油橄榄叶提取物可以通过改善大脑血脑屏障通透性和脑水肿情况，对大脑缺血小鼠的神经系统起到保护效应。Dekanski 等研究了口服油橄榄叶乙醇提取物（橄榄苦苷 18% ～ 26%）对长爪沙鼠短暂性脑缺血造成的氧化应激和海马神经元损伤的影响，对再灌注后不同时间点（80min，2，4，24h）进行生化测定，结果显示，油橄榄叶提取物可显著抑制超氧化物和一氧化氮，降低脂质过氧化，并在所检测的所有时间点增加 SOD 活性，此外，可改善组织学，减少海马 CA1 区神经元损伤，研究结果表明，油橄榄叶提取物对短暂性脑缺血后海马神经元的损伤具有神经保护作用，可能是由于它的抗氧化性能。Sarbishegi 等研究了口服橄榄苦苷 6 个月对 18 个月的 Wistar 老年大鼠黑质的抗氧化保护作用，结果显示，口服橄榄苦苷组大鼠脑的过氧化脂质水平显著下降，SOD，CAT 和 GSH-PX 活性增强，形态分析表明，口服橄榄苦苷组的黑质致密部的神经元更多，可能的机制是：通过增加抗氧化酶活性降低了大脑的氧化损伤程度，保护脑神经。

（2）提高记忆力

神经生长因子（NGF）和脑源性神经营养因子（BDNF）是神经营养因子，是脑细胞生长、发育和存活的关键作用。Nicol 等研究油橄榄多酚对小鼠大脑中 NGF 和 BDNF 含量和作用的影响，以及它们的受体 TRKA 和 TRKB 的表达，结果显示，油橄榄多酚增加海马和嗅球的 NGF 和 BDNF 的含量，及其受体 TRKA 和 TRKB 的表达。此研究表明，油橄榄多酚对小鼠的学习和记忆过程，以及啮齿动物的内源性脑原始细胞的增殖和迁移作用有重要影响。

5. 对心血管系统的作用

流行病学研究表明，经常食用酚类丰富的食物与心血管疾病呈负相关性。酚类物质对心血管疾病的有益作用通过舒张血管、抗血小板聚集、降低血压和胆固醇、抗血栓以及抗氧化性能等几个方面发挥作用。

（1）抑制血小板聚集

Singh、Petroni 等研究结果表明，橄榄苦苷能抑制血小板聚集，血栓素和花生酸的产生。可能的机制是：橄榄苦苷刺激小鼠的巨噬细胞产生硝酸，并激活一氧化氮（NO）合成酶，生成 NO，抑制血小板聚集；另外，Dell'Agli 提出橄榄苦苷通过抑制环腺苷酸（CAMP）的磷酸二酯酶（PDE）抑制血小板聚集。

（2）对胆固醇的影响

Hedya 等研究了油橄榄叶提取物、橄榄苦苷及其水解衍生物对饲喂富含胆固醇饮食 16 周的 Wistar 大鼠的作用，结果表明，油橄榄叶多酚可显著降低大鼠血清胆固醇、甘油三酯和 LDL-C 水平，增加血清 HDL-C 水平，减缓脂质过氧化过程，提高肝脏 CAT 和 SOD 活性。可能的机制是：油橄榄提取物诱导胆汁酸分泌，增加胆固醇的粪便排泄或降低胆固醇的生物合成；减缓脂质过氧化过程，并提高抗氧化酶活性。

（3）增加冠状动脉血流量

Zarzuelo 等研究了煎煮的油橄榄叶对血管内皮平滑肌的血管扩张作用，结果表明，油橄榄叶提取物能增加大鼠离体主动脉的松弛性，从而增加冠状动脉血流量，结果还表明，橄榄苦苷是血管舒张扩张剂或可增强扩张效应。另外，油橄榄提取物可以通过其抗氧化活性减少血栓黏附于血管壁，抑制高半胱氨酸诱导的内皮细胞的黏附，增加冠状动脉血流量。

（4）降低血压

Perrinjaquet 等研究了油橄榄叶提取物对高血压大鼠的降压作用，发现给予油橄榄叶提取物 8 周组大鼠血压降低，胆固醇下降。Endang 等研究表明口服油橄榄叶乙醇提取物（橄榄苦苷 19.9%）8 周（500mg，2 次/天）可有效降低一期高血压患者（n=232）的收缩压与舒张压，与卡托普利组（12.5mg，2 次/天）相比无统计学差异，并可降低甘油三酯水平。可能的机制是：通过 L 型钙离子通道的拮抗作用的间接介导，且抗氧化能力可以抑制低密度脂蛋白和膜脂质的氧化并阻断炎症反应，保持 SOD 活性的稳定，提高 LDL/HDL 比值，抑制动脉粥样硬化的发展。

（5）改善红细胞溶血作用

Martins 等研究结果表明，橄榄苦苷苷元、羟基酪醇和橄榄苦苷可保护由 2- 脒基丙烷诱导的体外氧化应激所造成的红细胞溶血。可能的机制是：油橄榄多酚可清除活性氧，并直接与细胞膜（内膜或外膜）相互作用，诱导修饰蛋白质谱。红细胞是参与血液中氧化最重要的细胞，因此，对这些分子进一步的研究可帮助了解油橄榄叶提取物保护心血管系统的机制。

（6）抗血栓作用

Dub 等建立了下腔静脉结扎和组织凝血活酶诱导形成的血栓家兔模型，并给予提取率为 11.32% 油橄榄叶乙醇提取物 8 周。结果表明，油橄榄叶乙醇提取物可显著延长凝血酶原时间，并影响血栓形态。油橄榄叶提取物干预组血栓是长丝状，并没有附着到血管壁，而对照组血栓厚，并几乎完全闭塞静脉。因此，油橄榄叶乙醇提取物可以修改外源性凝血途径，研究有望应用于抗血栓治疗。

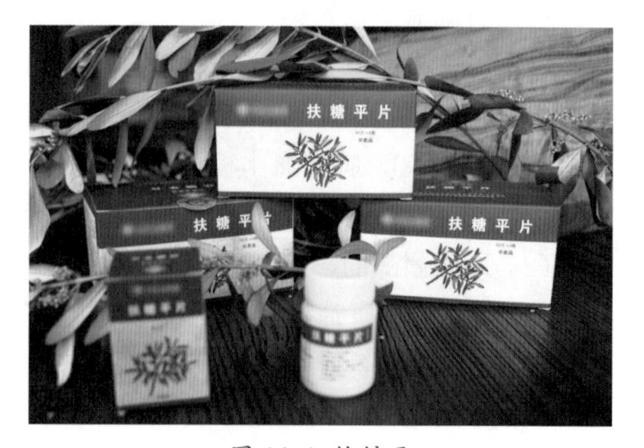

图 16-1 扶糖平

6. 抗糖尿病作用

Al-Azzawie 等研究发现，在给

予氧嘧啶诱导的糖尿病兔 20mg·kg^{-1}BW 的橄榄苦苷 16 周后，糖尿病兔的 MDA、血糖、大多数酶和非酶抗氧化剂水平均显著恢复，与正常兔相比无显著性差异。这些结果表明，橄榄苦苷在抑制糖尿病引起的高血糖和氧化应激方面有优势，同时表明，橄榄苦苷可能有助于防止糖尿病并发症的产生。Amin 等研究显示，可能由于油橄榄叶中的抗氧化成分如多酚等，发挥了强效的抗高血糖和降血脂作用，油橄榄叶显著降低了链脲佐菌素诱导的糖尿病大鼠的血清胆固醇和甘油三酯。可能的机制是：油橄榄叶提取物可增强葡萄糖诱导胰岛素释放和对外周葡萄糖的摄取。张佳、卜令娜等分别通过比较油橄榄叶不同提取部位增加胰岛素抵抗 HepG2 细胞的葡萄糖消耗量、α－淀粉酶抑制实验及蛋白质非酶糖基化抑制实验优选出了具有潜在抗糖尿病活性的部位。Martin 等给予 46 名 35 ～ 55 岁、BMI25 ～ 30kg·m^{-2} 的超重者油橄榄叶多酚胶囊（橄榄苦苷 51.1mg，羟基酪醇 9.7mg）12 周后，与安慰剂组相比，胰岛素敏感性有 15% 的改善，胰腺 β 细胞反应性有 28% 的改善，空腹白细胞介素 -6 和 IGFBP-2 的浓度显著增加。此研究结果提示油橄榄叶提取物可以作为天然降糖药物和改善胰岛素敏感性药物等开发利用。图 16-1、16-2 为陇南田园油橄榄科技开发有限公司开发的糖尿病新药和保健茶珍。

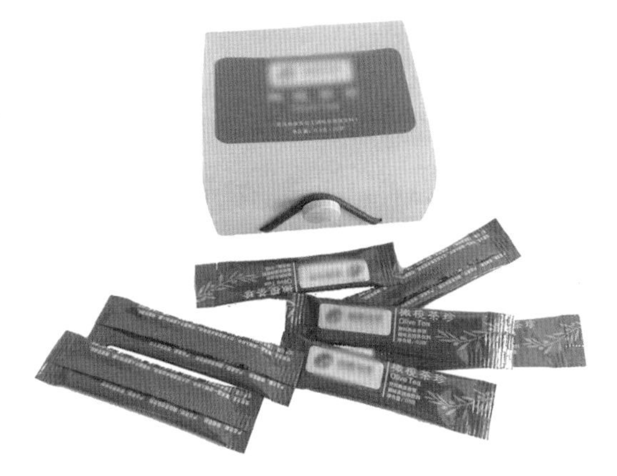

图 16-2 橄榄茶珍

7. 镇痛、抗炎作用

（1）镇痛作用

Esmaeili 等报道，油橄榄叶提取物对吗啡诱导的大鼠疼痛有镇痛作用。Kaeidi 等研究报道，油橄榄叶提取物抑制高糖诱导的神经损伤和抑制糖尿病引起的热痛觉过敏。可能的机制是：油橄榄叶提取物可通过抑制钙离子通道、减少神经细胞凋亡等，发挥对神经性疼痛的治疗。

（2）抗炎作用

Flemming、Marino 等研究显示，油橄榄叶提取物及其分离的几个酚醛类物质能抑制痛风相关酶—黄嘌呤氧化酶（XO）活性，可部分解释油橄榄叶提取物的一般抗炎症的特性和参与复杂代谢过程。因此，油橄榄叶提取物可用于治疗高尿酸血症。食物成分的潜在效应依赖于生物利用率。Boccio、Tan 等给予大鼠橄榄苦苷，Vissers 等给予受试者橄榄苦苷，研究结果表明，橄榄苦苷在体内被快速吸收，其血浆浓度及代谢物浓度迅速增加。Kountouri 等分析了食用油橄榄提取物的 20 名健康者的血浆总多酚含量和总抗氧化能力，结果显示，油橄榄多酚被吸收并在体内代谢，主要以葡萄糖醛酸共轭形式呈现，并在 1 ～ 2h 达到血浆最大浓度，排泄率最高为 0 ～ 4h；食用含有多酚化合物的油橄榄提取物后，血浆总抗氧化能力提高。结果表明，油橄榄多酚具有良好的生物利用率。油橄榄叶提取物和橄榄苦苷在体内的高生物利用率可以解释若干研究中其对酶和非酶抗氧化剂的积极影响。

二、国内油橄榄叶提取物开发产品

1. 橄榄苦苷

橄榄叶提取物含有高度的抗氧化成分用于扶肤的作用，橄榄叶提取物可以保护皮肤细胞不受紫外线的伤害，防止紫外线对皮肤膜脂质的分解，促进纤维细胞生成胶原蛋白，减少纤维细胞胶原酶的分泌，阻止细胞膜的抗聚糖反应，从而高度保护纤维细胞，达到扶肤、嫩肤的功效。

橄榄叶精华素有防护—抗氧化及修复作用，具体如下：

（1）防护——保持皮肤细胞的生存力

紫外线可导致自由基的形成，从而伤害皮肤细胞，甚至早晨细胞的死亡。如果将皮肤细胞暴露于光照下，看一下角质细胞与纤维细胞的变化，一些涂上纯橄榄叶萃取精华素，另一些则不涂，24 小时后观测其细胞的状况，发现：涂有纯橄榄叶精华素的细胞几乎完好无损地保存下来。

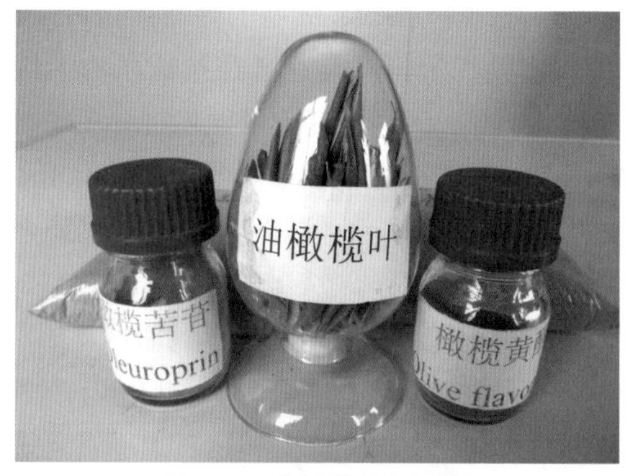

图 16-3 油橄榄叶提取物

（2）防护——抗氧化反应

紫外线还会造成细胞膜脂质分解，这种现象就是过氧化反应。将皮肤纤维细胞的培养环境，一些涂有纯橄榄叶精华素，另一些没有。之后用荧光分析测量分解过程中分泌的一种特殊物质衡量其过氧化反应的程度。实验证明：纯橄榄叶精华素能有效地阻止过氧化反应，从而高度保护纤维细胞。

16-4 油橄榄果渣提取物

（3）修复——促进胶原蛋白的新陈代谢—促进胶原蛋白合成

在肌肤老化的过程中，胶原蛋白合

成的能力逐渐下降，纤维细胞只能生成少量的胶原蛋白。在细胞培养环境中测量胶原蛋白合成的促进程度，一些加入了纯橄榄叶精华素，另一些则没有，以脯氨酸（氨基酸的一种）的量作为衡量新合成胶原蛋白的指标。实验证明：橄榄叶精华素可显著促进纤维细胞生成胶原蛋白。

（4）抗聚糖反应

聚糖反应现象是发生于细胞膜的一种反应，它会造成胶原质的网结，从而胶原蛋白失去原有的弹性，皮肤随之出现凹陷，亦即皱纹。这种现象随年龄增长而逐渐增加。在 37℃的试管培育 8 天后，以荧光分析追踪聚糖反应的衍生物—形成于赖氨酸与葡糖 -6- 磷酸（酯）酶之间。这个实验同样在加入纯橄榄叶精华素与没有纯橄榄叶精华素的情况下进行，证明了它对于抗聚糖反应的重要作用。

（5）抗胶原酶化

胶原酶是纤维细胞在自由基的影响下生成的一种酶，在紫外线的照射下，角质细胞会释放出一些信息，从而刺激纤维细胞生成胶酶。在角质细胞培养基中加入纯橄榄叶精华素，将之置于 UVA 与 UVB 的照射下。在此前后分别于纤维细胞培养基取样，结果证明：纯橄榄叶精华素通过抑制紫外线导致的角质细胞“信息”产生，间接地减少胶原酶的分泌。

（6）抗心血管疾病

部分心血管疾病在使用橄榄叶提取物后也得到了好的效果。冠状动脉心脏病在使用橄榄叶提取物治疗后取得了不错的回应。根据实验室和初步临床研究，橄榄叶提取物可减轻动脉血管流量不足导致的不适，其中包括心绞痛和间歇性跛行。其有助于消除心房颤动（心律失常），降低高血压和抑制氧化产生 LDL 胆固醇。橄榄苦甙能减轻低密度脂蛋白的氧化程度，预防冠心病，动脉粥样硬化的发生，舒缓血管平滑肌，降低血压的能力。图 16-3、16-4 为陇南田园油橄榄科技开发有限公司开发的橄榄叶提取物和油橄榄果渣提取物。

2. 羟基酪醇

羟基酪醇是一种天然多酚类化合物，具有多种生物和药理活性。来源于橄榄油和加工橄榄油产生的废水中，主要作用是：

（1）应用于心血管药物的合成，对动脉硬化、高血压、心脏病、脑溢血等的预防与治疗有奇效，优于同类药品。

（2）作为安全高效的抗氧剂，应用于美容产品、保健品，能有效增强皮肤弹性和润泽，具除皱抗衰老之功效。

（3）抗衰老对骨骼系统有益处

有助于人体对矿物质的吸收，无须补钙，自然吸收，保持骨密度，减少骨骼疏松，同时提高内分泌系统功能，促进新陈代谢，促进伤口愈合，消除体内自由基，恢复人体脏腑器官的健康状态，防止脑衰，延缓衰老，保持青春活力。

（4）抗癌防癌

特别是防治肺癌、乳腺癌、子宫癌、前列腺癌等，促进癌症后期恢复和提高化疗效果。

（5）有效降低和抑制吸烟对人体的危害，防治因吸烟导致的多种病变

油橄榄叶是非常廉价的活性物质来源，且其活性物质含量高、种类丰富。目前，基于油橄榄叶提取物生物活性的体内、体外和临床及作用机制研究越来越多，尤其对心血管系统疾病和糖尿病影响的研究。但是，现有各种生物活性及其机制的研究缺乏系统性和关联性，也存在很多研究的空白，如油橄榄叶提取物抗微生物作用鲜见体内研究报道，抗肿瘤和对大脑的保护作用等临床研究少见报道。另外，油橄榄叶提取物中的多种活性成分共同协作，在机体内发挥较强的抗菌和抗氧化功能，提示对其他的生物活性可能也存在协同作用，应进行深入的研究，并在今后对油橄榄叶的进一步加工和应用时，保留油橄榄叶提取物多种活性成分。在进一步研究完善后，进行相关的安全性研究，为油橄榄叶在医药、保健食品方面的应用提供广阔的空间。

第二节 橄榄油加工废弃物中的活性成分及其综合利用技术研究进展

橄榄油的生产加工过程中产生了大量的富含生物活性物质的废弃物，这些废弃物均未得到有效的开发利用，造成了极大的资源浪费和环境污染。实现橄榄油加工废弃物的高值化综合开发利用是实现油橄榄产业可持续发展的重要途径之一。橄榄油加工废弃物中的活性成分的开发利用是近年来油橄榄科技工作者关注的一个重点。刘娜等在结合国内外研究报道的基础上，总结了橄榄油加工废弃物中的活性成分及其综合利用技术的研究现状，为橄榄油加工废弃物的综合开发利用提供可行思路和技术参考。

目前，在橄榄油加工过程中，油橄榄鲜果经磨浆、离心分离制取初榨橄榄油后，产生大量的果渣和废液，含有果渣油、多酚和萜类化合物等多种活性成分的橄榄油加工废弃物（Olive oil processing waste，OPW）在国内均未得到有效的高值化利用，造成了极大的资源浪费和环境污染。随着中国油橄榄产业的不断壮大，加之油橄榄果实加工生产的时间段较为集中，产生的 OPW 产量也随之增加。如何在生产橄榄油的同时开发利用好 OPW 是亟待解决的技术问题。

一、OPW 的主要组成和理化特性

一般油橄榄经磨浆、离心后形成三相或两相产物，三相包括橄榄油、废液（果汁）和废渣（果渣），两相一般为橄榄油和混合废弃物。加工废液中的主要成分为水、酚类化合物、糖类、有机酸和矿物质等，油橄榄果渣的主要成分为木质素、纤维素、果渣油、酚类物质和三萜类化合物等。OPW 中富含的橄榄多酚、萜类化合物（如齐墩果酸、熊果酸和山楂酸等）和果渣油的研究与开发是该领域一直以来研究的热点和重点。OPW 的主要组成及理化性质（如表 16-1 所示）。

表16-1 OPW的主要组成及理化特性

项 目	数 值	项 目	数 值
pH	4.7～5.7	Pb/(μg/L)	5～41
导电性/(mS/cm)	5～41	Cd/(μg/L)	0.03～10
COD/(g/L)	16.5～190	Fe/(mg/L)	0.45～20
BOD_5/(g/L)	41.3～46	Zn/(mg/L)	1.7～4.98
干物质/(g/L)	11.5～102.5	Cu/(mg/L)	0.49～2.96
有机物/(g/L)	16.7～81.6	Mn/(mg/L)	0.46～20
油脂/(g/L)	1.64～9.80	Mg/(g/L)	0.03～0.17
多酚/(g/L)	0.002～11.5	Ca/(g/L)	0.03～0.29
糖类/(g/L)	1.3～8.79	K/(g/L)	0.73～6.10
有机酸/(g/L)	0.78～1.00	Cl/(g/L)	0.76～1.00
总氮/(g/L)	0.06～0.95	Na/(g/L)	0.03～0.13

采用不同加工工艺生产橄榄油时，所得三相废液（TWW）、三相果渣（TWP）和两相混合废弃物（TMW）的主要组成也存在差异。TWW、TWP、TMW 中油脂含量分别为 0.03% ～ 4.25%、3.5% ～ 8.72%、3.76% ～ 18.0%，总酚含量分别为 0.63% ～ 5.45%、0.2% ～ 1.15%、0.4% ～ 2.43%，总糖含量分别为 1.5% ～ 12.22%、0.99% ～ 1.38%、0.83% ～ 19.3%。根据组成分析，OPW 具有化学需氧量（COD）和生物需氧量（BOD）高，有机物含量高、可生化处理特性强，生物活性成分种类丰富（酚类物质和油脂）、含量高，可开发利用价值高等特性。

二、OPW 中的主要活性成分及其功效

1. 油橄榄果渣油

油橄榄果渣油（Olive pomace oil，OPO）是用溶剂或其他物理方法从已初榨提取橄榄油的果渣中获得的油脂，其主要成分等同于初榨橄榄油，同样含有丰富的单不饱和脂肪酸。对其成分和功效的研究显示开发果渣油极具潜力。孔维宝等以甘肃陇

南产油橄榄果渣为原料，研究了提取条件对果渣油提油率的影响。结果表明：果渣水分含量在 10% 以下时适宜果渣油的提取，最佳的萃取溶剂为正己烷，在优化条件下提油率为 9.16%，气相色谱—质谱分析结果表明，正己烷萃取的果渣油主要脂肪酸为油酸（68.73%）、棕榈酸（15.28%）、8,10—二甲氧基——硬脂酸（6.65%）、亚油酸（2.80%）、硬脂酸（2.78%）和棕榈油酸（0.97%），其主要脂肪酸组成与初榨橄榄油类似。果渣油不仅和初榨橄榄油具有类似的脂肪酸组成，而且还具有很好的生物学功效。Nasopoulou 等研究了油橄榄果渣（OP）和果渣油（OPO）对金头鲷（Sparusaurata）和海鲈鱼（Dicentrarchuslabrax）生长特性、脂肪酸组成及心脏保护特性的影响。研究表明：给金头鲷喂食 OP 和 OPO 均使其生长性能优于对照组，而对海鲈鱼的生长影响不大；喂食 OP 的金头鲷的总脂中各类脂肪酸含量均有所降低，而且对血小板活性因子诱导的抗血小板凝集表现出较强的生物活性，研究认为 OP 可部分替代鱼饲料中的鱼油用来提高其心脏保护特性。有研究表明，OPO 中的非甘油酯成分长链脂肪醇可调节释放促炎介质，可显著降低由脂多糖刺激的小鼠单核巨噬细胞（RAW264.7）中 NO 的产生，同样可降低肿瘤坏死因子 α 和前列腺素 E2 的生成，显示 OPO 潜在的功能。Rodriguez 等的研究表明，长期摄入含有 OPO 的食物可改善自发性高血压大鼠（SHR）主动脉血管内皮功能紊乱，这种作用机理主要是由于摄入 OPO 可提高内皮 NO 合成酶的表达。Tsantila 等的研究表明联合使 OP 极性脂质提取物和辛伐他汀可阻止喂食高胆固醇饲料家兔动脉粥样硬化的发展。由此分析，OPO 中的脂溶性微量成分在生物学活性方面发挥着重要作用。

2. 酚类物质

酚类物质是油橄榄中一类最为重要的成分，果实中酚类物质的种类和含量直接影响了橄榄油的外观品质、风味和生物活性。OPW 中主要的酚类物质有羟基酪醇、橄榄苦苷、咖啡酸、P—香豆酸、阿魏酸、没食子酸、芦丁、木樨草素等。在橄榄油的加工过程中，溶于橄榄油的酚类物质主要为脂溶性成分，而大量的具有抗氧化、抗炎、抗菌等多重功效的橄榄多酚物质随着 OPW 的废弃而流失。从 OPW 中提取的酚类物质可作为食品和医药工业中良好的抗氧化剂，开发橄榄多酚产品对于橄榄油加工企业来说是一个非常有潜力的发展领域。

Cioffi 等比较了意大利橄榄油和果渣中酚类物质的组成及含量差异（见表 16-2）。结果显示，除了初榨橄榄油中未检测到香草酸、油橄榄果渣中未检测到丁香酸之外，初榨橄榄油和油橄榄果渣中均含有类似的酚类物质组成，橄榄油中酚类物质的含量总体上高于油橄榄果渣。研究还发现，橄榄油和果渣中的酚类物质直接决定其抗氧化特性和清除自由基的能力，而且不同种类的酚类物质具有不同的抗氧化活性和清除自由基能力。

表16-2 奇伦托(Cilento)初榨橄榄油和果渣中的酚类物质组成

mg/kg

酚类物质	初榨橄榄油		橄榄油果渣	
	La Pepa	Severini	La Pepa	Severini
没食子酸	43.8±0.99	34.3±1.00	11.4±0.35	12.6±0.65
羟基酪醇	41.3±1.04	37.0±1.31	10.4±0.24	8.4±0.56
对羟基苯乙醇	23.8±0.62	34.6±1.52	20.7±0.56	21.6±0.98
咖啡酸	20.7±0.89	30.0±1.50	13.5±1.04	6.7±0.66
丁香酸	15.1±0.74	19.2±0.87	—	—
橄榄苦苷	140.0±2.99	120.4±2.01	83.0±3.60	81.7±2.40
女贞苷苷元	23.8±0.70	35.0±1.21	31.1±1.53	27.1±1.55
橄榄苦苷苷元	24.9±0.90	19.9±0.95	24.0±1.21	23.3±1.63
阿魏酸	4.6±0.80	6.2±0.45	—	12.6±0.61
香草酸	—	—	10.4±0.66	8.8±0.65
总酚含量	350.0±4.20	343.0±5.00	207.4±10.50	210.0±8.20

Franco等研究了西班牙巴达霍斯所产的Arbequina等7个品种油橄榄在不同成熟阶段，初榨橄榄油中单酚类物质的差异及其抗氧化特性。在所有测试的橄榄油品种中含量最为丰富的是环烯醚萜类衍生物，其次为酚醇、黄酮和酚酸，环烯醚萜类衍生物中主要为酪醇和羟基酪醇。抗氧化性能测试结果表明，不同品种的橄榄油表现出不同程度的抗自由基、抗脂质过氧化、清除自由基的能力。Camargo等的研究表明，摄入富含橄榄油的食物可降低代谢综合征患者（高胆固醇、高血脂、高血压）餐后的炎症反应，这种反应主要是由于橄榄油中富含的酚类物质可降低餐后血浆中脂多糖的水平。Palmieri等的研究显示，摄入油橄榄果渣多酚可防止人内皮细胞（EAhy926）因缺氧胁迫而导致的NO水平升高，降低诱导性NO合成酶和环氧化酶-2的表达，提升肿瘤坏死因子α的表达。

3. 萜类化合物

油橄榄富含齐墩果酸、山楂酸、高根二醇、熊果醇等五环三萜类化合物，而在非皂化的初榨橄榄油中富含三萜类化合物，它们具有较强的生物活性。王着等以油橄榄果渣为原料，研究了山楂酸和齐墩果酸的提取工艺条件。以山楂酸和齐墩果酸的提取率和浸膏得率为评价指标，采用正交实验优化得到了最佳条件，在优化条件下山楂酸和齐墩果酸的提取率分别为91.27%、94.73%，浸膏得率为23.38%。Reyes-Zurita等的研究显示，从油橄榄果渣中提取的山楂酸可激活缺失p53肿瘤蛋白的人结肠腺癌细胞（Caco-2）中内在和外在的细胞凋亡通路，这说明来源于油橄榄果渣的山楂酸是一种可用于治疗结肠癌的有效物质。

三、OPW 的综合利用技术

1. OPW 作为土壤改良剂和有机肥料

由于 OPW 有机物含量高、可生化处理特性强，而且在橄榄油的榨季其排放量大而集中，因此 OPW 最直接的利用方式就是直接或经过预处理之后用作有机肥料。*Kokkora* 等研究了施用橄榄油加工废水（OMWW）对玉米产量和土壤特性的影响。第一年的结果显示施用不同量的 OMWW 对土壤特性、玉米产量、籽粒水分和脂肪含量影响不显著，但是对籽粒的蛋白质、淀粉、纤维和灰分的影响显著；仅施用无机氮肥的结果和仅施用 OMWW 的结果相似，说明 OMWW 具有替代无机氮肥的潜力。另一项研究考察了连续施用 8 年两相法所得 OPW 对橄榄园土壤特性、酶活力和生产力的影响，结果显示长期施用 OPW 可显著改善橄榄园土壤的性质，如土壤总有机碳和腐殖质的含量增加，土壤脱氢酶活力提高，以及土壤的可使用性和生产能力得以改善等。

2. 利用橄榄油加工废水生产功能饮料

基于橄榄油加工废水中富含具有抗氧化、抗炎、改善心血管疾病、预防传染等功效的酚类和萜类化合物等生物活性成分，而且考虑到这一副产物具有安全无毒、生物可利用度高等特征，Zbakh 等提出用橄榄油加工废水生产功能饮料的开发思路。从利用废水制备高品质功能饮料的角度考虑，在橄榄油加工过程中应注意果实的采收、运输、贮存条件，以及废水的非热预处理（膜过滤）等环节，保证其中富含的酚类等有效成分不受破坏和损失。

3. 利用 OPW 制备食品抗氧化剂

Araujo 等提出了从 OPW 中提取酚类物质制备食品抗氧化剂的思路。作者指出，从制备食品抗氧化剂的角度出发，需要采用一些绿色的提取和分离技术，例如采用溶剂乙醇萃取，采用膜分离和大孔吸附树脂纯化 OPW 中的酚类物质。

4. 利用油橄榄果渣生产动物饲料

除了作有机肥料之外，利用油橄榄果渣直接生产动物饲料或替代部分饲料也是一条非常有效的副产物利用途径。Brozzoli 等以有核的油橄榄果渣为原料，采用平菇和侧耳菌（Pleurotus ostreatus 和 Pleurotus pulmonarius）进行固态发酵，评价了其作为动物饲料的可能性。经 6 周固态发酵培养后，含油橄榄果渣（占总量的 75%）、麦麸、三叶草等组分的食用菌固态发酵基质中粗蛋白质含量从 7% 提高到 29%，酚类去除率在 50% ～ 90%，而且木质素也逐渐被降解。该研究认为发酵后的固体基质具有作为动物饲料的潜力。Bosco 等发现喂食含 5% 脱水油橄榄果渣的饲料可使肉兔的采食量、生长率、体重和屠宰率下降，进而影响其生产性能，但是与对照组相比，喂食含油橄榄果渣的饲料可使兔肉的不饱和脂肪酸比例和氧化过程得以改善。考虑到油橄榄果渣

中含有的酚类物质，用其作为肉兔饲料成分时应慎重。

5. 利用油橄榄果渣生产生物燃料

Miranda 等发现在油橄榄果渣中添加橡树废弃物可保证颗粒燃料有效的压缩性，提高其操纵性和运输特性，但是其热值特性方面的改善并不理想。考虑到颗粒燃烧时排放物 CO、NO 的问题，在用油橄榄果渣制备固体燃料时其添加量不宜超过 50%。Lama-Munoz 等采用蒸汽处理油橄榄果渣提取果渣油，并用果渣油生产生物柴油。研究显示，蒸汽处理有利于果渣油的提取和浓缩，采用酸酯化—碱转酯化两步法可制取生物柴油，在优化条件下可获得 95% 的产率，认为油橄榄果渣油是生产生物柴油的理想原料。

6. 其他利用方式

（1）利用油橄榄果渣生产吸附剂

农业副产物由于其成本低、来源丰富、富含各种功能基团，使其成为理想的生物吸附材料。研究显示，经过甲醇、正己烷分别单独处理，及甲醇—正己烷联合处理的油橄榄果渣吸附剂可有效吸附去除水溶液中的 Cu^{2+}、Cd^{2+} 重金属离子。Malkoc 等研究了用油橄榄果渣制作的吸附剂对重金属 Cr^{6+} 的吸附特性，研究认为果渣吸附剂比商品吸附剂更具经济性。

（2）利用油橄榄果渣制砖

以油橄榄果渣为辅助添加剂制砖用于建筑行业是地中海地区的学者提出的一条综合利用 OPW 的可行思路。一项来自西班牙的研究显示，在黏土砖的生产中，添加 10% 的油橄榄湿果渣作为造孔剂，可生产出具有良好隔热性能的轻质建筑材料，其表观密度为 1.43g/cm^3、压缩强度为 40.22MPa、导热系数为 0.72W/mk。

（3）作为微生物培养基

由于 OPW 含有丰富的糖类、纤维素和微量元素等营养物质，可生化处理性强，因此具备作为微生物廉价培养基的优势。以 OPW 为培养基发酵生产酶制剂和其他生物产品的研究也是其综合利用领域的研究热点。Mann 等研究发现，以橄榄油加工废水为廉价培养基补充剂培养白腐真菌（Cerrenaconsors）时，可在去除废水中的酚类物质和降低对植物毒害的同时还会产生大量的漆酶；培养基中添加 Cu^{2+}（0.75mmol/L）或橄榄油加工废水均可提高漆酶产量；橄榄油加工废水的新鲜与否直接影响所产漆酶的同工酶形式。

（4）利用 OPW 生产燃料

D.Costa-Gonzalez,C.C.A.R.Claro 对油橄榄加工废弃物进行燃烧热量的研究，把果渣与油橄榄叶、葡萄皮、葡萄种子、板栗壳、杏仁壳等进行混合成糊状混合物，按照要求制作成一定的形状，待干燥后作为燃料，并测定含水量和燃烧后的灰烬。表明，混合物总热量比木质要高出 20%，含水量和灰烬更少。

表16-3 不同工业废弃物与油橄榄加工废弃物的总热量（GCV）、含水量、灰的比较

工业废弃物	总热量（GCV）MJkg^{-1}	含水量%	灰%
油橄榄叶	22.5469	5.23	3.29
葡萄外皮	22.8305	1.07	8.93
葡萄籽	22.9262	7.40	2.55
玉米茎干	21.7200	8.84	3.23
玉米芯	20.6935	8.34	2.75
板栗壳	22.0509	6.70	3.52
杏仁壳	21.3950	0.95	2.28

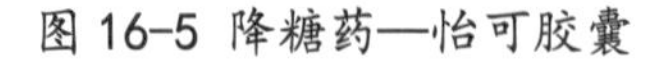

图 16-5 降糖药—怡可胶囊

图 16-6 橄榄茶

随着中国油橄榄种植面积不断扩大、产量不断增加，油橄榄产业发展面临着诸多问题，其中橄榄油加工废弃物（OPW）的资源化开发和高值化利用是变废为宝延长油橄榄产业链的重要途径之一。为促进中国油橄榄产业的可持续发展、提高油橄榄资源的综合利用度、实现其高值化生产、丰富油橄榄系列产品种类、提升油橄榄产业的科技水平、保护环境，借鉴国外在此领域已取得的研究成果和开发的先进技术，积极开展 OPW 的高值化开发利用研究具有重要的经济价值和生态效益。根据有关研究人员的基础研究工作，他们认为，以鲜榨的橄榄油加工废液为原料提取橄榄多酚抗氧化制剂，或直接复配调制橄榄保健饮料，从技术、经济和市场方面考虑均具有较好的可行性，是高值化利用橄榄油加工废液的有效途径；实现油橄榄果渣资源化利用的可行思路包括：一是果渣先用作提取果渣油、熊果酸和山楂酸的廉价原料；二是提取废渣作为食用菌栽培或固态发酵基质，经微生物转化利用后再加工成动物饲料或有机肥料；三是提取废渣直接压缩制备成颗粒燃料或制备成活性炭吸附剂。图 16-1、16-2 为陇南田

园油橄榄科技开发有限公司开发的保健产品及保健药物。

第三节 油橄榄园复合开发利用

油橄榄园复合开发利用是以立体种植和立体养殖开发模式或生态旅游开发等形式进行的山地资源综合开发利用形式，为社会提供高质量橄榄油及其附加产品和生态产品。同时也带动当地物流业、畜牧业和服务业等相关产业的发展。油橄榄园复合开发利用主要是为了提高油橄榄园效益、增加农户收入，特别是解决橄榄园早期，还未结果无收益的经济问题。陇南油橄榄种植户通过开发立体种植、油橄榄多种经济，探索实施种养殖结合的立体经营结构新模式，部分林农在油橄榄园开展小规模的种养殖试点，探索经验，逐步形成了油橄榄复合经营的模式。

发展油橄榄复合经营的意义是通过发展油橄榄种植业和其他经营项目的有效结合，可以使油橄榄产业从单纯利用林产资源转向林产资源和林地资源结合利用，不断提高橄榄园综合效益为目的。而油橄榄园复合经营又反过来促进油橄榄生产，进而探索出一条发展生态产业和循环经济的新路子。利用闲置林地把农村的一些多种经营项目转移到油橄榄园，在不新增占地的情况下，为种植户开辟一条新的增收渠道。通过发展油橄榄经济，促使农村农林牧各业相互促进、协调发展，将有效带动加工、运输、物流、信息服务等相关产业发展，吸纳农村剩余劳动力就业，促进农业发展。同时，还可以改变传统家庭养殖业污染居住环境、影响村容整洁的问题，促进种植户生活质量的不断提高。油橄榄经济的迅速发展，还将会引导带动适生区群众更加重视学习、掌握和应用科技知识、提升经营管理本领，成为助推精准扶贫精准脱贫的有力推手。

一、油橄榄园复合经营模式

目前陇南开展的油橄榄园复合经营模式有以下三种：

1. 间作套种其他作物

在油橄榄园开展育苗、种植食用菌、中药材，栽培玫瑰、黄豆、土豆等有收益性的作物,文县民丰生态油橄榄农场积极探索油橄榄园复合经营模式,取得了显著成效。林—苗模式，利用建园初期的 1 ～ 3 年时间，在橄榄树幼树期，在林下繁育一些林木种苗，可取得良好的经济效益，弥补建园初期的资金投入。林—药模式，这种模式一般是利用林下空间资源间作药材，通过长短结合的方式来增加经济收益。林药间作模式的优势在于林木为药材提供阴湿凉爽的环境，避免夏季烈日高温危害，使药材可以有条件旺盛生长。根据药材所需的立地条件，主要以芍药、天麻、党参、板蓝根等为主。由于大多数

图 16-7 油橄榄茶园

药材经济价值比较高，所以具有很好的市场前景和良好的经济效益。林—菌模式，林木可以给予食用菌生长适宜的低温湿润小气候，所以春、秋两季均可种植。食用菌以香菇、平菇、黑木耳等为主，育菇后留下的残料相当于给林地施了大量有机肥，可促进林木生长，构成了相互依存、相互有利的互助环境。林—豆模式，林下种豆类作物是陇南油橄榄园复合种植的主要方式。主要以耐阴、矮小、耗水耗肥较少的高油黄豆、蚕豆等豆科作物为主。平均每亩收入 1200 ～ 1600 元，经济效益可观。与此同时，利用根瘤菌的固氮作用，提高土壤的肥力、潮湿性和透气性，促进油橄榄树生长。林—菜模式，林下套种蔬菜，此模式分春秋两季，分别选取适合林下环境的蔬菜，如香椿、地膜洋芋、花白、萝卜等进行间作。以地膜洋芋为例，平均每亩可收益 800 ～ 1000 元。林—瓜模式，林下套种西瓜。在地势平坦、采光条件较好的地方可适当套种西瓜，平均每亩产值可达 3000 ～ 5000 元。

2. 林畜复合养殖

大力发展油橄榄与禽、畜等动物复合养殖，文县关山梁油橄榄园开展油橄榄林下养鸡、鹅、猪等多种油橄榄复合经营的新形式。养殖的“橄榄鸡”采食橄榄落果，营养丰富，肉质鲜嫩，筋道韧性，口感独特，受广大消费者喜爱，取得了比较好的经济效益。

文县堡子坝关山梁油橄榄园林下经济示范点，该示范点占地面积 1.5 公顷，栽植油橄榄 0.6 公顷，建成 120㎡ 圈舍，散养鸡达 2000 只，生猪 20 头，年纯收入达 9 万多元，是全县生态养殖示范点。这种绿色、生态、高效的符合养殖模式，可以有效利用土地资源，符合人们绿色健康的消费理念。

（1）除草灭虫，节省饲料

鸡有取食青草和草籽的习性，对杂草有一定的防除和抑制作用。据试验，每亩果园放养 20 只鸡，杂草只有不放养鸡果园的 20% 左右，鸡数量增加，杂草更少；鸡在果园内觅食，捕食白蚁、金龟子、潜叶蛾、地老虎等害虫的成虫、幼虫和蛹，从而减轻害虫对果树的危害。让鸡采食大量的天然饲料和油橄榄落果，不但能提高鸡肉的品质，还可降低饲养成本。

（2）培肥地力，减少投资

鸡粪中含有氮、磷、钾等油橄榄树生长所需要的营养物质。据分析一只鸡一年的鸡粪含氮肥 900g、磷肥 850g、钾肥 450g。如果按每亩果园养 20 只鸡计算，就相当于

施入氮肥 18kg、磷肥 17kg、钾肥 9kg，提高了土壤肥力，促进了油橄榄树生长，节约肥料，又减少了投资。同时充分利用看管果园的房舍，因陋就简，搭盖一定量的简易鸡棚，节省投资。

（3）增强体质，减少疾病

果园中空气新鲜，水源清洁，离村屯畜舍较远，可避免和减少鸡病的互相传播。

（4）增加收入，提高果园收益

一亩地养殖 20 只鸡，就可以增加收入 2000 元。

3. 产旅融合协同发展

开办油橄榄农庄、橄榄园观光旅游、休闲农业等高品位的农业发展模式，增加油橄榄经营者的效益。近年来，油橄榄复合经营取得了一些成效，也受到了广大林农的欢迎，特别是特色小镇建设、乡村旅游、农家乐为陇南油橄榄园复合经营拓展了经营渠道。这是下一阶段，油橄榄园提高经济效益，拓展发展空间，增强持续发展能力的有效措施。政府必将加大对油橄榄园复合经营建设的资金投入和技术支持力度，对油橄榄园在园区道路建设、配套水利设施、文化体育建设提供更多的支持。在资金、技术、人才、政策、规划给予指导，在不断提升油橄榄园经济效益的同时，增加更多内涵发展要素，促进油橄榄产业多元化发展。

图 16-8 陇南油橄榄农家乐

图 16-9 陇南油橄榄观光园

图 16-10 希腊油橄榄小镇——油橄榄古树游

历史上传统庄园主要是有一幢大屋或城堡，由田地、农舍、牧场和林地所包围，主要从事传统农业种植，生产力水平较为落后。后来，庄园逐渐发展成为一种家庭式的产业，并多与休闲旅游度假相结合，从而使西方农业走向集约化经营的道路，逐步实现了农业的现代化。20世纪中期，现代庄园经济首先在欧美等发达国家出现，并以现代资本、全球市场和高新科技、有机生态价值以及全新的管理模式为核心要素，发展成为一种全新的现代农业发展模式，20世纪80年代后期，这些农庄逐步走上连锁经营或产业园发展轨道，并成功地改变了美国、荷兰、澳大利亚等国家和地区的农业经济状况，创造出了诸如美国的新奇士橙、荷兰的花卉等经济奇迹。日本的“都市农业”或“工厂化农业”以及中国台湾的“观光农业”“市民农园”等，实质上也属于庄园经济的范围。在越南，这种模式更是成为农村经济的重要形式。中国古代的庄园制经济最早始现于东汉，在魏晋时期达到高潮，以后曾经衰落过一段时期，到唐中期以后再度繁荣。传统的庄园制度是指封建领主在大土地所有制基础上创办的田产经营组织制度，其基本特征是自给自足的自然经济。油橄榄庄园是现代庄园，是以市场经济相对发达为条件、在不改变目前中国农村基本经营体制的前提下，以土地使用权的有偿转让为基础即土地流转，按标准化合约方式组织起来的一种新的生产经营组织，其本质特征是资本农业。

对于中国的现代庄园经济，政府和学者目前尚未有准确统一的定义。基于经营模式、生产要素组合、规模效益等，国内学术界一般认为现代农业庄园是按照现代农业要求统一规划，以市场为导向、科技为支撑、资本为纽带，经济效益为中心，是一种建立在土地资本化、资产股份化、融资市场化、经营规模化、管理企业化基础上的农业开发和经营组织形式，是集生产、生态、旅游等功能于一体，是一种多业态并存、多功能并举的新型复合循环经济模式。在中国新一代油橄榄园建设中，建设者们都走上了油橄榄庄园的发展路子，配套高品位的休闲农业设施，让参观者身临其境，感受国外高级庄园的休闲农业生产方式，让生产者、参观者融为一体，把农业做成一种高级生活方式，实现自然与人的高度契合，享受人与自然的和谐统一。

第四节 油橄榄庄园及三产融合发展新模式

20世纪中期，庄园经济首先出现在欧美等发达国家，曾经成功地改变了美国、荷兰、澳洲、日本等国的农业经济状况，创造出了农业发展奇迹，为农业发展注入新动能。油橄榄产业发展自始走的是一条科技引领，机制创新，多元发展，要素驱动的现代农业发展之路。甘肃、四川、云南、重庆等油橄榄发展企业借鉴欧美庄园经济发展

模式，目前在甘肃陇南建成的祥宇油橄榄生态园，云南玉溪易门、四川成都金堂等地建设的油橄榄庄园，在全力推动基地建设的同时，向园区注入新的生产要素，形成集团化、多元化发展的态势，最为典型的是甘肃陇南祥宇油橄榄开发公司和云南易门森淼农业开发科技公司等。集种植、养殖、观光、生产为一体，带动周边规模化种植基地和种植户共同发展，撬动当地油橄榄特色产业发展的现代农林庄园。

一、庄园经济的基本特征

孙文军，吴永红认为庄园经济的基本特征如下：

1. 土地证券化

指土地资源权益货币化。具体是指把土地资源划分为若干个单元并以股份券或受益凭证的形式向投资者招商。投资者购买的并非土地本身，而是购买的代表一定面积的土地受益的凭证，从而将具有固定性、实物性的土地资源变成了可以流动的土地证券。这种股份券或受益凭证在一定意义上具有现代证券的特点，投资者一旦购买就不能退还，但可以在投资者之间相互转让和继承。

2. 融资市场化

在庄园经济条件下，开发商筹措资金的方式是向投资者——个人（以市民为主）及实体单位公开发售土地经营受益凭证，投资者根据自己的判断决定买或不买、买多买少。因此，其招商的对象并非是固定的某类投资者。对单个投资者有投资下限规定，但没有上限约束。

3. 管理集中化

庄园经济的实际生产经营活动并非由所有投资者自己进行，而是由开发商对整个生产经营活动实行集中统一规划、统一布局、统一安排生产、加工和销售活动，即实行集中统一管理和安排。开发商的责任就在于充分合理地利用资源，提高经营效益，并从收益中提取相应的管理费作为其报酬。而投资者属于监督者的角色，并有权获得相应比例的利益分配。

4. 产业经营一体化

庄园经济的所有经营活动均以开发商为中心和龙头，实行生产、加工、销售一体化经营，统一核算，包括项目的选择和实施、物资的供应、高新技术的开发和应用、产品的加工销售以及市场的开拓等，亦即实行产业化经营。

5. 技术选择高科技化

庄园经济的发展以高新科技的开发应用为支撑，农业开发的全过程突破了传统技术为主的农业发展格局，走的是资金、技术密集型农业发展道路。

二、庄园经济对现代农业经济的作用

王磊、李野认为庄园经济对现代农业经济发展具有重要作用。

1. 把企业、市民和农户连接起来

庄园经济以大中型企业作为经营主体，以市民为主的投资者作为投资主体，而农户是生产主体，从而把企业与市民、农户连接起来，实现了资源的重新组合和配置，有利于提高资源的利用效率和效果，既为市民开辟了新的旅游渠道，又有利于密切城乡关系和工农关系。

2. 提高了土地的利用效率、解决了小农户大市场问题

土地报酬规律为人们合理利用土地资源奠定了理论基础。在土地资源有限和农产品需求不断扩大的趋势下，合理利用土地的基本方式是集约经营和规模经营。现代庄园经济通过土地流转获得大量土地，为土地规模经营和集约经营提供了可能，现代庄园经济的性质要求庄园经营者合理充分利用土地，获得最佳投入产出比。根据当时社会对农产品的需求量、农业技术水平和农业投资能力，对土地利用采用何种集约度才算合理和在资源投放总量上做到适度是关键。实现了土地的集中规模经营，庄园主拥有比单一农户更多的资金和更为敏捷的市场信息捕捉能力，比单一农户更能适应市场和抵御市场风险的冲击。基本实现了农村土地的两权分离，实现了公平和效率的兼顾（既保证了农民的基本收入，又使土地集中经营利用，提高了土地的利用效率）。

3. 有利于打造一批新型的农业产业化的龙头企业，形成支柱经济，并提高企业的拉动力

中国农业产业化发展之所以难有突破，出现低层次运行，一个重要的原因就是已有的龙头企业缺乏竞争力和创新以及风险承担能力，难以同农户建立起“风险共担、利益均沾”的利益共同体，出现“小马拉大车”的被动局面，自然无法有效推进农业产业化进程。大中型企业通过发展庄园经济进入农业开发领域，这对培育具有现代企业制度特征的、有融资功能和市场开拓能力强的、有较高的高新农业科技开发和转化能力的新型龙头企业有积极的推动作用。

4. 有利于高新农业科技的开发和应用、促进农业产业化向深层次发展

农业产业化作为农业生产经营的一种新的组织形式和经营方式，同时也是对传统农业进行改造的过程，离开了农业科技进步的有效推动将是极其困难的。在一定意义上，技术进步是农业产业化的灵魂。庄园经济的发展以聚集较大规模的资本为条件，通过高新农业的开发和应用，进行大规模开发和深层次加工，这对推动高新农业科技的开发和应用，提高农业产业化的发展层次，尽快把科技转化为生产力，实现科技、生产、经济和生态环境的良性循环等意义重大。

5. 增加了农民的收入

一般而言，出租土地可以获得租金收入，加上在家劳动力从事副业收入和外出务工收入。而第一项收入比出租土地前的土地产出会多出一部分；外出务工人员也可能

比出租土地前有更多的时间打工，从而获得更多的收入；在家从事副业的也可以因为不种地而专门养殖，增加收入。三项合计已经相当可观，再加上农民减少土地投入的费用，土地出租或入股后广大农民的收入额将远远超出没有出租或入股土地以前的收入，这也正是我们实现农村土地规模经营的目的之一，对中国农村经济的繁荣和全国经济持续增长起到重要的作用。

6. 有利于调整农业产业结构，加速实现农业现代化

现代庄园经济以农副产品加工营销企业为龙头。企业为自身利益需要，在大规模组织农副产品生产、为自己提供充足货源的同时，也积极组织资金、技术、人才，正面影响了当地农户和产业结构。

三、陇南三产融合发展油橄榄庄园经济的成功范例

陇南市武都区是中国油橄榄面积最大、产量最多、效益最好、研发能力最强、产业链完善、市场培育较好的县区。截至 2017 年底，油橄榄基地面积 2.8 万公顷，覆盖 22 个乡镇 420 个村 4 万农户 15 万人口。近年来武都区以产业片区培育为抓手，依托龙头企业带动的扶贫开发新路子，放大了扶贫开发效应，贫困农户直接参与优势主导产业作用日益显现，有力促进了贫困山区经济发展和贫困户脱贫致富。祥宇油橄榄公司通过“公司 + 协会 + 合作社 + 农户”模式，实现了与农户无缝对接、信息共享，既保证了油橄榄产品质量，又保证了贫困农户的收益，仅 2015 年祥宇公司共带动贫困农户 0.52 万户 2.23 万人，户均增收达 4300 元。通过产业提升和电商助推，贫困人口由 2013 年的 7600 户 34400 人减少到 4398 户 18910 人，产区贫困发生率由 10.4% 下降到 5.7%，下降了 4.7 个百分点，不仅能给贫困群众带来巨大的经济效益，还能改善生态环境，绿化荒山荒坡。

陇南祥宇油橄榄开发公司借鉴庄园经济发展的成功经验，融合现代农业、工业、服务业为一体的三产融合式发展模式，加快了油橄榄产业综合效益的实现。陇南市祥宇油橄榄开发公司成立于 1997 年，现有职工 500 多人，已发展成为集油橄榄良种育苗、规模种植、科技研发、精深加工、市场营销为一体的综合性集团公司，综合产值 3.2 亿元。目前已建成国家油橄榄示范基地670公顷，并通过林地流转、协会带动、订单生产等方式合作共建油橄榄基地，本着“优势互补、共同建园、合理开发、利益共享”的原则，与白龙江沿岸 14 个乡镇 21862 户油橄榄种植户签订了《合作建园协议书》，整合油橄榄种植面积 1.24 万

图 16-11 四川金堂西班牙油橄榄庄园

公顷。这些措施和做法，充分调动了广大农户发展油橄榄产业的积极性和主动性，稳步推动了产业的健康发展。2015 年收购鲜果 16500 吨，支付收购款 13200 万元，为加快群众脱贫致富步伐做出了积极贡献。

多年来，在省、市、区各级领导的关怀帮助和相关部门的大力支持下，公司按照市委、市政府提出的“尊重规律、扩大基地、强化科技、壮大龙头、健全市场、打造品牌、提质增效”的总体思路，倾力加快油橄榄产业发展壮大，先后荣获中国驰名商标、甘肃省农业产业化重点龙头企业、国家级林业重点龙头企业、中国橄榄油国家标准起草单位等荣誉称号。2014 年，占地 16 公顷总投资 3.62 亿元的祥宇油橄榄生态工业园（主要包括农业科技产业园、橄榄文化博览园、循环经济示范园、阳光工厂体验园、健康主题休闲园）正式启动建设。产业园分三期建成：一期占地 1.5 公顷，建设 1.4 万平方米的综合车间，引进两条德国福乐伟油橄榄特级初榨生产线和一条意大利佩亚雷斯油橄榄精品特级初榨生产线，日加工橄榄鲜果能力达到 560 吨；引进全自动化进口灌装线，日灌装能力将达到 50000 瓶；建成了低恒温储油库，储存能力达到 6200 吨，满足近 10 年的储油需求；建设 4800m^2 的国家油橄榄工程技术研究中心，成为国内外油橄榄专家工作站，合作开展油橄榄深度研发和橄榄油油品质量全项检测；建设 5300m^2 的员工宿舍及相关配套设施，建设动力中心工程和消防中心工程。二期主要建设中国油橄榄博物馆、博览园以及超集约有机栽培示范园，三期主要建设油橄榄中心广场、商务会议中心、度假休闲中心、培训中心。

全部项目建成，将成为中国油橄榄行业总部基地、陇南特色产业标杆企业、陇南城市的会客厅，集橄榄文化传播、良种育苗、技术研发、试验示范、生产销售、旅游观光、综合利用为一体的循环经济生态工业园区，辐射带动全省乃至全国油橄榄产业的快速发展。

图 16-12 祥宇公司万吨半地下恒温避光储油库

附 录

附录 1 陇南油橄榄科技支撑平台

油橄榄是国外引进品种，原产于地中海沿岸国家。种源来自国外，栽培加工技术源于国外，在中国引种 50 年来，初步总结出一套栽培技术理论，培养了一批油橄榄栽培加工技术人员，选育出一批适应国内气候条件下栽培的优良品种。但与国外产业化经营相比，我们的差距依然十分明显，主要表现在科技支撑能力不强制约了油橄榄产业的健康快速发展。鉴于此，陇南把加强科技创新平台建设，优化科技资源配置，增强创新驱动发展作为服务产业开发的重要工作。依托陇南市内科技研发机构，联合国内大学、科研院所、企业、油橄榄种植户、农民专业合作组织共同组建了一系列不同层次、不同形式的油橄榄科技创新平台。

这些平台以提高中国油橄榄资源总量和产品竞争力为目标，立足甘肃油橄榄区位和资源优势，通过增强自主创新能力，以良种培育与扩繁、丰产栽培、加工综合利用技术为突破口，集成示范已有技术，突破产业化关键技术，建立综合实验室、良种规模化繁育基地、高效生产示范基地、技术培训及网络服务中心等，构建了从实验室到基地再到示范、培训、推广的生产所需的油橄榄产业化技术体系，建设高水平、高效率的集产业技术创新、成果转化及技术培训、人才聚集与对外合作交流功能于一体的油橄榄产业科技支撑与技术转化平台，并加强产业化科技示范工程建设，为油橄榄产业与山区经济的发展提供持续技术支撑和保障。

在油橄榄品种引进及选育，油橄榄组培快繁和扦插扩繁技术研发与应用，研发、集成和熟化油橄榄丰产栽培技术，橄榄油绿色加工和质量安全控制技术研究与示范，油橄榄综合利用，成果转化和开发服务等方面取得进展。组织了国内企业、大学和科研机构等围绕产业技术创新的关键问题，开展了技术合作，通过科学统筹实现平台体系间的创新资源有效分工、合理衔接，突破产业发展的核心技术，形成油橄榄苗木繁育、丰产栽培、采收储存、油品加工、油品质量控制、病虫害防控等技术标准。建立公共技术平台和产业技术信息、标准信息交流平台，促进信息、重大仪器设备、中试设备等资源共享，提高创新资源利用效率，为企业技术创新活动提供服务和支撑。建立了知识产权及成果的保护、许可使用和转化收益分配的机制，实现知识产权共享。多渠道、多形式培养一批创新人才，为产业发展注入活力。建立了创新型人才的联合培养机制，加强平台成员之间人员的交流互动，增强科技创新平台的创新活力。积极开展国内外人才合作交流，聘请国内外高水平专家和优秀科技人才团队与我市开展合作研究、学术交流、技术培训或工作任职，探索了建立长效的人员交流机制，为产业持续创新提供人才支撑。建立了科技人员与企业帮扶结对机制，使每一位油橄榄科技人员，或与油橄榄企业，或与油橄榄专业合作社，或与油橄榄种植户，或与油橄榄电子商务平台建立长期稳定的院所技术合作机制，紧密协作、互利共赢，实现效益最大化。探索了建立平台良性发展的运行机制，协调成员分工及产品配套形成产业链；围绕开发共同目标市场、降低创新成本等，探索实行平台成员间融资拆借、互相担保、采购让利、基础设施和基础平台共享共用以及对外集约化采购的多种运转模式，实现平台市场利益最大化；联合开展技术创新成果、研发投入和创新产品的统计分析，为制定产业发展规划和开展市场预警预测提供决策依据。实现政、产、学、研、用融合发展，把大学、科研院所与企业利益联系起来，大学、科研院所科技人员与企业建立产学研联合体，让科技人员有施展才华的舞台，让企业成为科技转化的平台，使企业及时得到科技人员的指导，共同发展，共同进步，共享发展实惠。在技术研发、示范推广、服务群众、对外交流合作中发挥了重要作用。

附录 2 陇南市经济林研究院油橄榄研究所

为促进陇南油橄榄产业持续、健康、快速发展，陇南市委、市政府于 2010 年成立陇南市经济林研究院油橄榄研究所。隶属陇南市经济林研究院，为副县级建制的全额拨款事业单位。

图 1 油橄榄研究所

图 2 油橄榄良种孵化园

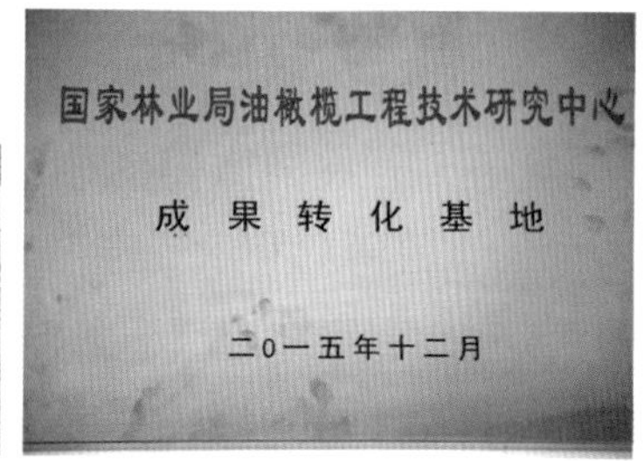

图 3 油橄榄工程中心

一、油橄榄科技创新团队

研究所内设遗传育种研究室，栽培技术研究室，新产品研发室三个职能科室。核定事业编制 15 名，副县级领导职数 2 名，科级干部职数 4 名。目前实有在编人员 14 人，其中研究员 1 人，高级工程师 2 人，工程师 8 人，助理工程师 2 人，技术员 1 人。5 人具有研究生学历，其余人员都具有大学本科学历。1 人为中组部 2016 年西部之光访问学者，2 人为陇南市领军人才，有 5 人曾赴希腊学习油橄榄栽培和综合管理技术，是目前国内最为专业的油橄榄研究机构。

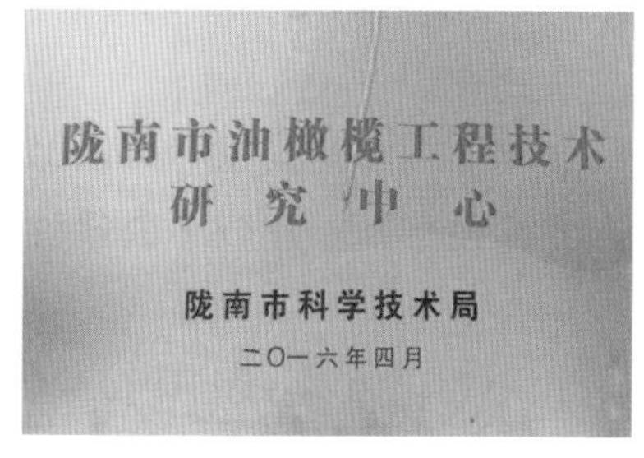

图 4 创新团队

二、职责和任务

陇南市经济林研究院油橄榄研究所是中国经济林协会油橄榄专业委员会会员单

位，所长邓煜研究员担任副主任委员。也是中国油橄榄产业创新战略联盟的驻地，所长邓煜研究员担任副理事长兼秘书长，副所长张正武高级工程师担任副秘书长。

主要职责是：

（一）根据全市林业发展规划和院科技发展计划，制定油橄榄产业发展规划和科研项目计划。

（二）加强油橄榄苗木、种子及其他繁殖材料的技术监管和检测、鉴定，执行《种子法》和《推广法》。

（三）进行油橄榄产业调研，结合生产实际对影响产业发展的重大关键性技术问题选题，积极论证、申报项目。

（四）开展油橄榄产业开发中关键性技术问题的基础研究、应用研究、开发研究和技术创新，组织科技成果鉴定验收，提高油橄榄产业开发的技术水平。

（五）开展油橄榄良种引进、丰产栽培、新产品研发、基因库建设、种苗繁育等方面的试验研究和示范推广，为油橄榄产业提质增效提供强有力的科技支撑。

（六）制定油橄榄相关标准和技术规程，指导“注册认证”工作。

（七）建设管理《陇南油橄榄网》，发布油橄榄信息，开展科普宣传、技术培训、成果转化和科技中介服务，加速科技成果的推广应用。

（八）管理陇南市经济林协会油橄榄专业分会，指导发展油橄榄经合组织建设。

（九）开展国内外油橄榄产业方面的学术交流、科技合作、科技咨询，与国内外相关专业的大专院校和研究院所建立产学研联合体，开展人才培训和联合攻关。

（十）承办研究院交办的相关工作。

三、取得的主要成绩

研究所成立以来，主要完成了十个方面的工作：

一是建基地。在武都区大堡村建成了3.3公顷科研试验园，建设有国外品种收集区、品比试验区、国外良种采穗区、国内品种收集区、市选优树收集区、山地旱作试验区、配方施肥试验区、对照试验区8个区域；

二是引品种。引进国内外油橄榄品种124个，其中引进地中海油橄榄主产国油橄榄新品种34个，收集了国内油橄榄品种90个，申报了7个省级良种，建成了大堡油橄榄种质资源基因库；

三是搞科研。先后承担了国家、省、市多项科研、推广项目，取得了10多项科研成果，荣获了省、市科技进步10个奖项；

四是促研发。成功研制油橄榄专用肥，取得国家专利2项，自制橄榄油获中国首次橄榄油鉴评会二等奖；

五是引技术。引进了世界先进的水肥一体化智能节水灌溉设施和技术；

六是抓示范。在全市建设了19个区域试验点，5个丰产栽培示范点，5个综合管理示范点；

七是编规划。编制了“一城两带”等3项油橄榄规划；

八是畅交流。充分利用国内外不同层次的学习培训活动，大力提升学术水平。2人赴希腊、2人赴西班牙、1人赴以色列考察学习油橄榄栽培技术，组团参加了云南、四川、北京等地油橄榄论坛活动，20多人次参加北京、广州等地油博会。接待国外7个油橄榄考察团，国内12个省市27个考察学习团组来基地观摩。

九是谋合作。与中国林科院林研所、中国林科院林化所、中国经济林协会、中国木本粮油协会、北京林业大学、中国林业大学、甘肃农业大学、甘肃省林科院等国内科研院所建立稳定的合作协作关系，使研究所成为国内大学的实训基地，使大学、科研院所成为我所人才培养基地。定期开展交流互动活动，共同申报项目，共同实施项目，共同分享成果，共同提高进步。

十是重落实。完成市委、市政府、市林业局和研究院安排的重要工作。

研究所紧紧围绕“把油橄榄产业做到全国最强”的奋斗目标，深度落实陇南市委“433”发展战略，以科技创新为中心，以提质增效为目的，以示范推广为抓手，以技术培训为手段，狠抓试验研究推广，加快良种苗木培育，奋力推进科研示范点建设，切实加大实用人才培育，全面强化对陇南油橄榄产业发展和提质增效的科技支撑。目前正在开展的课题有油橄榄新品种引进、集约栽培试验、油橄榄杂交试验、油橄榄配方施肥试验、油橄榄促花保果试验和扩区驯化试验，这些应用开发研究将为陇南油橄榄产业的可持续发展提供强劲动力。

四、大堡油橄榄新品种试验园

陇南市经济林研究院油橄榄研究所大堡油橄榄试验园位于武都区城郊乡大堡村，南靠雷鼓山，北临白龙江，依山傍水，平均海拔984m，地处陇南油橄榄适生区中段。承担着新品种引进、科学研究、学习观摩、交流合作的重要任务。

图5 大堡油橄榄新品种科研试验园

在国家和省、市的大力支持下，在市经济林院的直接指导下，从2011年开始规划实施，该园核心部位占地3.3公顷，周围示范辐射80公顷。该试验园的目标功能是引进国内外最新优良品种，收集市内优良品种，进行品比试验，开展优质丰产栽培技术研究。按不同的实验功能区划为8个试验区，目前已引进及保存国内外优良品种124个，定植幼树1623株，生长正常，各项试验正在进行中。

配套建设有以色列菲特莱姆公司水肥一体化灌溉系统及油橄榄苗木孵化园。

陇南市经济林研究院油橄榄研究所
地　　址：甘肃省陇南市武都区黄家坝
邮　　编：746000
电　　话：0939—6920965
网　　址：https://www.olive.org.
邮　　箱：lnygl@163.com
服务热线：0939—6920965
所　　长：邓煜研究员

附录 3 陇南市武都区油橄榄研究开发中心

2015 年武都区委区政府整合武都区油橄榄研究所（武都区将军石油橄榄示范园）和大湾沟油橄榄示范园，成立陇南市武都区油橄榄研究开发中心。主要承担武都区油橄榄科学研究、示范推广、培训服务、产品开发、交流合作的职能。由大湾沟油橄榄示范园和将军石油橄榄示范园组成，这两个示范园建设年代不同，承担了中国油橄榄发展不同历史时期的不同任务，是中国油橄榄产业发展的缩影。中心所属油橄榄博物馆为国内第一家专业博物馆。

一、大湾沟油橄榄示范园

1989 年国家计委下达了“发展甘肃武都油橄榄生产”项目，原武都县政府成立了武都县油橄榄工作站（现陇南市武都区大湾沟油橄榄示范园），与中国林科院神州油橄榄技术开发公司合作，共同执行这个项目，项目总投资 150 万元。

大湾沟油橄榄示范园位于两水镇后村大湾沟，一期工程总面积 7 公顷，共栽植佛奥、莱星、皮削利、皮瓜尔等十八个品种 2500 株，是全区油橄榄产业开发的样板工程。二期建成总面积达到 19 公顷，栽植品种有佛奥、莱星、皮削利、皮瓜尔等油橄榄品种 26 个 6100 多株。1991 年定植幼树，1994 年开始挂果，6 年生树平均株产果 13.8kg。出油率达 15% ～ 18%，达到国际橄榄油质量标准，完成了油橄榄生产链各个技术环节的试验研究。武都区大湾沟油橄榄示范园现已是“引种试验、良种繁育、丰产示范、科技培训”为一体多功能示范园；是中国林科院油橄榄引种示范、试验基地，并进行产品研制开发、综合利用的高新技术研究试验单位，是全国油橄榄标准化示范基地，是国家引进国外智力成果示范推广基地。建园以来，在国家外专局、省外专局以及国家部委有关司局的大力支持下，先后从意大利、希腊、西班牙等国引进 13 个油橄榄品种，向陇南市以及四川、云南、陕西、浙江、江苏、广西等地推广油橄榄良种苗木和栽培加工技术，并研制开发了油橄榄系列产品：

图 6 原中共中央政治局常委宋平同志题写的“陇南油橄榄基地”碑牌

特级初榨食用橄榄油、橄榄油化妆品、保健品、油橄榄茶、橄榄酒、橄榄罐头6大类20多个品种，这些科技成果已转化为成型的产品，被武都区内外油橄榄企业批量生产，实现了十分可观的经济效益、社会效益，产品深受消费者喜爱和认可。

大湾沟油橄榄示范园通过近10年油橄榄生产试验筛选出的主栽品种有莱星、鄂植8、佛奥、皮削利、城固32，取得了油橄榄生产链各个技术环节的试验成果，在群众中引起了强烈反响，也使各级领导看到了油橄榄产业发展的广阔前景。如今的大湾沟油橄榄示范园，已经成了武都区、陇南市、甘肃省乃至全国的油橄榄良种基地和技术推广中心，每年都有来自全国，全世界的学者专家和各级党政领导来视察、考察、参观学习。在国家外专局及中国林科院的支持下先后邀请来大湾沟油橄榄示范园考察及技术指导的有11个国家的20多位专家，其中有联合国粮农组织的布代尔先生，希腊的Nicos Michelakis，雅尼（I.Metzidakis）先生，Aristedis Koutsautakis先生，以色列的沙哈、奥德（Oded）先生、西蒙（Shimon Lavee）、法蒂（Fathi Abd El-hadi）、瑞文（Reuven Birger）先生，西班牙的佩多罗（Pedro）先生等，就油橄榄的育苗、病虫害防治、土壤改良、整形修剪及橄榄油加工等技术进行详尽的指导并培训了一批油橄榄技术骨干及农民技术员。

目前，大湾沟油橄榄示范园在国家外专局、省外专局的帮助下通过《油橄榄丰产技术研究》、《油橄榄低产树的改造研究》等项目的实施，请进国外专家及派遣技术人员出国考察培训和技术交流总结摸索出一套科学合理的综合管理措施，解决全区油橄榄园目前面临的问题，使产量提高10%。同时通过示范推广，充分发挥示范园的典型引路和示范带动作用，促进了武都油橄榄产业健康快速发展。

图7 大湾沟油橄榄示范园

图8 将军石油橄榄示范园

图9 中国油橄榄博物馆

二、将军石油橄榄示范园

将军石油橄榄示范园位于市区以东，与著名的旅游风景区——万象洞隔江相望，基地占地37公顷，是“全国油橄榄标准化示范重点基地”“国家引进国外智力成果示范推广基地”“国家油橄榄种质资源库”国家质检总局“地理标志产品保护区”，也是全区油橄榄产业发展的科技示范基地。多次承担了国家、部、省级科技项目的实施。

拥有先进的国外进口橄榄油生产线一条，橄榄茶加工厂一座，建成油橄榄培训中心 2000m²，同时园内建有全国唯一的油橄榄博物馆，馆内陈设中国油橄榄发展的历程、取得的成果，以及橄榄油饮食文化。2007 被中国科学技术协会评为“全国先进农村科普示范基地”。开发出了以“武都橄榄油”为商标的橄榄油系列产品，年繁育油橄榄良种壮苗 20 万株以上，接待国内外考察、学习、交流、培训 20 多批，是陇南市对外宣传的一张名片。

三、中国油橄榄博物馆

中国油橄榄博物馆位于武都区将军石油橄榄示范园内，2006 年 5 月开工建设，2007 年 5 月全面完成建设任务，建筑面积 2800m²，陈列面积 300m²，是中国唯一一座以油橄榄和油橄榄文化为主题的专业博物馆，也是集文化展示、科普宣传、人才培养、科学研究、学术交流等服务功能于一体的现代化博物馆。

该博物馆以文字、图片和实物等方式主要对油橄榄的起源，世界油橄榄、中国油橄榄以及陇南油橄榄的发展历程进行了简要说明，全面展示了陇南油橄榄在基地建设、良种繁育、产品研发、科学研究等方面取得的成果。博物馆共分十四部分：第一部分介绍了有关领导支持油橄榄产业的相关情况；第二部分介绍了武都发展油橄榄的悠久历史和发展历程；第三部分介绍了油橄榄在保健、食用等方面的广泛用途；第四部分介绍了世界油橄榄发展历史；第五部分介绍了油橄榄加工工艺；第六部分介绍了中国油橄榄发展历程；第七部分介绍了陇南油橄榄发展历程；第八部分介绍了武都油橄榄相关产品；第九部分介绍了油橄榄种质资源；第十部分介绍了陇南油橄榄基地建设情况；第十一部分介绍了国家质检总局原产地域保护公告；第十二部分介绍了油橄榄技术合作和交流情况；第十三部分介绍了目前中国油橄榄进口量和我市油橄榄产量对比；第十四部分展示了油橄榄产品。

该博物馆成为油橄榄发展文化、科学研究和油橄榄产业宣传教育的重要基地，也是系统展示油橄榄产品、油橄榄文献资料的专业场所。

陇南市武都区油橄榄研究开发中心
地　　址：甘肃省陇南市武都区汉王镇
邮　　编：746041
电　　话：0939—8526210
服务热线：0939—8526210
主　　任：赵海云高级工程师

附录 4 国家油橄榄工程技术研究中心（筹）

2014 年由甘肃省科技厅、陇南市人民政府、甘肃省林科院、甘肃省轻工研究院、陇南市经济林研究院油橄榄研究所共同申报，依托陇南市祥宇油橄榄开发有限责任公司成立“国家油橄榄工程研究中心”。

陇南市祥宇油橄榄开发有限责任公司（以下简称祥宇公司）是国家橄榄油标准制定唯一参与企业，“祥宇”是油橄榄行业唯一国家级驰名商标。建成了油橄榄行业甘肃省首家具有现代化标准的 GMP 车间，并通过了 ISO9000 质量、ISO14000 环境、HACCP 食品安全、有机食品、绿色食品管理体系认证。是中国油橄榄产业第一家国家级重点龙头企业。引进了两条德国福乐伟日处理油橄榄鲜果 460 吨的成套设备，建成了亚洲最大的初榨橄榄油生产车间。以公司为龙头成立了油橄榄协会，会员涉及白龙江沿岸 17 个乡镇 30 万人，采用“公司 + 协会 + 基地 + 合作社 + 农户”的订单农业模式带领农户会员发展油橄榄 1.6 万公顷。成为中国第一个建成油橄榄鲜果生产基地面积最大、带动会员种植油橄榄最多、促进农民增收最显著的名副其实的龙头企业。祥宇公司先后与中国林业科学研究院、甘肃省轻工业研究院、甘肃省林业科学研究院和陇南市经济林研究院油橄榄研究所签订了技术合作协议，在优良品种选育、良种苗培育、丰产试验园建设、高品质橄榄油加工、保健品、化妆品研发等方面取得了一系列成果。祥宇公司建立了比较完备的企业法人制度，有 20 家自产产品专卖店，现已入驻北京、乌鲁木齐、西安、成都等大中城市及省内地州市，并且取得了良好的销售业绩和品牌影响。祥宇公司在全国率先提出用生态观念建设现代化油橄榄产业综合体的概念。祥宇公司油橄榄生态工业园区选址在甘肃省陇南市油橄榄基地的核心区，项目总用地面积 12 公顷，总建筑面积为 6.6 公顷，项目建设总投资 3 亿元。园区即将建设循环经济示范园、阳光工厂体验园、农林科技产业园、橄榄文化博览园和健康主题休闲园。特别要在园区中心位置规划建设 5 层 5000m^2 的标志性建筑“中国油橄榄工程技术研究中心”，内设功能齐备的油橄榄遗传育种实验室、丰产栽培实验室、新产品研发室、植物油脂检测检验中心、橄榄油品评实验室和多功能演示厅，同时设立了院士及专家开放式工作站，为专家工作、生活提供便利条件。实现行业工程技术研发、科技成果转化推广、工厂化苗木培育、油橄榄种植示范、橄榄油文化传播、橄榄油生产销售及废弃物综合利用的生态友好型循环经济发展模式，同时具备工业观光旅游、会议休闲度假、特色餐饮等城市配套功能，建成名副其实的“中国油橄榄之城”，成为陇南城市的会客厅和陇南油橄榄产业的一张靓丽名片。

依托陇南市祥宇油橄榄开发有限责任公司建设国家油橄榄工程技术研究中心，立足甘肃油橄榄区位和资源优势，提高中国油橄榄的资源总量和产品竞争力，通过增强自主创新能力，以良种培育与扩繁、丰产栽培、加工综合利用技术为突破口，集成示范已有技术，突破产业化关键技术，建立综合实验室、良种规模化繁育基地、高效生产示范基地、技术培训及网络服务中心等，构建从实验室到基地再到示范、培训、推广的生产所需的油橄榄产业化技术体系，建设高水平、高效率的集产业技术创新、成果转化及技术培训、人才聚集与对外合作交流功能于一体的油橄榄产业科技支撑与技术转化平台，加强产业化科技示范工程建设，为油橄榄产业与山区经济的发展提供持续技术支撑和保障。

项目申报已经得到国家科技部的受理。

国家油橄榄工程技术研究中心（筹）

地　　址：甘肃省陇南市武都区汉王镇祥宇生态产业园

邮　　编：746041

电　　话：0931—3248406

总 经 理：李建科高级工程师

附录 5 国家林业局油橄榄工程技术研究中心

2015 年 4 月，国家林业局正式批复同意，依托甘肃省林业科学研究院和祥宇油橄榄开发公司等油橄榄开发企业组建国家林业局油橄榄工程技术研究中心，以切实提升中国油橄榄产业发展的科技水平。这是首个设立在我省的国家林业局工程技术研究中心。2015 年 8 月 18 日国家林业局党组成员、副局长彭有冬赴甘肃省林科院举行授牌仪式。

中心联合全国行业技术力量，围绕国家油橄榄产业领域重大技术需求，以技术集成、熟化和转化为主要手段，开展油橄榄产业技术研究与示范，形成油橄榄引种驯化、良种规模化繁育及油橄榄资源高效加工利用技术体系和示范体系，突破油橄榄产业发展的技术瓶颈；形成一个引领油橄榄产业技术创新的技术研发与产业化团队，提升中国油橄榄产业的技术创新能力，为实现油橄榄产业可持续发展提供强有力的技术支撑。

中心主要承担甘肃省油橄榄工程技术研究任务。研究领域包括优良品种选育、遗传改良及扩繁、栽培技术研究，负责甘肃省油橄榄种苗技术标准的制定，油橄榄工程技术研究和新产品开发研究，油橄榄种质资源收集、保存及油橄榄品种评价研究。

国家林业局油橄榄工程技术研究中心参加单位有陇南市人民政府、陇南市林业局、武都区人民政府、陇南市经济林研究院、祥宇油橄榄开发有限公司、田园油橄榄科技开发有限公司、武都区油橄榄产业开发办公室。2015 年 12 月 9 日，国家林业局油橄榄工程技术研究中心在陇南市召开科学运行与管理研讨会。此次研讨会主要目的是探讨油橄榄工程技术研究中心运行机制和管理办法，同时为分支机构授牌。陇南市经济林研究院被授予“国家林业局油橄榄工程研究中心成果转化基地”，武都区人民政府被授予“国家林业局油橄榄工程研究中心武都基地”，祥宇油橄榄开发公司和田园油橄榄科技开发有限公司分别被授予“国家林业局油橄榄工程研究中心产品研发基地”。

国家林业局油橄榄工程技术研究中心
地　　址：兰州市段家滩 698 号
邮　　编：730020
电　　话：0931—4683491
主　　任：姜成英研究员

附录 6　甘肃省特色经济林良种繁育国家地方联合工程研究中心

2011 年国家发改委批复同意依托陇南市经济林研究院建设甘肃省特色经济林良种繁育国家地方联合工程研究中心。

多年来，甘肃省和陇南市委、市政府坚持把发展特色经济林作为构建农业经济新格局、加快农村脱贫致富步伐的重大战略举措全力推进。特色经济林已成为陇南市发展面积最大、覆盖面最广、群众收益较高、最具开发潜力的特色优势主导产业，在基地建设、良种引进、试验示范、科技推广、合作交流、人才培养等方面取得了显著成效。据林业部门统计，截至 2016 年底，全市特色经济林总面积已发展到 45 万公顷，产果 15.55 万吨，产值 69 亿元。其中核桃 27 万公顷，年产坚果 9.37 万吨，产值 18 亿元;花椒 14.5 万公顷，年产商品椒 3.46 万吨，产值 37.96 亿元;油橄榄 3.6 万公顷，产初榨橄榄油 2.72 万吨，产值 12.51 亿元。陇南已经成为全国重要的特色经济林产品生产基地，核桃、花椒、油橄榄等特色经济林产品荣获中国杨凌农高会、全国农博会等国内国际展会大奖 150 多项。武都油橄榄荣获“国家地理标志保护认证”，成县、康县分别被国家林业局授予“中国经济林花椒之乡”和“中国经济林核桃之乡”。在武都举办了“首届中国甘肃陇南花椒节”，在成县举办了“首届中国甘肃陇南核桃节”。陇南特色经济林无论是基地面积，还是产量和品质，都在全国占有重要地位，产生了广泛的社会影响力，得到了国家有关部委和省上有关部门的大力支持，引起了国内外专家、学者的高度关注。

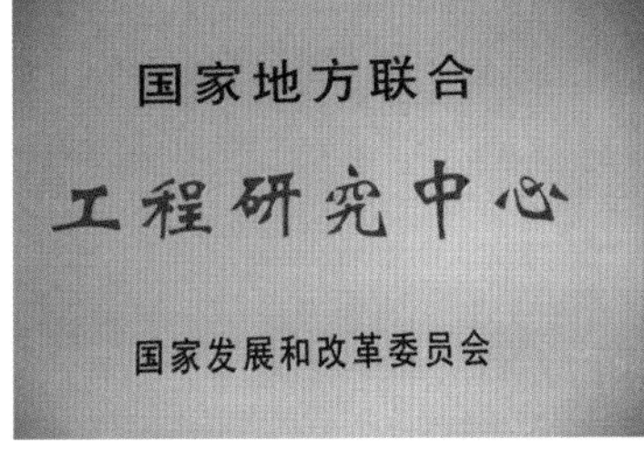

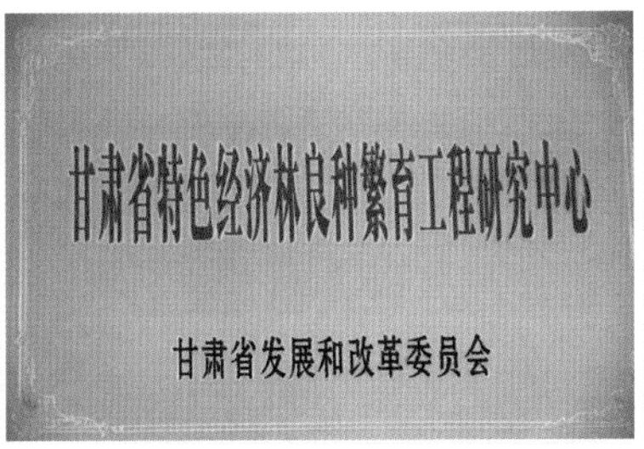

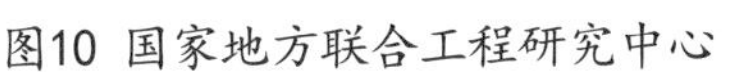
图10 国家地方联合工程研究中心

图 11 甘肃省特色经济林良种繁育工程研究中心

国务院办公厅《关于进一步支持甘肃经济社会发展的若干意见》(国办发〔2010〕29号)文件中，充分肯定和明确提出要继续支持甘肃实施“中心带动、两翼齐飞、组团发展、整体推进”的区域发展战略。作为“组团”之一的陇南，《意见》中明确提出要积极发展油橄榄、核桃、花椒等地方特色产品。陇南等特殊困难地区要加快发展以中药材、油橄榄、核桃、花椒为主的特色农业，增强自我发展能力。

为发挥地域优势，强化工程技术研究中心在共性技术、关键技术的工程化与产业化，用现代高新技术装备特色经济林产业，建立比较完善的林业产业体系，提高高新技术对特色经济林的支撑能力，从目前制约特色经济林产业发展的瓶颈入手，把特色经济林良种繁育作为突破口，充分利用甘肃陇南特有的地理气候资源、丰富的特色经济林种质资源，依托规模较大的特色经济林产业基地和初具雏形的龙头企业群，申报成立了“特色经济林良种繁育国家地方联合工程研究中心”。

特色经济林良种繁育国家地方联合工程研究中心坚持“求创新、产业化”的工作方针，探索科技与农村经济结合的新途径，加强科技成果向生产力转化的中间环节，促进科技产业化；面向特色产业规模生产的需要，推动集成、配套的工程化成果向特色产业辐射、转移与扩散，促进新型产业的崛起和传统产业的升级改造，调整农村产业结构;促进科技体制改革，培养工程技术人才，建设工程化实验条件，形成科研开发、技术创新和产业化基地。

特色经济林良种繁育国家地方工程研究中心的经营理念是旨在推动科技进步，加快“新品种、新技术、新工艺”的推广应用，促进高新技术产业化。不断探索科研院所与特色经济林产业结合的有效形式和运作方式，提高科研成果的工程化、商品化水平；解决科研成果转化中的薄弱环节；提高产业技术水平，逐步形成现代林业产业化技术服务体系，提高高新技术系列产品研究开发能力，加速高新技术向传统产业的渗透，努力实现技术规范与产品标准化，促进甘肃省特色经济林可持续发展。

中心以陇南市经济林研究院为依托，辐射陇南市九县（区），引进、选育国内外油橄榄、核桃、花椒优良新品种300多个，建设特色经济林品种基因库17hm^2，采用高新技术快速繁育优良无性系苗木1825万株。建设综合实验室、院士专家工作站，开展国外引智交流合作和科研人员进修培训等。

甘肃省特色经济林良种繁育国家地方联合工程研究中心
地　　址：甘肃省陇南市武都区城关镇黄家坝
邮　　编：746000
电　　话：0939—6920822
主　　任：张进德高级工程师

附录 7 陇南市经济林育苗工程技术中心

2014 年陇南市发改委批复依托陇南市经济林研究院建设陇南市经济林育苗工程技术中心。中心坚持“求创新、产业化”的工作方针，探索科技与农村经济结合的新途径，加强科技成果向生产力转化的中间环节，促进科技产业化；面向特色产业规模生产的需要，推动集成、配套的工程化成果向特色产业辐射、转移与扩散，促进新型产业的崛起和传统产业的升级改造，调整农村产业结构；促进科技体制改革，培养工程技术人才，建设工程化实验条件，形成科研开发、技术创新和产业化基地。加快“新品种、新技术、新工艺”的推广应用，促进高新技术产业化。不断探索生产、科研与特色经济林产业结合的有效形式和运作方式，提高科研成果的工程化、商品化水平；解决科研成果转化中的薄弱环节；提高产业技术水平，逐步形成现代林业产业化技术服务体系，提高高新技术系列产品研究开发能力，加速高新技术向传统产业的渗透，努力实现技术规范与产品标准化，促进特色经济林可持续发展。中心建设内容主要有五大体系：良种繁育体系、科技支撑体系、防灾减灾体系、质量标准体系和加工营销体系。主要研究方向为油橄榄授粉组合研究；不同品种生物学和生态学特性研究；主栽品种筛选观测研究；有害生物普查和预测预报研究；油橄榄生物制药专用品种选育及建园技术研究；无公害油橄榄生产标准制定；有机橄榄油生产标准制定；核桃、花椒、油橄榄规模化组培快繁技术研究；核桃、花椒新品种优质高效栽培技术研究。在武都区城关镇黄家坝，建设快繁实验中心 500m^2 并配套相应设备。建设 4 分隔联栋温室 1000m^2 和建设 2.3 公顷炼苗场一处，生产油橄榄脱毒试管苗 5 万株/年，核桃脱毒试管苗 5 万株/年，花椒脱毒试管苗 20 万株/年。应用油橄榄全日照电子喷雾扦插育苗 10 万株/年；应用新型植物生长调节剂扦插油橄榄无性系良种苗 10 万株/年；自控电热温床繁育核桃良种无性系嫁接苗 20 万株/年;无刺花椒无性系嫁接改良 5 万株/年;并制定油橄榄、核桃、花椒种苗生产标准。建设遗传育种、丰产栽培、植物生理生化、土壤肥料、植物病理、新产品研发、油脂分析、超临界萃取 8 个实验室及学术报告厅、技术培训电教室等，总面积 1500m^2。

在武都区黄家坝、陈家坝、大堡村、官堆村建立相应种质资源库，配套建设节水灌溉工程和供电工程，并安装太阳能频谱杀虫灯和人工气候站。在武都区黄家坝建设穗条低温储藏库，并配备优良品种穗条冷链储藏供给体系。

图 12 组培实验室

图 13 油橄榄大苗繁育基地

图 14 油橄榄含油率测定

中心成立以来进行了核桃、花椒、油橄榄的组织培养试验，在繁殖材料驯化、继代培养、生根培养和移栽炼苗等方面取得了初步成效；利用有害生物防控实验室进行了 7 个油橄榄品种和 5 个核桃品种的花粉活性测定。同时利用太阳能频谱式杀虫灯等手段开展了经济林园有机防治试验，取得了比较好的效果。在核桃优良品种选育扩繁、抗晚霜品种选育、良种快速繁育、测土配方施肥、病虫害无公害防治、科学采收脱青烘干等方面进行系统研究，筛选出了 6 个当前急需解决的试验研究课题，并自筹资金进行专题攻关。采集经济林有害生物标本 2 万枚。

陇南市经济林育苗工程技术中心
地　　址：甘肃省陇南市武都区城关镇黄家坝
邮　　编：746000
电　　话：0939—6920822
主　　任：张进德高级工程师

附录 8　甘肃省油橄榄加工技术与质量控制工程技术研究中心

2016 年 7 月甘肃省科技厅评审通过依托陇南市祥宇油橄榄开发有限责任公司与西北师范大学新农村发展研究院、甘肃省林业科学研究院、甘肃省轻工研究院、甘肃省检验检疫科学技术研究院、陇南市经济林研究院共建成立甘肃省油橄榄加工技术与质量控制工程技术研究中心。促进橄榄油加工技术与生产过程工艺控制与国际接轨。促进橄榄油质量控制研究，提高橄榄油品质，增加优质食用油的供给能力，减少进口。促进陇南适生区特色油橄榄产业发展，加快经济发展，带动脱贫致富与同步小康。组建“中心”是开展协同创新，加快技术成果转化，突破油橄榄产业发展瓶颈，推动技术进步的迫切需要。

“中心”严格控制生产环节与质量，制定企业标准与行业标准，统一技术标准，修订国家标准，提高生产效率，提升产业规模化生产、集约化经营水平；发展莱星、佛奥、皮瓜尔、鄂植 8 等单品种橄榄油，提高橄榄油品质，开发新产品，提高附加值，延长产业链；加强油橄榄产业专业人才队伍建设，促进科研成果转化应用，推进关键技术创新与产业化。组建“中心”更是陇南打造全国最强、最大的油橄榄种植、加工、生产与营销基地，培育国家油橄榄产业核心区的迫切需要。

“中心”以市场需求为导向，以高值化、绿色化、全产业链开发为目标，立足于甘肃油橄榄加工技术、质量控制、品质形成与调控、新产品与新技术开发、文化挖掘与交流合作，实现油橄榄资源的高效利用和产业升级，解决油橄榄产业发展中的关键工程技术难题，集成和孵化最新科研成果，促进油橄榄产业的科学发展和可持续发展，促进“政、产、学、研、用”的深度有效融合。

“中心”立足甘肃油橄榄区位优势和资源优势，以提高橄榄油产品品牌效应和市场竞争力为目标，以橄榄油加工技术和质量控制为突破口，建成集研究开发、技术推广、市场营销、人才培养、交流合作为一体的油橄榄产业科技支撑与技术转化平台。跟踪国际油橄榄产业发展前沿，通过引进、消化、吸收和再创新，掌控国内橄榄油生产技术与质量控制的话语权。解决油橄榄资源高值化循环利用面临的关键技术、共性技术

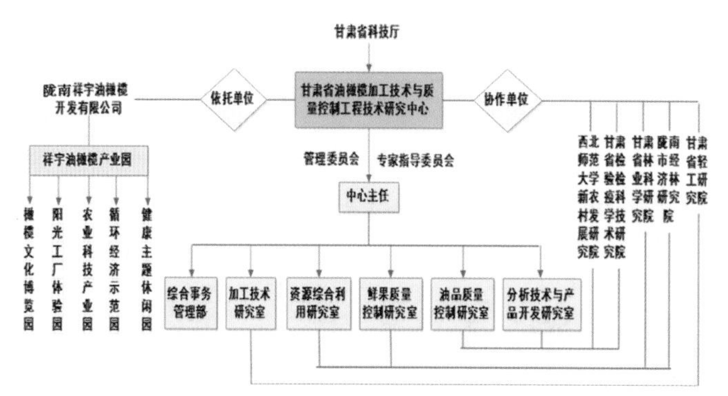

图15 油橄榄加工技术与质量控制工程技术研究中心组织结构图

问题，带动甘肃油橄榄产业向现代化、国际化方向发展。

“中心”以产业需求为导向，以油橄榄加工技术与质量控制关键技术创新为核心，以高新技术集成创新为载体，实现“自主创造核心技术，引领领域科技进步”的创新目标。承担油橄榄产业化技术推广、分析检测、技术咨询和技术服务工作。利用依托单位和协作单位的优势，建立与油橄榄产业发展相关的市场分析，技术与管理咨询、项目评估、决策支持、成果推介等中介服务体系，为全国适生区提供技术支撑和服务。为油橄榄产业培养不同类型的应用技术人员，为企业培养不同层次的工程技术开发人员；同时组织企业、院所、高校开展技术交流，建立一支一流的油橄榄工程技术研发团队。大力开展油橄榄加工技术与质量控制的国际合作与交流，通过引进、消化、吸收国外先进实用的技术和加工设备，为橄榄油质量检验检疫、研发与企业寻求国际合作和参与国际市场竞争的机会，拓展油橄榄产业技术的研究范围。科研条件平台建设目标：建设 5 个研究室、1 个产业园、1 个综合事务部，为油橄榄研究单位和企业提供服务，建立共享数据库，对国内油橄榄从业者提供开放服务，实现技术共享。

开展高品位、低残油橄榄油绿色生产技术研究，优化离心分离工艺，提高冷榨出油率和油的品质，研究生产储存全过程质量控制关键技术，建立安全控制技术和标准体系。开展橄榄油的质量控制技术研究，研究油橄榄品种、栽培措施、冷榨工艺、橄榄油储藏条件、储藏时间等因素对橄榄油品质的影响。建立橄榄油指纹图谱，开展橄榄油掺假使假真伪鉴别，制定中国地域特色的橄榄油和油橄榄果渣油及其制品的企业标准和行业标准，推动国家标准的修订完善。开发橄榄油、油橄榄果渣油、功能调和油、休闲食品、日用化妆品、旅游文化创意产品等多样化系列油橄榄产品，高值化高效利用油橄榄资源，提高产品附加值。开展国内外科技交流与合作，培养应用型技术人才，为油橄榄产业发展提供科技支撑和技术服务。

甘肃省油橄榄加工技术与质量控制工程技术研究中心
地　　址：甘肃省陇南市武都区汉王镇
邮　　编：746041
电　　话：0931—3248406
主　　任：李建科高级工程师

附录 9 中国油橄榄产业创新战略联盟

在中国产学研合作促进会的大力支持和精心指导下，2016 年 8 月 1 日由陇南市人民政府联合甘肃省林业厅、清华大学、中国林科院等 66 个中国油橄榄主产区的主管部门、龙头企业、科研院所、高校和其他组织发起成立了中国油橄榄产业创新战略联盟。

成立大会审议通过了联盟章程、协议、组织构架等文件，选举产生了联盟理事长、副理事长及秘书长、副秘书长，并召开了第一届理事会。中国油橄榄产业创新战略联盟团结和依靠全国油橄榄科技工作者、企业、专业合作社、种植户，继承和发扬老一辈油橄榄科技工作者的优良传统，顺应产业发展新形势，把握创新驱动新要求，履职尽责，奋发进取，为做大做强中国油橄榄产业贡献力量。

当前，中国油橄榄产业到了追求更大发展的重要阶段，需要联手抱团，需要合作平台，一定要铭记油橄榄产业发展的历史，不辜负周总理当年的嘱托和期望，以高度的历史责任感和促进中国人健康生活的坚定信念，增强发展的使命感，在做大做强做优中国油橄榄产业的过程中献智出力、多做奉献。

产业联盟的成立，不仅是单纯地把大家聚集在一起成立个组织，而是要通过科学的合作机制和运营模式，形成集团优势，开展科技创新，共同解决一些实际问题。今后几年，积极争取国家支持，建设油橄榄良种繁育园、科技展示园和橄榄油精深加工工业园“三个园区”，建成国家油橄榄工程技术研究中心、油橄榄种质资源中心、油橄榄技术服务培训中心和全国油橄榄产品集散中心“四个中心”，重点围绕良种引进、品种改良、集约栽培、水肥一体化、节水灌溉、配方施肥、加工技术、油品质量控制等关键技术，联合开展科研攻关，集聚产业发展要素，形成创新发展合力，全面提升油橄榄产业发展的层次和水平。

建立科研与技术转化平台，构建从实验室到基地再到示范、培训、推广等生产所需的油橄榄产业化技术体系，建立集产业技术创新、成果转化及技术培训、人才聚集与对外合作交流功能于一体的油橄榄产业科技支撑与技术转化平台，加强产业化科技示范工程建设，为油橄榄产业发展提供持续技术支撑和保障。组织企业、大学和科研机构等围绕产业技术创新的关键问题，积极开展合作，力争在核心技术方面实现突破，重点在油橄榄品种引进及选育，组培快繁和扦插扩繁技术研发与应用，丰产栽培技术研发、集成和熟化，绿色加工和质量安全控制技术研究与示范，科研成果转化等方面取得进展，制定中国油橄榄苗木繁育、丰产栽培、采收储存、油品加工、油品质量控制、病虫害防控等技术标准。建立技术信息交流平台，促进公共技术和产业技术信息、重大仪器设备、中试设备等资源共享，建立知识产权及成果的保护、许可使用和转化机制，不断提高创新资源利用效率。建立创新人才培养平台，加强联盟成员之间人员的交流互动，多渠道、多形式培养创新人才，增强联盟的创新活力；积极开展国内外人才合作交流，聘请国内外高水平专家和优秀科技人才团队与联盟开展合作交流、技术培训或工作任职，为产业创新提供人才支撑。

建立良好的工作机制，在促进产业发展过程中实现利益共享。一是探索建立联盟良性运行机制，围绕共同开发市场、降低创新成本，探索实行联盟成员间融资拆借、互相担保、采购让利、对外集约化采购、基础设施和基础平台共享共用等多种运转模式，协调成员分工及产品配套形成产业链，促进联盟各成员相互合作、互利共赢，实现效益最大化。建立定期分析研判机制，经常对联盟技术创新成果、研发投入和创新产品进行精细统计，定期开展分析和研讨，判断油橄榄产业发展大势，为制定联盟发展规划和开展市场预警预测提供决策依据。建立政产学研用融合发展机制，把更多的企业、科研院所、高校等组织吸纳进联盟，建立产学研联合体，让科技人员有施展才华的舞台，让企业成为科技转化的平台，使企业及时得到科技人员的指导，共同发展，共同进步，共享发展成果，共同提升联盟影响力，提升油橄榄产业整体竞争力。

中国油橄榄产业创新战略联盟
地　　址：陇南市武都区城关镇黄家坝经济林研究院油橄榄研究所
邮　　编：746000
电　　话：0939—6920965
秘 书 长：邓煜研究员

附录 10 中国油橄榄产业创新战略联盟组织机构

一、联盟第一届理事单位（53 个，排名不分先后）

中国林科院
中国农科院
新华社中国经济信息社
甘肃省林科院
云南省林科院
重庆市林科院
甘肃省轻工研究院
四川农业大学
江南大学
国家粮食供应储备局西安油脂科学研究设计院
中国林科院南京林化所
中国农科院油料所
中国经济林协会油橄榄专业委员会
中国林业产业联合会木本油料分会
四川省油橄榄发展促进会
四川省广元市油橄榄研究所
四川华欧油橄榄开发有限公司
四川凉山州中泽新科技有限责任公司
广元紫阳农林工业有限责任公司
四川天源油橄榄有限公司
云南省昆明市海口林场
丽江市林业科学研究所
丽江市油橄榄行业协会
丽江森泽林业科技发展有限责任公司
湖北联胜油橄榄科技开发有限公司

重庆金峡油橄榄开发有限公司
北京神州油橄榄技术开发公司
北京昱阳金润科技有限公司
上海绿浥农业科技有限公司
陇南市经济林研究院油橄榄研究所
武都区油橄榄开发办公室
陇南市祥宇油橄榄开发有限责任公司
陇南市田园油橄榄科技开发有限责任公司
陇南世博林油橄榄有限公司
陇南市吉祥树油橄榄有限责任公司
甘肃恩来油橄榄科技开发公司
陇南市武都区世外油橄榄公司
陇南市武都区油橄榄研究开发中心
陇南市凯立鹏油橄榄有限责任公司
陇南市丰海油橄榄科技有限公司
陇南市阶州林产品开发有限公司
陇南锦屏园艺开发有限公司
陇南市奥林油橄榄科技研发有限责任公司
陇南市田玉油橄榄开发有限公司
陇南田润油橄榄开发有限责任公司
陇南金橄榄科技开发有限责任公司
陇南市武都区常红优质良种苗木种植有限公司
陇南市祥润油橄榄有限公司
陇南金鑫油橄榄有限公司
陇南兴林油橄榄开发有限公司
陇南天和苑油橄榄有限公司
甘肃绿宝源油橄榄开发有限公司
甘肃阳光雨露农业开发有限公司

二、战略联盟支持单位（共 25 个，排名不分先后）

甘肃省林业厅
甘肃省科技厅
甘肃省商务厅
甘肃省扶贫办

甘肃省发改委
甘肃省工信委
甘肃省财政厅
四川省林业厅
云南省林业厅
陇南市人民政府
绵阳市人民政府
广元市人民政府
凉山州人民政府
达州市人民政府
昆明市人民政府
丽江市人民政府
楚雄州人民政府
玉溪市人民政府
迪庆藏族自治州
武都区人民政府
文　县人民政府
宕昌县人民政府
奉节县人民政府
永仁县人民政府
青川县人民政府

三、组织筹建单位

甘肃省陇南市人民政府

四、联盟第一届理事会组成人员名单（共 43 人）

1. 名誉顾问（排名不分先后）

薛　亮　中国蔬菜协会会长、中国农业科学院原党组书记
聂振邦　中国国际经济交流中心副理事长、中国粮油协会会长、国家粮食局原局长
戴公兴　中国棉花协会会长、中华全国供销合作总社原副主任
邓明全　中国林科院林业研究所经济林研究室原主任、高级工程师

2. 理事长

梅方权　联合国食物安全委员会高级指导委员
　　　　国家食物与营养咨询委员会原常务副主任

中国农业现代化研究会理事长
亚洲农业信息技术联盟主席

3. 常务副理事长

张建国　中国林科院林业研究所所长、研究员、博导
俞　宁　中国林科院林业研究所博士
　　　　中国经济林协会油橄榄专业分会原主任委员、高级工程师
邓　煜　中国经济林协会油橄榄专业委员会副主任委员
　　　　陇南市经济林研究院副院长油橄榄研究所所长、研究员
周立江　四川省油橄榄发展促进会会长、
　　　　四川省林业调查规划院副总工程师、研究员
宁德鲁　云南省林科院经济林研究所所长、研究员
蒋宣斌　重庆市林科院副院长、研究员

4. 副理事长（排名不分先后）

章力建　国家农产品质量安全风险评估专家委员会副主任、研究员
倪广恒　清华大学水利系水文水资源所所长、教授
黄凤洪　中国农科院油料所副所长、研究员
王成章　中国林科院南京林化所教授、博导
张日清　中南林业科技大学教授、博导
王兴国　江南大学教授、博导
赵　煜　甘肃省轻工业研究院院长、教授级高工
赵　明　甘肃省林科院院长、研究员
朱申龙　浙江省农科院研究员
曹文忠　新华社中国经济信息社副总裁
邓加林　广元市油橄榄研究所所长、高级工程师
刘玉红　陇南市祥宇油橄榄开发有限责任公司董事长
白小勇　陇南田园油橄榄科技开发有限公司总经理
肖　剑　中国经济林协会油橄榄专业委员会副秘书长
　　　　四川华欧油橄榄开发有限公司董事长
杨泽身　中国经济林协会油橄榄专业委员会原秘书长
　　　　凉山州中泽公司总经理
何世勤　四川天源油橄榄公司董事长

严绍会　丽江市油橄榄促进会会长

林春福　凉山州冕宁元升农业开发有限公司总经理

5. 秘书长

秘书长（兼）：

邓　煜　中国经济林协会油橄榄专业委员会副主任委员
　　　　陇南市经济林研究院副院长、油橄榄研究所所长、研究员

6. 副秘书长（排名不分先后）

张正武　陇南市经济林研究院油橄榄研究所副所长、高级工程师

马鹏飞　武都区油橄榄产业开发办公室主任

赵海云　武都区油橄榄研究所所长、高级工程师

李建科　陇南市祥宇油橄榄开发有限责任公司总经理、高级工程师

李　超　陇南田园油橄榄科技开发有限公司副总经理

7. 专家委员会

主　任：

俞　宁　中国林科院林业研究所博士、高级工程师
　　　　中国经济林协会油橄榄专业分会主任委员

委　员（排名不分先后）：

章力建　国家农产品质量安全风险评估专家委员会副主任

倪广恒　清华大学水利系水文水资源所所长、教授

田富强　清华大学水利系水文水资源所副所长、副教授

何东平　武汉工业大学教授、博导

王兴国　江南大学教授、博导

朱申龙　浙江省农科院研究员

王成章　中国林科院南京林化所教授、博导

张日清　中南林业科技大学教授、博导

邓　煜　中国经济林协会油橄榄专业委员会副主任委员
　　　　陇南市经济林研究院副院长、油橄榄研究所所长、研究员

蒋宣斌　重庆市林科院副院长、研究员

宁德鲁　云南省林科院经济林研究所所长、研究员

姜成英　甘肃省林科院研究员

黄凤洪　中国农科院油料所副所长、研究员
于小飞　中国林产工业设计院高级工程师
李金华　中国林科院林业研究所博士、副研究员
丁　辉　天津大学环境学院副教授
何明波　广元市油橄榄研究所高级工程师
王元忠　湖北联胜油橄榄科技开发有限公司高级工程师
王让军　陇南师专农林学院院长、副教授
赵海云　武都区油橄榄研究所所长、高级工程师

图 16 联盟成立大会

图 17 联盟代表大会

图 18 联盟授牌仪式

图 19 联盟成立会员代表

参考文献

[1] 联合国粮食及农业组织．现代橄榄栽培 [M]. 北京：科学技术出版社，1979.

[2] 中国农林科学院科技情报研究所．国外油橄榄 [M]. 北京：中国农林科学院科技情报研究所出版，1977.

[3] 商业部教材编写组．油料生物化学及油脂化学 [M]. 黑龙江：黑龙江科学技术出版社，1984.

[4] 徐纬英．中国油橄榄 [M]. 长春：长春出版社，2001.

[5] 贺善安，顾姻．油橄榄驯化育种 [M]. 江苏：江苏科学技术出版社，1984.

[6] 邓明全，俞宁．油橄榄引种栽培技术 [M]. 北京：中国农业出版社，2011.

[7] 邓煜，油橄榄品种图谱 [M]. 甘肃：甘肃科学技术出版社，2014.

[8] 张正武．陇南油橄榄产业创新驱动的探索与实践 [M]. 甘肃：甘肃科学技术出版社，2015.

[9] 李聚桢．中国引种发展油橄榄回顾与展望 [M]. 北京：中国林业出版社，2010.

[10] 徐伟英．油橄榄在中国的引种 [J]. 林业科学，1981，(01)：78-82.

[11] 邓煜，刘婷，梁芳．中国油橄榄产业发展现状与对策 [J]. 经济林研究，2015，339(2)：172-174.

[12] 张东升，黄易，夏自谦．论中国油橄榄规划 [J]. 林产工业，2010(02)：51-54.

[13] 王志禄，金朴，吴巧娟等．武都引种油橄榄气候生态及应用研究 [J]. 陕西气象，2000(2)：24-25.

[14] 邓明全．中国油橄榄中试园土壤条件及其营养指标的研究 [J]. 林业科学研究，1989，2(6)：527-533.

[15] 陈宪初．中国引种油橄榄限制性温度因子的研究 [J]. 林业科技通讯，1987，10：4-6.

[16] 姜成英，戚登臣，苏瑾等．甘肃省油橄榄生产现状与发展对策 [J]. 经济林研究，2006，24(2)：78-81.

[17] 姜成英，史艳虎，吴文俊，朱振家．油橄榄授粉受精和胚胎发育过程观察 [J]. 广西植物，2016，36(9)：1026-1031.

[18] 汪加魏，张东升，李玉印，贾忠奎．油橄榄生长关键期施肥和灌溉技术研究 [J]. 林产工业，2015, 42(5) : 31-35.

[19] 邓煜．从油橄榄引种看中国木本食用油料产业的发展 [J]. 经济林研究，2010, 28(4) : 119-124.

[20] 梁丹丹，姜成英，吴文俊，陈炜青，赵梦炯，苏瑾．油橄榄枝条及果实生长规律研究 [J]. 甘肃林业科技，2012, 37(2) : 5-8.

[21] 王成章，陈强，罗建军等．中国油橄榄发展历程与产业展望 [J]. 生物质化学工程，2013, 47(2) : 41-46.

[22] 李金华．油橄榄黄萎病及抗病育种研究进展 [J]. 西北林学院学报，2011, 26(2) : 144-149.

[23] 王志禄，祁治林．北亚热带边缘引种油橄榄气候适应及开发价值的研究 [J]. 中国农业气象，1997, 6 : 38-41.

[24] 希克．希腊油橄榄业的发展对中国发展油橄榄业的启示 [J]. 全球科技经济瞭望，2005, (10) : 55-56.

[25] 邓明全．油橄榄丰产稳产栽培技术研究 [J]. 林业科学研究，2005, 18(5).

[26] 张正武，邓煜，王贵德．陇南油橄榄产业发展现状及对策 [J]. 中国林业，2011(10 下) : 41.

[27] 张正武，赵强宏，邓煜，虎云青．借鉴希腊油橄榄产学研联动经验做强陇南油橄榄产业 [J]. 北方园艺，2012(07 下) : 199-202.

[28] 张正武，王贵德，虎云青．AGRIELIA 油橄榄容器育苗技术 [J]. 林业实用技术，2012(10) : 31-32.

[29] 王贵德，邓煜，张正武等．甘肃陇南油橄榄主栽品种含油率测定及分析 [J]. 经济林研究，2012, 30(3) : 87-90.

[30] 王贵德，邓煜，张正武．油橄榄截干换优技术 [J]. 黑龙江农业科技，2012(17) : 158-160.

[31] 汪家魏，邓煜，张正武等．油橄榄适生区高产品种筛选研究 [J]. 林产工业，2012, 39(5) : 54-59.

[32] 张正武，王贵德，虎云青．甘肃陇南油橄榄良种选育研究 [J]. 中国园艺文摘，2013(3) : 28-29.

[33] 张运山．油橄榄适生条件的研究 [J]. 经济林研究，1989, 7(1) : 87-91.

[34] 王贵德，邓煜，张正武，张海平，赵强红，刘婷．油橄榄最适采收期的研究 [J]. 中国果树，2013(3) : 30-34.

[35] 赵强红，邓煜，张正武．中国西部油橄榄产业发展的启示和对策 [J]. 中国

林副特产，2013(6):87-89.

[36] 赵强宏，邓煜，张正武，王贵德，杨思维，毕阳．犀牛江流域不同油橄榄品种生长抗性初步比较 [J]. 林业科技通讯，2015(11):12-14.

[37] 张正武．白龙江流域不同海拔高度油橄榄生长调查与发展思路 [J], 北方园艺，2014(23):188-190.

[38] 刘高顺，张正武，杨建宏，赵强宏．陇南市油橄榄产业发展成就与展望 [J]. 中国林业产业，2016(9):220-221.

[39] 张正武. 油橄榄集约化栽培技术试验 [J]. 经济林研究，2017, 35(1):133-137.

[40] 任志勇，张正武，王文永，林培录等. 甘肃陇南油橄榄病虫害调查及防治 [J]. 中国园艺文摘，2015(8):53-57.

[41] 任志勇，张正武，王文永，林培录等．甘肃省陇南市蛾类昆虫调查 [J]. 中国森林病虫，2015(6):31-33.

[42] 杨斌，何智宏，周玉燕，张志刚，张正武，赵强宏．陇南不同气象条件对油橄榄生长影响分析 [J]. 中国林副特产，2016(2):19-21.

[43] 张海平．油橄榄新品种扦插生根力试验 [J]. 经济林研究，2014. 32(3):192-196.

[44] 李娜，戴前莉，祁海红，王海东，李金花．不同栽培树形对油橄榄品种果实产量的效应 [J]. 林业科学研究，2013, 26(4):521-527.

[45] 林春福．国外油橄榄高密度集约栽培发展现状及中国的发展前景 [J]. 林业科技通讯，2016(04):8-12.

[46] 钟诚，薛雅琳，王兴国，张东，张东生，徐冉．初榨橄榄油挥发性风味成分的鉴定 [J]. 中国粮油学报，2014, 29(12):77-81.

[47] 邓丛静，于小飞，陈军，张东升．橄榄油的加工工艺及品质评价 [J]. 林产工业，2011(1):62-63.

[48] 令凡，焦健，李朝周，金庆轩，赵曼利．不同油橄榄品种对低温胁迫的生理响应及抗寒性综合评价 [J]. 西北植物学报，2015, 35(3):0508-0515.

[49] 朱万泽，范建容，彭建国，杨洪彬，杨本年，何明波．四川省油橄榄引种品种果实含油率及其脂肪酸分析 [J]. 林业科学，2010, 46(8):91-100.

[50] 孔维宝，张锋，杨晓龙等．油橄榄果渣油的提取工艺及其脂肪酸组成研究 [J]. 中国油脂，2011, 36(10):12-15.

[51] 王成章，高彩霞，叶建中等 .HPLC 研究油橄榄叶中橄榄苦苷的含量变化规律 [J]. 林产化学与工，2008, 28(6):39-43.

[52] 谢普军，黄立新，张彩虹等．橄榄苦苷提取工艺的研究进展 [J]. 生物质化

学工程，2012, 46(3):45-50.

[53] 谢普军，黄立新，张彩虹等．低温减压沸腾提取橄榄苦苷的工艺研究 [J]. 中国中药杂志，2012, 37(13):1946-1951.

[54] 叶建中，高彩霞，周昊等．油橄榄中橄榄苦苷的提取及纯化工艺研究 [J]. 生物质化学工程，2011, 45(3):35-40.

[55] 谢普军，黄立新，张彩虹等．响应面法超声辅助提取优化橄榄苦苷工艺的研究 [J]. 天然产物研究与开发，2012(24):939-944.

[56] 闫树军，王远，苏艳红等．响应面法优化油橄榄叶中橄榄苦苷超声辅助提取工艺 [J]. 食品科学，2012, 33(18):73-76.

[57] 党建章，黄志立，张志安等．橄榄叶中橄榄苦苷不同提取方法的研究 [J]. 深圳职业技术学院学报，2006(4):34-36.

[58] 郑媛媛．油橄榄叶中橄榄苦苷和黄酮含量测定方法研究 [D]. 兰州：兰州大学，2011.

[59] 程子彰，贺靖舒，占明明，黄乾明，苏光灿，胡伟，陈华萍．油橄榄果生长与成熟过程中油脂的合成 [J]. 林业科学，2014. 50(5):123-130.

[60] 郭玉玉，王玲，罗金岳等．超临界 CO_2 提取油橄榄叶中橄榄苦苷及其结构鉴定 [J]. 林产化学与工业，2015, 35(2):73-78.

[61] 党建章，张幸生，黄晓裕等．D-101 大孔树脂富集橄榄叶中橄榄苦苷的研究 [J]. 中药材，2007, 30(4):454-457.

[62] 傅珊，万文倩，杨文革等．油橄榄叶中橄榄苦苷的分离纯化 [J]. 生物加工过程，2011, 9(4):31-34.

[63] 王成章，高彩霞，叶建中等．引种阿斯油橄榄叶中橄榄苦苷提取分离及结构鉴定 [J]. 林产化学与工业，2009, 29(3):53-57.

[64] 李春燕，唐远谋，梁晓玲等．油橄榄叶中橄榄苦苷含量的 HPLC-DAD 测定分析 [J]. 西华大学学报（自然科学版），2014, 33(2):98-101.

[65] 张佳，卜令娜，裴栋．油橄榄叶抗糖尿病活性部位筛选 [J]. 中草药，2013, 44(13):1807-1810.

[66] 叶建中，王成章，陈虹霞，周昊．油橄榄叶中羟基酪醇的含量变化规律研究 [J]. 林产化学与工业，2011(2):69-73.

[67] 韩华柏，何方．中国油橄榄引种研究进展 [J]. 中国南方果树，2007, 36(3):37-42.

[68] 卜令娜，张佳，徐月敏等．油橄榄叶清除自由基活性部位筛选 [J]. 食品工业，2013, 34(6):131-133.

[69] 卜令娜，马姝雯，刘晔玮等．油橄榄叶不同提取部位对胰岛素抵抗 HepG2 细胞葡萄糖消耗的影响 [J]. 食品科技，2012, 37(12):222-226.

[70] 叶建中，王成章，陈虹霞，董艳鹤．油橄榄叶中羟基酪醇含量及提取工艺研究 [J]. 林产化学与工业．2011, 31(1):63-67.

[71] 孔维宝，李阳，白万明，许晓卉，张继．微波辅助提取油橄榄果渣多酚 [J]. 食品与发酵工业．2011(4):233-237.

[72] 李秋庭，崔大同，赵素娥．橄榄油加工工艺及品质控制的探讨 [J]. 食品与发酵工业．2002(7):42-45.

[73] 杨凤云．油橄榄榨油机榨油效应测试 [J]. 四川林业科技，1995(2):68-69.

[74] 杨本年．赴意大利考察油橄榄的报告 [J]. 四川林业科技，1990(2):67-70.

[75] 冯德强，陈克超．不同灌溉量对油橄榄产量和果实品质的影响 [J], 四川林业科技，2011, 32(6):67-69.

[76] 王成章．希腊橄榄油的加工技术 [J]. 林产化工通讯，2004(1):36-40.

[77] 王青，张东升，李艳，顾海科，尚宏忠，雷昆．油橄榄资源及育种研究现状 [J]. 辽宁大学学报，自然科学版 2011(4):343-349.

[78] 施宗明，孙卫邦，祁治林，李云，刘金凤．中国油橄榄适生区研究 [J]. 植物分类与资源学报，2011, 33(5):571-579.

[79]DengMQ(邓明全),ZhuCJ(朱长进),ZhaoLH(赵丽华),1988.Study on the Relation ship between Olive Roots System and Olive Physical Factors[J]. Forest Research,1988,1(4):376-381.

[80] 王玺，王芸芸，孙慧英，李亮．基于物联网的果园智能灌溉系统设计 [J]. 农业网络信息，2016(6):61-63.

[81] 赵文星，吴至境，刘德力，刘燕德．基于农业物联网的果园环境智能监测系统设计 [J]. 江苏农业科学，2016, 44(5):391-393.

[82] 高祥照，杜森，钟永红，吴勇，张赓．水肥一体化发展现状与展望 [J]. 高端视点，2015(2):14-16.

[83] 王磊，李野．庄园经济引导下的现代农村经济发展模式 [J]. 改革与战略，2011. 27(10):95-97.

[84] 于民强．林下复合经营 [J]. 河北林业，2009(4):27.

[85] 刘娜，白万明，韩锐，张瑞，孔维宝，白小勇．橄榄油加工废弃物中的活性成分及其综合利用技术研究进展 [J]. 中国油脂，2016, 41(5):84-88.

[86] 林远辉，高蓓，李玉玉，蒋萍萍，张庆华，储晓刚．橄榄油掺假鉴别技术研究进展 [J]. 食品科学，2013, 34(5):279-283.

[87] 吴遵秋，姜友军，苏光灿，王安逸，陈华萍，杨泽身，黄乾明．油橄榄叶中橄榄苦苷的体外抗氧化和抑菌活性 [J]. 食品科学，2014, 35(21):94-99.

[88] 耿树香，宁德鲁，陈海云，杨卫明．油橄榄果脱苦及脱碱试验研究 [J]. 食品科技，2011, 36(4):67-70.

[89] 陈光荣．油橄榄餐用果品加工技术 [J]. 经济林研究，1985, 3(2):75-78.

[90] 钟诚，薛雅琳，王兴国，金青哲．初榨橄榄油风味化合物研究进展 [J]. 中国油脂，2013, 3(8):89-92.

[91] 令凡，焦健，杨北胜，冯震华等．6 个品种油橄榄幼苗抗寒性及其与抗寒指标的灰色关联度分析 [J]. 四川农业大学学报，2016, 34(2):167-173.

[92] 姜成英，陈炜青，吴文俊，赵梦炯，苏瑾．甘肃油橄榄园土壤养分丰缺状况 [J]. 经济林研究，2014, 32(4):165-169.

[93] 邓煜，刘志峰．甘肃陇南油橄榄配方施肥试验研究 [J]. 甘肃林业科技，2013, 38(4):12-20.

[94] 赵梦炯．油橄榄配方施肥的技术研究 [D]. 甘肃：兰州大学，2015:1-22.

[95] 汪加魏，李玉印，张东升，邓丛静，贾忠奎．油橄榄果实最佳采摘时机技术研究 [J]. 林产工业，2015, 42(6):51-53.

后 记

不忘初心 砥砺前行

——为做大做强陇南油橄榄产业努力工作！

2014年是中国引种油橄榄50周年，国内陆续开展了一些纪念周恩来总理引种发展油橄榄的活动。2015年恰逢陇南引种油橄榄40周年，又是陇南市经济林研究院油橄榄研究所成立5周年。在这个重要时间节点，陇南市林业局和经济林研究院也准备开展一些纪念活动，缅怀周恩来总理和徐伟英先生支持、关心油橄榄发展的感人史实。作为纪念活动之一，陇南市经济林研究院副院长油橄榄研究所所长邓煜研究员策划，油橄榄研究所副所长张正武高级工程师主编，组织全所科技人员编撰了《陇南油橄榄产业创新驱动发展的实践与探索——纪念陇南市引种油橄榄40周年暨油橄榄研究所成立5周年成果资料汇编》（甘肃科技出版社，2015）一书。该书出版后呈送有关同行专家和领导审阅。他们提出，陇南是中国油橄榄最佳适生区，徐伟英、邓明全先生等一大批中国最优秀的油橄榄专家把一生心血奉献给陇南的油橄榄事业，把陇南作为第二家乡，指导陇南油橄榄产业开发。几十年来陇南油橄榄适生区的广大科技工作者和群众在市委市政府领导下，开创了陇南油橄榄科技创新的伟大实践，应该很好总结和挖掘，为油橄榄新发展省区提供可供参考的理论依据和实践样板，同时也应该认真总结回顾这一段辉煌的岁月。遂产生了编著《陇南油橄榄栽培及加工利用技术》的想法，汇报时任陇南市林业局主要负责同志，得到他的热情鼓励和大力支持。历时三年，终得完成。

在本书即将付印之时，原想恳请行内专家或从事过油橄榄产业开发的老领导为本书作序或题跋。一来想得到同行专家检验；二来得到学界认可。在徐伟英先生100周年诞辰之际，中国林科院指派院宣传中心王建兰副主任和林研所俞宁副研究员专程赴徐伟英先生工作过的甘肃武都、四川绵阳、广元等地，搜集整理徐老生前的资料，撰写了怀念徐伟英先生一生奉献油橄榄事业的感人事迹系列纪念文章，向我们全方位展示了徐老工作、生活、学习的珍贵史料。读后令人感慨唏嘘，为之动容。同时，将周恩来总理等老一辈革命家心系国家粮油安全和人民健康，支持呵护油橄榄产业发展，关心青年科技工作者的往事重现眼前，这些往事成为激励我们不忘初心、砥砺前行的强大力量。将王建兰副主任和俞宁副研究员撰写的让“中国”二字首次出现在《世界油橄榄分布图》上——纪念徐纬英100周年诞辰（一）和《为了“总理树”——徐纬英与油橄榄的故事》——纪念徐伟英100周年诞辰（二）纪念文章征得原作者同意原文引用作为本书的代序，一是被周恩来总理等老一辈革命家和徐伟英先生的感人事迹和奉献精神所感动。二是将徐老作为一座丰碑，激励中国油橄榄科技工作者坚守科技引领未来、创新驱动发展理念不断探索前行，开创油橄榄栽培技术中国化的伟大实践，为实现周恩来总理和徐伟英先生的夙愿奋起直追、创新跨越。

徐纬英（1916—2009年）先生是中国著名的林木育种学家，杨树及油橄榄专家。早年在延安自然科学院任教并致力于解放区的农业建设。50年代创建了中国橡胶育种研究室，继而创建了中国第一个林木遗传育种研究室，培育的杨树新品种“北京杨”、“群众杨”，成为中国北方广大地区防护林、丰产林的主栽品种，提高了森林生产力及防护效益。成功地将油橄榄引入中国，并将科研成果转化为现实生产力做出了贡献。是中国林木遗传改良研究的开创者之一，杨树育种、油橄榄引种的奠基人。她把一生贡献给了中国林业事业。2016年7月31日下午在中国油橄榄产业创新战略联盟成立大会召开间隙，陇南市委市政府主要领导及分管领导专门抽出时间与徐老先生的女儿徐红同志及前来参会的海口林场的同志见面，缅怀中国油橄榄事业的奠基者周恩来总理和徐伟英先生，充分体现了陇南市委市政府领导对老一辈革命家和科学家深深的敬意以及对油橄榄产业发展的高度重视。

徐伟英先生是延安成长起来的知识分子，是老革命、老前辈，在80高龄仍然执着地不顾一切地为油橄榄奔走呼号，让我们很是感动。她的一生是追求真理、追求进步的一生，是赤诚对党、科教报国的一生，是为国分忧、为人民服务的一生。她把毕生的心血和精力奉献给油橄榄事业，奉献给国家富强、民族振兴的宏伟大业，陇南油橄榄成长与斯、发展与斯，为我们科技工作者树立了楷模。她崇高的品德和奋进的精神，是我们的宝贵财富，值得我们永远学习。

一是学习徐老追求真理，不忘初心的坚定信念。她把对祖国的热爱和对人民的热爱有机联系在一起，把自己的理想和抱负融入到为党和人民事业的不懈奋斗之中。她数十年如一日地工作在中国科技事业最前沿，常年奋战在为劳动人民服务的生产第一线，是爱国知识分子的杰出典范。她坚持运用科学、求实、创新的理念指导科学理论研究，牢牢把握科技工作的正确方向，把原产于地中海国家的油橄榄引种到中国安家落户，并形成了产业化。特别是在陇南适生区成为精准扶贫精准脱贫的产业基础，成为农民增收的有力支撑。

二是学习徐老自强不息、顽强拼搏的敬业精神。她80高龄仍然奔波在科研生产一线，在当时陇南交通条件、生活条件工作条件极其困难的情况下，克服种种意想不到的制约因素，顽强拼搏，使油橄榄在陇南引种成功。提出了“陇南白龙江沿岸1300米以下的河谷地带是中国油橄榄最佳适生区的重要论断”，为陇南油橄榄产业发展奠定了坚实的理论基础，这些富于创造性、前瞻性的重要学术思想，解决了当时关键性思想认识难题，为陇南油橄榄产业发展做出了杰出贡献。油橄榄引种成功她在学术界的声望和地位已经很高，但仍然手不释卷，勤奋研究，组织带领一批又一批青年科学家勇攀科技新高峰。

三是学习徐老甘当人梯、无私奉献的崇高品格。她为陇南乃至全国培养了一大批油橄榄科技创新人才，今天许多从事油橄榄科技工作的同事都在她的教诲下成长，我们对油橄榄的认识也始于她的著作。为了中国油橄榄事业的发展，她不计个人名利，从无门户之见，不遗余力地提携后进、培养人才，亲自指导和培养了一大批油橄榄研究事业的接班人。她亲自撰写科学通俗读物，引导青年科技工作者热爱油橄榄、学习油橄榄、研究油橄榄，使中国油橄榄研究事业薪火相传，后继有人。

陇南市政府发起成立了中国油橄榄产业创新战略联盟，为中国油橄榄产业发展提供了科技引领、创新驱动发展的开放平台，我们将在陇南市委市政府的坚强领导下，深入学习贯彻新时代习近平中国特色社会主义思想，新时代实现新作为。学习徐老精神，在新时代科技创新大潮中建功立业，通过科学的合作机制和运营模式，形成集团优势，开展科技创新，共同解决一些实际问题。积极争取国家支持，建设油橄榄良种繁育园、科技展示园和橄榄油精深加工工业园“三个园区”，建成国家油橄榄工程技术研究中心、油橄榄种质资源中心、油橄榄技术服务培训中心和全国油橄榄产品集散中心“四个中心”，重点围绕良种引进、品种改良、集约栽培、水肥一体化、节水灌溉、配方施肥、加工技术、油品质量控制等关键技术，联合开展科研攻关，集聚产业发展要素，形成创新发展合力，全面提升油橄榄产业发展的层次和水平，加快油橄榄栽培技术的中国化进程，把陇南建成实实在在的中国油橄榄示范基地。

是为记！

张正武于甘肃武都

二〇一八年六月

陇南油橄榄荣誉

1994 年，祥宇牌橄榄油获全国林业名特优新产品博览会银奖。

1997 年，武都橄榄油荣获甘肃省首届林果产品展览交易会金奖。

2003 年，武都区荣获国家引进国外智力成果示范推广基地。

2005 年，武都油橄榄获国家质检总局“地理标志产品保护”认证，“博林”牌特级初榨橄榄油获中国中轻产品质量保证中心颁发的“质量服务诚信 AAA 品牌”称号。

2006 年，田园系列产品荣获第四届中国国际产品交易会畅销产品奖，在第十三届中国杨凌农业高新成果博览会上，“田园品味”食用橄榄油、“博林”牌特级初榨橄榄油获“后稷奖”。“博林”牌特级初榨橄榄油荣获甘肃省乡镇企业名牌产品。

2007 年，陇南油橄榄获“甘肃省十大名果”称号，陇南田园油橄榄科技开发有限公司“油橄榄叶提取物生产工艺”荣获国家专利，祥宇牌橄榄油美容护肤精品获中国国际林业博览会银奖。

2008 年，甘肃省陇南祥宇油橄榄开发有限责任公司“祥宇牌”食用橄榄油获第十五届中国杨凌农业高新成果博览会“后稷特别奖”，陇南田园油橄榄科技开发有限公司“田园物语”橄榄油获“后稷奖”，陇南世博林油橄榄有限公司“博林”牌橄榄油荣获甘肃省著名商标。

2009 年，甘肃省陇南祥宇油橄榄开发有限责任公司“祥宇”牌特级初榨橄榄油、陇南田园油橄榄科技开发有限公司“田园物语”橄榄油、陇南世博林油橄榄有限公司“博林”牌橄榄油、武都区大湾沟油橄榄示范园“陇榄香”牌特级初榨橄榄油、油橄榄茶、丰海油橄榄科技有限公司“丰海”牌金橄榄酒荣获第六届全国干果生产与科研进展学术交流会暨中国陇南特色果业高层论坛“名优产品”奖。甘肃省陇南祥宇油橄榄开发有限责任公司成为唯一一家生产企业受邀参与橄榄油国家标准的起草。

2010 年，陇南田园油橄榄科技开发有限公司生产的“田园牌”初榨橄榄油、武都区油橄榄办报送的武都初榨橄榄油获第六届中国国际食用油暨橄榄油展览会“中度口味提名奖”。

2011 年，在第二届中国国际林业产业博览会暨第四届中国义乌森林产品博览会上，祥宇油橄榄开发有限公司被评为油橄榄产业开发特殊贡献奖。在北京国际食用油产业博览会上获得“质量安全食品金奖”。

2012 年，祥宇油橄榄开发有限责任公司在兰州成功承办陇南油橄榄产业发展论坛。

2013 年，由陇南市经济林研究院油橄榄研究所承担的甘肃省重大科技专项“甘肃陇南油橄榄产业开发技术研究”获陇南市科学技术进步一等奖，承担的“油橄榄新品种引进繁育及丰产栽培技术研究”获陇南市科学技术进步二等奖。陇南市经济林研究院油橄榄研究所获中国经济林协会“先进会员单位”称号。

2014 年，国家林业局将陇南市确定为“国家油橄榄示范基地”。陇南田园油橄榄科技开发有限公司完成的“油橄榄叶的基础与应用研究和产业化”科技成果，荣获甘肃省科学技术进步奖一等奖。甘肃省陇南祥宇油橄榄开发有限责任公司成为首批国家林业重点龙头企业并获陇南市人民政府质量奖。陇南市经济林研究院油橄榄研究所完成的“油橄榄新品种引进繁育及丰产栽培技术研究”获甘肃省林业科学技术进步二等奖。陇南市经济林研究院油橄榄研究所承担的甘肃省重大科技专项“甘肃陇南油橄榄产业开发技术研究”获甘肃省科学技术进步三等奖。

2015 年，甘肃省陇南祥宇油橄榄开发有限责任公司荣获甘肃省农业产业化大型龙头企业，同年被批准为国家油橄榄工程技术中心产品研发基地。陇南市经济林研究院油橄榄研究所承担的“油橄榄鲜果分等定级及采收期标准制定”获陇南市科学技术进步二等奖。

2016 年，陇南市人民政府联合甘肃省林业厅、清华大学、中国林科院等 53 个中国油橄榄主产区的主管部门、龙头企业、科研院所、高校和其他组织发起成立了中国油橄榄产业创新战略联盟。祥宇油橄榄开发有限责任公司被国家农业部、发改委、财政部等八部委审定为“农业产业化国家重点龙头企业”，同年获得“甘肃省人民政府质量奖提名奖”，获批“甘肃省油橄榄加工技术与质量控制工程技术研究中心”。陇南市经济林研究院油橄榄研究所完成的“油橄榄新品种引进繁育及丰产栽培技术研究”被国家林业局推荐列入 2017 年重点推广林业科技成果 100 项成果名单。陇南市经济林研究院油橄榄研究所主持的《油橄榄专用肥研究》获陇南市科学技术进步二等奖。

2017 年，中国（首届）橄榄油品鉴评比推荐会上陇南市祥宇油橄榄开发有限责任公司祥宇牌精品特级初榨橄榄油、尊享特级初榨、庄园特级初榨橄榄油，陇南田园油橄榄科技开发有限公司田园品味牌特级初榨橄榄油（莱星）、高原时光特级初榨橄榄油 5 个产品获金奖，陇南市经济林研究院油橄榄研究所陇南特级初榨橄榄油、陇南陇锦园油橄榄开发有限责任公司陇锦园牌特级初榨橄榄油 2 个产品获银奖，武都油橄榄研究中心武都牌特级初榨橄榄油、田园油橄榄科技开发有限公司田园品味牌特级初榨橄榄油（多品种混合油）、陇南市奥林油橄榄科技研发有限责任公司奥灵福牌特级初榨橄榄油 3 个产品获推荐奖。4 月，祥宇牌精品特级初榨橄榄油在美国洛杉矶国际特

级初榨橄榄油大赛中获得了一银一铜，在日本的同类比赛中获得了三枚银奖。5 月，在 2017 年纽约国际特级初榨橄榄油大赛中又获一枚金奖。

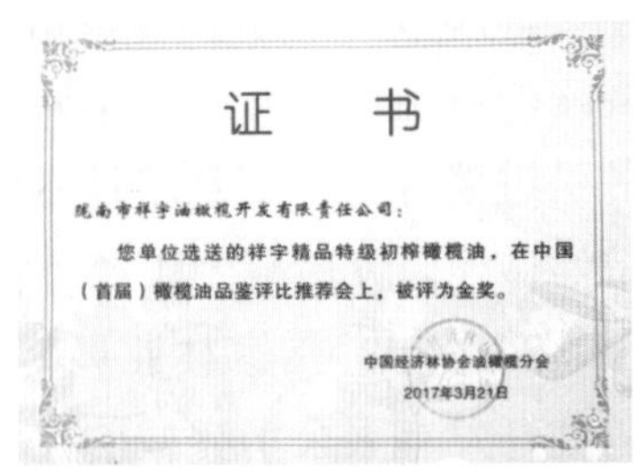

陇南橄榄油获奖证书

2018 年，陇南市经济林研究院油橄榄研究所主持的《甘肃陇南油橄榄扩区驯化试验示范》获陇南市科学技术进步一等奖。甘肃省林业技术推广总站和陇南市经济林研究院油橄榄研究所共同主持的《陇南油橄榄扩区驯化试验研究》获甘肃省林业科学技术进步二等奖、甘肃省科学技术进步二等奖。